SÄCHSISCHE AKADEMIE DER WISSENSCHAFTEN
ZU LEIPZIG

JAHRBUCH
1977—1978

MIT 15 TAFELN UND 7 ABBILDUNGEN IM TEXT

AKADEMIE-VERLAG · BERLIN
1980

Nach dem Stand vom 31. Dezember 1978
Manuskript eingeliefert am 24. August 1979
Druckfertig erklärt am 8. Juli 1980

Im Auftrage der Akademie
bearbeitet und herausgegeben
von Gerald Wiemers

Erschienen im Akademie-Verlag, DDR-1080 Berlin, Leipziger Straße 3–4

Lizenznummer: 202 · 100/209/81
Gesamtherstellung: VEB Druckhaus „Maxim Gorki“, 7400 Altenburg
Bestellnummer: 753 757 7 (1011/77-78) · LSV 0725
Printed in GDR
DDR 50,– M

INHALT

PRÄSIDIUM

Präsident
Schwabe, Kurt, em. Prof. Dr.-Ing., Dr. rer. nat. h. c. mult.

Vizepräsident
Lehmann, Edgar, em. Prof. Dr. phil., Dr.-Ing. e. h.

Sekretar der mathematisch-naturwissenschaftlichen Klasse
Neef, Ernst, em. Prof. Dr. phil.

Stellvertr. Sekretar der mathematisch-naturwissenschaftlichen Klasse
Drischel, Hans, Prof. Dr. med. †

Sekretar der philologisch-historischen Klasse
Große, Rudolf, Prof. Dr. phil.

Stellvertr. Sekretar der philologisch-historischen Klasse
Brüning, Eberhard, Prof. Dr. phil.

Růžička, Rudolf, Prof. Dr. phil.

DIE PRÄSIDENTEN, VIZEPRÄSIDENTEN, SEKRETARE UND STELLVERTRETENDEN SEKRETARE

seit der Wiedereröffnung am 8. Dezember 1948

PRÄSIDENTEN

1948—1965 Theodor Frings
seit 1965 Kurt Schwabe

VIZEPRÄSIDENTEN

1948—1958 Ludwig Binder
1958—1959 Anton Arland in Stellvertretung
1959 Robert Schröder
1959—1962 Arthur Simon
1960—1965 Anton Arland
1962—1965 Ernst Neef in Stellvertretung
1965—1971 Ernst Neef
1966—1970 Siegfried Morenz
seit 1971 Edgar Lehmann

DIE SEKRETARE DER KLASSEN

Mathematisch-naturwissenschaftliche Klasse

1949—1960 Anton Arland
1960—1965 Ernst Neef
1965—1971 Rolf Emmrich
seit 1971 Ernst Neef

Philologisch-historische Klasse

1948—1965 Erwin Jacobi
1965—1971 Johannes Jahn
seit 1971 Rudolf Große

Die stellvertretenden Sekretare der Klassen

Mathematisch-naturwissenschaftliche Klasse

1949—1956 wurde das Amt nicht besetzt
1957—1958 Heinrich Bredt
1959—1960 Ernst Neef
1960—1965 Erich Strack
1965—1971 Peter Friedrich Matzen
1971—1974 Rolf Emmrich
1974—1980 Hans Drischel

Philologisch-historische Klasse

1949—1956 wurde das Amt nicht besetzt
1957—1958 Heinz Ladendorf
1958—1961 Siegfried Morenz
1961—1965 Edgar Lehmann
1965—1971 Gertrud Schubart-Fikentscher
1971—1976 Johannes Jahn
seit 1976 Eberhard Brüning

SATZUNG DER AKADEMIE

siehe Jahrbuch 1969—1970 (Berlin 1972) S. 9—13

ARCHIV

701 Leipzig, Goethestraße 3—5, Tel. 292886
Archivare: Dipl. phil. Elisabeth Lea, Diplom-Archivar/Diplom-Historiker Gerald Wiemers.

BIBLIOTHEK

Bibliothekar im Nebenamt: Dr. Dietmar Debes, wissenschaftlicher Bibliothekar an der Universitätsbibliothek Leipzig, 701 Leipzig, Beethovenstraße 6, Tel. 34391
Bibliothekarin im Nebenamt: Jutta Sporleder
Magazinverwalter: Paul Tottermusch

WISSENSCHAFTLICHES SEKRETARIAT

701 Leipzig, Goethestraße 3—5, Tel. 281081
Wiss. Sekretär: Dipl. paed. Manfred Kobialka
Kaderleiterin: Inge Partikel
Haushaltbearbeiterin: Renate Bauer
Sekretärin: Marianne Zabelt
Angestellte: Gertrud Klein, Dieter Frede

VERLAG DER AKADEMIE

Akademie-Verlag, 108 Berlin, Leipziger Straße 3—4, Tel. 22360

VERTRAGSHEIM DER AKADEMIE

Kurhaus 6113 Masserberg, Tel. Masserberg/Thür. 221

MITGLIEDER

(Die eingeklammerten Zahlen bedeuten das Datum der Zuwahl)

Ordentliche Mitglieder der mathematisch-naturwissenschaftlichen Klasse

Beckert, Herbert, Dr. phil., o. Professor für Mathematik (Analysis) an der Karl-Marx-Universität Leipzig, Nationalpreisträger, Inhaber der Ehrennadel der Karl-Marx-Universität, Mitglied der Deutschen Akademie der Naturforscher Leopoldina in Halle, der Mathematischen Gesellschaft der DDR in Berlin und der Österreichischen Mathematischen Gesellschaft in Wien, geb. 12. X. 1920 in Colmnitz, Kreis Freital, 7113 Markkleeberg, Raschwitzerstraße 12, Tel. Leipzig 31205 (17. X. 1975).

Berg, Hermann, Dr. rer. nat., Prof. für physikalische Chemie an der Akademie der Wissenschaften der DDR, Zentralinstitut für Mikrobiologie und experimentelle Therapie in Jena, Leiter der Abt. Biophysikochemie und der URANIA Gruppe der Akademieinstitute in Jena, Inhaber der Heyrovský-Medaille des Heyrovský-Instituts für Polarographie der Tschechoslowakischen Akademie der Wissenschaften in Prag, Mitglied der Gesellschaft für mathematische und physikalische Biologie der DDR, der International Society of Electrochemistry (ISE) und der American Society for Photobiology, geb. 16. VII. 1924 in Greifswald, 69 Jena, Greifbergstraße 15, Tel. 24817 (28. VI. 1971).

Bethge, Heinz, Dr. rer. nat., Dr. rer. nat. h. c. (Karl-Marx-Stadt), Honorarprofessor für Physik an der Martin-Luther-Universität Halle—Wittenberg, Direktor des Instituts für Festkörperphysik und Elektronenmikroskopie der Akademie der Wissenschaften der DDR in Halle, Nationalpreisträger, Inhaber des Vaterländischen Verdienstordens, der Verdienstmedaille der DDR und der Carus-Medaille der Deutschen Akademie der Naturforscher Leopoldina in Halle, o. Mitglied der Akademie der Wissenschaften der DDR, korresp. Mitglied der Bayerischen Akademie der Wissenschaften in München, auswärtiges Mitglied der Bulgarischen Akademie der Wissenschaften in Sofia, Mitglied und Präsident der Deutschen Akademie der Naturforscher Leopoldina in Halle, Mitglied der Physikalischen Gesellschaft der DDR, Ehrenmitglied der Roland Eötvös Physikalischen Gesellschaft in Ungarn, geb. 15. X. 1919 in Magdeburg, 402 Halle (Saale), Ginsterweg 15, Tel. 24659 (17. X. 1975).

Buchheim, Wolfgang, Dr. phil., em. o. Professor für theoretische Physik an der Bergakademie Freiberg, Mitglied der Kommission für spezielle Umweltprobleme der Akademie, Mitglied der Deutschen Akademie der Naturforscher Leopoldina in Halle, berufener ständiger Gast der Klasse „Umweltschutz und Umweltgestaltung" der Akademie der Wissenschaften der DDR, Mitglied der Permanenten Kommission für die Festerdegezeiten der Internationalen Association für Geodäsie in Strasbourg, geb. 18. X. 1909 in Leipzig, 92 Freiberg (Sachsen), Richard-Wagner-Straße 25, Tel. 48383 (7. XII. 1959).

Busch, Karl-Franz, Dr.-Ing., Dr.-Ing. E. h. (Freiberg), Diplom-Gewerbelehrer, o. Professor für Wasserversorgung und Abwasserbehandlung an der TU Dresden, Direktor der Sektion Wasserwesen der TU Dresden und Leiter des Wissenschaftsbereiches

Wasserversorgung und Abwasserbehandlung, Träger des Vaterländischen Verdienstordens in Bronze und der Goldenen Ehrennadel der Kammer der Technik, Held der sozialistischen Arbeit, Verdienter Techniker des Volkes, Mitglied der Deutschen Agrarwissenschaftlichen Gesellschaft, o. Mitglied des Forschungsrates der DDR, geb. 22. III. 1917 in Oberhausen, 8053 Dresden, Waldparkstraße 2, Tel. 31743 (25. III. 1977).

Dörter, Klaus, Dr. agr. (Wissenschaftsgebiet Grünland und Meliorationswesen sowie Landeskultur), o. Professor für landwirtschaftliche Meliorationen an der Martin-Luther-Universität Halle—Wittenberg, Inhaber der Verdienstmedaille der DDR, der Erinnerungsmedaille zum 20. Geburtstag der Demokratischen Bodenreform, der Ehrennadel in Gold der Agrarwissenschaftlichen Gesellschaft und der Erinnerungsmedaille der Landwirtschaftlichen Hochschulen Póznan und Nitra, Mitglied der Kommission für spezielle Umweltprobleme der Akademie, der Agrarwissenschaftlichen Gesellschaft der DDR, der Bodenkundlichen Gesellschaft der DDR, der Internationalen Bodenkundlichen Gesellschaft in Amsterdam/Holland und der Sektion Landeskultur und Naturschutz der Akademie der Landwirtschaftswissenschaften der DDR, Mitarbeiter der Arbeitsgruppe „Ökologie" der Klasse „Umweltschutz und Umweltgestaltung" bei der Akademie der Wissenschaften der DDR, geb. 10. I. 1922 in Breslau, 402 Halle/S., Elsa-Brandström-Straße 190, Tel. 45211 (18. VI. 1974).

Drischel, Hans, Dr. med., o. Professor für Physiologie an der Karl-Marx-Universität, Leipzig, Nationalpreisträger, o. Mitglied der Akademie der Wissenschaften der DDR der Deutschen Akademie der Naturforscher Leopoldina in Halle und der New York Academy of Sciences, Ehrenmitglied der Allunionsgesellschaft der Physiologen der UdSSR „I. P. Pawlow", geb. 8. VI. 1915 in Köln, 7027 Leipzig, Güldengossaer Straße 33, Tel. 80923 (7. XII. 1964). † 14. V. 1980 Leipzig

Dürwald, Wolfgang, Dr. med., o. Professor für Gerichtliche Medizin an der Karl-Marx-Universität Leipzig, Direktor des Instituts für Gerichtliche Medizin und Kriminalistik am Bereich Medizin der Karl-Marx-Universität, Verdienter Arzt des Volkes, Obermedizinalrat, Friedrich-Engels-Preisträger, Inhaber der Hufeland-Medaille in Gold, der Kopernikus-Medaille der Universität Kraków und der Richard-Kockel-Medaille der Gesellschaft für Gerichtliche Medizin der DDR, Mitglied der Internationalen Akademie für Gerichtliche und Soziale Medizin, seit 1976 Vizepräsident dieser Akademie, Mitglied der Gesellschaft für Gerichtliche Medizin der DDR, der Gesellschaft für Militärmedizin der DDR, der Gesellschaft für Hämatologie und Bluttransfusion der DDR, der Gesellschaft für Humangenetik der DDR und der Gesellschaft für Experimentelle Medizin der DDR, Ehrenmitglied der Allunions-Gesellschaft für Gerichtliche Medizin der UdSSR, der Royal Society of Medicine in London und der Soziedad de Medicina Legal in Chile, geb. 13. I. 1924 in Hagen (Westfalen), 7027 Leipzig, Naunhofer Straße 18, Tel. 8611636 (20. X. 1978).

Eßbach, Hasso, Dr. med., em. o. Professor für pathologische Anatomie an der Medizinischen Akademie Magdeburg und an der Deutschen Akademie für Ärztliche Fortbildung Berlin, Gründungsrektor der Medizinischen Akademie Magdeburg, Träger des Vaterländischen Verdienstordens, Inhaber des Rudolf-Virchow-Preises des Ministeriums für Gesundheitswesen, der Humboldt-Medaille des Ministeriums für Hoch- und Fachschulwesen in der DDR und der Otto-v.-Guericke-Plakette der Stadt Magdeburg,

Mitglied der Deutschen Gesellschaft für Pathologie in Münster, der Gesellschaft für Experimentelle Medizin in der DDR in Berlin, der Gesellschaft für Pathologie der DDR in Berlin, der Gesellschaft für Perinatale Medizin der DDR in Halle, der Gesellschaft für Neuropathologie der DDR in Leipzig, der Deutschen Gesellschaft für Elektronenmikroskopie in Düsseldorf, geb. 9. III. 1909 in Chemnitz, 3271 Möser über Burg bei Magdeburg, Kastanienallee 5, Tel. 274 (24. V. 1965).

Freimuth, Ulrich, Dr. rer. nat., o. Professor für Lebensmittelchemie an der TU Dresden, Inhaber der Verdienstmedaille der DDR, der Kekulé-Medaille der Chemischen Gesellschaft und der Pettenkofer-Medaille der Gesellschaft für Allgemeine und kommunale Hygiene in der DDR, Mitglied der Kommission für spezielle Umweltprobleme der Akademie, Mitglied der Chemischen Gesellschaft der DDR und Vorsitzender des Fachverbandes Lebensmittelchemie dieser Gesellschaft, Mitglied der Biochemischen Gesellschaft und der Gesellschaft für Ernährung, Ehrenmitglied des Ungarischen Wissenschaftlichen Vereins für Lebensmittelindustrie, geb. 16. X. 1914 in Wismar, 8020 Dresden, Bernerstraße 1, Tel. 40644 (28. VI. 1971).

Gersch, Manfred, Dr. phil., em. o. Professor für Zoologie an der Friedrich-Schiller-Universität Jena, Nationalpreisträger, Inhaber des Heinrich-Greif-Preises der DDR, Mitglied der Kommission für spezielle Umweltprobleme der Akademie, o. Mitglied der Akademie der Wissenschaften der DDR, Mitglied der Deutschen Akademie der Naturforscher Leopoldina in Halle, der Biologischen Gesellschaft in der DDR, der Gesellschaft für Neurowissenschaften der DDR und der International Brain Research Organisation (IBRO) der UNESCO, Gründungsmitglied der European Society for Comparative Endocrinology in Bristol/Großbritannien, Ehrenmitglied der Entomologischen Gesellschaft der UdSSR, geb. 12. VIII. 1909 in Dresden, 69 Jena, Beethovenstraße 8, Tel. 23518 (11. XII. 1961).

Görlich, Paul, Dr.-Ing., Dr. rer. nat. h. c. (Leipzig, Dresden), Professor, ehem. Direktor für Forschung und Entwicklung des VEB Carl Zeiss Jena, Nationalpreisträger, Verdienter Techniker des Volkes, Inhaber des Vaterländischen Verdienstordens in Silber, der Goldenen und Silbernen Ehrennadel der Kammer der Technik und der Lenin-Erinnerungsmedaille des Obersten Sowjet der UdSSR, Ehrensenator der TH Karl-Marx-Stadt, Mitglied der Kommission für spezielle Umweltprobleme der Akademie, o. Mitglied der Akademie der Wissenschaften der DDR, em. Direktor am Institut für Optik und Spektroskopie dieser Akademie, Mitglied der Deutschen Akademie der Naturforscher Leopoldina in Halle, Vorstandsmitglied der Physikalischen Gesellschaft der DDR und der Deutschen Gesellschaft für Meßtechnik und Automatisierung in der DDR, Mitglied der Royal Microscopical Society in London—Oxford, geb. 7. X. 1905 in Dresden, 69 Jena, Schillbachstraße 24, Tel. 24496 (15. III. 1965).

Jordan, Herbert, Dr. med., Honorarprofessor für Physiotherapie an der Friedrich-Schiller-Universität Jena, Direktor des Forschungsinstituts für Balneologie und Kurortwissenschaft in Bad Elster, Verdienter Arzt des Volkes, Obermedizinalrat, Träger der Hufeland-Medaille in Gold und der Medaille für treue Dienste im Gesundheits- und Sozialwesen in Gold, Mitglied der Gesellschaft für Innere Medizin, Kardiologie, Physiotherapie und Rheumatologie in der DDR, Mitglied der Internationalen Gesellschaft für Biologische Rhythmusforschung, korresp. Mitglied der Deutschen Gesellschaft für Physikalische Medizin und Rehabilitation in Hannover, Ehrenmitglied der Medizinisch-Wissenschaftlichen Allunionsgesellschaft für Physiotherapie und Kurortologie der

UdSSR, der Bulgarischen Gesellschaft für Physikalische Therapie, Kurortologie und Rehabilitation, der Československá fyziatrická spoločnost' und der Polnischen Gesellschaft für Balneologie, Bioklimatologie und Physikalische Therapie, geb. 8. XII. 1919 in Markneukirchen (Vogtland), 9933 Bad Elster, Karl-Marx-Straße 30, Tel. 467 (18. VI. 1974).

Keller, Ott-Heinrich, Dr. phil. nat., em. o. Professor für Mathematik an der Martin-Luther-Universität Halle—Wittenberg, Nationalpreisträger, Mitglied der Deutschen Akademie der Naturforscher Leopoldina in Halle, geb. 22. VI. 1906 in Frankfurt (Main), 402 Halle (Saale), Dölauer Straße 82, Tel. 31480 (15. IX. 1958).

Krug, Herbert, Dr.-Ing., o. Professor für Verfahrenstechnik an der Bergakademie Freiberg, Inhaber der Verdienstmedaille der DDR, der Arthur-Becker-Medaille der FDJ in Silber, der Medaille für Verdienste in der Kohleindustrie in Gold, der Ehrenplakette der Stadt Freiberg in Silber, der Karl-Kegel-Medaille der ehemaligen Brennstofftechnischen Gesellschaft in der DDR und der Humboldt-Medaille in Gold, Mitglied der wissenschaftlich-technischen Gesellschaft „Energiewirtschaft“ und der montanwissenschaftlichen Gesellschaft der KdT, geb. 10. I. 1919 in Brossen (Kr. Zeitz), 92 Freiberg, Lindenweg 10, Tel. 47801 (20. X. 1978).

Lösche, Artur, Dr. phil., o. Professor für experimentelle Physik an der Karl-Marx-Universität Leipzig, Nationalpreisträger, Verdienter Hochschullehrer der DDR, Inhaber des Vaterländischen Verdienstordens in Bronze, o. Mitglied der Akademie der Wissenschaften der DDR, Mitglied der Deutschen Akademie der Naturforscher Leopoldina in Halle, Mitglied des Executive Committee der European Physical Society und des Vorstandes des Groupement AMPERE (Internationale Gesellschaft für HF-Spektroskopie), geb. 20. X. 1921 in Leipzig, 7027 Leipzig, Egon-Erwin-Kisch-Weg 35, Tel. 8612553 (24. V. 1965).

Matzen, Peter Friedrich, Dr. med., em. o. Professor für Orthopädie an der Karl-Marx-Universität Leipzig, Verdienter Arzt des Volkes, Inhaber der Priorev-Medaille und des Erich-Lexer-Preises der Deutschen Gesellschaft für Chirurgie bzw. der Deutschen Gesellschaft für Orthopädie und Traumatologie 1974, Mitglied der Deutschen Akademie der Naturforscher Leopoldina in Halle und Senator dieser Akademie, Mitglied der Société Internationale de Chirurgie orthopédique et de Traumatologie in Brüssel, korresp. Mitglied der Società Italiana di Ortopedia e Traumatologia in Rom und der Polnischen Gesellschaft für Osteologie, Fellow of the International College of Surgeons in Chicago, Ehrenmitglied der Bulgarischen Orthopädischen Gesellschaft, der Gesellschaft für Orthopädie der DDR, der Deutschen Gesellschaft für Orthopädie und Traumatologie und der Vereinigung der Orthopäden Österreichs in Wien, geb. 11. X. 1909 in München, 7031 Leipzig, Marpergerstraße 21, Tel. 46944 (7. XII. 1964).

Mothes, Kurt, Dr. phil., Dr. med. h. c. (Halle—Wittenberg), Dr. agr. h. c. (Kiel), Dr. phil. h. c. (Wien), Dr. rer. nat. h. c. (Halle—Wittenberg, Greifswald), Dr. pharm. h. c. (Szeged/Ungarn), em. Professor mit Lehrstuhl für Botanik, Pharmakognosie und Biochemie der Pflanzen an der Martin-Luther-Universität Halle—Wittenberg, Nationalpreisträger, Hervorragender Wissenschaftler des Volkes, Träger des Vaterländischen Verdienstordens und des Österreichischen Ehrenzeichens für Wissenschaft und Kunst,

Mitglied des Ordens Pour le mérite für Verdienste um die Wissenschaft und um die Künste, Inhaber des Ordens „Banner der Arbeit", der Cothenius-Medaille der Deutschen Akademie der Naturforscher Leopoldina, der Döbereiner-Medaille der Pharmazeutischen Gesellschaft Berlin, der Hoest-Madsen-Medaille der Fédération Internationale Pharmaceutique, der goldenen Gregor-Mendel-Medaille der Tschechoslowakischen Akademie der Wissenschaften, der Pazmany-Medaille der Universität Budapest, der Paul-Karrer-Medaille der Universität Zürich, der silbernen Medaille der Académie Nationale de Médecine de France, der August-Kekulé-Medaille der Chemischen Gesellschaft in der DDR, der Charles Reid-Barnes Honorary Life Membership of the American Society of Plant Physiologists, Mitglied der Kommission für spezielle Umweltprobleme der Akademie, Alt-Präsident der Deutschen Akademie der Naturforscher Leopoldina in Halle, o. Mitglied der Akademie der Wissenschaften der DDR und em. Direktor des Instituts für Biochemie der Pflanzen dieser Akademie, korresp. Mitglied der Heidelberger Akademie der Wissenschaften, der Akademie der Wissenschaften und der Literatur in Mainz, der Bayerischen Akademie der Wissenschaft in München, der Rumänischen Akademie der Wissenschaften in Bukarest, der Rajasthan Academy of Sciences in Pilani (Indien) und der kungl. Vetenskaps-Societen in Uppsala, ausländisches Mitglied der Akademie der Wissenschaften der UdSSR, der Royal Society in London, der Französischen Akademie de Pharmacie in Paris und correspondant étranger der Académie Nationale de Médecine de France in Paris, Ehrenmitglied der math.-nat. Klasse der Österreichischen Akademie der Wissenschaften in Wien, der Japanischen Akademie der Wissenschaften in Tokio, des Gesamtverbandes der Ungarischen Medizinisch-Wissenschaftlichen Gesellschaften in Budapest, der American Society of Plant Physiologists in Ithaca und der American Society of Pharmacognosy in Storrs/Conn., Mitglied der Chemischen Gesellschaft in der DDR, der American Chemical Society in Washington, der Fédération Internationale Pharmaceutique in Amsterdam, der British Society for Experimental Biology in London, der Japanese Society of Plant Physiologists in Tokio, der Societas Physiologiae Plantarum Scandinavica in Lund, der Deutschen Arzneibuch-Kommission in Berlin und des Kuratoriums der Flückiger-Stiftung in Bern, Ehrenmitglied der Deutschen Vereinigung für angewandte Botanik in Berlin-Dahlem, der Indian Society of Plant Physiologists in New Delhi, der Indian Botanical Society in Bombay, der Sowjetischen Botanischen Allunionsgesellschaft in Leningrad, der Biologischen Gesellschaft der DDR, der Gesellschaft für Arzneipflanzenforschung (Camberg, BRD), der Gesellschaft Deutscher Chemiker (BRD), der Gesellschaft für Biologische Chemie (BRD), der Deutschen Botanischen Gesellschaft (BRD), der Gesellschaft Deutscher Naturforscher und Ärzte (BRD), der Deutschen Pharmazeutischen Gesellschaft (BRD), des Verbandes Deutscher Biologen (BRD), der International Physiological Society (USA), der Biochemischen Gesellschaft der DDR und der Pharmazeutischen Gesellschaft der DDR, Ehrensenator der Martin-Luther-Universität Halle—Wittenberg, geb. 3. XI. 1900 in Plauen (Vogtland), 402 Halle (Saale), Hoher Weg 23, Tel. 21717 (10. V. 1954).

Neef, Ernst, Dr. phil., em. o. Professor für Geographie an der Technischen Universität Dresden, Inhaber der Verdienstmedaille der DDR, der Hermann-Haack-Medaille der Geographischen Gesellschaft in der DDR, der Verdienstmedaille der Polnischen Geographischen Gesellschaft und der Goldenen Carl-Ritter-Medaille der Gesellschaft für Erdkunde in Berlin (West), Vorsitzender der Kommission für spezielle Umweltprobleme und der Poggendorff-Kommission der Akademie, Mitglied der Deutschen Akademie der Naturforscher Leopoldina in Halle, Ehrenmitglied der Geographischen Gesellschaft der DDR, der Österreichischen Geographischen Gesellschaft in Wien und der Ungarischen Geographischen Gesellschaft in Budapest, korresp. Mitglied der Geographischen Gesellschaft in München, geb. 16. IV. 1908 in Dresden, 8019 Dresden, Florian-Geyer-Straße 44/032, Tel. 693415 (17. XI. 1956).

Obenaus, Fritz, Dr.-Ing., em. Professor mit Lehrstuhl für Hochspannungstechnik an der Technischen Universität Dresden, Nationalpreisträger, Verdienter Techniker des Volkes, Träger des Vaterländischen Verdienstordens, o. Mitglied der Akademie der Wissenschaften der DDR, geb. 9. XII. 1904 in Niedersedlitz, 8020 Dresden, Donndorfstraße 37, Tel. 41331 (7. XII. 1959). † 20. I. 1980.

Oelßner, Wilhelm, Dr. med., o. Professor für Radiologie an der Karl-Marx-Universität Leipzig, Verdienter Arzt des Volkes, Träger des Vaterländischen Verdienstordens in Bronze, Inhaber der Ehrenplakette der Deutschen Gesellschaft für klinische Medizin und der Ehrennadel der Karl-Marx-Universität Leipzig, Mitglied der Deutschen Akademie der Naturforscher Leopoldina in Halle, der Gesellschaft für Medizinische Radiologie der DDR und der Gesellschaft für Geschwulstbekämpfung der DDR, korresp. Mitglied der Deutschen Röntgengesellschaft und Ehrenmitglied der Tschechoslowakischen Radiologischen Gesellschaft, geb. 3. III. 1920 in Leipzig, 7124 Holzhausen (Sachsen), Richard-Wagner-Straße 15, Tel. Leipzig 2012363 (17. X. 1975).

Paetzold, Roland, Dr. rer. nat., o. Professor für anorganische Chemie an der Friedrich-Schiller-Universität Jena, Inhaber der Verdienstmedaille der DDR und der Verdienstmedaille der Friedrich-Schiller-Universität Jena in Silber, Mitglied und Präsidiumsmitglied der Deutschen Akademie der Naturforscher Leopoldina in Halle, Mitglied der Chemischen Gesellschaft der DDR, geb. 13. VII. 1931 in Großhartmannsdorf, 69 Jena, Wilhelm-Stade-Straße 4, Tel. 23206 (25. III. 1977).

Parthier, Benno, Dr. rer. nat., Professor für Molekularbiologie an der Akademie der Wissenschaften der DDR, Institut für Biochemie der Pflanzen in Halle, Mitglied und Präsidiumsmitglied der Deutschen Akademie der Naturforscher Leopoldina in Halle, Sekretar für Mathematik und Naturwissenschaften, Mitglied und Vorstandsmitglied der Biochemischen Gesellschaft in der DDR, Mitglied der Biologischen Gesellschaft in der DDR und der American Society of Photobiology, geb. 21. VIII. 1932 in Holleben (Saalkreis), 402 Halle (Saale), Am Birkenwäldchen 7, Tel. 31990 (20. X. 1978).

Rammler, Erich, Dr.-Ing., Dr.-Ing. E. h. (Aachen), em. Professor mit Lehrstuhl für Brennstofftechnik, Wärmewirtschaft und Brikettierung an der Bergakademie Freiberg, Nationalpreisträger, Hervorragender Wissenschaftler des Volkes, Verdienter Bergmann der DDR, Träger des Vaterländischen Verdienstordens in Silber und Gold, Inhaber der Carl-Exter-Medaille, der Agricola-Medaille, der Karl-Kegel-Medaille der ehemaligen Brennstofftechnischen Gesellschaft in der DDR und der Medaille für Verdienste in der Kohlenindustrie der DDR in Gold, o. Mitglied der Akademie der Wissenschaften der DDR, Ehrenmitglied der ehemaligen Gesellschaft Deutscher Berg- und Hüttenleute und der ehemaligen Brennstofftechnischen Gesellschaft in der DDR, Ehrensenator der Bergakademie Freiberg, geb. 9. VII. 1901 in Tirpersdorf (Vogtland), 92 Freiberg, Richard-Wagner-Straße 12, Tel. 48812 (15. IX. 1958).

Ries, Werner, Dr. med., o. Professor für Innere Medizin-Gerontologie an der Karl-Marx-Universität Leipzig, Obermedizinalrat, Träger der Medaille für treue Dienste im Gesundheits- und Sozialwesen in Gold, der Ehrennadel der Karl-Marx-Universität Leipzig, des Preises für Medizin „Dr. Margarete Blank“ der Stadt Leipzig, der Reiman-Medaille für präventive Medizin der Slowakischen Ärzte-Gesellschaft in Bratislava und des Ehrenpreises der Gesellschaft für Gerontologie der DDR, Mitglied der Gesellschaft für Innere Medizin der DDR, der Gesellschaft für Gerontologie der DDR, der Gesellschaft für Ernährung der DDR und der Gesellschaft für Endokrinologie und Stoffwechselkrankheiten der DDR, Ehrenmitglied der Sektion Ernährung der Bulgarischen Wissenschaftlichen Gesellschaft, der Gesellschaft für Gerontologie der DDR und Vorstandsmitglied dieser Gesellschaft, geb. 20. III. 1921 in Nürnberg, 703 Leipzig, Hermann-Schein-Straße 3, Tel. 311720 (25. III. 1977).

Schwabe, Kurt, Dr.-Ing., Dr. rer. nat. h. c. (Dresden, Karl-Marx-Stadt, Merseburg, Freiberg), em. Professor mit Lehrstuhl für physikalische Chemie und Elektrochemie an der TU Dresden, Nationalpreisträger, Hervorragender Wissenschaftler des Volkes, Verdienter Hochschullehrer der DDR 1976, Held der Arbeit, Träger des Karl-Marx-Ordens, des Vaterländischen Verdienstordens, des Ordens „Banner der Arbeit“, der Goldenen Ehrennadel und der Ernst-Abbe-Medaille der KdT, der Hans-Clemm-Gedenkmünze des Vereins der Zellstoff- und Papiertechniker und -ingenieure, der Clemens-Winkler-Medaille der Chemischen Gesellschaft in der DDR und der Arthur-Becker-Medaille der Freien Deutschen Jugend in Gold, Inhaber des Preises 1. Stufe der TU Dresden anläßlich des 150jährigen Bestehens der TU Dresden, Mitglied des Forschungsrates der DDR in Berlin, Vorsitzender des wissenschaftlich-technischen Rates für Korrosionsschutz des Koordinationszentrums der RGW-Länder, Direktor des Forschungsinstituts Meinsberg (Entwicklungslabor der Technischen Universität Dresden), Mitglied der Kommission für spezielle Umweltprobleme der Akademie, o. Mitglied und Vizepräsident der Akademie der Wissenschaften der DDR, Mitglied der Deutschen Akademie der Naturforscher Leopoldina in Halle, korresp. Mitglied der Jugoslawischen Akademie der Wissenschaften und Künste in Zagreb und der mathematisch-naturwissenschaftlichen Klasse der Österreichischen Akademie der Wissenschaften in Wien, auswärtiges Mitglied der Bulgarischen Akademie der Wissenschaften in Sofia, Mitglied der Electrochemical Society in New York, der Faraday Society in London, der International Society of Electrochemistry (ISE) in Genf und nationaler Sekretär dieser Society, Mitglied des International Corrosion Council und der Chemischen Gesellschaft in der DDR in Berlin, Mitglied des Wissenschaftlichen Rates der Hauptforschungsrichtung Elektrochemie der TU Dresden und Senatsmitglied dieses Rates, Ehrenmitglied der Kammer der Technik in Berlin und der Gesellschaft für Strahlenschutz der DDR in Berlin, Ehrensenator der TU Dresden, geb. 29. V. 1905 in Reichenbach (Vogtland), Meinsberg/Sa., Post 7305 Waldheim, Tel. Waldheim 665 (11. XII. 1950).

Strack, Erich, Dr. med., Dr. phil., Dr. med. h. c. (Leipzig und Rostock), Dr. rer. nat. h. c. (Leipzig), Diplom-Chemiker, em. Professor mit Lehrstuhl für physiologische Chemie an der Karl-Marx-Universität Leipzig, Nationalpreisträger, Träger des Vaterländischen Verdienstordens, Mitglied der Kommission für spezielle Umweltprobleme und der Poggendorff-Kommission der Akademie, Mitglied der Deutschen Akademie der Naturforscher Leopoldina in Halle, Ehrenmitglied der Biochemischen Gesellschaft in der DDR, Ehrensenator der KMU, geb. 20. XI. 1897 in Wollin (Pommern), 701 Leipzig, Phillipp-Rosenthal-Straße 19, Tel. 35081 (14. II. 1949).

Stubbe, Hans, Dr. agr., Dr. agr. h. c. (Berlin, Jena und Kraków), Dr. Sc. h. c. (Brno), em. Professor mit Lehrstuhl für allgemeine und spezielle Genetik an der Martin-Luther-Universität Halle—Wittenberg, Nationalpreisträger, Hervorragender Wissenschaftler des Volkes, Träger des Vaterländischen Verdienstordens mit Ehrenspange, des Ordens „Banner der Arbeit", der Helmholtz-Medaille der Akademie der Wissenschaften der DDR, der Darwin-Plakette der Deutschen Akademie der Naturforscher Leopoldina, der Alexander-von-Humboldt-Gedenkmedaille der DDR, der Gregor-Mendel-Medaille der Tschechoslowakischen Akademie der Wissenschaften, der Erwin-Baur-Medaille der Akademie der Landwirtschaftswissenschaften der DDR und der Purkyně-Medaille der Universität Brno, Ehrenpräsident der Akademie der Landwirtschaftswissenschaften der DDR, o. Mitglied der Akademie der Wissenschaften der DDR, em. Direktor des Zentralinstituts für Genetik und Kulturpflanzenforschung Gatersleben dieser Akademie, Mitglied der Deutschen Akademie der Naturforscher Leopoldina in Halle, ausländ. Mitglied der W. I. Lenin-All-Unions-Akademie für Landwirtschaftswissenschaften in Moskau, der Rumänischen Akademie der Wissenschaften in Bukarest, der Bulgarischen Akademie der Wissenschaften und der Bulgarischen Akademie der Landwirtschaftswissenschaften in Sofia, der Polnischen Akademie der Wissenschaften in Warschau, Ehrenmitglied der Ungarischen Akademie der Wissenschaften in Budapest, der All-Unions Botanischen Gesellschaft der UdSSR, der Schwedischen Saatzuchtgesellschaft Svalöf, der Mendel-Gesellschaft in Lund, der Biologischen Gesellschaft und der Agrarwissenschaftlichen Gesellschaft in der DDR, geb. 7. III. 1902 in Berlin, 4325 Gatersleben, Schmiedestraße 1, Tel. 212 (13. II. 1950).

Uhlmann, Dietrich, Dr. rer. nat., Prof. für Hydrobiologie an der TU Dresden, Mitglied der Kommission für spezielle Umweltprobleme der Akademie, des International Council of Scientific Unions (ICSU) und des International Council der International Association of Theoretical and Applied Limnology, Leitungsmitglied der Sektion Ökologie und Vorsitzender der Arbeitsgruppe Hydrobiologie der Biologischen Gesellschaft der DDR in Berlin, Mitglied des Nationalkomitees der DDR für das Internationale Hydrologische Programm, Mitglied des Nationalkomitees der DDR im Wissenschaftlichen Komitee für Umweltprobleme (SCOPE) und des Herausgeberstabes der „Internationalen Revue der gesamten Hydrobiologie" in Berlin, geb. 4. VIII. 1930 in Chemnitz, 8021 Dresden, Schlüterstraße 19, Tel. 32856 (28. VI. 1971).

Watznauer, Adolf, Dr. rer. nat., em. o. Professor für Geologie an der Bergakademie Freiberg, Hervorragender Wissenschaftler des Volkes, Inhaber des Fourmarier-Preises (1972) in Gold der Académie Royale des Sciences, des Lettres et des Beaux-Arts de Belgique in Brüssel und der Humboldt-Medaille, Mitglied der Kommission für spezielle Umweltprobleme der Akademie, o. Mitglied der Akademie der Wissenschaften der DDR und Mitglied der problemgebundenen Klassen „Umweltschutz und Umweltgestaltung" und „Physik in Naturwissenschaft und Technik" dieser Akademie, Mitglied der Deutschen Akademie der Naturforscher Leopoldina in Halle, korresp. Mitglied der Geologischen Gesellschaft in Wien, Ehrenmitglied der Geologischen Gesellschaft der ČSSR und der Gesellschaft für Geologische Wissenschaften der DDR, geb. 29. IV. 1907 in Reichenberg in Böhmen, 9030 Karl-Marx-Stadt, Dieselstraße 8, Postschließfach 30 (18. XII. 1972).

Wolf, Friedrich, Dr. rer. nat., Dr. rer. nat. h. c. (Poznań), o. Professor für Technische Chemie an der Martin-Luther-Universität Halle—Wittenberg, Nationalpreisträger 1958 und 1966, Träger des Ordens „Banner der Arbeit" und der Ehrenmedaillen der Universitäten Halle/S., Poznań, Bratislava und Bagdad, korresp. Mitglied der Akademie der Wissenschaften der DDR in Berlin, Mitglied der Chemischen Gesellschaft der DDR in Berlin und der Faraday Society in London, geb. 9. II. 1920 in Leipzig, 7031 Leipzig, Karl-Heine-Straße 4b, Tel. 484415 (18. VI. 1974).

Auswärtige Mitglieder
der mathematisch-naturwissenschaftlichen Klasse

Bredt, Heinrich, Dr. med., em. o. Professor für allgemeine Pathologie und pathologische Anatomie an der Johannes-Gutenberg-Universität Mainz, Nationalpreisträger, Mitglied der Akademie der Wissenschaften und der Literatur in Mainz, auswärt. Mitglied der Akademie der Wissenschaften der DDR, Mitglied der Deutschen Akademie der Naturforscher Leopoldina in Halle, geb. 29. I. 1906 in Oberneudorf (Siebenbürgen), 65 Mainz, Fintherlandstraße 58, Tel. 42417 (12. II. 1951).

Budevski, Evgeni Bogdanov, Dr. rer. nat., Professor für Chemie und Elektrochemie bei der Bulgarischen Akademie der Wissenschaften in Sofia, Zentrallaboratorium für elektrochemische Stromquellen, Inhaber des Staatspreises „Georgi Dimitrov" für Wissenschaft und der Auszeichnung „100 Jahre Bulgarische Akademie der Wissenschaften", Träger des Ordens „Kirill und Metodi" 1. und 2. Stufe, Mitglied der Bulgarischen Akademie der Wissenschaften in Sofia, Mitglied der International Society of Electrochemistry (ISE), geb. 29. VII. 1922 in Sofia, Sofia 1113, Bul. Samokov 82, Tel. Institut 723454 (9. XI. 1974).

Dabelow, Adolf, Dr. med., Dr. phil., Dr. rer. nat., Dr. med. h. c. (Salamanca), em. o. Professor für Anatomie an der Johannes-Gutenberg-Universität Mainz, o. Mitglied der Akademie der Wissenschaften und der Literatur in Mainz, korresp. Mitglied der Bayerischen Akademie der Wissenschaften in München, geb. 28. VI. 1899 in Magdeburg, 78 Freiburg/Breisgau, Sautierstraße 75, Postfach 352 (24. VI. 1944).

Fejes Tóth, László, Dr. phil., Professor, Direktor des Mathematischen Forschungsinstituts der Ungarischen Akademie der Wissenschaften in Budapest, Kossuth- und Staatspreisträger, Mitglied der Ungarischen Akademie der Wissenschaften in Budapest, auswärt. Mitglied der AdW der DDR, geb. 12. III. 1915 in Szeged, 1025 Budapest, Pusztaszeri út. 32, Tel. 688636 (13. VI. 1966).

Gerasimov, Innokentij Petrovič, Dr. der geographischen Wissenschaften, em. Professor für Geographie an der Lomonosov-Universität in Moskau, Vizepräsident der International Geographical Union, Inhaber des Lenin-Ordens, des Ordens Roter Stern und des Staatspreises „Georgi Dimitrov" der VR Bulgarien, Träger der Goldenen Dokučaev-Medaille, der Goldenen Przenalski-Medaille und der Moritz-Wilhelm-Drobisch Medaille der SAW, Mitglied der Deutschen Akademie der Naturforscher Leopoldina in Halle, der Akademie der Landwirtschaftswissenschaften der DDR, der Bulgarischen Akademie der Wissenschaften in Sofia, auswärtiges Mitglied der Akademie der Wissenschaften der DDR und Ehrenmitglied der Geographischen Gesellschaften in Columbien England, Finnland, Frankreich, Italien, Österreich, Polen, Schottland, Serbien und Ungarn, geb. 9. XII. 1905 in St. Kostroma, Moskva W-3, Leninsky prospekt 13, Tel. 231-61-44 (12. XI. 1971).

Helferich, Burckhardt, Dr. phil., Dr. rer. nat. h. c. (Stuttgart), em. o. Professor für Chemie an der Rheinischen Friedrich-Wilhelms-Universität Bonn, Träger des Großen Verdienstkreuzes des Verdienstordens der Bundesrepublik Deutschland, Inhaber der Emil-Fischer-Medaille der Gesellschaft Deutscher Chemiker, Mitglied der Deutschen Akademie der Naturforscher Leopoldina in Halle und der Rheinisch-Westfälischen Akademie der Wissenschaften in Düsseldorf, Ehrenmitglied der Chemischen Gesellschaft der DDR, geb. 10. VI. 1887 in Greifswald, 53 Bonn, Bonner Talweg 66, Tel. 210585 (23. II. 1931).

Hertwig, Paula, Dr. phil., Dr. med. h. c. (Halle—Wittenberg, Heidelberg), em. Professor mit Lehrstuhl für allgemeine Biologie an der Martin-Luther-Universität Halle—Wittenberg, Nationalpreisträger, Hervorragender Wissenschaftler des Volkes, Träger des Vaterländischen Verdienstordens, Inhaber des Theobald-Christ-Preises der Senkenbergischen Naturforschenden Gesellschaft in Frankfurt (Main), Mitglied der Deutschen Akademie der Naturforscher Leopoldina in Halle, geb. 11. X. 1889 in Berlin, 773 Villingen, Brandenkopfweg 7 (14. III. 1955).

Hölder, Ernst, Dr. phil., em. o. Professor für Mathematik an der Johannes-Gutenberg-Universität Mainz, Inhaber der Silbernen Medaille der Universität Helsinki, auswärt. Mitglied der Akademie der Wissenschaften der DDR, Mitglied der Deutschen Akademie der Naturforscher Leopoldina in Halle, geb. 2. VI. 1901 in Leipzig, 65 Mainz-Gonsenheim, Friedrichsstraße 36 (1. VII. 1948).

Hopf, Eberhard, Dr. phil., em. Forschungs-Professor für Mathematik an der Indiana University, Bloomington, Indiana (USA), korresp. Mitglied der Bayerischen Akademie der Wissenschaften in München, geb. 17. IV. 1902 in Salzburg, Bloomington/Indiana, 47401, USA, 512 S. Swain Avenue (26. XI. 1938).

Hund, Friedrich, Dr. phil., Dr. phil. nat. h. c. (Frankfurt [Main]), Dr. phil. h. c. (Uppsala), em. o. Professor für theoretische Physik an der Georg-August-Universität Göttingen, Nationalpreisträger, Träger der Max-Planck-Medaille der Deutschen Physikalischen Gesellschaft, der Cothenius-Medaille der Deutschen Akademie der Naturforscher Leopoldina, des Otto-Hahn-Preises für Chemie und Physik und des Großen Verdienstkreuzes des Verdienstordens der Bundesrepublik Deutschland, auswärt. Mitglied der Akademie der Wissenschaften der DDR, Mitglied der Akademie der Wissenschaften in Göttingen und der Deutschen Akademie der Naturforscher Leopoldina in Halle, Ehrenmitglied der Deutschen Bunsengesellschaft für Physikalische Chemie und der Deutschen Physikalischen Gesellschaft, geb. 4. II. 1896 in Karlsruhe, 34 Göttingen, Charlottenburgerstraße 19, Tel. (0551) 7901-2009 (18. XI. 1933).

Kähler, Erich, Dr. phil., em. o. Professor für Mathematik an der Universität Hamburg, Hon.-Professor an der Technischen Universität Berlin, auswärt. Mitglied der Akademie der Wissenschaften der DDR, Mitglied der Deutschen Akademie der Naturforscher Leopoldina in Halle, ausländ. Mitglied der Accademia Nazionale dei Lincei in Rom, geb. 16. I. 1906 in Leipzig, 2 Wedel (Holstein), Mozartstraße 42, Tel. (04103) 86535 (14. II. 1949).

Kaišev, Rostislav, Dr.-Ing., o. Professor für physikalische Chemie an der Universität Sofia, Vizepräsident der Bulgarischen Akademie der Wissenschaften in Sofia, Mitglied der Deutschen Akademie der Naturforscher Leopoldina in Halle, auswärt. Mitglied der

Akademie der Wissenschaften der DDR, geb. 16. II. 1908 in St. Petersburg, Universität Sofia, ul. „7. noemvri“ 1 (19. II. 1968).

Karšulin, Miroslav, Dr. techn., o. Professor für physikalische Chemie an der Universität Zagreb, Träger des Staatspreises für Chemie, des Republikanischen Preises, des Staatsordens II. Klasse und des Ordens für Arbeit mit der roten Fahne, o. Mitglied der Jugoslawischen Akademie der Wissenschaften und Künste in Zagreb, der Makedonischen Akademie der Wissenschaften, in Skopje, der Faraday Society in London, der Electrochemical Society in New York, der Kroatischen Chemischen Gesellschaft, des Vereins der Ingenieure und Techniker Jugoslawiens, der Deutschen Keramischen Gesellschaft und des Internationalen Komitees zur Erforschung der Bauxite, Aluminium-Hydroxide und Oxyde, geb. 4. IV. 1904 in Przemyśl (Polen), 41000 Zagreb, Palmotićeva 4/I, Tel. 36761 (9. XI. 1974).

Kersten, Martin, Dr.-Ing., Hon.-Professor für Physik an der Technischen Universität Carola-Wilhelmina Braunschweig, o. Mitglied der Braunschweigischen Wissenschaftlichen Gesellschaft, Klasse für Naturwissenschaften und Mathematik, Mitglied des Kuratoriums der Physikalisch-Technischen Bundesanstalt, Präsident i. R. dieser Bundesanstalt, Ehrenmitglied der Internationalen Kommission für Maß und Gewicht, geb. 28. IV. 1906 in Zittau, 33 Braunschweig, Knappstraße 8, Tel. (0531) 511383 (14. II. 1949).

Klimaszewski, Mieczysłav, Dr. phil., Dr. rer. nat. h. c. (Jena, Kiew, Bratislava, Alliance College, Cambridge Springs [USA], St. Andrews, Uppsala, Katowice), o. Professor für physische Geographie an der Jagiellonischen Universität Kraków, Stellvertreter des Vorsitzenden des Staatsrates der VR Polen 1965—1972, Träger des Offizierskreuzes, des Kommandeur-Kreuzes mit Stern Polonia Restituta und der Standarte der Arbeit I. Klasse, Grand officier du l’ordre de Mérite, Inhaber der Alexander-von-Humboldt-Gedenkmedaille der DDR, der Karl-Sapper-Medaille der Geographischen Gesellschaft in Würzburg und der „Patron Medal“ der Royal Geographical Society, o. Mitglied der Polnischen Akademie der Wissenschaften in Warschau, Mitglied der Deutschen Akademie der Naturforscher Leopoldina in Halle, der Societas Scientiarum Fennica, der Jugoslawischen Akademie der Wissenschaften und Künste in Zagreb, der Wissenschaftlichen Gesellschaft in Wrocław, der Geographischen Gesellschaft der UdSSR in Leningrad, der Koninklijk Nederlands Aardrijkskundig Genootschap in Amsterdam, der Société Belge de Géologie, de Paléontologie et d’Hydrologie in Brüssel, der Suomen Maantieteellinen Seura-Geografiska Sällskapet i Finland in Helsinki und der Magyar Fóldrajzi Társaság in Budapest, Ehrenmitglied des Wissenschaftlichen Rates der Universitäten Kiew und Jena, geb. 26. VII. 1907 in Stanisławów, Kraków, Wyspiańskiego 3, Tel. 37573 (13. VI. 1966).

Kolotyrkin, Jakov Michajlovič, Dr. der chemischen Wissenschaften, Professor für Elektrochemie und Korrosionsschutz, Direktor des Instituts für Physikalische Chemie „L. Ja. Karpov“ in Moskau, Inhaber des Lenin-Ordens und des Ordens des Roten Arbeiterbanners, Träger der Goldmedaille der Tschechoslowakischen Gesellschaft für Internationale Zusammenarbeit und der Gedenkmedaille zu Ehren des 50. Jahrestages des Bestehens der Kommunistischen Partei der ČSSR, o. Mitglied der Akademie der Wissenschaften der UdSSR, der Internationalen Elektrochemischen Gesellschaft, des Staatlichen Komitees für Wissenschaft und Technik beim Ministerrat der UdSSR und Vertreter der UdSSR im wissenschaftlich-technischen Rat des Koordinationszentrums der RGW-Länder für Korrosionsschutz, nationaler Sekretär der Internationalen Elektrochemischen Gesellschaft, geb. 14. XI. 1910 im Dorf Canino des Jarcevsker Bezirks im Smolensker Gebiet, 107120 Moskva B-120, ul. Obuche 10, Karpov-Institut, Tel. 297-32-57 (12. XI. 1971).

Kramer, Kurt, Dr. med., em. o. Professor für Physiologie an der Ludwig-Maximilians-Universität München, o. Mitglied der Akademie der Wissenschaften in Göttingen, Mitglied der Deutschen Akademie der Naturforscher Leopoldina in Halle und der Gesellschaft zur Förderung der Naturwissenschaften in Marburg (Lahn), geb. 16. VI. 1906 in Münster, 8000 München 15, Schubertstraße 4, Tel. 531199 (24. VI. 1944).

Lange, Erich, Dr.-Ing., em. o. Professor für physikalische Chemie an der Friedrich-Alexander-Universität Erlangen—Nürnberg, Mitglied der Deutschen Bunsengesellschaft für physikalische Chemie in Frankfurt (Main), der Gesellschaft Deutscher Chemiker in Frankfurt (Main), der Gesellschaft Deutscher Naturforscher und Ärzte in Bonn, Mitglied der International Society of Electrochemistry (ehemals Comité International de Thermodynamique et de Cinétique Élektrochimiques, Nomenklaturkommission) in Brüssel und der American Electrochemical Society in New York, geb. 26. XI. 1896 in Hartha b. Waldheim, 852 Erlangen, Sieglitzhofer Straße 51, Postfach 2542, Tel. 52741 (10. VI. 1961).

Maier, Wilhelm, Dr. phil., em. Professor mit Lehrstuhl für Mathematik an der Friedrich-Schiller-Universität Jena, korresp. Mitglied der Heidelberger Akademie der Wissenschaften, geb. 4. I. 1896 in Neuenbürg (Schwarzwald), 65 Mainz 31, Rubensallee 48 (5. XII. 1960).

Myrberg, Pekka Juhana, Dr. phil., Dr. techn. h. c. (Helsinki), Dr. phil. h. c. (Turku und Stockholm), em. o. Professor für Mathematik an der Universität Helsinki, ehem. Kanzler der Universität Helsinki, Mitglied der Suomen Tiedeseura in Helsinki, ausländ. Mitglied der Kongelige Danske Videnskabernes Selskap in Kopenhagen und der Norske Videnskaps-Akademi in Oslo, Ehrenmitglied der Suomalainen Tiedeakatemia in Helsinki, geb. 30. XII. 1892 in Wiipuri, Helsinki, Mannerheimintie 75A (5. XII. 1942).

Nissen, Rudolf, Dr. med., Dr. med. h. c. (Humboldt-Universität Berlin, Technische Universität München, Hacettepe Universität Ankara), em. o. ö. Professor für Chirurgie an der Universität Basel, 1956 Master Surgeon des International College of Surgeons, Inhaber der Rudolf-Virchow-Medaille in Gold der Virchow-Society in New York, der Vesaluis-Medaille der Akademie für ärztliche Fortbildung in Stuttgart, des Ordens Civil de Sanidad Medico, Categoria Europienda, der Cron of Academic Honor of the Academic Council of the American International Academy, des Gimbernat-Preises der Asociacion de Chirurgia de Barcelona (1971), des Bayerischen Verdienstordens, der Paracelsus-Medaille der Deutschen Ärzteschaft und der Ernst-von-Bergmann-Gedenkmünze in Gold der Deutschen Gesellschaft für Chirurgie, Mitglied der Schweizerischen Akademie der Medizinischen Wissenschaften in Basel (1961—1967 Senatsmitglied) und der Deutschen Akademie der Naturforscher Leopoldina in Halle, korresp. Mitglied der Van Swieten-Gesellschaft in Wien, Präsident der Rudolf-Virchow-Society of the City of New York, Mitglied der Bayerischen Chirurgen-Vereinigung, der Deutschen Gesellschaft für Chirurgie in Berlin, der Schweizerischen Gesellschaft für Angiologie und der Schweizerischen Gesellschaft für Chirurgie, ehemaliger Vorsitzender des Beirates der

Fakultät für Medizin der Technischen Hochschule München, Ehrenmitglied und früherer Präsident des International College of Surgeons, Ehrenmitglied der Accademia Lancisiana in Rom, der International Mark Twain Society, St. Louis, der American International Academy, New York, des American College of Gastroenterology, der Physikalisch-medizinischen Sozietät Erlangen, der Schweizerischen Gesellschaft für Anaesthesiologie, der Société Hellénique de Chirurgie, der Società Piemontese di Chirurgia, der Nordwestdeutschen Chirurgen-Vereinigung, der Society of Thoracic Surgeons of Great Britain and Ireland, London, der Deutschen Gesellschaft für Anaestesiologie in Freiburg (Br.), der Deutschen Gesellschaft für Verdauungs- und Stoffwechselkrankheiten, der Deutschen Gesellschaft für klinische Medizin, Sektion Chirurgie, der Deutschen Gesellschaft für Thorax-, Herz- und Gefäßchirurgie, der Österreichischen Gesellschaft für Chirurgie und Traumatologie in Wien, der Berliner Chirurgen-Gesellschaft, der Schweizerischen Gesellschaft für Gastroenterologie, der Società Italiana di Chirurgia in Rom, der Deutschen Röntgengesellschaft, des American College of Chest Physicians in Chicago, der International Society of University Colon and Rectal Surgeons, der Société Européenne de Chirurgie Cardio-Vasculaire, der Deutschen Gesellschaft für Angiologie, der Société Internationale de Chirurgie und der Asociacion de Cirurgia in Barcelona, geb. 9. IX. 1896 in Neisse (Schlesien), CH - 4125 Riehen b. Basel, Höhenstraße 45, Tel. 492323 (20. IV. 1963).

Răduleţ, B. Remus, Dr. phil., Professor für Grundlagen der Elektrotechnik an der Technischen Hochschule „Gh. Gheorgiu-Dej“ in Bukarest, Rektor e. h. der Universität Bukarest, Staatspreisträger, o. Mitglied der Rumänischen Akademie der Wissenschaften in Bukarest, Direktor e. h. des Forschungsinstituts ICPET in Bukarest, Mitglied der Académie du Monde Latin in Paris, Präsident des Comité d'Etudes Nr. 1 der Internationalen Elektrotechnischen Kommission in Genf, geb. 3. V. 1904 in Hendorf-Brădeni, Bucureşti, Strada Dimitrie Orbescu 11, Tel. 12-56-29 (24. X. 1966).

Schmid, Erich, Dr. phil., Dr. mont. h. c. (Montanistische Hochschule Leoben), Dr. rer. nat. h. c. (TU Clausthal), em. o. Professor für Physik an der Universität Wien, Träger des Österreichischen Ehrenzeichens für Wissenschaft und Kunst und der Moritz-Wilhelm-Drobisch-Medaille der Sächsischen Akademie, wirkliches Mitglied der Österreichischen Akademie der Wissenschaften in Wien, Präsident 1963—1973, dann Vizepräsident dieser Akademie und Vorsitzender der mathematisch-naturwissenschaftlichen Klasse, Mitglied der Deutschen Akademie der Naturforscher Leopoldina in Halle und der Academy of Sciences in New York, auswärtiges Mitglied der Akademie der Wissenschaften der DDR, korresp. Mitglied der Accademia di Studi Economici e Sociali in Triest, auswärtiges wiss. Mitglied des Max-Planck-Instituts für Metallforschung in Stuttgart, geb. 4. V. 1896 in Bruck an der Mur (Österreich), A-1090 Wien, Universitätsstraße 10, Tel. 4240062 (12. XI. 1971).

Skrjabin, Georgij Konstantinovič, Dr. rer. nat., Professor, Generalsekretär der Akademie der Wissenschaften der UdSSR, Direktor des Akademie-Instituts für Biochemie und Physiologie der Mikroorganismen in Puščino, Staatspreisträger der UdSSR, korresp. Mitglied der Akademie der Wissenschaften der UdSSR und der AdW der DDR, geb. 17. IX. 1917 in Petrograd, Moskva V-71, Leninsky prospekt 13 AN 117901, GSP (15. X. 1976).

Smiałowski, Michał, Dr.-Ing., em. o. Prof. für physikalische Chemie, Mitglied der polnischen Pugwash-Kommission, Staatspreisträger, Träger des Ordens Sztandar Pracy I.

und II. Klasse und Inhaber des Kommandeurkreuzes des Ordens Polonia Restituta, o. Mitglied der Polnischen Akademie der Wissenschaften, Mitglied der Polnischen Chemischen Gesellschaft in Warschau, der Electrochemical Society in New York, der Faraday Society in London und der Société de Chimie Physique in Paris, geb. 14. XII. 1906 in Hordynia (Ost-Galizien), Warszawa, ul. Marszałkowska 73 m. 18, Tel. 283772 (12. XI. 1971).

Spitcyn, Viktor Ivanovič, Dr. chem., Dr. rer. nat. h. c. (Leipzig und Wrocław), Professor für anorganische Chemie an der Lomonosov-Universität in Moskau, Held der Sozialistischen Arbeit der UdSSR, Inhaber von vier Leninorden, des Ordens der Oktoberrevolution und des Ordens des Roten Arbeitsbanners, o. Mitglied der Akademie der Wissenschaften der UdSSR in Moskau, Direktor des Instituts für Physikalische Chemie dieser Akademie, auswärt. Mitglied der AdW der DDR, geb. 25. IV. 1902 in Moskau, V-312 Moskva, Leninsky prospekt 31, Tel. 2320462 (24. X. 1966).

Staude, Herbert, Dr. phil., em. o. Professor für physikalische Chemie an der Johann-Wolfgang-Goethe-Universität Frankfurt (Main), Mitglied der Deutschen Bunsengesellschaft für Physikalische Chemie in Frankfurt (Main), der Gesellschaft Deutscher Chemiker in Frankfurt (Main), der Faraday Society in London und der Chemischen Gesellschaft in der DDR, geb. 20. III. 1901 in Schmölln, 6000 Frankfurt/M., 60, Ostpreußenstraße 13, Tel. (606194) 33636 (17. XI. 1956).

Ţiţeica, G. Şerban, Dr. phil., Professor für Physik an der Universität Bukarest, o. Mitglied der Rumänischen Akademie der Wissenschaften in Bukarest, Vizepräsident dieser Akademie, korresp. Mitglied der Akademie der Wissenschaften der UdSSR in Moskau, geb. 27. III. 1908 in Bukarest, Bucureşti, B-dul-Magheru 35, Tel. 15-81-99 (24. X. 1966).

Tomašov, Nikon Danilovič, Dr., Prof. für physikalische Chemie der Metalle, Korrosions- und Metallschutz, Leiter des Laboratoriums für Korrosionsforschung von Metall-Legierungen am Institut für physikalische Chemie der Akademie der Wissenschaften der UdSSR in Moskau, Verdienter Wissenschaftler der UdSSR, Träger des Ordens des Roten Arbeitsbanners, Inhaber der W. R. Whitney-Auszeichnung der NACE (USA), Mitglied der International Society of Electrochemistry (ISE), geb. 24. XII. 1905 in Kiev, V-312 Moskau, Vavilov-Straße 55/7, Wohnung 48, Tel. 124-61-27; dienstlich: Institut für physikalische Chemie der Akademie der Wissenschaften der UdSSR, V-312 G.S.P. Moskva, Leninsky prospekt 31, Tel. 234-00-14, -2-29 (14. IV. 1978).

Van der Waerden, Bartel L., Dr. phil., Dr. h. c. (Athen), em. o. Professor für Mathematik an der Universität Zürich, Mitglied des Ordens Pour le mérite für Wissenschaft und Künste, Inhaber der Goldenen Cothenius-Medaille der Deutschen Akademie der Naturforscher Leopoldina, Mitglied der Deutschen Akademie der Naturforscher Leopoldina in Halle, korresp. Mitglied der Bayerischen Akademie der Wissenschaften in München, der Akademie der Wissenschaften in Göttingen und der Heidelberger Akademie der Wissenschaften, ausländ. Mitglied der Koninklijke Nederlandse Akademie van Wetenschappen in Amsterdam und der Académie Royale de Belgique, geb. 2. II. 1903 in Amsterdam, CH 8053 Zürich, Wiesliacher 5, Tel. 552179 (31. VIII. 1934).

Ždanov, German Stepanovič, Dr. phys. math., Professor für Metallphysik an der Lomonosov-Universität Moskau, Verdienter Wissenschaftler und Techniker der UdSSR, Inhaber des A. N. Bach-Preises und des D. I. Mendeleev-Preises, Vorsitzender der

Kommission für Röntgenographie der Akademie der Wissenschaften der UdSSR in Moskau, Mitglied des Nationalkomitees für Kristallographie in Moskau, geb. 11. VIII. 1906 in St. Petersburg, Moskva B-234, Moskauer Staatliche Universität, Block I, W. 52, Tel. 139-16-34 (13. VI. 1966).

Ordentliche Mitglieder der philologisch-historischen Klasse

Bahner, Werner, Dr. phil., Professor, Direktor des Zentralinstituts für Sprachwissenschaft bei der Akademie der Wissenschaften der DDR, Träger des Vaterländischen Verdienstordens, Inhaber des Friedrich-Engels-Preises der Akademie der Wissenschaften der DDR, Mitglied der Sprachwissenschaftlichen Kommission der Sächsischen Akademie, o. Mitglied der Akademie der Wissenschaften der DDR, Vizepräsident des Comité International Permanent des Linguists, der Société de Linguistique Romane in Paris und Strasbourg, des Comité International der Internationalen Vereinigung für Südosteuropäische Studien (AIESEE) in Bukarest und der Asociación International de Hispanistas, geb. 18. VI. 1927 in Neuwiese/Erzgeb., 1138 Berlin-Kaulsdorf, Scharnauer Straße 23 (24. V. 1965).

Blumenthal, Lieselotte, Dr. phil., em. Professor an der Akademie der Wissenschaften der DDR, Inhaberin der Ehrenplakette des Wiener Goethe-Vereins, geb. 30. IX. 1906 in Bielefeld, 7027 Leipzig, Kommandant-Prendel-Allee 107, Tel. 8612336 (5. XII. 1960).

Brüning, Eberhard, Dr. phil., o. Professor für Amerikanistik an der Karl-Marx-Universität Leipzig, Verdienter Lehrer des Volkes, Inhaber der Johann-Heinrich-Pestalozzi-Medaille in Bronze, Silber und Gold und der Ehrennadel der Karl-Marx-Universität Leipzig, korresp. Mitglied der Akademie der Wissenschaften der DDR, Mitglied der Deutschen Shakespeare-Gesellschaft in Weimar und der Association Internationale de Littérature Comparée (AILC), Vorsitzender der Zentralen Fachkommission Englisch der DDR, Vorstandsmitglied des Nationalkomitees für Literaturwissenschaft bei der Akademie der Wissenschaften der DDR, Mitglied des Rates für akademische Grade beim Ministerium für Hoch- und Fachschulwesen, geb. 4. VI. 1925 in Chemnitz, 703 Leipzig, Scheffelstraße 53, Tel. 321193 (28. VI. 1971).

Coblenz, Werner, Dr. phil., Direktor des Landesmuseums für Vorgeschichte in Dresden, Träger des Vaterländischen Verdienstordens in Bronze, Inhaber der Verdienstmedaille der DDR, der Leibniz-Medaille der Akademie der Wissenschaften der DDR, der Johannes-R.-Becher-Medallie des Kulturbundes der DDR in Silber und Gold und der Ehrennadel für heimatkundliche Leistungen, Mitglied und Leiter der Historischen Kommission der Akademie, o. Mitglied des Deutschen Archäologischen Instituts in Berlin-Dahlem, Mitglied im Conseil Permanent der Union Internationale des Sciences Protohistoriques et Préhistoriques, des Nationalkomitees für Ur- und Frühgeschichte der DDR, des wissenschaftlichen Beirates für Heimatforschung beim Geographischen Institut der AdW, Vorsitzender des Wissenschaftlichen Beirats für Bodendenkmalpflege beim Ministerium für Hoch- und Fachschulwesen der DDR, Mitglied des Hoch- und Fachschulrates beim Minister für Hoch- und Fachschulwesen der DDR und des Wissenschaftlichen Rates für Archäologie und Alte Geschichte bei der AdW, geb. 24. V. 1917 in Pirna/Elbe, 8020 Dresden, Geystraße 6, Tel. 40916 (18. XII. 1972).

Czok, Karl, Dr. phil., o. Professor für Deutsche Regionalgeschichte an der Karl-Marx-Universität Leipzig, Träger des Ordens „Banner der Arbeit", der Johann-Heinrich-Pestalozzi-Medaille in Silber, der Johannes-R.-Becher-Medaille in Silber und Gold und der Ehrennadel der Karl-Marx-Universität Leipzig, Mitglied der Commission internationale pour l'histoire des Villes, korresp. Mitglied des Österreichischen Arbeitskreises für Stadtgeschichte, Mitglied und stellvertr. Leiter der Historischen Kommission der Akademie, Mitglied des Zentralvorstandes der Gesellschaft für Heimatgeschichte im Kulturbund der DDR und des Nationalkomitees der Historiker der DDR, geb. 12. III. 1926 in Görlitz, 705 Leipzig, Theodor-Neubauer-Straße 21, Tel. 691311 (25. III. 1977).

Diesner, Hans-Joachim, Dr. phil., o. Professor für Alte Geschichte an der Martin-Luther-Universität Halle—Wittenberg i. R., Inhaber der Deutschen Friedensmedaille des Friedensrates der DDR in Berlin, der Johann-Heinrich-Pestalozzi-Medaille in Bronze und Silber und der Verdienstmedaille der DDR, Mitglied der Fachkommission Alte Geschichte und der Fachkommission Byzantinistik bei der Historiker-Gesellschaft der DDR, Mitglied der Association Internationale des Études Patristiques in Paris und der International Association for the History of Religions (IAHR), geb. 21. I. 1922 in Böhlitz-Ehrenberg bei Leipzig, 402 Halle (Saale), August-Bebel-Straße 69, Tel. 31788 (17. X. 1975).

Dietze, Walter, Dr. phil., Generaldirektor der Nationalen Forschungs- und Gedenkstätten der Klassischen Deutschen Literatur in Weimar, Honorar-Professor für Geschichte der deutschen Literatur an der Karl-Marx-Universität Leipzig, Nationalpreisträger, Kunstpreisträger der Stadt Leipzig, Inhaber der Johannes-R.-Becher-Medaille in Silber und Gold und der Johann-Heinrich-Pestalozzi-Medaille in Bronze und Silber, o. Mitglied der Akademie der Wissenschaften der DDR, Mitglied und Vorstandsmitglied der Goethe-Gesellschaft in Weimar, Mitglied der Modern Language Association of America (MLA), der Internationalen Vereinigung für germanische Sprach- und Literaturwissenschaften (IVG) und der Association Internationale de Littérature Comparée (AILC), geb. 22. V. 1926 in Leipzig, 53 Weimar, Hermann-Löns-Straße 10, Tel. dienstl. 2945 (17. X. 1975).

Dudek, Gerhard, Dr. phil., o. Professor für Russische Literatur an der Karl-Marx-Universität Leipzig, Inhaber der Johann-Heinrich-Pestalozzi-Medaille in Bronze, Mitglied der Kommission für Slawische Poetik und Stilistik beim Internationalen Slawistenkomitee, geb. 30. XII. 1922 in Groß-Peterwitz (Westpreußen), 705 Leipzig, George-Bähr-Straße 15, Tel. 66462 (20. X. 1978).

Eichler, Ernst, Dr. phil., o. Professor für Tschechische Sprache an der Karl-Marx-Universität Leipzig, Inhaber der Johann-Heinrich-Pestalozzi-Medaille in Bronze und Silber, Mitglied der Historischen und der Sprachwissenschaftlichen Kommission der Akademie, des Nationalkomitees der Slawisten der DDR, Vorsitzender der Onomastischen Kommission dieses Nationalkomitees, Mitglied der Kommission für slawische Schriftsprachen beim Nationalkomitee der Slawisten der DDR, der Onomastischen Kommission beim Internationalen Slawistenkomitee, des International Comittee of Onomastic Sciences (ICOS) und des Nordischen Komitees für Zusammenarbeit auf dem Gebiet der Namenforschung (NORNA), der Societas Jablonoviana in Leipzig, der Bilateralen Kommission DDR/ČSSR für Bohemistik und Slowakistik beim Ministerium für Hoch- und Fachschulwesen der DDR und des Linguistischen Arbeitskreises an der Karl-Marx-Universität Leipzig, geb. 15. V. 1930 in Mimoň (ČSR), 703 Leipzig, Kantstraße 36, Tel. 35140 (20. X. 1978).

Forberger, Rudolf, Dr. rer. pol., Dr. rer. oec., Honorarprofessor für Wirtschaftsgeschichte, Träger der Ehrennadel für heimatkundliche Leistungen in Gold des Kulturbundes der DDR, Mitglied der Historischen Kommission der Akademie, geb. 13. IV. 1910 in Carlsfeld (Kreis Aue), 8019 Dresden, Eibenstocker Straße 14, Tel. 31261 (17. X. 1975).

Große, Rudolf, Dr. phil., o. Professor für deutsche Philologie an der Karl-Marx-Universität Leipzig, Leiter der Sprachwissenschaftlichen Kommission und Mitglied der Historischen Kommission der Akademie, o. Mitglied der Akademie der Wissenschaften der DDR, Vorsitzender der Germanisten-Kommission der DDR und der VR Polen, Mitglied des Senats der Internationalen Vereinigung für Germanische Sprach- und Literaturwissenschaft, Mitglied des Comité International de Dialectologie in Louvain, geb. 28. VII. 1924 in Heldrungen, 703 Leipzig, Aschenbrödelweg 36, Tel. 383802 (24. V. 1965).

Hiebsch, Hans, Dr. phil., o. Professor für Psychologie an der Friedrich-Schiller-Universität Jena, Inhaber der Verdienstmedaille der DDR, der Verdienstmedaille der Nationalen Volksarmee der DDR in Silber und der Humboldt-Medaille in Silber, Mitglied der Sprachwissenschaftlichen Kommission der Akademie, der Gesellschaft für Psychologie in der DDR und Mitglied der European Association of Experimental Social Psychology in den Haag, geb. 10. VIII. 1922 in Bodenbach (ČSR), 69 Jena, Professor-Ibrahim-Straße 35, Tel. 25935 (28. VI. 1971).

Kühnert, Friedmar, Dr. phil., o. Professor für Klassische Philologie mit besonderer Berücksichtigung der Lateinischen Sprache und Literatur an der Friedrich-Schiller-Universität Jena, Inhaber der Theodor-Neubauer-Medaille in Silber, Mitglied der Winckelmann-Gesellschaft der DDR, geb. 16. XI. 1924 in Dreißigacker (Kr. Meiningen), 69 Jena, Johannisplatz 22 (18. VI. 1974).

Lehmann, Edgar, Dr. phil., Dr.-Ing. e. h. (Eidgenössische Technische Hochschule Zürich), em. Professor, em. Direktor des Geographischen Instituts der Akademie der Wissenschaften der DDR, Träger des Vaterländischen Verdienstordens in Silber, Inhaber der Alexander-von-Humboldt-Gedenkmedaille der DDR, der Hermann-Haack-Medaille der Geographischen Gesellschaft der DDR, der Gauss-Ehrenplakette, der Lajós-Loczy-Gedenkmedaille der Ungarischen Geographischen Gesellschaft und der Medaille für wissenschaftliche Verdienste der Polnischen Geographischen Gesellschaft, Mitglied der Historischen Kommission und der Kommission für spezielle Umweltprobleme der Akademie, o. Mitglied der Akademie der Wissenschaften der DDR und Vorsitzender der Klasse „Umweltschutz und Umweltgestaltung“, Vorsitzender der „Kommission zur Herausgabe des Atlas der DDR“, Vorsitzender des Wissenschaftlichen Beirates für Heimatforschung, Mitglied des Wissenschaftlichen Rates der Hauptforschungsrichtung Geographie/Hydrologie/Meteorologie der Akademie der Wissenschaften der DDR, Mitglied der Working group „Environmental atlases“ der Internationalen Geographischen Union (IGU), Ehren- und Vorstandsmitglied der Geographischen Gesellschaft der DDR, Mitglied des Nationalkomitees für Geographie und Kartographie der DDR, Ehrenmitglied der Geographischen Gesellschaft der UdSSR, geb. 25. III. 1905 in Berlin, 703 Leipzig, Prinz-Eugen-Straße 44, Tel. 311219 (7. XII. 1959).

Lieberwirth, Rolf, Dr. jur., o. Professor für deutsche Rechtsgeschichte an der Martin-Luther-Universität Halle—Wittenberg, Inhaber des Vaterländischen Verdienstordens in Bronze, der Verdienstmedaille der DDR und der Wilhelm-Külz-Ehrennadel der LDPD, Mitglied der Historischen Kommission der Akademie, der Gesellschaft für Völkerrecht der DDR, der International Law Association in London und des Wissenschaftlichen Beirats für Rechtswissenschaft beim Ministerium für das Hoch- und Fachschulwesen der DDR, geb. 1. XII. 1920 in Halle (Saale), 402 Halle (Saale), Rainstraße 3b, Tel. 30465 (18. XII. 1972).

Markov, Walter, Dr. phil., Dr. phil. h. c. (Leipzig), em. o. Professor für mittelalterliche und neuere Geschichte an der Karl-Marx-Universität Leipzig, Nationalpreisträger, Träger des Vaterländischen Verdienstordens in Silber und Gold, Inhaber der Medaille für Kämpfer gegen den Faschismus 1933—1945, des Sterns der Völkerfreundschaft, der Friedrich-Engels-Medaille der AdW, der Ehrenmedaille des Komitees der antifaschistischen Widerstandskämpfer der DDR, der Bronzemedaille der Universität Helsinki und der Ehrennadel für Verdienste um die Freunschaft der Völker in Gold, Mitglied der Historischen Kommission der Akademie, o. Mitglied der Akademie der Wissenschaften der DDR, Ehrenvorsitzender des Interdisziplinären Zentrums für Revolutionsforschung an der Karl-Marx-Universität Leipzig, Vizepräsident der Commission Internationale für Geschichte der Französischen Revolution, des Comité International des Sciences Historiques in Paris, Vorstandsmitglied der Société des Études Robespierristes in Paris und der Association Europénne d'Histoire Contemporaine in Strasbourg, Vorstandsmitglied der Association des Études Napoléoniennes in Portoferraio, Mitglied der Société d'Histoire Moderne et Contemporaine in Paris und der Historical Society of Nigeria in Ibadan, Vorstandsmitglied des Nationalkomitees der Historiker der DDR, Ehrenmitglied der Historikergesellschaft der DDR, Ehrensenator der KMU, Verdienter Hochschullehrer der DDR, geb. 5. X. 1909 in Graz, 7124 Holzhausen (Sachsen), Weißdornweg 4, Tel. 61384 (7. XII. 1964).

Meyer, Rudolf, Dr. theol., D. theol. h. c. (Humbold-Universität Berlin), em. o. Professor für Altes Testament und rabbinische Literatur sowie Leiter des Fachbereiches Altes Testament an der Friedrich-Schiller-Universität Jena, Sektion Theologie, em. Vorstand der Hilprecht-Sammlung Vorderasiatischer Altertümer, Inhaber der Gedächtnisplakette der Humboldt-Universität Berlin und der Schiller-Medaille der Friedrich-Schiller-Universität Jena, korresp. Mitglied der Heidelberger Akademie der Wissenschaften, geb. 8. IX. 1909 in Leipzig, 69 Jena, Hornstraße 1, Tel. 24382 (15. IX. 1958).

Möbius, Friedrich, Dr. phil., Diplomkunstwissenschaftler, o. Professor für Kunstwissenschaft an der Friedrich-Schiller-Universität Jena, Träger des Vaterländischen Verdienstordens in Bronze, Inhaber der Johann-Heinrich-Pestalozzi-Medaille in Bronze, Mitglied der Association internationale du critique de l'art (AICA) und des Verbandes Bildender Künstler der DDR, geb. 24. V. 1928 in Dresden, 6901 Rothenstein 163, Postfach 523, Tel. Kahla 631 (25. III. 1977).

Müller, Joachim, Dr. phil., em. o. Professor für Deutsche Literatur an der Friedrich-Schiller-Universität Jena, Inhaber der Schiller-Plakette der Deutschen Schiller-Stiftung, der Schiller-Medaille in Silber und der Ehrennadel in Gold der Friedrich-Schiller-Universität Jena sowie der Johann-Heinrich-Pestalozzi-Medaille in Bronze, korresp. Mitglied des Adalbert-Stifter-Institutes des Landes Oberösterreich in Linz, Mitglied des

PEN-Clubs, geb. 12. VII. 1906 in Oberwiesenthal (Sachsen), 69 Jena, Schillbachstraße 39, Tel. 23808 (7. XII. 1959).

Neubert, Albrecht, Dr. phil., o. Professor an der Sektion Theoretische und angewandte Sprachwissenschaft an der Karl-Marx-Universität Leipzig, Inhaber der Ehrennadel der Karl-Marx-Universität Leipzig und der Johann-Heinrich-Pestalozzi-Medaille in Silber, Mitglied und stellvertr. Leiter der Sprachwissenschaftlichen Kommission der Akademie, o. Mitglied der Akademie der Wissenschaften der DDR, Vorsitzender des Wissenschaftlichen Rates für Sprachwissenschaft bei dieser Akademie, Mitglied der Deutschen Shakespeare-Gesellschaft in Weimar, Mitglied des Executivcomitees der International Association of Applied Linguistics, geb. 3. III. 1930 in Hartenstein (Sachsen), 7022 Leipzig, Poetenweg 5, Tel. 50131 (18. XII. 1972).

Neumann, Werner, Dr. phil., Professor, em. Direktor des Bach-Archivs Leipzig, Nationalpreisträger, Träger des Vaterländischen Verdienstordens und der Verdienstmedaille der DDR, Mitglied des Johann-Sebastian-Bach-Komitees der DDR, des Verbandes der Komponisten und Musikwissenschaftler der DDR, des Musikrates der DDR, des Herausgeberkollegiums der Neuen Bach-Gesamtausgabe (Sitz Göttingen), der Internationalen Gesellschaft für Musikwissenschaft (Sitz Basel, Ländergruppe der DDR), des Kuratoriums des Bachhauses Eisenach, des Beirates der Eterna-Edition, Ehrenmitglied der Neuen Bachgesellschaft (Sitz Leipzig), geb. 21. I. 1905 in Königstein (Sachsen), 7113 Markkleeberg, Robert-Schumann-Straße 3, Tel. 314325 (18. VI. 1974).

Peek, Werner, Dr. phil., em. o. Professor für klassische Philologie an der Martin-Luther-Universität Halle—Wittenberg, Nationalpreisträger, Inhaber der Verdienstmedaille der Martin-Luther-Universität, o. Mitglied der Akademie der Wissenschaften der DDR, korresp. Mitglied der Heidelberger Akademie der Wissenschaften, o. Mitglied des Deutschen Archäologischen Instituts in Berlin-Dahlem, auswärt. Mitglied der Akademie der Wissenschaften in Athen und der Kommission für die archäologische Erforschung Kleinasiens bei der Österreichischen Akademie der Wissenschaften in Wien, Ehrensenator der Griechischen Archäologischen Gesellschaft, geb. 6. VI. 1904 in Bielefeld, 403 Halle (Saale), Am Krähenberg 21, Tel. 32822 (7. XII. 1959).

Rathmann, Lothar, Dr. phil., o. Professor für Geschichte der arabischen Länder an der Karl-Marx-Universität Leipzig, Rektor dieser Universität, Nationalpreisträger, Träger des Ordens „Banner der Arbeit" und des Verdienstordens der VAR, Inhaber der Verdienstmedaille der DDR, der Verdienstmedaille der Nationalen Volksarmee der DDR in Gold, der Johann-Heinrich-Pestalozzi-Medaille in Silber und der Ehrennadel der Liga für Völkerfreundschaft der DDR, korresp. Mitglied der Akademie der Wissenschaften der DDR, geb. 16. II. 1927 in Werdau (Sachsen), 7124 Holzhausen (Sachsen), Rehwagenstraße 10, Tel. 2011441 (25. III. 1977).

Rudolph, Kurt, Dr. theol., Dr. phil., o. Professor für Religionsgeschichte an der Karl-Marx-Universität Leipzig, Inhaber der Johann-Heinrich-Pestalozzi-Medaille, auswärtiges Mitglied der Königlich Dänischen Akademie der Wissenschaften in Kopenhagen (Det Kongelige Danske Videnskabernes Selskab), korresp. Mitglied des Institute for Antiquity and Christianity in Claremont/Californien (USA), Mitglied der Society for Mithraic-Studies in Manchester, der Union of Arab Historians in Bagdad, der Fachkommission Alte Geschichte der Deutschen Historiker Gesellschaft in Berlin, der Deutschen Morgenländischen Gesellschaft in Mainz und der Internationalen Association for the History of Religions (IAHR), geb. 3. IV. 1929 in Dresden, 7060 Leipzig-Grünau, Ringstraße gV (18. VI. 1974).

Růžička, Rudolf, Dr. phil., o. Professor für Slawistik und Allgemeine Sprachwissenschaft an der Karl-Marx-Universität Leipzig, o. Mitglied der Akademie der Wissenschaften der DDR, Mitglied des Wissenschaftlichen Rates für Sprachwissenschaften bei dieser Akademie, Mitglied des Nationalkomitees der Slawisten der DDR, der Internationalen Terminologischen Kommission und der Internationalen Grammatikkommission des Internationalen Slawistenkomitees, geb. 20. XII. 1920 in Löbau, 7022 Leipzig, Gohliser Straße 16, Tel. 592181 (18. XII. 1972).

Schubart-Fikentscher, Gertrud, Dr. jur., em. Professor mit Lehrstuhl für Rechtsgeschichte und Zivilrecht an der Martin-Luther-Universität Halle—Wittenberg, Trägerin des Vaterländischen Verdienstordens, Mitglied der Historischen Kommission der Akademie, korresp. Mitglied der Monumenta Germaniae Historica in München, geb. 23. XII. 1896 in Zwickau (Sachsen), 403 Halle (Saale), Marsstraße 10, Tel. 32710 (7. XII. 1959).

Straub, Werner, Dr. phil., em. Professor mit Lehrstuhl für Psychologie an der Technischen Universität Dresden, Träger des Vaterländischen Verdienstordens in Silber und Bronze, des Ordens „Banner der Arbeit" und der Verdienstmedaille der DDR, Ehrenmitglied der Gesellschaft für Psychologie in der DDR, geb. 14. VII. 1902 in Stuttgart, 8051 Dresden-Bad Weißer Hirsch, Collenbuschstraße 10, Tel. 36036 (16. V. 1949).

Träger, Claus, Dr. phil., o. Professor für Allgemeine Literaturwissenschaft an der Karl-Marx-Universität Leipzig, Inhaber des Lessingpreises der DDR, der Verdienstmedaille der DDR, der Goethe- und Schiller-Plakette in Gold der Nationalen Forschungs- und Gedenkstätten der klassischen deutschen Literatur in Weimar, der Ehrennadel und der Gustav-Hertz-Medaille der Karl-Marx-Universität Leipzig, Vorsitzender des Beirats für Kultur-, Kunst- und Sprachwissenschaften beim Ministerium für Hoch- und Fachschulwesen der DDR, Mitglied des Hoch- und Fachschulrates beim Ministerium für Hoch- und Fachschulwesen der DDR, des Rates für Kultur- und Kunstwissenschaften bei der Akademie für Gesellschaftswissenschaften beim ZK der SED, des Nationalkomitees für Literaturwissenschaft bei der Akademie der Wissenschaften der DDR, der Association Internationale de Littérature Comparée (AILC) und Ausschußmitglied der Internationalen Vereinigung für germanische Sprach- und Literaturwissenschaft (IVG), geb. 4. II. 1927 in Leipzig, 7113 Markkleeberg-Ost, Heinrich-v.-Kleist-Straße 19, Tel. 311959 (17. X. 1975).

Weller, Friedrich, Dr. phil., em. Professor mit Lehrstuhl für Indologie an der Karl-Marx-Universität Leipzig, Nationalpreisträger, Hervorragender Wissenschaftler des Volkes, Mitglied der Deutschen Gesellschaft für Natur- und Völkerkunde Ostasiens in Tokio, korresp. Mitglied der School of Oriental and African Studies in London, Ehrenmitglied der Deutschen Morgenländischen Gesellschaft in Mainz und der Kőrösi-Csoma-Gesellschaft in Budapest, geb. 22. VII. 1889 in Markneukirchen, 701 Leipzig, Stephanstraße 12, Tel. 295801 (19. VI. 1943).

Werner, Ernst, Dr. phil., o. Professor für Geschichte des Mittelalters an der Karl-Marx-Universität Leipzig, Nationalpreisträger, Träger des Vaterländischen Verdienstordens in Bronze, Inhaber der Verdienstmedaille der DDR und der Erinnerungsmedaille zum 50. Jahrestag der Großen Sozialistischen Oktoberrevolution der Universität Kiew,

Mitglied der Sprachwissenschaftlichen Kommission und der Historischen Kommission der Akademie, o. Mitglied der Akademie der Wissenschaften der DDR, geb. 20. XI. 1920 in Tyssa/ČSR, 7022 Leipzig, Braunschweiger Straße 19, Tel. 54390 (18. VI. 1971).

Wollgast, Siegfried, Dr. phil., o. Professor für Geschichte der Philosophie an der Technischen Universität Dresden, Inhaber der Johann-Gottfried-Herder-Medaille in Gold, der Silbernen Ehrennadel der „Urania", der Erinnerungsmedaille „20 Jahre Kampfgruppen der Arbeiterklasse" und des Preises der TU Dresden II. Klasse, Mitglied der Historischen Kommission der Akademie, geb. 27. IX. 1933 in Schönlanke (Netzekreis), 8019 Dresden, Thomas-Müntzer-Platz 10, Tel. 691264 (20. X. 1978).

Auswärtige Mitglieder der philologisch-historischen Klasse

Aland, Kurt, D., D. theol. h. c. (Göttingen), D. D. h. c. (St. Andrews), D. Litt. h. c. (Wartburg College, Iowa), o. Professor für Geschichte der Alten Kirche und Neutestamentliche Textforschung im Fachbereich Evangelische Theologie der Westfälischen Wilhelms-Universität Münster, Direktor des Instituts für neutestamentliche Textforschung, Träger des Großen Verdienstkreuzes des Verdienstordens der Bundesrepublik Deutschland, Vizepräsident der Association Internationale d'Etudes Patristiques und Geschäftsführer der Stiftung zur Förderung der neutestamentlichen Textforschung, Leiter der Arbeitsstelle Münster der Patristischen Kommission, Träger des Athos-Kreuzes in Gold, verliehen vom Ökumenischen Patriarchen von Konstantinopel, und der Burkitt-Medal for Biblical Studies der British Academy, korresp. Mitglied der British Academy und der Göttinger Akademie der Wissenschaften, auswärt. Mitglied der Königlich Niederländischen Akademie der Wissenschaften in Amsterdam, Mitglied der Studiorum Novi Testamenti Societas (England), des Kuratoriums der Vetus Latina in Beuron (Hohenzollern), Ehrenmitglied auf Lebenszeit der American Bible Society und Ehrenmitglied der Society of Biblical Literature and Exegesis (USA), geb. 28. III. 1915 in Berlin, 44 Münster (Westf.), Roxeler Straße 12, Tel. 22409 (14. III. 1955).

Angelov, Dimiter Simeonov, Dr. phil., o. Professor für byzantinische Geschichte an der Universität Sofia, Nationalpreisträger der VR Bulgarien, o. Mitglied der Bulgarischen Akademie der Wissenschaften in Sofia und Direktor des Archäologischen Instituts dieser Akademie, Vizepräsident der Association Internationale des études byzantines und Vorsitzender des Bulgarischen Nationalkomitees für Byzantinistik, geb. 2. II. 1917 in Sofia, Sofia 11, bulv. Chr. cabakčiev 79 g (15. X. 1976).

Avanesov, Ruben Ivanovič, Dr. phil., Dr. phil., h. c. (Warszawa), Prof. für russische und slawische Sprachwissenschaft, dialektologisch-historische Phonologie und Theorie der Orthographie an der Lomonosov-Universität in Moskau, Vizepräsident der Association Phonétique Internationale und der Redaktion des Sprachatlasses von Europa, Leiter und Chefredakteur des Wörterbuches der altrussischen Sprache, Leiter der Kommission für den Gesamtslawischen Sprachatlas beim Internationalen Slawistenkomitee und Vorsitzender des Redaktionskollegiums, Staatspreisträger der UdSSR, Inhaber des Ordens des Roten Arbeitsbanners, zweier Ehrenzeichen, der Verdienstmedaille der Akademie der Wissenschaften der ČSSR für Verdienste im Bereich der ganzen Wissenschaften, korresp. Mitglied der Akademie der Wissenschaften der UdSSR und der Akademie der Wissenschaften und der Literatur in Mainz, Ehrenmitglied der Linguistischen

Gesellschaft der Akademie der Wissenschaften der ČSSR, geb. 14. II. 1902 in Šuša (Aserbaidschan), 117333 Moskau, Vavilov-Straße 48, Wohnung 169, Tel. 137-51-97; dienstlich: Institut für russische Sprache der Akademie der Wissenschaften der UdSSR, 121019 Moskva, Volchonka 18/2, Tel. 202-59-71 (14. IV. 1978).

Beševliev, Veselin, Dr. phil., em. ao. Professor für altgriechische Philologie an der Universität Sofia, Professor für altgriechische Philologie am Institut für Balkanistik der Bulgarischen Akademie der Wissenschaften in Sofia, Inhaber des Gottfried-von-Herder-Preises der Universität Wien, Träger des Ordens für Wissenschaft „Kirill i Metodi", I. Stufe, korresp. Mitglied der Bulgarischen Akademie der Wissenschaften in Sofia, Mitglied des Bulgarischen Archäologischen Instituts in Sofia und der Ungarischen Orientalischen Gesellschaft in Budapest, geb. 25. III. 1900 in Sofia, 1142 Sofia, L. Karavelov 2^{v}, Tel. 87-96-08 (9. XI. 1974).

Bischoff, Karl, Dr. phil., em. o. Professor für deutsche Philologie und Volkskunde an der Johannes Gutenberg-Universität Mainz, Mitglied der Historischen Kommission der Akademie, o. Mitglied der Akademie der Wissenschaften und der Literatur in Mainz, korresp. Mitglied der Akademie der Wissenschaften in Göttingen und auswärt. Mitglied der Koninklijke Vlaamse Academie voor Taal- en Letterkunde in Gent, geb. 19. V. 1905 in Aken (Elbe), 65 Mainz, In der Meielache 15, Tel. 32174 (14. III. 1955).

Bruford, Walter Horace, M. A., LL. D. h. c. (Aberdeen), D. Litt. h. c. (Newcastle, Edinburgh), em. Professor für Germanistik an der Universität Cambridge (England), Inhaber der Goethe-Medaille in Gold des Goethe-Instituts in München, Mitglied der British Academy in London, korresp. Mitglied der Deutschen Akademie für Sprache und Dichtung in Darmstadt, Mitglied der Modern Humanities Research Association in London, 1965 deren Präsident, Mitglied der Internationalen Vereinigung für germanische Sprach- und Literaturwissenschaft, 1955—1960 deren Vizepräsident, geb. 14. VII. 1894 in Manchester (England), 15 Strathfillian Road, Edinburgh EH9 2AG, Tel. 031/447/5935 (21. VI. 1965).

Droz, Jacques, Dr. phil., o. Professor für neuere Geschichte an der Sorbonne (Panthéon) in Paris, Direktor des Instituts für Geschichte der Gewerkschaftsbewegung, Träger des Bandes der Ehrenlegion, Mitglied der Gesellschaft Frankreich—DDR, geb. 12. III. 1909 in Paris, Université Paris I, Centre histoire du Syndicalisme, 16, rue de la Sorbonne, 75005 Paris (9. XI. 1974).

Erben, Johannes, Dr. phil., o. Professor für deutsche Sprache und ältere deutsche Literatur an der Rheinischen Friedrich-Wilhelms-Universität Bonn, Nationalpreisträger, Inhaber des Konrad-Duden-Preises 1969 der Stadt Mannheim, auswärt. Mitglied der Akademie der Wissenschaften der DDR, Kuratoriumsmitglied des Instituts für deutsche Sprache in Mannheim, geb. 12. I. 1925 in Leipzig, 5300 Bonn-Beuel, Ringstraße 39 (11. III. 1961).

Gadamer, Hans-Georg, Dr. phil., Dr. phil., h. c. (Ottawa), em. o. Professor für Philosophie an der Ruprecht-Karl-Universität Heidelberg, Mitglied des Ordens Pour le mérite für Wissenschaft und Kunst, Träger des großen Verdienstkreuzes mit Stern der Bundesrepublik Deutschland, Inhaber des Reuchlinpreises 1971 der Stadt Pforzheim, der Hegelpreise 1979 der Städte Stuttgart und Mannheim und des Siegmund-Freud-Preises der Deutschen Akademie für Sprache und Dichtung in Darmstadt, o. Mitglied der Heidelberger Akademie der Wissenschaften, Mitglied der Deutschen Akademie für Sprache und Dichtung in Darmstadt, der Akademie der Wissenschaften in Athen, der

Accademia Nazionale dei Lincei in Rom und der American Academy of Arts and Sciences in Boston, geb. 11. II. 1900 in Marburg, 69 Heidelberg, Am Büchsenackerhang 53, Tel. 802536 (15. VI. 1940).

Georgiev, Vladimir I., Dr. phil., Dr. phil. h. c. (Berlin und Prag), o. Professor für allgemeine und indoeuropäische Sprachwissenschaft, Slawistik und Balkanistik an der Universität Sofia, Inhaber des Nationalpreises für Wissenschaft, Mitglied und Vizepräsident (1959—1972), gegenwärtig Direktor des Zentrums für Sprache und Literatur der Bulgarischen Akademie der Wissenschaften in Sofia, korresp. Mitglied des Institut de France/Académie des Inscriptions et Belles-Lettres in Paris, der Finska Vetenskaps-Societeten-Souomen Tiedeseura in Helsinki, der Académie Royale des Sciences, des Lettres et des Beaux-Arts de Belgique in Brüssel und der Akademie der Wissenschaften in Athen, geb. 3. II. 1908 in Gabare (Bulg.), Sofia, ul. Čapaev 52, Tel. 72-20-58, Privatanschrift: Sofia, Oboriste 11, Tel. 44-16-40 (19. II. 1968).

Heimpel, Hermann, Dr. phil., Dr. jur. h. c. (Freiburg i. Br.), em. o. Professor für mittelalterliche und neuere Geschichte an der Georg-August-Universität Göttingen, ehemals Direktor des Max-Planck-Instituts für Geschichte in Göttingen, Träger des großen Verdienstkreuzes des Verdienstordens der Bundesrepublik Deutschland, Inhaber des Kulturpreises der Stadt Goslar und der Ehrenmedaille der Stadt Göttingen, o. Mitglied der Akademie der Wissenschaften in Göttingen, korresp. Mitglied der Deutschen Akademie für Sprache und Dichtung in Darmstadt, der Bayerischen Akademie der Wissenschaften in München, der Heidelberger Akademie der Wissenschaften, der Akademie der Wissenschaften und der Literatur in Mainz, der Österreichischen Akademie der Wissenschaften in Wien und der Royal Historical Society in London, o. Mitglied der Zentraldirektion der Monumenta Germaniae Historica in München und der Historischen Kommission bei der Bayerischen Akademie der Wissenschaften in München, Ehrenmitglied des Instituts für Österreichische Geschichtsforschung in Wien und des Germanischen Nationalmuseums in Nürnberg, geb. 19. IX. 1901 in München, 34 Göttingen, Dahlmannstraße 14, Tel. 59382 (5. VI. 1935).

Iordan, Iorgu, Dr. phil., Dr. phil. h. c. (Humboldt-Universität Berlin, Gent, Jassy, Montpellier, Rom, Budapest), em. o. Professor für romanische Philologie an der Universität Bukarest, Verdienter Wissenschaftler, Staatspreisträger I. und II. Klasse, Inhaber des „Ordinul Muncii“ I. Klasse, des Ordens „Steaua Republicii Populare Române“ I. Klasse, des Ordens „Meritul Ştiintific“ I. Klasse, des Ordens „23. August“ II. Klasse, des Ordens „Tudor Vladimirescu“ II. Klasse, der Medaille „40 de ani de la întermeierea Partidului Comunist din România“, der Medaille „A XX-a aniversare a Eliberării Patriei“, der Medaille „A cincizecea aniversare a P.C.R.“, der Medaille „25 de ani de la proclamarea Republicii“ und der Medaille „30 de ani de la Eliberarea de sub dominatio fascistă“, Inhaber des Titels „Eron al Muncii Socialiste“, o. Mitglied der Rumänischen Akademie der Wissenschaften in Bukarest, früher Vizepräsident dieser Akademie und Präsident der Klasse für Sprache, Literatur und Kunst, auswärt. Mitglied der Akademie der Wissenschaften der DDR, der Bayerischen Akademie der Wissenschaften in München, der Österreichischen Akademie der Wissenschaften in Wien, der Real Academia Española, Präsident der Rumänischen Gesellschaft für romanische Sprachforschung und des Rumänischen Nationalkomitees für Volkskunst, Mitglied der Rumänischen Gesellschaft für Beziehungen mit der UdSSR, Ehrenpräsident der Société de Linguistique Romane in Paris und Strasbourg, Mitglied der Société de Linguistique in Paris, der Asociación

International de Hispanistas, der Junta directiva dieser Asociación, der Asociación de Lingüística y Filología Hispanoamericana, des Comité International des Sciences Onomastiques in Louvain und des Comité International Permanent des Linguistes (CIPL), korresp. Mitglied des Instituts Mexicano de Cultura in México City und des Institut d'Estudis Catalans, geb. 29. IX. 1888 in Tecuči (Rumänien), București, str. Sofia 12, Tel. 331886 (10. III. 1958).

Jarceva, Viktorija Nikolaevna, Dr. phil., Professor, korresp. Mitglied der Akademie der Wissenschaften der UdSSR und Direktor des Instituts für Sprachwissenschaft dieser Akademie in Moskau, geb. 3. XI. 1906 in St. Petersburg, Moskva, ul. Marksa i Engelsa 1/14 (15. X. 1976).

Ladendorf, Heinz, Dr. phil., em. o. Professor für Kunstgeschichte an der Universität Köln, Träger des Ordens Officier des Palmes Académiques, Commendatore dell'Ordine al Merito, o. Mitglied des Deutschen Archäologischen Instituts in Berlin-Dahlem, geb. 29. VI. 1909 in Leipzig, 5000 Köln 41, Kunsthistorisches Institut, Albert-Magnus-Platz, Tel. 4704476 und 5000 Köln-Lindenthal, Kerpener Straße 4, Tel. 449658 (4. III. 1955).

Ligeti, Lajos, Dr. phil., Dr. lit., em. Professor mit Lehrstuhl für innerasiatische Studien an der Eötvös-Loránd-Universität Budapest, Träger des Arbeitsordens, Inhaber des Kossuth-Preises, des Fahnenordens I. und II. Klasse der Ungarischen Volksrepublik, des mongolischen Nairamdalordens, der Goldmedaille der Ungarischen Akademie der Wissenschaften in Budapest, der Goldmedaille der Permanent International Altaistic Conference und des Ehrendiploms der Türkischen Republik, o. Mitglied der Ungarischen Akademie der Wissenschaften in Budapest, Präsident des Bibliotheksausschusses und des Ausschusses für Orientalistik dieser Akademie, auswärt. Mitglied der Akademie der Wissenschaften der Mongolischen Volksrepublik in Ulan-Bator, korresp. Mitglied des Institut de France/Académie des Inscriptions et Belles Lettres in Paris und der Suomalais-Ugrilainen Seura [Finnisch-ugrische Gesellschaft] in Helsinki, Ehrenmitglied des Société Asiatique in Paris, der Royal Asiatic Society in London und der Türk Dil Kurumu in Ankara, Vizepräsident des Permanent Committee of the International Congres of Mongolists, geb. 25. X. 1902 in Balassagyarmat, Budapest V., Belgrád-rkp. 25, Tel. 187-529 (18. I. 1965).

Lissa, Zofia, Dr. phil., Dr. der Musikwissenschaft, o. Professor für Musikwissenschaft an der Universität Warschau, Staatspreisträger, Träger des Ordens Sztandar Pracy II. Klasse, des Goldenen Verdienstkreuzes, des Ordens Polonia Restituta IV. und V. Klasse, des Kavalier- und Offizierordens, Inhaber von Verdienstmedaillen, korresp. Mitglied der Akademie der Wissenschaften und der Literatur in Mainz und der Akademie der Künste der DDR, Mitglied des Direktoriums der Internationalen Gesellschaft für Musikwissenschaft, der Gesellschaft für Musikforschung in Kiel, des Polnischen Komponisten-Verbandes und des Komitees für Theorie und Geschichte der Kunst der Polnischen Akademie der Wissenschaften in Warschau, Mitglied des Polnischen Nationalkomitees des Musikrates im Conseil International des Musique/UNESCO und Vizepräsident des Wissenschaftlichen Rates der Chopin-Gesellschaft, geb. 19. X. 1908 in Lwów, 02637 Warszawa 87, ul. Miaczyńska 37, Tel. 44-09-85 (21. VI. 1965). † 26. III. 1980 Warschau

Lomov, Boris F., Dr. phil., Prof. für Psychologie, Direktor des Instituts für Psychologie bei der Akademie der Wissenschaften der UdSSR in Moskau, Präsident der Allunionsgesellschaft der Psychologen in der UdSSR, Vizepräsident der International Union of Psychological Sciences, korresp. Mitglied der Akademie der Wissenschaften der UdSSR und der Akademie der Pädagogischen Wissenschaften der UdSSR, geb. 28. 1. 1927 in Gorkij, Institut für Psychologie der Akademie der Wissenschaften der UdSSR, 129366 Moskva, ul. Jaroslavskaja 13 (14. IV. 1978).

Mayrhofer, Manfred, Dr. phil., o. Professor für Allgemeine und Indogermanische Sprachwissenschaften an der Universität Wien, Kommandeur des kaiserl. iranischen Humāyūn-Ordens, Träger des Ritterkreuzes I. Klasse des finnländischen Ordens der Weißen Rose, wirkliches Mitglied der Österreichischen Akademie der Wissenschaften in Wien und Sekretär der philologisch-historischen Klasse dieser Akademie, auswärtiges Mitglied der Academia di Scienze e Lettere in Mailand, der Königl. Schwedischen Akademie für Literatur, Geschichte und Altertümer in Stockholm und der Suomalais-Ugrilainen Seura [Finnisch-ugrische Gesellschaft] in Helsinki, korresp. Mitglied des Institut de France/Académie des Inscriptions et Belles-Lettres in Paris, der Heidelberger Akademie der Wissenschaften, der Bayerischen Akademie der Wissenschaften in München und der Polnischen Akademie der Wissenschaften in Warschau, gewähltes Mitglied des Council of „Corpus Inscriptionum Iranicarum" in London, Corresponding Member of the Staff of the School of Oriental and African Studies, Universität London, Ehrenmitglied der Ungarischen Akademie der Wissenschaften in Budapest und der Linguistic Society of India in Calcutta, geb. 26. IX. 1926 in Linz a. d. Donau (Österreich), A-1190 Wi n, Bauernfeldgasse 9/II/6, Tel. 363 9354, Post: Institut für Allgemeine und Indogermeanische Sprachwissenschaft der Universität Wien, A-1010 Wien, Dr.-Karl-Lueger-Ring 1, Tel. 427611/440 (12 XI. 1971).

Michałowski, Kazimierz, Dr. phil., Dr. phil., h. c. (Strasbourg, Cambridge, Uppsala), em. o. Professor für Mittelmeer-Archäologie an der Universität Warschau, stellv. Direktor des Nationalmuseums Warschau, Leiter des Polnischen Zentrums für Mittelmeer-Archäologie in Kairo und des Zentrums für Mittelmeer-Archäologie der Polnischen Akademie der Wissenschaften, Träger des Silbernen Kreuzes des Ordens Virtuti Militari, zweifacher Träger des Goldenen Verdienstkreuzes, der Fahne der Arbeit I. Klasse, des Kommandeurkreuzes Polonia Restituta, des Kommandeurkreuzes mit Stern Polonia Restituta, des Kommandeurkreuzes Corona d'Italia und des Offizierskreuzes der Ehrenlegion, Inhaber des Polnischen Nationalpreises I. und II. Klasse, der Medaille XXX-Jahre VR Polen und der Medaille George Perrot des Institut de France/Académie des Inscriptions et Belles-Lettres in Paris, Herder-Preisträger 1971 in Wien, o. Mitglied und Präsidiumsmitglied der Polnischen Akademie der Wissenschaften in Warschau, Mitglied der Accademia Nazionale dei Lincei in Rom und der British Academy in London, auswärt. Mitglied der Akademie der Wissenschaften der DDR und der Heidelberger Akademie der Wissenschaften, o. Mitglied des Deutschen Archäologischen Instituts in Berlin-Dahlem, der Association International des Égyptologues und des Tschechoslowakischen Orientalischen Instituts, Ehrenmitglied des Institut d'Egypte in Kairo, des Archaeological Institute of America in Washington und des Archaeologiki Hetairia in Athen, stellv. Präsident der Association Internationale d'Epigraphie Latine und der International Association of Egyptologists, Präsident des Internationalen Komitees des Experten für Abu Simbel bei der UNESCO und der Society for Nubian Studies, geb. 14. XII. 1901 in Tarnopol, Warszawa, Sewerynów 6, Tel. 263979 (5. XII. 1960).

Orlandos, Anastasios K., Dr. phil., em. o. Professor für Baugeschichte an der Technischen Hochschule Athen, em. o. Professor für Byzantinische Archäologie an der Universität Athen, Inhaber des Preises „Zographos“ de l’Association pour l’Ecouragement des Etudes Grecques en France und des Gottfried-von-Herder-Preises der Universität Wien, Träger der Verdienstmedaille der Stadt Athen, der Medaille d’Argent de la Ville de Paris, der Orden Commendatore della Corona d’Italia, Chevalier de la Légion d’Honneur, Stavros, Anotéron Taxiarchon tou Tágmatos tou Phoinikos, Cavaliere Ufficiale dell’Ordine all merito della Republica Italiana, Anótatos Taxiárches Geogiou und Jugoslovenske Zastave sa zlatnim vengem, o. Mitglied der Akademie der Wissenschaften in Athen, associé étranger de l’Académie des Inscriptions et Belles-Lettres in Paris und corresponding Fellow of the British Academy in London, auswärtiges Mitglied der Königlich-belgischen Akademie der Wissenschaften in Brüssel und der Akademie der Wissenschaften in Palermo, socio straniero dell’Accademia Nazionale dei Lincei, membro corrispondente della Pontificia Accademia Romana di Archeologia, Mitglied und Generalsekretär der Archäologischen Gesellschaft in Athen, Ehrenmitglied des Deutschen Archäologischen Instituts in Berlin-Dahlem und der Historisch-Ethnologischen Gesellschaft in Athen, korresp. Mitglied des Österreichischen Archäologischen Instituts in Wien, Mitglied und Präsident der Christlichen Archäologischen Gesellschaft in Athen und der Gesellschaft für Byzantinische Studien in Athen, Präsident und Generalsekretär des Aufsichtskomitees des Istituto Hellenico di Studi Bizantini e Post-Bizantini in Venedig, Präsident des griechischen Komitees der Association des Etudes Byzantines, Ehrenmitglied des Society for the Promotion of Hellenic Studies, des Archaeological Institute of America, der Griechischen Architektonischen Gesellschaft und der griechischen Wissenschaftlichen Gesellschaft „Athena“ in Athen, geb. 23. XII. 1887 in Athen, Athen 138, Koumbaristraße 2, Tel. 361 6296 (9. XI. 1974).

Pée, Willem, Dr. phil., em. Professor für Niederländische Linguistik, Dialektologie und experimentelle Phonetik an der Universität Gent (Belgien), Großoffizier im belgischen Leopold II- und Kronorden, Kommandeur im Niederländischen Orden für Oranien-Nassau, Inhaber der Deutschen Friedensmedaille des Friedensrates der DDR, des Sterns der Völkerfreundschaft in Gold, der Ehrennadel der Liga für Völkerfreundschaft der DDR in Gold für Verdienste um die Völkerfreundschaft und der goldenen Medaille des „Merite pour le développement de l’amitié et de la coopération avec la République Socialiste Tchéscolovaque“, Mitglied der Maatschappij der Nederlandse Letterkunde in Leiden, der Fryske Akademy in Leeurwarden, des Provincial Utrechts Genootschap van Kunsten en Wetenschappen, der Commissie belast met de voorbereiding van de Nederlandse tekst van de Grondwet, de wetboeken en van de voornaamste wetten en besluiten, der Centrale Commissie voor de Nederlandse rechtstaal en bestuurstaal in België, Vizepräsident dieser Kommission seit 1969, Mitglied der Niederländisch-Belgischen Stiftung für niederländische Lexikologie, der Belgische Spellingcommissie und der Belgische Woordenlijstcommissie, Präsident dieser Kommission, Mitglied der Belgische Vaste Commissie van Advies voor de Spelling van de Nederlandse taal, Präsident dieser Kommission seit 1970, Präsident der Terminologische Commissie bei het Ministerie van Binnenlandse Zaken, der Belgischen Abteilung der Belgisch-Nederlandse Commissie van Advies voor de Spelling van de Bastaardwoorden, Ehrenmitglied des Belgisch Centrum voor Neerlandistiek, Präsident der Gesellschaft Belgien—DDR in Brüssel, Ehrenmitglied der Koninklijke Commissie voor Toponymie & Dialectologie in Brüssel, geb. 9. IV. 1903 in Brügge (West-Flandern), 1170 Brüssel, Bosvoorde, Vuurkeienweg 3, Tel. 02/6722649 (12. XI. 1971).

Petschow, Herbert, Dr. phil. et. jur., em. o. Professor für antike Rechtsgeschichte an der Ludwig-Maximilians-Universität in München, Gastprofessor für altorientalische Rechtsgeschichte an der Karl-Marx-Universität Leipzig, o. Mitglied der Bayerischen Akademie der Wissenschaften in München, Mitglied der Deutschen Morgenländischen Gesellschaft in Mainz und der Société Jean Bodin pour l'Histoire comparative des Institutions in Brüssel, geb. 26. XII. 1909 in Dresden, 8033 Planegg, Rudolfstraße 36, Tel. 089/8598796 (10. XII. 1962).

Peukert, Herbert, Dr. phil., em. o. Professor für slawische Sprachen an der Friedrich-Schiller-Universität Jena, Inhaber der Johann-Heinrich-Pestalozzi-Medaille in Bronze und Silber und der Johann-Gottfried-Herder-Medaille in Gold, Mitglied der Sprachwissenschaftlichen Kommission der Akademie, Mitglied des Nationalkomitees der Slawisten der DDR bei der Akademie der Wissenschaften der DDR, ausländ. Mitglied der Makedonischen Akademie der Wissenschaften und Künste zu Skopje, geb. 29. IV. 1907 in Reichenau, 8950 Kaufbeuren-Neugablonz, Antoniwalder Weg 20, Tel. 65728 (24. V. 1965).

Poulík, Josef, Dr. phil., o. Professor an der Universität J. E. Purkyně Brno, Direktor des Archäologischen Instituts der Tschechoslowakischen Akademie der Wissenschaften in Brno und Prag, Staatspreisträger, Ehrenbürger von Mikulčice, o. Mitglied und Vizepräsident der Tschechoslowakischen Akademie der Wissenschaften in Prag, auswärtiges Mitglied der Akademie der Wissenschaften der DDR, Präsident der Union Internationale d'Archéologie Slave, Mitglied des Conseil Permanent des Sciences Pré-et Protohistoriques, geb. 6. VIII. 1910 in Jiříkovice bei Brno, 60200 Brno, Mášova 10, ČSSR; Institutsanschrift: 66203 Brno, sady Osvobození 19, ČSSR (9. XI. 1974).

Průšek, Jaroslav, Dr. phil., Dr. Sc., Dr. phil. h. c. (Berlin, Olmouc, Stockholm), Professor für Sinologie und Japanologie an der Karls-Universität Prag, zweifacher Träger des Staatspreises für Wissenschaft und Kunst, Inhaber der Medaille für Verdienste um Wissenschaft und Menschheit der Tschechoslowakischen Akademie der Wissenschaften, o. Mitglied der Tschechoslowakischen Akademie der Wissenschaften in Prag, auswärt. Mitglied der Akademie der Wissenschaften der DDR und der Bayerischen Akademie der Wissenschaften in München, Mitglied der Société Asiatique in Paris und der American Oriental Society in New Haven, geb. 14. IX. 1906 in Prag, Praha 1, Gogolova 2 (21. VI. 1965).

Tackenberg, Kurt, Dr. phil., em. o. Professor für Vor- und Frühgeschichte an der Westfälischen Wilhelms-Universität Münster, Träger des großen Verdienstkreuzes des Niedersächsischen Verdienstordens 1974, Mitglied der Historischen Kommission für Niedersachsen in Hannover, der Archäologischen Kommission für Niedersachsen und des Deutschen Archäologischen Instituts in Berlin-Dahlem, Ehrenmitglied des Niedersächsischen Landesvereins für Urgeschichte in Hannover und der Archäologischen Kommission für Westfalen, geb. 30. VI. 1899 in Tschammendorf (Schlesien), 44 Münster/Westf., St. Mauritz, Parkalle 2, Tel. Münster 315158 (19. X. 1959).

Telegdi, Zsigmond, Dr. phil., o. Professor für allgemeine Sprachwissenschaften an der Eötvös-Loránd-Universität Budapest, Träger des Verdienstordens der Arbeit der VR

Ungarn und Inhaber der Erinnerungsmedaille zum Jubiläum der Befreiung der VR Ungarn, Mitglied der Ungarischen Gesellschaft für Sprachwissenschaft und der Kőrösi-Csoma-Gesellschaft in Budapest, geb. 29. XII. 1909 in Enying (Ungarn), 1025 Budapest, Pusztaszeri út 49/I, em. 6 (15. X. 1976).

Thieme, Paul, Dr. phil., em. o. Professor für Indologie und vergleichende Sprachwissenschaft an der Eberhard-Karls-Universität Tübingen, geb. 18. III. 1905 in Berlin, 7400 Tübingen, Spemannstraße 14 (12. XI. 1949).

Turner, Eric Gardner, M. A., Dr. phil. h. c. (Brüssel, Genf, Liverpool), em. o. Professor für Papyrologie an der Universität London, Präsident der Union Académique Internationale und der Internationale Association of Papyrologists, o. Mitglied der British Academy in London, auswärtiges Mitglied der Académie Royale des Sciences, des Lettres et des Beaux-Arts de Belgique in Brüssel, der Accademia delle Scienze di Napoli, der Österreichischen Akademie der Wissenschaften in Wien und der Kongelige Danske Videnskarbenes Selskap in Kopenhagen, Ehrenmitglied der Finsca Vetenskaps Societeten-Suomen Tiedeseura in Helsinki, der American Philosophical Society und des Deutschen Archäologischen Instituts in Berlin-Dahlem, geb. 26. II. 1911 in London, University College London, Gower Street, London WC1E 6BT/Großbritannien, Tel. 01-387-7050 (15. X. 1976).

Vossler, Otto, Dr. phil., em. o. Professor für mittlere und neuere Geschichte an der Johann-Wolfgang-Goethe-Universität Frankfurt am Main, Inhaber der Jusserand Medal der American Historical Association in Washington, geb. 14. II. 1902 in Heidelberg, 6000 Frankfurt (Main), Grüneburgweg 143, Tel. 726269 (20. VI. 1942).

von Weizsäcker, Carl Friedrich, Freiherr, Dr. phil., Dr. jur. h. c. (Freie Universität Amsterdam), Honorar-Professor für Philosophie an der Universität München, Direktor des Max-Planck-Instituts zur Erforschung der Lebensbedingungen der wissenschaftlich-technischen Welt in Starnberg (Obb.), Mitglied des Ordens Pour le mérite für Verdienste um die Wissenschaft und um die Künste, Träger des Großen Verdienstkreuzes mit Stern der Bundesrepublik Deutschland und des Österreichischen Ehrenzeichens für Wissenschaft und Kunst, Inhaber der Goldenen Wilhelm-Bölsche-Medaille der Kosmos-Gesellschaft der Naturfreunde in Stuttgart, der Max-Planck-Medaille des Verbandes Deutscher Physikalischer Gesellschaften in Braunschweig, der Hans-Thoma-Medaille der Hans-Thoma-Gesellschaft in Reutlingen, des Goethe-Preises der Stadt Frankfurt (Main), des Prix Arnold Reymond der Universität Lausanne, des Friedenspreises des Deutschen Buchhandels und des Erasmus-Preises der Stiftung „Prämium Erasmianum“ der Niederlande, o. Mitglied der Akademie der Wissenschaften in Göttingen, Mitglied der Deutschen Akademie der Naturforscher Leopoldina in Halle, der Deutschen Akademie für Sprache und Dichtung in Darmstadt und der Joachim-Jungius-Gesellschaft der Wissenschaften in Hamburg, korresp. Mitglied der Bayerischen Akademie der Wissenschaften in München und der Österreichischen Akademie der Wissenschaften in Wien, associé étranger der Academie des Sciences mirales et politiques in Paris, Senator der Max-Panck-Gesellschaft zur Förderung der Wissenschaft, geb. 28. VI. 1912 in Kiel, 813 Starnberg/Obb., Riemerschmidstraße 7, Tel. 08151/149/1 und 8135 Söcking, Alpenstraße 15 (13. VI. 1966).

Wieacker, Franz, Dr. jur., Dr. phil., h. c. (Freiburg i. Br.), Dr. jur. h. c. (Uppsala), Ll. D. h. c. (Glasgow), em. o. Professor für römisches und bürgerliches Recht an der Georg-August-Universität Göttingen, Mitglied des Ordens Pour le mérite für Verdienste um die Wissenschaft und um die Künste, o. Mitglied der Akademie der Wissenschaften in Göttingen, korresp. Mitglied der Bayerischen Akademie der Wissenschaften in München, der Heidelberger Akademie der Wissenschaften, der Accademia Nazionale dei Lincei in Rom, der Königlichen Gesellschaft der Wissenschaften in Uppsala und des Istituto Lombardo in Mailand, geb. 5. VIII. 1908 in Stargard (Pommern), 3400 Göttingen, Prinzenstraße 21 (14. VI. 1941).

TODESFÄLLE

Ordentliche Mitglieder der mathematisch-naturwissenschaftlichen Klasse

Hanson, Horst, Dr. med., em. o. Professor für Biochemie, ehemal. Direktor des physiologisch-chemischen Instituts der Martin-Luther-Universität Halle—Wittenberg, Inhaber der Verdienstmedaille der Martin-Luther-Universität Halle—Wittenberg, der Carus-Medaille der Deutschen Akademie der Naturforscher Leopoldina und des Carus-Preises der Stadt Schweinfurt (1970), Mitglied der Deutschen Akademie der Naturforscher Leopoldina in Halle, Generalsekretär und Präsidiumsmitglied dieser Akademie, geb. 5. VI. 1911 in Lauchhammer, 4014 Halle (Saale), Straße der Deutsch-Sowjetischen-Freundschaft Nr. 93, Tel. 29324 (7. XII. 1959). † 3. VII. 1978.

Lueken, Bernd Lüder, Dr. med., o. Professor für Physiologie an der Martin-Luther-Universität Halle—Wittenberg, Mitglied der Deutschen Akademie der Naturforscher Leopoldina in Halle, der Gesellschaft für theoretische Medizin und Grenzgebiete Sachsen-Anhalt und der Gesellschaft der Physiologen in der DDR, geb. 8. VIII. 1908 in Rüstringen (Oldenburg), 402 Halle (Saale), Rathenauplatz 14, Tel. 26501 (7. XII. 1964). † 10. IX. 1978.

Auswärtige Mitglieder der mathematisch-naturwissenschaftlichen Klasse

Buchner, Paul, Dr. phil., Dr. med. h. c. (München), Dr. Sc. Biol. h. c. (Pavia), Dr. rer. nat. h. c. (Greifswald), em. o. Professor für Zoologie an der Ludwig-Maximilians-Universität München, Träger des großen Verdienstkreuzes der Bundesrepublik Deutschland, der Carus-Medaille der Deutschen Akademie der Naturforscher Leopoldina und der Erzherzog-Rainer-Medaille der Österreichischen Zoologisch-Botanischen Gesellschaft, Ehrenbürger von Ischia, Ehrenpräsident des Centro di Studio sull'Isola d'Ischia, korresp. Mitglied der Bayerischen Akademie der Wissenschaften in München und der Danks Naturhistorisk Forening, Mitglied der Deutschen Akademie der Naturforscher Leopoldina in Halle und der Accademia delle Scienze in Neapel, Ehrenmitglied des Naturwissenschaftlichen Vereins für Vorpommern und Rügen und der Deutschen Zoologischen Gesellschaft in Tübingen, geb. 12. IV. 1886 in Nürnberg, Porto d'Ischia (Napoli), Via S. Allessandro (6. VI. 1935). † 19. X. 1978.

Hill, Archibald Vivian, Sc. D., LL. D. h. c. (Edinburgh, Belfast), D. Sc. h. c. (Algier, Baltimore, Maryland, Bristol, Columbien, Exeter, John Hopkins, Liège, Manchester, Oxford, Pennsylvania, Rio de Janeiro, Rochester- und Rockefeller Universities), M. D. h. c. (Louvain, Bruxelles, Toulouse), em. Professor für Physiologie, Hon. Research Associate und Hon. Fellow am University College London, Hon. Fellow am Trinity College und King's College Cambridge, Nobelpreisträger, Inhaber der Copley Medal der Royal Society und der Goldenen Cothenius-Medaille der Deutschen Akademie der

Naturforscher Leopoldina in Halle, Mitglied der Royal Society in London, der National Academy of Sciences in Washington, der Kongelige Danske Videnskabernes Selskap in Kopenhagen und der Deutschen Akademie der Naturforscher Leopoldina in Halle, ausländ. Ehrenmitglied der Rumänischen Akademie der Wissenschaften in Bukarest, geb. 26. IX. 1886 in Bristol, 11 a Chaucer Road, Cambridge, Tel. 54551 (1. VII. 1929). † 3. VI. 1977.

Keldyš, Mstislav, Vsevolodovič, Dr. der phys. und mathematischen Wissenschaften, Dr. phil., Dr. phil. h. c. (Lagos/Nigeria), Professor für Mathematik, Präsident der Akademie der Wissenschaften der UdSSR in Moskau (bis 1975), dreifacher Held der Sozialistischen Arbeit, Staats- und Leninpreisträger, Inhaber von sieben Leninorden und drei Orden des Roten Arbeitsbanners, auswärt. Mitglied der Akademie der Wissenschaften der DDR und der Mongolischen VR in Ulan-Bator, Mitglied der Finska Vetenskaps-Societeten-Suomen Tiedeseura in Helsinki, der Tschechoslowakischen Akademie der Wissenschaften in Prag, der Polnischen Akademie der Wissenschaften in Warschau und der Ungarischen Akademie der Wissenschaften in Budapest, Mitglied der Internationalen Akademie für Astronautik und der Gesellschaft für theoretische und praktische Mechanik der VR Polen, Ehrenmitglied der American Academy of Arts and Sciences in Boston, der Royal Scottish Academy in Edinburgh, der Rumänischen Akademie der Wissenschaften in Bukarest und der National Academy of Sciences in Washington, geb. 10. II. 1911 in Riga, Moskva, Miusskaja pl. 4 (24. X. 1966). † 24. VI 1978.

König, Robert, Dr. phil., em. o. Professor für Mathematik an der Ludwig-Maximilians-Universität München, o. Mitglied der Bayerischen Akademie der Wissenschaften in München, geb. 11. IV. 1885 in Linz (Österreich), 8000 München 40, Adelheidstraße 21, Tel. 376005 (31. VII. 1934). † 10. VII. 1979.

Müller, Karl Otto, Dr. phil. em. o. Professor für Phytopathologie, Oberregierungsrat a. D., Mitglied der American Phytopathological Society, der Deutschen Botanischen Gesellschaft in Berlin-Zehlendorf und der Australian Academy of Science in Canberra, geb. 16. XII. 1897 in Berlin, 7500 Karlsruhe, Schneidemühlerstraße 22a (13. VI. 1966). † 20. I. 1978.

Sočava, Viktor Borisovič, Dr. der geographischen Wissenschaften, Professor für Geographie und Geobotanik, 1959—1976 Direktor des Geographischen Instituts der Akademie der Wissenschaften der UdSSR in Irkutsk (Sibirischer Zweig), Träger des Leninordens 1954 und 1975, Vizepräsident der Internationalen Assoziation der Ökologen und Physio-Geographen, o. Mitglied der Akademie der Wissenschaften der UdSSR, Ehrenmitglied der Geographischen Gesellschaft der DDR, geb. 20. VI. 1906 in St. Petersburg (14. IV. 1978). † 29. XII. 1978.

Treibs, Wilhelm, Dr. phil., Dr. rer. nat. h. c. (Humboldt-Universität Berlin), Gastprofessor für organische Chemie an der Ruprecht-Karl-Universität Heidelberg, Nationalpreisträger, Hervorragender Wissenschaftler des Volkes, Träger des Vaterländischen Verdienstordens, Inhaber der August-Kekulé-Medaille der Chemischen Gesellschaft in der DDR, auswärt. Mitglied der Akademie der Wissenschaften der DDR, Mitglied der Deutschen Akademie der Naturforscher Leopoldina in Halle, der Gesellschaft Deutscher Chemiker in Frankfurt (Main), der Schweizerischen Chemischen Gesellschaft in Basel, der Chemical Society in London, der International Society for Fat Research in Hannover,

Mitglied des Editorial Advisory Board des „Tetrahedron" (International Journal of Organic Chemistry) und der „Tetrahedron Letters", des Herausgeberstabes der „Chemischen Berichte" und des Expertenbeirates von „Parfümerie und Kosmetik" in Heidelberg, Ehrenmitglied der Chemischen Gesellschaft in der DDR, geb. 6. XI. 1890 in Oberstein (Nahe), 6900 Heidelberg-Neuenheim, Kastellweg 28 (14. III. 1955). † 20. IV. 1978.

Wagner, Carl, Dr. phil., Dr. rer. nat. h. c. (Darmstadt), Dr.-Ing. E. h. (Clausthal-Zellerfeld), Hon.-Professor für physikalische Chemie an der Georg-August-Universität Göttingen, Inhaber der Goldmedaille der American Society of Metals, der Cavallaro-Medaille der Europäischen Föderation für Korrosion, der Palladium Medal der Electrochemical Society, der Wilhelm-Exner-Medaille des Österreichischen Gewerbevereins, der Heyn-Denkmünze der Deutschen Gesellschaft für Metallkunde und der Carl-Friedrich-Gauß-Medaille der Braunschweigischen Wissenschaftlichen Gesellschaft, o. Mitglied der Akademie der Wissenschaften in Göttingen, Mitglied der Deutschen Akademie der Naturforscher Leopoldina in Halle, des Max-Planck-Instituts für Physikalische Chemie in Göttingen und American Academy of Arts and Sciences in Boston, auswärt. Mitglied der National Academy of Sciences in Washington, Mitglied der Deutschen Bunsengesellschaft für physikalische Chemie in Frankfurt (Main), der Deutschen Gesellschaft für Metallkunde in Stuttgart, der Gesellschaft Deutscher Chemiker in Frankfurt (Main), der Faraday Society in Washington, der American Physical Society in New York, der National Association of Corrosion Engineers in Houston (Texas) und des American Institute of Mining, Metallurgical and Petroleum Engineers in New York, Ehrenmitglied der Österreichischen Akademie der Wissenschaften in Wien, geb. 25. V. 1901 in Leipzig, 3400 Göttingen-Geismar, Charlottenburger Straße 19, Wohnstift C 309 (9. III. 1959). † 10. XII. 1977.

Ordentliche Mitglieder der philologisch-historischen Klasse

Baetke, Walter, Dr. phil., Dr. theol. h. c. (Leipzig), em. Professor mit Lehrstuhl für nordische Philologie und Religionsgeschichte an der Karl-Marx-Universität Leipzig, Hervorragender Wissenschaftler des Volkes, Träger des Vaterländischen Verdienstordens und der Moritz-Wilhelm-Drobisch-Medaille der Sächsischen Akademie, geb. 28. III. 1884 in Sternberg (Neum.), 703 Leipzig, Turmweg 18, Tel. 383881 (19. VI. 1943). † 15. II. 1978.

Buchda, Gerhard, Dr. jur., em. Professor mit Lehrstuhl für deutsche Rechtsgeschichte und Handelsrecht an der Friedrich-Schiller-Universität Jena, Träger des Vaterländischen Verdienstordens, Inhaber der Deutschen Friedensmedaille des Friedensrates der DDR, der Gedächtnisplakette der Humboldt-Universität Berlin und der Friedrich-Schiller-Medaille der Universität Jena, Leiter der Historischen Kommission der Akademie, Mitglied der Vereinigung der Deutschen Rechtshistoriker und der Société Jean Bodin pour l'histoire comparative des institutions in Brüssel, geb. 22. X. 1901 in Stadtroda (Thür.), 654 Stadtroda (Thür.), Straße der Jugend 5, Tel. Stadtroda 798 (15. IX. 1958). † 20. XII. 1977.

Auswärtige Mitglieder der philologisch-historischen Klasse

Aebischer, Paul, Dr. phil., em. o. Professor für romanische Philologie an der Universität Lausanne, auswärt. Mitglied der Akademie der Wissenschaften der DDR und der Accademia della Scienze in Turin, korresp. Mitglied der Academia espagñola in Madrid, der Academia de Buenas Letras in Barcelona, des Institut d'Estudis Catalans in Barcelona und der Accademia della Crusca in Florenz, geb. 8. XII. 1897 in Hauterive (Kanton Fribourg), CH 1680 Romont (Fribourg), route d'Arruffens 573 (29. XI. 1943). † 9. III. 1977.

Havránek, Bohuslav, Dr. phil., Dr. phil. h. c. (Leipzig, Brno, Kraków und Olomouc), o. Professor für Slawistik an der Karls-Universität Prag, Träger des Ordens der Tschechoslowakischen Sozialistischen Republik, Inhaber der J. A. Comenius-Medaille, der Josef-Dobroský-Medaille und der Medaille für Verdienste um Wissenschaft und Menschheit, o. Mitglied der Tschechoslowakischen Akademie der Wissenschaften in Prag, auswärt. Mitglied der Akademie der Wissenschaften der DDR, korresp. Mitglied der philosophisch-historischen Klasse der Österreichischen Akademie der Wissenschaften in Wien, ausländ. Mitglied der Bulgarischen Akademie der Wissenschaften in Sofia, der Serbischen Akademie der Wissenschaften in Belgrad, der Jugoslawischen Akademie der Wissenschaften in Zagreb und des Comité International Permanent des Linguistes in Louvain, stellv. Vorsitzender des Internationalen Komitees der Slawisten, geb. 30. I. 1893 in Prag, 16000 Praha 6 - Hradčany, Na Valech 8, Tel. 325-103 (10. XII. 1962). † 1. III. 1978.

Kumaniecki, Kazimierz, Dr. phil., Dr. phil. h. c. (Debrecen, Warszawa, Freiburg i. Br.), o. Professor für klassische Philologie an der Universität Warschau, Staatspreisträger, Inhaber des Kommandeur- und Kavalierkreuzes des Ordens Polonia Restituta, des Tapferkeitskreuzes und der goldenen Medaille „Urbs Roma cultori suo", o. Mitglied der Polnischen Akademie der Wissenschaften in Warschau, auswärt. Mitglied der Koninklijke Vlaamse Academie voor Taal- en Letterkunde in Gent, o. Mitglied des Centro di Studi Ciceroniani in Rom, auswärt. Mitglied des Istituto Lombardo in Mailand, ehem. Präsident der Union Académique Internationale in Brüssel und Vizepräsident des Conseil International de la Philosophie et des Sciences Humaines in Paris, Präsident und Ehrenmitglied der Polnischen Philologischen Gesellschaft, geb. 18. V. 1905 in Kraków, Warszawa, Sewerynów 6/10, Tel. 269305 (21. VI. 1965). † 8. VI. 1977.

Németh, Julius, Dr. phil., Dr. phil. h. c. (Budapest) em. o. Professor für Turkologie an der Eötvös-Loránd-Universität Budapest, o. Mitglied der Ungarischen AdW in Budapest und em. Direktor des Sprachwissenschaftlichen Instituts dieser Akademie, Träger des Arbeitsordens, des Ordens „Kirill i Metodi" (Sofia), Inhaber des Kossuth-Preises und des Indiana University Prize for Altaic Studies, auswärt. Mitglied der Akademie der Wissenschaften der DDR und der Bulgarischen Akademie der Wissenschaften in Sofia, Ehrenmitglied der Royal Asiatic Society in London, der Suomalais-Ugrilainen Seura in Helsinki, der Societas Uralto-altaica in Göttingen, der Türk Dil Kurumu und der Türk Tarih Kurumu in Ankara und der Polnischen Orientalischen Gesellschaft in Warschau, geb. 2. XI. 1890 in Karcag (Ungarn), Budapest XI., Karinthy út. 24. III. 1., Tel. 650-982 (13. X. 1958). † 14. XII. 1976.

Préaux, Claire, Dr. phil., Dr. phil. h. c. (Strasbourg), Dr. jur. h. c. (Freiburg i. Br.), em. o. Professor für Klassische Altertumswissenschaft an der Universität Brüssel, Abteilungsleiter in der Fondation Égyptologique Reine Elisabeth, Inhaberin des Prix de la Société pour l'Encouragement des Études grecques en France und des Prix Francqui, Mitglied der Académie Royale des Sciences, des Lettres et des Beaux-Arts de Belgique in Brüssel, korresp. Mitglied der British Academy in London, des Institut de France/ Académie des Inscriptions et Belles-Lettres in Paris, der Koninklijke Nederlandse Akademie van Wetenschappen in Amsterdam, geb. 21. XII. 1904 in Liège, 1050 Bruxelles, 109 rue de l'Abbaye, Tel. 3442753 (14. III. 1955). † 29. III. 1979.

Schmidt, Eberhard, Dr. jur., Dr. med. h. c. (Göttingen), em. o. Professor der Rechte (Straf- und Strafprozeßrecht, Rechtsgeschichte) an der Ruprecht-Karl-Universität Heidelberg, Träger des großen Verdienstkreuzes des Verdienstordens mit Stern der Bundesrepublik Deutschland, Inhaber des Ehrenzeichens der deutschen Ärzteschaft, o. Mitglied der Heidelberger Akademie der Wissenschaften, korresp. Mitglied der Österreichischen Akademie der Wissenschaften in Wien und der Deutschen Gesellschaft für Psychiatrie und Nervenheilkunde in Marburg (Lahn), geb. 16. III. 1891 in Jüterbog, 6900 Heidelberg 1, Jaspersstraße 2, Wohnstift Augustinum, App. 502 (14. VI. 1941). † 17. VI. 1977.

ZUWAHLEN

In der Plenarsitzung vom 8. Juni 1979 wurden gewählt:

Auswärtige Mitglieder
der mathematisch-naturwissenschaftlichen Klasse

Fink, Julius, Dr. phil., o. Professor für Geographie an der Universität Wien, Inhaber des Großen Ehrenzeichens für Verdienste um die Republik Österreich, wirkliches Mitglied der Österreichischen Akademie der Wissenschaften in Wien, Ehrenmitglied der Ungarischen Akademie der Wissenschaften in Budapest, der Ungarischen Geographischen Gesellschaft und der Österreichischen Bodenkundlichen Gesellschaft, geb. 18. IV. 1918 in Wien, 1090 Wien, Alserbachstr. 11, Tel. 3480313 (8. VI. 1979).

Szabó, Zoltán Gábor, Dr. rer. nat., Dr. rer. nat. h. c. (München, FU Berlin [West]), o. Professor für physikalische Chemie an der Eötvös-Loránd-Universität Budapest, Direktor des Instituts für anorganische und analytische Chemie dieser Universität, Inhaber des Staatspreises der VR Ungarn, der Goldmedaille des Arbeitsordens der VR Ungarn, des Apáczai Csere János-Preises der VR Ungarn und der Prechtl-Medaille der Technischen Universität Wien, o. Mitglied der Ungarischen Akademie der Wissenschaften in Budapest, korresp. Mitglied der Jugoslawischen Akademie der Wissenschaften und Künste in Zagreb, Mitglied der Deutschen Bunsengesellschaft für physikalische Chemie in Frankfurt (Main), der American Chemical Society, der Chemical Society in London und des Council of the International Congress on Catalysis, geb. 30. V. 1908 in Debrecen, 1118 Budapest, Somlói u. 44, Tel. 665-565 (8. VI. 1979).

Auswärtige Mitglieder
der philologisch-historischen Klasse

Hamann, Günther, Dr. phil., o. Professor für Geschichte der Neuzeit an der Universität Wien, Inhaber des Förderungspreises der Stadt Wien (1957), des Portugiesischen Nationalpreises für Wissenschaft „Prémio Camões", der Jan-Amos-Comenius-Medaille der Karls-Universität Prag, der Nicolaus-Copernicus-Medaille der Polnischen Akademie der Wissenschaften in Warschau und des Deutschen Museums der Naturwissenschaft und Technik in München, des Kommandeurkreuzes des Ordens für Verdienste um die Volksrepublik Polen und der Johannes-Kepler-Medaille der Kepler-Kommission der ČSSR in Prag, wirkliches Mitglied der Österreichischen Akademie der Wissenschaften in Wien und Mitglied der Kommission für Geschichte der Mathematik, Naturwissenschaften und Medizin dieser Akademie, korresp. Mitglied der Académie Internationale d'Histoire des Sciences in Paris und der Katholischen Akademie in Wien, Mitglied des Instituts für österreichische Geschichtsforschung, der Bibliothekskommission des Akademischen Senats der Universität Wien, der Copernicus-Kommission in München, des Wissenschaftlichen Kuratoriums für den Theodor-Körner-Stiftungsfonds der Republik Österreich zur Förderung von Wissenschaft und Kunst, Vorstandsmitglied der Gesellschaft der Freunde der Österreichischen Nationalbibliothek und der Österreichischen Geographischen Gesellschaft in Wien, Mitglied und Vizepräsident der Internationalen Coronelli-Gesellschaft für Globographie und Instrumentenkunde in Wien, Mitglied und Leiter der Österreichischen Sektion der Commission d'Histoire de la Pensée Géographique der Union Géographique Internationale in Paris, Mitglied und Leiter des Arbeitskreises Geschichte der Forschungsreise der Alexander-von-Humboldt-Gesellschaft in Mannheim, geb. 12. X. 1924 in Wien, 1190 Wien, Tallesbrunngasse 8, Tel. 3246724 (8. VI. 1979).

Ivić, Milka, Dr. phil., o. Professor für Slawistik, Serbokroatistik und allgemeine Sprachwissenschaft an der Universität Beograd, o. Mitglied der Serbischen Akademie der Wissenschaften und Künste in Beograd, korresp. Mitglied der Norwegischen Akademie der Wissenschaften in Oslo, geb. 11. XII. 1923 in Beograd, SFR Jugoslawien, 11000 Beograd, Ohridska 7, Tel. 438-619 (8. VI. 1979).

Mitchell, Terence Frederick, Bachelor of Arts, Professor für Linguistik und arabische Sprache an der Universität Leeds, Direktor des Department of Linguistics & Phonetics dieser Universität, Mitglied der Philological Society, Linguistics Association of Great Britain, in London, seit 1977 Vorstandsmitglied dieser Gesellschaft, früher Mitglied der Linguistic Society of America, geb. 3. V. 1919 in Torquay (England), 9 Woodside Walk, Harrogate North Yorkshire HG 1 5NF, England, Tel. Harrogate 63771 (8. VI. 1979).

In der Plenarsitzung vom 12. Oktober 1979 wurden gewählt:

Das ordentliche Mitglied der mathematisch-naturwissenschaftlichen Klasse

Emons, Hans-Heinz, Dr. rer. nat., Dr. rer. nat. h. c. (Leningrad), o. Professor für anorganische und anorganisch-technische Chemie an der Bergakademie Freiberg, Nationalpreisträger, Träger des Vaterländischen Verdienstordens, der Verdienstmedaille der DDR, der Humboldt-Medaille, der Emil-Voitacek-Medaille der TH Prag und der Arthur-Becker-Medaille der Freien Deutschen Jugend in Gold, Inhaber des Carl-Schorlemmer-Preises der TH Leuna—Merseburg, o. Mitglied der Akademie der Wissenschaften der DDR, Mitglied des Forschungsrates der DDR in Berlin, der Chemischen Gesellschaft der DDR in Berlin, Vereinigung für Kristallographie, der Electrochemical Society in New York und des IUPAC-Nationalkomitees, geb. 1. VI. 1930 in Herford (Westf.), 92 Freiberg, Richard-Wagner-Straße 23, Tel. 48911 (12. X. 1979).

Das ordentliche Mitglied der philologisch-historischen Klasse

Wittich, Dieter, Dr. phil., o. Professor für Philosophie (Erkenntnistheorie) an der Karl-Marx-Universität Leipzig, Träger der Humboldt-Plakette der Humboldt-Universität Berlin, Inhaber des Gustav-Hertz-Preises der Karl-Marx-Universität Leipzig, geb. 7. II. 1930 in Mansbach (Hessen), 7022 Leipzig, Braunschweiger Straße 2, Tel. 581390 (12. X. 1979).

EHRUNGEN

Nobelpreisträger

Das auswärtige Mitglied

Hill, Archibald Vivian † 1922 Physiologie und Medizin

Nationalpreisträger der DDR für Wissenschaft und Technik

Ordentliche Mitglieder

Beckert, Herbert	1965	Obenaus, Fritz †	1972
Bethge, Heinz	1967	Peek, Werner	1961
Dietze, Walter	1973	Rammler, Erich	1951
Drischel, Hans †	1967	Rathmann, Lothar	1972
Gersch, Manfred	1958	Schwabe, Kurt	1954, 1961
Görlich, Paul	1954	Strack, Erich	1960
Keller, Ott-Heinrich	1966	Stubbe, Hans	1949, 1960
Lösche, Artur	1958	Weller, Friedrich	1955
Markov, Walter	1961	Werner, Ernst	1966
Mothes, Kurt	1953	Wolf, Friedrich	1958, 1966
Neumann, Werner	1973		

Auswärtige Mitglieder

Bredt, Heinrich	1954	Hertwig, Paul	1956
Erben, Johannes	1961	Hund, Friedrich	1949

Träger des Vaterländischen Verdienstordens

Ordentliche Mitglieder

Baetke, Walter †	Lehmann, Edgar	Oelßner, Wilhelm
Bahner, Werner	Lieberwirth, Rolf	Rammler, Erich
Bethge, Heinz	Lösche, Artur	Schubart-Fikentscher, Gertrud
Buchda, Gerhard †	Markov, Walter	Schwabe, Kurt
Busch, Karl-Franz	Möbius, Friedrich	Strack, Erich
Coblenz, Werner	Mothes, Kurt	Straub, Werner
Eßbach, Hasso	Neumann, Werner	Stubbe, Hans
Görlich, Paul	Obenaus, Fritz †	Werner, Ernst

Das auswärtige Mitglied

Hertwig, Paula

Träger des Ordens „Banner der Arbeit“

Czok, Karl
Mothes, Kurt
Rathmann, Lothar
Schwabe, Kurt
Straub, Werner
Stubbe, Hans
Wolf, Friedrich

Hervorragende Wissenschaftler des Volkes

Ordentliche Mitglieder

Baetke, Walter †
Mothes, Kurt
Rammler, Erich
Schwabe, Kurt
Stubbe, Hans
Weller, Friedrich
Watznauer, Adolf

Das auswärtige Mitglied

Hertwig, Paula

Verdienter Bergmann der DDR

Das ordentliche Mitglied

Rammler, Erich

Verdienter Arzt des Volkes

Ordentliche Mitglieder

Dürwald, Wolfgang
Jordan, Herbert
Matzen, Peter Friedrich
Oelßner, Wilhelm

Verdienter Techniker des Volkes

Ordentliche Mitglieder

Busch, Karl-Franz
Görlich, Paul
Obenaus, Fritz †

Held der sozialistischen Arbeit

Ordentliche Mitglieder

Busch, Karl-Franz
Schwabe, Kurt

Medaille für Kämpfer gegen den Faschismus 1933—1945

Das ordentliche Mitglied

Markov, Walter

Verdienstmedaille der DDR

Ordentliche Mitglieder

Bethge, Heinz
Coblenz, Werner
Diesner, Hans-Joachim
Dörter, Klaus
Freimuth, Ulrich
Hiebsch, Hans
Krug, Herbert
Lieberwirth, Rolf
Neef, Ernst
Neumann, Werner
Paetzold, Roland
Rathmann, Lothar
Straub, Werner
Träger, Claus
Werner, Ernst

Friedensmedaille des Friedensrates in der DDR

Ordentliche Mitglieder

Buchda, Gerhard †
Diesner, Hans-Joachim

Das auswärtige Mitglied

Pée, Willem

Johann-Heinrich-Pestalozzi-Medaille

Ordentliche Mitglieder

Brüning, Eberhard
Czok, Karl
Dietze, Walter
Diesner, Hans-Joachim
Dudek, Gerhard
Eichler, Ernst
Möbius, Friedrich
Müller, Joachim
Neubert, Albrecht
Rathmann, Lothar
Rudolph, Kurt

Das auswärtige Mitglied

Peukert, Herbert

GEDENKTAGE

100. Geburtstage

Mathematisch-naturwissenschaftliche Klasse

1981	Herglotz, Gustav	2. Februar
	Fromme, Albert	25. November
	Barkhausen, Heinrich	2. Dezember
1982	Koebe, Paul	15. Februar
	Hueck, Werner	18. April
	Weickmann, Ludwig	15. August
	Geiger, Hans	30. September
1983	Willers, Friedrich Adolf	29. Januar
	Spackeler, Georg	1. Februar
	Renner, Otto	25. April
	Ostwald, Wolfgang	27. Mai
	Ackerknecht, Eberhard	11. Juni
	Thomas, Karl	28. November
1984	Debye, Peter	24. März
	Schröder, Robert	3. August
	Frenzel, Walter	29. September
	Buder, Johannes	16. November

Philologisch-historische Klasse

1982	Korff, Hermann August	3. April
	Spranger, Eduard	27. Juni
1983	Trautmann, Reinhold	16. Januar
	Behn, Friedrich	14. Februar
	Spamer, Adolf	10. April
	Aistleitner, Joseph	2. Mai
	Barwick, Karl	14. Mai
	Alt, Albrecht	20. September
1984	Jacobi, Erwin	15. Januar
	van Giffen, Albert Egges	14. März
	Baumgarten, Arthur	31. März
	Bruhns, Leo	26. November

150. Geburtstage

Mathematisch-naturwissenschaftliche Klasse

1981	His, Wilhelm	9. Juli
1982	Müller, Wilhelm	13. Februar

1982	Feddersen, Berend Wilhelm	26. März
	Stohmann, Friedrich	25. April
	Neumann, Carl Gottfried	7. Mai
	Wundt, Wilhelm	16. August
	Krüger, Adalbert	3. Dezember
1983	v. Richthofen, Ferdinand	5. Mai
1984	Hering, Ewald	5. August
	Zöllner, Johann Carl Friedrich	8. November

Philologisch-historische Klasse

1982	Pertsch, Wilhelm	19. April
1983	Hultsch, Friedrich	22. Juli
	v. Noorden, Carl	11. September
1984	Lipsius, Hermann	9. Mai

50. Todestage

Mathematisch-naturwissenschaftliche Klasse

1982	v. Frey, Max	25. Januar
	Ostwald, Wilhelm	4. April
	Lusk, Graham	18. Juli
1983	Drude, Oskar	1. Februar
	Correns, Carl Erich	14. Februar
	Meisenheimer, Johannes	24. Februar
	Rinne, Fritz	12. März
	Lichtenstein, Leon	21. August
1984	Bauschinger, Julius	21. Januar

Philologisch-historische Klasse

1981	Brentano, Lujo	9. September
1982	Goetz, Georg	1. Januar
	Sievers, Eduard	30. März
1983	Woermann, Karl	4. Februar
	Stieda, Wilhelm	21. Oktober
1984	Kromayer, Johannes	23. September

100. Todestage

Das Ehrenmitglied der Gesamtakademie

1982	v. Falkenstein, Johann Paul	14. Januar

Mathematisch-naturwissenschaftliche Klasse

1981	Schleiden, Mathias Jacob	23. Juni
	Bruhns, Carl	25. Juli

1982	Zöllner, Johann Carl Friedrich	25. April
	Reich, Ferdinand	27. April
1984	Kolbe, Hermann	25. November

Philologisch-historische Klasse

1981	Michelsen, Andreas Ludwig Jacob	11. Februar
1982	Marquardt, Carl Joachim	30. November
1983	Bursian, Conrad	21. September
	v. Noorden, Carl	25. Dezember
1984	Droysen, Johannes Gustav	19. Juni

KOMMISSIONEN

Mathematisch-naturwissenschaftliche Klasse

Kommission für spezielle Umweltprobleme

701 Leipzig, Goethestraße 3—5, Tel. 292886

Leiter: Neef

Mitglieder: Buchheim, Dörter, Freimuth, Gersch, Görlich, Hanson †, Jordan, Lehmann, Schwabe, Strack, Uhlmann, Watznauer, Wolf

Strukturprobleme und Umweltaspekte des Wassers, insbesondere der therapeutisch nutzbaren Wässer im Süden der DDR

92 Freiberg (Sachsen), Bernhard-von-Cotta-Str. 4, Tel. 512592

Leiter: Buchheim, Jordan, Watznauer
Wiss. Arbeitsleiter: Dr. Manfred Klose
Wiss. Assistenten: Dr. Gunter Kabisch, N. N.
Mitarbeiter: Dr. Ruth Zwicker, Herbert Pührer

Die in den Berichtsjahren 1977—1978 durchgeführten Arbeiten zum o. g. Thema schließen in jeder Hinsicht an die in den Vorjahren geleisteten an, über die im Jahrbuch der Sächsischen Akademie der Wissenschaften 1975/76 [1] berichtet wird.

a) Arbeiten zur Klärung der Struktur von Elektrolyten

I. Ramananalysen von Perchloratlösungen

Die in [1] bereits genannten ramanspektrometrischen Untersuchungen von Perchloraten in wäßriger Lösung wurden bezüglich des Temperatur- und Konzentrationseinflusses erweitert. Außerdem wurden die Wechselwirkungen in organischen Perchloratlösungen untersucht (LM: Aceton, Acetonitril). Folgende Resultate wurden erzielt:

1. Die Wechselwirkung der Perchlorationen mit Aceton und Acetonitril ist im Gegensatz zu derjenigen mit Wasser vernachlässigbar.
2. Die Perchlorationen in Acetonitril und Aceton ändern ihre Symmetrie infolge Bildung von Kontaktionenpaaren. (Im Ramanspektrum äußert sich diese Erscheinung in einer Aufspaltung entarteter Ramanlinien.) Entsprechendes ist in der wäßrigen Lösung nicht möglich.
3. Die Wechselwirkung der Kationen (z. B. Na^+, Li^+, Ba^{2+}, Mg^{2+}, Al^{3+}) mit Acetonitril- und Acetonmolekülen erfolgt über deren polaren Teil ($C{\equiv}N$; $C{=}O$-Gruppe).
4. Der Einfluß der Kationen auf die Lösungsmittelmoleküle ist außerhalb der inneren Solvathülle im Falle der genannten organischen Lösungsmittel sehr gering.
5. Im Falle der Wechselwirkung mit Halogenidionen lagern sich diese über die Methylgruppe und nicht über die polare Gruppe an Aceton bzw. Acetonitril an.

II. Untersuchungen des Ramanspektrums des Me_4N^+-Ions

1. Das Ramanspektrum des Me_4N^+-Ions wurde in methanolischer Lösung konzentrations- und temperaturabhängig untersucht. Die in hochkonzentrierten wäßrigen Lösungen früher gefundenen Hinweise auf Kation-Anion-Assoziationen [3] wurden in $Me_4NCl-CD_3OH$-Lösungen in viel stärkerem Maße sichtbar, d. h. die Assoziation setzt in methanolischen Lösungen schon bei wesentlich geringerer Konzentration ein.
   Temperaturänderungen haben einen wesentlich geringeren Einfluß auf das Ramanspektrum des Me_4N^+-Ions als Änderungen des Lösungsmittels oder der Konzentration.
2. Die Ramanspektren mehrerer Me_4N^+-Salze (Chlorid, Bromid, Jodid, Perchlorat, Nitrat) wurden im polykristallinen Zustand untersucht. Die auf der Grundlage der Einheitszellensymmetrie (D_{4h}^7) durchgeführte Faktorgruppenanalyse sagt für die E- und F_2-Moden des Kations Aufspaltungen in Dubletts voraus. Aus dieser auch beobachteten Aufspaltung sowie gewissen Frequenz- und Intensitätsänderungen konnte der Grad der Störung der tetraedrischen Geometrie des Me_4N^+-Ions ermittelt werden. Diese nimmt in der Reihenfolge $ClO_4^- < NO_3^- < Cl^- < Br^- < J^-$ zu [3].

III. Untersuchungen des Ramanspektrums an Acetonitril-Wasser-Gemischen

Die OD-Valenzbande des Wassers in D_2O-CH_3CN-Gemischen wurde in Abhängigkeit von der Zusammensetzung untersucht. Dabei zeigte sich, daß die Spezifika der Wasserstruktur bis zu relativ hohen Konzentrationen der organischen Komponente erhalten bleiben (die Veränderung der OD-Valenzbande bei Zusatz von Acetonitril ist viel weniger ausgeprägt und von anderem Charakter als diejenigen bei Zusatz von Elektrolyten).

b) Geowissenschaftliche Arbeiten im Raume der Staatsbäder Bad Elster— Bad Brambach

Die im Berichtsjahr 1978 in unmittelbarem Anschluß an die Untersuchungen von 1975/76 [1] durchgeführten Arbeiten konzentrierten sich auf die Klärung der Bruchtektonik im Gebiete von Bad Brambach. Nachdem eine von Vogt vermutete NNW-streichende Bruchrichtung durch einzelne Quarz- und Basaltgänge grundsätzlich gesichert werden konnte, wurden, in der Absicht, dieses Spaltensystem in seiner Gesamtheit zu erfassen, senkrecht dazu Profile gelegt. Diese WSW—ENE-gezogenen Profile wurden im Abstand von 500 m parallel zueinander gezogen und im Abstand von je 100 m beprobt.

Die Probennahme bezieht sich auf die Anwesenheit von Hg, das sich erfahrungsgemäß über Störungen im Boden anreichert. Als weiterer Parameter wird die γ-Intensität erfaßt und werden Vorbereitungen getroffen, um 1979 am gleichen Probepunkt den Rn-Gehalt zu messen.

Ein Versuch, die relativ zeitaufwendige Entnahme und präparative Bearbeitung für die Hg-Bestimmung durch die wesentlich raschere Methode der Bodenluft-Untersuchung zu ersetzen, ergab nicht das gewünschte Ergebnis. Der Hg-Gehalt der Bodenluft erwies sich als zu stark abhängig von der stofflichen Zusammensetzung des Bodens, von der Luftfeuchtigkeit und dem herrschenden Luftdruck.

Da im Vogt'schen Spaltensystem bisher keine Uran-Minerale, wohl aber Strahlungseffekte, nachgewiesen werden konnten, ist mit der Möglichkeit zu rechnen, daß das Vogt'sche Spaltensystem lediglich das CO_2 liefert, eine Uran-Mineralisation aber an ein anderes System gebunden ist. Um der Frage der Mineralisation näher zu kommen, wurden Quellabsätze der Radon-, Schiller- und Grenzquelle auf Elementspuren, vor allem U, Rn und Th, untersucht. Im Isotopenlabor der Sektion Physik an der Bergakademie Freiberg konnten in allen drei Fällen neben Rn reichlich U kernchemisch festgestellt werden. Aufgrund dieses Ergebnisses wurden, wie bereits erwähnt, die profilmäßige Erfassung der γ-Intensität verstärkt, das Hg-Netz verdichtet und die flächenmäßige Erfassung der Rn-Werte vorbereitet.

Bei der kleinen Halbwertszeit des Rn kann die Strahlungsquelle nicht weit vom Quellort entfernt liegen. Es ist deshalb vorgesehen, mit den erwähnten Methoden (Rn und γ-Aktivität) verstärkt am Quellort zu beginnen und erst dann profilmäßig zu erweitern.

Ergänzend sei bemerkt, daß dem Nachweis von Bruchstrukturen auch dann eine erhebliche Bedeutung zukommt, wenn sie keine Mineralisation aufweisen, die für die Radonführung verantwortlich gemacht werden kann, sondern lediglich Aufstiegswege von CO_2 darstellen.

In den oberflächennahen Teilen der Quellwege bilden CO_2 und Radon bei den Hauptquellen von Bad Brambach *ein* Gasregime, dessen Kenntnis für den Quellenschutz von ausschlaggebender Bedeutung ist.

Falls sich, wie im Falle von Oberschlema und Joachimsthal ein granit-bezogenes, Uran führendes Spaltensystem als das primäre wahrscheinlich machen läßt, soll eine Gefügeanalyse der tiefer liegenden Granitkörper durchgeführt werden.

Im Berichtsjahr 1976 wurden 15 Profile mit einer Gesamtlänge von 62 km bearbeitet. Es wurden 615 Bodenproben entnommen, 480 Proben aufbereitet und 170 auf ihre Hg-Führung geprüft. Die globale γ-Intensität wurde an allen 615 Probenpunkten mittels eines tragbaren Curiemeters gemessen. Die entnommene Bodenluft an Ort und Stelle mit einem transportablen Impulszählmeßplatz quantitativ auf α-Strahler direkt zu prüfen, erwies sich als zwar durchführbar, aber zu aufwendig und langsam. Es wurden daher Vorbereitungen für den Einsatz der Fission-Track-Methode unter Verwendung von Plastfolie, die in Bodenlöcher eingelegt wird, getroffen.

Die bisherigen Ergebnisse lassen noch keine bindenden Schlüsse hinsichtlich der mit der Forschungsthematik angegangenen Probleme zu, doch lassen die vorliegenden Meßdaten und Beobachtungen erkennen, daß der methodisch eingeschlagene Weg neue Erkenntnisse bringen wird.

Zum Zwecke eines regionalen Vergleiches wurden 12 Radon führende Quellen im Gebiet der Lausitz, die Akratotherme von Kunzwart (Königswart), die Hg-führenden Gänge von Luby (Schönbach) und das Spaltensystem von Aš (Asch) in die Betrachtung einbezogen.

c) Laboruntersuchungen zum Fervorproblem

Die Aufgabenstellung der Jahre 1977 und 1978 zielten darauf ab, die bisher als relevant erkannten Einflußfaktoren auf den „Fervoreffekt" weiter zu analysieren. Wiederum wurden verschiedene Sorten und Provenienzen von *Sinapis alba L. ssp alba* mit erwiesener hoher Keimfähigkeit für die Versuche ausgewählt. Die Experimente fanden bei einer konstanten Raumtemperatur von 25° C statt. Besonders berücksichtigt wurden

— unterschiedliche Bedingungen der Vorquellung der Keimlinge (Verwendung von Aqua bidestillata (AB) und von fervorisiertem AB (= AB_F), unterschiedliche Vorquelldauer von 2,6 und 10 Stunden);
— Einflüsse der Belichtung (Vorkeimung unter Lichtausschluß oder bei Tageslicht mit relativ hohem Blaulichtanteil durch Leuchtstoffröhren „TL" 55 Philips mit 3500 lx);

— Unterschiede zwischen frischem und länger (14 Tage) gelagertem AB_F;
— Unterschiede des Luftvolumens in den (abgedeckten) Keimungsgefäßen bzw. in den Vorratsgefäßen des AB oder AB_F.

Folgende Ergebnisse ließen sich feststellen:

1. Unterschiedliche Sorten oder Provenienzen der Versuchspflanzen wirkten sich in keiner Weise auf irgendeine der Versuchsbedingungen aus.
2. Die ersten Wurzelkeimungen begannen 8—9 Stunden nach Beendigung der Vorquellung, wobei die Vorquelldauer, Licht oder Dunkelheit keine Rolle spielten.
3. Nach Vorquellung der Keimlinge in AB_F waren die prozentualen Häufigkeiten der Wurzelkeimung gegenüber einer Vorquellung in AB deutlich gehemmt, wenn Quellung und Keimung unter Lichtausschluß stattfanden. Dabei erwies sich die längere Vorquelldauer (10 Stunden) als etwas wirksamer.
4. Unter Lichteinwirkung (wie oben beschrieben) trat dieser Hemmeffekt des AB_F nicht in Erscheinung; es kam im Gegenteil zu einer Verstärkung der prozentualen Keimungshäufigkeit, verbunden mit einer Aktivierung der Sproßkeimung. Auch hierbei erwies sich die längere Vorquelldauer (10 Stunden) als am wirksamsten.
5. Die Keimschnelligkeit wird bei frischem Saatgut vom Luftvolumen der Keimgefäße und zudem vom Licht beeinflußt. Bei einem um das 20fache kleineren Volumen der Keimungsgefäße wurde die Keimungsschnelligkeit im Licht erhöht.
6. Bei entsprechender Lagerung der AB_F-Vorratsgefäße (Flaschenhals nach unten, in völliger Dunkelheit) und bei nur einmaliger Entnahme von AB_F für die Vorquellung und Keimung (über Schlauch und Rekordspritze) bleiben die Eigenschaften des frischen AB_F auch nach 14tägiger Aufbewahrung vor Verwendung voll erhalten. Bei mehrmaliger Wasserentnahme trat nach 14tägiger Lagerung eine starke Minderung der Keimschnelligkeit auf, die bei AB_F größer war als bei AB.

Die bisher erhobenen Befunde zeigen, daß der Fervoreffekt (= Wurzelkeimungshemmung durch AB_F) nur
— unter Lichtausschluß oder relativ,
— bei Blaulichteinwirkung und großem Luftvolumen der Keimungsgefäße, oder
— bei Verwendung von „gealtertem" (d. h. durch mehrmaliges Entnehmen aus der gleichen Vorratsflasche beeinflußtes) AB_F zustande kommt.

Der Fervoreffekt wirkt sich auf den Beginn der Auskeimung selbst nicht aus, sondern nur auf die Häufigkeiten der Keimung. Dies weist auf eine unterschiedliche interindividuelle Reaktion der Keimlinge auf die Fervorbedingungen des Wassers hin, die sich in einer Verzögerung des Keimungseintrittes der Wurzelkeimung ausdrückt. Die Umkehr dieses Effektes durch optimale Lichtbedingungen läßt sich derzeit noch nicht bündig erklären. Weitere Untersuchungen sollen klären, welche Zusammenhänge zwischen diesen initialen unterschiedlichen Hemmprozessen und dem späteren Pflanzenwachstum bestehen.

Literatur

[1] Buchheim, W., H. Jordan, A. Watznauer, in: Jahrbuch Sächs. Akad. Wiss. *1975—1976*, Berlin 1976, S. 51—55.
[2] Klose, M., u. G. Kabisch: Vortrag auf dem Raman-Kolloquium, Freiberg 27.—29. 11. 1978.
[3] Kabisch, G., u. M. Klose: Vortrag auf dem Raman-Kolloquium, Freiberg 27.—29. 11. 1978.

Wolfgang Buchheim Herbert Jordan Adolf Watznauer

Untersuchungen über die Wirkungsmechanismen von Neurohormonen

69 Jena, Erbertstraße 1, Tel. 27122, App. 316

Leiter: Gersch

Wiss. Arbeitsleiter: Dr. sc. Klaus Richter
Wiss. Assistenten: Dr. Eckehard Baumann, Dr. Gustav-Adolf Böhm, Dr. Heiner Birkenbeil, Dr. Hermann Eibisch
WTA: Rita Leser, Rosemarie Meißner, Gisela Radtke
Sekretärin (halbtags): Inge-Dorothea d'Ambly

Im vorausgegangenen Forschungsbericht wurden nochmals die Konzeption der Forschungsaufgabe und die daraus abgeleiteten Aufgaben dargestellt. Hierauf sei an dieser Stelle verwiesen, weil sich auch die Arbeiten für den Zeitabschnitt 1977/78 unmittelbar darauf beziehen. Folgende drei Themenkreise wurden bearbeitet: 1. Die weitere Aufklärung der hormonalen Steuerung der Prothoracaldrüse der Insekten auf zellulärer Ebene. 2. Die weitere Charakterisierung der Funktion des häutungshemmenden Hormons (MIH) der Krebse. 3. Die Frage akzessorischer Ecdysteroide produzierender Organe und Gewebe bei Insekten und Krebsen.

Zu 1. Um die Sekretionsrate der Prothoracaldrüse exakt zu erfassen, wurde ein Radio-Immun-Assay (RIA) der Ecdysteroide erarbeitet. Nach Herstellung des Antiserums konnte dessen hohe Eignung an den Eichkurven ermittelt werden. Zur Charakterisierung des eingesetzten RIA wurden weitere Untersuchungen zwecks Überprüfung der Spezifität des verwandten Antiserums unter Einbeziehung verschiedener Ecdysteroide (Inokosteron, Cyasteron, Makisteron) durchgeführt. Sie bestätigten den hohen Spezifitätsgrad des gewonnenen Antiserums.

Mit Hilfe des RIA wurde nun die Ecdyson-Produktion der Prothoracaldrüse der Schabe *Periplaneta americana* in vitro unter Einsatz folgender Parameter geprüft: Temperatur, O_2-Begasung, Kulturzeit, Kulturmedium, Inkubationszeit, Konzentration der Stimulationsfaktoren sowie Alter der Spender- und Empfängertiere. Ziel dieser Untersuchungen bildete die Erarbeitung eines Testes (Prothoracaldrüsentest) auf der Basis der Ecdyson-Produktion. Hierbei ergab sich, daß die Prothoracaldrüse das produzierte Ecdyson sofort in die Haemolymphe ausschüttet (Abb. 1). Weiterhin zeigte sich, daß die Prothoracaldrüsen von Larven fünf Tage nach vorausgegangener Häutung geeignete Empfänger für die experimentelle Stimulierung der Drüse in vitro darstellen. Durch Gehirn-Hormon (hier Gehirn-Homogenate) kann die Ecdysteroid-Produktion solcher Prothoracaldrüsen in vitro erheblich gesteigert werden. Damit sind zugleich die Voraussetzungen für die weitere Ausarbeitung dieses Testes gegeben. Es wurde außerdem die Spezifität des entwicklungsphysiologisch wirksamen Aktivationsfaktors II mittels biochemischer, physiologischer und immunochemischer Methoden erwiesen. Auf Grund des immunhistochemischen Nachweises wurde festgestellt, daß der Aktivationsfaktor II in sekretorisch tätigen Zellgruppen des Lobus opticus produziert wird. Dieser Befund ist im Hinblick auf die bis heute bestehenden Kenntnisse über das Vorkommen neurosekretorischer Zellen im Cerebralganglion der Insekten bemerkenswert.

Zu 2. In den weiteren Untersuchungen über den häutungshemmenden Faktor der Krebse und dessen Steuerung der Häutungsdrüse (Y-Organ) wurde gleichfalls der RIA eingesetzt. Nach Exstirpation der Augenstiele wird das Y-Organ zur Bildung von Ecdyson stimuliert. Ecdyson wird auch hier ganz entsprechend wie von der Prothoracaldrüse sofort in die Haemolymphe ausgeschüttet und nicht gespeichert.

Die durch frühere, wenngleich auch nur vereinzelte Befunde aufgeworfene Frage (vgl. Jahresbericht 1975/76), ob außer dem MIH möglicherweise auch ein Accelerationsfaktor vorhanden ist und die beiden Faktoren eventuell jahreszeitlich verschieden auftreten, wurde in einem umfassenden, über ein Jahr laufenden Versuch geprüft. Als Parameter dienten dabei die Gastrolithenbildung. Es ergab sich, daß die Versuchstiere (amerikanischer Flußkrebs *Orconectes limosus*) während der Sommermonate nach Entfernung der Augenstiele (Ausschaltung der MIH-Quelle), wie bekannt, mit der Bildung von Gastrolithen reagieren. Das ist der Hinweis des Übergangs vom Zwischenhäutungsstadium C zum Vorhäutungsstadium D. Injektion von Sinusdrüsenextrakt der Sommertiere beeinflußt den induzierten

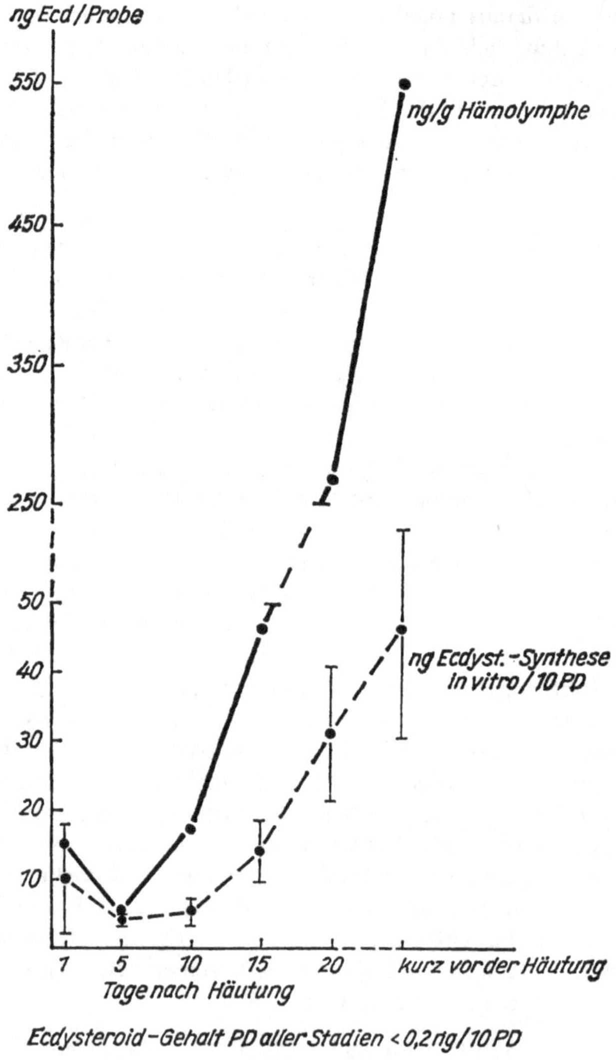

Abb. 1. *In vitro*-Produktion von Ecdysteroiden durch die Prothoracal(-Häutungs)drüsen und Ecdysteroid-Titer in der Haemolymphe der Schabe *Periplaneta americana* im letzten Larvenstadium. Die Ecdysteroidsynthese steigt in der Mitte des Larvenstadiums an und erreicht kurz vor der Häutung ihr Maximum.

TAFEL I

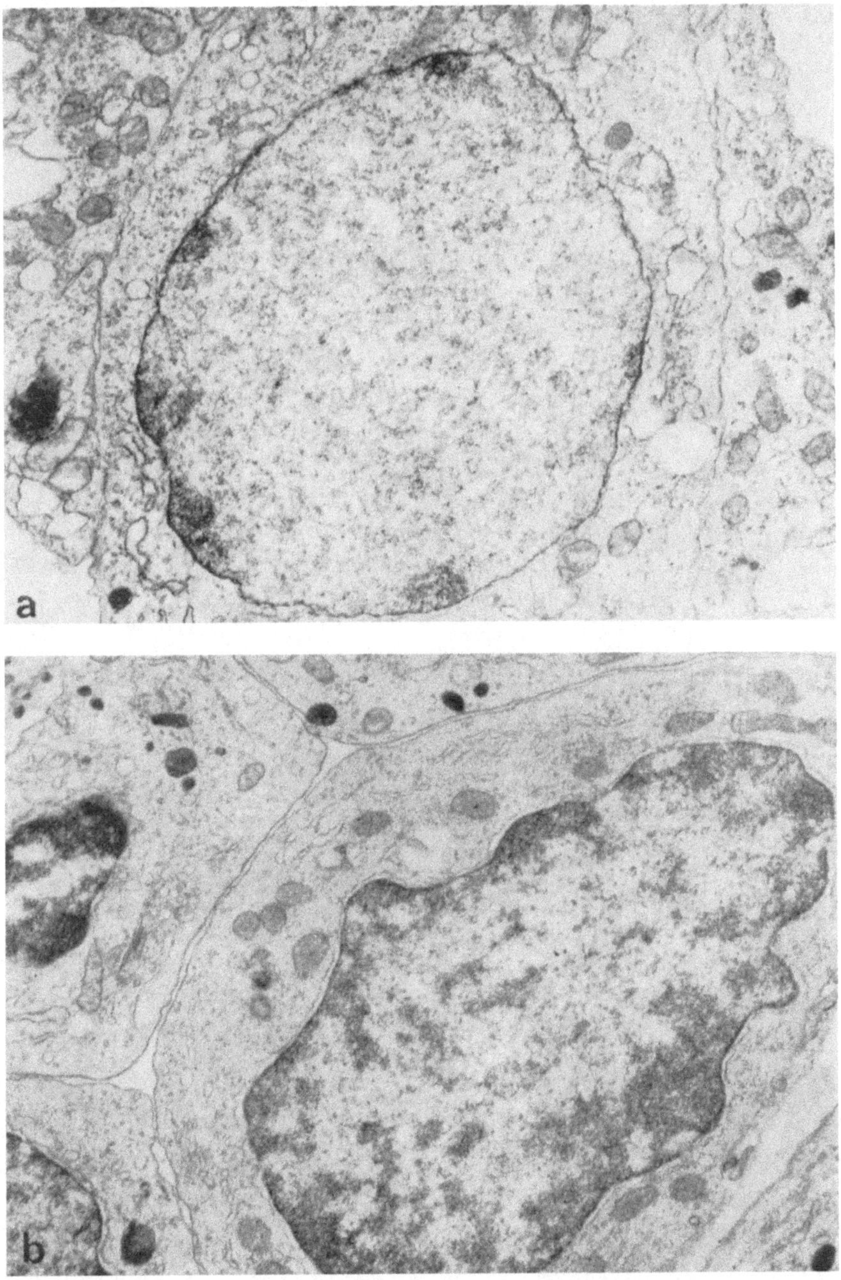

Abb. 2. Elektronenmikroskopischer Ausschnitt der Cephaldrüse des Flußkrebses *Orconectes limosus*. Es treten deutliche substrukturelle Veränderungen in unmittelbarer Beziehung zur Häutungsphase auf.

a) Die Zellen der Drüse im Zwischenhäutungsstadium zeichnen sich durch verhältnismäßig wenig Endoplasmatisches Retikulum und einen Kern mit stark aufgelockertem Chromatin aus.
b) Drüsenzellen im Vorhäutungsstadium (Stadium D). Der Kern enthält große Chromatinschollen. Das Endoplasmatische Retikulum ist stärker entwickelt.

Übergang zum Vorhäutungsstadium nicht. Er steigert aber bei intakten Tieren (solchen mit Augenstielen) die spontane Rate des Übergangs zur Vorhäutungsphase um 80%. Die Sinusdrüse von Wintertieren hat dagegen auf intakte Sommertiere keinen Einfluß, verhindert aber die Bildung von Gastrolithen nach Augenstielentfernung total. Diese Ergebnisse können als Hinweise auf die Existenz eines häutungsauslösenden (-beschleunigenden) Faktors neben dem MIH gewertet werden. Ersterer scheint in Sommertieren überwiegend vorhanden oder wirksam zu sein, während das MIH in Sommertieren weit weniger vorhanden bzw. aktiv ist als in Wintertieren. Mit diesen Ergebnissen eröffnet sich die Möglichkeit, die Häutungsregulation auf der Grundlage eines Wirkungsantagonismus zwischen Accelerations- und Inhibitionsfaktor experimentell weiter verfolgen zu können.

Zu 3. Die Untersuchungen zum Problem „akzessorischer Organe oder Gewebe", die außer der obligatorischen Häutungsdrüse der Insekten das Häutungshormon Ecdyson produzieren, basieren auf der im vorausgegangenen Bericht mitgeteilten Feststellung mit Larven der Schabe *Periplaneta americana*, womit sich Insekten auch noch nach vorheriger experimenteller Entfernung der Häutungsdrüse z. T. mehrfach häuten können. Die Klärung dieser Verhältnisse ist für das Verständnis der hormonalen Kontrolle der Entwicklungsprozesse der Insekten von grundlegendem Interesse.

Ganz entsprechend wie schon für einige andere Insekten ermittelt, produziert das Ovar von *Periplaneta americana* Ecdysteroide. Mit Hilfe des Radio-Immun-Assay wurden außer Ecdyson und Ecdysteron noch andere Komponenten festgestellt, deren Natur bisher unbekannt ist. Einige davon zeigten im biologischen *Musca*-Test Häutungsaktivität. Die Aufklärung dieser unbekannten Ecdysteroid-Metaboliten ist in Zusammenarbeit mit einer anderen, auf Steroide spezialisierten Arbeitsgruppe im Gange. Erwartungsgemäß war die Ecdysteroid-Produktion von Ovarien der Larven wesentlich geringer als die von adulten Weibchen. Da nicht angenommen werden kann, daß die nach Exstirpation der Häutungsdrüse weiterhin erfolgenden Häutungen der Larven auf der Produktion des Häutungshormons der Ovarien beruht, weil während der Larvenperiode die Ovarien noch unentwickelt und deren Ecdysteroid-Produktion minimal ist, wurden weitere in Frage kommende Gewebe untersucht. Das betraf in erster Linie die Oenocyten.

Mittels des RIA wurde nachgewiesen, daß die Oenocyten der Larve des Mehlkäfers *Tenebrio molitor* in vitro Ecdysteroide synthetisieren. Quantitative Unterschiede bestehen auch hier zwischen den Oenocyten aus Larven verschiedener Entwicklungsphasen. Von besonderem Interesse war die Feststellung, daß die Ecdysteroid-Produktion der Oenocyten durch das übergeordnete neurosekretorische System stimuliert wird.

Im Zusammenhang mit den Befunden über mögliche „akzessorische Gewebe" bei Insekten, die entweder ständig oder eventuell nur unter besonderen Bedingungen Ecdysteroide produzieren, ist über überraschende Ergebnisse bei Krebsen zu berichten. Die Untersuchungen erfolgten vor allem an dem amerikanischen Flußkrebs *Orconectes limosus* und vergleichsweise an dem Edelkrebs *Astacus astacus*. Neben der obligatorischen Häutungsdrüse der Flußkrebse konnte eine bisher unbekannte Drüse ohne Ausführgang festgestellt werden. Für diese neu entdeckte Drüse wurde der Name Cephaldrüse vorgeschlagen. Histologische und elektronenmikroskopische Untersuchungen ergaben, daß die Drüsenzellen in Beziehung zum Häutungsstadium histologische und elektronenmikroskopische Veränderungen aufweisen (Abb. 2 auf Tafel I). Die Vermutung einer hormonalen Steuerung durch das übergeordnete Augenstiel-Sinusdrüsen-System bestätigte sich durch die nach experimenteller Exstirpation der Augenstiele ausgelösten morphologischen Veränderungen der Cephaldrüse. Da nach experimenteller Entfernung der obligatorischen

Häutungsdrüse von *Orconectes limosus* histologische und elektronenmikroskopische Veränderungen an der Cephaldrüse auftraten, ist anzunehmen, daß auch funktionelle Beziehungen zwischen dem Y-Organ und der Cephaldrüse bestehen. Dies bedarf jedoch weiterer Untersuchungen.

Vergleichende biochemische Untersuchungen von Cephaldrüse und Y-Organ des Flußkrebses *Orconectes limosus* in in-vitro-Kulturen und der von den beiden Drüsen produzierten Substanzen mit dem RIA erbrachten den Nachweis, daß die Cephaldrüse ebenso wie das Y-Organ Ecdysteroide in z. T. erheblicher Menge in Abhängigkeit von dem jeweiligen Häutungsstadium produziert. Diese Feststellung wurde durch die Testung der unter in-vitro-Bedingungen produzierten Substanzen am biologischen *Musca*-Test noch erhärtet.

Außerdem produziert das Ovar des hier untersuchten Flußkrebses Ecdysteroide, wobei ähnlich wie für das Ovar der Insekten außer Ecdyson und Ecdysteron ebenfalls noch unbekannte Metaboliten auftreten, die z. T. im biologischen Test häutungsaktiv sind.

Das Verständnis des Vorkommens akzessorischer Gewebe bei Krebsen und Insekten, die außer der obligatorischen Häutungsdrüse Häutungshormon produzieren, leitet sich möglicherweise aus der Tatsache ab, daß bei den Arthropoden erstmalig im Tierreich neben dem primären System der Neurohormone eigene Hormondrüsen auftreten. Möglicherweise repräsentieren sich mit diesen akzessorischen Geweben phylogenetisch die ursprünglichen hormonalen Produktionsstätten, die außerhalb des neuroendocrinen Systems im Tierreich auftreten und im weiteren durch die „obligatorischen Hormondrüsen" dann ersetzt werden.

Zusammenfassend kann festgestellt werden, daß die Arbeiten im vergangenen Berichtszeitraum außer zu neuen Befunden über Steuerung und Sekretion der Häutungsdrüsen von Krebsen und Insekten auch zu neuen allgemein interessierenden Gesichtspunkten geführt haben.

Literatur

Birkenbeil, H., M. Gersch u. J. Ude: Die Ultrastruktur der Spinndrüsenzellen von *Galleria mellonella* in Beziehung zum Aktivitätszustand. Zool. Anz. *201* (1978) 161–176.

Bräuer, R., M. Gersch, G.-A. Böhm u. E. Baumann: In-vitro-Stimulierung der Synthese von α-Ecdyson in Prothoracaldrüsen von *Periplaneta americana* durch den Aktivationsfaktor. Zool. Jb. Physiol. *81* (1977) 1–12.

Eckert, M., u. M. Gersch: Immunochemical investigations on the neuroendocrine system of the cockroach, *Periplaneta americana L.* In: Neurosecretion und neuroendocrine activity. Evolution structure and function. Springer-Verlag: Berlin–Heidelberg 1978, S. 365–369.

Gersch, M.: Häutungen von Insekten ohne Häutungsdrüse: Befunde mit Larven von *Periplaneta americana*. Experientia *33* (1977) 228–230.

— Hormonale und humorale Steuerung durch neurosekretorische Peptide. In: Probleme der Korrelation neuronaler und endokriner Regulation bei Evertebraten. Wiss. Beitr. Univ. Jena, Jena 1978, S. 8–31.

— Informationsübermittlung mit Hilfe neurosekretorischer Peptide als Mediatoren. Naturwissenschaften *64* (1977) 417–426.

— Die klassische Vorstellung der hormonalen Steuerung der Insektenentwicklung im Lichte neuer experimenteller Tatsachen: Produktion von Häutungshormon außerhalb der Prothorakaldrüse. Zool. Jb. Physiol. *82* (1978) 171–184.

— Neural and neurohormonal control of the circadian rhythm of blood trehalose in the cockroach *Periplaneta americana* (Insecta). In: Neurosecretion and neuroendocrine activity. Evolution structure and function. Springer-Verlag: Berlin–Heidelberg 1978, S. 370–372.

— A new endocrine gland in the antennal segment of crayfishes due to findings in *Orconectes limosus* and *Astacus fluviatilis* (Gen. Comp. Endocrin., im Druck).

Gersch, M. u. E. Baumann, H. Birkenbeil: C-AMP als möglicher Mediator beim Wirkungsmechanismus von Neurohormon D. Zool. Jb. Physiol. *82* (1978) 151—170.

Gersch, M., and H. Birkenbeil: The ultrastructure of a hitherto unrecognized gland in the head of *Orconectes limosus* producing ecdysteroids (cephalic gland) (Gen. Comp. Endocrin., im Druck).

— u. M. Eckert, E. Baumann, H. Birkenbeil: Immunologische Untersuchungen des neuroendokrinen Systems der Insekten. V. Zur Kennzeichnung des Aktivationsfaktors II mit immunologischen, biochemischen und physiologischen Methoden. Zool. Jb. Physiol. *81* (1977) 153—164.

— u. H. Eibisch: Synthesis of ecdysone-^{14}C and ecdysterone from cholesterol-^{14}C in cockroaches (*Periplaneta americana*) without molting glands. Experientia *33* (1977) 468.

— u. H. Eibisch, G.-A. Bøhm, J. Koolman: The cephalic gland in the crayfish *Orconectes limosus* produces ecdysteroids (Gen. Comp. Endocrin., im Druck).

— u. K. Richter, H. Eibisch: Untersuchungen zur Kennzeichnung und zur Wirkung des Häutungs-Hemmhormons aus der Sinusdrüse (molt-inhibiting hormone = MIH) von *Orconectes limosus* Rafinesque (Crustacea-Decapoda). Zool. Jb. Physiol. *81* (1977) 133—152.

Richter, K.: Das Dale-Prinzip in heutiger Sicht. In: Probleme der Korrelation neuronaler und endokriner Regulation bei Evertebraten. Wiss. Beiträge Univ. Jena, Jena 1978, S. 99—110.

Manfred Gersch

Beeinflussung von in vivo-Eiweißabbauvorgängen enzymatischer Art durch in der Umwelt eingesetzte Agenzien

402 Halle (Saale), Hollystraße 1, Tel. 29621

Leiter: Hanson (1. I. 1977 bis Juli 1978), Prof. Dr. Aurich (ab August 1978)
Wiss. Oberassistentin: Dipl.-Pharmazeutin Susanne Riemann
Wiss. Assistentin: Chemie-Ing. Traudel Nötzel

In Eiweißabbauvorgänge lebender Zellen kann gezielt durch die Gabe von Proteinaseinhibitoren eingegriffen werden. Für einige dieser Substanzen ist eine therapeutische Wirkung bei der Hemmung des Wachstums von Tumoren bekannt. Darüber hinaus können diese Hemmstoffe jedoch auch zellschädigend wirken, indem sie die Integrität der Zellen und ihrer Organellen verändern.

Ziel unserer Arbeit ist es, Beiträge zur weiteren Klärung der Wirkung dieser Substanzen zu liefern, d. h. sie hinsichtlich ihres Effektes auf den Proteinabbau unter Bedingungen, die denen in lebenden Zellen ähneln, auf mögliche Schadwirkungen zu untersuchen. Als Untersuchungsmodell für die Testung solcher Hemmstoffe wurden lebensfähige, radioaktiv markierte Rattenleberparenchymzellen eingesetzt, die nach der Methode von Seglen [1] isoliert wurden. Im ersten Teil des Berichtszeitraumes wurden folgende Proteinaseinhibitoren, die von japanischen Forschern [2] aus Pilzen isoliert wurden und die sie uns dankenswerterweise zur Verfügung stellten, getestet: Leupeptin, Chymostatin, Antipain, Elastatinal und Pepstatin sowie zwei von einer ungarischen Forschergruppe dargestellte Inhibitoranaloga.

Die Inkubation der Zellen erfolgte ohne und mit Zusatz von Hemmstoffen (10^{-3} M) in einem einfachen Salzmedium [3] bei 37 °C, pH 7,2 und unter Zufuhr von Luftsauerstoff. Die Integrität der Zellen wurde vor der Inkubation und nach 30, 60 und 120 min anhand des Trypanblau-Ausschluß-Testes und der Freisetzung von Glutamatdehydrogenase (GDH) (Erhöhung von deren Aktivität im zellfreien Überstand) überprüft. Die Befunde ergaben, daß die untersuchten Hemmstoffe die Integrität der Rattenleberparenchymzellen nicht wesentlich beeinflussen, die Aktivität der GDH erhöhte sich im Überstand nur minimal im Vergleich zum Kontrollansatz.

Der Proteinabbau wurde in einen Flüssigkeitsszintillationsspektrometer als Zuwachs der Trichloressigsäure-löslichen Radioaktivität gemessen. Leupeptin hemmte den Proteinabbau zu 40%, Chymostatin zu 52% und Antipain zu 25%. Die Inhibitoren Elastatinal und Pepstatin sowie die beiden synthetischen Inhibitoranaloga zeigten nur geringe Hemmeffekte [4], [5]. Experimente, bei denen Pepstatin in Liposomen [6] eingeschlossen wurde, ergaben eine deutliche Steigerung der Hemmwirkung dieser Substanz auf 25%. Ein gleichartiger Versuch mit Elastatinal in Liposomen ist geplant.

Die für den zweiten Teil des Berichtszeitraumes vorgesehene Untersuchung der Wirkung der Hemmstoffe auf isolierte Endothel- und Kupfferzellen der Rattenleber — sie wurden für uns dankenswerterweise von einer holländischen Forschergruppe isoliert und zur Verfügung gestellt — wurde begonnen. Erste Ergebnisse mit diesen beiden Zellarten ergaben einen Unterschied in der Hemmwirkung bei Einsatz von Elastatinal. Die Testung der anderen Hemmstoffe erbrachte bisher ähnliche Resultate für beide Zellarten. Eine endgültige Klärung dieser Befunde bleibt weiteren Versuchen vorbehalten.

Literatur

[1] Seglen, P. O.: Exp. Cell Res. *82* (1973) 391.
[2] Umezawa, H.: "Enzyme Inhibitors of Microbial Origin", University of Tokyo Press 1972.
[3] Baur, H.: Dissertation, Eberhard-Karls-Universität Tübingen 1975.
[4] P. Bohley, S. Riemann, R. Koelsch u. J. Lasch: Acta biol. med. germ. *36* (1977) 1821–1822.
[5] Hanson, H., u. S. Riemann: 12th FEBS-Meeting, Dresden 1978, Abstract *1961*.
[6] J. Lasch, R. Koelsch, G. Brezesinski, V. Hermann, S. Riemann u. P. Bohley: Acta biol. med. med. germ. *36* (1977) 1829–1831.

Prof. Dr. Harald Aurich

Psychologische Untersuchungen zur Leitungstätigkeit als sozialem Umweltfaktor der psychischen Gesunderhaltung der Werktätigen

69 Jena, Schiller-Straße Universitätshochhaus, 19. OG, Tel. 834843/30

Leiter: Hiebsch
Wiss. Arbeitsleiterin: Dr. Gudrun Winkler
Wiss. Oberassistent: Dipl.-Psych. Wolfgang Frindte

Die Arbeitsstelle Psychologie Jena (zwei Mitarbeiter) hat im Berichtszeitraum an der langfristig zu erarbeitenden Monographie zu Anwendungen der Psychologie und Sozialpsychologie in Leitungsprozessen weitergearbeitet. Dabei konnte der Rückstand, der durch längeren Krankheitsausfall einer Mitarbeiterin eingetreten war, einigermaßen aufgeholt werden, so daß die Vereinbarungen mit dem Verlag eingehalten werden können.

Ferner konnten die Arbeiten zum Thema „Abbildung von sozialen Realsituationen auf spieltheoretisch konstruierte künstliche Situationen" erfolgreich weitergeführt werden. Die dabei neuentwickelte Taxonomie experimenteller Spiele hat ihre erste empirische Bewährung bei der Abbildung von Konfliktsituationen realer Dyaden (Ehepaaren) erfahren und findet deshalb nicht nur theoretisches Interesse, sondern auch von seiten der psychologischen Praxis in der Beratungsarbeit. Voruntersuchungen zu einem Teilthema, nämlich zum Problem der „Gestaltung kooperationsförderlicher Situationen in der industriellen Praxis", konnten Ende 1978 abgeschlossen werden. Ein Versuchsplan für die Hauptuntersuchungen ist gegenwärtig in Arbeit. Damit soll ein Beitrag zur Gestaltung einiger Arbeitsprozesse in der Industrie geleistet werden, besonders derjenigen ihrer Elemente, die kooperatives soziales Verhalten bedingen und erzeugen und damit die Persönlichkeitsentwicklung der Werktätigen zu fördern in der Lage sind.

Das darin eingeschlossene Teilthema der interpersonellen Wahrnehmung und Urteilsbildung, das sich an das generelle Forschungsthema der Sektion Psychologie der Friedrich-Schiller-Universität Jena anlehnt, wurde planmäßig weiterbearbeitet. Das gegenwärtige Hauptergebnis dieser langfristig angelegten Untersuchungen ist ein vorläufiges System von Hypothesen über die Genese der sozialen Urteilsbildung, in dem Aussagen über Suchstrategien in der interpersonellen Wahrnehmung, über Attribuierungsprozesse während der Urteilsbildung und über die individuellen Methoden der Unbestimmtheitsreduktion zusammengefaßt sind.

Hans Hiebsch

Untersuchungen über Naturhaushalt und Gebietscharakter

8027 Dresden, Zellescher Weg 19, Tel. 4633275 und
801 Dresden, Augustusstraße 2, Tel. 493387

Leiter: Neef
Wiss. Arbeitsleiter: Dr. Arnd Bernhardt
Wiss. Oberassistent: Dr. Karl Mannsfeld
Wiss. Assistenten: Dr. Inge Hartsch, Dr. Klaus-Dieter Jäger
Wiss. Mitarbeiter: Dipl.-Geogr. Kart.-Ing. Joachim Bieler
WTA: Karin Kießling

Hydrobiologisches Laboratorium Neunzehnhain (Erzgeb.):

9341 Wünschendorf (Erzgeb.), Tel. Lengefeld 393

Leiter: Uhlmann
Wiss. Assistenten: Dr. Wolfgang Horn, Dipl.-Biol. Heidemarie Horn

I. Naturhaushalt und Gebietscharakter

Im Mittelpunkt der Arbeit stand das Problem der sogenannten „*Nebenwirkungen* gesellschaftlicher Aktivitäten im Naturraum". Die Grundlinien unseres Ansatzes waren schon 1976 in Vorträgen und Publikationen dargelegt worden (vgl. Jahrbuch SAW 1975/76). Im Januar 1977 konnte in einem Plenarvortrag vor der SAW das Thema zur Diskussion gestellt werden. Der Ausarbeitung einer daraus resultierenden Veröffentlichung wurde viel Zeit gewidmet, weil sich herausgestellt hatte, daß Fallstudien eine große Zahl ungeklärter Fragestellungen einer Lösung zuführen konnten und neue Einsichten zutage gefördert hatten. Dadurch war eine weitere Präzisierung möglich. Von den Ergebnissen und Erkenntnissen allgemeiner Art seien genannt:

- Die geoökologische oder landschaftsökologische Erkundung auf topologischer und chorologischer Basis war im wesentlichen Strukturforschung. Für die Strukturen galten die Prinzipien der Homogenität.
- Die Struktur vermittelt Angaben über die Bedingungen, unter denen an einem bestimmten Ort in einer bestimmten naturräumlichen Einheit landschaftsverändernde Prozesse laufen.

- Diese landschaftsverändernden Prozesse oder rhythmischen Veränderungen im Jahreszeitengang sind innerhalb einer strukturell homogenen (bzw. als homogen definierten) Einheit räumlich differenziert. Die Homogenitätsbestimmung gilt daher für dynamische Betrachtungen nicht.
- Grundlage dynamischer Analyse ist das *monodynamische Modell*, d. h. das auf eine einzelne wirksame Kraft bezogene Geschehen. Es entspricht der Homogenitätsbedingung bei der Geotopologie. Das wesentlich verwickeltere Geschehen muß auf die definierbaren monodynamischen Elemente zurückgeführt werden, aus deren Kombination sich dann kompliziertere dynamische Vorgänge ableiten lassen.
- Um die Kennzeichnung der Landschaftsdynamik auf eine brauchbare Grundlage zu stellen, ist es notwendig, die durch gesellschaftliche Aktivitäten ausgelösten und ablaufenden Prozesse auf ihre Ursachen zu untersuchen mit dem Ziel, einen Katalog elementarer Grundprozesse zu erstellen. Für dessen Qualifikation müssen die in verschiedenen Gebieten der Allgemeinen Geographie und anderen Geowissenschaften bereits vorhandenen Erfahrungen einbezogen werden.
- Es ist zweckmäßig, die dynamischen Ereignisse aufzugliedern in solche, die im wesentlichen die Stabilität des Systems aufrecht erhalten („Endodynamik"), und solche, die mit erkennbarem Trend Veränderungen des Systems herbeiführen.
- Um die Unterschiede zwischen der Strukturanalyse und der dynamischen Analyse naturräumlicher Einheiten deutlich zu machen, sind auch terminologisch klar unterscheidbare Kennzeichnungen erforderlich. Hierfür wesentliche Begriffe und ihre Beziehungen zueinander sind in der Abb. 1 verzeichnet.
- Die Erkenntnisse aus dieser Studie machen auch die bisher noch ungenügende Anwendung der landschaftsökologischen Forschung in der Praxis verständlich. Da sie vorwiegend Strukturforschung war und mehr den Bedingungskomplex für Landschaftsprozesse als deren treibende Kräfte erarbeitete, blieb der unmittelbare Ansatz für die Landschaftsplanung unbestimmt.

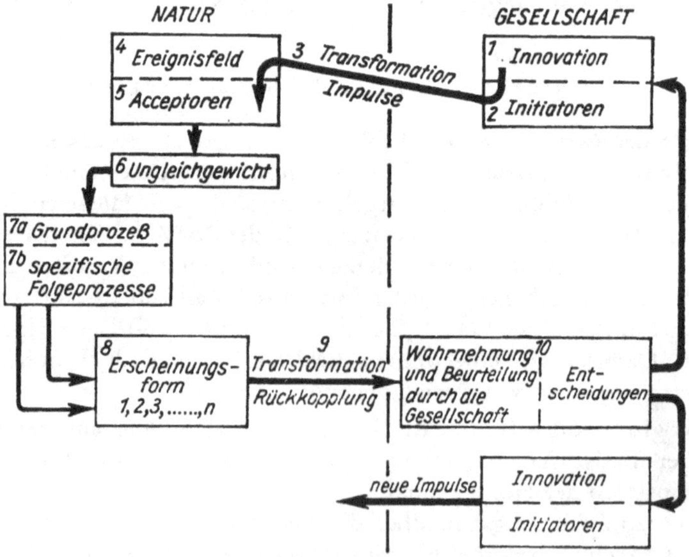

Abb. 1

Mit der Studie sind wesentliche Beiträge zur Landschaftsdynamik und speziell zum Problem der Nebenwirkungen gesellschaftlicher Aktivitäten bereitgestellt worden. Sie gestatten den Aufbau dynamischer Modelle in Form von Denkmodellen und fördern zugleich die Methodik der Landschaftsplanung.

Eine weitere Erkenntnis scheint darin zu liegen, daß der konkrete Ansatz einer praktikablen Landschaftsplanung sich nicht allein — wie noch vielfach behauptet wird — auf Modelle stützen kann. Die Studie zeigt einwandfrei, daß eine optimale Lösung neuer Entscheidungen die Kenntnis einer größeren Anzahl lokaler oder regionaler Parameter fordert. Zu dem Rückgriff auf Grundmodelle gesellen sich notwendigerweise lokale induktive Studien. Bestandteile solcher Parameter sind u. a. die aus der geoökologischen Erkundung gewonnenen Bedingungen für den Ablauf örtlicher landschaftsrelevanter Prozesse. Dies setzt allerdings voraus, daß ein rascher Zugriff möglich ist. Ein solcher ist gegeben und garantiert, wenn als allgemeine Auswertungsform bisheriger geoökologischer Erkundungen ein *Landschaftskataster* aufgebaut werden könnte.

Demzufolge bildete der Entwurf einer Rahmenmethodik zum Aufbau und zur Laufendhaltung von Katasterunterlagen für Landschaftseinheiten und die Dokumentation von Landschaftselementen eine weitere Hauptaufgabe des Forschungsplanes. Für diese Forschungstätigkeit im Rahmen des Forschungsverbandes Physische Geographie beim IGG der AdW der DDR, zugleich Staatsplanaufgabe, übernahm die Arbeitsgruppe die Federführung.

Unter Beachtung der Zielstellung, Beiträge zur planmäßigen Nutzung der von den Naturbedingungen gegebenen Möglichkeiten für die Intensivierung des Reproduktionsprozesses und für die Optimierung der unterschiedlichen Nutzungsformen des Naturdargebotes, einschließlich der Verhütung leistungsmindernder Eingriffe in den Naturhaushalt zu liefern, betrafen die Arbeiten zum Aufbau eines Landschaftskatasters zunächst folgende Schwerpunkte:

- Vergleich der bisherigen Ansätze für ein landschaftsbezogenes Informationssystem;
- Entwicklung eines konzeptionellen Rahmens, innerhalb dessen ein Projekt Landschaftskataster vorbereitet und anwendungsreif gestaltet werden kann;
- Erarbeitung von Beispielen, die als wesentliche Ansatzpunkte für die Weiterführung und Qualifizierung der Konzeption anzusehen sind.

Als grundlegende Einsicht gilt die Feststellung, daß ein Landschaftskataster nur im Rahmen eines Territorialen Informationssystems gesehen werden kann, wobei die Entwicklung einer Rahmenmethodik zur Erfassung und Speicherung landschaftsbezogener Daten den geographischen Anteil an der Ausarbeitung eines solchen Territorialen Informationssystems kennzeichnet.

Eine Kontrolle über die Brauchbarkeit der gewonnenen Methoden ermöglicht eine weitere Auswertungsform, die ihre regionale Anwendung für ein Kreisgebiet oder einen abgegrenzten Planungsraum beinhaltet.

Die seit mehreren Jahren ebenfalls als Staatsplanaufgabe durchgeführten Untersuchungen zu den sog. „*Anforderungsbildern*" (s. Jahrbuch SAW 1973/74 und 1975/76), die die Forderung der Gesellschaft an die Naturraumpotentiale systematisch überschaubar machen soll, wurden zunächst innerhalb der Arbeitsgruppe durchgeführt und später in die Aufgabenstellung des Forschungsverbandes Physische Geographie beim IGG einbezogen, was u. a. auch zu einer gewissen zeitlichen Abhängigkeit von Partnerleistungen führte. Gleichwohl konnte 1977 ein umfassender und teilweise abschließender Forschungsbericht erarbeitet werden, dessen Federführung ebenfalls in den Händen der Arbeitsgruppe lag. Die Weiterbearbeitung von Anforderungsstrukturen ergibt sich nicht nur aus Rückständen in der Materialzuführung, sondern es hatte sich, wie zu erwarten, herausgestellt, daß der interdisziplinäre Charakter der Forschungsaufgabe zahlreiche Querverbindungen erforderlich macht, die zu neuen und vertieften Kenntnissen sowie Anwendungsmöglichkeiten führten. Für detaillierte Aussagen zur Problemstellung und zum Fortgang der Arbeiten kann auf den umfangreichen Forschungsbericht und auf die z. T. daraus resultierenden Publikationen von Mitarbeitern der Arbeitsgruppe verwiesen werden.

Des weiteren wurde im Berichtszeitraum der Abschluß der Beispielskartierungen im Norden von Dresden vorbereitet. Die *Systematisierung der Naturräumlichen Erkundung* in verschiedenen Dimensionsstufen, der Vergleich mit der gegenwärtigen Flächennutzung sowie die Ableitung einer natürlichen Potentialstruktur im Testgebiet durch Interpretation der Naturausstattung für verschiedene Formen der gesellschaftlichen Flächennutzung bildeten die Schwerpunkte der Bearbeitung. Den komplexen Vergleich hinsichtlich Belastbarkeit und Störanfälligkeit chorischer Naturraumeinheiten bei Nutzungseingriffen gestattet die Darstellung der naturraumabhängigen Voraussetzungen für verschiedene Nutzungsmöglichkeiten auf dem gleichen Bezugsareal — hier Nanochoren —. In einer synthetischen Betrachtung nach Nutzbarkeit und Verfügbarkeit von Naturraumpotentialen sowie zur wissenschaftlich begründeten Präferenz bestimmter Nutzungsformen werden Ansätze für die Kennzeichnung der natürlichen Ressourcenstruktur entwickelt, die u. a. auf einem RGW-Symposium (Mai 1978) besondere Beachtung fanden.

Die geochorologischen Unterlagen in den weiteren Teilen des Testgebietes (vgl. Jahrbuch 1975/76) wurden bei gegebenen Gelegenheiten vervollständigt, so z. B. durch die Aufnahme temporärer Aufschlüsse und Grabenprofile.

Bei dieser Gelegenheit gelang im Herbst 1978 bei Borthen (Kr. Freital) der Nachweis einer paläogeographischen Rarität, nämlich die Entdeckung einer interglazialen Bodenbildung auf Lößlehm, die mit ihrer Höhenlage bei 215 m ü. NN mindestens der Eem-Warmzeit (Zwischen Saale- und Weichsel-Kaltzeit), wenn nicht sogar einer noch älteren Warmzeit des Eiszeitalters entstammt. Durch seine Lage im Elbetrakt zwischen der DDR und ČSSR kann der Befund für die Verknüpfung der Lößstratigraphien beider Länder Bedeutung erhalten.

Literatur

1. Forschungsberichte:

Jäger, K.-D., Mannsfeld, K., u. Haase, G.: Bestimmung von partiellen und komplexen Potentialeigenschaften für chorische Naturraumeinheiten (Methodik und Beispielsuntersuchungen). — F/E-Bericht G 2, 5.06.01, ZF 14.08.014, IGG Leipzig, 1977, 127 S., 2 Abb., 21 Tab. und 10 Anlagen.

Schulze, J., u. Jäger, K.-D.: Probleme der Bewertung des biotischen Ertragspotentials für landwirtschaftliche Flächennutzung. — Anlage 2 zum F/E-Bericht G 2 1977; 20 S., 7 Tab., 1 Abb.

Hartsch, I.: Gesellschaftliche Anforderungen an den Naturraum in bezug auf das Rekreationspotential. — Anlage 5 zum F/E-Bericht G 2 1977; 20 S., 9 Tab.

Mannsfeld, K.: Methodische Untersuchungen zur komplexen Charakteristik der Potentialeigenschaften des Naturraumes. — Anlage 8 zum F/E-Bericht G 2 1977; 22 S., 4 Tab., 5 Karten.

Bernhardt, A.: Entwurf einer Rahmenmethodik für Aufbau und Laufendhaltung von Katasterunterlagen für Landschaftseinheiten und die Dokumentation von Landschaftselementen. — F/E-Bericht G 4, FR 5.06.01, ZF 14.08.013, Dresden und Leipzig 1978; 82 S. und 10 Anlagen.

Bieler, J.: Analyse bereits in der DDR bestehender oder im Aufbau begriffener landschaftsbezogener Kataster bzw. Datenbanken. — Anlage 1 zum F/E-Bericht G 4 1978; 46 S.

Bernhardt, A.: Katastermäßige Bearbeitung von Beispielen im Maßstab 1:10000 :Darstellung von vier Gemeinden im agrarisch genutzten Hügelland nach NUTZUNGSEINHEITEN. — Anlage 8 zum F/E-Bericht G 4 1978; 15 S., 1 Beilage, 4 Karten und 24 Listenverzeichnisse (69 S.).

Bernhardt, A.: KatastermäßigeBearbeitung von Beispielen im Maßstab 1:50000: Darstellung eines Ausschnittes des Testgebietes Dresden-Süd (agrarisch genutztes Hügelland) nach NUTZUNGSGEFÜGEN- — Anlage 9 zum F/E-Bericht G 4 1978; 10 S., 8 Beilagen (54 S.), 1 Karte und 2 Deckpausen.

2. Veröffentlichungen:

Bernhardt, A., Rytz, E., u. Müller, K.: Die Flächennutzungsanalyse als Grundlage für die Kennzeichnung von Gebietseinheiten des landeskulturellen Zustandes. In: Wiss. Abh. d. Geogr. Ges. d. DDR *14* (1978) 123—129.

Ehwald, E., Jäger, K.-D., u. Lange, E.: On the present state of knowledge concerning the distribution of woodland and open grounds in the circum-Hercynian dry region during the Holocene. In: Proceedings of Working Session of Commission on Holocene — INQUA (Eurosiberian Subcommission), Tatranská Lomnica—Bratislava 1976. Bratislava 1977, S. 153—165.

Jäger, K.-D.: Zur Ermittlung der gesellschaftlichen Anforderungen an den Naturraum. In: Wiss. Abh. d. Geogr. Ges. d. DDR *14* (1978) 151—164.

Jäger, K.-D.: Holozänstratigraphische Aussagemöglichkeiten über anthropogene Veränderungen natürlicher Umweltbedingungen. In: Biolog. Ges. d. DDR, Mitt. Sektion Anthropologie *35* (1978) 7—20.

Jäger, K.-D., u. Ložek, V.: Indications of Holocene stratigraphy concerning the changing natural structure and metabolism of landscape in consequence of human impact. In: Proceedings of Working Session of Commission on Holocene — INQUA (Eurosiberian Subcommission), Tatranská Lomnica—Bratislava 1976. Bratislava 1977, S. 93—110.

Jäger, K.-D., u. Ložek, V.: Befunde und Aussagemöglichkeiten der Holozänstratigraphie über anthropogene Einwirkungen auf den natürlichen Landschaftshaushalt im ur- und frühgeschichtlichen Mitteleuropa. — In: Petermanns Geogr. Mitt. *122*, H. *3* (1978) 145—148.

Mannsfeld, K.: Zur Kennzeichnung von Gebietseinheiten nach ihren Potentialeigenschaften. In: Petermanns Geogr. Mitt. *122*, H. *1* (1978) 17—27.

Mannsfeld, K.: Zur Bestimmung der potentialbezogenen Nutzungseignung chorischer Naturräume. In: Wiss. Abh. d. Geogr. Ges. d. DDR *14* (1978) 115—122.

Neef, E., mit Beiträgen von A. Bernhardt, K.-D. Jäger u. K. Mannsfeld: Analyse und Prognose von Nebenwirkungen gesellschaftlicher Aktivitäten im Naturraum. In: Abh. d. Sächs. Akad. d. Wiss. zu Leipzig, math.-nat. Kl., Bd *54*, H. *1* (1979) 70 S.

3. Qualifikationsarbeiten:

Bieler, J.: Analyse und Voruntersuchungen zur Gestaltung eines Kartenteiles i. M. 1:50000 für den Landschaftskataster. Diplomarbeit, Martin-Luther-Universität Halle—Wittenberg, Sektion Geographie, 1978.

Horn, W.: Der Anteil des Crustaceenplanktons an der Verringerung des Phytoplanktongehaltes in der Saidenbachtalsperre. Dissertation (A), Technische Universität Dresden, Sektion Wasserwesen, 1978.

Ernst Neef

II. Limnologie der Trinkwassertalsperren

Massenentwicklungen des Phytoplanktons mit ihren unerwünschten Auswirkungen auf die Beschaffenheit des Rohwassers für die Trinkwassergewinnung sind in den untersuchten Talsperren in erster Linie von den Faktoren:

— Nährstoffangebot,
— Lichtintensität,

— Temperatur,
— Verluste durch Freßwirkung des Zooplanktons

abhängig.

$$\frac{dx}{dt} = \underbrace{\mu_m \left(\frac{P}{K_P + P}\right)\left(\frac{I}{K_I + I}\right)\left(\frac{T}{T_{opt}}\right)}_{\text{Zuwachs}} - \underbrace{\frac{\mu_z \cdot x_z}{Y}}_{\text{Verlust}}$$

Dabei ist:

x = Biomasse des Phytoplanktons; dominierende Art in der Saidenbachtalsperre: Kieselalge *Asterionella formosa*

t = die Zeit
μ_m = die maximale Wachstumsrate (z. B. von *Asterionella formosa*)
P = die Konzentration des gelösten Orthophosphates
K_P = eine Halbsättigungskonstante
I = die mittlere Lichtintensität im oberen Stockwerk des Wasserkörpers
K_I = die Halbsättigungsintensität des Lichtes
T = die Wassertemperatur
T_{opt} = die für die betrachtete Art optimale Wassertemperatur
μ_z = die Wachstumsrate der dominierenden Art des Zooplanktons
x_z = die entsprechende Biomasse
Y = Ausnutzungskoeffizient für die aufgenommene Nahrung (Phytoplankton)

Unter den gegenwärtigen Bedingungen der Bewirtschaftung der Wasserbeschaffenheit müssen I und T als unabhängige Variable betrachtet werden. Von den wachstumsbegrenzenden Nährstoffen steht das Orthophosphat in den untersuchten Gewässern mit Abstand an der Spitze. Daher kann die Belastung der Filteranlagen zur Wasseraufbereitung auf folgenden Wegen verringert werden:

— stärkere Rückhaltung des Orthophosphates im Einzugsgebiet oder in Vorsperren, so daß $P \ll K_P$ (Oligotrophie)
— Förderung der Freßleistung des Zooplanktons, so daß beim Phytoplankton Verluste > Zuwachs.

Im Berichtszeitraum wurden sowohl der jahreszeitliche Massenwechsel des Phytoplanktons und die Freßleistung des Zooplanktons als auch die Rückhaltung des in erster Linie wachstumsbegrenzenden Nährstoffes (Orthophosphat) näher untersucht.

1. Die obere Grenze der Phosphatrückhaltung in Vorsperren (Bearbeiter: D. Uhlmann)

Einen Überblick über die Prozesse, die bei der Elimination von gelösten Phosphor- und Stickstoffverbindungen in Vorsperren eine Rolle spielen, vermittelt Tabelle 1.

Die Inkorporation von Orthophosphat in die Biomasse von Phytoplanktern oder Bakterien ist vor allem von den Faktoren:

— Verweilzeit des Wassers
— Temperatur
— Phosphorbelastung

abhängig (Abb. 1).

Tabelle 1. Vorgänge, die für die Elimination gelöster Phosphor- und Stickstoffverbindungen in Vorsperren und ihren Zuleitern von Bedeutung sind

Geologischer Untergrund des Einzugsgebietes

tiefen- u. lichtabhängige Prozesse

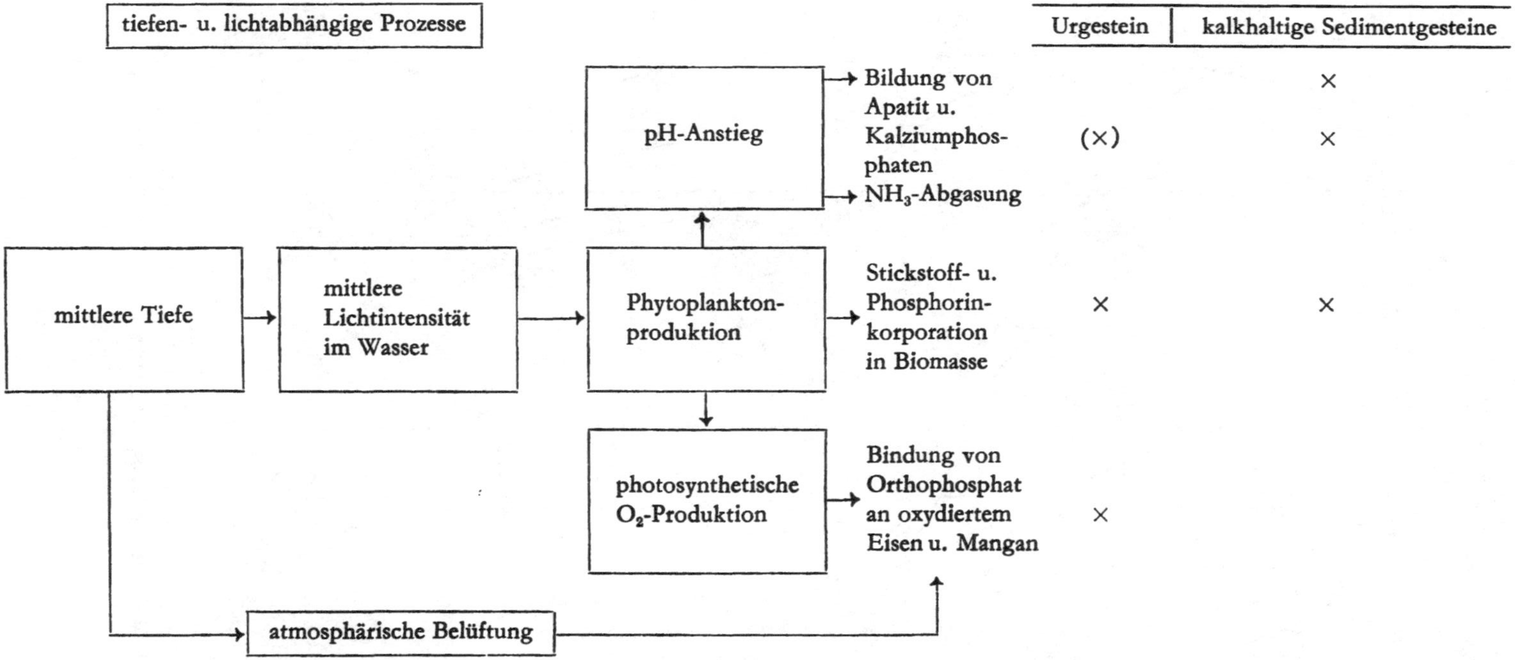

nicht direkt tiefenabhängige oder tiefenunabhängige Prozesse

	Urgestein	kalkhaltige Sedimentgesteine
Inkorporation von Phosphor- u. Stickstoff in Bakterien u. Pilze	×	×
Bindung von Orthophosphat an Aluminium	×	
Bildung von $FePO_4$	×	
Bildung von $MgNH_4PO_4$		×
Denitrifikation	×	×

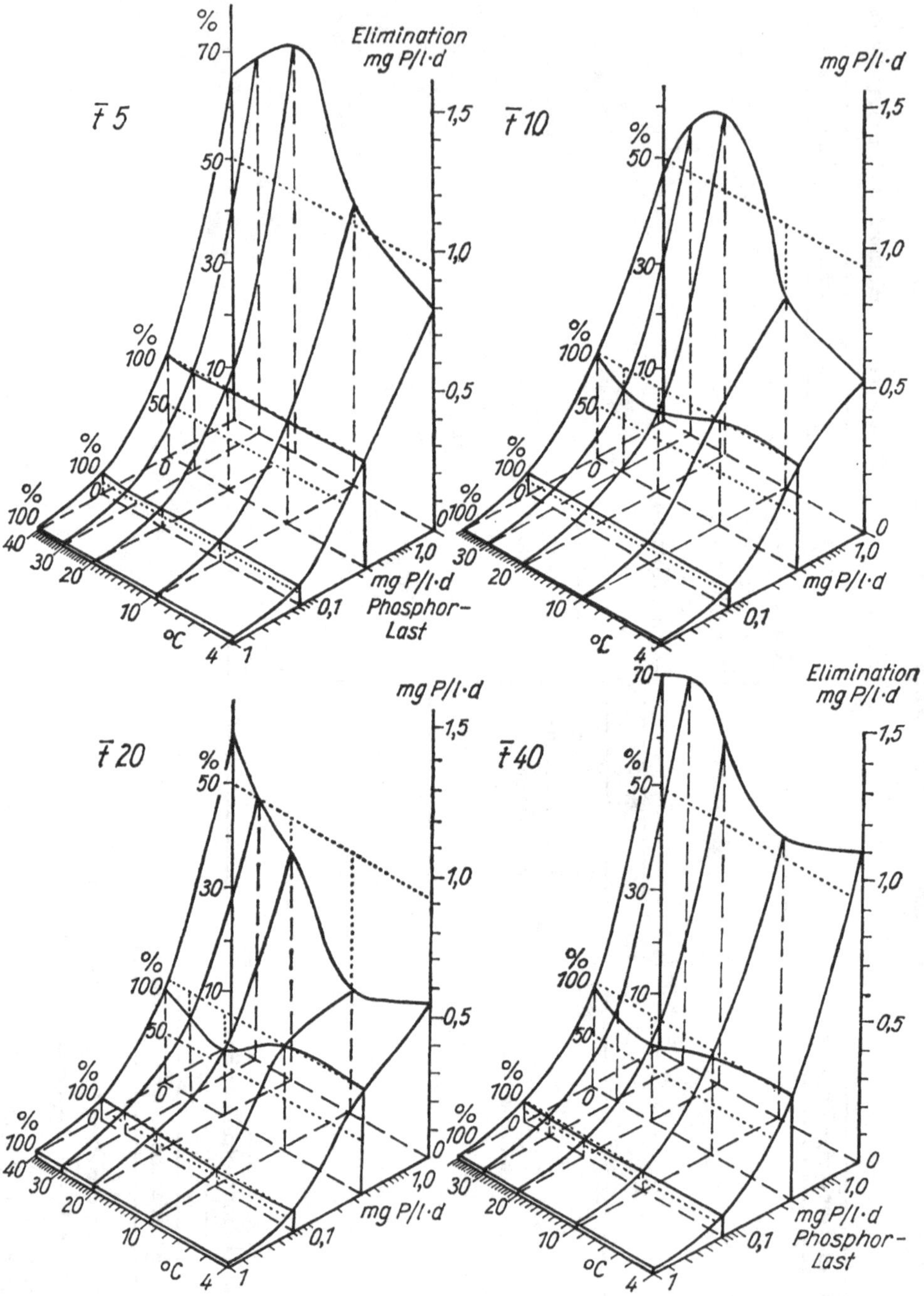

Abb. 1. Die Phosphorelimination in semikontinuierlichen Staugewässermodellen als Funktion der Verweilzeit E (Tage), der Belastung und der Temperatur.

Bei P-Belastungen bis 0,4 mg/l · d kann im niedrigen Temperaturbereich (4 und 10 °C) bis 99% des Orthophosphates inkorporiert und im Bodensediment abgelagert werden. Steigt jedoch die Wassertemperatur auf 20 °C, ist nur noch bei kurzen Verweilzeiten (5 Tage) der Wirkungsgrad hoch, während bei längeren Verweilzeiten die P-Remobilisierung durch Freßwirkung des Zooplanktons stark ins Gewicht fällt. Dies könnte bei sehr niedriger Wasserführung der zufließenden Bäche zu einer kritischen Situation (Massenentwicklung des Zooplanktons in den Vorsperren) führen. In den Vorsperren sollen gerade Massenentwicklungen des Phytoplanktons gefördert werden, solche des Zooplanktons dagegen in der Hauptsperre (siehe *2.*). Sehr wesentlich für den Wirkungsgrad der autotrophen P-Inkorporation ist das Verhältnis von Durchlichtungstiefe und

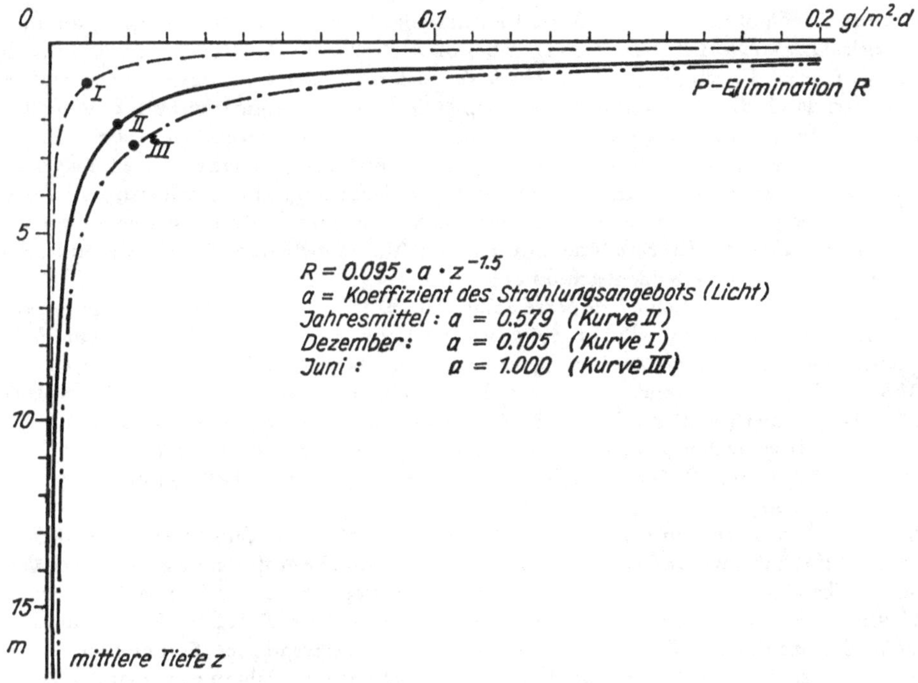

Abb. 2. Die Phosphorelimination als Funktion der mittleren Tiefe.
Kurve II: Auswertung (Regressionsrechnung) von Literaturdaten und eigenen experimentellen Befunden. Kurven I und II: Hypothetischer Verlauf bei größtmöglichem und bei geringstem jahreszeitlichen Strahlungsangebot. (Aus Uhlmann und Benndorf 1980)

mittlerer Tiefe des Gewässers. Eine Auswertung von Literaturdaten und der eigenen experimentellen Befunde ergab eine hyperbolische Beziehung zwischen P-Elimination unter der Flächeneinheit und mittlerer Tiefe des Wasserkörpers (Abb. 2). Dies hat sicherlich mehrere Ursachen. Mit zunehmender Sinkstrecke steigt der P-Anteil, der durch mikrobiellen Abbau wieder in das Wasser gelangt. Für eine sorptive Bindung von Phosphor an das Bodensediment steht mit zunehmender Durchschnittstiefe eine geringere Gesamtoberfläche zur Verfügung. Die wichtigste Rolle spielt das Licht. Unter günstigsten Bedingungen wurde im Laborexperiment mit Modellen von Staugewässern eine P-Bindung von 0,36 g/m² · d erreicht, allerdings bei einer Tiefe von nur 0,25 m. Der Scheitel der Kurve kennzeichnet einen kritischen Wert der mittleren Tiefe, bei dessen Überschreitung die P-Elimination auf sehr geringe Werte absinkt. Der empirischen Kurve II in Abb. 2 sind zwei hypothetische Kurven I und III zugeordnet, welche die Abhängigkeit der photosynthetischen P-Inkorporation von den jahreszeitlichen Unterschieden des Strahlungsangebotes zum Ausdruck bringen. Die für die Berechnung von II verwendeten Meßwerte liegen fast ausschließlich zwischen den Kurven I und III.

In Einzugsgebieten mit Ca- und Mg-reichem Wasser oder einem hohen Gehalt des Untergrundes an Eisenverbindungen verringert sich die Elimination im Winter gegenüber dem Sommer nicht so stark, weil außer der biogenen Inkorporation auch die chemische bzw. sorptive Bindung von Orthophosphat stark ins Gewicht fällt. Beispielsweise wurden in einem gut untersuchten Fall im Winter noch 50% der im Sommer zu beobachtenden P-Elimination erreicht.

2. *Jahreszeitlicher Massenwechsel des Phytoplanktons und die Freßleistung des Zooplanktons* (Bearbeiter: H. u. W. Horn)

Indem das Zooplankton durch Fraß die Biomasse des Phytoplanktons verringert, nimmt auch die Filterbelastung sowie die Anreicherung von Stoffwechselprodukten des Phytoplanktons ab, die anderenfalls Geruchsbelästigungen bzw. einen Beigeschmack des Trinkwassers hervorrufen. Indirekt werden durch die Filterwirkung des Zooplanktons auch Sekundärwirkungen einer starken Anreicherung absterbender Phytoplanktonbiomasse im unteren Wasserkörper wie z. B. starker O_2-Verbrauch sowie Anreicherung von gelösten Eisen- und Manganverbindungen ausgeschaltet.

Um die Wechselwirkung zwischen Phyto- und Zooplankton genau zu erfassen und Aussagen über Ausmaß, Zeitpunkt und Eintrittswahrscheinlichkeit bestimmter Rohwasserbelastungen durch die planktischen Algen treffen zu können, werden seit 1975 in dichten zeitlichen Abständen Untersuchungen in der Talsperre Saidenbach durchgeführt.

Für die relativ gut untersuchte Talsperre Saidenbach läßt sich die Unterschreitungswahrscheinlichkeit einer bestimmten Phytoplanktonbiomasse im Freiwasser angeben. Deren Kenntnis ist für die optimale Bemessung bzw. Auslastung der Aufbereitungsanlage für Trinkwasser wesentlich. Die Abb. 3 zeigt, daß während des ganzen Jahres mit einer Grundbelastung (Phytoplanktonbiomasse als Volumen) von mindestens 5000–10000 mm^3/m^2 (entspricht bei 40 m Wassersäule 0,12–0,25 mm^3/l) zu rechnen ist. Im vorliegenden Fall treten Extremwerte nur kurze Zeit auf. Nur 5% der Fälle (rund 20 Tage) weisen Massenentwicklungen von 100000 mm^3/m^2 (entspricht 2,5 mm^3/l) und mehr auf.

Parallel zum Phytoplankton wurde das Zooplankton (vorerst nur Crustaceen) untersucht. Vergleicht man beide Jahreskurven (Abb. 4), so erhält man deutliche Anhaltspunkte für eine Wechselbeziehung. Charakteristisch ist der steile Biomasse-Anstieg des Crustaceenplanktons nach der Frühjahrsmassenentwicklung der Planktonalgen und der niedrige Gehalt an Phytoplankton zum Zeitpunkt der maximalen Entwicklung der Crustaceen während der Sommermonate. Diese Einflußnahme des Zooplanktons auf die Phytoplankter äußert sich nicht nur in einer Änderung der Masse, sondern auch in der artenmäßigen Zusammensetzung der Algen. Die Abhängigkeit der Grazing-Rate bzw. Filtrier-Rate von der Futterkonzentration entspricht der in Abb. 5 schematisch dargestellten hyperbolischen Beziehung. Ein derartiger Kurvenverlauf ist charakteristisch für verschiedene Crustaceen- und Futterarten (vgl. Richman, 1966; Geller, 1975; McAllister, 1971 u. a.). Die Filtrier-Rate ist jedoch nicht nur von der Futterkonzentration abhängig, sondern auch von der Futterart, der Lichtintensität, der Temperatur und anderen Faktoren. Durch unterschiedliche Aufnahme und Aufschließbarkeit der Nahrung im Intestinaltrakt kann im Gewässer eine Änderung in der artenmäßigen Zusammensetzung des Phytoplanktons hervorgerufen werden. Dies geht aus den durchgeführten Darminhaltsuntersuchungen sowie aus Literaturangaben (z. B. Porter, 1973) hervor. So wird z. B. die Grünalge *Sphaerocystis schroeteri*, die im Hochsommer einen bedeutenden Anteil an der Gesamtbiomasse in der Talsperre Saidenbach stellt, infolge des Darmdurchgangs im Wachstum stimuliert, da ihre Gallerthülle nur einen selektiven Ionentransport zuläßt: Die Verdauungsenzyme werden von den Mucopolysacchariden der Gallerthülle zurückgehalten, während die kleineren (wachstumsfördernden) Ionen der mineralischen Nährstoffe von den Algen aufgenommen werden können. Diese Nährstoffe stammen aus den gleichzeitig aufgenommenen und verdauten Phytoplanktern, vor allem aus Kieselalgen und bestimmten Flagellaten.

Um die Verluste an Phytoplanktern durch das Zooplankton abschätzen zu können, wurden die im Laborexperiment ermittelten Abhängigkeiten der Filtrier-Rate vom Nahrungsangebot mit den Ergebnissen der Talsperrenuntersuchung (Dynamik des Phyto- und Zooplanktons) kombiniert und die Filtrier-Raten der Crustaceenpopulation im Jahresverlauf errechnet. Die Ergebnisse weisen aus, daß z. B. im Untersuchungsjahr 1975 in der Zeit von etwa Anfang Mai bis Ende September eine durchschnittliche Wassermenge von 100 ml/l · d abfiltriert wurde, wobei die Spitzenwerte bei 250 ml/l · d im Jahre 1975 lagen. Geht man von der (allerdings nicht ganz berechtigten) Annahme aus, daß die Tiere das Wasser völlig partikelfrei filtrieren können, so müssen die Phytoplankter Wachstumsraten von 0,05–0,25 d^{-1} aufbringen, um nicht durch die Crustaceen voll-

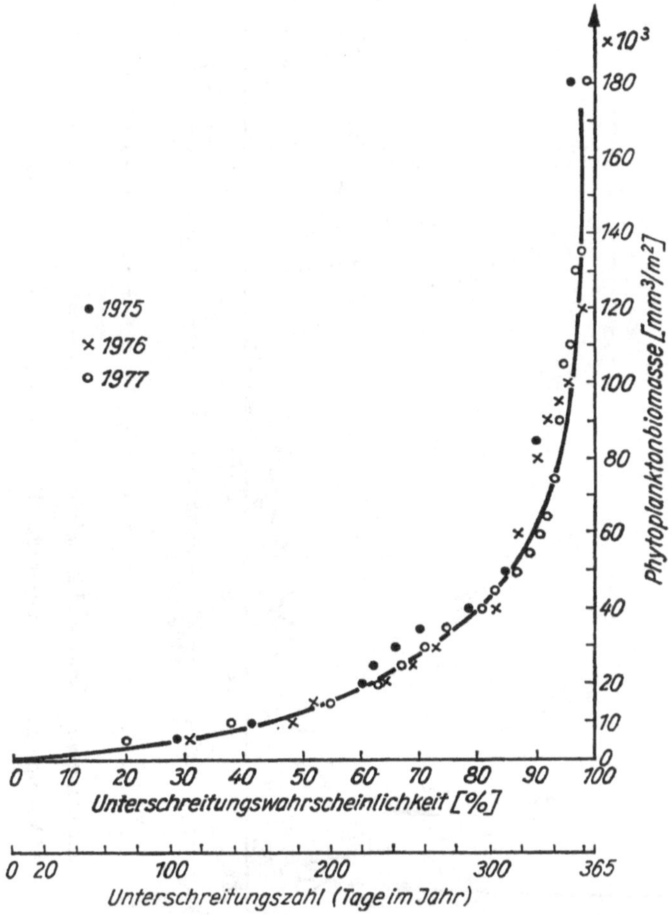

Abb. 3. Die Unterschreitungswahrscheinlichkeit einer bestimmten Rohwasserbelastung mit Phytoplankton, bezogen auf die Wassersäule unter einem m² Oberfläche.

ständig eliminiert zu werden. Da solch hohe Werte aber nur selten und über kurze Zeiträume erreicht werden, entfernen die Crustaceen während ihrer Maximalentwicklung mehr Phytoplankton als zuwächst. Die Folge ist ein Klarwasserstadium gegen Ende Mai, wie es auch aus Teichen bekannt ist (z. B. Uhlmann, 1961). Die anschließende starke Abnahme der Crustaceenbiomasse wird durch diesen „selbstverschuldeten" Nahrungsentzug hervorgerufen.

Damit erweisen sich die planktischen Krebse als eine wichtige Einflußgröße hinsichtlich der Rohwasserbeschaffenheit, indem sie als natürliche Filter das Phytoplankton dezimieren können. Neben dieser Funktion als natürliches Schwebfilter darf auch die hygienische Bedeutung der Filtrierer nicht unterschätzt werden. Sie sind auch in der Lage, Bakterien

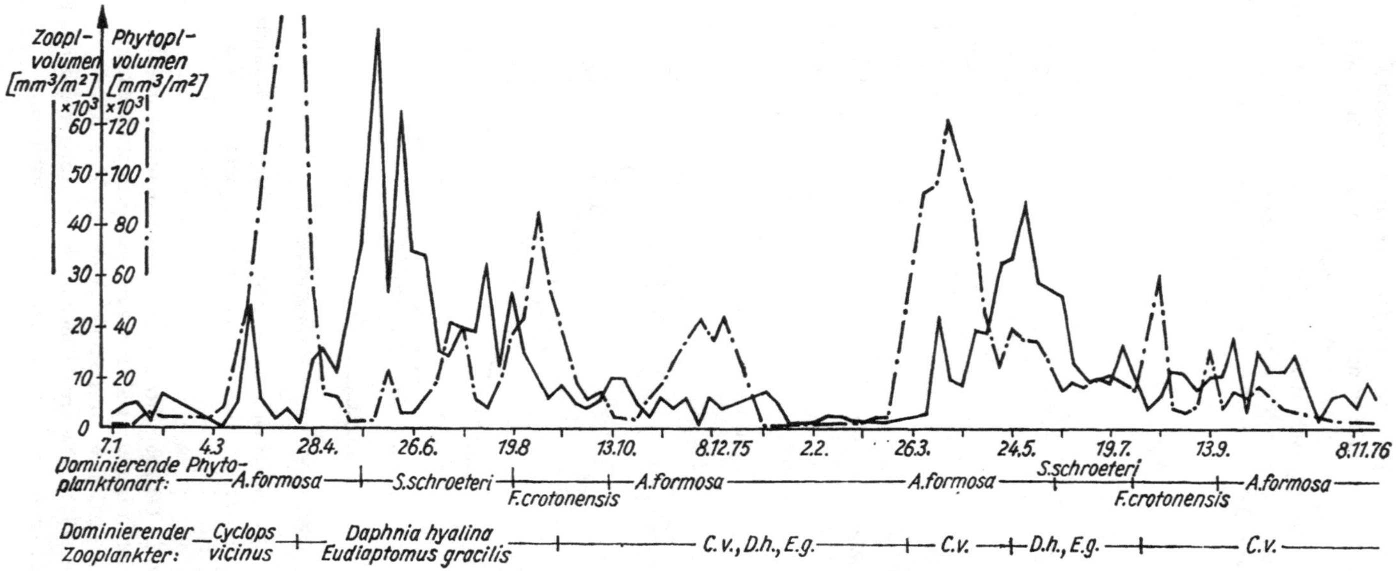

Abb. 4. Der Jahresgang von Phyto- und Zooplankton in der Saidenbachtalsperre 1975 und 1976.

Abkürzungen: A = Asterionella F = Fragilaria S = Sphaerocystis

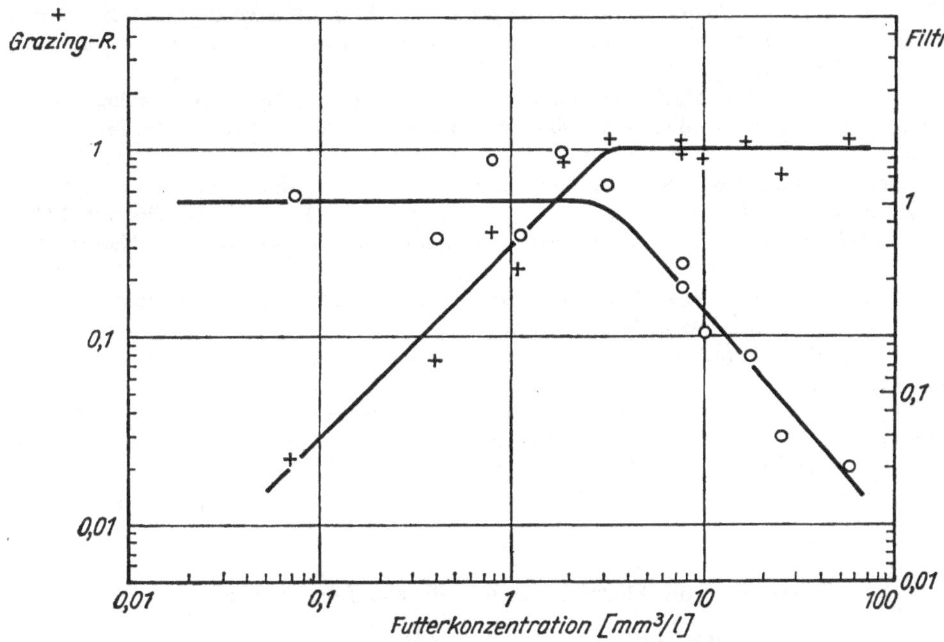

Abb. 5. Die prinzipielle Beziehung zwischen Grazing-Rate und Filtrier-Rate in Abhängigkeit von der Futterkonzentration (normiertes Beispiel; Versuch mit *Daphnia hyalina* und *Scenedesmus quadricauda*)

und organische Schwebstoffe aus dem Gewässer zu entfernen; sie vermindern dadurch die Anzahl von pathogenen und nichtpathogenen Mikroorganismen. Für eine ausreichend genaue Vorhersage der Rohwasserbeschaffenheit ist deshalb eine komplexe Betrachtung von Phytoplankton, Zooplankton und anderen biologischen Komponenten unerläßlich.

Das Ziel der weiteren Untersuchung soll vor allem darin bestehen, die Wechselwirkungen im Ökosystem genauer zu erkennen und zu quantifizieren. Es ist damit zu rechnen, daß auf der Grundlage von Modellen (z. B. *Benndorf*, *Uhlmann* u. *Recknagel*, 1978) künftig die Eintrittswahrscheinlichkeit einer bestimmten Rohwasserbelastung durch das Phytoplankton auf der Grundlage leicht meß- und bilanzierbarer Eingangsdaten sowohl für bestehende als auch für neu zu errichtende Talsperren vorhergesagt werden kann.

Schlußfolgerungen

Die bisher bewährten Maßnahmen zur Sanierung von Talsperren-Einzugsgebieten und der Nutzung von Vorsperren zur Phosphorrückhaltung sind im Interesse einer angemessenen Versorgungssicherheit auch bei künftig zu errichtenden Talsperren erforderlich. Darüber hinaus erlangt, wie auch durch die bisher vorliegenden Modellrechnungen bewiesen wird (*Benndorf*, *Uhlmann* u. *Recknagel*, 1978), die Bewirtschaftung des Zooplankton-Bestandes durch Regulierung des Fischbesatzes eine zunehmende Bedeutung.

Literatur

Benndorf, J., D. Uhlmann u. F. Recknagel: New aspects of the consideration of feedback mechanisms in an ecological model of the pelagic zone. Proceedings of the Baden Symposium, Sept. 1978, IAHS-AISH Publ. No. 125, S. 170—184.

Geller, W.: Die Nahrungsaufnahme von *Daphnia pulex* in Abhängigkeit von der Futterkonzentration, der Temperatur, der Körpergröße und dem Hungerzustand der Tiere. Arch. Hydrobiol. /Suppl. *48* (1975) 47—107.

McAllister, C. D.: Some aspects of nocturnal and continuous grazing by planktonic herbivores in relation to production studies. Fish. Res. Board Can., Technical Report No. *248* (1971) 1—281.

Horn, W.: Der Anteil des Crustaceenplanktons an der Verringerung des Phytoplanktongehaltes in der Saidenbachtalsperre. Diss. Fak. Bau-, Wasser-, Forstwesen, Techn. Univ. Dresden 1978.

Porter, D. G.: Selective grazing and differential digestion of algae by zooplankton. Nature *244*, Nr. *5412* (1973) 179—180.

Richman, S.: The effect of phytoplankton concentration on the feeding rate of Diaptomus oregonensis. Verh. Int. Verein. Limnol. *16* (1966) 392—398.

Uhlmann, D.: Über den Einfluß von Planktonorganismen auf ihr Milieu. Int. Rev. ges. Hydrobiol. *46* (1961) 115—129.

Uhlmann, D., u. J. Benndorf: Controlling influx from non-point nutrient sources by primary reservoirs. Proc. UNESCO/MAB Regional/Workshop "Land use impacts on lake and reservoir ecosystems" Warsaw 26. 5.—2. 6. 1978. Vienna 1980.

Dietrich Uhlmann

Reinigung von Abwässern mit Hilfe von Adsorbentien

402 Halle (Saale), Schloßberg 2, Tel. 28621

Leiter: Wolf

Wiss. Oberassistent: Dr. Sabine Lindau

Wiss. Assistenten: Dipl.-Chemikerin Magdalene Weise, Dipl.-Chemikerin Monika Seeger, Dipl.-Chemiker Robert Bankwitz

WTA: Friederike Frahm, Ingeborg Schwab

Im Berichtszeitraum führte die Arbeitsgruppe Halle der SAW unter dem allgemeinen Aspekt der Lösung von Umweltschutzproblemen wissenschaftliche Untersuchungen zu den folgenden Themen durch: 1. Moleküladsorption an Ionenaustauscherharzen und an Abmischungen von Ionenaustauscherharzen. 2. Synthese und Anwendung bipolarer Ionenaustauscherharze mit stark sauren und stark basischen austauschaktiven Gruppen in einer Matrix. 3. Beeinflussung des Ionenselektivitätskoeffizienten von Ionenaustausch-Reaktionen durch Anwendung von Druck. 4. Moleküladsorption an Mischadsorbentien auf Basis Aktivkohle-Metallhydroxide. 5. Strahlenchemisch induzierte Oxidation von in Wasser gelösten und auf Trägermaterialien adsorbierten Noxen. 6. Tensidadsorption an Schichtsilikaten mit Magadiit-Struktur. 7. Beginn der Untersuchungen zur Entwicklung spezieller Träger für die Enzymfixierung.

Zu 1. Untersuchungen zum Adsorptionsverhalten von kommerziellen Ionenaustauscherharzen unterschiedlicher Funktionalität, Beladungsform, Porosität und Vernetzung gegenüber Wasserinhaltsstoffen wie Ligninsulfonsäuren und Huminsäuren sowie gegenüber höhermolekularen nativen polyfunktionellen Farbstoffmolekülen, wie Dattelsaftfarbstoffen, ergaben, daß, in Abhängigkeit der eingesetzten Korngrößenfraktion der Ionenaustauscherharze (zum Einsatz gelangten Korngrößenfraktionen, die zwischen 0,3—1,2 mm und 0,01—0,1 mm Durchmesser lagen), eine deutliche Zunahme des erzielbaren Entfärbungseffektes eintritt, wenn die Korngröße der Ionenaustauscherharze auf Werte $\leqq$ 1 mm abgesenkt wird (Powdex-Schüttungen).

Bezüglich der Ionenbeladungsform erwiesen sich die H^+-Ionen- bzw. OH^--Ionen-beladungsform der als Adsorbentien eingesetzten kommerziellen Ionenaustauscherharze als am geeignetsten. Wie zu erwarten, wirkte sich die Erhöhung des Vernetzungsgrades ungünstig auf die erzielten Entfärbungseffekte aus. Eine zusammenfassende Darstellung dieser Versuchsergebnisse in Form einer Publikation liegt vor.

Des weiteren wurden Ionenaustauscherharz-Abmischungen, bestehend aus Gemischen von sauren Kationenaustauscherharzen und basischen Anionenaustauscherharzen, als Adsorbentien für die Substrate Huminsäure, Ligninsulfonsäure und Dattelsaftfarbstoffe eingesetzt (Powdex-Technologie.) Dabei konnte gezeigt werden, daß durch den Einsatz von Ionenaustauscherharz-Abmischungen, bestehend aus gleichen Masseanteilen Kationenaustauscherharz (in der H^+-Ionen-Beladungsform) und Anionenaustauscherharz (in der OH^-- bzw. Cl^--Ionen-Beladungsform), verbesserte Adsorptionsleistungen im Vergleich zu dem bei Einsatz entsprechender Mengen an monofunktionellem Ionenaustauscherharz erzielbaren Effekt erreicht werden, wenn das ausgewählte Substratmolekül polyfunktionell und chemisch inhomogen ist (z. B. Dattelsaftfarbstoffe). Dabei besitzen Ionenaustauscherharz-Abmischungen in Pulverform (Korngröße 0,01—0,1 mm) das beste Sorptionsvermögen.

Sind die Substrate jedoch chemisch einheitlich aufgebaut und unterscheiden sich nur hinsichtlich ihrer Molekülgröße (z. B. Huminsäuren, Ligninsulfonsäuren) erbringt der Einsatz der Ionenaustauscherharz-Abmischungen keine additiven Sorptionseffekte.

Der Vorteil der Ionenaustauscherharz-Abmischungen gegenüber entsprechenden bipolaren Ionenaustauscherharzen besteht bei Vorliegen geeigneter Substratmoleküle darin, daß die Relation der in der Abmischung enthaltenen Anteile an saurer bzw. basischer Kapazität durch einfache Abmischung leicht in breiten Grenzen realisierbar ist und somit die Sorptionseigenschaften der bipolaren Ionenaustauscherharz-Abmischungen leicht substratspezifisch variierbar sind.

Die Untersuchungen zur Molekülsorption an Ionenaustauscherharz-Abmischungen sind in 1 Veröffentlichung und 1 Patent niedergelegt.

Zu 2. Die Untersuchungen zur Synthese dieser Ionenaustauscherharze wurden abgeschlossen. Als optimales Syntheseverfahren für derartige Ionenaustauscherharze wurde der folgende Weg aufgefunden: Ausgehend von gel- bzw. makroporösen Styrol-Divinylbenzol-Copolymerisaten ist als erster Syntheseschritt eine Halbsulfonierung der Harzmatrix durchzuführen, wobei festgestellt wurde, daß die Steuerung der Sulfonierungsreaktion insbesondere durch die Führung der Reaktionstemperatur möglich ist. Im zweiten Syntheseschritt erfolgt dann die Einführung der basischen Gruppe, die sich jedoch nur dann realisieren läßt, wenn der Sulfonierungsgrad max. 50% des theoretisch erreichbaren Wertes beträgt.

Der Einsatz dieser bipolaren Ionenaustauscherharze zur Metallionensorption ergab, daß ihre Aufnahmefähigkeit gegenüber Metallionen wie z. B. Cu^{++}, Cd^{++}, Fe^{+++} u. a. allein durch die Kapazität an sauren Gruppen bestimmt wird. Moleküladsorptionsuntersuchungen mit den Substratmolekülen Huminsäure, Ligninsulfonsäure, Dattelsaft und dem Antibioticum Turimycin zeigten, daß diese bipolaren Harze, im Gegensatz zu kommerziellen Harzen, unabhängig von ihrer Beladungsform, ein gutes Aufnahmevermögen für das Antibioticum Turimycin besitzen, welches mit der Aufnahmekapazität geeigneter kommerzieller Ionenaustauscherharze vergleichbar ist.

Zu 3. Die experimentellen Arbeiten zur Druckabhängigkeit der Ionenaustauschselektivität wurden mit den folgenden Ergebnissen abgeschlossen: Durch die Einwirkung eines äußeren mechanischen Druckes auf ein Ionenaustauscherharz auf Basis Styrol-

Divinylbenzol wird das Selektivitätsverhalten eines Ionenaustauscherharzes in gleicher Weise wie durch eine Erhöhung des Vernetzungsgrades beeinflußt, wobei für stark saure Kationenaustauscherharze (H^+-Beladungsform) in Abhängigkeit von der Höhe des angewendeten äußeren Druckes eine Selektivitätserhöhung für Alkaliionen (mit Ausnahme des Lithium) erreicht wird. Auch bei Einsatz stark basischer Anionenaustauscherharze in der Cl^--Beladungsform bewirkt eine Erhöhung des äußeren Druckes eine Selektivitätssteigerung im Falle von Nitrat-, Sulfat- und Chromationen. Gegenüber Bromat- und Jodationen hingegen ergibt sich eine Selektivitätserniedrigung.

Diese Arbeiten werden 1979 in Form einer Dissertation abgeschlossen.

Zu 4. Außer Ionenaustauscherharzen als Adsorbentien für die Wasserinhaltsstoffe Huminsäure und Ligninsulfonsäure wurden neuartige Mischadsorbentien hinsichtlich ihrer Adsorptionskapazität gegenüber diesen Substraten ausgeprüft. Als Mischadsorbentien dienten in Anwesenheit von Aktivkohle AS (Hersteller: Chemiefaserwerk Premnitz) der Korngröße 0,2—0,5 mm gemeinsam gefällte Aluminium- und Fe(III)hydroxidniederschläge im Masseverhältnis $Al(OH)_3/Fe(OH)_3$/Kohle AS = 1:4:5, wobei die Hydroxidfällung mit und ohne Polymerelektrolytzusatz erfolgte. Eine Patentanmeldung zur Synthese dieser neuartigen Adsorbentien ist eingereicht worden. Das Ergebnis der vorläufigen Untersuchungen zeigte, daß mit diesen Mischadsorbentien gegenüber den Substraten Huminsäure und Ligninsulfonsäure höhere Adsorptionskapazitäten im Vergleich zur gleichen Masse Aktivkohle erreichbar sind, die jedoch bestenfalls 50% (für das Substrat Huminsäure) der an stark basischen Kunstharzionenaustauschern in Pulverform erzielbaren Entfärbungsleistung erreichen.

Die neuentwickelten und verbesserten Mischadsorbentien zeigen in einigen Fällen selektive Metallbindungsvermögen, insbesondere gegenüber Schwermetallionen, wie z. B. Uran.

Zu 5. Durch vergleichende Untersuchungen zur γ-Bestrahlung von in Wasser gelöstem und auf Aktivkohlen mit unterschiedlicher Textur adsorbiertem p-Chlorphenol konnte gezeigt werden, daß die strahlenchemisch induzierte Oxidation des auf einem Träger adsorbierten p-Chlorphenolmoleküls im ausgewählten Beladungshöhenbereich (zwischen 19—45 mg p-Chlorphenol/g wasserfreie Kohle) zu den untoxischen Mineralisierungsprodukten Chlorid, Wasser und Kohlendioxid führt, wobei die Zersetzungsraten des Schadstoffes von der angewendeten γ-Strahlendosis, der Beladungshöhe des p-Chlorphenols auf der Aktivkohle sowie der Oberflächenchemie der eingesetzten Kohle abhängen. Bei der γ-Bestrahlung des p-Chlorphenolmoleküls in wäßriger Phase hingegen beobachtet man neben der stattfindenden Dechlorierung des Schadstoffes das Auftreten einer höhermolekularen braun gefärbten Verbindung, bei der es sich vermutlich um Huminsäure handelt.

Die strahlenchemische Zersetzung von Schadstoffen in wäßriger Phase wird gegenwärtig im internationalen Maßstab im Hinblick auf die Lösung von Umweltschutzproblemen untersucht.

Zur strahlenchemisch induzierten Zersetzung von auf Adsorbentien befindlichen Noxen liegen unseres Wissens keine entsprechenden Untersuchungen vor. Die eigenen Ergebnisse wurden in Form einer Publikation eingereicht. Die strahlenchemischen Zersetzungen von Noxen im adsorbierten Zustand ist unserer Kenntnis nach neuartig und eröffnet in der Zukunft neue Einsatzmöglichkeiten der Strahlenchemie auf dem Gebiet des Umweltschutzes.

Zu 6. Synthetische anorganische Ionenaustauscher mit Magadiit-Struktur in der Na^+- bzw. H^+-Ionenform besitzen die Fähigkeit, unter Aufweitung ihrer Schichtstruktur große organische Moleküle einzulagern. Deshalb wurden diese Silikate von uns als mögliche Tensidadsorbentien ausgewählt.

Im Ergebnis der vorläufigen Untersuchungen konnte gezeigt werden, daß synthetischer Magadiit in der Na^+-Ionenform im Gegensatz zur H^+-Form ein gutes Aufnahmevermögen für kationenaktive Tenside auf Basis Alkylpyridin besitzt, wobei seine Na^+-Ionen quantitativ gegen Alkylpyridiniumionen ausgetauscht werden (die Austauschkapazität des eingesetzten Schichtsilikates betrug 2,3 mval/g). Die Abhängigkeit der Schichtaufweitung vom jeweiligen Austauschgrad wurde röntgenographisch verfolgt. Mit Methanol kann das mit Tensid beladene Silikat vollständig regeneriert werden.

Als Adsorbentien für nichtionische Tenside vom Typ Alkylphenylpolylglykoläther eignen sich die Schichtsilikate mit Magadiit-Struktur nicht.

Zu 7. Es wurden durch konzeptionelle und überwiegend durch Literaturarbeiten die Wirkprinzipien bei der Fixierung von Enzymen herausgestellt mit dem Ziel, optimal wirksame trägerfixierte Enzyme aufzufinden und herzustellen. Diese Zielsetzung gelang, erste experimentelle Ergebnisse liegen vor, wobei die erarbeiteten Vorstellungen eine experimentelle Bestätigung fanden. Die Arbeiten werden fortgeführt.

Literatur

F. Wolf, S. Lindau, S. Eckert: Zum Sorptionsverhalten polyfunktioneller höhermolekularer Farbstoffe an Ionenaustauscherharzen unterschiedlicher Struktur und Polarität, dargestellt am Beispiel der Entfärbung von irakischem Dattelsaft. (Veröffentlichung in Vorbereitung).

F. Wolf, S. Lindau, S. Eckert: Untersuchungen zur Sorption höhermolekularer polyfunktioneller Farbstoffe an Antibiotica an Ionenaustauscherharzgemischen. (Veröffentlichung im Druck in „Die Pharmazie").

F. Wolf, S. Lindau, S. Eckert: DDP 132922 vom 22. 11. 1978.

F. Wolf, K.-H. Mohr: Druckeinfluß auf das Quellgleichgewicht und die Selektivität von Ionenaustauscherharzen. Vom Wasser *42* (1974) 391.

F. Wolf, P. Frölich: Zur Druckabhängigkeit von Ionenaustauschreaktionen. Vom Wasser *43* (1974) 443—449.

M.-H. Dai, S.-C. Wu: Separation Science *10* (5) (1975) 633—638.

V. Engelke: Diplomarbeit Martin-Luther-Universität, Halle—Wittenberg 1978.

F. Wolf, S. Lindau, M. Tonn: Zur strahlenchemisch induzierten Oxidation von in Wasser gelöstem und auf Aktivkohle adsorbiertem p-Chlorphenol (Veröffentlichung in „Isotopenpraxis", im Druck).

Friedrich Wolf

Carnitinesterwirkung

701 Leipzig, Liebigstraße 16, Tel. 7164479

Leiter: Strack
Wiss. Oberassistent: Dr. Heinz Löster
Med.-techn. Assistentin: Silvia Koch

Das Arbeitskollektiv des Forschungsvorhabens „Wirkung von Carnitinestern auf den physiologischen und pathologischen Stoffwechsel sowie auf den Tumorstoffwechsel" besteht aus Prof. Dr. Dr. E. Strack als Leiter, Dr. rer. nat. Heinz Löster als Chemiker und bis Juni 1978 aus der MTA Helga Landmann, deren Stelle bis Jahresende vakant blieb, sowie aus Dr. rer. nat. Hermann Seim als Biologe (Bereich Medizin der KMU Leipzig).

Beforscht wurden in der Berichtszeit: 1. Chemische Darstellung der Substanzen und ihre Nachweise sowie Reinheit von ^{14}C-markiertem D,L-Carnitin und Bildung von Zersetzungsprodukten. 2. Das biologische Verhalten von L-Carnitin, D-Carnitin, γ-Butyrobetain und Crotonsäurebetain bei Maus und Ratte; Effekte langkettiger Acylcarnitine auf isolierte Mitochondrien; Wirkungen auf das isolierte Froschherz; der Einfluß des L-Carnitins auf Bakterienwachstum und die Fähigkeit von Bakterien, Betaine mit 4 C-Atomen in der Kohlenstoffkette umzuwandeln und abzubauen. 3. Therapeutische Anwendung von L-Carnitin.

Zu 1. Der Hauptanteil an chemischer Arbeit bestand in verstärkter Darstellung von L-Carnitin, das aus D,L-Carnitinhydrochlorid synthetisiert wurde. Es wurden mehrere kg reinstes L-Carnitinbetain dargestellt, um unseren gestiegenen Forschungsbedarf zu decken, der durch langzeitige Fütterung an Maus und Ratte entstand. Nach nunmehr genehmigtem therapeutischen Einsatz von L-Carnitin bei pathologischen Zuständen wurden erhöht Carnitinmengen eingesetzt. Ein Teil des hochreinen L-Carnitins wurde über die Außenhandelsgesellschaft der DDR „INTERMED“ exportiert. Wie im folgenden biologischen Teil beschrieben wird, wandelt sich exogen zugeführtes L-Carnitin in vivo zu großen Anteilen in γ-Butyrobetain um. Daneben sollen auch kleine Mengen tierischer Basen entstehen, wie das Acetonyltrimethylammonium und das β-Methylcholin, was nicht gesichert war. Beide Substanzen unterscheiden sich chemisch durch 2 Wasserstoffatome. Biologisch ist das β-Methylcholin ein starker Reizstoff. Um festzustellen, ob und wann beide Substanzen entstehen, ob sie in vivo ineinander übergeführt werden können, mußten sie dargestellt werden. Spezielle Isolierungen und Nachweise wurden ausgearbeitet, indem diese Stoffe in charakterisierende Derivate übergeführt wurden. Acetonyltrimethylammonium wurde als 2,4-Dinitrophenylhydrazon bestimmt, das β-Methylcholin in seinen n-Butyrylester übergeführt. Beide Stoffe lassen sich chemisch ineinander umwandeln, was in vivo nicht nachweisbar war. Diese Untersuchungen sind abgeschlossen und publikationsreif. Das Acetonyltrimethylammonium wurde aus Bromaceton und Trimethylamin synthetisiert, β-Methylcholin war als Acetylderivat käuflich.

Die begonnenen Arbeiten mit ^{14}C-markiertem D,L-Carnitin verzögerten sich, weil das Handelsprodukt stark verunreinigt war. Es mußte verlustreich über Ionenaustauscher gereinigt werden. Dabei zeigte sich jedoch, daß das gereinigte Produkt sich bei längerem Aufbewahren durch Radiolyse zersetzt und Substanzen entstehen, die als Katabolite des Carnitins beschrieben worden sind. Diese Studien werden fortgesetzt.

Weiterhin wurden die dem L-Carnitin nahestehenden Betaine — γ-Butyrobetain, Crotonsäurebetain und D-Carnitin — als reinste Betaine dargestellt, um ihr Verhalten an Ratte und Maus zu prüfen.

Zu 2. Die Wirkung großer Mengen des physiologischen L-Carnitins wurde geprüft. Dem Trinkwasser zugesetzt, kann die Substanz viele Monate zugeführt werden. Exogenes L-Carnitin wird zu einem erheblichen Anteil (bis zu 60%) als γ-Butyrobetain im Harn ausgeschieden. Die Ausscheidung steigt in wenigen Tagen auf eine bleibende Höhe an. Neben dem L-Carnitin wird Acetylcarnitin ausgeschieden. Selbst bei einjähriger, laufender Zufuhr von L-Carnitin zeigen sich keine sichtbaren Störungen der Tiere. Mäuse, die annähernd 5 mg L-Carnitin/g Körpergewicht erhalten haben — das sind etwa $^2/_3$ der toxischen Dosis —, blieben gesund. Sie wurden obduziert, wobei erhöhte Fettablagerungen im peritonealen Raum gefunden wurden. Histologische Auswertungen, besonders der Leber sind noch im Gange (Dr. Johannsen, Sektion Tierproduktion und Veterinärmedizin,

Wissenschaftsbereich Pathologie der KMU). Die Umwandlung von L-Carnitin in γ-Butyrobetain wurde als Postervortrag publiziert [8]. Auch Crotonsäurebetain und D-Carnitin wurden zum Teil in γ-Butyrobetain umgewandelt und im Harn ausgeschieden [9]. Wurde dagegen γ-Butyrobetain selbst in verschieden großen Mengen Maus und Ratte zugeführt, so wurde nur ein geringer Anteil in L-carnitin übergeführt. Diese Menge ist begrenzt. Bei der Umwandlung von Crotonsäurebetain und D-Carnitin in γ-Butyrobetain finden sich stets im Harn auch geringe Mengen an L-Carnitin und Acetyl-L-Carnitin. Das Verhältnis dieser beiden Substanzen bewegt sich auch hier in den früher bei subcutanen Injektionen beschriebenen [4]. Dieses unerwartete Vorkommen findet eine Erklärung in der Tatsache, daß γ-Butyrobetain Precursor der körpereigenen L-Carnitinsynthese ist, und da γ-Butyrobetain bei allen studierten Betainen über das Blut in den Harn ausgeschieden wird, so kann die γ-Butyrobetainhydroxylase der Leber einen Teil von ihm in L-Carnitin, bzw. sein Acetylderivat überführen. Daß dieser Teil stets klein bleibt, läßt die maximale Kapazität der Hydroxylase in der Leber errechnen. Eine Kardinalfrage war, ob diese Umwandlungen nur die tierischen Gewebe vollziehen, oder ob bei den in vivo-Versuchen auch Bakterien mitwirken. Es ist bekannt, daß einige Bakterienarten wie Pseudomonas aeruginosa auf L-Carnitin als alleinigem Nährstoff wachsen. Andere Bakterien werden durch Zusatz von L-Carnitin in ihrer Vermehrung stark gefördert, wobei das L-Carnitin teils abgebaut oder in γ-Butyrobetain umgewandelt wird.

Es lag nahe, die Darmbakterien als eine der Quellen des entstandenen γ-Butyrobetains anzusehen. Vorversuche bestätigen, daß ein Bakteriengemisch aus dem Darm in der Tat bei Zusatz von L-Carnitin ein starkes Wachstum zeigt und γ-Butyrobetain entstehen läßt. So könnte es sein, daß die Umwandlung der Betaine im Darm vor sich geht, das hier gebildete γ-Butyrobetain resorbiert wird und im Harn erscheint. Vorversuche mit Antibiotika ergaben, daß bei Ratten, bei denen die Darmbakterien stark vermindert wurden, die Umwandlungsgröße jedoch wenig beeinflußt war. Es ist aber schwierig, die Darmbakterien auf diese Weise völlig auszuschalten.

Es wurde eine neue Arbeitsrichtung aufgebaut. Bekannt war, daß bestimmte Bakterienstämme L-Carnitin und einige seiner Acylderivate als Nährstoff ausnutzen, oder es nur in γ-Butyrobetain überführen. In zwei Arbeiten haben wir derartige Ergebnisse niedergelegt [3], [5]. Um einen charakteristischen Bakterienstamm studieren zu können, wurde aus der Darmflora Escherichia coli isoliert (in Zusammenarbeit mit Prof. Dr. Kleber, Sektion Biowissenschaften der KMU, Abteilung Biochemie). Es wurde gezeigt, daß der Stamm stets L-Carnitin unter anaeroben Bedingungen in γ-Butyrobetain umwandelt. Unser Problem bleibt somit noch ungeklärt, ob in vivo die Tierorgane allein diese Umwandlung vollziehen oder ob es nur die Darmbakterien sind, oder ob sich beide daran beteiligen. Eine Bedeutung könnten dann die Bakterien bei pathologischer Darmbesiedlung erlangen, weil neue, so wirksame Bakterienstämme das L-Carnitin der Gewebe vermindern können. Enterologen dürfte dieses Problem interessieren. Ein anderes Kapitel, das noch im Aufbau ist, haben wir am Froschherzen studiert — die Wirkungsweisen von L-Carnitin und von seinen Acylestern auf das Herz. In einer Publikation setzten wir uns auseinander mit der behaupteten dem Acetylcholin ähnlichen Wirkungsweise von kurzkettigen O-Acylcarnitinen [10]. Sie besteht nicht. In größeren Konzentrationen wirken sie positiv-inotrop. Stärkere Wirkungen dieser Art haben O-Acylcarnitine mit langkettigen Fettsäuren. Schon kleine Konzentrationen sind wirkungskräftig. Geprüft wurden Carnitinester mit 10—16 Kohlenstoffatomen. Die Aktivität steigt mit der Kettenlänge des Acylrestes an. So haben auf das Froschherz gleiche Wirkung $5{,}0 \times 10^{-5}$ M Palmitoyl-L-carnitin wie $6{,}2 \times 10^{-2}$ M L-Carnitin, gemessen an der positiv-inotropen Wirkung.

Die tensiden Eigenschaften der langkettigen O-Acylcarnitine bestimmen ihre Wirkungssteigerung. Sie ist unabhängig von der optischen Isomerie des Carnitins. Verglichen mit den freien Fettsäuren haben die langkettigen O-Acylcarnitine, welche die gleiche Fettsäure als Acylgruppe enthalten, eine mehrfach verringerte Wirkung auf das Herz. So kann gegenüber der freien Fettsäure ein Mehrfaches an Fettsäure als Energielieferant in Gestalt der Acylcarnitine zugeführt werden. Freie Fettsäuren haben in höheren Konzentrationen zudem häufig schädliche Wirkungen auf das Herz. Eine Zusammenarbeit auf diesem Gebiet auch am Warmblüterherzen wurde mit Dr. Roßberg (Physiologisches Institut des Bereiches Medizin der KMU) vereinbart. Wechselwirkungen langkettiger O-Acylcarnitine mit biologischem Material werden entscheidend von der Länge der hydrophoben Kohlenwasserstoffkette der aktivierten Fettsäuren bestimmt. Innerhalb der homologen Reihe der geradzahligen, geradkettigen, gesättigten O-Acylcarnitine nimmt vom Decanoyl- zum Palmitoylcarnitin die Oberflächenaktivität zu, während die kritischen Micellbildungskonzentrationen und die wirksamen Dosen auf verschiedene biologische Testobjekte abnehmen (isoliertes Froschherz, Toxicität bei Mäusen, isolierte Mitochondrien). Synthetisierte Glieder der homologen Reihe der geradzahligen O-Acylcarnitine mit 10 bis 16 Kohlenstoffatomen im Acylrest in Form der freien Betaine wurden geprüft und gemessen. Um die Studien, die seit Jahren in Zusammenarbeit mit Dr. Dargel (Physiologisch-Chemisches Institut des Bereiches Medizin der KMU) gemacht wurden, abzuschließen, wurde der Einfluß der O-Acylcarnitine auf mitochondriale Volumenänderungen und den Ionentransport durch die innere Mitochondrienmembran untersucht [6]. Die tensiden Eigenschaften der O-Acylcarnitine sind die Voraussetzung für ihre Wirkung. An Mitochondrien, die aus Rattenleber isoliert worden sind, rufen beide optische Isomere des jeweiligen O-Acylcarnitins gleiche Volumenzunahme hervor, die an den passiven Ioneninflux gebunden ist. Die wirksamen Ionenkonzentrationen (z. B. beim Palmitoyl-L-carnitin 20 nMol/mg Protein) liegen unterhalb der kritischen Micellbildungskonzentrationen. Die biologisch wirksame Form sind somit die Monomeren. Die Schwellung ist als Folge hydrophober Wechselbeziehungen zwischen Acylcarnitin und innerer Mitochondrienmembran anzusehen. Die auf die primäre Schwellungsphase folgende aktive Kontraktion der Mitochondrien ist erstens nur bei den höheren Gliedern der homologen Reihe (Palmitoyl-, Myristoyl-L-carnitin) deutlich ausgeprägt und findet zweitens nur statt, wenn die Schwellung durch die physiologischen O-Acyl-L-isomeren ausgelöst wurde, was auf die Beteiligung spezifischer Enzyme, z. B. der Carnitin-Palmitoyl-Transferase an diesem Transportprozess hinweist.

Zu 3. Therapeutische Anwendungen von Carnitin, die einige Jahre unterbrochen waren, wurden uns Mitte 1978 wieder genehmigt für bindegewebige Erkrankungen und Hyperthyreosen bei Jugendlichen. Über diesen Einsatz verweisen wir auf die Darlegungen in den Berichten der „Jahrbücher der Sächsischen Akademie der Wissenschaften" von 1973/74 [1] und 1975/76 [2]. Inzwischen sind interessante Beweise für die mehrfachen aktiven Wirkungen des Carnitins auf das Herz von Mensch und Tier beschrieben worden, niedergelegt in Patenten von De Felice, die auch eine Reihe von uns schon früher publizierte Effekte bestätigten.

Literatur

1. Strack, E.: Jahrbuch Sächs. Akad. Wiss. *1973/74*, S. 92—98.
2. Strack, E.: desgl. *1975/76*, S. 76—80.
3. Kleber, H.-P., H. Seim, E. Aurich und E. Strack: Verwertung von Trimethylammoniumverbindungen durch Acinetobacter calcoaceticus. In: Arch. Microbiol. *112* (1977) 201—206.

4. Seim, H., und E. Strack: Acetylcarnitin in Blut und Harn der Maus nach Injektion von L-Carnitin und einigen O-Acyl-L-carnitinen. In: Hoppe-Seyler's Z. Physiol. Chem. *358* (1977) 675—683.
5. Kleber, H.-P., H. Seim, H. Aurich und E. Strack: Beziehungen zwischen Carnitinstoffwechsel und Fettsäureassimilation bei Pseudomonas putida. In: Arch. Microbiol. *116* (1978) 213—220.
6. Seim, H., und R. Dargel: Induktion mitochondrialer Volumenänderungen durch homologe O-Acylcarnitin-Isomere. In: Acta biol. med. germ. *37* (1978) 73—82.
7. Strack, E.: Carnitin, seine Wirkungsweise im Stoffwechsel und sein therapeutischer Einsatz. Sitzung der Sächsischen Akademie der Wissenschaften zu Leipzig, 13. 1. 1978, Leipzig [Manuskript).
8. Seim, H., und E. Strack: Die Bildung von γ-Butyrobetain aus exogenem L-Carnitin und Crotonsäurebetain in vivo. 4. Gemeinschaftstagung der Gesellschaft für Experimentelle Medizin der DDR, 10.—12. 10. 1977, Karl-Marx-Stadt.
9. Seim, H., H. Löster und E. Strack: Catabolism of exogenous carnitine isomers and their derivatives in vivo. 12. FEBS-Meeting, 2.—8. 7. 1978, Dresden.
10. Strack, E., und H. Seim: L-Karnitin als Basis cholinomimetischer Substanzen. In: Acta biol. med. germ. *35* (1976) 645—656.

Erich Strack

Kommission für J. C. Poggendorff, Biographisch-Literarisches Handwörterbuch der exakten Naturwissenschaften

701 Leipzig, Goethestr. 3—5, Tel. 281081

Vorsitzender: Neef
Mitglieder: Beckert, Drischel†, Schwabe, Strack
Leiter der Redaktion von Band VIIb: Dr. Lebrecht Weichsel
Leiter der Redaktion „Mathematik" von Band IX: Dipl.-Math. Heidi Kühn

701 Leipzig, Beethovenstr. 6, Tel. 34391, App. 84, 88, 89

Wiss. Arbeitsgruppenleiter: Dr. Lebrecht Weichsel
Wiss. Oberassistentin: Dr. Erika Laqua
Wiss. Assistentinnen: Dipl.-Chem. Margot Köstler, Dipl.-Math. Heidi Kühn, Dipl.-phil. Winnifred Schenk
Bibliothekarinnen: Barbara Kother, Gudrun Scheibe
Techn. Assistentin: Lona Meischner
Forschungsfacharbeiterinnen: Gertraude Großkopf, Ruth Keitel, Annelies Körner, Margot Mohs (bis 15. 4. 1978), Gerda Rüprich, Christa Siedentopf (bis 28. 2. 1977), Ortrud Sperling
Mitarbeiterin: Dipl.-Chem. Ursel Gerhardt

Am 1. 8. 1978 verstarb nach längerer Krankheit Prof. Dr. Hans Salié, der im Jahre 1949 zusammen mit Prof. Dr. Rudolph Zaunick im Auftrage der Sächsischen Akademie der Wissenschaften die Poggendorff-Redaktion neu begründete und bis 1975 ihr verdienstvoller Leiter war. Auf seine Leistungen im Zusammenhang mit der Herausgabe des „Poggendorff" wurde bereits in den Berichten der Redaktion in den beiden vorigen Jahrbüchern hingewiesen. Prof. Dr. Salié hat nach seinem Rücktritt von der offiziellen Leitung der Redaktion noch bis zu seinem Tode umfangreiches biographisches Material über mehr als 10000 Mathematiker als Grundlage für die weiteren Bearbeitungen des Poggendorff-Handwörterbuches zusammengestellt.

In den Jahren 1977 und 1978 wurden von der Redaktion des Bandes VIIb die Manuskripte der Biobibliographien mit den Anfangsbuchstaben P und Q fertiggestellt. Vom 6. Teilband (N—Q) sind inzwischen zwei Lieferungen erschienen, die dritte befindet sich im Druck, die vierte im Satz.

Die bisherige Form des „Poggendorff", die mit der siebenten Bearbeitung in wenigen Jahren auslaufen wird, soll einen abrundenden Abschluß durch einen Band VIII finden, in dem die Biobibliographien, die in Band VI, VIIa und VIIb begonnen worden sind, zu Ende geführt werden.

Die Poggendorff-Kommission hat auch im Berichtszeitraum mehrfach über die Weiterführung des international angesehenen Handwörterbuches beraten und entschieden, alles zu unternehmen, um dieses in seiner Art einmalige Werk zu erhalten. Die ständig wachsende Zahl von Gelehrten der exakten Naturwissenschaften macht es erforderlich, fachlich getrennte Abteilungen (Mathematik und Astronomie; Physik; Chemie) zu bearbeiten. Um die Realisierungsmöglichkeiten zu prüfen, ist der Mathematiker-Teil auf der Basis des von Prof. Salié gesammelten Materials begonnen worden. Er soll die Biobibliographien der bis 1980 verstorbenen und der von vor 1921 geborenen und noch lebenden Gelehrten enthalten. Die Redaktion für den Teil „Mathematik" arbeitet bereits seit September 1978.

Ernst Neef

Philologisch-historische Klasse

Historische Kommission

701 Leipzig, Goethestraße 3—5, Tel. 292886

I. Personalstand

Leiter: Buchda († 20. XII. 1977, Coblenz (seit 20. X. 1978)
Stellvertretender Leiter: Coblenz (bis 20. X. 1978), Czok (seit 20. X. 1978)
Beisitzer: Dr. phil. Hans Eberhardt

Mitglieder: die ordentlichen Mitglieder der Philologisch-historischen Klasse: Buchda, Coblenz, Czok, Diesner, Eichler, Forberger, Große, Lehmann, Lieberwirth, Markov, Schubart-Fikentscher, Werner; das auswärtige Mitglied: Bischoff; weitere Fachgelehrte (§ 3 der Arbeitsordnung vom 22. I. 1973): Dr. phil. Friedrich Beck, Dozent Dr. phil. habil. Karlheinz Blaschke, Dr. phil. Dietmar Debes, Dr. phil. Hans Eberhardt, Dr. phil. Hanns Gringmuth-Dallmer, Dr. phil. Rainer Groß (seit 20. X. 1978), Prof. Dr. phil. Gerhard Heitz, Dozent Dr. theol. Helmar Junghans, Dipl. hist. Manfred Kobuch (seit 20. X. 1978), Prof. Dr. phil. Dr.-Ing. Hans-Joachim Mrusek, Prof. Dr. phil. Erich Neuß, Prof. Dr. phil. Paul Nowottny, Dr. phil. Horst Schlechte, Prof. Dr. phil. Max Steinmetz, Prof. Dr. Dr. h. c. Leo Stern, Dr. phil. Manfred Unger, Prof. Dr. phil. habil. Hans Walther, Prof. Dr. phil. Dr.-Ing. Hermann Weidhaas († 3. 7. 1978).

II. Unternehmungen

1. Bibliographie der Sächsischen Geschichte

Leiter: Buchda †

a) Bibliographie zur Geschichte der Stadt Dresden (in Verbindung mit der Sächsischen Landesbibliothek)

Leiter: Dr. phil. Dietmar Debes
Bearbeiterin: Rosemarie Wünsche (bis 20. II. 1976)

b) Bibliographie zur Geschichte der Stadt Leipzig (in Verbindung mit dem Stadtarchiv)

Leiter: Dr. phil. Manfred Unger und Dr. phil. Dietmar Debes
Bearbeiterin: Hildegard Heilemann

2. *Akten und Briefe zur Kirchenpolitik des Herzogs Georg von Sachsen*

Leiter: Buchda †
Bearbeiterin: Dr. phil. Elisabeth Werl

3. *Politische Korrespondenz des Herzogs und Kurfürsten Moritz von Sachsen*

Leiter: Buchda †
Bearbeiter: Dr. theol. Johannes Herrmann, Dr. phil. Günther Wartenberg, Ingeborg Herrmann, Dipl. theol. Dorothea Kriewald

4. *Historischer Atlas von Sachsen*

Leiter: Lehmann
Bearbeiter: Dozent Dr. phil. habil. Karlheinz Blaschke (unter Mitwirkung kartographischer. Fachkräfte)

5. *Quellen und Forschungen zur Sächsischen Geschichte*

Leiter: Buchda † mit Dozent Dr. phil. habil. Karlheinz Blaschke und Prof. Dr. phil. habil. Hans Walther

6. *Jahrbuch für Regionalgeschichte*

Redaktion: Czok (und Mitarbeiter)

7. *Codex Diplomaticus Saxoniae*

Hauptteil 1, Bd 3: Urkunden der Markgrafen von Meißen und Landgrafen von Thüringen. 1196—1234, Registerband
Leiter: Dipl.-hist. Manfred Kobuch
Bearbeiter: Dr. phil. Elisabeth Boer und Dipl.-hist. Manfred Kobuch

8. *Erschließung der Handschriftenbestände im Archiv der Franckeschen Stiftungen in Halle*

Leiter: Lieberwirth
Bearbeiter: Dipl. theol. Bernd Stephan.

III. Fortgang der Arbeiten

1. *Sitzungen*

Infolge Krankheit und Ableben des verdienstvollen ehemaligen Leiters der Historischen Kommission sowie mehrmonatiger Vakanz in der verantwortlichen Position der Einrichtung konnte in der Berichtszeit lediglich eine Sitzung durchgeführt werden. Sie fand am 13. Oktober 1978 statt. In ihrem Mittelpunkt standen die Würdigung der Persönlichkeit und der Tätigkeit des verstorbenen Leiters Buchda als Forscher und Lehrer, zugleich auch für dessen hohen Einsatz für die Sächsische Akademie der Wissenschaften (Lieberwirth), und ein Vortrag über „Neue Quellen zur Personal-Union zwischen Sachsen und Polen in der Mitte des 18. Jh.“ (Dr. phil. Horst Schlechte), dessen Druck für das Jahrbuch für Regionalgeschichte vorgesehen wird.

2. *Sächsische Bibliographie*

a) Bibliographie zur Geschichte der Stadt Leipzig

Nachdem alle Bände zwischen 1957 und 1975 erschienen waren, liegen seit 1977 mit dem abschließenden Register zu beiden Hauptbänden alle Möglichkeiten einer leichten Erschließung und vielseitigsten Nutzbarkeit vor. Da die vier Sonderbände mit eigenen Registern versehen sind, erübrigte sich deren nochmalige Auflage

b) Bibliographie zur Geschichte der Stadt Dresden

Die Vorbereitungen zur Drucklegung sind zügig vorangeschritten. Die Bibliographie selbst wird nicht im Verlag Hermann Böhlaus Nachf., Weimar erscheinen, sondern durch die Sächsische Landesbibliothek in Dresden hergestellt. Vorgesehen sind 5 Bände (einschließlich Register). Der 1. Band soll 1981 zur 775jährigen Wiederkehr der Ersterwähnung der Stadt Dresden und aus Anlaß des 425jährigen Bestehens der Sächsischen Landesbibliothek vorliegen. Als Herausgeber fungiert die Historische Kommission der Sächsischen Akademie der Wissenschaften in Zusammenarbeit mit der Sächsischen Landesbibliothek.

c) Bibliographie zur Geschichte von Karl-Marx-Stadt

Der vorliegende Bürstenabzug dient als Grundlage einer Neubearbeitung und muß für die Berichtsjahre 1959 und 1960 ergänzt werden. Die übrigen Vorlagen stellen eine weit vorgeschrittene Materialsammlung dar. Vorgesehen ist wieder eine Herausgabe durch die Historische Kommission in Zusammenarbeit mit der Sächsischen Landesbibliothek.

Mit der Bearbeitung der großen Städte-Bibliographien von Dresden, Leipzig und Karl-Marx-Stadt ist das Programm der Historischen Kommission auf diesem Gebiet und als Ergänzung zu Rudolf Bemmann — Jakob Jatzwauk, Bibliographie zur Sächsischen Geschichte, in der die Großstädte ausgespart worden sind, abzuschließen. Mit dem Berichtsjahr 1961 begann die von der Sächsischen Landesbibliothek herausgegebene „Sächsische Bibliographie", die alle Veröffentlichungen aus dem Gebiet des ehemaligen Landes Sachsen einschließlich der Großstädte erfaßt.

3. *Akten und Briefe zur Kirchenpolitik des Herzogs Georg von Sachsen*

Im Manuskript abgeschlossen liegen die Bände 1528—1534 und 1535—1539 vor. Das Register befindet sich in Überarbeitung.

4. *Politische Korrespondenz des Herzogs und Kurfürsten Moritz von Sachsen*

Der Druck des 3. Bandes, der die umfangreichen Unterlagen aus der Zeit vom 1. 1. 1547 bis zum 25. 5. 1548 umfaßt, konnte 1978 abgeschlossen werden. Für 1980 wird vom Akademie-Verlag der Nachdruck des Bandes 1 vorgelegt, ihm soll der ebenfalls von Erich Brandenburg bearbeitete Band 2 folgen.

Die Durchsicht des Manuskriptes für den Druck von Band 4 (Mai 1548—Januar 1551) wurde 1978 begonnen, zugleich die Erarbeitung des Registers.

5. *Historischer Atlas von Sachsen*

Von den vorhandenen mehrfarbigen Kartenandrucken wurden 4 Blätter für den einfarbigen Druck umgearbeitet und 1978 die Umzeichnungen der bevölkerungsgeschichtlichen Karten insgesamt abgeschlossen.

6. Von den Quellen und Forschungen zur Sächsischen Geschichte

1976 wurde Band 8 ausgedruckt (Zwickauer Frühdrucke).

7. Jahrbuch für Regionalgeschichte

In der Berichtszeit erschien beim Verlag Hermann Böhlaus Nachf. Weimar der 6. Band, der 7. wurde zum Druck abgegeben.

8. Codex Diplomaticus Saxoniae

Die Ausarbeitung des Registers der Orte und Personen wurde im Manuskript abgeschlossen und die redaktionelle Überarbeitung befindet sich in der Vorbereitungsphase zur Drucklegung.

9. Erschließung der Handschriftenbestände im Archiv der Franckeschen Stiftungen in Halle

Die annähernd 1000 Kurzbiographien der Anfangsbuchstaben T—Z konnten abgeschlossen werden und wurden in die Reinschriftkartei übernommen. Daneben erfolgte eine erweiterte Materialsammlung für die Biographien A—J (ca. 2900). Mit der 1979 zu erwartenden Erarbeitung des Endmanuskripts können die letzten Voraussetzungen für die Drucklegung in Gang gebracht werden.

10. Sonstiges

In starkem Umfange war die Historische Kommission auch am Zustandekommen und an der Drucklegung des Sammelbandes „Beiträge zur Archivwissenschaft und Geschichtsforschung" (Festschrift für Staatsarchivdirektor i. R. H. Schlechte/Dresden),

Schriftenreihe des Staatsarchivs Dresden, Bd 10. 495 S. Weimar 1977, beteiligt. 7 Kommissionsmitglieder lieferten wesentliche Beiträge zu den historischen Hilfswissenschaften, der Quellenkunde, der Geschichte des deutschen Volkes sowie zur Regionalgeschichte des sächsischen Raumes und seine Beziehungen zu angrenzenden Territorien.

Werner Coblenz

Sprachwissenschaftliche Kommission

701 Leipzig, Goethestr. 3—5, Tel. 7197325

Leiter: Große
Stellv. Leiter: Neubert
Beisitzer: Eichler

Mitglieder: Prof. Dr. phil. Werner Bahner, Prof. Dr. phil. Wolfgang Fleischer, Prof. Dr. phil. Hans Hiebsch, Dr. phil. Gerhard Ising †, Prof. Dr. phil. Gotthard Lerchner, Prof. Dr. phil. Heinz Mettke, Prof. Dr. phil. Albrecht Neubert, Prof. Dr. phil. Rudolf Růžička, Prof. Dr. phil. Heinz Schuster, Prof. Dr. phil. Hans Walther, Prof. Dr. phil. Ernst Werner

Wiss. Sekretär: Dr. Gunter Bergmann

Althochdeutsches Wörterbuch

701 Leipzig, Goethestr. 3—5, Tel. 7197326

Leiter: Große
Leiter der Arbeitsstelle: Dr. Heinrich Götz

Wiss. Arbeitsleiter: Dr. Siegfried Blum, Dr. Rolf Heller, Dr. Ingeborg Köppe, Dr. Ernst Otto
Wiss. Oberassistenten: Sybille Blum, Bernhard Langer
Mitarbeiter: Dr. Walter Krug, Dr. Gertraud Müller

Brandenburg-Berlinisches Wörterbuch

108 Berlin, Zimmerstr. 94, Tel. 2202116, App. 23 und 24

Bereichsleiter für das Brandenburg-Berlinische, das Mecklenburgische Wörterbuch und das Pommersche Wörterbucharchiv: Dr. Gerhard Ising†
Wiss. Arbeitsleiter: Dr. Joachim Wiese, Dr. Teodolius Witkowski
Wiss. Oberassistentin: Dipl.-phil. Annemarie Wiese
Wiss.-techn. Assistentin: Ingelore Weise

Mecklenburgisches Wörterbuch

253 Rostock-Warnemünde, Seestr. 15, Tel. Rostock 58344 bis 58347

Leiter der Arbeitsstelle: Dr. Jürgen Gundlach
Wiss. Arbeitsleiter: Dr. Eva-Sophie Dahl, Dr. Jürgen Gundlach, Dr. Christian Rothe
Wiss. Oberassistentin: Dipl.-phil. Erika Krackow
Sekretärin u. Sachbearbeiterin: Liesel Eschenburg
Angestellte: Gertrud Fröhlich

Pommersches Wörterbucharchiv

22 Greifswald, R.-Petershagen-Allee 1

Verwaltung des Archivs: Dr. Renate Herrmann-Winter

Thüringisches Wörterbuch

69 Jena, Universitätshochhaus, 8. Etage, Tel. 822436

Leiter der Arbeitsstelle: Dr. Karl Spangenberg
Wiss. Arbeitsleiter: Dr. Karl Spangenberg, Dr. Heinz Rosenkranz
Sachbearbeiterin: Herta Rädlein

Wörterbuch der obersächsischen Mundarten

701 Leipzig, Goethestr. 3—5, Tel. 7197325/338

Leiter der Arbeitsstelle: Dr. Gunter Bergmann
Wiss. Arbeitsleiter: Dr. Gunter Bergmann
Wiss. Oberassistenten: Dr. Dagmar Helm, Dipl.-phil. Lothar Wezel, Dipl.-phil. Ingrid Wittkowski, Dipl.-phil. Hartmut Wittkowski

Wiss. Assistentin: Dipl.-phil. Ingrid Eichler
Wiss. Mitarbeiterin: Dr. Isolde Neumann
Mitarbeiter am Siebenbürgisch-Sächsischen Wörterbuch: Dr. Helmut Protze, wiss. Arbeitsleiter, 7126 Mölkau bei Leipzig, Dr.-Wilhelm-Külz-Str. 4, Tel. 67552

Sprachwissenschaftliche Kommission

Regelmäßig im Herbst trat die Sprachwissenschaftliche Kommission der SAW zu Beratungen zusammen. Die Arbeitspläne aller ihr zugehörenden wissenschaftlichen Institutionen lagen ihr zur Begutachtung und Genehmigung vor. Die Kontrolle über ihre Einhaltung erfolgte jeweils am Jahresende. Die Pläne wurden an allen Arbeitsstellen erfüllt oder übererfüllt, wobei der sozialistische Wettbewerb zwischen den Wörterbuchunternehmen wesentliche Impulse zur Intensivierung der Arbeiten gab.

Althochdeutsches Wörterbuch

Die Arbeiten am Althochdeutschen Wörterbuch wurden planmäßig weitergeführt. Erschienen sind im Berichtszeitraum die siebente Lieferung (f — ir-fallan) und die achte Lieferung (nidar(i)-fallan — fart) des dritten Bandes. Das Manuskript für die neunte und die zehnte Lieferung dieses Bandes, die als Doppellieferung erscheinen werden (fart — fie-), ist im Druck. Die Ausarbeitung der Buchstabenfolgen fi-, fl-, fn- ist abgeschlossen, die von fo- steht (bis auf die Kleinwörter fon(a) und fora) vor dem Abschluß. Material für etwa vier weitere Lieferungen im Buchstaben F liegt ausgearbeitet vor.

Ungefähr 6000 neue Wortbelege und Korrekturen wurden verzettelt und in das Wörterbucharchiv eingeordnet.

Brandenburg-Berlinisches Wörterbuch

Im Berichtszeitraum wurden die 13. und 14. Lieferung des Brandenburg-Berlinischen Wörterbuchs im Manuskript fertiggestellt. Die Bearbeitung in der alphabetischen Folge ist damit bis in den Buchstaben H gelangt.

Mecklenburgisches Wörterbuch

Wegen der verlagsbedingten Verzögerung in der Drucklegung der Mundartwörterbücher erschien im Berichtszeitraum keine neue Lieferung des Mecklenburgischen Wörterbuchs. Entsprechend der auf Straffung ausgerichteten Neukonzeption des Schlußteils des Mecklenburgischen Wörterbuchs wurde die 58. Lieferung als die erste des VII. Bandes überarbeitet und neu eingereicht. Die Arbeit am Manuskript wurde fortgeführt und die 59. Lieferung, die bis zum Stichwort „tschüs“ reicht, planmäßig abgegeben.

Das vorhandene Belegmaterial wurde kontinuierlich durch die Übernahme weiteren Wortguts aus dem sprachlichen Nachlaß Richard Wossidlos und durch Exzerptionsarbeiten aus neu publizierter volkskundlicher Mundartliteratur ergänzt.

Pommersches Wörterbucharchiv

Das Wortarchiv ist erweitert worden durch mundartliches Wortgut, das aus den letzten drei Jahrgängen von fünf Tageszeitungen der Nordbezirke exzerpiert wurde, durch Material aus Direkterhebungen anhand eines Fragebogens zur niederdeutschen Lexik der Gegenwart und durch Sprecheraussagen zu Gebrauch und Funktion der niederdeutschen Mundart. — Auf zahlreiche Anfragen an das Archiv aus dem In- und Ausland wurden Auskünfte erteilt.

Thüringisches Wörterbuch

In Kooperation mit zwei Wissenschaftlern der Friedrich-Schiller-Universität Jena wurden 1977 die Lieferungen 6 und 7 sowie 1978 die Lieferungen 8 und 9 für den V. Band des Thüringischen Wörterbuchs erarbeitet. Begonnen wurde mit der Manuskriptfassung zur Lieferung 10. Zur Veröffentlichung gelangte 1978 die Doppellieferung 4 bis 5; in der Drucklegung befindet sich die Doppellieferung 6 bis 7. Aus Helfer-Einsendungen und Diplomarbeiten von Germanistikstudenten wurde das Wörterbucharchiv durch ca. 30000 Wörterbuchzettel ergänzt. Der Kartenbestand erhöhte sich um 53 Karten Gesamtthüringens und 1120 Karten zu Teillandschaften.

Wörterbuch der obersächsischen Mundarten

Nach dem Abschluß umfangreicher Vorarbeiten (Neuordnung der Kartei, Korrekturen, Erarbeitung des Ortsverzeichnisses) wurde im Mai 1977 mit der Ausarbeitung der Artikel begonnen. Das angestrebte Planziel für 1977 war die Bewältigung des Abschnitts L — Leikauf. Hiervon wurden nur zwei Drittel geschafft, weil noch keine Erfahrungswerte über das Leistungsvermögen der Mitarbeiter beim Verfassen von Wörterbuchartikeln bestanden. Im Planjahr 78 wurde dieser Überhang und der Abschnitt Leikauf — Lizenz termingemäß bearbeitet. Das bisher vorliegende Manuskript entspricht etwa dem Stand des Thüringischen Wörterbuchs nach drei Lieferungen.

Für das Siebenbürgisch-Sächsische Wörterbuch wurde die wissenschaftliche Revision des Buchstaben L durchgeführt und mit den Bearbeitern in Sibiu (SRR) besprochen. Die Bearbeitung des Buchstaben M ist bis zur Hälfte fortgeschritten.

Der 1974/75 von H. Protze entwickelte Fragebogen über die territorialen Varianten der Umgangssprache der DDR ist seit Herbst 1976 an einen vorher ausgewählten Personenkreis verschickt worden und liegt — auch nach eigener (direkter) Befragung — nahezu vollständig (220 Städte) beantwortet vor.

Schriftenreihen

Dialektologische Studien zur Sprachgeschichte und Sprachsoziologie, hrsg. von Rudolf Große, Akademie-Verlag Berlin

Band 1: Helmut Langner, Untersuchungen zur Mundart und zur Umgangssprache im Raum um Wittenberg, Berlin 1977.

Deutsch-Slawische Forschungen zur Namenkunde und Siedlungsgeschichte, begründet von Theodor Frings und Rudolf Fischer, hrsg. von Rudolf Fischer und Rudolf Große bis Nr. 26, dann von: Ernst Eichler, Wolfgang Fleischer, Rudolf Große, Abrecht Neubert und Hans Walther

Nr. 29: Ernst Eichler und Hans Walther, Ortsnamenbuch der Oberlausitz, Band II (Namen- und Siedlungskunde), Berlin 1978.

Nr. 32: Gerhard Schlimpert, Slawische Personennamen in mittelalterlichen Quellen zur deutschen Geschichte, Berlin 1978.

Veröffentlichungen

Althochdeutsches Wörterbuch

Auf Grund der von Elias von Steinmeyer hinterlassenen Sammlungen im Auftrag der Sächsischen Akademie der Wissenschaften zu Leipzig begründet von Elisabeth Karg-Gasterstädt und Theodor Frings, herausgegeben von Rudolf Große.

Band III: E und F, siebente Lieferung, bearbeitet von Siegfried Blum, Sybille Blum, Heinrich Götz, Rolf Heller, Ingeborg Köppe, Bernhard Langer, Gertraud Müller, Ernst Otto. Akademie-Verlag Berlin 1977,
achte Lieferung, bearbeitet von Siegfried Blum, Sybille Blum, Heinrich Götz, Rolf Heller, Ingeborg Köppe, Bernhard Langer, Gertraud Müller, Ernst Otto. Akademie-Verlag Berlin 1978.

Blum, Siegfried, Probleme der Valenz bei althochdeutschen Verben. In: Sitzungsberichte der Sächsischen Akademie der Wissenschaften zu Leipzig, Phil.-hist. Klasse Bd. *118*, Heft 1, Berlin 1977, S. 17—52.

Götz, Heinrich, Zur Bedeutungsanalyse und Darstellung althochdeutscher Glossen. In: Sitzungsberichte der Sächsischen Akademie der Wissenschaften zu Leipzig, Phil.-hist. Klasse Bd. *118*, Heft 1, Berlin 1977, S. 53—208.

Heller, Rolf, Hrafns saga Sveinbjarnarsonar und Isländersagas. In: Arkiv för nordisk filologi *92*, 1977, S. 98—105.
Zur Entstehung der Grönlandszenen der Fóstbrœðra saga. In: Sjötíu Ritgerðir helgaðar Jakobi Benediktssyni 20. Juli 1977, Reykjavík 1977, S. 326—334.
Das Alter der Eyrbyggja saga im Licht der Sprachstatistik, in: Acta philologica Scandinavica *32, 1*, Kopenhagen 1978, S. 53—66.

Köppe, Ingeborg, Zweigliedrige Ausdrücke in Zunftordnungen des 16. Jahrhunderts, in: Beiträge zur Geschichte der deutschen Sprache und Literatur Bd. *98*, Halle (Saale) 1977, S. 170—194.

Brandenburg-Berlinisches Wörterbuch

Begründet von Anneliese Bretschneider, unter Einschluß der Sammlungen von Hermann Teuchert, bearbeitet unter der Leitung von Gerhard Ising.

II. Band. 1. Lieferung (F bis Flieder). Bearbeitet von Annemarie Wiese, Joachim Wiese, Teodolius Witkowski. 128 Spalten, Berlin 1978.

Teodolius Witkowski,
Die Ortsnamen des Kreises Greifswald. Weimar 1978. 272 S.
Definitionen zur onomastischen Terminologie. In: Zborník Pedagogickej fakulty v. Prešove Univerzity P. J. Šafárika v Košiciach. Roč *XII*. Zvázok *3*. Bratislava 1976. S. 117—140.

Mecklenburgisches Wörterbuch

Rothe, Christian, Humanitas, Fides und Verwandtes in der römischen Provinzialpolitik. Untersuchungen zur politischen Funktion römischer Verhaltensnormen bei Cicero. Berlin 1978 (= Schriften zur Geschichte und Kultur der Antike *12*).

Pommersches Wörterbucharchiv

Herrmann-Winter, Renate, Soziolinguistische Aspekte empirischer Erhebungen zur sprachlichen Varianz. In: Normen der sprachlichen Kommunikation, Berlin 1977, S. 209—246.

Thüringisches Wörterbuch

Auf Grund der von V. Michels begonnenen und von H. Hucke fortgeführten Sammlungen, bearbeitet unter Leitung von Karl Spangenberg an der Sektion Sprachwissenschaft der Friedrich-Schiller-Universität Jena, V. Band, 4. und 5. Lieferung (Sauerampfer bis Schlangenspritze); bearbeitet von Heinz Rosenkranz, Rolf Schäftlein, Herbert Schrickel, Karl Spangenberg. Akademie-Verlag Berlin 1978.

Spangenberg, Karl, Bezeichnung und Bewertung von Existenzformen der Sprache in Thüringen. In: Historizität und gesellschaftliche Bedingtheit der Sprache, Bd. *1*. Wissenschaftliche Beiträge der Friedrich-Schiller-Universität Jena 1977, S. 70—86.
Regionale Sprachforschung als Aufgabe und Verpflichtung. In: Jahrbuch für Regionalgeschichte, Band *6*, Weimar 1978, S. 176—182.

Rosenkranz, Heinz, Vogtländisch-erzgebirgisch machet ‚machte' — eine Sonderform des schwachen Präteritums. In: Historizität und gesellschaftliche Bedingtheit der Sprache, Bd. *1*. Wissenschaftliche Beiträge der Friedrich-Schiller-Universität Jena 1977, S. 112 bis 118.
Personennamen als Appellativa in der Mundart. In: Namenkundliche Informationen Heft *33*, 1978, S. 34—42.

Siebenbürgisch-Sächsisches Wörterbuch

Protze, Helmut, Altsorbisch Nižane — nordsiebenbürgisch Nīsen ‚Nösen' „Niederungsbewohner" und der ethnographische, siedlungs- und sprachgeschichtliche Hintergrund. In: Lětopis, Rjad A, Nr. *25/1*, S. 13—21, Inst. für sorb. Volksforschung Bautzen, 1978.
Der Name *Siebenbürgen*. In: Beitr. *99* (1978) 272—303.

Rudolf Große

ZUSCHÜSSE

Es werden Zuschüsse geleistet für die Veröffentlichung des

Thesaurus Linguae Latinae

Für die Unternehmungen innerhalb der *Union Académique Internationale* ist je ein Mitarbeiter eingesetzt:

für das Corpus Vasorum Antiquorum: Prof. Dr. phil. Eberhard Paul
für das Mittellateinische Wörterbuch: Dr. phil. Anneliese Grau

Das Corpus Vasorum Antiquorum Leipzig

Die Bearbeitung der attisch-rotfigurigen Keramik des Antikenmuseums der Karl-Marx-Universität wurde 1977/78 weitergeführt.

Nach den großen Vorratsgefäßen (Amphoren und Stamnoi) und Wassergefäßen (Hydrien) wurden die Mischgefäße (Kratere) sowie kleinere Gefäßtypen (Peliken und Skyphoi) untersucht. Dabei handelte es sich nicht nur um vollständig erhaltene Stücke, sondern auch um zahlreiche Fragmente, von denen — wie bei dem bisher erfaßten Material — der größte Teil restaurierungsbedürftig ist. Nach der aus innerbetrieblichen Gründen erfolgten Rückgabe des Restaurierungsauftrages für die Leipziger Vasen durch das Museum für Ur- und Frühgeschichte Weimar freiberufliche Kräfte eingesetzt wurden, die aber den Qualitätsanforderungen des Corpus Vasorum nur teilweise genügten. Besonders komplizierte und umfangreiche Restaurierungen an großen Gefäßen konnten deshalb nicht ausgeführt werden; ein Teil der ausgeführten Arbeiten ist zudem verbesserungsbedürftig, da das vorliegende Ergebnis nicht ausreicht.

Daher entsprechen die technischen Leistungen nicht im vollen Umfang der abgeschlossenen wissenschaftlichen Bearbeitung eines großen Teiles der für den dritten Band vorgesehenen Gefäße; die Voraussetzungen für eine einwandfreie Druckvorlage des Tafelteiles sind somit gegenwärtig noch nicht gegeben. Das Problem wird erst mit der für September 1979 geplanten Einstellung eines hauptberuflichen Restaurators am Antikenmuseum der Karl-Marx-Universität gelöst werden. Ein noch abzuschließender Vertrag mit einem Fotografen wird diesen Teil der Vorarbeiten absichern.

Bei der archäologisch-kunsthistorischen Klassifizierung der rotfigurigen Vasen des Antikenmuseums rundet sich das Bild einer erstklassigen Sammlung attischer Keramik immer mehr ab. Für den größten Teil der behandelten Gefäßtypen lassen sich bedeutende Vasenmaler, Töpfer und Werkstätten der klassischen Zeit bestimmen, die durch Analogien und Vergleiche belegt werden.

Über die Ergebnisse der stilistischen Untersuchungen hinaus haben sich für die meisten bildlichen Darstellungen der Gefäße und Fragmente ikonographische Fixierungen aus dem mythologischen Zusammenhang und aus dem Bereich des täglichen Lebens treffen lassen.

Soweit es der Rahmen des CVA zuläßt, wurde von der Möglichkeit Gebrauch gemacht, die Erörterungen grundsätzlicher Probleme, die sich aus den vorgeführten Gefäßen ergeben, mit in den Text der Beschreibung und Bestimmung einzubeziehen.

Prof. Dr. Eberhard Paul

Die Arbeit für das Mittellateinische Wörterbuch

In den Jahren 1977 und 1978 war die Lektüre und Exzerpierung der neueren Literatur für das MLW ganz auf die Bearbeitung von Aufsätzen gerichtet, die hauptsächlich der Reihe der Leipzig zugewiesenen Zeitschriften angehörten, aber auch anderer Herkunft waren; so wurden einige Sonderdrucke von der Berliner, ein umfangreicher Sammelband von der Münchner Arbeitsstelle des MLW zur Verfügung gestellt.

In der Gruppe der Zeitschriften wurden dreizehn vollständige Jahrgänge und zwei Halbbände durchgearbeitet. Die beiden Halbbände, Heft 2 des 32. Jg. (1976) und Heft 1 des 33. Jg. (1977), des Deutschen Archivs für Erforschung des Mittelalters, in denen der Wichtigkeit dieser Zeitschrift wegen auch der Besprechungsteil mit herangezogen wurde, erbrachten 72 und 91 Exzerpte. Diesem Ergebnis standen die Bände 18 (1972) und 19 (1973) des Archivs für Diplomatik mit 100 bzw. 40 Exzerpten kaum nach. Drei Jahrgänge der Germanistischen Abteilung der Zeitschrift der Savigny-Stiftung für Rechtsgeschichte, nämlich 90—92 (1973—1975), lieferten zusammen 150 Exzerpte, und vier Jahrgängen der Kanonistischen Abteilung derselben Zeitschrift, 90—92 (1973—1975) sowie 94 (1977), wurde fast die gleiche Anzahl, 151 Exzerpte, entnommen. Weniger ergiebig erwiesen sich Jg. 81 (1973) und Jg. 82 (1974) der Mitteilungen des Instituts für österreichische Geschichtsforschung mit 40 und 31 Exzerpten; am geringsten war der Ertrag aus dem Archiv für Kulturgeschichte 52 (1970) und 53 (1971) mit zusammen nur 16 Exzerpten.

Von den Sonderdrucken sei die Abhandlung von W. Eggert, „Städtenetz und Stadtherrenpolitik" aus dem von B. Töpfer herausgegebenen Sammelband „Stadt und Städtebürgertum in der deutschen Geschichte des 13. Jahrhunderts" (Berlin 1976) mit 68 Exzerpten hervorgehoben.

Gegen Ende der Berichtszeit wurde die Lektüre des 11. Bandes der Miscellanea Mediaevalia: „Die Mächte des Guten und Bösen, Vorstellungen im XII. und XIII. Jahrhundert über ihr Wirken in der Heilsgeschichte" (Berlin—New York 1977) begonnen, von den 21 Abhandlungen dieses Sammelwerkes wurden die ersten neun Arbeiten gelesen. Sieben von ihnen konnten exzerpiert werden und ergaben bereits 136 Exzerpte.

Insgesamt wurden in den beiden Jahren 105 Aufsätze gelesen und 68 von ihnen exzerpiert. Die Gesamtzahl der auf ein einzelnes Wort bezogenen Exzerpte betrug 914. Dazu kommen noch 38 Quellenverweise, Hinweise also auf neue Ergebnisse zu Fragen der Quellen des Wörterbuchs, die oftmals den Inhalt eines ganzen Aufsatzes zusammenfassen, auch solcher Aufsätze, aus denen keine Wort-Exzerpte gewonnen werden konnten.

Im Vergleich zu früheren Berichten ist die Gesamtzahl der Exzerpte geringer geworden. Das liegt zunächst an der Eigenart des bearbeiteten Aufsatzmaterials, aber auch an einer gewissen Änderung des Verfahrens bei der Exzerpierung. Enthielt ein ausführliches Wort-Exzerpt auch andere zum Begriff oder sonst zur Sache gehörende Wörter, so wurden diese oft nicht mehr noch einmal für sich exzerpiert wie bisher, sondern es wurde ein Verweis auf sie ausgeschrieben, der mit einer knappen Bemerkung über den Inhalt des eigentlichen Exzerptes versehen wurde. Es ist dies ein Versuch, die Exzerpierungstätigkeit — und damit vielleicht auch die Wörterbucharbeit selbst — zu beschleunigen.

Dr. Anneliese Grau

VERTRETER DER AKADEMIE

Internationale Thesaurus-Kommission

Friedmar Kühnert

Redaktionsausschuß der Deutschen Literaturzeitung

Ernst Neef

Kommission für die Herausgabe einer Enzyklopädie der mathematischen Wissenschaften

Ernst Hölder

Unternehmungen der Akademien der Wissenschaften innerhalb der Union Académique Internationale Corpus Vasorum Antiquorum

Werner Peek

Mittellateinisches Wörterbuch

Friedmar Kühnert

SITZUNGSKALENDER FÜR DIE JAHRE 1977 UND 1978

Die Vorträge werden nacheinander gehalten und vom Plenum entgegengenommen. Im Anschluß an die Vorträge finden getrennte Geschäftssitzungen der Klassen statt, an diese schließen Gesamtsitzungen an.

1977

		Mathematisch-naturwissenschaftliche Klasse	*Philologisch-historische Klasse*
Freitag,	14. Januar	Beckert	Träger
Freitag,	18. Februar	Bethge	Diesner
Freitag,	25. März	Oelßner	Dietze
Freitag,	15. April	Öffentliche Gesamtsitzung	Bahner
Freitag,	20. Mai	Eßbach	Lieberwirth
Freitag,	10. Juni	Drischel	Angelov
Montag,	10. Oktober	Gersch	Forberger
Freitag,	11. November	Öffentliche Gesamtsitzung zur Erinnerung an den Todestag von Leibniz	Uhlmann
Freitag,	9. Dezember	Matzen	Lehmann

1978

Freitag,	13. Januar	Strack	Neumann
Freitag,	10. Februar	Busch	Telegdi
Freitag,	10. März	Schwabe	Möbius
Sonnabend,	14. April	Öffentliche Gesamtsitzung	Coblenz
Freitag,	19. Mai	Ries	Hiebsch
Freitag,	9. Juni	Wolf	Czok
Freitag,	20. Oktober	Watznauer	Müller
Freitag,	10. November	Öffentliche Gesamtsitzung zur Erinnerung an den Todestag von Leibniz	Berg
Freitag,	15. Dezember	Keller	Markov

ANSPRACHE DES PRÄSIDENTEN, HERRN SCHWABE

bei der öffentlichen Gesamtsitzung am 15. April 1977

Wir begehen in diesem Jahr den 60. Jahrestag der Großen Sozialistischen Oktoberrevolution. Sie hat das politische Weltbild in einem Ausmaß verändert, wie es vorher in Jahrhunderten nicht gewandelt wurde.

Die Historische Kommission wird aus der Sicht der Vergangenheit ihren Beitrag zu diesem welthistorischen Ereignis, seiner Bedeutung für Gegenwart und Zukunft leisten.

Der Oktoberrevolution haben die Wissenschaftler in den sozialistischen Ländern eine große Achtung und Unterstützung zu verdanken. Sie leben frei von materiellen Sorgen. Ihre Zahl hat in aller Welt exponentiell zugenommen. Der Aufwand besonders für die naturwissenschaftliche und technische Forschung, aber auch für die Literatur ist ebenfalls exponentiell gestiegen.

In kapitalistischen Konzernen wird der Boß entscheiden, ob der Aufwand für die Forschung ihm noch einen ausreichenden Gewinn sichert. In unserer sozialistischen Gesellschaft werden alle Mittel für die Forschung durch den Staat und seine volkseigene Industrie verteilt. Dabei ist es besonders wichtig zu prüfen, ob diese Mittel im richtigen Verhältnis zum realen Erkenntnisgewinn und zum volkswirtschaftlichen Nutzen stehen.

Die Leistung des Facharbeiters für Werterhaltung und Produktion läßt sich hinsichtlich Quantität und Qualität rasch und einfach prüfen, die des Wissenschaftlers sehr schwer; oft kann man sie erst nach längerer Zeit beurteilen.

Daher muß von der Einsicht des Wissenschaftlers selbst erwartet werden, daß er seine Aufgaben und Arbeiten den Zielen der sozialistischen Gesellschaft ein- und unterordnet. Die Kräfte und Mittel für die wissenschaftliche Arbeit so zu verteilen, daß im Ganzen der größte Erfolg für unsere Gesellschaft erzielt wird, ist in erster Linie durch diese Einsicht zu erreichen, weil niemand besser einschätzen kann, welche Bedeutung die eigene Arbeit für wahren Erkenntnisgewinn und wissenschaftlich-technischen Fortschritt hat als der verantwortungsbewußte aktiv tätige selbstkritische Wissenschaftler in der Aussprache mit den Wissenschaftlern anderer Bereiche.

Der 60. Jahrestag der Großen Sozialistischen Oktoberrevolution sollte bei uns und im Lager der sozialistischen Länder Anlaß für die Wissenschaftler sein, mit größter Sorgfalt zu prüfen, ob ihr Anspruch auf Arbeitskräfte und Mittel, die doch aus den Leistungen der Produktivkräfte stammen, durch ihre eigenen Ergebnisse für den Erkenntnisprozeß und die bessere Befriedigung der Bedürfnisse der Menschen gerechtfertigt ist. Sie sollten diesen Anspruch aus eigener Verantwortung und unter nationaler und internationaler Abstimmung sorgfältig abwägen. Nur dann werden die Wissenschaftler in unseren Ländern zum 100. Jahrestag der Großen Sozialistischen Oktoberrevolution ihren hoch geachteten Platz behaupten können.

Ich weiß sehr wohl, daß diese Abstimmung sehr schwierig und überhaupt nur möglich ist, wenn alle verantwortlichen Wissenschaftler ein ausreichendes Maß von Einsicht aufbringen. Jede gelehrte Gesellschaft eines sozialistischen Staates, wie auch ihre Struktur und die Aufgabenstellung sein mag, sollte sich aufgerufen sehen, ihren Wissenschaftlern diese

Aufgabe der Selbsterziehung zu stellen, und in ihren Gremien eine kritische Auseinandersetzung nicht scheuen.

Wenn ich jetzt unseren neuen Mitgliedern die Berufungsurkunden überreiche, so bitte ich auch Sie, immer daran zu denken, daß das Ansehen unserer Akademie und ihr eigenes immer mehr von dieser Einsicht bestimmt sein wird. Sie wird zum sozialistischen Bewußtsein in Aktion.

Durch Ihr Vorbild werden Sie die Ihnen anvertraute akademische Jugend und die jungen Wissenschaftler dazu erziehen, die für unsere Volkswirtschaft und den Erkenntnisgewinn wesentlichen Forschungsaufgaben als ihre vornehmste Pflicht zu übernehmen, auch wenn ihnen ein anderes Thema aus ihrem Wissenschaftsbereich zunächst interessanter erscheint. Der Nutzen ihrer Arbeit für unsere Gesellschaft, die ihnen eine sichere, von materiellen Sorgen freie Existenz gewährleistet, wird ihnen zuletzt doch die größte Freude machen.

Ich habe ganz simple Dinge ausgesprochen, die m. E. für die Zukunft der Wissenschaft von Bedeutung sein können. Vielleicht sind sie ihnen zu trivial. Zur Entschuldigung führe ich ein Wort von Goethe an:

„Die Menschen verdrießt's,
daß das Wahre so einfach ist,
sie sollten bedenken,
daß sie noch Mühe haben,
es praktisch zu ihrem Nutzen anzuwenden.“

ANSPRACHE DES PRÄSIDENTEN, HERRN SCHWABE

bei der öffentlichen Gesamtsitzung am 11. November 1977

Der Vortrag unserer öffentlichen Herbstsitzung behandelt ein Thema, das in Zusammenhang mit dem besonderen Anliegen der Arbeit unserer mathematisch-naturwissenschaftlichen Klasse, den Problemen unserer Umwelt, steht.

Der Naturwissenschaftler neigt dazu, diese Probleme in erster Linie darin zu sehen, daß die natürliche Umwelt, in der die Menschen in den vergangenen Jahrhunderten gelebt haben, durch die immer stärkeren Eingriffe der Technik, die Beanspruchung der Rohstoffe, die riesigen Produktionsbetriebe, die rasch anwachsende Besiedelungsdichte und Urbanisierung in einer Weise verändert wird, die für unsere Gesundheit und das ganze biologische Gleichgewicht nachteilig sind und schließlich das Leben unmöglich machen können. Der Mensch hat diese Veränderungen herbeigeführt und rühmt sich die Natur und ihre Kräfte immer mehr zu beherrschen.

Es ist dann auch seine Aufgabe, diese Herrschaft so auszuüben, daß die Natur, von der wir ja ein Teil sind, erhalten bleibt. Dazu reichen aber naturwissenschaftliche Erkenntnisse allein nicht aus. Es gehört dazu die Einsicht, daß jedes Mitglied der menschlichen Gesellschaft sein Verhalten und seine Bedürfnisse der Entwicklung der menschlichen Gemeinschaft unterzuordnen hat. Das fordern die Lehren des Sozialismus, die uns Karl Marx und Friedrich Engels vor mehr als einem Jahrhundert für die gesunde Entwicklung der menschlichen Gesellschaft gegeben haben. Sie gewinnen um so mehr Gültigkeit, je rascher die menschliche Gesellschaft wächst und alle Mitglieder ihre Ansprüche an eine von Hunger und materieller Not freie Existenz anmelden. Lenin hat in seinem Land vor 60 Jahren mit der Großen Sozialistischen Oktoberrevolution den Ideen des Sozialismus unter schweren Opfern zum Sieg verholfen und damit sein Volk von krasser sozialer Ungerechtigkeit und Rückständigkeit befreit. Inzwischen hat sich in vielen Ländern der Erde die sozialistische Gesellschaftsordnung durchgesetzt.

So hat dieses historische Ereignis einen Teil unserer Welt in einem sehr kurzen Zeitraum entscheidend verändert. Der Teil der Menschheit, der sich dem Sozialismus verpflichtet hat, wird alles daran setzen müssen, die Schätze unserer Erde nur zum Wohle des Menschen zu verwerten, daher für den Frieden eintreten und die Natur mit ihrer Schönheit zu erhalten bestrebt sein. Lenin hat schon in seinem ersten Dekret als Staatsoberhaupt den Frieden als wichtigste Voraussetzung für die Beseitigung der Not bezeichnet. Daran hat der Generalsekretär der Kommunistischen Partei der Sowjetunion Leonid Breshnew in seiner Festansprache zum 60. Jahrestag mit Nachdruck erinnert. Sein Appell an die Welt, den Frieden zu bewahren und alle militärischen Auseinandersetzungen auch dort zu vermeiden, wo noch Spannungen bestehen, hat überall positiven Widerhall gefunden. Vor allem die Bereitschaft der Sowjetunion, konkrete Beiträge zur Abrüstung z. B. auf dem Gebiet der Kernwaffen zu leisten, hat große Beachtung auch in Westeuropa gefunden. Der Vorsitzende unseres Staatsrates Erich Honecker hat sich für die DDR besonders eindeutig zu diesen Vorschlägen von Leonid Breshnew bekannt.

Die Konferenz für Sicherheit und Zusammenarbeit in Belgrad hat trotz mancher

Meinungsverschiedenheiten das Ziel der friedlichen Verständigung nicht aus den Augen verloren. So ist zu hoffen, daß Verheerungen durch Kriege bald der Vergangenheit angehören werden, wenn der Wunsch nach Frieden und Abrüstung von allen Staaten respektiert wird. Dann werden auch Hunger und Elend rascher aus den Ländern verschwinden, die heute noch darunter zu leiden haben.

In den sozialistischen Ländern ist aber allen Menschen auch das Recht auf Arbeit durch Gesetz gesichert. Ohne Arbeitsaufgabe zu sein, kann keinen Menschen auf die Dauer befriedigen, auch wenn er keine Not zu leiden hat und sogar im Wohlstand lebt, das sollte auch im Blick auf die rasch anwachsende Weltbevölkerung bedacht werden. Erfüllte Pflichten machen mehr Freude als erfüllte Wünsche.

Die Welle des Terrors, die viele Länder zur Zeit mit Schrecken erfüllt, ist keine Folge der Not, sondern hat ihre Ursachen in einem Leben ohne Ziel und Pflichten.

Die Oktoberrevolution hat in den Ländern, die seitdem die sozialistische Gesellschaftsordnung errungen haben, auch die Wissenschaftler von materiellen Sorgen befreit und ihnen darüber hinaus weitgehende Freiheit in der Wahl ihrer Forschungstätigkeit eingeräumt. Natürlich sollen deren Ergebnisse dem Wohl des Menschen dienen, wie dies schon Leibniz gefordert hat.

Forschungsprogramme auf dieser Basis werden in den sozialistischen Ländern großzügig gefördert und die Wissenschaftler haben das Vorrecht, die ihren Wünschen und Kenntnissen entsprechende Thematik auszuwählen. Dieses Vorrecht ist nur wenigen Berufen vorbehalten. Der Mißbrauch von Privilegien führt auf die Dauer zu ihrem Verlust.

Die Wissenschaftler der UdSSR haben in den vergangenen 60 Jahren spektakuläre Erfolge auf verschiedenen Gebieten der Naturwissenschaften und der Technik erzielt, die höchste internationale Anerkennung gefunden haben.

Die großen Erfolge bei der friedlichen Anwendung der Kernenergie der UdSSR sind allgemein bekannt, die DDR und andere sozialistische Länder erhalten ihre Kernkraftwerke von der Sowjetunion. Die großartigen Leistungen der Raumfahrt und Raumforschung beweisen, daß die sowjetische Wissenschaft und Technik international mit an der Spitze liegt. Die Beiträge der DDR im Rahmen des Interkosmos-Programms sind vor kurzem in unserer Presse hoch gewürdigt worden.

Unsere Akademie hat eine enge Zusammenarbeit mit sowjetischen Wissenschaftlern, die unsere auswärtigen Mitglieder sind oder waren, auf Gebieten, die für die Umweltgestaltung von Bedeutung sind.

Unser langjähriges auswärtiges Mitglied, Alexander *Frumkin*, der vor reichlich einem Jahr verstorben ist, hat durch seine fundamentalen Arbeiten auf dem Gebiet der Elektrochemie vor allem der Elektrodenkinetik auch wichtige Erkenntnisse für die Passivität der Metalle geliefert. Durch diese Eigenschaften schützen sich viele metallische Werkstoffe, insbesondere Aluminium, Zink, Titan und bestimmte Stähle vor dem Angriff der Atmosphäre und anderer aggressiver Medien.

Die Passivität ist somit eine wichtige Grundlage der Erhaltung unserer metallischen Roh- und Werkstoffe und stabilisiert damit unseren heutigen Stand der Technik. Die Zusammenarbeit mit *Frumkin* und seinen Mitarbeitern hat bei uns zu Ergebnissen geführt, über die ich kürzlich in den Vereinigten Staaten von Amerika anläßlich des 4. Internationalen Symposiums über Passivität berichten konnte. Dort wurden die einmaligen Leistungen *Frumkins* für diese wichtige Problematik und andere Gebiete der Elektrochemie wie die Korrosionsinhibition in vielen Vorträgen gewürdigt.

Unser auswärtiges Mitglied Viktor Ivanovič *Spitzin* hat auf vielen Gebieten der anorganischen und physikalischen Chemie grundlegende neue Erkenntnisse erarbeitet, sie aber auch durch eigene technologische Untersuchungen in die Produktion übergeführt. Das gilt für die Herstellung von korrosionsbeständigen Metallen wie Wolfram, Tantal usw. ebenso wie für die Verwertung des radioaktiven Abfalls, wo er sich dem Technetium besonders intensiv gewidmet und eine seiner Verbindungen als Korrosionsinhibitor empfohlen hat.

Mit ihm und seinen Mitarbeitern Professor *Tomashov* und Professor *Rosenfeld* verbindet uns eine fruchtbare Zusammenarbeit über Korrosionsprobleme und die Verwertung radioaktiver Abfälle. Beide Gebiete können wir im weiteren Sinne zu den Aufgaben der Umweltgestaltung zählen.

Die Sächsische Akademie der Wissenschaften setzt die reichen Erfahrungen ihrer Mitglieder auf Wissenschaftsgebieten ein, die für die Ermittlung von Schadwirkungen im biologischen und medizinischen Bereich, für die Bestimmung von Noxen in und ihre Entfernung aus Gewässern, für die Landschaftsveränderungen usw. wichtig sind, indem sie entsprechende Forschungsarbeiten und die interdisziplinäre Kooperation in einer dafür geschaffenen Kommission fördert.

Wir hoffen, so Beiträge für die Durchführung von Maßnahmen leisten zu können, die in der DDR besonders vordringlich sind. Die elektrochemische Analytik, für die *Frumkin* ebenfalls grundlegende Beiträge geliefert hat, wird in der DDR zur Bestimmung von gasförmigen und im Wasser gelösten Schadstoffen mit dafür von uns speziell entwickelten Geräten eingesetzt. Auf dem Gebiet der Umweltgestaltung gilt es jetzt, bei uns Maßnahmen zu ergreifen, um die Verschmutzung der Luft und der Gewässer abzubauen, nachdem über die Schadwirkungen umfangreiche Informationen vorliegen.

Umfassende Information über die Umweltgefährdung ist zwar von großer Bedeutung, aber sie hilft natürlich wenig, wenn daraus abzuleitende Maßnahmen nicht durchgeführt werden. Die Sowjetunion hat für die Erhaltung der Natur und ihrer Schätze viele konkrete Schritte eingeleitet, obwohl in ihrem riesigen Land mit den ungeheuren Rohstoffvorräten diese Probleme nicht so dringlich erscheinen wie in Mittel- und Westeuropa mit seiner hohen Besiedelungsdichte und Industrialisierung.

Manche Maßnahmen erfordern einen hohen Investitionsaufwand, der ihre Realisierung erschwert, es bleibt aber immer zu prüfen, ob die Schäden und Verluste diesen Aufwand nicht weit übersteigen.

Andererseits lassen sich Verschmutzung und Verschandelung unserer Umwelt auch ohne Investitionen verringern, wenn jeder Einzelne in seinem Bereich, d. h. Haushalt und Arbeitsstätte, das verbrauchte Material nach Möglichkeit der Wiederverwendung zuführt.

Zum Respekt vor dem Material- und Arbeitsaufwand für die Güter des täglichen Bedarfs, aber auch für die Geräte zur wissenschaftlichen Arbeit muß schon im Elternhaus und in der Schule erzogen werden, natürlich auch der Student, der mit kostbarer Literatur und hochwertigen Instrumenten umgehen muß. Der Respekt wird auch von der Qualität und Lebensdauer der Erzeugnisse bestimmt, die ihrerseits die Materialökonomie entscheidend beeinflussen. In einer Wirtschaft, wo fast alle Produktionsbetriebe gesellschaftliches Eigentum sind, muß es möglich sein, Qualität und Lebensdauer der Produkte auf den minimalen Materialverbrauch zu orientieren. Obwohl es trivial sein mag darüber zu sprechen, erscheint es mir doch notwendig, denn damit beginnt der Umweltschutz und die künftige Materialversorgung für eine Welt (gerade für eine friedliche) der sozialen Gerechtigkeit. Diese Einsicht kann nie zu früh, wohl aber zu spät kommen, und eine Akademie, die sich ihrer Gesellschaft verpflichtet fühlt, kann auch nicht über eine solche Mahnung erhaben sein.

Die Sowjetunion hat ihre großartigen wissenschaftlich-technischen Erfolge trotz vieler aus der wissenschaftlichen Vergangenheit stammenden Schwierigkeiten in kurzer Zeit wohl dadurch erzielt, daß sie, besonders die Akademie der Wissenschaften, ihren wissenschaftlichen Nachwuchs richtig erzogen und ausgewählt hat. Karl Marx hat gesagt:

> „Es gibt keine Landstraße für die Wissenschaft und nur diejenigen haben Aussicht, ihre hellen Gipfel zu erreichen, die die Ermüdung beim Erklettern ihrer steilen Pfade nicht scheuen."

Der Versuch, gleichmäßige Leistungen als Ausbildungsergebnis zu erzielen, führt auf die Landstraße, d. h. zur Verflachung. Den unverdrossenen Kletterern gebührt der Vorzug der allseitigen internationalen Information durch Teilnahme an Tagungen und Studienaufenthalten im Ausland, die ihnen dann auch internationales wissenschaftliches Ansehen verschafft.

Das große revolutionäre Ereignis in Rußland, aus dem die Sowjetunion hervorgegangen und in 60 Jahren zu einer Weltmacht ersten Ranges geworden ist, hat nicht nur die Aussicht auf dauerhaften Frieden und damit auch auf die Lösung der weltweiten Umwelt-, Rohstoff- und Energieprobleme verbessert, sie hat auch unsere geistig-kulturelle Umwelt verändert. Für Historiker, Soziologen und Philologen in Europa und besonders in dem so traditionsbeladenen Teil, dem die DDR zugehört, kann diese Entwicklung ein reiches Arbeitsfeld sein.

Wissenschaftliche Aktivität und Kreativität wird in hohem Maße vom geistig-kulturellen Klima bestimmt, das uns umgibt. Hier gibt es viele Möglichkeiten für eine fruchtbare Zusammenarbeit zwischen den beiden Klassen unserer Akademie. Durch die rasche Entwicklung und die ständig zunehmende Differenzierung der Wissenschaften wird auch ihre Sprache ständig verändert.

Die internationale wie die interdisziplinäre Verständigung kann dadurch in den Wissenschaftsgebieten verbessert werden, daß diese Veränderungen kontrolliert und linguistisch optimiert werden.

Ich habe in Zusammenhang mit dem 60. Jahrestag einige Bemerkungen darüber gemacht, wie durch dieses historische Ereignis die wissenschaftliche Arbeit auch unserer Akademie bestimmt wird und dabei auf die Thematik des heutigen Festvortrages Bezug genommen.

Lassen Sie mich schließen mit einem Wort, das beim Symposium in Airlie über die Passivität der Metalle, ein Phänomen zur Erhaltung der Erzeugnisse menschlicher Arbeit, gesagt wurde:

Die Erforschung der Passivität erfordert noch viel Aktivität des menschlichen Geistes. Wieviel diese Aktivität, fehlgeleitet, Unheil über die Menschheit bringen kann, ist nur zu bekannt. Eine sichere Zukunft verlangt von uns allen mehr Passivität gegenüber innerer Verlockung und äußerer Bedrückung, aber vor allem sehr viel Aktivität für eine weltweite Verständigung.

ANSPRACHE DES PRÄSIDENTEN, HERRN SCHWABE

bei der öffentlichen Gesamtsitzung am 14. April 1978

In der DDR bereiten sich alle Schichten der Werktätigen auf den 30. Jahrestag der Gründung unserer Republik vor und verpflichten sich, zusätzlich Leistungen zu erbringen.

Viele Mitglieder unserer Akademie sind durch ihre Tätigkeit an den Universitäten und Hochschulen in die großen Forschungspläne einbezogen und werden bestrebt sein, Teile davon vorfristig zu erfüllen.

Auch die Mitglieder der Sächsischen Akademie werden bemüht sein, ihre Forschungstätigkeit unter der Leitung unserer Mitglieder aus Anlaß des 30. Jahrestages der DDR zu intensivieren; das ist immer möglich durch Ausnutzung aller Zeitreserven und ständigen fachlichen Informationsaustausch.

Die Akademie hat die ihr von der Regierung zur Verfügung gestellten Mittel verwendet, um erfahrene Mitglieder bei der Forschungstätigkeit auf ihrem Spezialgebiet zu unterstützen. Durch Bereitstellung von Planstellen und Sachmitteln können manche emeritierten Kollegen ihre Arbeiten weiterführen und abschließen. Wir sind den Herren Rektoren sehr dankbar, daß sie diesen Mitgliedern Arbeitsräume zur Verfügung stellen.

Über die auf dieser Grundlage im vergangenem Jahr erzielten Ergebnisse unserer Mitglieder wird nachher Herr Vizepräsident Lehmann berichten.

Die großen Aufgaben der Grundlagenforschung sind der Akademie der Wissenschaften der DDR mit ihren zahlreichen Forschungseinrichtungen und Wissenschaftlern übertragen worden, sowie den Universitäten und Hochschulen, wo die Grundlagenforschung in Deutschland von jeher beheimatet war.

Natürlich haben unsere Mitglieder mit diesen Forschungsbereichen engen Kontakt.

Aber wir sind eine Gelehrte Gesellschaft geblieben und lassen Sie mich aus dieser Sicht noch einige Bemerkungen machen. Dazu besteht außerdem Anlaß.

Durch Erlaß und mit Unterstützung der damaligen sowjetischen Militäradministration konnte schon im Dezember 1948 die Sächsische Akademie der Wissenschaften ihre Tätigkeit als Gelehrte Gesellschaft unter Leitung von Theodor Frings wieder aufnehmen.

In den nun fast vergangenen 30 Jahren sind viele Gelehrte in diese Vereinigung berufen und zur gemeinsamen Arbeit aufgerufen worden. Mitglieder aus dem Jahre 1948 sind kaum noch unter uns.

In unserer Herbstsitzung im November werden wir darüber ausführlich berichten, wie die Akademie in diesen 30 Jahren versucht hat, mit ihrem geistigen Potential zur Steigerung der wissenschaftlichen und gesellschaftlichen Leistungen in unserem sozialistischen Staat beizutragen.

Dann soll auch berichtet werden, wie wir als Gelehrtenvereinigung ohne eigene Forschungseinrichtungen bei der Lösung der künftigen noch größeren und komplizierteren Aufgaben in Wissenschaft und Technik glauben mithelfen zu können.

Lassen Sie mich heute nur soviel sagen: Wissenschaftliche Ergebnisse mit wahrem Erkenntnisgewinn oder von hohem volkswirtschaftlichem Wert lassen sich, wie wir alle wissen, allein durch interdisziplinäre und internationale Zusammenarbeit erzielen.

Die Mitglieder einer Gelehrten Gesellschaft können durch Erfahrungsaustausch und interdisziplinäre Zusammenarbeit ohne persönliche und nationale Vorbehalte in einer friedlichen und fortschrittlichen Welt viel leisten für die Rationalisierung der Forschung und das ist eine besonders ökonomische Methode der Rationalisierung und Intensivierung, worauf unser Ministerpräsident Willi Stoph mehrfach hingewiesen hat.

Der wissenschaftliche Erfahrungsaustausch sollte aber auch von formalen, bürokratischen Hemmungen immer mehr befreit werden.

Internationale und interdisziplinäre Beziehungen können am ehesten von erfahrenen und hochangesehenen Mitgliedern einer Akademie angebahnt und gepflegt werden.

Die Mitglieder einer Gelehrten Gesellschaft sollten darüber hinaus — nicht belastet durch das Management als Leiter großer Einrichtungen — in Ruhe und tiefgründig allgemeine Probleme der Wissenschaftsentwicklung aus internationaler und nationaler Sicht diskutieren und daraus Schlußfolgerungen ableiten für die prognostische Arbeit.

Ich darf nur einige Probleme nennen, die m. E. nur die Wissenschaftler selbst interdisziplinär mit höchstem Verantwortungsbewußtsein lösen können.

1. Lassen sich Grundlagen- und angewandte Forschung noch eindeutig voneinander abgrenzen? Das ist dann wichtig, wenn dafür verschiedene finanzielle Träger verantwortlich sind.

2. Lassen sich Richtlinien für das optimale Verhältnis der Kapazität von Grundlagenforschung zur angewandten Forschung mit Produktionswirksamkeit für verschiedene Disziplinen aufstellen?

3. Welche Maßstäbe für die wissenschaftliche Leistung und moralisch-ideologische Einstellung sind zuverlässig, um die besten Studenten der wissenschaftlichen Arbeit zuzuführen?
   In unseren Ländern erhalten so viele Menschen eine akademische Ausbildung, daß eine sorgfältige Auswahl möglich und notwendig ist.
   Die Mengenideologie wäre hier wissenschaftspolitisch und volkswirtschaftlich besonders gefährlich.

4. Wie kann man den Wirkungsgrad der wissenschaftlichen Information im Hinblick auf ihre konkrete Verwertung steigern?
   Dies ist notwendig, um den ständig steigenden Aufwand für die Verbreitung von wissenschaftlichen Informationen zu rechtfertigen.
   Es mehren sich die Meldungen aus den verschiedenen Wissenschaftsbereichen, zuletzt aus der Medizin, daß ein ständig sinkender Bruchteil der veröffentlichten Literatur überhaupt gelesen wird.

5. Die Natur- und Ingenieurwissenschaften haben ihren apparativen Aufwand für die Forschung seit Beginn dieses Jahrhunderts um Größenordnungen gesteigert.
   Das ist sicher notwendig, aber wird in allen Einrichtungen vor der Anschaffung von Großgeräten, die meistens einen hohen Devisenaufwand erfordern, auch sorgfältig geprüft, ob ihr Einsatz überhaupt eine reale Chance bietet, neue Ergebnisse zu erzielen, die den Aufwand einigermaßen rechtfertigen könnten, und werden die Großgeräte optimal ausgelastet?

Weltweit befassen sich Wissenschaftler aller Disziplinen mit den Problemen der künftigen Energie- und Rohstoffversorgung, und weil diese sehr ernst sind, werden immer mehr Wissenschaftler dafür eingesetzt.

Ich glaube aber, daß die Wissenschaftler selbst darüber die Entwicklung des Wissenschaftspotentials und seines rationellsten Einsatzes nicht vernachlässigen dürfen. Auch dadurch kann unsere Zukunft wesentlich beeinflußt werden.

Ich weiß, daß die Probleme außerordentlich schwierig und komplex sind, ebenso wie die Rohstoff- und Energieprobleme. Aber wenn wir die Aufforderung des Generalsekretärs und Staatsratsvorsitzenden der DDR, Erich Honecker, zur Rationalisierung auf unsere wissenschaftliche Arbeit anwenden, dann müssen wir auch ohne Vorbehalt prüfen, ob von uns aus beste Voraussetzungen für den optimalen Wirkungsgrad unserer Ergebnisse geschaffen sind.

Ich habe diese Bemerkungen gemacht, weil die interdisziplinäre und internationale wissenschaftliche Kooperation ein wichtiges Thema unserer Klassen- und Plenarsitzungen sein muß auch mit Blick auf bevorstehende Zuwahlen.

30 Jahre nach der Wiedereröffnung der Sächsischen Akademie werden wir vorzuschlagen haben, wie die Arbeit in den nächsten Dezennien gestaltet werden soll. Das aber hängt von den Persönlichkeiten ab, die ihr angehören und die sie leiten werden.

Die Ausstrahlung der Mitglieder unserer Akademie beschränkt sich natürlich nicht auf unsere Veranstaltungen, wie etwa diese öffentliche Sitzung, sie wirkt in erster Linie durch ihre Lehrtätigkeit in den akademischen Bildungsstätten.

Wir haben in diesem Jahr 1978 einen weiteren Anlaß, großer Wissenschaftlerpersönlichkeiten in den Reihen unserer Akademie zu gedenken, die durch ihr Wirken als akademische Lehrer in der Vergangenheit bis in unsere Zeit den wissenschaftlich-technischen Fortschritt mitgestaltet haben.

Die Technische Universität Dresden begeht im Herbst 1978 das 150. Jubiläum ihres Bestehens. An ihr waren und sind hervorragende Persönlichkeiten des Ingenieurwesens und anderer Wissenschaften tätig. Eine große Zahl von ihnen war Mitglied unserer Akademie, und auch heute noch bestehen enge Verbindungen zu dieser universalen technisch-wissenschaftlichen Bildungsstätte.

In diesem Jahr feiern wir auch den 125. Geburtstag von Wilhelm Ostwald, dem Begründer der physikalischen Chemie in Deutschland, einer starken Wissenschaftlerpersönlichkeit, die hier in Leipzig manchen Wissenschaftler ausgebildet hat, der später in seiner Heimat selbst Weltruf erlangte.

Die Sächsische Akademie, der er von 1887 (34 Jahre alt) bis zu seinem Tode als ordentliches Mitglied angehört hat, wird seiner in ihrer öffentlichen Herbstsitzung durch den Vortrag von Herrn *Berg* gedenken.

In unseren Tagen der Wissenschaftsentropie sollte für eine Gelehrte Gesellschaft die Einschätzung des Geistes nach einem Wort von Francesco Petrarca erfolgen:

„Der beste Beweis für Geist und Wissen ist Klarheit."

Diese Klarheit darf nicht getrübt werden durch zuviel Rücksicht auf die eigenen Interessen, oder durch eine Spezialisierung, die das Blickfeld zu sehr einengt.

Eine Akademie, die sich im Sinne von Leibniz um Wissenschaftsintegration bemüht, sollte darauf achten, daß in ihren Reihen die Wissenschaften nicht als Handwerk betrieben werden. Dazu gehört viel moralische Kraft, Disziplin, Solidarität und breites Wissen jedes Einzelnen. Es gilt, Wissenschaftlerpersönlichkeiten zu entwickeln.

Albert Einstein, dessen 100. Geburtstag im nächsten Jahr in aller Welt gefeiert werden wird, hat uns dazu so aufgefordert und dabei seine tiefe Menschlichkeit bezeugt, wenn er sagt:

„Es ist nicht genug, den Menschen ein Spezialfach zu lehren. Dadurch wird er zwar zu einer Art nutzbarer Maschine, aber nicht zu einer vollwertigen Persönlichkeit. Es kommt darauf an, daß er ein lebendiges Gefühl dafür bekommt, was erstrebenswert ist. Er muß einen lebendigen Sinn dafür bekommen, was schön und was moralisch gut ist".

So der Physiker Einstein zur Spezialisierung in einer Zeit, wo die Physik noch nicht in so viele Spezialdisziplinen aufgeteilt war, daß die Verständigung zwischen ihnen bereits Schwierigkeiten macht.

Wissenschaftlerpersönlichkeiten verschiedener Richtungen sollten die Zeit finden, sich mit den eigenen Problemen der Wissenschaftsentwicklung zu befassen, ohne allerdings neue Disziplinen und Terminologien zu erfinden.

ANSPRACHE DES PRÄSIDENTEN, HERRN SCHWABE

bei der öffentlichen Gesamtsitzung am 10. November 1978

Anläßlich der 125. Wiederkehr des Geburtstages von Wilhelm Ostwald ist in diesem Jahr schon durch viele Festveranstaltungen die große Wissenschaftlerpersönlichkeit gewürdigt worden.

Die Sächsische Akademie der Wissenschaften hat besonderen Anlaß seiner zu gedenken, denn er hat ihr vom Jahr seiner Berufung nach Leipzig an, im Alter von 34 Jahren, als ordentliches Mitglied angehört. Wilhelm Ostwalds beinahe einmalige Universalität als Wissenschaftler, die auch im Festvortrag von Herrn Berg zum Ausdruck kommen wird, und seine starke, progressive, lautere Persönlichkeit, sind ein unerschöpfliches wissenschaftshistorisches Thema. Er selbst war Wissenschaftshistoriker, wenn er auch für die Geschichte als Wissenschaft im allgemeinen nicht viel übrig hatte. Aber er hat im Vorwort zu seiner Elektrochemie gesagt:

„Der Weg des geschichtlichen Studiums ist zwar nicht eben der kürzeste, wohl aber der erfolgreichste und reizvollste zum Eindringen in die Wissenschaft“.

Ein Wort, das für den Hochschullehrer seine Bedeutung behalten wird. Ostwalds Klassiker der exakten Wissenschaften, die er lange Zeit selbst herausgab, sind eine Fundgrube für den Wissenschaftshistoriker.

Lassen Sie mich nur einige Bemerkungen zu Wilhelm Ostwald als Wissenschaftler und als Wissenschaftsorganisator machen: Er hat seine wissenschaftliche Arbeit immer nur nach ihrem Nutzen für die Allgemeinheit beurteilt. Dazu sei auf folgenden Ausspruch verwiesen:

„Letztes Ziel jeder Wissenschaft ist die praktische Anwendung, weil Wissenschaft ohne dies, genauer ohne vorbestimmtes Ziel, die Bezeichnung Wissenschaft nicht verdient“.

Er hat oft betont, daß Wissenschaft und Technik zusammengehören. Seiner hohen Wertschätzung für die Ingenieurwissenschaften hat unsere Akademie später durch die Aufnahme hervorragender Ingenieure wir Barkhausen, Binder, Beyer, Kegel u. a. als ordentliche Mitglieder Rechnung getragen.

Er hat keine fundamentalen, neuen Erkenntnisse der physikalischen Chemie erarbeitet, dessen war er sich selbst bewußt. Aber er hat den Wissensstand z. B. auf dem Gebiet der Elektrochemie oder der Katalyse bereichert, systematisch geordnet und einem großen Kreis von Wissenschaftlern in aller Welt erschlossen und damit die Verwertung neuer wissenschaftlicher Erkenntnisse ungemein beschleunigt.

Wilhelm Ostwald war ein hervorragender Wissenschaftsorganisator und Forscher und so war ihm klar, daß durch Organisation keine neuen wissenschaftlichen Leistungen erzeugt werden. Aber man kann diese Leistungen durch richtige Organisation ganz wesentlich steigern und beschleunigen.

Ostwald hat dies erreicht durch Verbesserung des Informationsflusses, durch internationale und interdisziplinäre Kooperation und durch objektive Einschätzung und Förderung hochbefähigter Wissenschaftler. Von dieser Konzeption aus ist auch seine hohe Wertschätzung der „Wissenschaftsorganisation“ zu verstehen, wie er sie in seinen „Lebenslinien“ mit den Worten zum Ausdruck bringt:

„Die wissenschaftliche Entdeckung wird erst dann ein wirklicher und wirksamer Bestandteil der Kultur, nachdem sie in das große geistige Gesamtkapital der Menschheit einorganisiert ist“.

Unsere zahlreichen hauptamtlichen Wissenschaftsorganisatoren könnten mit Ostwalds Methoden auch heute die Forschung am besten unterstützen. Diese Aufgaben des Wissenschaftsorganisators hat er selbst so zu lösen versucht: Er gründete die Zeitschrift für physikalische Chemie, die heute in zwei Ausgaben, hier in Leipzig und in Frankfurt/Main erscheint. Mit Hilfe unserer Akademie hat er versucht, eine wissenschaftliche (künstliche) Weltsprache zu schaffen. Jede Disziplin sollte nur eine Zeitschrift für ihr Fachgebiet in dieser Sprache herausbringen. Er hat damit keine Resonanz gefunden. Heute wären die Aufgaben der Informatik leichter zu lösen, wenn man seinen Vorschlägen gefolgt wäre.

Die Kooperation hat er durch die Gründung wissenschaftlicher Gesellschaften zu fördern versucht: 1894 die Elektrochemische Gesellschaft, die heutige Bunsengesellschaft, 1911 die internationale Assoziation chemischer Gesellschaften. In beiden Organisationen übernahm er als erster den Vorsitz. Die interdisziplinäre Kooperation war ein besonderes Anliegen seiner eigenen Forschung. Er hat gesagt:

„Die schönsten und reichsten Ergebnisse lassen sich dort erwarten, wo die verschiedenen Wissenschaften zu gegenseitiger Förderung ineinander greifen“.

Ostwald hat viele junge Wissenschaftler gefördert, beinahe jeder Professor für Physikochemie an den Universitäten und Hochschulen der Welt ist zu seiner Zeit aus Ostwalds Schule gekommen. Ein schöner Beweis für seine Objektivität und Fairneß gegenüber Kollegen sind seine Bemühungen, Ludwig Boltzmann als Physiker an die Universität Leipzig zu berufen, und sein Vorschlag, ihn in die Sächsische Akademie zu wählen. Beides konnte er erreichen, auch durch persönliche Schreiben an Boltzmann, obwohl dieser Ostwald 5 Jahre vorher in Veröffentlichungen in Wied. Annalen wegen seiner Ablehnung der Atomtheorie scharf angegriffen hatte. Auch in dieser Hinsicht kann uns Ostwald immer wieder Vorbild sein. Er hat stets die wissenschaftliche Arbeit als einen Auftrag der Gesellschaft für den Fortschritt der Gesellschaft angesehen und sie selbst immer so betrieben.

Wir glauben daher, im Sinne unseres sozialistischen Staates, der Deutschen Demokratischen Republik, zu handeln, wenn unsere Akademie durch eine Wilhelm-Ostwald-Medaille das Andenken dieses großen Gelehrten ehrt und sie an hervorragende, progressive Naturwissenschaftler verleiht. Zum ersten Mal wird die Sächsische Akademie der Wissenschaften diese Auszeichnung im 30. Jahr des Bestehens der Deutschen Demokratischen Republik anläßlich ihrer öffentlichen Herbstsitzung 1979 vornehmen.

Wilhelm Ostwald wurde von unseren Mitgliedern, dem Physiologen Carl Ludwig, dem organischen Chemiker Johannes Wislicenus und dem Physiologen und Psychologen Wilhelm Wundt zur Wahl als ordentliches Mitglied in die Sächsische Akademie der Wissenschaften vorgeschlagen.

Die drei Gelehrten waren eng mit der Biologie verbunden und haben wohl schon erkannt, welch große Bedeutung die damals ganz junge Physikalische Chemie für die biologischen Wissenschaften erlangen wird.

Wie Wilhelm Ostwald, einer der Mitbegründer dieser Disziplin auch der Biologie Impulse gegeben und neue Erkenntnisse vermittelt hat, wird Herr Berg in seinem Festvortrag zeigen.

BERICHT DES VIZEPRÄSIDENTEN, HERRN LEHMANN, ÜBER DEN STAND DER ARBEITEN DER AKADEMIE

Erstattet in der öffentlichen Gesamtsitzung am 16. April 1977

Ein Bericht über die Entwicklung der Arbeiten irgendeiner großen wissenschaftlichen Institution wird — wie beim einzelnen Menschen — niemals allein von außen her zu verstehen sein. Der Sinn eines solchen Berichtes steht und fällt mit dem wenigstens indirekt anzustrebenden Versuch, die Spezifik der von der Akademie behandelten und geförderten Aufgaben auf dem Hintergrund ihres Trends ebenso wie ihrer Geschichte sichtbar zu machen.

Allerdings ist es angesichts des lawinenartigen Anwachsens des Wissens auch der in der SAW vertretenen Einzeldisziplinen, die am notwendigen wissenschaftlichen Vorlauf für die Entwicklung der sozialistischen Gesellschaft arbeiten, schwierig, über die Arbeitsleistungen der Akademie so zu berichten, daß sie einem allgemeinen, nicht nur einem fachspezifischen Interesse begegnen können. Es gilt, bei strenger Wahrung der Respektabilität vor jedem fremden Fachgebiet, jene Klippe zu überwinden, die den Berichter unter anderem bei der Übersetzung präziser Fachinhalte in die gröbere Sprache der Allgemeinverständlichkeit gefährdet. Wenn also mitunter auf diffizile Verästelungen verzichtet wird, um dafür kommentierend den allgemeinen Bezugsrahmen zu erweitern, so mögen das die Herren Akademiemitglieder und ihre Mitarbeiter, die die Unterlagen zu diesem Bericht lieferten, ebenso nachsichtig hinnehmen wie auch zum Teil erhebliche, aber notwendige Kürzungen.

Um es vorwegzunehmen: der Blick auf den jüngsten, nur ein einziges Jahr der Akademieentwicklung umfassenden Abschnitt zeigt, daß sie sich wiederum als eine stille, aber in ihrer wissenschaftlich-kreativen Arbeitsweise wirksam nach außen dringende gesellschaftliche Kraft erwies.

Der Stellvertreter des Vorsitzenden des Ministerrates und Minister für Wissenschaft und Technik, Dr. Herbert Weiz, hat im Rahmen einer Tagung zu Beginn des Jahres bemerkt, daß im laufenden Planjahrfünft an die gesellschaftliche Wirksamkeit von Wissenschaft und Technik Effektivitätsmaßstäbe gelegt werden wie in keiner Planperiode zuvor. Die Sächsische Akademie der Wissenschaften fühlt sich durch das Wort des Herrn Ministers als ein Gremium von Wissenschaftlern angesprochen, das — wie oft ist es gesagt worden — nur über kleine, aber potentiell relativ wirksame Forschungseinrichtungen verfügt. In desto höherem Grade ist die Akademie bemüht, ihren individuell geprägten, die wissenschaftlich-schöpferischen Kräfte besonders anregenden Arbeitsstil dafür einzusetzen, daß die ihr von der Staats- und Parteiführung gebotenen Möglichkeiten in einem Höchstmaß genutzt werden. Die Erfahrungen, niedergeschlagen in der von dem Herrn Präsidenten jüngst mit Nachdruck allgemein geforderten und in der SAW von ihm geförderten Wissenschaftsgeschichte, zeigen, daß wirklich Neues nur durch echte Grundlagen- und Erkundungsforschung in enger Verbindung mit der Technologie erarbeitet werden kann. Auf Initiative des Herrn Präsidenten ist überdies die Intensivierung der Leistungen von Arbeitsgruppen durch ihre Zusammenfassung in Kommissionen im Berichtsjahr weiterhin verstärkt worden. Eigentliches Ziel ist dabei, den Anteil Einzelner an der Lösung eines

Komplexproblems klar zu umreißen, um selbst bei getrenntem Herangehen an eine Problematik die Gesamt-Effektivität zu erhöhen. Denn vor jeder Arbeit steht das hochgesteckte Ziel, Beiträge zur optimalen Gestaltung der in schneller Veränderung begriffenen Lebenswirklichkeit zu erarbeiten.

Ein Bericht über das breite Spektrum der Arbeiten, die diese Entwicklung während nur eines Jahres auf diesem Weg widerspiegelt, gewänne gewiß an Reiz, wenn etwa das wissenschaftlich Aktuelle in den Vordergrund gestellt würde. Einem solchen ohnehin in mancher Hinsicht zweifelhaftem Bemühen steht aber entgegen, daß vornehmlich aus zeitlichen Gründen ein sehr wichtiger Arbeitskomplex aus dem Bericht völlig ausgeklammert werden muß, nämlich die Vorträge und Diskussionen, die über Forschungsergebnisse in den Plenarsitzungen der Akademie gehalten werden. Der Verzicht hierauf kann indessen hingenommen werden, weil ja diese Leistungen keinesfalls im Verborgenen bleiben, sondern durch die im sozialistischen wie im kapitalistischen Ausland begehrten „Sitzungsberichte" und „Abhandlungen" der Akademie und durch viele andere publizistische Kanäle in die allgemeine Wissenschaftsentwicklung eingehen, — ich weise als Beispiel nur auf das jüngst erschienene Buch unseres heutigen Herrn Vortragenden, Herrn *Bahners*, über „Formen, Ideen, Prozesse in den Literaturen der romanischen Völker" (Bd. 1, Akademie-Verlag, Berlin, 1977) hin. Auch über Sonderveranstaltungen, die der Herr Präsident als besonders wichtige neue Einrichtung außerhalb der Plenar-, Klassen- und Kommissionssitzungen anregte und förderte, z. B. eine von Herrn *Buchheim* initiierte und von ihm zur Zeit in gründlicher Vorbereitung befindliche Spezial-Arbeitsgruppe über das Problem der „Komplementarität", kann hier nicht berichtet werden.

Halten wir den Blick daher zunächst auf einige Ergebnisse der naturwissenschaftlichen Arbeitsgruppen der Akademie gerichtet, die in der von dem Herrn Sekretar der Mathematisch-Naturwissenschaftlichen Klasse, Herrn *Neef*, geleiteten Kommission „Spezielle Umweltprobleme" in einer vorerst noch lockeren Weise zusammengefaßt sind. Von wissenschaftsdisziplinär ganz verschiedenen Standorten aus werden hier Fragen behandelt, die im Ansatz durchaus nicht unmittelbar auf spezielle Probleme des Umweltschutzes gerichtet zu sein brauchen, sondern ohnehin als Beiträge z. B. zur Physik, Chemie, Biologie, Physiologie oder bestimmten Geowissenschaften anzusehen sind.

So untersuchte Herr *Wolf* mit seiner Hallenser Arbeitsgruppe Möglichkeiten der Wertmetallgewinnung aus verdünnten Lösungen, die in sehr verschiedenen Anwendungsbereichen volkswirtschaftlich hohen Nutzen bringen können. Diese Untersuchungen stehen aber zugleich unter dem Aspekt des Umweltschutzes, insofern sie die Adsorption von Schadstoffen aus der Gas- und Flüssigphase an nichtionischen makroporösen Styrol-Divinylbenzol-Copolymerisaten sowie die Optimierung der Synthese von bipolaren Ionenaustauscherharzen mit starksauren und starkbasischen Gruppen zum Inhalt haben. Diese Forschungen, die unter anderem auch die Abwässerreinigung unter dem Gesichtspunkt der Elektrolyte wie der Nicht-Elektrolyte beinhalten, werden durch die gegenwärtigen chemischen Technologien im Leipzig—Hallenser Ballungsgebiet stimuliert, die riesige Mengen von Säuren und Basen für die Neutralisation verbrauchen und im Endergebnis zu Lösungen mit komplizierten, schwierig zu reinigenden oder wiederholt zu verwendenden Salzgehalten führen. Es geht um die effektive Trennung flüssiger und gasförmiger Gemische zwecks Schaffung abfallfreier Technologien, ja letzten Endes um die weitgehende Rückgewinnung wertvoller Substanzen in allen Industriezweigen. Das wichtigste Glied der Umwelt ist zweifellos der Mensch selbst, und in diesem Zusammenhang die Gesundheit seines Organismus. Gerade mit dem Blick auf die medizinische Praxis sind die Untersuchungen Herrn *Stracks* und seiner kleinen Arbeitsgruppe über die Strukturaufklärung kompliziert gebauter natürlicher und chemisch-synthetischer Stoffe von besonderer Bedeutung. Die Strukturen, mit denen sich der Chemiker wie der Physiologe beschäftigen, sind im Grunde nur mittels Formeln zu verdeutlichen. Aber ihre Veränderungen im Organismus können beobachtet, analysiert und für die wissenschaftliche Erkenntnis von Gesundungsprozessen genutzt werden. Herr *Strack* setzte in diesem Sinne seine langfristigen Untersuchungen über einen charakteristischen Bestandteil des Muskelgewebes, nämlich über die für den Zellstoffwechsel wichtige Verbindung L-Carnitin, speziell über den Umbau dieses körpereigenen Stoffes bei Säugetieren, über seine Wirkungen auf Bakterien, auf den Tierkörper wie eben und insbesondere auf den Menschen bei medizinischen Einsätzen fort. Erhöhte Zufuhren von L-Carnitin bessern beim Menschen progressive bindegewebige Störungen und stoppen sie meist lebenserhaltend ab. Von Herrn *Strack* bereits früher entdeckte Wirkungen auf Herz und Kreislauf wurden weiterhin untersucht, zumal L-Carnitin Symptome günstig beeinflußt, die häufig Vorläufer von Herzinfarkten sind.

Als mitunter nicht immer dankbarer Participant und Konsument weiß heute jedermann, daß der eigentlich fruchtbare Ort der Erkenntnis im Kleinen und Kleinsten liegt. Als Beispiel sei nur auf die Anwendung des Elektronenmikroskops, auf die allgemeine Erhöhung des Komplexitätsgrades jeglicher Forschungen und ihre qualitativ wesentlich vertieften Konzeptionen gewiesen. Wir sind alle Zeitgenossen dieser großartigen wissenschaftlichen Entwicklung. Wir wissen: vieles ist technisch machbar. Aber wir wissen auch, daß eine nicht selten zu einseitig am Maximalen und Monumentalen orientierte Zukunftsgestaltung für das menschliche Leben bedrohlich werden kann. Die Biologie, aber auch die Geographie wie viele andere Natur- und Gesellschaftswissenschaften sind dabei, solche Prozesse zu fördern, die unvermeidbare Störungen des natürlichen Gleichgewichtes einem neuen Zustand der zeitweisen Stabilität zuzuführen vermögen. So hohe Ziele können nur auf dem Wege neuer Prinziplösungen erfolgreich sein, zum Beispiel durch die Anwendung biologischer Verfahren, die die pestiziden und insektiziven Wirkstoffe, wenn auch nicht total ablösen, so doch in erheblichem Maße zurückdrängen können. Bedeutende internationale Wissenschaftsgremien bekundeten an solchem Erfolg versprechenden wissenschaftlichen Vorgehen ein großes Interesse. Und in diesem Zusammenhang erregten die von Herrn *Gersch* und seinen Mitarbeitern bereits erzielten Arbeitsergebnisse und weiterhin zu verfolgenden Untersuchungen über den „Wirkungsmechanismus von Neurohormonen“ besondere Aufmerksamkeit.

Auf der Grundlage systematischer Erkundungs- und Grundlagenforschungen konnte Herr *Gersch*, frei von jeglichem schlagwortartigen, unmittelbar auf die Umweltproblematik gemünzten Postulat, auch im vergangenen Berichtszeitraum seine experimentellen Untersuchungen an einem sehr kleinen Erkenntnisstand, der sich aber aus dem Leben selbst als extrem wichtig heraushebt, fortsetzen, nämlich an ausgewählten Insekten hinsichtlich der hormonalen Steuerung ihrer Entwicklung. Zwei grundlegende Ergebnisse konnten erzielt werden: Es wurde erstens nachgewiesen, und damit eine erste Forschungsetappe zum Abschluß gebracht, daß neben der hormonalen, also auf dem Blutwege von Insekten vor sich gehenden Regulationsweise eine mittels Neurosekreten ausgelöste, also nervale Regulation erfolgt, d. h. daß zwei funktionell parallele Systeme bestehen, die oft mit Enzymaktivierungen verbunden sind. Kernpunkt der Forschungen ist das hochmolekulare Aktivationshormon der Insektenmetamorphose, der sogenannte Aktivationsfaktor I, der im Gehirn produziert wird und die Häutungsdrüse, die sogenannte Prothorakaldrüse, zur Abgabe des Häutungshormons Ecdyson anregt. Es wurde zweitens festgestellt, daß Ecdyson jedoch auch außerhalb der Prothocoraldrüse produziert wird, was bedeutet daß die bisherige klassische Auffassung von der Steuerung der Insektenentwicklung revidiert werden muß.

Nicht nur bei Insekten, auch bei Krebstieren (Krebsen) sind verschiedene Organe Reaktionsorte für Neurohormone. Für die chemischen Grundprinzipien der Hormonwirkungen erbrachten die Untersuchungen Herrn *Gerschs* und seiner Arbeitsgruppe über den Wirkungsmechanismus des sogenannten Hemmhormons an der Häutungsdrüse unter anderem erstmalig den Nachweis, daß die mit der Aktivierung des Hemmhormons verbundene Erhöhung des Proteingehaltes durch eine Fraktion, d. h. durch ein stufenweises Trennen des (Sinus-)drüsenextraktes herabgesetzt und durch eine weitere Fraktion der RNS-Stoffwechsel signifikant unterdrückt wird. Diese Befunde bilden eine aussichtsreiche Basis für weitere neurophysiologische Forschungen und sind als grundsätzliche Beiträge zum Schutze der Biosphäre anzusehen, in der ja nur durch rechtzeitige Erkundungs- und Grundlagenforschung die notwendigen technischen Eingriffe in die Umwelt optimal gesteuert werden können — eben und auch z. B. dadurch, daß es gelingt, durch die genaue Kenntnis der — z. B. eine Ernte gefährdenden — Insekten, ihrer körperlichen Funktionen, der Vorgänge ihres Wachstums, ihrer Entwicklung und Metamorphose die Voraussetzungen für einen durchgreifend wirksamen Einsatz biologischer Verfahren der Schädlingsbekämpfung unter weitgehender Ausschaltung toxischer Insektizide, Pestizide und Fungizide zu schaffen.

Nicht mittelbar, — wie in diesem Fall —, sondern unmittelbar zielen die Aufgaben, die sich Herr *Neef* mit der von ihm geleiteten, im wesentlichen geographisch und landschaftsökologisch gerichteten Arbeitsgruppe „Naturhaushalt und Gebietscharakter" gestellt hat, darauf ab, die Umwelt vor Bedrohungen zu schützen, denen sie ausgesetzt ist. Die Landschaftsökologie als eine Arbeitsrichtung, in deren Mittelpunkt bisher die Struktur des Naturraums, aufgefaßt als Ergebnis der Wechselwirkungen seiner Bestandteile und damit seines Haushaltes stand, durchlebt gegenwärtig die zweite Stufe ihrer Entwicklung. Die Landschaftslehre, die Herr *Neef* konzipierte und sie zusammen mit seinen Mitarbeitern und Schülern auf feste, international weithin anerkannte theoretische Grundlagen stellte, erweitert sich gegenwärtig, wiederum dank der starken Mitwirkung Herrn *Neefs*, von der Strukturforschung zur Prozeßforschung. Verschiedene Einzel- und Teiluntersuchungen, die unter seiner Leitung und nach seinen Vorstellungen durchgeführt werden, stehen im Zeichen der Einschätzung von Zustandsveränderungen der konkreten Umwelt durch gesellschaftliche Eingriffe, die ja notwendig sind und immer größere Ausmaße annehmen, ob wir wollen oder nicht. Alles hängt von ihrer richtigen Steuerung ab, d. h. von der Ausarbeitung territorial-bezogener, möglicher Varianten der sich in ständiger Bewegung befindlichen Nutzungsformen der natürlichen Umwelt. In Zusammenarbeit mit anderen Wissenschaftsgremien, die von dem unter Leitung von Professor *Lüdemann* stehenden Institut für Geographie und Geoökologie der AdW der DDR koordiniert werden, setzte sich die Arbeitsgruppe Herrn *Neefs* auf der Grundlage empirisch gewonnener Daten das Ziel, durch die Analyse der örtlich und zeitlich wechselnden Beziehungen zwischen den natürlichen und gesellschaftlichen Umweltbedingungen einen Beitrag zu ihrer gegenseitigen Beeinflussung und somit zum Prozeß ihrer Weiterentwicklung im Sinne einer bestmöglichen Landeskultur zu liefern.

Herr *Neef* und seine Arbeitsgruppe führten die unmittelbare Erkundungsarbeit im Gelände in Richtung auf die Bewertung der Umweltqualität und der sie bestimmenden Prozesse fort. Das zu diesem Zweck in der Umgebung von Dresden erkorene Testgebiet konnte auf einen Untersuchungsraum von mehr als 600 km^2 ausgedehnt werden, auf dem die offenen Fragen der Datenbereitstellung in Form eines Landschaftskatasters erprobt und geklärt sowie aus den Mensch-Umwelt-Beziehungen tragfähige Gesichtspunkte für eine effektive Form der Datenbereitstellung abgeleitet wurden. Ferner wurden die Potentialuntersuchungen für einzelne Naturräume fortgesetzt und die Erarbeitung von Anforderungsbildern zu einem gewissen Abschluß gebracht.

Der Schwerpunkt der Arbeit lag jedoch auf den Untersuchungen der sogenannten Nebenwirkungen gesellschaftlicher Aktivitäten im Naturraum. Subtile induktive Forschung an einem Beispiel, nämlich der Umwidmung größerer Flächen von der bisherigen ackerbaulichen Nutzung zum Intensiv-Obstbau, gestatteten die Aufstellung eines dynamischen Modells, das von den gesellschaftlichen Veränderungen in einem Geosystem ausgeht, die stofflichen und energetischen Impulse auf den Naturraum beschreibt, dessen Reaktion über Folgeprozesse mit verschiedenen Erscheinungsformen erfaßt und auch die Rückkoppelung dieser Impulsantwort des Natursystems auf die Gesellschaft einschließt.

Mit Beginn des Jahres 1976 wurde dieses Unternehmen um eine hydrologische Arbeitsgruppe unter Leitung von Herrn *Uhlmann* erweitert, die sich zunächst vorwiegend der Ermittlung biologischer Indikatoren für die Veränderung stehender Gewässer, vor allem der Talsperren widmet. Das ist zugleich ein Schritt in Richtung auf kombinierte wissenschaftliche Operationen. Die Forderung, daß Grundlagenforschungen, die die Umweltqualität zum Inhalt haben, erhebliche Anforderungen an die interdisziplinäre Zusammenarbeit stellen, ist zwar oft ausgesprochen, aber noch immer relativ selten verwirklicht worden. Es ist daher gewiß besonderer Beachtung wert, daß sich drei disziplinär ganz verschiedene Forschungspotentiale in einer geradezu mustergültigen Form auf der Grundlage einer gemeinsamen Forschungsstrategie schon vom Ansatz ihrer Aufgabenstellung her vereinigt. Drei Mitglieder der Akademie mit ihren Arbeitsgruppen, Herr *Buchheim* als Physiker, Herr *Watznauer* als Geologe und Herr *Jordan* als Balneologe, arbeiten engstens im Rahmen des Forschungsvorhabens „Strukturprobleme und Umweltaspekte medizinisch nutzbarer Wässer im Süden der DDR“ zusammen. Die bisher erzielten Arbeitsergebnisse wurden mittels Parametern gewonnen, die sich als wichtige Erkenntnisse der gesetzmäßigen Wechselwirkungen zwischen dem geo- und hydrosphärischen Geschehen und dem Menschen erwiesen.

Das in jedem der drei genannten Arbeitsbereiche methodisch schwierige Vorgehen zeigt sich in den von Herrn *Buchheim* mit seinen Mitarbeitern durchgeführten Forschungen, die hinsichtlich der Struktur sogenannter akratothermaler Quellwässer, d. h. von Thermen mit sehr geringer Mineralisation, zu einem vorläufigen Abschluß gebracht werden konnten, darin, daß sich in ihnen zwar Polymerisate höherer Ordnung physikalisch nicht nachweisen lassen, wohl aber Alterungseffekte nach dem Austritt aus der Quelle und Einflüsse von Schwermetallbenetzung mit optischen und spektroskopischen Methoden feststellbar sind. Die therapeutische Problematik, die sich hieraus ergibt, ist Aufgabe der physikalischen und chemischen Balneologie. Sie dürfte lösbar sein, wenn die bisher zu wenig beachtete Rolle nicht-dissoziierender Bestandteile, insbesondere der gelösten Kieselsäure, aufgedeckt wird.

In unmittelbarem Zusammenhang mit diesen Arbeiten Herrn *Buchheims* stehen die von Herrn *Watznauer* schon zu einem sehr frühen Zeitpunkt konzipierten und intensiv aufgenommenen, im Berichtsjahr zum Schwerpunkt des gesamten Forschungsunternehmens gewordenen „Untersuchungen im Quellschutzgebiet von Bad Elster und Bad Brambach“. Da sich die wissenschaftlichen Unterlagen als in vielen Teilen sehr ergänzungsbedürftig erwiesen, wurden tektonische und stratigraphische Untersuchungen mit dem Ziel eingeleitet, das „hydrogeologische System“ einwandfreier zu erfassen. Hierbei wurden auch geophysikalische Methoden, nämlich Geomagnetik und γ-Dosis-Messungen, eingesetzt. Die Arbeiten sollen in vergrößertem Umfang fortgesetzt und nach Westen bis zur Staatsgrenze ausgedehnt werden.

Die Arbeiten Herrn *Jordans* und seiner Mitarbeiter konzentrierten sich auf das Studium des Fervoreffektes, d. h. der Folgen starker Erhitzung unter Atmosphärenüberdruck in Bezug auf Strukturfragen solcher Themen, die zu den Wässern ohne charakteristische Salzgehalte gehören. Im Mittelpunkt stand in Fortsetzung schon früher begonnener Arbeiten, Wesen und Wirkmechanismus der Fervorisierung über die Pflanze zu ergründen, nsbesondere durch Keim- und Wachstumsversuche an Senfpflanzen mit fervorisiertem Wasser unter unterschiedlichen Bedingungen. Pflanzenphysiologische Forschungen des uns 1975 durch den Tod entrissenen Herrn *Arland* werden hier unter neuer Perspektive fortgesetzt. Es ergab sich, daß der Fervoreffekt unabhängig davon ist, ob die Nährsalzeingabe in die Wasserkulturen vor oder nach der Fervorisierung des Wassers erfolgt. Es sei hervorgehoben, daß im Rahmen des gesamten, wirklich interdisziplinären Forschungsvorhabens der Herrn *Buchheim*, *Watznauer* und *Jordan* die Lösung spezieller Umweltprobleme durch die Aufdeckung nicht nur ihrer Auswirkungen, sondern vor allem ihrer Ursachen angestrebt wird.

Wenden wir uns den Arbeiten der im Bereich der von Herrn Sekretar *Große* geleiteten, ebenfalls in Kommissionen gegliederten „Philologisch-historischen Klasse" zu. Das Studium der Sprache, das im Zentrum der vielfältigen Unternehmungen dieser Klasse steht, prägt ja — über ihre Grundfunktion als Kommunikationsmittel hinaus — in stärkerem Maß das Leben des Volkes wie der Wissenschaft als es gemeinhin den Anschein hat. Strukturen des Denkens und mit ihnen der Sprache können sich verhärten, können zu bloßen starren Zeichen werden. Es ist in vielen Wissenschaften in steigendem Maße zweckmäßig, ja mitunter unbedingt notwendig, die Mathematik als eindeutiges Kommunikationsmittel zu nutzen. Aber die auf Lauten aufgebaute Sprache ist zu allen Zeiten mehr gewesen. Sie ist das wichtigste Mittel, etwas in Frage zu stellen, neuen Vorstellungen einen allgemein verständlichen Ausdruck zu geben, neuen Ideen durch schlagartige, vor allem aber wissenschaftlich oder künstlerisch gemäße Prägung zum Durchbruch zu verhelfen. In der Sprache ist Ursprüngliches enthalten — nicht nur im Sinne des Frühen, sich historisch mit der Veränderung der gesellschaftlichen Verhältnisse Entwickelnden, sondern auch des Wurzelhaften, des wahrhaft Lebendigen, aus dem moderne Menschen gerade angesichts der zur Hypertrophie neigenden Technik die verschiedensten immateriellen Werte zu ziehen vermögen. Die Funktion der Sprache ist nicht nur Kommunikation. Jedermann weiß, wie schwierig es ist, Empfindungen in Worte zu übersetzen, d. h. von der Welt des Sinneneindruckes in diejenige der Sprache zu „übersetzen". Die sprachlich bedeutendsten Schöpfungen verdanken wir Dichtern, Schriftstellern und so manchem hervorragenden Gelehrten der Vergangenheit wie der Gegenwart. Dennoch, die Reduzierung unseres Sprachvermögens — vielleicht mitbedingt durch Einflüsse der technischen Nachrichtenmedien — ist unverkennbar. Der treffende Begriff, das gut sitzende Adjektiv und das tragfähige Substantiv sind angesichts einer auf die bloße, klischeehafte allgemeinste Simplifizierung gerichteten Sprachverständigung gar nicht mehr so leicht zur Hand. Horst Sindermann sagte anläßlich der Jubiläumsfeier zum 275jährigen Bestehen der AdW der DDR: „Für unseren Staat ist das progressive geistig-kulturelle Erbe kein Gegenstand unverbindlicher Bewunderung, sondern unverzichtbarer Teil des gesellschaftlichen Reichtums, der in dialektischer Wechselwirkung mit allen anderen materiellen und geistigen Werten der Gesellschaft in unserem Leben gegenwärtig ist". Die Akademien haben bis in die jüngste Zeit hinein langfristige historisch-kritische Editionen als eine ihrer kulturellen Verpflichtungen angesehen. Die SAW setzte auch im Berichtsjahr die kontinuierliche Arbeit an den von ihr betreuten Mundart-Wörterbüchern fort, die sie, über ihren eigentlichen Wirkungsbereich Sachsen und Thüringen, die Kerngebiete deutscher Sprachbildung, hinausgehend, in Abstimmung mit der AdW und zugleich im Zuge der allgemeinen Konzentrationsbestrebungen auch in der wissenschaftlichen Forschung schon seit längerem auf die Arbeiten am „Mecklenburgischen Wörterbuch", am „Brandenburg-Berlinischen Wörterbuch" und am „Siebenbürgisch-Sächsischen Wörterbuch" ausdehnte. Die historisch, formkritisch und psychologisch konstatierende Bearbeitung dieser Mundarten-Wörterbücher, die seit 1974 im sozialistischen Wettbewerb durchgeführt wird, erreichte offenkundig ohne schwere, etwa unerwartet sich in den Weg stellende Hemmnisse die abrechenbaren konkreten Zielstellungen. So konnten die Materialaufbereitungsarbeiten für das unter Leitung von Dr. Gunter *Bergmann* stehende „Wörterbuch der Obersächsischen Mundarten" nach 20jährigen gemeinsamen Anstrengungen zum Abschluß gebracht werden. Der gesamte volkssprachlich-obersächsische Wortschatz liegt in Form von rund einer Million gesammelter Belege nach hochdeutschen Stichworten alphabetisch geordnet und vor allem nach den Erkenntnissen moderner sprachwissenschaftlicher Forschung durchgearbeitet vor.

Hier wie bei anderen Mundarten-Wörterbüchern blieb der Blick nicht auf die spezielle Wörterbuchproblematik beschränkt, sondern wurde bewußt für andere Fragestellungen der Linguistik genutzt. Dr. Karl *Spangenberg*, Leiter der Arbeitsstelle des „Thüringischen Wörterbuches", konnte, um nur ein einziges Beispiel für viele andere zu nennen, mit seinen Mitarbeitern neben der Bearbeitung der 2. bis 5. Lieferung des 5. Bandes (‚Reisingen' —‚Schleppe' umfassend) eine Monographie zur Lautlehre der thüringischen Mundarten und Umgangssprachen wesentlich fördern. Die von Dr. habil. G. *Ising* † geleitete Arbeitsgruppe übergab den ersten Band (= 10. Lieferung) des auf 4 Bände berechneten „Brandenburgisch-Berlinischen Wörterbuchs" der Öffentlichkeit, deren reges Interesse durch Presse und Fernsehen bekundet wurde. Die Arbeitsstelle „Mecklenburgisches Wörterbuch", redigiert von Dr. Jürgen *Gundlach*, näherte sich mit dem nun vorliegenden Manuskript der 58. Lieferung, die den Anfang der mit dem Buchstaben T beginnenden Wörter enthält, seinem allmählichen Abschluß, während die wesentlich später in Angriff genommenen Arbeiten an dem für jeden Germanisten grundlegend wichtigen „Althochdeutschen Wörterbuch", geleitet von Herrn *Große* selbst zusammen mit Dr. *Götz*, bis zur Druckfertigkeitserklärung der mit dem Buchstaben F beginnenden Lieferung fortgesetzt werden konnten. Schließlich wurde das „Siebenbürgisch-Sächsische Wörterbuch", ein für die Romanistik und das Studium sprachlicher Interferenzen wichtiges Unternehmen, in Zusammenarbeit mit der Akademie der Sozialistischen Republik Rumänien von Dr. *Protze* und seinen Mitarbeitern bis zum Beginn der wissenschaftlichen Revision des rund 600 Seiten umfassenden Manuskriptes des Buchstabens L gefördert.

Auch andere Unternehmungen, wie das von Frau Dr. Anneliese *Grau* auf Grund schwer zugänglicher Editionen bearbeitete „Mittellateinische Wörterbuch" oder das von Frau Dr. *Weißenow* bearbeitete „Polybios-Lexikon", dessen 38 von ihr im Berichtszeitraum bearbeitete Stichwortartikel wichtige Aufschlüsse über diesen bedeutenden Vertreter der „pragmatischen Geschichtsschreibung" des 2. Jahrhunderts vor der Zeitwende liefern, sowie die von Prof. Dr. Eberhard *Paul* im Antikenmuseum der KMU durchgeführten Arbeiten für das große von vielen ausländischen Akademien getragene, unter der Mitverantwortung von Herrn *Peek* stehende „Corpus Vasorum Antiquorum" sind termin- und sachgerecht mit großem persönlichen Einsatz weitergeführt worden und wären einer näheren Berichterstattung gewiß würdig.

Wohl nur wenige Menschen — außer den Sprachforschern, die die Linguistik noch zu

Beginn unseres Jahrhunderts geradezu, wie wir wohl heute sagen würden, zum Denkmodell damaligen Geisteswissenschaften entwickelten — mögen angesichts der tiefgreifenden Erkundungsforschungen aller dieser in der „Sprachwissenschaftlichen Kommission“ wiederum unter Leitung und Verantwortung des Herrn Sekretar *Große* zusammengefaßten Arbeiten in Erwägung ziehen, daß Mundarten die eigentliche Quelle insbesondere des Hochdeutschen sind, das ja als sich erst spät durchsetzende Schriftsprache einer großen literarischen Tat, der Bibelübersetzung Martin Luthers, seine Existenz verdankt. Erst von diesem Zeitpunkt an, also ab dem ersten Drittel des 16. Jahrhunderts, wurden die Dialekte, auch schon die vorher bestehenden großen selbständigen Sprachstämme des Niederdeutschen und Oberdeutschen, in die Rolle von Volkssprachen außerhalb der Bildungsbereiche abgedrängt — um in ihrem schöpferischen Verhältnis zu den Hoch- oder Schriftsprachen erst mit dem Beginn des 19. Jahrhunderts wiedererkannt zu werden.

So wird in Mundarten-Wörterbüchern ein Wortschatz festgehalten, der als Umgangssprache in größeren Landesteilen unserer Republik noch lebendig ist und von dorther in Form vielfältiger, überdies entwicklungsfähiger Elemente die moderne Ideen- und Formenwelt beeinflußt. Das für unsere Lebensbezüge in Natur und Gesellschaft fruchtbare Studium der sprachlichen Erscheinungen auf Grund von Beobachtung, Dokumentation, Abstraktion und Analogie ist als eine wichtige Ausschöpfung der Quellenbasis zu Problemen der sozialistischen Gesellschaft anzusehen, d. h. des Durchbruchs zu Neuem aus den Grunderfahrungen sprachgeschichtlicher Entwicklung heraus, die das System der Sprache in Verbindung mit vielschichtigen gesellschaftlichen Funktionen tiefer zu sehen und zu begreifen gelernt hat.

Gewiß ist Geschichte nicht allein auf der Ebene einer höher verstandenen Philologie zu verstehen. Historische Vorstellungen und Begriffe können nur über das zentrale Anliegen jeglicher Geschichte, die sachgerechte, wissenschaftlich dokumentarische Erforschung der progressiven Züge einer inhaltlich scharf umrissenen Gesellschaftsentwicklung, erschlossen werden.

In der ältesten, zunächst selbständigen, erst nach dem II. Weltkrieg von der SAW verantwortlich betreuten „Historischen Kommission“ zeichnete sich schon nach der Jahrhundertwende als ein dann stets verfolgtes Ziel das Bemühen ab, regionale Sachverhalte zwar zunächst in ihrer Bedeutung für den sächsisch-thüringischen Raum durchsichtig zu machen, jedoch mit dem Ziel, präzise, ja unentbehrliche Ansatzpunkte für ihre Einordnung in gesamtgeschichtliche Zusammenhänge zu erarbeiten. Die Historische Kommission ist ihrer Aufgabe, historische Details durch exakte Quellenauswertung und -wiedergabe zu sichern, über die Zeiten hin treu geblieben, wie auch in der Gegenwart unter der Leitung des international hochangesehenen Vertreters der Rechtsgeschichte unserer Akademie, des Herrn *Buchda*. Schon 1906, als der namentlich in der Hoch-Zeit seines Schaffens als progressiv anzusehende, bedeutende Historiker Karl *Lamprecht* starken Einfluß auf die Regionalgeschichte nahm, wurde eine nach systematischen Grundsätzen arbeitende Regionalforschung Schritt um Schritt aufgebaut. Die erfolgreiche Herausgabe des „Jahrbuches für Regionalgeschichte“ durch Herrn *Czok*, von dem das Manuskript des VI. Bandes an den Verlag übergeben werden konnte, die Arbeiten Herrn Dr. habil. *Blaschkes* und seiner Mitarbeiter am „Historischen Atlas von Sachsen“ sowie die Arbeiten unseres um die Technikgeschichte verdienten Mitgliedes Herrn *Forberger* sind kennzeichnend für die Anwendung kritischer Methoden einer auf der Basis eines sozialistischen Geschichtsbewußtseins arbeitenden Regionalforschung. Die „Historische Kommission“ hat über die genannten Arbeiten hinaus die 4 Sonderbände und 2 Hauptbände umfassende Bibliographie zur Geschichte der Stadt Leipzig zum Abschluß bringen und das Manuskript der Bibliographie zur Geschichte der Stadt Dresden zur Herstellung an den Akademieverlag übergeben können. Schwerpunkt aber war im Berichtsjahr die Vorbereitung der Bände 3 bis 5 der „Politischen Korrespondenz des Herzogs und Kurfürsten Moritz“, die nicht nur in den Kreisen der Historiker, sondern weit darüber hinaus hohe, übrigens auch im buchhändlerischen Absatz sich abzeichnende Anerkennung fanden.

Die Stellung der Geschichte im System der Wissenschaften hat sich entscheidend geändert. Die früher scharfe Scheidung von Naturwissenschaften und Technik zum Beispiel erscheint uns heute angesichts des untrennbaren Verhältnisses von Naturwissenschaften und Technik historisch durchaus problematisch. Gewordenes mit dem Werdenden zu vergleichen, weist Wege in die Zukunft. Es gilt insbesondere, die Bedeutung hervorragender technologischer Leistungen für die Überführung unter idealisierten Bedingungen gewonnener naturwissenschaftlicher Ergebnisse in die Praxis herauszustellen. Es war folgerichtig, daß die höchste Stätte technischer Forschung und Ausbildung unserer Republik 1961 in eine Technische Universität umgewandelt wurde. Das war keine bloße Namensänderung. Ihr erster Rektor war Herr Präsident *Schwabe*, der die Technik im engsten Zusammenhang mit den Natur- und Gesellschaftswissenschaften auch im Rahmen unserer Akademie, nicht zuletzt unter dem fruchtbaren Aspekt ihrer geschichtlichen Entwicklung noch tiefer und konsequenter als bisher in dem von der SAW herausgegebenen, bis jetzt 6 Bände umfassenden „Biographisch-literarischen Handwörterbuch der exakten Naturwissenschaften“, dem ‚Poggendorff‘, berücksichtigt sehen möchte. Mit der schnellen Erweiterung der naturwissenschaftlichen Erkenntnisse entfaltete sich die Technik ins Gigantische und wurde zugleich zu einem der Kardinalprobleme der gesamten Kulturentwicklung. Es wird zur Zeit von dem Herrn Präsidenten zusammen mit dem zuständigen Gremium, der unter Herrn *Neef* bestehenden sogenannten „Poggendorff-Kommission“, erwogen, in welcher Form das immer schwieriger zu bearbeitende international hochangesehene „Poggendorff-Handbuch“ weiter entwickelt werden kann. Noch bietet der ‚Poggendorff‘ eine einzigartige Hilfe, um die Wissenschaftsentwicklung und zugleich die sie tragenden Wissenschaftlerpersönlichkeiten aus der gegenwärtigen wissenschaftlichen Grundposition heraus neu zu erschließen.

Gestützt auf diffizile biographische Analysen gelang es Herrn Dr. *Weichsel*, die Redigierung und Bearbeitung des ‚Poggendorff‘ trotz erheblicher Beeinträchtigung durch die Erkrankung einiger Mitarbeiter so zu gestalten, daß das Planziel, jährlich 2 Lieferungen herauszubringen, auch in diesem Berichtszeitraum erreicht wurde. Der 5. Teilband mit den Buchstaben L bis M des Bandes VIIb konnte veröffentlicht werden. Nachdem überdies die 1. Lieferung des 6. Teilbandes am Anfang dieses Jahres erschien. Seit 1966 liegen jetzt insgesamt 22 Lieferungen dieses „Standardwerkes zur Geschichte der Naturwissenschaften“ vor, wie es der ehemalige langjährige, um das Werk hochverdiente Leiter der Poggendorff-Redaktion, Prof. Dr. *Salié*, treffend kennzeichnete.

Ganz nahe steht jeglicher Biographie und Historie die Psychologie. Das Psychische kann wie die immaterielle Sprache als etwas Objektives aufgefaßt werden, das unsere Handlungen beeinflußt. Heute ist die Psychologie u. a. an Bewußtseinsprozessen jeglicher Art ganz besonders interessiert. Bestimmte erfahrungspsychologische Sachverhalte unserer ganzen so vielfältigen, nicht selten widersprüchlichen Lebenswirklichkeit spiegeln sich in den historisch mitunter stark überprägten, modernen Arbeits- und Wirkungsbereichen. Der gleiche äußere Prozeß und Inhalt, etwa der Arbeit, kann im einzelnen Menschen ganz unterschiedlichen Wert und unterschiedliche Bedeutung haben.

Die Arbeitsstelle Psychologie der SAW widmet sich daher unter Leitung von Herrn

Hiebsch den spezifischen Komponenten der Arbeitskooperation sowie der psychologischen Relevanz der zwischenmenschlichen emotionalen Beziehungen im Rahmen der Produktions- und Betriebsleitungsstrukturen, im Grunde also den Problemen der Persönlichkeitsentfaltung in der sozialistischen Gesellschaft. Eine Konzeption für eine Monographie über sozial-psychologische Forschungsresultate wurde erarbeitet, und zwar unter dem Hauptgesichtspunkt, aus ihnen Folgerungen für Leiterqualifizierungen sowie über Zusammenhänge zwischen Arbeitszufriedenheit und elementaren Faktoren des sozialistischen Leitungsstils ziehen zu können.

Ich komme zum Schluß. Es läßt sich keine einfache Gesamtsumme ziehen. Nur indirekt andeutbar ist der Sinn der gesellschaftlichen Grundprinzipien, von denen die Lebenswirklichkeit der Akademie geprägt ist und mit denen sich ihre Mitglieder auf der Basis ihrer wissenschaftlichen, d. h. der Wahrheit verpflichteten Arbeiten identifizieren. Der Herr Präsident hat hierzu in seiner Ansprache Grundlegendes gesagt. Unzulänglichkeiten, Schwierigkeiten und Komplikationen können den Arbeitsergebnissen, die man ja ohnehin nur ausschnittsweise, wie durch ein Guckloch, dargeboten erhält, kaum entnommen werden. Sie sind selbstverständlich — wie bei jeder wissenschaftlichen und menschlichen Unternehmung — vorhanden. Die Art ihrer Bewältigung ist als ein wesentliches, für die Sächsische Akademie der Wissenschaften in einem relativ hohen Maße kreatives und zugleich bezeichnendes Element anzusehen. Denn der Austausch wissenschaftlicher Erfahrungen und persönlicher Auffassungen geht über die Atmosphäre der geistigen Aufgeschlossenheit und Anteilnahme eines relativ kleinen Kreises von Wissenschaftlern in die verschiedensten Zusammenhänge von Wissenschaft zu Wissenschaft und von Mensch zu Mensch ein — und erhöht so die Kraft der Gesamtheit der Akademie. Die vorgetragenen Arbeitsergebnisse dokumentieren die SAW als einen Ort, wo man weiß, daß die Voraussetzungen wissenschaftlichen Erfolges — das Messen, das Quantifizieren jeglicher Art, die Anwendung mit allen Mitteln der Technik hoch zu entwickelnder Untersuchungsverfahren — äußerst wichtig und notwendig sind und dennoch nicht hinter der ursprünglichen Sinneserfahrung, der Beobachtung, dem Experiment, der Lebenserfahrung und, nicht zuletzt, hinter dem Menschlichen im Menschen rangieren, das es im Zeichen des Sozialismus zu sichern und zu erhöhen gilt. Das aber heißt, nicht nur die wissenschaftliche Methodik, das Hauptarbeitsmittel aller Wissenschaft, ist ständig zu verfeinern, sondern es ist zugleich die Verantwortung des Wissenschaftlers in der Hierarchie der Werte in einem Höchstmaß zu steigern.

BERICHT DES VIZEPRÄSIDENTEN, HERRN LEHMANN, ÜBER DEN STAND DER ARBEITEN DER AKADEMIE

Erstattet in der öffentlichen Gesamtsitzung am 14. April 1978

Der Bericht, den ich zu erstatten habe, ist keine Rechenschaftslegung. Er dient in erster Linie der Information. Man kann den Bericht als einen Blick über den Zaun auffassen. Nur Teilkomplexe aus dem Gesamtbereich der Akademie liegen im Sichtfeld. Nur zu einem relativ kleinen Anteil können die mir zugeleiteten, oft zu umfangreichen Angaben über Arbeitsergebnisse für den Zeitraum vom 1. 4. 1977 bis 31. 3. 1978 berücksichtigt werden. Nichts kann zum Beispiel über jenen so wesentlichen Bereich der Akademiearbeiten ausgesagt werden, der als Ausdruck der schöpferischen Arbeit der Akademiemitglieder im Mittelpunkt von Vorträgen und Diskussionen im Plenum und in den Klassen steht — nichts auch über solche fruchtbaren Spezialberatungen, wie sie gegenwärtig zum Beispiel auf Initiative von Herrn *Buchheim* über den Bohrschen Begriff der Komplementarität geführt werden.

Fern jeglicher Aufgipfelung der Arbeitsleistungen der Akademie sei betont, daß die Arbeitsgruppen, auf die sich mein Bericht beschränkt, sämtlich bestrebt sind, originale Beiträge zur Lösung zumeist komplexer, für die Entwicklung unserer sozialistischen Gesellschaft als wichtig erkannter Aufgaben zu liefern. Akademien haben einen Zug gemeinsam, ob sie nun mehr dem Typ einer Forschungsakademie oder dem einer traditionellen „Gelehrten Gesellschaft" zuzuordnen sind: sie blieben in einem ihrer Hauptwesenszüge, was sie nach den Vorstellungen ihres Begründers, Gottfried Wilhelm Leibniz, alle Zeiten waren. Sie sind Stätten, an denen die Vertreter verschiedenster Natur- und Gesellschaftswissenschaften — von der Physik, Chemie und Biologie über die Geowissenschaften bis zur Geschichte, Philologie und Psychologie — durch die persönliche Kontaktnahme wissenschaftliche Impulse auslösen oder empfangen und sie durch die voll und ganz zu verantwortende wissenschaftliche Tat nutzen. Es liegt in dieser Wesensart der dauernden tätigen Entwicklung einer Akademie begründet, daß sie über besonders günstige Voraussetzungen zur interdisziplinären Verflechtung der Forschungen verfügt. Aus den Arbeitsergebnissen des Berichtsjahres dürfte zu entnehmen sein, in welchem Grad die Akademie ihre Kräfte zur disziplinären wie zur interdisziplinären Erkundungs- und Grundlagenforschung zu formieren wußte.

Ständig ist die Kritik und Selbstkritik und damit verbunden die Gefahr der Überbewertung oder auch der Unterschätzung einer Arbeitsrichtung angesprochen. Worin liegt zum Beispiel der Wert einer Konzentration der Bearbeitung von Mundarten-Wörterbüchern in unserer Akademie? Die Antwort ist einfach. Die sprachlichen Quellen, die durch sie erschlossen werden, haben eine große kulturelle Bedeutung. Nicht nur die gegenwärtige, sondern jede nachfolgende Generation kann und wird aus ihnen schöpfen.

In den Naturwissenschaften, deren Potenz zusammen mit einer gigantischen instrumentellen Unterstützung stark angewachsen ist, sind die Fragen, welche Aufgaben man neu aufgreifen oder gar liegen lassen soll oder darf, keineswegs leichter zu beantworten. Der große Physiker Hermann von Helmholtz [1] sagte in der Sprache seiner Zeit, daß die Geisteswissenschaften ... die schwierigere Aufgabe im Verhältnis zu den Naturwissenschaften zu bewältigen hätten ... Eine Schrift, sagte er weiter, sei unvollkommen und unvollständig, wenn sie im Gebiet hoher Abstraktion ende. Von dort aus habe der Bearbeiter den Gedankengang zur Umgangssprache zurückzuführen [2].

Wir wissen alle: eine sekundäre abstrakte Welt der Formeln und Symbole ist in vielen Wissenschaften und in erheblichem Ausmaß an die Stelle der Sprache getreten. Die ursprünglich nur sinnenhafte Weltbeziehung kann aber auf dem höheren, durch die notwendige Abstraktion geschaffenen Niveau eines ganz neuen Verhältnisses zwischen Natur-Technik und Mensch wiedergewonnen werden, wenn auch zweifellos die Wortsprache die vertieften Einblicke in Vorgänge der Natur und Technik nicht in ihrer ganzen Kompliziertheit und Schönheit ohne die Anwendung von Spezialsprachen und Spezialabstraktionen wiedergeben kann. Vielleicht liegt es auch in dieser Sachlage begründet, daß die in den Kommissionen zusammengefaßten Arbeitsgruppen in sehr verschiedenem Ausmaß in den übergreifenden Zusammenhang der sie tragenden Kommissions-Konzeptionen, d. h. in den gesellschaftlich relevanten, arbeitsteiligen Gesamtprozeß der Akademiearbeit eingefügt sind. Die interdisziplinäre Zusammenarbeit gibt sich in echter, vorbildlicher Weise — geradezu als Modellfall — in der Arbeitsgruppe über „Strukturprobleme und Umweltaspekte des Wassers, insbesondere der therapeutisch nutzbaren Gewässer im Süden der DDR“ zu erkennen. Mit den Arbeiten dieses Kollektivs, bestehend aus einem Physiker, Herrn *Buchheim*, einem Geologen, Herrn *Watznauer*, und einem Mediziner, Herrn *Jordan*, sowie ihren Mitarbeitern, sei daher der Bericht über die Arbeiten der von Herrn *Neef* geleiteten „Kommission für spezielle Umweltprobleme“ begonnen.

Diese multidisziplinär zusammengesetzte Arbeitsgruppe vermochte erstens: eine Art Nachholbedarf zu erfüllen, der darin besteht, daß im Gegensatz zu dem geologisch und geophysikalisch gut untersuchten sächsisch-thüringischen Raum spezielle Geländeuntersuchungen in den Quellbereich der Heilbäder Elster und Brambach fortgesetzt und unter Einsatz geochemischer und radiometrischer Methoden vertieft wurden. Die geologischen Untersuchungen Herrn *Watznauers*, die von Anbeginn der von ihm initiierten Problematik auf epidemiologisch wichtige Summationswirkungen von Immissionen gerichtet waren, stehen zweitens in Zusammenhang mit Arbeiten Herrn *Jordans* über den durchaus noch ungeklärten sogenannten „Fervoreffekt“, der in den unterschiedlichsten bioökologischen Wirkungen von unter Druck erhitztem und wiederabgekühltem Wasser besteht. Der Fervoreffekt stellt wahrscheinlich das Schlüsselproblem für das physikalisch-balneologische Verständnis der Akrothermen dar, d. h. mäßig temperierter Quellen von nur schwacher Mineralisierung, die ja seit Jahrhunderten in aller Welt therapeutisch genutzt werden. Drittens: eng verbunden mit dieser Seite des Problems sind die von Herrn *Buchheim* und Mitarbeitern betriebenen spektroskopischen Untersuchungen an konzentrierten wässerigen und organischen Lösungen von verschiedenen Chloraten. Diese Forschungen werden unter anderem mittels des für jegliche molekulare Strukturforschung so bedeutsamen, indirekt aus Messungen der im sichtbaren Spektrum ermittelbaren Ultrarotfrequenzen, also unter Nutzung des sogenannten „Plamaneffektes“, betrieben. Sie sind ein interessantes Beispiel für das Ineinandergreifen verschiedener physikalischer Arbeitsweisen der unter dem Aspekt des Umweltschutzes von Heilbädern angestrebten Aufklärung von Hydratationseffekten und der mit ihr zu verbindenden Bedeutung für die Erforschung der thermodynamischen und kinetischen Eigenschaften von Elektrolyten im internationalen Maßstab.

Diesem Beispiel enger interdisziplinärer Zusammenarbeit seien die biologisch-neurologischen Forschungen von Herrn *Gersch* und seinen Mitarbeitern an die Seite gestellt. Denn auch sie vollziehen sich nicht nur innerhalb der festgemauerten Ufer einer einzigen

Disziplin. Die biologisch-neurologischen Untersuchungen von Herrn *Gersch* sind auf die Erkenntnis allgemeiner Gesetzmäßigkeiten der belebten Natur mittels der mikroskopischen Gehirnforschung an Insekten gerichtet. Ein Höhepunkt wurde erreicht. Die Natur wurde durch Experimente befragt, und man erkannte, daß das Häutungshormon auch außerhalb der eigentlichen Häutungsdrüse, nämlich der im Kopf von Krebsen befindlichen Cephalusdrüse, erzeugt werden kann. Diese bei der Beobachtung der mit der hormonalen Steuerung der Häutung verbundenen Prozesse entdeckte, bisher unbekannte Drüse gab den Ansatzpunkt, grundlegend neue Vorstellungen über die regulatorische, chemische Stoffwechselwirkung bei Entwicklungs- und Häutungsprozessen überhaupt zu gewinnen. Die Forschungsergebnisse liefern zugleich ein Beispiel dafür, wie systematische, zunächst nicht zweckgebundene Untersuchungen an qualitätsbestimmten, der mittelbaren oder unmittelbaren Anschauung zugänglichen Objekten zu Erkenntnissen führen, die in den übergreifenden praktischen Zusammenhängen, z. B. der biologischen Schädlingsbekämpfung, eine große Bedeutung gewinnen können. Durch andere methodische Fortschritte der gleichen Forschungsgruppe wurde es ferner möglich, wesentlich exaktere quantitative Angaben als bisher über die Steuerung der für die Häutungsauslösung verantwortlichen Organe zu gewinnen.

Wohl am nächsten den Untersuchungen der Arbeitsgruppe von Herrn *Gersch* stehen die Forschungen der von Herrn *Hanson* † geleiteten Arbeitsstelle, die sich mit den wesentlichen Kennzeichen lebender Zellen, ihrer inneren Organisation, und hier insbesondere mit gezielten Eingriffen in den Eiweißabbau beschäftigt. Ziel ist es, die chemischen Vorgänge in der Zelle durch den Einsatz von Hemmstoffen zu testen. Hemmstoffe, Inhibitoren genannt, können zu einem vermehrten Proteinansatz führen und dadurch, zum Beispiel bei Tumorerkrankungen, günstige therapeutische Wirkungen auslösen. Solche Inhibitoren können sich aber auch als schädliche Umweltfaktoren enthüllen, wenn sie in einer unerwünschten oder unerwarteten Weise in den Zellstoffwechsel eingreifen. Die Analyse der Reproduktionsmechanismen von Leberparenchymzellen nach dem Einsatz von Chymostation, Leupeptin und Antipain (als Peptidaseinhibitoren) ergaben Hemmungen des Proteinabbaus, ohne die Integrität dieser Zellen wesentlich zu beeinflussen. Die bisher nicht bekannte Hemmwirkung des Chymostatin ist für die Erkenntnis der Struktur und Funktion von Proteinen, den elementaren Grundlagen aller Lebensvorgänge, von besonderer Bedeutung.

Der Regelung von Zellstoff- und Energieumwandlungsprozessen nahe ist die von Herrn *Strack* geleitete, physiologisch-chemische Arbeitsgruppe. Das 80. Geburtstagsjubiläum von Herrn *Strack*, das auf Initiative von Magnifizenz Rathmann festlich im Berichtsjahr von der KMU begangen wurde, machte es auch dem Außenstehenden offenkundig, wie tief die Einwirkung des Herrn *Strack* auf das breitflächige Spektrum biochemischer Forschung in den letzten Jahrzehnten gewesen ist. Die Forschungen, die Herr *Strack* gegenwärtig mit seiner Arbeitsgruppe über die Behebung von Störungen in Zelle und Gewebe durch Anwendung von L-Carnitin weiterführte, sind nur ein kleiner, aber sprechender Ausschnitt aus seiner Arbeits- und Denkweise und zugleich der Konsequenzen, die er aus ihnen als Biochemiker in seiner Fürsorge für den gesunden und kranken Menschen unmittelbar praktisch zu ziehen bemüht ist. Die im Berichtsjahr von Herrn *Strack* ausgewiesenen Arbeitsergebnisse zeigen, daß das aus dem Muskelfleisch gewonnene L-Carnitin therapeutisch sehr vielfältig eingesetzt werden kann — so für die Besserung oder das Abstoppen bindegewebiger Entartungen und eine gesteigerte Leistungsfähigkeit des Herzens. Überdies wurde die physiologische Wirkung von Derivaten des Carnitins erforscht und festgestellt, daß z. B. β-Methylcholin sehr reizstark sein kann, jedoch für das Herz nicht wirksam wird, wie amerikanische Forscher vermuteten, falls Cholinmangel besteht.

Unter den vielen Stoffen, auf die es in der Volkswirtschaft aufgrund leistungsfähiger chemischer Stoffumwandlungen ankommt, spielen die schon vor über 100 Jahren aus Phenol und Formaldehyd gewonnenen harzartigen Körper eine wichtige Rolle. Herr *Wolf* hat sich mit seiner Arbeitsgruppe aus der Fülle der Reaktionsmöglichkeiten besonders drei in der chemischen Verfahrenstechnik wichtigen Problemkreisen zugewendet, und zwar:

1. der Moleküladsorption an Ionenaustauscherharzen
2. der Synthese bipolarer Ionenaustauscherharze
3. der strahlenchemisch induzierten Oxidation von Schadstoffen in wäßriger Lösung.

Aus dieser Themenstellung ist bereits ersichtlich, in wie starkem Maße die klassischen Trennungen und Bestimmungen chemischer Stoffe mittels chemischer Reaktionen durch Methoden ersetzt werden, die die Adsorption, die Bindung eines Stoffes an Festkörper ebenso wie seine Lösung in Flüssigkeiten durch die selektive Trennung mittels bald leichter und bald schwerer austauschbarer Ionen herbeiführt.

Untersuchungen zur Synthese bipolarer Ionenaustauscherharze ergaben, daß es günstiger ist, anstelle kommerzieller Anionenaustauscherharze höchstens halbsubstituierte Kationenaustauscherharze als Ausgangsmaterial einzusetzen. Ferner konnten durch vergleichende Untersuchungen zur γ-Bestrahlung von p-Chlorphenol wichtige Beiträge zur Lösung von Umweltschutzproblemen geliefert werden, da über die strahlenchemisch induzierte Zersetzung von schädlichen Substanzen, die sich auf Adsorbentien bilden, zur Zeit nur sehr wenige Kenntnisse vorliegen.

Der wissenschaftlichen Verknüpfung der Chemie als Naturwissenschaft mit Problemen der Umwelt-Technologie, die sich in den Forschungsergebnissen Herrn *Wolfs* spiegelt, entsprechen auf biologischem Gebiet die Untersuchungen, die Herr *Uhlmann* und seine Mitarbeiter über die mikrobiologischen Prozesse in der Saidenbachtalsperre, insbesondere über den Zeigerwert von pflanzlichen, also Phytoplanktonen, und tierischen Planktonen, mithin Zooplanktonen wie Kleinkrebsen, Rädertierchen u. a., für die Wasserqualität durchführten. Die tiefgreifenden Veränderungen, denen ein See, aufgefaßt als aquatisches Ökosystem, ausgesetzt ist, kann reguliert werden, wenn das Zooplankton als Konsument einem zu großen, die Selbstreinigung hemmenden Phytoplankton entgegenwirkt. Herr *Uhlmann* konnte nachweisen, daß die Konsumtion des Zooplanktons zeitweise die Größe des Zuwachses an Phytoplankton übertrifft. Die Abhängigkeit der Filterleistung der Saidenbachtalsperre von der Phytoplanktonkonzentration und anderen (wesentlichen) Einflußgrößen konnte (von Herrn *Uhlmann*) in verallgemeinerungsfähiger Form beschrieben und in ein dynamisches, analytisches Modell zur Vorhersage der Planktonentwicklung und der dadurch bedingten Rohwasserbeschaffenheit in Trinkwassertalsperren einbezogen werden.

Aus den Arbeiten zur biologischen Wasserreinigung ergibt sich ähnlich wie aus den anderen, bisher referierten Arbeiten, daß man sich dem Ziel einer wunschgemäßen Umwelt nur asymptotisch und nur von vielen Standorten aus nähern kann. Das folgt schon daraus, daß wissenschaftlich fundierte Aussagen über die Belastbarkeit der Umwelt nur durch die Bezogenheit auf ganz bestimmte, ausgewählte gesellschaftliche Nutzungsziele gemacht werden können. Auch die um ein intaktes Verhältnis grundsätzlich und von ihrer Hauptaufgabe aus angestrengt bemühte sozialistische Gesellschaft kann Störungen der Umwelt nicht ausschließen. Sie kann aber immer erneut ein Fließ-Gleichgewicht zwischen Mensch—

Technik und Natur in höchstmöglichem Ausmaß anstreben. Herr *Neef* widmete sich in diesem Sinne im Berichtsjahr auf der von ihm geschaffenen festen theoretischen Grundlage und der in sie eingeschlossenen, für jede Umweltforschung wichtigen Geo-Ökosystemmethodik der Erfassung von Wirkungszusammenhängen gesellschaftlicher Vorgänge mit natürlichen, sich im Territorium vollziehenden Prozessen. Herr *Neef* erzielte mit der von ihm geleiteten Arbeitsgruppe „Naturhaushalt und Gebietscharakter" folgende Teilabschlüsse:

1. Die Bestimmung von partiellen und komplexen — also möglichen Potential-Nutzungsleistungen für chorische Naturraumeinheiten, d. h. für Verbände niederer heterogener Arealeinheiten.
   Es ist kennzeichnend, daß sich diese „Bestimmung" aus einer logisch aus Beobachtungen abgeleiteten Schlußkette ergibt und nicht in einer bloßen Formalexaktheit von Maß und Zahl besteht.
2. Die Analyse und Prognose von Nebenwirkungen gesellschaftlicher Aktivitäten im Naturraum.

Bei dieser zweiten Thematik handelt es sich um eine Zusammenfassung von Untersuchungen über die funktionalen Beziehungen zwischen Naturraumstruktur und Flächennutzung, die wegen ihres wissenschaftlichen und methodischen Wertes und zugleich auf Grund ihrer hohen gesellschaftlichen Bedeutung für die Veröffentlichung in den Abhandlungen der Akademie noch in diesem Jahr vorgesehen sind. Wie die Arbeitsgruppe von Herrn *Neef*, so stehen auch andere Arbeitsstellen im Bereich der „Kommission für spezielle Probleme der Umweltforschung" — wenn auch nicht in diesem Ausmaß — im Zeichen der Bemühung, aus der zweifellos sich entwickelnden Gefährdung ganzer Komplexe der natürlichen Umwelt die Tugend der Partnerschaft mit der Physis zu entwickeln. Es gilt, die Leistungsfähigkeit der Akademie in noch stärkerem Maße für dieses Anliegen einzusetzen und auch auf diesem Weg — wie der Herr Präsident bereits bemerkte — die vielfältig strukturierten Kommissionen der Akademie durch engeren Kontakt der Arbeitsstellen miteinander in ihrer Arbeit zu intensivieren und zu rationalisieren.

Eine wesentliche Hilfe bei der Vorlaufforschung, deren solche interdisziplinäre Arbeit bedarf, vermag heute nicht weniger als zur Zeit seines Erscheinens im Jahre 1863 jenes zunächst von Johann Christian Poggendorff in 2 Bänden geschaffene „Biographisch-Literarische Handwörterbuch zur Geschichte der exakten Naturwissenschaften" zu liefern, das sich mit dem schnellen Fortschritt von Naturwissenschaft und Technik zu einem vielbändigen Standardwerk entwickelte. Der ‚Poggendorff', der unter der verantwortlichen Betreuung von Herrn *Neef* und der Redaktionsleitung des Herrn Dr. *Weichsel* steht, war im Berichtsjahr Gegenstand der Frage, wie von der Funktion, Form und Substanz dieses weltbekannten Werkes her notwendige Veränderungen mit dem verpflichtenden Anspruch eines breiten, internationalen Nutzerkreises in Einklang gehalten werden können. Der Herr Präsident hat im Einvernehmen mit der „Poggendorff-Kommission" den Schwerpunkt der Aktionen, die gemeinsam mit dem Akademie-Verlag unternommen werden und mit Fragen der inneren Struktur der „Poggendorff-Kommission" verbunden sind, folgendes festgelegt: der ‚Poggendorff' wird an das in der Gegenwart Mögliche inhaltlich und redaktionell dadurch angepaßt, daß die schon früher in Erwägung gezogene Herausgabe fachwissenschaftlich orientierter Einzelbände für die Mathematik, die Physik und die Chemie an die Stelle eines einzigen, alle bibliographischen Daten umfassenden Teilbandes tritt. Die Kontinuität des Werkes dürfte auf diese Weise ohne Einschränkung gewahrt werden. Die Poggendorff-Redaktion konnte während des Berichtsjahres ihre Arbeiten an den Lieferungen 2 und 3 des 6. Teilbandes zum übergreifenden Gesamtband VII abschließen.

Gewiß erscheint auf jeder Stufe des Erkennens das Vorangegangene als überholt und überwunden. Aber leicht enthüllt sich das veraltet Erscheinende als ein verkannter Wissens- und Erkenntniswert. In den Natur- wie in den Gesellschaftswissenschaften gibt es tief in die Gegenwart hineinwirkende Vorgänge. Die Grenzen zwischen dem Bekannten und Unbekannten müssen ständig neu gezogen werden. Sie umschließen oft Grundprobleme, deren Lösung sich nicht selten als generationsgebundene Teillösung enthüllen.

Der ‚Poggendorff' kann als Bindeglied zu jenen Bereichen der Akademiearbeiten angesehen werden, in deren Zentrum das Denken in historischen Kategorien steht. Die Arbeiten der unter Leitung des Sekretars der „Philologisch-Historischen Klasse", Herrn *Große*, stehenden „Sprachwissenschaftlichen Kommission" erschöpfen sich keineswegs in der harten linguistischen Kleinarbeit bloßer Wortsammlung — so wesentlich die kulturelle Bedeutung dieser Seite philologisch-historischer Erkundungsforschung ist. Sie stellen eine wichtige feste Grundlage für die Interpretation des linguistisch und historisch Beweisbaren aus der Quellenforschung heraus dar. Was in der Edition verschiedener Mundartenwörterbücher sinnfällig und leicht greifbar dargeboten wird, ist das Ergebnis gründlich erarbeiteter Vertrautheit mit den sprachlichen Ausdrucksmitteln in den verschiedenen Abschnitten historischer Entwicklung — ist der kritische Zugriff zu Werten, die in einer notwendig technisch orientierten Zeit eine wachsende, unser Leben mittelbar prägende Bedeutung haben. Die Mundartwörterbücher dienen der ganzen Sprachwissenschaft, d. h. der Erfassung von Statik und Dynamik in der historischen Sprachentwicklung bis in jene subtilen Verästelungen und Verflechtungen formaler und semantischer Art hinein, die die Sprache als aktiven Faktor im politisch-geschichtlichen Prozeß sichtbar machen. Die Mundartenforschung wird, fern eines im 19. Jahrhundert wurzelnden Historismus, mit der entsprechenden Hinwendung zur Gegenwart betrieben. Sie liefert bei ständiger Orientierung an den Fortschritten der Sprachgeschichte und im vollen Wissen um den Bedeutungswandel, dem das Wortgut auf Grund politisch-gesellschaftlicher Einflüsse unterliegt, wichtiges Material, insbesondere für die vom Standpunkt der sozialistischen Weltanschauung zu bearbeitende Sprachgeschichte. Aus dem Schaffen der Bearbeiter der Mundartenwörterbücher sei hier auszugsweise nur folgendes hervorgehoben:

1. Vom „Althochdeutschen Wörterbuch", das für den Beginn schriftlicher Überlieferung in deutscher Sprache den gesamten überlieferten Wortschatz nach Form und Bedeutung samt allen Belegen erfaßt, konnte unter Leitung von Herrn Dr. *Götz* die 7., den Buchstaben F einschließende Lieferung erscheinen.

2. In der kontinuierlichen Bearbeitung des „Wörterbuchs der obersächsischen Mundarten", unter Leitung von Herrn Dr. *Bergmann*, konnte nach langjährigen, intensiven, dialektlexikographischen Forschungen, die im internationalen Vergleich mit anderen, verwandten Untersuchungen von kompetenten Fachkennern als nahezu einmalig kurzfristig bezeichnet werden, mit der eigentlichen Ausarbeitung der Wörterbuch-Artikel begonnen werden. Die Arbeiten sollen in 2 Bänden zusammen mit einem Kartenband in höchstmöglicher Kompression und überdies so kurzfristig wie möglich veröffentlicht werden.

3. In Abstimmung mit dem „Wörterbuch der obersächsischen Mundarten" konnte Herr Dr. *Spangenberg* durch zusätzliche Nutzung von Forschungskapazitäten der Friedrich-

Schiller-Universität den Band V des „Thüringischen Wörterbuches“ veröffentlichen. Eigens angesetzte Diplomarbeiten vermittelten einen bedeutsamen Zugang an bodenständigen Fachwörtern aus der Arbeitswelt der Werktätigen sowie die Erschließung von Ortsmundarten in Form von 8 Monographien.

4. Vom „Brandenburg-Berlinischen Wörterbuch“ wurde unter Leitung von Herrn Dr. habil. *Ising* † mit dem Erscheinen der 11. Lieferung etwa ein Drittel des Gesamtwerkes fertiggestellt. Bei der Erschließung des landschaftsgebundenen Wortschatzes wurden neue Erkenntnisse über die europäischen Lehnbeziehungen gewonnen. Das wirft ein Streiflicht auf die Weite des dialektologischen Arbeitsfeldes.

5. Die Arbeit am „Mecklenburgischen Wörterbuch“ stand unter Leitung von Herrn Dr. *Gundlach* im Zeichen einer von der „Sprachwissenschaftlichen Kommission“ festgelegten Konzentrierung in der Darstellung, die in der Zusammenfassung der Buchstabengruppen von T bis Z in einem Bande zu 11 Lieferungen ihren publizistischen Ausdruck findet.

6. Die Bearbeitung des unter der Leitung von Herrn Dr. *Protze* stehenden „Siebenbürgisch-Sächsischen Wörterbuches“, die bis zum Buchstaben M fortgeschritten ist, erregt unter internationalem Aspekt besonderes Interesse dadurch, daß es nicht nur das den Gesamtwortschatz dieser größten, hochmittelalterlichen deutschen Sprachinsel erfaßt, sondern darüber hinaus zahlreiche frühe Erstbelege für die Neubearbeitung des Grimmschen Wörterbuches und für die Forschungen zur sprachlichen Interferenz der Balkansprachen verfügbar macht.

Die gleiche Arbeitsgruppe bot im Berichtsjahr ein Beispiel dafür, daß dann, wenn durch umfängliche Einzeluntersuchungen feste methodische Grundlagen erarbeitet sind, gute Voraussetzungen für eine Ausweitung auf sprachlich ganz unterschiedliche Phänomene, wie z. B. auf die Untersuchung der Umgangssprache in den immer stärker urbanisierten Gebieten der DDR, gegeben sind. Noch befinden sich diese Arbeiten, die in einem soziolinguistisch kommentierten (zweibändigen) Atlas über die territorialen Varianten der städtischen Umgangssprache der DDR Eingang finden sollen, im Stadium eines von den städtischen Heimatmuseen und den Räten der Städte unterstützten Ermittlungsverfahrens. Von den direkt versendeten Fragebogen, die darauf zielen zu erfahren, wie in den jeweiligen Städten wirklich gesprochen wird, liegen von 174 Städten (= 84% aller Städte der DDR) bereits Beantwortungen vor. Neue Probleme der Sprachforschung kommen damit in Sicht, die der Linguist gewiß allein nicht lösen kann. Sie bedürfen der Verbindung mit anderen Wissenschaften, nicht zuletzt der Psychologie, die im Rahmen unserer Akademie auf die Problematik ausgerichtet ist, wie die psychischen Gesamtzustände eines Menschen, d. h. die nachweislich mit organischen Reaktionen verbundenen Einflüsse psychischer Art konstant gehalten werden können. Das Versagen von Menschen in irgendeiner Situation, etwa durch das verletzende Verhalten eines Menschen gegenüber einem anderen Menschen oder gar einer ganzen Gruppe, erfordert die Kompensation, die Wiederherstellung der negativen Erlebniswirkung. Die von Herrn *Hiebsch* geleitete Arbeitsstelle „Psychologie“ erarbeitet auf unsere sozialistische Gesellschaft anwendbare Modelle, die das psychische Versagen durch das möglichst exakte Erfassen psychischer Größen auf ein Mindestmaß reduzieren sollen. Es ist offenkundig, daß Leistungsgremien ganz besonders interessiert sein müssen zu wissen, welche nachteiligen Folgen schwere Fehler in der Menschenführung auslösen können. Das Rahmenthema der Arbeitsgruppe von Herrn *Hiebsch* gliedert sich in 2 Teilthemen, über die folgende Untersuchungsergebnisse vorliegen:

1. Anwendung der mathematischen Theorie der strategischen Spiele von realen sozialen Situationen (z. B. Verhandlungssituationen, Konfliktsituation) auf experimentelle Situationen.

2. Probleme der Personenwahrnehmung, wofür als wichtigstes Ergebnis der experimentelle Nachweis erbracht werden konnte, daß die Wahrnehmung und Beurteilung von Personen in Leitungsprozessen abhängig ist von den Faktoren der Interaktion, der formellen und informellen Beziehung der Partner und der Situationsparameter.

Sicher noch enger als zur Psychologie sind die sprachwissenschaftlichen, im weitesten Sinne philologischen Beziehungen zur Geschichte. Das, was geschieht, nimmt ja eine adäquate, mit dem Fluß des Geschehens sich bald schneller, bald langsamer verändernde Sprachgestalt an. Die geschichtliche Dialektik, die sich nach marxistischer Vorstellung aus dem wachsenden Selbstbewußtsein der Arbeiterklasse entwickelte, vollzieht sich im Ringen um eine bestmögliche Lebenswirklichkeit, die hohe verpflichtende Ansprüche an jeden Bürger stellt. Dazu gehört auch die Aufgabe, wichtige Grundlagen der Landesgeschichte, die die „Historische Kommission bei der SAW" seit ihrer Begründung im Jahre 1896 kontinuierlich schuf, durch Quellenforschung zu weiten und durch die Beseitigung methodischer Mängel das geschichtliche Denken und Forschen zu fördern. Gottfried Wilhelm Leibniz, dessen Gedenken jede unserer öffentlichen Sitzungen gewidmet ist, sagte: „Es gibt nichts Unvermeidbares in der Geschichte, wenn sie keinen anderen Normen als denen der höchsten erreichbaren Vernünftigkeit und denen des (innersten) Gewissens unterworfen wird (ist)." Es sei dieses Leibnizzitat als Sinnspruch über die historische Grundlagenforschung und Erkundungsforschung der „Historischen Kommission" gestellt, die im Berichtsjahr ihren Niederschlag fand

— erstens in der weiter fortgesetzten Herausgabe der Politischen Korrespondenz des Herzogs und Kurfürsten Moritz von Sachsen, bearbeitet von den Herren Dr. J. *Herrmann* und Dr. G. *Wartenberg*, die Bd. III (1547/48) der Druckerei zum Satz übergeben konnten;

— zweitens in der zügig voranschreitenden Arbeit von Frau Dr. E. *Werl* an den Akten und Briefen Herzogs Georg von Sachsen;

— drittens in der Weiterführung der von Herrn Dr. habil. *Blaschke* mit großem persönlichen Einsatz geleiteten und zu einem erheblichen Anteil von ihm als Autor geförderten Arbeiten zum „Historischen Atlas von Sachsen", für den ferner 4 Blätter für den Schwarz-Weiß-Druck umgearbeitet werden konnten.

Die „Historische Kommission" hat überdies Verpflichtungen, die sich im wesentlichen auf der Basis von Honorarverträgen vollzogen, voll erfüllt — sei es durch die Arbeiten von Frau Dr. Anneliese *Grau* am Mittellateinischen Wörterbuch, von Herrn Prof. Dr. Eberhard *Paul* am Corpus Vasorum Antiquorum und von Frau Dr. Hannelore *Weißenow* am Polybios-Lexikon, für dessen Bearbeitung ein günstiger Kompromiß zwischen der Forderung nach Straffung und der Notwendigkeit, wichtige Informationen beizubehalten, gefunden werden konnte. Von den Schriften, die mit ideeller oder finanzieller Unterstützung der SAW erscheinen, sei nur eine einzige Publikation herausgehoben, nämlich die Herausgabe eines umfangreichen Sammelbandes mit „Beiträgen zur Archivwissenschaft und Geschichtswissenschaft", der Herren Dr. Horst *Schlechte*, dem ehemaligen Direktor des „Sächsischen Landesarchivs" zu seinem 65. Geburtstag überreicht wurde. Dieser stattliche Band, an dem drei unserer Mitglieder, die Herren *Coblenz*, *Czok* und *Forberger*, zusammen mit anderen namhaften Mitgliedern der „Historischen Kommission“ mitgewirkt haben, enthält wichtige theoretische, praktische und wissenschaftsgeschichtliche Arbeiten, die z. T. in Form interdisziplinärer und internationaler Kooperation beigesteuert wurden und zugleich ein Zeichen für die hohe Leistungsfähigkeit der Archive der DDR setzten.

Die Geschichte, die als Wissenschaft wohl jeden nachdenklichen Menschen bewegt, zieht innerhalb der „Historischen Kommission“ der Akademie ihren Stoff regional aus dem Territorium des ehemaligen Kurstaates Sachsen, ihre Kraft aber aus der Beobachtung der großen Strömungen der allgemeinen gesellschaftlichen Entwicklung vom regionalen Standort aus. Der Rückgriff auf die Quellen, auf bisher unbekannte Zeugnisse einer Zeit, eröffnet neue Erkenntnisse über scheinbar längst endgültig beurteilte Ereignisse. Die Geschichte verläuft geradlinig nicht. Der kurz vor Weihnachten des Berichtsjahres der Akademie durch den Tod entrissene Leiter der „Historischen Kommission“, das hochverehrte Mitglied der Akademie, Herr Gerhard *Buchda*, hat manche Gelegenheit ergriffen, vor dem Plenum die vitale Aufgabe der Kommission herauszustellen; sie liegt gewiß darin, unbestechlich im Sachlichen, Erkenntniswerte und bloße historische Wissenswerte zu unterscheiden, das heißt das Bewußtsein dafür wachzuhalten, daß auch bei sorgfältigster Ergründung historischer Vorgänge Unsicherheitsfaktoren nicht ausgeschlossen bleiben. Das Gesamtwerk eines Wissenschaftlers ist nicht unbedingt wie das eines Künstlers Spiegel des eigenen persönlichen Seins. Im Leben Gerhard *Buchdas* aber ist die Deckung zwischen seiner bedeutenden, auf das Exakte gerichteten Forschungsleistung als Rechtshistoriker mit so manchem inneren Anliegen der „Historischen Kommission“ leicht erkennbar.

Gerhard *Buchda* war das Beispiel eines Arbeiters am Werk unserer Akademie, in deren Geschichte bis in unsere Gegenwart hinein als oberster Grundsatz galt und gilt, der Wahrheit in jener besonnenen Gelassenheit und mit jenem Mut zu dienen, die der Einsicht in die Komplexität und Kompliziertheit unseres Lebens entsprechen.

Anmerkungen

[1] Zitiert nach W. Albring: „Gedanken von Helmholtz über schöpferische Impulse und über das Zusammenwirken verschiedener Wissenschaftszweige“, Sitz. Bericht der Akad. d. Wiss. d. DDR, *1*, 1972, S. 13.

[2] Albring: a. a. O., S. 15.

KURZFASSUNGEN DER VORTRÄGE UND AUSZÜGE AUS DEN PROTOKOLLEN ÜBER DIE SITZUNGEN DER JAHRE 1977 UND 1978

Mathematisch-naturwissenschaftliche Klasse

1977

Sitzung am 14. Januar

Vortrag von Herrn Herbert Beckert: „Bemerkungen zur Theorie der Stabilität". — Die Bedeutung des Stabilitätsbegriffs für Naturwissenschaft, Technik und Erkenntnistheorie kann nicht hoch genug eingeschätzt werden. Wir erfassen Stabilität nur angenähert. Ihr Erscheinungsbild wird mit bestimmt durch das Spektrum und die Unschärfe unserer Wahrnehmungen in Raum und Zeit. Ein fester Körper, eine ruhende Flüssigkeit sind nur scheinbar in absoluter Ruhe, sondern vielmehr in einem beständigen, irreversiblen Kontaktaustausch von Energie, Impuls und Entropie mit ihrer Umgebung. Ohne den Wahrnehmungsinhalt stabiler Erscheinungen würde sich uns die Welt in ein totales Wirrwarr auflösen, die uns umgebenden Strukturen würden zerfließen. Die Entdeckung von Zusammenhängen im Naturablauf hin bis zur exakten Naturbeschreibung setzt ohne Zweifel die Wahrnehmung stabiler Erscheinungen voraus. Hierzu sind einmal stabil im genannten Sinn ablaufende Vorgänge in unserer Außenwelt notwendig, wie auch umgekehrt die in den höheren Lebewesen mehr oder weniger gut entwickelte stabile Steuerbarkeit des Wahrnehmungsprozesses selbst erforderlich ist. Dieser Zusammenhang besteht unabhängig davon, daß stabile Vorgänge oder Zustände im natürlichen Ablauf nur entlang eines mehr oder weniger langen Zeitraums dominieren können und die Unschärfe unserer Sinne erst ihr Erkennen begünstigt. Nur über die Mathematik können wir zu einer strengen begrifflichen und quantitativen Erfassung des Stabilitätsbegriffs gelangen, die über das geläufige rein qualitative Erscheinungsbild hinausführt.

Da die makrophysikalischen Vorgänge in der Mathematik im wesentlichen durch die Lösungen gewisser Rand-, Anfangs- und Eigenwertaufgaben von Differentialgleichungen beschrieben werden, spiegeln sich naturgemäß Stabilitätsphänomene in entsprechenden Lösungseigenschaften dieser Gleichungen wider. Zunächst wurde an Beispielen der Mechanik der dynamische Stabilitätsbegriff erläutert mit den Stabilitätskriterien von Ljapunow und Dirichlet-Ljapunow und deren funktionalanalytische Verallgemeinerungen. Die statische Deutung von Stabilität wird an Gleichgewichtsproblemen der Kontinuumsmechanik und Thermodynamik illustriert unter Einbeziehung der energetischen Stabilitätstheorie von E. Trefftz. Gleichgewichtsprobleme werden in der Mathematik durch Extremalprobleme charakterisiert, entsprechendes gilt in wichtigen Fällen auch im dynamischen Fall. So spiegelt sich Stabilität auf der einen in Optimalität auf der anderen Seite. Dieser wichtige Zusammenhang wird nach verschiedenen Richtungen weiterverfolgt. Als dritte Interpretation wird die statistische Deutung der Stabilität an Beispielen der Mikrophysik behandelt. Stabilität wird hier zu einem Zustand extrem hoher Wahrscheinlichkeit, berechnet nach einer besonderen Abzählvorschrift für die unter den globalen Randbedingungen denkmöglichen Einzelzustände, besser Mikrozustände, des Systems. Durch die statistische Deutung wird Stabilität anschaulich und elementar. Es erscheint beinahe selbstverständlich, daß ein abgeschlossenes System von selbst einem stabilen Zustand zustrebt und bei kleinen Störungen wieder in denselben zurückkehrt, eben weil ein stabiler Zustand zugleich der wahrscheinlichste ist. Aus dem wichtigen Problemkreis der Störung der Stabilität bei Strömungszuständen werden drei typische Beispiele behandelt, das Serrinsche Stabilitätskriterium für die Störung einer instationären Strömung einer zähen, inkompressiblen Flüssigkeit, die Taylorsche instabile Strömung einer zähen, inkompressiblen Flüssigkeit zwischen zwei rotierenden Kreiszylindern und die sogenannten Benard Strömungszustände in Form von Zellenstrukturen. Die beherrschende Stellung der nichtlinearen Eigenwerttheorie bei der mathematischen Beschreibung des Wechselspiels zwischen Stabilität und Instabilität wird ausführlich herausgestellt. — Erschienen in den Sitzungsberichten Bd 113 (1977) H. 2.

Sitzung am 18. Februar

Vortrag des Herrn Heinz Bethge: „Oberflächenphysik und Elektronenmikroskopie". — Die Physik und Chemie der Oberflächen von Kristallen gehört zu den Forschungsgebieten, die in den letzten Jahren einen außerordentlichen Aufschwung genommen haben und für die spezielle elektronenmikroskopische Verfahren von besonderer Bedeutung sind. Aus der Breite der Thematik werden die Untersuchungen zur molekularen Struktur bzw. zu molekularen Prozessen auf Oberflächen herausgehoben. Nicht eingegangen wird auf elektronische Zustände in Oberflächen, obwohl zu deren Untersuchung elektronenoptische Verfahren ebenfalls gravierend sind. Auch im Methodischen wird eingeschränkt; nicht behandelt wird die Feldemissionsmikroskopie mittels Elektronen oder Ionen.

Einleitend wird ein knapper Abriß der Entwicklung gegeben. Bereits Anfang der 30er Jahre wurden Oberflächen mittels thermisch emittierter Elektronen, durch lichtelektrisch ausgelöste Elektronen sowie durch Sekundärelektronen, erzeugt durch Ionenbeschuß, abgebildet. In diesen ersten Arbeiten wurden die grundsätzlichen Möglichkeiten aufgezeigt, aber in keinem Fall wurden die Methoden vertieft oder experimentell weiter ausgebaut. Erst Ende der 50er Jahre wurden die Methoden erneut aufgegriffen (von Möllenstedt und Mitarb. in Tübingen und von Bethge und Mitarb. in Halle), und es wurden entscheidende Fortschritte erzielt. Freilich war zu dieser Zeit die Ultrahochvakuumtechnik noch in den Anfängen, so daß mit diesen Techniken noch keine wesentlichen Beiträge zur Oberflächenphysik im aktuellen Sinne erbracht wurden. Dennoch wurden einige bemerkenswerte Ergebnisse erzielt, so z. B. daß die Photoemission äußerst empfindlich von der Bedeckung der Oberflächen abhängt.

Für jedes Problem der Oberflächenphysik ist die Kenntnis der morphologischen Struktur der Oberfläche wichtig. Die 1940 von H. Mahl eingeführte Abdrucktechnik brachte einen außerordentlichen Fortschritt. Von der zu untersuchenden Oberfläche wird ein „Abdruck" hergestellt, z. B. durch Aufdampfen eines Kohlefilms, der von der Oberfläche abgelöst und im Elektronenmikroskop untersucht wird. In jüngerer Zeit wird für die morphologische Untersuchung das Rasterelektronenmikroskop breit eingesetzt. Erwähnt sei, daß diese Methode, vornehmlich Ende der 50er Jahre in England entwickelt, ebenfalls schon in der Frühzeit der Elektronenmikroskopie im Prinzip konzipiert wurde. 1935 publizierte

M. Knoll eine Arbeit, in welcher das Prinzip eindeutig beschrieben wurde. Es bedurfte aber der modernen Elektronik, um aufbauend auf dem Prinzip Geräte mit hoher Auflösung zu entwickeln.

Wenn von Morphologie der Oberfläche gesprochen wird, so interessiert neben den lateral aufgelösten Details insbesondere die Tiefenerkennbarkeit. Mit der sog. Dekorationstechnik gelingt es, auf einigen Kristallen atomare Stufen abzubilden. Die Einführung dieser Technik (1958) brachte einen bedeutenden Fortschritt für die Oberflächenphysik. In den eigenen Arbeiten wurden damit vor allem die molekularen Vorgänge auf Oberflächen während des Wachstums aus der Dampfphase und beim Kristallabbau durch Verdampfen untersucht. Diese Vorgänge werden durch die Prozesse an atomaren Stufen auf der Oberfläche bestimmt, und in deren Kinetik wiederum spielen so wichtige Größen hinein wie u. a. die Diffusionsreichweite eines auf einer NaCl-Oberfläche diffundierenden NaCl-Moleküls. Aus der Geschwindigkeit einer atomaren Stufe läßt sich die Diffusionsreichweite bestimmen. Die angewendeten Techniken zur Messung der Stufengeschwindigkeit werden beschrieben. Eine Diskussion der Ergebnisse für die gemessenen Diffusionsreichweiten zeigt sehr viel höhere Werte als von der Theorie her erwartet. Eine Aufklärung dieser Diskrepanzen steht noch aus.

Die Dekorationstechnik, die ja auf einer heterogenen Keimbildung aufgedampfter Metallatome an bevorzugten Plätzen auf einer Oberfläche beruht, leistet mehr als nur die Abbildung von atomaren Stufen. Berichtet wird über die Möglichkeit, mit der Dekoration atomare Fehlstellen in der Oberfläche zu erfassen.

Von den erst in jüngster Zeit angewendeten Methoden der Oberflächenphysik wird die Auger-Spektroskopie und die Abbildung mittels Auger-Elektronen vorgestellt. Die Energieanalyse der von einem primär auf einer Oberfläche eingeschossenen Elektronenstrahl ausgelösten Auger-Elektronen stellt eine hochempfindliche Methode zur chemischen Analyse einer Oberfläche dar. Die Nachweisempfindlichkeit liegt bei 10^{-2} bis 10^{-3} einer Monolage von Atomen, die sich von den Atomen der Oberfläche unterscheiden. Wird der auslösende Elektronenstrahl über die Oberfläche hinweggerastert, läßt sich die Verteilung von Verunreinigungen bildhaft darstellen. Die Grenzen dieser bedeutenden Technik werden aufgezeigt. Herausgehoben wird, daß für weiterführende Arbeiten es notwendig erscheint, neben der Abbildung mittels Auger-Elektronen auch die vergleichende Abbildung mittels photoelektrisch ausgelöster Elektronen heranzuziehen. Letztere ist in der Auflösung der Auger-Abbildung überlegen, während die Auger-Abbildung die analytische Aussage liefert.

Vorgelegt werden Veröffentlichungen von: Wolfgang Buchheim, Ulrich Freimuth, Ernst Neef, Erich Rammler, Kurt Schwabe.

Sitzung am 25. März

Vortrag des Herrn Wilhelm Oelßner: „Geschwulstbehandlung mit Strahlen". — Die Bedeutung der Geschwulstbekämpfung ergibt sich aus der Häufigkeit und der Biologie der bösartigen Geschwülste. Die Prophylaxe und die frühere Erkennung stellen die wichtigsten lang- und mittelfristigen Aufgaben der Geschwulstbekämpfung dar. Die Geschwulstbehandlung ist durch mehrere grundsätzliche Schwierigkeiten gekennzeichnet, u. a. dadurch, daß es keine geschwulstspezifische Therapieform gibt, daß die meisten Geschwülste trotz ihrer Ausbreitungstendenz nur durch lokal wirksame Maßnahmen geheilt werden können und daß eine exakte Feststellung der tatsächlichen Geschwulstausdehnung nicht möglich ist. Der Lage im Einzelfall entsprechend müssen Behandlungen mit kurativer und palliativer Zielsetzung unterschieden werden. Bei Kurativbehandlungen erweist es sich häufig als notwendig, dem Patienten zur Wahrung von Heilungschancen Opfer und Risiken aufzuerlegen. Bei Palliativbehandlungen sind solche dagegen möglichst zu vermeiden.

Die Strahlentherapie einer Geschwulst setzt voraus, daß diese strahlenempfindlicher ist als ihre gesunde Umgebung, so daß die Strahlen elektiv wirken können. Die Elektivität der Strahlenwirkung ist meistens um so höher,

— je unreifer und je weniger differenziert die Geschwulst,
— je höher die reparative Potenz des Geschwulstbettes und
— je besser die Sauerstoffversorgung der Geschwulstinneren

ist und umgekehrt. Da viele sehr strahlenempfindliche Geschwülste sehr bösartig sind, geht eine hohe Strahlenempfindlichkeit nicht immer mit einer guten Heilungschance einher. Geschwülste in dünnwandigen Hohlorganen besitzen meistens kein leistungsfähiges Geschwulstbett und sind deshalb vielfach mit Strahlen nicht zu beherrschen. Zentral schlecht durchblutete und schlecht mit Sauerstoff versorgte Geschwülste bedürfen höherer Strahlendosen als kleine mit guter Durchblutung.

Zur Ausnutzung und Steigerung der Elektivität der Strahlenwirkung dient die örtliche und zeitliche Dosisverteilung. Die erstere berücksichtigt als fraktionierte oder protrahierte Bestrahlung die größere Erholungspotenz des Gefäßbindegewebes. Die letztere bemüht sich um die Realisierung des Prinzips der Kleinraumbestrahlung mit der Konzentration einer hohen Strahlendosis in der Geschwulst und einem steilen Dosisabfall zum gesunden Gewebe, damit dieses geschont wird. — Weitere, nicht oder noch nicht in der breiten Praxis einsetzbare Prinzipien zur Steigerung der Effektivität sind

— die Verwendung dicht ionisierender Strahlen, besonders von Neutronen, die über die Erzeugung von Rückstoßprotonen wirken,
— die Sensibilisierung der Geschwulst durch Erhöhung des Sauerstoffpartialdruckes bzw. die Desensibilisierung des gesunden Gewebes durch Senkung des Sauerstoffpartialdruckes und
— die Synchronisation der Geschwulstzellzyklen mit dem Ziel einer Bestrahlung in der besonders empfindlichen S-, G_2- und Mitosephase.

Über Versuche zur Bestrahlung in Beatmungshypoxie wird berichtet. Die Anzeigestellung zur kurativen und palliativen Geschwulstbehandlung wird gestützt auf Erfahrungen und Ergebnisse der Radiologischen Klinik und Polikliniken der Karl-Marx-Universität sowie unter Vorweisung mehrerer Beispiele erörtert. Eine absolute Bestrahlungsindikation besteht u. a. bei der Lymphogranulomatose, den Non-Hodgkin-Lymphomen oder Krebsen des beweglichen Zungenanteiles. Eine relative Indikation zur Kurativbestrahlung liegt u. a. beim Kehlkopfkrebs oder beim Gebärmutterhalskrebs vor. Eine Kombination von Operation und Bestrahlung ist beispielsweise beim Brustkrebs oder beim Blasenkrebs sowie bei zahlreichen anderen Geschwülsten angebracht. Die Krebse des Verdauungskanals von der Cardia bis zum Rectum, des Leber-Gallen-Pankreassystems und die hochdifferenzierten Sarkome sind in der Regel kein Gegenstand einer Strahlenbehandlung. — Eine große praktische Bedeutung besitzt die Palliativbestrahlung unheilbarer strahlenempfindlicher Geschwülste, von Zweiterkrankungen, besonders der Lymphknoten- und Knochenmarkmetastasen sowie einiger Hämoblastosen. — Jede Geschwulstbehandlung sollte kollektiv vom Operateur, vom Strahlentherapeuten und vom Arzneimitteltherapeuten geplant werden.

Abschließend wird darauf hingewiesen, daß die Krebsbekämpfung, besonders die Förderung prophylaktischer Maßnahmen eine Aufgabe aller ist, die Verantwortung tragen. — Erscheint in den Sitzungsberichten.

Vorgelegt werden Veröffentlichungen von: Herbert Jordan, Kurt Mothes, Erich Rammler, Dietrich Uhlmann.

Sitzung am 20. Mai

Vortrag des Herrn Hasso Eßbach: „Morphologisches zur Differenzierung und zum Anpassungs- und Abwehrvermögen der menschlichen Plazenta". — Zum Orthologischen werden zunächst Herkunft, Frühdifferenzierung und Bauelemente dargestellt. Erörtert werden Syncytium, LANGHANS-Schicht, Stromastruktur und örtliche Blutzellbildung. Nachdrücklich verwiesen wird auf die Ultrastruktur des Syncytiums mit seinem Reichtum an Kernen und Protoplasmaorganellen, wie Mikrovilli, Pino-Lyso-Ribo-Polysomen, Nukleoli, Mitochondrien, Ergastoplasma, Golgiapparat und Pinocystosebläschen, und darauf, daß eine Ordnung nach Art eines Zottenoberflächenmosaiks besteht, das durch enormen Enzymreichtum biologische Leistungsfelder unterschiedlicher Wirkungen darstellt. Eingegangen wird dann auf Entwicklungsstufen der Plazenta und auf den Wandel der Zottenstruktur, besonders der Größe und der Bauelemente, die Gefäße, Membranen, Stroma, Syncytiokapillarmembranen, Kernknospen, und auf ultramikroskopische Optimierung im Syncytium. Erwähnt werden die von Becker ermittelten Reifezeichen als Differenzierungsoptimum. Verwiesen wird auf die Struktur und Funktion des Intervillosum als wichtigstem maternofetalem Kontaktraum. Kurz eingegangen wird auf die Differenzierungsstörungen sui generis, so auf die von Becker charakterisierte Maturitas praekox und Maturitas retardata sowie auf die von Kloos und Vogel skizzierten Ramifikationsanomalien.

Die Ausführungen zum Anpassungsvermögen der Plazenta an Leistungssteigerungen betonen das Prinzip der Oberflächenzunahme und der Strombahnvergrößerung in der Zotte. Erreicht wird dies durch Knospung im Syncytium, Jungzottenbildung, Riesen-Traubenzotten mit Minizottenbesatz, Gefäßvermehrung durch Kapillarneubildung, Randkapillarisierung von Stammzotten, sinusoide Kapillarumwandlung mit Vergrößerung der Syncytiokapillarmembranen und Zottenangiomatisierung.

Als Fehlreaktion im Anpassungsprozeß werden nachweisbar: unzeitgemäß entwickelte Embryonalzotten mit kontinuierlicher LANGHANS-Schicht, Ödemzotten, retikulierte Makrozotten mit HB-Zellen, Zotten mit Stromaaktivierung und Fibroblastenvermehrung, Zotten mit Stromafibrose, gefäßlose Zotten, chorangiomatöse Zotten, polymorphe Wurzelstockzotten mit Stromaanomalie.

Anpassungsstrukturen der genannten Art kommen bei Stoffwechselstörungen, Anämien, Übertragungen und bei intrauterinen Infektionen vor. Eigentliche schadensspezifische Effekte sind dies nicht. Das strukturelle Anpassungsvermögen scheint im Prinzip uniform und limitiert. Ein Teil dieser Leistungen dient offensichtlich weniger der spezifischen Schadensabwehr als vielmehr der Kompensation der Leistungsminderung der Plazenta durch den vorliegenden Grundschaden. Nachdrücklich wird betont, daß bei aller vermuteten Leistungsminderung oder Insuffizienz solcher Anpassungs- oder Fehlstrukturierungen bislang keine Untersuchungen über ultrastrukturelle Befunde oder enzymatische Leistungsveränderungen im Syncytiummosaik solcher Zotten vorliegen.

Zur Reaktion der Plazenta auf toxische Einwirkungen wird ein Beispiel disseminierter herdförmiger Membranschädigung und Stromaschädigung mit Verkalkung und konsekutiver Proliferation des Syncytiums vorgestellt.

Das Abwehrvermögen der Plazenta bei entzündlichen Ursachen wird gemessen am klassischen Entzündungsvorgang. Die Möglichkeiten der Plazenta werden aufgezeigt. Für die Herdgestaltung sind Ursache und das Gestationsalter der Plazenta wichtig. Es kommen alterative, exsudative und proliferative Phänomene vor. Belegt werden solche Reaktionsweisen durch Erscheinungsbilder bei toxischen und mikrobiellen Schädigungen, so bei Listeriose, Plazentitis nach materner Pyelitis, Chorioamnionitis, Cytomegalie, Tuberkulose, Syphillis und Toxoplasmose. Bei Listeriose, Herdplazentitis und Chorioamnionitis liegt als Sondertyp der Abwehr eine kombinierte fetomaterne Reaktion vor. Virusinfektionen (Cytomegalie, Herpes) sind charakterisiert durch plazentare praepartale Plasmazellbildung im Zottenstroma, durch winzige Kernschuttnekrosen und Schaumzellherde. Die Tuberkulose kann bei spärlichem örtlichem Erregerbefall im Zottenstroma echte produktive Epithaloidzelltuberkel mit Riesenzellen bilden. Die Toxoplasmose macht kaum Infiltrate. Erregercysten sind sehr selten im Zottenstroma, häufiger im Amnion nachzuweisen. Freie Erregerrasen kommen nicht vor.

Die Chorionzotte als kleiner Gewebsverband, verfügt also über gewisse Möglichkeiten der zellulären und geweblichen Abwehr bei örtlichen Entzündungen, wobei dem Kontakt sowohl zum mütterlichen wie zum kindlichen Kreislauf besondere Bedeutung zukommt. Als Resumé wird festgestellt, daß vom Morphologischen her einschließlich der ultramikroskopischen Ermittlungen ziemlich umfassende Kenntnisse über Struktur und Strukturveränderungen bei normalen und pathologischen Zuständen der Plazenta vorliegen. Die im wesentlichen aus nachgeborenen Plazenten ermittelten Fakten werden bei der Beurteilung von Plazentabiopsien, die allmählich Eingang in die geburtshilfliche Diagnostik finden, besondere Bedeutung erlangen. Sie können erweitert werden, da an lebensfrischem Untersuchungsgut vielfältige Zusatzuntersuchungen möglich sind. Darüber hinaus bleibt die dringliche Forderung bestehen, vor allem die Mosaikfelder pathologischer Zotten auf ihre möglichen ultrastrukturellen Varianten, ihr Enzymaktivitäten und mutmaßlichen Leistungsanomalien zu untersuchen. Erst solche Forschungen werden möglicherweise Erkenntnisse bringen, die das Phänomen der Plazentainsuffizienz und der intrauterinen Gedeihstörung vieler Feten verständlich und vielleicht verhütbar machen. — Erschienen in den Sitzungsberichten Bd 114 (1979) H. 1.

Vorgelegt werden Veröffentlichungen von: Manfred Gersch, Herbert Jordan, Kurt Mothes, Erich Rammler, Kurt Schwabe, Erich Strack, Adolf Watznauer.

Sitzung am 10. Juni

Vortrag des Herrn Hans Drischel: „Elektromagnetische Felder und Lebewesen". — Die Wirkung elektromagnetischer Felder auf den Menschen ist von jeher interessant gewesen für den Laien, aber auch für die Wissenschaft.

In diesem Beitrag werden folgende Fragen behandelt: 1. Produktion von Elektrizität durch den Organismus und Wesen der Erregung. 2. Einwirkung elektromagnetischer Felder in der Umwelt auf Lebewesen (Hauptteil). 3. Elektromagnetische Felder als Informationsquellen (Orientierung und Kommunikation).

Zu 1. Es wird das Wesen der Erregung kurz besprochen und das Elektro-Aurogramm erwähnt. Danach wird über die Produktion von Elektrizität durch hochspezialisierte „elektrische Fische" berichtet.

Zu 2. Hier werden zunächst natürliche geophysikalische sowie künstliche (zivilisatorische und technische) elektromagnetische Felder der Umwelt vorgestellt. Der Erdmagnetismus sowie Ursachen für Schwankungen des geomagnetischen Feldes werden behandelt; Wirkungen elektromagnetischer Stürme auf Lebewesen und den Menschen sind besonders nteressant.

Das Spektrum (Wellenlängen) der natürlichen und künstlichen elektromagnetischen Wellen wird dargestellt. Danach findet eine Erörterung der Wirkungen elektrischer und magnetischer Gleichfelder auf pflanzliche und tierische Lebewesen sowie auf den Menschen statt (bakteriostatischer Effekt, Stimulierung des Pflanzenwachstums, psychophysiologische Wirkungen auf den Menschen, Piccardie-Effekt auf kolloidale Lösungen). Die Atmosperics wirken im niederen und mittleren Frequenzbereich auf den Menschen. Es werden dann Effekte niederfrequenter elektromagnetischer Felder zwischen 3 und 25 Hz besprochen, die im Bereich des Frequenzspektrums des normalen Elektroenzephalogramms des Menschen liegen. Dabei kommen natürliche und künstliche Felder infrage. In diesem Zusammenhang werden eigene Ergebnisse aus dem Carl-Ludwig-Institut für Physiologie über Lernversuche an Ratten unter dem Einfluß von 10-Hz-Feldern mitgeteilt. Neue amerikanische Ergebnisse über Wirkungen schwacher ELF-Felder (zwischen 0,5 und 35 Hz) auf das Zentralnervensystem lassen gewisse vorsichtige Schlußfolgerungen über den Wirkungsmechanismus zu. Die Frage thermischer und nichtthermischer Effekte spielt eine bedeutende Rolle. Die Wirkungen hochfrequenter elektromagnetischer Felder sind sehr mannigfach; sie betreffen das Wachstum, genetische Effekte, physiologische Funktionsänderungen und zentralnervöse Erscheinungen.

Zu 3. Die Raumorientierung niederer und höherer Lebewesen scheint u. a. auch durch elektromagnetische Felder gesteuert zu werden (Amöben, Strudelwürmer, Aal). Der Nilhecht erzeugt um sich herum ein elektromagnetisches Feld und besitzt an seiner Hautoberfläche Elektrorezeptoren, mit Hilfe derer er Verbiegungen des Feldes durch Gegenstände in der Umwelt wahrnehmen kann. Unsicher ist, ob das Schwarmverhalten (Vögel, Fische, Insekten) durch Kommunikation der Individuen untereinander mittels elektromagnetischer Wellen erfolgt.

Im ganzen ist zu sagen, daß unsere Kenntnisse über die Wirkung elektromagnetischer Felder auf Lebewesen noch recht unsicher sind und weiterer exakter Forschungen bedürfen. — Erschienen in den Sitzungsberichten Bd 113 (1978) H. 4.

Sitzung am 10. Oktober

Vortrag des Herrn Manfred Gersch: „Wachstum und Wachstumsregulatoren der Krebse. Biologische Erkenntnisse und generelle Erwägungen". — Für die meisten Organismen einschließlich des Menschen ist charakteristisch, daß das Wachstum kontinuierlich erfolgt. Dagegen vollzieht es sich bei den Arthropoden, zu denen neben Insekten, Spinnen, Tausendfüßlern vor allem auch die Krebse zählen, diskontinuierlich in mehreren Häutungsschritten.

Nach der heute allgemein angenommenen Vorstellung erfolgt die Steuerung des Wachstums bzw. der Häutungen der Krebse durch ein übergeordnetes Neurohormon der Sinusdrüse (Augenstiele), das hemmend auf die Häutungsdrüse einwirkt. Sein Ausfall führt daher in der Häutungsdrüse zur Produktion des Häutungshormons Ecdyson. Diese Erkenntnisse basieren im wesentlichen auf der Feststellung, daß nach experimenteller Ausschaltung des Hemmhormons (Molt Inhibiting Hormone = MIH) Vorbereitungen zur Häutung einsetzen bzw. die Zwischenhäutungsphase verkürzt wird.

Im Gegensatz zu diesem indirekten Nachweis wurde die Wirkung des MIH wie auch sein Ausfall auf die Häutungsdrüse in direkter Weise an Hand des Proteingehaltes sowie der Einbauraten von radioaktiv markiertem Laucin und Uridin nachgewiesen. Die durch die Entfernung der Augenstiele, d. h. durch den Ausfall des MIH, ausgelöste Aktivierung der Häutungsdrüse wird umgekehrt durch Extrakte der Sinusdrüse oder auch daraus abgetrennter Fraktionen wieder weitgehend aufgehoben oder reduziert. Beide Phänomene sind wertvolle Hinweise auf den zellulären Wirkungsmechanismus des häutungshemmenden Neurohormons der Sinusdrüse.

Weitere Untersuchungen an dem Flußkrebs *Orconectes limosus* ergaben, daß hier neben der bisher bekannten Häutungsdrüse (dem sog. Y-Organ) eine zweite Drüse existiert, die an der Regulation der Häutungsprozesse beteiligt zu sein scheint. Ihrer Lage entsprechend wurde sie als Cephaldrüse bezeichnet. Sie unterliegt gleichfalls der Steuerung des Sinusdrüsensystems, soweit das aus den bisherigen Befunden geschlossen werden kann. Biochemische Untersuchungen ergaben, daß die Cephaldrüse ebenso wie das Y-Organ Ecdysteroide produziert.

Die verschiedenen experimentellen Daten veranlassen, die bisher allgemein angenommenen Vorstellungen der hormonalen Steuerung der Häutungsprozesse von Krebsen neu zu überdenken. Anstelle der bisher angenommenen einseitigen Wirkung des Häutungshormons ist ein hormonaler Wirkungsmechanismus wahrscheinlicher, bei dem ein hemmender und ein stimulierender Faktor antagonistisch wirksam sind. Die Bedeutung der Entdeckung der Cephaldrüse und ihrer Beteiligung an der Steuerung der Häutung für die allgemeinen Vorstellungen der hormonalen Häutungsregulation kann dagegen erst eingeschätzt werden, wenn neue Daten hierzu gewonnen wurden. Statt allgemeiner Spekulationen ist es hier eher angebracht, durch überlegte und sinnvoll angestellte Experimente die Natur weiter zu befragen, wie es in Wirklichkeit ist. Erschienen in den Sitzungsberichten Bd 113 (1979) H. 5.

Vorgelegt werden Veröffentlichungen von: Karl-Franz Busch, Horst Hanson, Erich Rammler, Erich Strack.

Sitzung am 9. Dezember

Vortrag des Herrn Peter Friedrich Matzen: „Möglichkeiten und Grenzen der Gelenkrekonstruktion". — Die Gelenkfunktion ist von der Intaktheit der Gelenkflächen, der Gebrauchstüchtigkeit der Gelenkbänder, von Menisken, der das Gelenk bewegenden Muskulatur und deren Innervation abhängig.

Gegenüber der „klassischen" Gelenkplastik haben sich vor allem die Irreversibilität von Schäden am Gelenkknorpel und die Schwierigkeit, das Zusammenspiel der Muskulatur bei einem plastischen Eingriff völlig zu normalisieren, als hinderlich erwiesen. Es werden die Begriffe Arthrolyse, Arthroplastik, auto-, allo-, hetero- und xenogen erläutert, die geschichtliche Entwicklung der Interpositions- und der Resektionsplastik geschildert und ihre derzeitige Technik beschrieben.

Am Beispiel der Luxationshüfte wird auf die Bedeutung der Prophylaxe bei Gelenkschäden eingegangen und der *Hackenbroch*sche Begriff der präarthrotischen Deformität definiert. Es wird die Rolle des Schmerzes bei der Indikation zur Operation erläutert und dargestellt, daß für den Erfolg des Eingriffs nicht so sehr das absolute Ausmaß der wiedererreichten Beweglichkeit, sondern Schmerzfreiheit in einem mittleren Beweglichkeitsbereich von Bedeutung ist.

Es werden Beispiele allogener Halb- und Ganzgelenkplastiken gezeigt, auf die Entwicklung dieser Verfahren eingegangen und die Einsatzmöglichkeiten solchen Vorgehens geschildert.

Die Möglichkeiten, Fehler und Grenzen der Implantatchirurgie im Gelenkbereich werden geschildert, eine Reihe derzeit gängiger Gelenkimplantate gezeigt und mit Hilfe von Dias sowohl die Leistungsfähigkeit als auch die wichtigsten Versagensquellen der verschiedenen plastischen Verfahren geschildert.

Der Vortrag wird durch die Schilderung der in 30 Jahren vom Vortragenden selbst gegangenen Wege ergänzt und mit einer Übersicht beendet, die darüber Auskunft gibt, an welchem Gelenk welches Rekonstruktionsverfahren abhängig vom Lebensalter und umständen indiziert ist.

1978

Sitzung am 13. Januar

Vortrag des Herrn Erich Strack: „Carnitin, seine Wirkungsweise im Stoffwechsel und sein therapeutischer Einsatz". — Eine Überschau über den Gang der Erforschung von L-Carnitin, das aus Muskeln isoliert wurde (1905), zeigt einen Verlauf wie von dem strukturell ähnlichen Cholin (1849) in Abschnitten von etwa 50 Jahren. Von 1905 bis 1955 wurden Struktur und Konfiguration als L(–)-4-Trimethylammonium-3-hydroxybutyrat geklärt, sein Vorkommen in Muskeln vielfach bestimmt und Salze und Derivate dargestellt. Auf Grund seiner cholinartigen Struktur wurde es als ein spezifischer, cholinartiger Reizstoff der Muskulatur beforscht. Diese Hypothese wurde von uns 1936 als Irrtum nachgewiesen. L-Carnitin und sein Acetylderivat besitzen nur sehr schwache nicotinartige Reizkraft. Diese und die muscarinartige Reizkraft sind verstärkt, wenn die Carboxylgruppe substituiert ist, sie erhöht sich kräftig, wenn die sekundäre Hydroxylgruppe eliminiert ist. Aber alle diese zum Teil hochaktiven Derivate sind unphysiologisch.

Der zweite Abschnitt der Carnitinforschung begann ebenfalls mit einer Fehldeutung. Es wurde als Vitamin B_T bei Mehlkäfern (*tenebrio molitor*) nachgewiesen. Durch das biologische Nachweisverfahren, das sich darauf gründete, wurde Carnitin in allen tierischen Geweben gefunden. Da Tiere es begrenzt synthetisieren können, fehlt ihm der Vitamincharakter. Wie beim Cholin deutet das ubiquitäre Vorkommen auf lebenswichtige Funktionen hin. Fettsäuren werden über Acylcarnitine in Mitochondrien eingeschleust, hier abgebaut, und dabei wird lebensnotwendige Energie als ATP gewonnen. Carnitin wirkt im intermediären Stoffwechsel meist zusammen mit Coenzym A. Diesen und anderen Befunden nach muß ein Carnitinmangelzustand Störungen im intermediären Stoffwechsel auslösen. Ein Mangelzustand tritt ein, wenn die Eigensynthese den Bedarf nicht deckt, weil der Ausgangsstoff — die essentielle Aminosäure L-Lysin — sie begrenzt, oder wenn die komplizierte Eigensynthese gestört ist. Im gleichen Sinne wirken übermäßige Verluste, die besonders bei Krankheiten auftreten können. Ein Mangelzustand muß den intermediären Stoffwechsel stören und ähnlich wie bei einer „Hypovitaminose" kann ihn nur der Mangelstoff selbst beheben. Chronischer Mangel erzeugt chronische Stoffwechselstörungen. Carnitinzufuhr beseitigt den Mangel und verhindert Stoffwechselentgleisungen, d. h. stoppt die Störungen ab, wie es bei bindegewebigen Veränderungen gefunden wurde (Indurationen, Morbus Bechterew u. a.). Carnitin steigert die Abwehrkraft des Organismus. Manche Krankheiten sind mit einem hohen L-Carnitinverlust verbunden. So sind auftretende Krankheitssymptome teilweise dem begleitenden L-Carnitinmangel zuzuschreiben. So hemmt L-Carnitin bei Hyperthyreosen die peripheren Symptome rasch. Bei dieser Krankheit werden L-Carnitin und γ-Butyrobetain im Harn ausgeschieden und Trimethylamin vermehrt gebildet. L-Carnitin beeinflußt den postnatalen Zustand von Früh- und Neugeborenen sowie das Wachstum von Säuglingen günstig, fördert die Leistung des Altersherzens, beseitigt Arrhythmien und Ernährungsstörungen des Herzens und beseitigt Lipidspeicherkrankheiten bei offensichtlichem L-Carnitinmangel. Vom ungiftigen L-Carnitin sind Nebenwirkungen bei Applikationen von 0,5 bis 1,0 g täglich nie beobachtet worden. Bei etwa 15 g Körperbestand des Menschen belasten die Zufuhren kaum den Carnitinhaushalt. Zudem kann der Tierkörper überschüssiges L-Carnitin leicht ausscheiden. Die Vielfalt der beeinflußbaren Störungen wird erklärlich, da im Carnitinmangelzustand die verschiedenen Gewebe in ihren spezifischen Funktionen unterschiedlich stark betroffen werden. Die Gewebe stehen in Konkurrenz um das L-Carnitin.

Sitzung am 10. Februar

Vortrag des Herrn Karl-Franz Busch: „Informationsgewinnung und Informationsverarbeitung zur Nutzbarmachung des unterirdischen Wassers". — Der Problemkreis „unterirdisches Wasser" stellt ein Komplexgebiet dar, an dem viele Fachdisziplinen arbeiten. Das unterirdische Wasser tritt in vielfacher Form auf. Hier wird nur der Komplex Grundwasser näher beleuchtet.

Unter Nutzbarmachung wird neben der Nutzung zur Wasserversorgung für Bevölkerung, Betriebe, Bodenwasserregulierung für die Land- und Forstwirtschaft auch der Schutz vor unterirdischem Wasser als volkswirtschaftliche Nutzung verstanden. Darunter fallen Maßnahmen wie Sicherung von Deichen, Dämmen und Bauwerken vor Durch- oder Eindringen von Grundwasser, Grundwasserbewegungsvorgänge bei der Erschließung, Nutzung und Aufgabe von Tagebauen, und entsprechende Maßnahmen bei der Umgestaltung unserer Landschaft.

Das Grundwasser spielt in der DDR eine ganz besondere Rolle, wird doch aus ihm etwa 80% der Wasserversorgung der Bevölkerung gedeckt und verlangt der Abbau der Rohbraunkohle eine Hebung von Grundwasser in gleicher Größenordnung. Besondere Schwierigkeiten ergeben sich noch durch die Inanspruchnahme der Wasserressourcen der DDR zu rund 60% bei mittleren Jahresniederschlägen. In Trockenjahren übersteigt bereits der Wasserbedarf das Wasserdargebot.

Die Erfassung des Grundwasserdargebotes ist sehr schwierig. Die üblichen Methoden werden genannt, auf eine indirekte Parameterquantifizierung als „Umkehrmodell" der Informationsverarbeitung wird orientiert. Die hydraulische Modellierung der Filterströmung — Sandmodelle, vertikal-ebene, rotationssymmetrische und horizontal-ebene Spaltmodelle — wird vorgestellt und ihr Anwendungsbereich dargestellt. Weiterhin werden die elektrischen Analogiemethoden, die digitalen, die hybriden Verfahren und die ständig arbeitenden Modelle zur Erfassung, Beherrschung und Steuerung des unterirdischen Strömungsprozesses beschrieben.

An Beispielen — Auswirkungen großflächiger Grundwasserabsenkung, Nutzung von Tagebaurestlöchern, Schadensfolgen beim Grundwasserwiederaufstieg und ihr rechtzeitiges Erkennen, Steuerung von Grund- und Oberflächenwasserströmung zur Optimierung des Bodenwasserhaushaltes im Oderbruch — werden die Einsatzmöglichkeiten der vorgestellten Methoden demonstriert.

Schließlich wird noch auf die Beeinflussung der Grundwasserbeschaffenheit und auf Gegenmaßnahmen eingegangen.

Vorgelegt werden Veröffentlichungen von: Karl Otto Müller, Ernst Neef, Kurt Schwabe.

Sitzung am 10. März

Vortrag des Herrn Kurt Schwabe: „Das Korrosionsverhalten der Eisenmetalle in organischen Lösungsmitteln". — Die Korrosion des Eisens und seiner Legierungen sowie des Nickels erfolgt normalerweise immer in Gegenwart von Wasser. Auch bei relativ geringer Luftfeuchtigkeit sind die Metalle mit einem adsorbierten Wasserfilm bedeckt. Die Mitwirkung des Wassers bei den Korrosionsvorgängen ist allgemein bekannt. Es erscheint aber notwendig zu prüfen, inwieweit seine Beteiligung eine unabdingbare Notwendigkeit für die Korrosionsprozesse ist. Aus diesem Grunde wurden Untersuchungen in völlig wasserfreien organischen Lösungsmitteln, deren Wassergehalt durch Zusatz von Schwefeltrioxid auf Null gebracht wurde, durchgeführt. Dazu wurden Stromdichte-Spannungs-Kurven mit einem Unterbrecherpotentiostaten aufgenommen, der es gestattet, den Ohmschen Spannungsabfall von der echten Polarisation der Elektroden zu trennen. Das ist wichtig, weil in organischen Lösungsmitteln die elektrolytische Leitfähigkeit viel kleiner ist als in wäßrigen Lösungen und damit eine Verfälschung der Stromdichte-Potential-Kurven auftreten kann. Durch automatische Kompensation des Ohmschen Spannungsabfalls kann man die Abhängigkeit der Stromstärke von der wahren Polarisation der Arbeitselektrode ermitteln. Es wurden in erster Linie Armco-Eisen und reines Nickel in Dimethylformamid, Dimethylsulfoxid und n-Propanol untersucht. Die Ergebnisse werden durch Stromdichte-Potential-Kurven dargestellt.

Dabei ergibt sich eindeutig, daß die anodische Auflösung der beiden Metalle ohne Wasser genauso erfolgt wie bei Gegenwart von Wasser, nur wird das Eisen und das Nickel in solchen völlig wasserfreien schwefelsauren Lösungen nicht passiv. Es tritt keine negative Strom-Spannungs-Charakteristik auf, sondern es wird nur ein Grenzstrom erreicht, der durch die Sättigung des Lösungsmittels mit dem anodischen Auflösungsprodukt, also in erster Linie Sulfat, hervorgerufen wird. Im Gegensatz zu dem Verhalten in wäßrigen Lösungen findet demzufolge keine Passivierung statt, d. h. die Passivität, die letzten Endes viele Metalle vor der Korrosion schützt, tritt nicht auf, weil die Reaktion mit dem Wasser zu einem Oberflächenoxid nicht stattfinden kann. Es ist dabei bemerkenswert, daß bei völligem Ausschluß von Wasser auch der Sauerstoff keine Passivierung herbeiführt, d. h. also auch keine passivierenden Passivschichten bildet. Dieser Befund ist deswegen von praktischer Bedeutung, weil daraus geschlossen werden kann, daß die Passivierung unter atmosphärischen Bedingungen in erster Linie dem Wasserdampf und nicht dem Sauerstoff zu verdanken ist. Daraus lassen sich Schlußfolgerungen für den praktischen Korrosionsschutz ziehen. Das unterschiedliche Verhalten der Eisenmetalle in völlig wasserfreien Lösungen kommt auch darin zum Ausdruck, daß selbst nach dem Erreichen eines konstanten Stromstärkewertes, der eben durch die Sättigung mit dem betreffenden Salz hervorgerufen wird, unter Umständen zwar ein Stromstärkeabfall auftreten kann, aus oszillographischen Strom-Zeit-Kurven bei konstanter Spannung ergibt sich aber, daß diese Schichten eine sehr viel geringere Stabilität besitzen als normale oxidische Passivschichten. Auch das ist für die Praxis des Korrosionsschutzes von erheblicher Bedeutung.

Die sich durch die Außenspannung in der Salzschicht ausbildende Raumladung klingt nach Abschalten mit etwa gleicher Geschwindigkeit unabhängig von der vorher anliegenden Spannung ab. Das läßt darauf schließen, daß sich die Raumladung über einer Schicht gleicher Stärke ausbildet.

Sitzung am 19. Mai

Vortrag des Herrn Werner Ries: „Risikofaktoren des Alterns aus klinischer Sicht". — Ausgehend von einer Betrachtung des Alternsprozesses wird der Einfluß verschiedener medizinischer Risikofaktoren auf das menschliche Leben unter Berücksichtigung ihrer Umweltbezogenheit dargestellt.

Unter Altern versteht man in der Gerontologie den gesamten Lebensablauf. Der Begriff integriert in diesem Sinne alle Phasen des Lebens mit den unabdingbaren Elementarereignissen Konzeption, Geburt und Tod sowie den biologischen Phänomenen Entwicklung und Rückbildung. Die Lebensdauer des Menschen wird von seinem genetischen Programm, von dispositionellen Fehlern sowie von expositionellen Risikofaktoren bestimmt. Die erfolgreiche Bekämpfung der Risikofaktoren Säuglingssterblichkeit und Infektionskrankheiten hat in den hochentwickelten Industriestaaten zu einer entscheidenden Verbesserung der mittleren Lebenserwartung geführt. Von dieser Entwicklung sind in erster Linie die jüngeren Altersgruppen betroffen. Die durchschnittliche effektive Lebensdauer hat sich dagegen kaum verändert und als sehr stabile Größe erwiesen. Diese Tatsache wird mit dem negativen Einfluß von Risikofaktoren erklärt, die das Erreichen der optimalen oder idealen Lebensdauer verhindern.

Die Erforschung dieser Risikofaktoren gehört daher zu den vielfältigen Aufgaben der modernen Gerontologie. Man begreift sie als Erscheinungen, die durch die Auslösung von krankhaften Störungen die Gesundheit beeinträchtigen und gegebenenfalls die Lebensdauer verkürzen.

Aus internistischer Sicht sind vor allem solche Risikofaktoren von Bedeutung, die zur Entwicklung der Herz- und Kreislauferkrankungen sowie der Störungen im Bereich der Atemwege und des Magen-Darm-Kanals beitragen können. Anhand von Beispielen wird der verhängnisvolle Einfluß von falscher Ernährung, Genußmittelmißbrauch und berufliche Expositionen auf den menschlichen Lebensablauf dargestellt. Es wird verdeutlicht, daß die Risikofaktoren zwar dem Arzt als medizinische Phänomene begegnen, in ihren Ursprüngen aber der Umwelt des Menschen entstammen. In diesem Sinne ist die Formulierung berechtigt, daß man unter dem Altern jede irreversible Veränderung der lebenden Substanz als Funktion der Zeit und des Raumes zu verstehen habe.

Diese Definition kennzeichnet das weite Feld, auf dem sich die Gerontologie als Querschnittsdisziplin zu bewähren hat. Für eine erfolgreiche Bekämpfung der vermeidbaren Risikofaktoren ist insbesondere das Zusammenwirken der prophylaktisch orientierten Gerohygiene sowie der Geriatrie, der Wissenschaft von den älteren und alten Menschen, verantwortlich. — Erschienen in den Sitzungsberichten Bd 114 (1980) H. 2.

Sitzung am 9. Juni

Vortrag des Herrn Friedrich Wolf: „Adsorptionstechnik im Umweltschutz". — Anfangs wurde darauf hingewiesen, daß die Umweltschutzproblematik oft nicht eine Wissenschaftsdisziplin, sondern zumeist eine Reihe davon berührt. Dies zwingt zur interdisziplinären Zusammenarbeit. Eine der Möglichkeiten bietet die chemische Verfahrenstechnik, z. B. mit den Grundoperationen Destillation, Adsorption, Absorption, chemische Reaktionen.

Anhand ausgewählter Beispiele wird auf die Anwendungsmöglichkeiten der Adsorption im Zusammenhang mit der Umweltschutzproblematik eingegangen. Die Anreicherung von Verbindungen an festen Grenzflächen zeigt eine große Vielseitigkeit und ist oft spezifisch. Es werden die physikalisch-chemischen Grundlagen der spezifischen und nichtspezifischen Wechselwirkungen von Molekülen und Ionen mit und an Grenzflächen dargestellt, wobei zwischen den einzelnen unterscheidbaren Wechselwirkungen Übergänge zu konstatieren sind.

Anhand der

- Stickstoff-Sauerstoff-Trennung an Molekularsieben,
- des Einsatzes von Tetracalciumaluminathydroxisalzen als Adsorbentien mit variablen Schichtabständen,
- der strahlenchemischen Zersetzung von Schadstoffen im adsorbierten Zustand an Grenzflächen und
- anhand des Einsatzes von Molekularsiebkohlen und spezieller Ionenaustauscherharze wird im einzelnen die genannte Aufgabenstellung erörtert.

Dabei kommen insbesondere eigene Arbeitsergebnisse der Arbeitsgruppe Halle der SAW zur Geltung.

Bei der Stickstoff-Sauerstoff-Trennung an Molekularsieben wird auf das Wesen der selektiven Stickstoff- und der selektiven Sauerstoffadsorption an Molekularsieben eingegangen, wobei dem Einfluß der kinetischen Stoßdurchmesser, der Präadsorption und den atomaren Fehlstellen im Molsieb besondere Bedeutung zukommen.

Die schichtförmigen Tetracalciumaluminathydroxisalze eignen sich in Abhängigkeit von den Schichtabständen und der Heteropolarität der Adsorptivmoleküle z. B. zur gezielten Adsorption von Tensiden. Es konnte erstmalig gezeigt werden, daß die Zersetzung von Noxen (z. B. Chlorphenole) im adsorbierten Zustand durch γ-Strahlenzersetzung bezüglich der Selektivität der Zersetzungsreaktion besondere Vorteile aufweist. Diese Ergebnisse sind neuartig. Im Zusammenhang mit dem Einsatz von Ionenaustauscherharzen wird insbesondere auf die Struktur von Moleküladsorbern eingegangen sowie auf den Einsatz von Powdex-Abmischungen. Auf die Herstellung und Anwendung von sauerstoffselektiven Molekularsiebkohlen wird hingewiesen. — Erscheint in den Sitzungsberichten.

Sitzung am 20. Oktober

Vortrag des Herrn Adolf Watznauer: „Die räumlichen und zeitlichen Grenzen der Erdentwicklung". — Die Fortschritte der Physik, insbesondere die der Astro- und Kernphysik, die Verfahren zur Messung größter und kleinster räumlicher und zeitlicher Dimensionen entwickelten; die Erfolge der Raumfahrt mit der dadurch gegebenen Möglichkeit eines direkten Anfluges der Planeten, deren Monden und des Zentralkörpers unseres Sonnensystems; die Ausarbeitung geophysikalischer Methoden, die ein Abtasten des physikalischen Zustandes des Inneren unserer Erde und des Mondes zulassen; die Entwicklung einer Tiefbohrtechnik, die eine stoffliche Erkundung der Kontinente und des Bodens der Ozeane der Erde bzw. der obersten Kruste des Mondes und der entfernteren Planeten bis in 20 km Tiefe, für letztere bis in den Meterbereich, realisieren — haben die frühe Erkenntnis, daß unsere Erde einen Himmelskörper darstellt ähnlich jenen, die wir als Sterne sehen bzw. als deren Trabanten nachweisen können, gestärkt und in den Mittelpunkt weltweiter Betrachtungen gestellt.

Kosmogonie und Phylogenie haben das ihre dazu beigetragen, die Erde und das sie tragende Leben als Glieder einer Evolution zu erkennen und das heutige Weltbild in seiner anorganischen Sicht und als Träger des Lebens nicht als etwas Konstantes, sondern als einen dynamischen Augenblicksschnitt einer langen Entwicklungsreihe zu sehen.

Unter der Voraussetzung, daß die Vorstellungen und die darauf basierenden Messungen der Physik in bezug auf Raum und Zeit real und richtig sind, lassen sich die äußeren Grenzen und die innere Gliederung der Evolutionsschritte einigermaßen erfassen.

Trotz des reichen Informationsflusses aus den eingangs erwähnten Quellen darf jedoch nicht übersehen werden, daß dieser auf eine Erdmasse von $5{,}975 \cdot 10^{21}$ t mit einem Volumen von $1{,}08332 \cdot 10^{12}$ km³ bzw. 510100933 km² Oberfläche verteilt werden muß, wobei die Datenverteilung sehr ungleich ist. Darüber hinaus stellen alle Verfahren, die aus Beobachtungen eines statischen Phänomens auf dessen Ursache abzielen, Lösungsversuche eines inversen Problems dar, deren Ergebnissen in vielen Fällen ein hoher Grad von Vieldeutigkeit anhaftet. Bei Beobachtungen von geologischen Prozessen, also dynamischen Phänomenen, kann die Tatsache nicht übersehen werden, daß gerade die geologisch wirksamsten Vorgänge in räumlichen und zeitlichen Dimensionen vor sich gehen, die der Beobachtung nur schwer zugänglich sind. Globale geologische Interpretationen werden daher immer mehr oder weniger den Charakter von Hochrechnungen auf schmalster Basis haben.

Die räumlichen Grenzen der Erdentwicklung liegen bei den Begriffen Kosmos und Atom. Diese Begriffe sind beide, als durch Extrapolation gewonnene Singularität, ihrem Wesen nach nicht zu definieren und als reale Vorstellungen nicht erkennbar. Wohl aber sind sie mit der Angabe, sie seien größer oder kleiner als eine durch Zahlen angebbare Größenordnung, in gewissem Umfang vorstellbar. In dieser Sicht erweist sich die Erde, selbst im kleinen Raum unseres planetaren Systems als ein winziges Stäubchen, dessen Entwicklung nicht anders als zugehörig zu der der größeren Ordnung angesehen werden kann. Ausgehend von den Vorstellungen Lowmanns (1978) wird die Entwicklung des Erdkörpers in diesem Sinne skizziert.

Die Bildung der Atmosphäre, als der wesentlichsten Voraussetzung für die Entwicklung des Lebens auf der Erde, gibt, da dieser Prozeß durch radiometrisch gewonnene Alterszahlen fixierbar ist, die Möglichkeit, die Entwicklungsschritte des irdischen Lebens in Bezug auf die Reihenfolge und die zeitliche Gliederung zu ordnen.

Daß mit der steigenden Erkenntnis über den Entwicklungsgang der Erde die Möglichkeit einer rational gesteuerten Erkundung nach Energie- und Rohstoffquellen verbunden ist, versteht sich von selbst. — Erscheint in den Sitzungsberichten.

Sitzung am 15. Dezember

Vortrag des Herrn Ott-Heinrich Keller: „Anschaulichkeit und Eleganz beim Alexanderschen Dualitätssatz". — In der Mathematik hat sich, wie in vielen anderen Wissenschaften, im letzten Jahrhundert ein Stilwandel vollzogen. Manchmal kann man das Jahr 1940 als den Zeitpunkt angeben, an dem er sichtbar wurde. Es ging vom Anschaulichen zum Begrifflichen, vom Schönen zum Brauchbaren, etwas überspitzt, von geduldiger Handarbeit zu maschineller Produktion. Es entstanden ganz neue Gebiete der Mathematik, wie Rechentechnik, Kybernetik, Informationstheorie usw., während alle Zweige der Mathematik, wie die klassische Geometrie oder die Zahlentheorie, ihre Anziehungskraft verloren, oft einfach ausgeschöpft erschienen wie die Darstellende Geometrie.

Solche allgemeinen Aussagen sind immer unscharf, einseitig, überspitzt. Ich habe daher das, was ich sagen wollte, am Beispiel des Alexanderschen Dualitätssatzes vorgeführt. Er wurde 1922 entdeckt und versichert die Existenz gewisser miteinander verschlungener Zyklen (Fassung I). Er wurde dann immer weiter verfeinert, präzisiert, verallgemeinert. Man mußte dabei den Umfang dessen, was man anschaulich nennen will, immer weiter ausdehnen, um den Satz in seiner ganzen Fülle in den Blick zu bekommen. Die Anschauungsfähigkeit muß dabei entwickelt und geübt werden.

Der Beweis wurde erst allmählich auf die einfache, prägnante und überzeugende Form gebracht, die dem Satz angemessen ist. Es mußte dazu die Kohomologietheorie entwickelt werden, ein sehr kräftiges, aber rein begriffliches und völlig unanschauliches Hilfsmittel.

Damit ist eine elegantere, allerdings verkürzte Aussage möglich geworden, die nicht mehr von Verschlingungen von Zyklen, sondern von Isomorphismen von Gruppen redet (Fassung II). In ihr ist alle Anschaulichkeit verschwunden. Sie erscheint aber in allen neueren Lehrbüchern als „der" Alexandersche Satz. Es ist dies ein Zeichen, daß Anschaulichkeit für viele Mathematiker nur noch einen geringen Wert darstellt.

Dafür ist die Fassung II mit den heute üblichen Hilfsmitteln, vor allem Homomorphismen und exakte Sequenzen, leicht und elegant zu beweisen. Man könnte diese Hilfsmittel mit sehr wirksamen Maschinen vergleichen. Um die Fassung II wieder zum ursprünglichen Satz zu ergänzen, braucht man Abbildungen, die keine Homomorphismen sind und nicht in das heute bevorzugte Schema passen. Sie sind speziell dem vorliegenden Problem angepaßt; man könnte sie mit handwerklichen Kunstgriffen vergleichen.

Die Fassung II läßt weitere Verallgemeinerungen zu als die Fassung I. Nun scheint mir eine Verallgemeinerung an sich noch kein Wert zu sein, sondern erst dann, wenn in dem Erweiterten Geltungsbereich neue und interessante konkrete Erscheinungen ins Gesichtsfeld rücken. Ob dies beim vorliegenden Satz der Fall ist, ist mir unbekannt. — Erschienen in den Sitzungsberichten Bd 114 (1980) H. 3.

Vorgelegt werden Veröffentlichungen von: Hermann Berg, Wolfgang Buchheim, Karl-Franz Busch, Klaus Dörter, Manfred Gersch, Herbert Jordan, Dietrich Uhlmann.

Philologisch-historische Klasse

1977

Sitzung am 14. Januar

Vortrag des Herrn Claus Träger: „Über Ursprung, Stellung und Erbe der Romantik". — Die europäische Romantik — und in deren Zusammenhang die deutsche als die theoretisch am stärksten und frühesten fundierte — muß als letzte Phase und damit wesentlicher Bestandteil jenes widerspruchsvollen ideologischen Gesamtprozesses verstanden werden, in welchem das sich zur Klasse formierende Bürgertum seinen historischen Auftrag reflektierte und sich seines geschichtlichen Selbstbewußtseins versicherte. Somit reproduzierte die Romantik im Bereich der Künste zugleich in zuvor ungekannter Schärfe die alte Kontroverse zwischen Klassizismus und Modernität, die ihren ersten Höhepunkt schon an der Schwelle der Aufklärung um das Jahr 1700 (Querelle des anciens et des modernes) erklommen hatte. Die Romantik war weder ein negligeabler Seitentrieb der Historie noch das Produkt einer miserablen Nationalgeschichte, weder die Entäußerung eines auf Mittelalter und Feudalität rekurrierenden Mystizismus noch der Ausdruck eines anarchischen Naturburschentums. Sie stellt vielmehr eine spezifische, aus Regeneration und Reaktion gemischte Antwort der jungen bürgerlichen Intellektuellen der Zeit auf einen als krisenhaft empfundenen Weltzustand dar: die bürgerliche Revolution in Frankreich hatte zutage gebracht, daß die ursprünglich verheißene Herrschaft der Vernunft in Wahrheit die Herrschaft der Bourgeoisie bedeutete.

Die sozialökonomische Grundlage des Ganzen war die Entfaltung der bürgerlich-kapitalistischen Produktivkräfte, die, seit dem 16. Jh. im Gange, mit dem Manufakturwesen, schließlich der industriellen Revolution die Arbeitsteilung und damit die innere „Entleerung" sowie „Vereinzelung" des Menschen (Marx) nunmehr in solchem Maße vorantrieb, daß das menschliche „Gattungswesen", statt seiner Verwirklichung, der Zerstörung endgültig anheim gegeben schien. Dies erklärt den Drang der romantischen Künstler, den Menschen in die Rückbeziehung zu einer vorindividualistischen Gemeinschaftlichkeit zu setzen — zu der Natur, dem Volksglauben, dem Christentum, den geschichtlichen Dimensionen der Gattung usw. — Enttäuschung angesichts der wirklichen (wissenschaftlich noch unbegreifbaren) Bewegung der Geschichte war der Ursprung romantischen Denkens und Fühlens: Sie erzeugte den humanistisch-utopischen Versuch, das Problem der nichtentfremdeten Arbeit und einer ungefährdeten Ausbildung menschlicher Persönlichkeit außerhalb der gesellschaftlich notwendigen Arbeit (in deren gegebener, aktueller Form) zu lösen. Daher die poetische Fixierung eines modernen Menschenbilds in der sozialen Umgebung vorkapitalistischer Existenzweisen (Urgemeinschaft, Feudalität, einfache Warenproduktion etc.); daher ebenfalls die Ansätze, den Republikanismusgedanken in die bestehende Monarchie hineinzudenken. — Die Romantik war eine der entscheidenden unmittelbaren Reaktionsmöglichkeiten auf die Folgen des Thermidors: sie entwickelte sich zudem in genauer Zeitgenossenschaft mit dem Babouvismus und dem utopischen Sozialismus. Sie entstand und steht im historisch-logischen Sinne mithin zwischen dem Herrschaftsantritt der Bourgeoisie und der Geburt und den ersten Regungen des Proletariats als Klasse. Deshalb konnte sie sich mit dessen frühen Kämpfen (England um 1820) ebenso verbinden wie mit den allgemeinen Volksbefreiungsbewegungen (Rußland, Polen, Italien um 1830).

Aus solcher oppositioneller Haltung heraus entdeckte — besonders wo sie sich kaum zur scharfen Konfrontation zu steigern vermochte, wie in Deutschland — die Romantik andererseits, gerade indem ihr die Vereinzelung der Individuen als irreversibel erscheinen mußte, die interne Welt des humanen Individuums, womit sie eine Voraussetzung für die differenzierte Darstellung voller Menschlichkeit in aller nachfolgenden Literatur schuf. Dergestalt die heroischen Illusionen des 18. Jh. unter der Form ihrer Verinnerlichung bis in die unheroischen Desillusionen des 19. Jh. und über sie hinweg rettend, bewahrte die Romantik gleichwohl noch die Subjektrolle ihrer Helden und das menschliche Ideal als unmittelbaren künstlerischen Gegenstand, während der kritische Realismus bereits die humanen Werte in ihrer Deformation zu vermitteln sich genötigt sah. Beide Gestaltungsweisen sind nicht gegeneinander austauschbar. Die Romantik hat das Verlangen nach erfüllter Menschlichkeit, es der Ungunst der Zeit abtrotzend, in unverwechselbarem Kunstausdruck der Nachwelt als Erbe überliefert.

Sitzung am 18. Februar

Vortrag des Herrn Hans-Joachim Diesner: „Westgotische und langobardische Gefolgschaften und Untertanenverbände". — Gefolgschaften und größere Untertanenverbände spielen, zumal im westlichen Europa, bei der Herausbildung des frühen Feudalismus eine

Rolle und sind hier und dort sogar treibendes Agens der Entwicklung gewesen. An markanten Punkten der politischen und gesellschaftlichen Geschichte des spanischen Westgotenreiches wie des italienischen Langobardenstaates (und seiner Teilbereiche) lassen sich solche Gruppierungen unter gut bekannten, prosopographisch oder sogar biographisch genauer faßbaren Anführern nicht nur nachweisen, sondern häufig auch in ihrer an Einzelaktionen sichtbaren Zielsetzung und Wirksamkeit genauer verfolgen; wichtige Aspekte lassen sich aber gerade erst mit Hilfe der gegenwärtig erschlossenen prosopographischen Materialien klären oder einer gültigen Deutung entgegenführen.

Wenn die vergleichende prosopographische Methode sich an den Grundtatsachen der historischen Gesetzmäßigkeiten orientiert, vermag sie viel Neues über die Größe und Wirkungsweise von Gefolgschaften und ähnlichen Verbänden (die oft zu zeitweiligen Zweckverbänden vergrößert und umfunktioniert worden sind) zu ermitteln. Vor allem werden diese Gruppierungen in ihrer erstaunlichen Dynamik transparent, die jene in besonderen Krisenmomenten zumindest auch außen oft als ausschlaggebende historische Kräfte agieren läßt. Innerhalb von familiendynastischen Entwicklungslinien (Gisulf, Warnefrit von Siena) wie von größeren politischen Evolutionen (Chindasvind, Paulus) zeigen sie eine erstaunliche, das Ganze oft vorwärtstreibende Motorik und wirken innerhalb der allgemeinen Progression teils zentripetal, teils zentrifugal.

Im Zusammenhang mit bereits anlaufenden oder neu festzulegenden prosopographischen Sammelwerken wäre (von dem jeweiligen Lemma des Anführers ausgehend) eine vollständige Erfassung von Gefolgschaften (und ähnlichen Verbänden) zumindest für den hier abgetasteten historisch-geographischen Raum möglich und wünschenswert. — Erschienen in den Sitzungsberichten Bd 120 (1978) H. 2.

Vorgelegt werden Veröffentlichungen von: Hans-Joachim Diesner, Ernst Werner.

Sitzung am 25. März

Vortrag des Herrn Walter Dietze: „«Ein würdiger Lehrer der Menschheit zu werden ...» Über Johann Gottfried Herders schriftstellerische Anfänge“. — Der Vortrag geht von der These aus, daß die frühen, zu Lebzeiten Herders nur teilweise veröffentlichen Schriften aus seiner Königsberger und Rigaer Schaffensphase eine bedeutende entwicklungsgeschichtliche Stufe seines Denkens dokumentieren und als „Vorgeschichte“ eines literarischen Werkes begriffen werden müssen, das selbst Geschichte machte. Von dieser These her wird gegen die — in fast aller bisherigen Sekundärliteratur dominierende — Auffassung polemisiert, die Fragment-Sammlung „Über die neuere deutsche Literatur“ (1766/67 bei Hartknoch in Riga erschienen) sei ein „Erstlingswerk“.

Zur Beweisführung wird Quantität und Qualität dessen genauer gemustert, was die wirklichen „Anfänge“ des Schriftstellers Herder ausmacht. Dabei gelangt die Untersuchung zu sehr unterschiedlichen Ergebnissen in bezug auf die seinerzeit entstandene Lyrik und Prosa. Probleme der Materialerkundung und Überlieferung werden nur gestreift.

Die lyrische Poesie dieser Jahre (religiöse Gesänge und Kantaten, lehrhafte Poeme und weltliche Oden, einiges Epigrammatische und einige „Gelegenheitsgedichte“ alten Stils) erweist sich sehr stark alten, frühaufklärerisch-didaktischen Traditionen verhaftet, entbehrt weitgehend individueller Originalität und leidet an einem Mangel direkter und kräftiger Realitätsbezüge. Hier ist keine lebendige, weiter wirkende Literatur entstanden.

Ganz anders liegen die Dinge in Hinsicht auf die Prosaschriften aus dem gleichen

Zeitraum. Nach wichtigen Vorübungen in Gestalt von Rezensionen (publiziert in den „Königsbergischen Gelehrten und Politischen Zeitungen" und in den „Rigischen Gelehrten Beiträgen") formieren sich kardinale Grundpositionen des Herderschen Denkens in einer Reihe programmatischer Aufsätze. Auswählende Analytik dreier Stücke („Von der Gratie in der Schule"; „Der Redner Gottes"; „Wie können die Wahrheiten der Philosophie zum Besten des Volkes allgemeiner und nützlicher werden?") führt zu der Schlußfolgerung, daß Umfang wie Inhalt der antizipatorischen Momente in diesem schriftstellerischen Frühwerk so groß sind, daß sie in unsere Bemühungen um ein wissenschaftliches Herder-Bild unbedingt einbezogen werden müssen: vornehmlich wegen ihrer neuen, langsam sich herausbildenden dialektischen Auffassung des Theorie-Praxis-Verhältnisses, wegen ihrer weit fortgeschrittenen theoretischen Selbstverständigung über das Problem der Volksverbundenheit, wegen ihres generell universalen Denkansatzes und wegen der Spezifik ihrer funktional sehr genau bestimmten stilistischen und rhetorischen Elemente.

Der Vortrag schließt mit einigen kursorischen Überlegungen zur Wirkungs- und Rezeptionsgeschichte des Herderschen Denkens und betont als dessen interessanteste Seite das Verhältnis von Historizität und Aktualität. — Erschienen in den Sitzungsberichten Bd 120 (1978) H. 3.

Vorgelegt werden Veröffentlichungen von: Rudolf Große, Edgar Lehmann, Walter Markov, Rudolf Meyer, Rudolf Růžička, Friedrich Weller.

Sitzung am 20. Mai

Vortrag des Herrn Rolf Lieberwirth: „Der Staat als Gegenstand des Hochschulunterrichts vom 16. bis zum 18. Jahrhundert". — Der Staat zählte seit Bestehen der deutschen Universitäten zu ihren Unterrichtsgegenständen, aber in den Anfängen kann — an modernen Maßstäben gemessen — noch nicht von einer systematischen Ausbildung, eher von einer Unterweisung in Einzelfragen gesprochen werden. Über seine allgemeinsten Grundprobleme wurde im Rahmen der praktischen Philosophie mehr oder weniger nur theoretisiert, und auch die rechtliche Behandlung staatlicher Probleme erfolgte nur sporadisch. Das änderte sich nach der frühbürgerlichen Revolution in Deutschland zusehends. Die zahlreichen politischen Konfliktsituationen zwangen die Fürsten, den vielfältigen theoretischen und rechtlichen Problemen des Staates ganz besondere Aufmerksamkeit zu schenken. An ihren Landesuniversitäten wandten sich Rechtswissenschaftler oder Vertreter der praktischen Philosophie, zum Teil schon auf Grund ihrer Sonderstellung als fürstliche Ratgeber oder Gutachter, zielgerichtet den komplizierten Fragen der Verfassungswirklichkeit ihrer Zeit zu. Obwohl ihnen das statutarisch eingeengte scholastische Bildungssystem wenig Entfaltungsmöglichkeiten bot, verstanden sie es, ihre neuen wissenschaftlichen Ergebnisse durch die seit dem 16. Jh. üblichen Privatkollegs an die Studenten heranzuführen. Aus den Notwendigkeiten der politischen Verhältnisse entwickelte sich ab 1600 das Staatsrecht zum selbständigen Fachgebiet der Rechtswissenschaft. Zu gleicher Zeit verselbständigte sich das Fachgebiet Politik im Rahmen der praktischen Philosophie. Ihnen war die Zielstellung ebenso gemeinsam wie die empirische und rationale Arbeitsmethode. Das ermöglichte eine wechselseitige Übernahme ihrer Forschungsergebnisse, so daß sie sich in der weiteren Entwicklung gegenseitig befruchten konnten. Je mehr sich der Territorialstaat konsolidierte und verwaltungsmäßig durchorganisierte, je mehr er Fachkräfte für den diplomatischen Dienst, für die Leitung der Wirtschaft, für die mannigfachen Zweige der Verwaltung und für die Rechtssprechung benötigte, desto mehr nahm er Einfluß auf die Entwicklung der dafür notwendigen Fachgebiete an seinen Landesuniversitäten. Die politische Macht des absolutistischen Staates zeigt sich schließlich darin, daß eine Vielzahl von Fachgebieten, die in irgendeiner Form für die Leitung des Staates wichtig waren, in dem umfassenden Begriff Staatswissenschaften aufgingen. Eine einheitliche Ausbildung über alle Fragen des Staates wurde damals noch nicht erreicht. Es war noch zu vieles im Fluß, manches zu wenig systematisiert und dem Zufall überlassen. Heute ist sie so selbstverständlich, daß aus der geschichtlichen Erfahrung heraus die Frage berechtigt ist, ob inzwischen nicht doch eine weitere Spezialisierung im Rahmen der juristischen Ausbildung notwendig ist. — Erschienen in den Sitzungsberichten Bd 120 (1978) H. 4.

Vorgelegt werden Veröffentlichungen von: Werner Bahner, Gerhard Buchda, Lieselotte Blumenthal, Rudolf Große, Edgar Lehmann, Walter Markov, Rudolf Meyer, Werner Neumann, Ernst Werner, Friedrich Weller.

Sitzung am 10. Juni

Vortrag des Herrn Dimiter S. Angelov: „Die Lehre der Bogomilen". — Der Bogomilismus ist eine der bedeutendsten sozial-religiösen Lehren im Mittelalter. Seine Heimat ist Bulgarien, wo er sich im Laufe von ungefähr fünf Jahrhunderten (Mitte des X. bis Ende XIV. Jh.) verbreitet hat. Begründer dieser Lehre war der Priester Bogomil. In Anlehnung an dessen Namen wurden seine Anhänger als „Bogomilen" bezeichnet. Seinem Wesen nach war der Bogomolismus eine Häresie, die sich gegen die offizielle Kirche und gegen die bestehenden feudalen Verhältnisse im mittelalterlichen bulgarischen Staat richtete. Der eigentliche Kern der bogomilischen Lehre ist seine Kosmogonie, Christologie und Eschatologie, d. h. eine Schilderung von der Entstehung der Welt und der Menschen, von dem Kommen Christi auf Erden, vom Ende der Welt und dem endgültigen Schicksal der Menschheit. Im Unterschied zu den monotheistischen Auffassungen des orthodoxen Christentums vertraten die Bogomilen die Ansicht, daß parallel zu Gott ein zusätzlicher und zweiter Schöpfer, auch ein böser Geist (Satanail), gewirkt hat und daß dank seiner schöpferischen Tätigkeit die sichtbare Welt entstanden ist. In dieser dualistischen Auffassung liegt eigentlich der soziale Sinn der häretischen Ideologie mit ihrem klar ausgeprägten antifeudalen Charakter. Im Gegensatz zu der offiziellen religiösen Anschauung, daß der König und die hohen Würdenträger (die sog. Bojaren) von Gott gestellt sind, werden diese von den Bogomilen schlechthin als Diener vom Satanail erklärt.

Sehr heftig war die Kritik der Bogomilen gegenüber der offiziellen Kirche mit ihrer ganzen Hierarchie und den verschiedenen Riten und Symbolen. Sie predigten, daß die kirchliche Institution sich von den evangelischen Prinzipien abgekehrt habe, und verwarfen die orthodoxe Taufe, die Beichte, das Abendmahl, die Verehrung des Kreuzes, der heiligen Bilder usw. Sie lehnten die Mythen von der Auferstehung der Toten und den Glauben an Wunder ab. In vielen Fällen stützte sich ihre Ansicht auf ihre dualistische Auffassung, daß die irdische Welt und die Materie ein Werk des Bösen seien. Zugleich aber lehnten die Bogomilen die Riten und Symbole auch mit solchen Argumenten ab, die das Vorhandensein einer für die damalige Zeit nicht üblichen nüchternen Anschauung, erfüllt mit rationalistischen Elementen, verriet.

Die allgemeine Einschätzung des Bogomilentums führt zu der Schlußfolgerung, daß hier eine bemerkenswerte sozial-religiöse Lehre vorliegt, die gegen die feudale Unterdrückung im mittelalterlichen bulgarischen Staat und gegen die offizielle kirchliche Ideologie gerichtet war. Seinem ganzen Wesen nach entsprach das Bogomilentum den

Gedanken und den Interessen der ausgebluteten Bauern, die die Mehrheit der Bevölkerung bildeten. Mit ihrer scharfen Kritik an den gesellschaftlichen Zuständen, den Kriegen, der sozialen Ungleichheit u. a. gaben die Bogomilen eine starke Waffe in die Hände der unterdrückten Schichten, ließen sie nicht teilnahmslose Zuschauer sein und sich bedingungslos ihrer feudalen Herren unterwerfen, wie die Kirche es lehrte.

Die Bedeutung des Bogomilismus ist dabei nicht nur in den Grenzen des mittelalterlichen Bulgariens zu suchen. Es ist wohl bekannt, daß die Gedanken der Bogomilen im Laufe des 11. bis 12. Jh. in die benachbarten Balkanländer eindrangen (Byzanz, Serbien, Bosnien), wo sie auf fruchtbaren Boden fielen und Verbreitung fanden. Einfluß hatten die bogomilischen dualistischen und antikirchlichen Vorstellungen auch auf die russischen Länder. Besonders dauerhaft und tief wirkte die bogomilische Ideologie in Norditalien und Südfrankreich. Dort breitete sich vom 12. bis 14. Jh. die Lehre der Katharer aus.

Vorgelegt werden Veröffentlichungen von: Hermann Heimpel, Victoria Jarceva Kazimierz Michałowski, Anastasios Orlandos, Willem Pée, Zsigmond Telegdi, Eric, Gardner Turner.

Sitzung am 10. Oktober

Vortrag des Herrn Rudolf Forberger: „Zur Industrialisierung und zur Rolle Sachsens im deutschen Industrialisierungsprozeß". — An den Anfang stellte der Vortragende einige generelle Ausführungen über das Phänomen der Industrialisierung. So wurden deren hauptsächlichsten Erscheinungsformen nach Status und Funktion beschrieben bzw. definiert, vor allem diejenige, welche den historischen Prozeß der Herausbildung und Entwicklung der nichthandwerklichen, nichtagraren, auf Arbeitsteilung, Kooperation, Mechanisierung, Motorisierung und Anwendung thermo- und chemotechnischer sowie weiterer mechanischer (nicht maschineller) Verfahren beruhenden, zur Massenfertigung führenden Produktion zum Inhalt hat und an deren Ende der Übergang von der Landwirtschaft zur Industrie als Hauptproduktionszweig und vom Agrarstaat zum Industriestaat vollzogen war. So kam auch der allgemeine, von jedwedem konkreten historischen Bezug abstrahierende Begriff der Industrialisierung als der Einführung produktionstechnischer und produktionsorganisatorischer Methoden und Maßnahmen zwecks Erhöhung von Produktion und Produktivität im Bereich der materiellen Produktion über das handwerkliche Maß hinaus zur Sprache. Ein Hinweis erfolgte im Vortrag ferner auf den sich in unseren Tagen durch die Aufnahme „industriemäßiger" Produktionsmethoden in der Landwirtschaft anbahnenden Inhaltswandel der Termini „Industrie" und „Industrialisierung", der unter anderem auch die bisherige Klassifizierung der materiellen Produktion in Landwirtschaft und Industrie aufzuheben beginnt. Danach führte der Vortragende die zwei prinzipiell verschiedenen, wenn auch dialektisch zusammenhängenden Verläufe von Industrialisierung vor: den evolutionären Verlauf, wie er sich in der Manufakturperiode zeigt, und dessen Hauptmerkmal darin liegt, daß durch ihn keine grundsätzliche Änderung der bestehenden Produktionsweise bewirkt wird, und den revolutionären Verlauf, wie er sich während der Industriellen Revolution Ende des 18. und bis über die Hälfte des 19. Jahrhunderts darstellt, der eine totale Umwälzung der Produktionsweise und der Gesellschaft in allen Bereichen nach sich zog. Der Sprung in eine solche neue Qualität der Produktionsweise und der Gesellschaft kommt im Wandel der Stellung des unmittelbaren Produzenten im Fertigungsprozeß zum Ausdruck. Marx machte sichtbar, wie der Mensch im Laufe seiner Geschichte immer mehr aus dem Produktionsprozeß herausgetreten ist und seine Rolle als „Hauptagent" darin aufgegeben hat. Dieses Heraustreten aus jenem Prozeß besteht in einer schrittweisen, immer weitgehenderen Aufgabe seiner Arbeits-, Antriebs-, Steuer- und Regelfunktionen und deren Übertragung auf Arbeitsmaschinen, Motoren und sonstige Mechanismen, Apparate, Geräte und technische Vorrichtungen, wofür die Triebkräfte im Zwang liegen, die Produktion und deren Produktivität ständig zu erhöhen, was wiederum durch den wachsenden Bedarf und die steigenden Bedürfnisse einer ständig zunehmenden Bevölkerung wie durch den Drang der jeweiligen Eigentümer der Produktionsmittel nach maximalen Revenuen und Profit stimuliert wird. Im Vortrag erfuhren die Etappen jenes sich über viele Jahrhunderte erstreckenden Prozesses — jenes Entwicklungsbogens vom Handwerk über den Verlag und die Manufaktur (Manufakturperiode) zur mechanischen Fabrik (Industrielle Revolution) und zur automatischen Fabrik (wissenschaftlich-technische Revolution) — eine eingehende Darstellung an Hand eines Schemas. Die allgemeinen Ausführungen abschließend, gab der Vortragende noch einen Überblick über die Folgen der Industrialisierung im ökonomischen, technischen, sozialen, rechtlichen, staatlichen, politischen und wirtschafts-politischen Bereich, sowie in dem von Kunst, Kultur und Bildung, um sich danach dem speziellen Anliegen seines Themas: der besonderen Rolle Sachsens im deutschen Industrialisierungsprozeß zuzuwenden.

Diese besondere Rolle Sachsens im Vergleich zu jener, die andere deutsche Territorien während der Industrialisierung Deutschlands spielten, bestand darin, daß es auf dem industriellen wie auf wirtschaftlichem Gebiete, überhaupt im Verlauf seiner Wirtschaftsgeschichte, mehrmalig eine Pionierrolle gespielt hat, indem die Prozesse der Ablösung der zünftig-feudalen materiellen Produktion durch die bürgerlich-kapitalistische Produktionsweise hier — oftmals — zeitiger, schneller wie auch effektiver abliefen als anderswo. Dies galt bereits für die sächsischen „Bergfabriken" und Manufakturen wie für die extraktive Industrie. Schon unter Kurfürst August war Sachsen (nach Kretzschmar) zum wirtschaftlich blühendsten, materiell wohlhabendsten, technisch fortgeschrittendsten Land Deutschlands, ja vielleicht Mitteleuropas aufgestiegen, „... so groß die Fortschritte ... auch in allen Ländern in der gleichen Zeit gewesen sein mögen". Dieser ökonomische Vorsprung Sachsens bestand, wenn auch verringert, selbst noch nach dem Dreißigjährigen und dem Siebenjährigen Krieg (nach Mirabeau der „Manufakturglanz Sachsens"). Die Sachsen im letztgenannten Kriege zugefügten Schäden waren so schnell überwunden, daß von einem „sächsischen Wirtschaftswunder" gesprochen wird. Mit dem „Retablissement", dem Programm für das Wiederaufbauwerk nach dem Siebenjährigen Kriege, schuf sich Sachsen die Plattform für seine letzte, im Vortrag behandelte avantgardistische Rolle während seiner Industriellen Revolution, die für die Zeitspanne von 1800—1861 angesetzt werden kann. Es gehört zu den großen Beiträgen Sachsens zur deutschen Geschichte, mit dem Einsatz wassergetriebener Mechanismen zum Spinnen von Baum- und Schafwolle die Industrielle Revolution in Deutschland eingeleitet und diesen Prozeß so weitergeführt zu haben, daß 1840 zwei Drittel aller im Zollvereinsgebiet vorhandenen Baumwollmaschinenspindeln in sächsischen Fabriken liefen und daß Sachsen das erste deutsche Land war, das den Status eines „Industriestaates" — und zwar in der Mitte des 19. Jahrhunderts — erreichte, eines Staates, in dem mehr als die Hälfte der Einwohner von der Industrie lebte. Erst viel später — nach Tripton 1880, vermutlich aber früher — mußte Sachsen seine industrielle, primär auf der Leichtindustrie beruhenden Vormachtstellung an das Ruhrgebiet abgeben, da seine Rohstoff- und Energiegrundlagen für eine weitere Vormachtstellung nicht mehr ausreichten.

Bei der Wahl dieses Themas kam es dem Vortragenden primär darauf an, an der Zeichnung eines richtigen Geschichtsbildes der Industrialisierung in Deutschland und in seinen damaligen Territorien mitzuwirken. Dies ist um so notwendiger, als bisher vor allem preußische Verhältnisse verallgemeinert und so insbesondere die erste Phase der Industriellen Revolution in Deutschland verzeichnet worden ist. — Erscheint im Rahmen einer Monographie.

Vorgelegt werden Veröffentlichungen von: Veselin Beševliev, Karl Bischoff, Hans-Joachim Diesner, Rudolf Große, Claus Träger, Friedrich Weller.

Sitzung am 9. Dezember

Vortrag des Herrn Edgar Lehmann: „Die Typisierung größerer Erdräume als regionales Problem". — Der Vortragende behandelte eine Problematik, deren Lösung für eines der territorial gebundenen Kernprobleme unserer Zeit, die Regionalisierung, wesentlich ist. Großräumliche Typenbildungen erweisen sich als aufschlußreich nur, wenn sie zu einem bestimmten Zweck erarbeitet werden. Raumtypisierungen beruhen auf der Herausarbeitung der in ihnen wirkenden funktionalen Beziehungen sowie ihrer Interaktionen mit anderen Erdräumen. Sie können klassifiziert werden und ermöglichen es daher, relativ schnell Einsichten in die Organisation der physischen, wirtschaftlichen oder gesellschaftlichen Verhältnisse eines Erdraumes zu gewinnen.

Die Typisierung großer Räume erfordert die Anwendung maßstabsspezifischer Parameter. Thematische Karten können als räumlich schematisierte Typologisierungen aufgefaßt werden. Sie spiegeln konkrete Sachverhalte objekt-gebunden und vergleichbar, wenn auch vereinfacht auf Grund der vom jeweiligen Zweck bestimmten Dominanzprinzipien wider. Das Individuelle, das jedem Landraum eigen ist, wird durch die Typologisierung nicht beeinträchtigt — es tritt im Gegenteil als Spezifikum deutlicher hervor. Mittels eines Schemas wurden physisch-geographische Gebietstypen bzw. -systeme den aus dem gesellschaftlichen Geschehen heraus erfaßbaren, ökonomisch-geographischen Gebietskomplexen bzw. -systemen gegenübergestellt.

Die Konfrontation der Gebietstypen, die in dem Schema festgehalten sind, zeigt, daß die Typisierung einer bestimmten Kategorie von Gebieten, z. B. von Agrargebieten, nicht möglich ist, ohne alle sie wesentlich prägenden Einflüsse aus den verschiedenen Natur- und Gesellschaftskomplexen zu erfassen. An verschiedenen Beispielen wurde demonstriert, daß die akademische Wunschvorstellung eines Raumes, in dem beide Gesamtkomplexe, der gesellschaftsgesetzliche wie der naturgesetzlich bestimmte Gesamtkomplex, nur in seltenen Ausnahmefällen die gleiche Umgrenzung haben können. Es gibt keine naturgesetzlich und zugleich gesellschaftsgesetzlich umgrenzbaren Gebietstypen. Eine durchaus berechtigte, in den beiden letzten Jahrzehnten vernachlässigte Erforschung regionaler Individualkomplexe, das heißt von Räumen eigener, nicht wiederholbarer Prägung, kann wissenschaftlich in ihrem Wert, nicht zuletzt unter erdweiten wirtschaftlichen und gesellschaftlichen Aspekten, erheblich gesteigert werden, wenn sie durch die Ergebnisse von Gebietstypisierungen ergänzt wird. Denn Gebietstypen und Individualkomplexe sind nicht etwas Gegensätzliches. Sie sind zueinander komplementär. — Erscheint in den Sitzungsberichten.

1978

Sitzung am 13. Januar

Vortrag des Herrn Werner Neumann: „Aufgaben und Probleme der heutigen Bachforschung". — Überzeugt von der Revisionsbedürftigkeit unseres Bachverständnisses, bekennt sich die jüngere Bachforschung zu der Vorrangigkeit exakter Grundlagenforschung für eine solide Fundamentierung des künftigen realistischen Bachbildes. Die Losung „Zurück zu den Quellen!" bedeutet ihr eine systematische und erschöpfende Neubefragung des bachgeschichtlich relevanten Quellenmaterials mittels moderner textkritischer Methodik. Entscheidende Impulse für die neuorientierte Aufgabenstellung erhielt sie durch die Direktiven und Postulate der Wissenschaftlichen Bachtagung anläßlich der Deutschen Bachfeier 1950 in Leipzig, doch hatten bereits in den vergangenen Jahrzehnten einige progressive Forschungsarbeiten erwiesen, daß das in seinen Grundzügen von Philipp Spitta festgelegte und von Albert Schweitzer und anderen Autoren durchgezeichnete Bachbild verschiedene Verzerrungen aufwies und das wissenschaftliche Gebäude der Werkkenntnis Risse und Lücken zeigte, die auf Grundierungsfehler schließen ließen. Die systematische Sammlung des verstreuten Quellenmaterials und seine fachliche Erschließung wurden zu Hauptanliegen des 1950 in Leipzig gegründeten Bach-Archivs, das sich neben der Wahrung der dringlichen Memorialfunktion rasch zu einem angesehenen Zentralinstitut der internationalen Bachforschung entwickelte. Die Arbeit am Quellenmaterial vollzog sich in zwei Hauptrichtungen. Die (bedeutend vermehrten) Dokumente wurden, kritisch kommentiert, in der Publikationsreihe „Bach-Dokumente" Bd I—IV (1963—1978) als Grundlage für eine neue Persönlichkeitsdeutung bereitgestellt. Das (ebenso erweiterte) Quellenmaterial der Musikwerke wurde in text- und echtheitskritischer Erschließung für eine Neue Gesamtausgabe genutzt. Dieses auf 87 Bänden und Kritische Berichte projektierte Großvorhaben wurde — allen ökonomischen, politischen und quellenpossessorischen Schwierigkeiten der Nachkriegssituation zum Trotz — 1950 mutig geplant und von 1951 ab in wissenschaftlicher Partnerschaft des Bach-Archivs mit dem Göttinger Bach-Institut sowie in editorischer Kooperation des Deutschen Verlags für Musik Leipzig mit dem Bärenreiter-Verlag Kassel kühn in Angriff genommen, so daß heute bereits die Hälfte der geplanten Bände in kritisch bereinigter Werkform der weltweiten Bachpflege zur Verfügung steht. Papier- und Wasserzeichenkunde, Bachgraphologie, Stil und Überlieferungskritik halfen zur Klärung des Werkbesitzes hinsichtlich Echtheit und Entstehungszeit. Einige neuentdeckte Kompositionen und mehrere editionswürdige Werkfassungen erweiterten den Werkbestand, an den auch einige verschollene Urfassungen eigenbearbeiteter Werke in wissenschaftlich gesicherter Rekonstruktion supplementär angeschlossen werden konnten. Neuerkenntnisse zur Werkgenese und vokal-instrumentalen Kompositionstechnik, zum Parodieverfahren und zum Schaffensverhältnis geistlich-weltlich ermöglichten die Festlegung der Konturen eines neuen Bachbildes, in das sich die mannigfachen Detailforschungen ästhetischer, stilistischer, soziologischer, theologischer, epochen- und zeitgeschichtlicher Fragestellung einfügen müssen, um eine realistische Gesamtschau des historischen Phänomens Bach zu gewährleisten. — Erschienen in den Sitzungsberichten 120 (1979) H. 6.

Sitzung am 10. Februar

Vortrag des Herrn Zsigmond Telegdi: „Ein Beitrag zur Lehre vom sprachlichen Zeichen". — Die Zeichentheorie der Sprache, d. h. die Konzeption, daß die Rede eine Mitteilung durch Zeichen ist, stellt zweifellos das Ergebnis bewußter Reflexion dar. Sie erscheint auch verhältnismäßig spät, ist vor Platon kaum nachzuweisen. Ihre erste förmliche Darlegung finden wir erst bei Aristoteles [*De interpr.* c. 1—4].

Aristoteles stellt fest, daß Sätze und Wörter *sēmeia* oder *symbola* sind. Diese Wörter bedeuten aber nicht das Zeichen im allgemeinen, sondern besonderere Arten des Zeichens, die sich scharf von der sprachlichen Äußerung unterscheiden (Anzeichen und Signal); sie reflektieren ein Denken, das die Rede nicht als eine Kommunikation durch Zeichen betrachtete. Die Bestimmung der sprachlichen Äußerungen als Zeichen spricht also nicht nur eine neue Auffassung der Sprache aus, sondern impliziert auch eine solche des Zeichens; um von der Äußerung ausgesagt zu werden, mußte der Begriff des Zeichens verallgemeinert, die Gegenüberstellung von Zeichengeben und Sprechen überwunden werden.

So ist es verständlich, daß die Zeichentheorie der Sprache sich nicht gleich durchgesetzt hat. Die Stoiker unterschieden drei Faktoren am Sprechakt: den *Ausdruck* (*sēmainon*), die *Bedeutung* (*sēmainomenon*), und das Gemeinte, das außer uns liegt (*tynchanon*); es ist aber nirgends bezeugt, daß sie *sēmainon* und *sēmainomenon* zur Einheit des sprachlichen Zeichens zusammengefaßt, die Rede als eine Kommunikation durch Zeichen aufgefaßt hätten.

Der Sieg der Zeichentheorie der Sprache hängt wohl mit der Renaissance der aristotelischen Studien, die im ersten Jahrhundert vor unserer Zeitrechnung einsetzt, zusammen.

Wenn auch die Zeichentheorie der Sprache ins Altertum zurückgeht, war am Anfang unseres Jahrhunderts die Definition der Sprache als ein System von Zeichen in *Saussures* Vorträgen eine entschiedene Abwendung von der in der Linguistik herrschenden Doktrin, und in diesem Sinn eine Neuerung. *Saussure* machte die Auffassung der sprachlichen Einheiten als Zeichen zur Grundlage seiner Sprachlehre. Dabei vertiefte er die alte Theorie in einer eigenen, bedeutsamen Weise, bildete sie aber zugleich in idealistischer Richtung um, indem er die Betrachtung des wirklichen, fungierenden sprachlichen Zeichens, der Funktion, in der erst die Verknüpfung von Phonemkette und Bedeutung zum Zeichen wird, von der eigentlichen Sprachwissenschaft, von der „linguistique de la langue" ausschloß. — Erscheint in den Sitzungsberichten.

Sitzung am 10. März

Vortrag des Herrn Friedrich Möbius: „Caspar David Friedrichs Gemälde «Abtei im Eichwald» und die romantische Wirkungsgeschichte der Ruine Eldena bei Greifswald. Zu aktuellen Aspekten des Denkmalbegriffs und der Denkmalpflege". — Drei Thesen werden vorgetragen:

- C. D. Friedrichs 1809 entstandenes Gemälde „Abtei im Eichwald" ist eines der frühen Zeugnisse bürgerlichen deutschen Nationalbewußtseins, vielleicht sogar das erste Nationaldenkmal der deutschen Kunstgeschichte.
- Auf Initiative des preußischen Kronprinzen, in dessen Familienbesitz sich das Bild seit 1810 befand, wird 1827 eine denkmalpflegerische Wiederherstellung der Ruine des ehemaligen Zisterzienserklosters Eldena eingeleitet, die wesentliche Ausdruckselemente des gemalten Bildes in die architektonische und gartengestalterische Realität überträgt.

— Die romantische Rezeption hat der Ruine eine Bedeutungsschicht appliziert, die weitgehend den heutigen „Denkmalwert“ bestimmt.

Die mit dem Gemälde von 1809 verbundenen nationalen und patriotischen Gehalte werden aus Motivuntersuchungen zu „Gotik“ und „Eiche“ erschlossen. Die als Naturstil verstandene Gotik, insbesondere deren zentrale Ausdrucksform, der Spitzbogen, war seit den 1790er Jahren als Sinnbild sozialer Emanzipation begriffen worden, mit dem man „Freiheit“ und „Vaterland“ assoziierte. Die Eiche hatte seit Macphersons Ossianischen Gesängen und Klopstocks Hermannsschlacht die aus der antiken Kulturgeschichte genommenen Pflanzensymbole des Lorberes und der Palme verdrängt. Die aus dem hohen Alter und der Sturmfestigkeit des Eichbaumes abgeleitete Symbolik wurde zum Gegenstand einer betont antifeudalen Eichenlyrik, die sich in ihrer national-patriotischen Variante auch in C. D. Friedrichs Umgebung nachweisen läßt (Theodor Körner). Hier nicht mitgeteilte Ergebnisse gleichlautender Untersuchungen zu den Motiven „Mönch“ und „Ruine“ bestätigen die Metaphorik der „vaterländischen Not“, die in Friedrichs Bild im Gewande einer sentimentalischen Vergänglichkeitsallegorie erscheint.

Die 1827 eingeleitete denkmalpflegerische Modellierung des ehemaligen Zisterzienserklosters Eldena nach C. D. Friedrichs Phantasiebild von 1809 wird aus Akten des Universitätsarchivs Greifswald wahrscheinlich gemacht. Nach Plänen des Putbuser Hofgärtners Halliger — nicht nach denen Peter Josef Lennés, wie bislang vermutet wurde — erhielt das Trümmergelände den Charakter eines Englischen Landschaftsgartens mit gotischer Abtei und Eichen. Der Eldenaer Westgiebel mit seinem Spitzbogenfenster wurde durch bauliche Maßnahmen sowie die Wegeführung zum Höhepunkt der Ruinenanlage entwickelt.

Es wird ein Denkmalbegriff zur Diskussion gestellt, dessen Werte aus der gesellschaftlichen Rezeption hervorgehen. Die Rezeption ist gebunden an objektive ästhetische Qualitäten des Kunstwerkes — in Eldena an das Motiv des Spitzbogens —, sie entfaltet sich jedoch von den Ansprüchen und Bedingungen des Lebensprozesses her, dem die Rezipienten unterworfen sind. Der Denkmalwert ist nicht identisch mit dem historischen Wert — in Eldena wäre das etwa: „Zisterzienserkloster im Raum der feudalen deutschen Ostexpansion“ —, er ist die jeweilige, aktualisierte Form des Lebensbezuges eines historischen Kunstwerkes, den die Rezipienten immer wieder neu herstellen. Der „Denkmalwert“ ist eine dynamische Größe, der in bestimmten Rezeptionsphasen dem rezipierten Objekt auch materiell eingeprägt werden kann. Für Eldena müßte im Rahmen einer angemessenen denkmalpflegerischen Erschließung eine Dokumentation auch der nationalen Bedeutung gefordert werden, die die Ruine in der Zeit der napoleonischen Befreiungskriege und der Konsolidierung des deutschen bürgerlichen Nationalstaats gewann. — Erschienen in den Abhandlungen Bd 68 (1980) H. 2.

Sitzung am 19. Mai

Vortrag des Herrn Hans Hiebsch: „Zum Problem der sozialen Wahrnehmung“. — Wahrnehmungsphänomene und -prozesse nehmen innerhalb der Erforschung menschlicher (und auch tierischer) Informationsverarbeitungsprozesse eine Schlüsselstellung insofern ein, als sich in ihnen die unmittelbarste Verbindung des lebenden Organismus mit seiner Umwelt realisiert, eine Verbindung, die in den Kontext der lebensdienlichen — erhaltenden und -fördernden psychischen Verhaltensregulation gehört. Die experimentelle Untersuchung menschlicher Wahrnehmungsleistungen war indessen bis in die vierziger Jahre

„reduktionistisch“ ausgerichtet, d. h., sie vernachlässigte weitgehend die Funktionalität von perzeptiven Prozessen für die Verhaltensregulation oder bezog diese lediglich auf elementare Orientierungsleistungen lebender Organismen. Das hatte zur Folge, daß die Wahrnehmungsobjekte nahezu ausschließlich unter dem Aspekt ihrer metrisch-figuralen und qualitativ-modalen Beschaffenheiten ins Blickfeld gerieten, während ihre biotische und soziale Bedeutsamkeit (Funktionalität) für das Verhalten, besonders von Menschen, herausfiel oder bestenfalls als additive subjektive Zutat oder Ergänzung definiert wurde.

Mit den bahnbrechenden Untersuchungen von Bruner und Postman (An Approach to Social Perception, 1948) begann eine neue Etappe der Wahrnehmungsforschung, in der, wenn auch zunächst noch unzulänglich und mit fehlerhaften Prämissen der älteren Wahrnehmungstheorie belastet, das Phänomen der sozialen Determination, von Wahrnehmungsphänomenen und -prozessen in den Mittelpunkt gerückt wurde.

Diesem Ansatz, der zurecht als ein historisch-materialistischer charakterisiert werden kann, da er die gesellschaftliche Determination des menschlichen Bewußtseins impliziert, waren indessen entscheidende Erfolge bei der Überwindung der älteren Konzeption versagt. Das lag vor allem daran, daß die sogenannte Sinn- oder Bedeutungsverleihung in der menschlichen Wahrnehmung wieder „subjektivistisch“ interpretiert wurde, nämlich als eine relativ beliebige oder sozial konventionalisierte subjektive „Zutat“ zu den „an sich“ bedeutungsfreien Wahrnehmungsobjekten.

Eine lebensnahe psychologische Wahrnehmungslehre, die sich auf die Voraussetzungen des dialektischen und historischen Materialismus stützt, muß aber davon ausgehen, daß die Bedeutsamkeit bzw. „Funktionalität“ der wahrgenommenen Wirklichkeit auch als Widerspiegelung der Wirklichkeit selbst aufgefaßt werden muß — was uns zwingt, den Begriff der „Bedeutung“ (oder einen anderen, synonymen) zu redefinieren. Diese Redefinition wurde von Klaus Holzkamp (Sinnliche Erkenntnis — Historischer Ursprung und gesellschaftliche Funktion der Wahrnehmung, 1973) in Anlehnung und Weiterführung der sogenannten kulturhistorischen Schule der Psychologie in der Sowjetunion (Vygotskij, Leontjew u. a.) vorgenommen. Sein Begriff der „sachlichen und personalen Gegenstandsbedeutungen“ stützt sich auf die historisch-materialistische Kategorie der „Vergegenständlichung und Aneignung“.

Die im Vortrag dargestellten theoretischen Überlegungen und empirischen Erkenntnisse entstammen dem Forschungsgebiet der „interpersonellen Wahrnehmung“, also der Wahrnehmung des (der) Partner während sozialer Austauschprozesse in ihrer Funktionalität für die interpersonelle Verhaltensregulation in Prozessen der Interaktion und Kommunikation. Dabei wurde der Begriff der „personalen Gegenstandsbedeutung“ (Holzkamp) spezifiziert und auf das komplexeste aller Wahrnehmungsobjekte, den Mitmenschen, bezogen; das bedeutet, daß die verhaltensrelevanten Eigenschaften der Partner (abgekürzt: von *Ego* und *Alter*) als diesen selbst zukommende, in der Ontogenese unter bestimmten sozialen Bedingungen (etwa der Arbeitsteilung) erworbene Beschaffenheiten angesehen werden, die im aktiven Wahrnehmungsprozeß von *Ego* gegenüber einem mit ihm interaktiv verbundenen *Alter* adäquat rekonstruiert werden müssen, damit ein sinnvolles zielgerichtetes und gesellschaftlich relevantes Zusammenwirken zustande kommen kann.

Für diesen Such- und Rekonstruktionsvorgang wird folgendes allgemeine Modell unterstellt:

(1) Das informationsverarbeitende System (von *Ego*) enthält erworbene und im Gedächtnis eingetragene Rahmenbedingungen oder Bezugssysteme, mit denen wir die Welt als bedeutungshaltigen Aktionsraum, also strukturiert, geordnet, bewertet und mit

Voraussagemöglichkeiten versehen, wahrnehmen; ein wichtiger Ausschnitt dieser Bezugssysteme ist auf die Wahrnehmung und Erkenntnis von Klassen sozialer (interpersoneller) Situationen und von Klassen von *Alter* gerichtet.

(2) In einer sozialen Situation, in die *Ego* mit *Alter* gerät, also beim Auftreten neuer, potentieller Informationsquellen, werden selektiv — und zwar in Abhängigkeit a) von Schlüssel- oder Hinweisreizen (cues) und b) von der jeweiligen Motivationslage von *Ego* in diesem — gewisse dieser Gedächtnisstrukturen abgerufen; aus dem Vergleich zwischen den Cues und den ekphorierten Bezugssystem werden Hypothesen zur Wahrnehmungssituation, besonders zu *Alter* (z. B. zu seiner Tauglichkeit für die Erfüllung einer kooperativen Aufgabe) abgeleitet.

(3) *Ego* versucht nun, mit eigenem Verhalten, mit aktiver Informationssuche unter Nutzung u. U. variierender Strategien, diese Hypothesen zu prüfen, also zu verifizieren oder zu falsifizieren. Das ist ein iterativer Prozeß, der bei Vorliegen einer Kooperationsaufgabe so weit geht, bis das darin entstandene Abbild des *Alter* eine vollständig zusammenhängende Interaktion als Voraussetzung für die Aufgabenlösung ermöglicht.

(4) Dieser Ermöglichungsgrund für eine vollständig zusammenhängende Interaktion besteht darin, daß solche Regelhaftigkeiten und Invarianzen im Verhalten und in der Person von *Alter* kogniziert werden können, die Voraussagen auf das künftige Verhalten mit einer subjektiv befriedigenden Wahrscheinlichkeit gestatten. Deshalb läßt sich dieser Prozeß formal auch als ein Vorgang beschreiben, in dem anfängliche subjektive Unbestimmtheit über *Alter* (und die Situation) reduziert wird (Entropieabbau).

Sitzung am 9. Juni

Vortrag des Herrn Karl Czok: „Vorstädte. Zu ihrer Entstehung, Wirtschaft und Sozialentwicklung in der älteren deutschen Stadtgeschichte". — Die Vorstädte (Siedlungen vor den Mauern, Toren oder dem Rechtsgebiet) sind von den Stadthistorikern erst in den letzten Jahren zu erforschen begonnen worden. Dabei genügt nicht, ihre genetische, topographische und verfassungsgeschichtliche Entwicklung zu ergründen. Es sollten möglichst alle Seiten ihrer Existenz im Zusammenhang mit der jeweiligen Stadt dargestellt werden, ihre wirtschaftlichen, sozialen, politischen und kulturellen Verhältnisse und Verfassungszustände. Sie bildeten einen immanenten Bestandteil der Stadtgeschichte.

Bereits im 10./11. Jahrhundert entwickelten sich Vorstädte, die allerdings meist bei Stadterweiterungen in die ummauerten Städte einbezogen wurden, wie die Beispiele von Köln und Regensburg beweisen. Das rasche Wachstum des Städtewesens in der Epoche des vollentfalteten Feudalismus von der Mitte des 11. bis zum Beginn des 14. Jahrhunderts brachte häufiger entstehende Vorstädte oder Vorstadtteile mit sich, wie Untersuchungen über südwestdeutsche und sächsisch-thüringische Städte beweisen. Ausgangspunkt für die Vorstadtentwicklung waren Kaufmanns- und Handwerkerniederlassungen, dem Straßenverkehr dienende Einrichtungen (Straßen, Furten, Brücken, Gasthöfe, Ausspannungen), weltliche oder geistliche Grundherrschaften oder deren spezielle Institutionen (Klöster, Stifter, Kirchen, Hospitäler, Adelshöfe).

Das besondere Merkmal in den Wirtschaftsverhältnissen der Vorstädte war deren gemischt-gewerbliche Struktur, ein Nebeneinander von handwerklichen und agrarischen

Produzenten bzw. Einrichtungen. Unter den Handwerken überwogen solche, die aufgrund ihres Gewerbes hier entweder günstige Produktionsbedingungen vorfanden (z. B. Gerber/Wasser) oder wegen damit verbundener Gefahren und Belästigungen in die Vorstädte verwiesen wurden (z. B. Schmiede/Feuer). Außerdem fanden sich aber auch Maurer, Zimmerleute, Schuhmacher, Schneider, Fleischer, Bäcker, Tuch- und Leineweber, Töpfer, Färber, Walker, Fischer u. a. Es gab Vorstädte, in denen bestimmte Handwerke dominierten, beispielsweise das Gerberhandwerk in Leipzig (Gerber- oder Hallische Vorstadt) oder Freiburg im Breisgau (Schneckenvorstadt). Unter den Kaufleuten waren besonders die Kleinhändler (Krämer, Höker) in den Vorstädten ansässig. Zu vorstädtischen Agrarproduzenten zählten Bauern, Gärtner und Winzer. Manche Vorstädte dienten besonders der Gemüseversorgung der Stadtbewohner. Häufig wiederkehrende Gewerbeeinrichtungen waren die verschiedenen Mühlen, Hammerwerke, Bleichen, Ziegelscheunen, Schlacht- und Kuttelhöfe, Reeperbahnen, Seilereien, Werften u. a. Eigentümer oder Besitzer von Grundstücken und Häusern konnten außer Vorstädtern feudale Stadtherren, Stadträte, Adlige, Klöster, Kirchen und Bürger sein.

Seit dem 15. und 16. Jahrhundert ist ein stärkeres Wachstum der Vorstädte feststellbar. Es drückte sich in zunehmenden Häuser- und Einwohnerzahlen aus. In ihrer Sozialstruktur überwogen kleinbürgerliche und plebejische Schichten, die oft gegenüber den Stadtbürgern minderberechtigt waren. Außerdem gab es auch noch soziale und rechtliche Unterschiede zwischen den einzelnen Vorstädten einer Stadt. Dies hat mehrfach zur Beteiligung der Vorstadtbevölkerung an sozialen und politischen Bewegungen geführt, wie beispielsweise während der Reformation und des Bauernkrieges. — Erschienen in den Sitzungsberichten 121 (1979) H. 1.

Sitzung am 20. Oktober

Vortrag des Herrn Joachim Müller: „Die dramatische Funktion von Mephistos Monolog in Goethes Faust I: «Verachte nur Vernunft und Wissenschaft ...» (V. 1851 bis 1867)". — Mephisto spricht diesen Monolog nach Abschluß der Wette mit Faust, vor dessen Zurüstung zur Weltfahrt und vor der Schülerszene, in der Mephisto die von Faust in bitterer Enttäuschung verabscheute akademische Traditionswissenschaft noch in einem Zerrspiegel satirisiert. Von dem schon im Fragment von 1790 ohne Bezug auf die dort noch nicht ausgeführte Wette gedruckten Monolog sind keine Materialien erhalten, doch muß Goethes Konzeption diese Abmachung schon vorgesehen haben.

In Faust I erhält der Monolog Mephistos seine Funktion als eine Art Achse des Gesamtdramas: einmal wird unser Blick auf den „Prolog im Himmel" zurückgelenkt, in dem Mephisto mit fast synonymen Worten den vom Herrn als typischen Menschen benannten Faust als einen rastlos getriebenen, Höchstes begehrenden, nie befriedigten Tollen glossiert und dem Herrn boshaft vorwirft, den Menschen zu seinem Unglück mit Vernunft begabt zu haben, die er nur widervernünftig mißbrauche. Das Motiv von Fausts Zweiseelentum, seiner tiefen inneren Zwiespältigkeit, ist vom „Prolog im Himmel" an, über die Szenen, in denen er am Denken verzweifelt und seinen Ekel vor allem Wissen bekennt, doch eben deshalb seine „Unersättlichkeit", sein Niebefriedigtsein in die Wette einbringt, über das Geständnis seinem Famulus Wagner gegenüber, zwischen Erdenlust und Verlangen nach Höhenflug zerrieben zu werden, bis zum trotzigen Lebensfazit im 5. Akt des II. Teils konsistent.

Die Frage stellt sich: Widerruft Faust am Ende seines Erdendaseins seine von Mephisto apostrophierte Verachtung von Vernunft und Wissenschaft? Diese Frage ist zu lösen, wenn man die Funktion der Magie im Gesamtdrama verfolgt: Sie ist zu Beginn Fausts Hoffnung, durch sie tiefer in Weltzusammenhang und Naturgeheimnis einzudringen als mit den traditionellen Wissenschaftsmitteln, so daß er sogar den Erdgeist zitiert, der ihn allerdings als unzulängliches Menschenwesen zurückweist. Darnach zwingt Faust mit magischen Beschwörungen den Teufel, sich ihm in figura zu zeigen. Die im Volksglauben unterschiedene schwarze und weiße Magie fließt in Fausts Aktionen in eins. Mephisto seinerseits glaubt, Faust mit einem Vertrag überlisten zu können. Hier sind autobiographische wie wissenschaftsgeschichtliche Momente zu bedenken, die in die dramatische Handlung integriert werden. Goethe macht sich früh mit magisch-alchymistischen Vorstellungen vertraut, die vom 16. bis zum 18. Jh. vorwissenschaftliche Signifikanz haben. Faust war als junger Mensch Gehilfe seines als alchymistischer Arzt experimentierenden Vaters und tut diese Phase verächtlich als überholt ab. Er traut sich aber zu, dem Teufel Widerpart zu halten, indem er die Wettformel, nie befriedigt zu sein, als seinem Charakter adäquat empfindet.

Auf der Fahrt durch die große Welt tritt Faust am Kaiserhof als Magier im Popularsinn des Zauberkünstlers auf, findet aber als Magier höheren Grades den Weg zu den mythischen Müttern und von ihnen inspiriert zur Unterwelt, aus der er Helena ins phantasmagorische Traumreich des 3. Aktes holt. Nachdem er am Anfang des 4. Aktes aus seinem Geist heraus spontan das Projekt einer Meereseindeichung faßt, das durchzuführen er Mephisto befiehlt, und nachdem er zu Beginn des 5. Aktes durch maßlose Besitzgier verbrecherische Schuld auf sich geladen, erwächst aus der Reue darüber und in düsterer Todesahnung sein Wunsch, Magie von seinem Pfad zu entfernen, ohne Zaubersprüche als kämpfender Mensch der Natur allein entgegenzutreten, und man darf nun die aus der dramatischen Handlung sich aufdringende Frage so beantworten: Fausts Geist, gepaart mit Intuition, Phantasie und Willenskraft, widerruft subjektiv seine Verachtung von Vernunft und Wissenschaft. Man kann die resümierende These wagen: Geist steht für Vernunft, Tatwille für Wissenschaft. Aus der Geisteskraft erwächst die euphorische Vision des von der ihm hart zusetzenden Sorge physisch geblendeten, aber ungebeugt von innerem Licht erfüllten Faust von einem in Zukunft realisierbaren Menschheitszustand, in dem „Gemeindrang" den Elementargewalten entgegenwirkt. Fausts „Seele" aber wird nach seinem leiblichen Tod dem Teufel entzogen und als „Unsterbliches" in eine ins Unendliche progredierende Weltbewegung gehoben, deren poetische Symbolik von vieldimensionaler Polyvalenz ist. — Erschienen in den Sitzungsberichten Bd 121 (1980) H. 3.

Sitzung am 15. Dezember

Vortrag des Herrn Walter Markov: „Fürst und Lumières: Zur Problematik des *aufgeklärten Absolutismus*". — Herrschaftstheorien der Aufklärung zufolge bedarf der nach Grundsätzen bürgerlicher Politik, Ökonomie und Philosophie maßgeschneiderte Musterstaat einer kongenial profilierten Spitze. Da die Korrektur als systemstützend konzipiert wird, hängt ihr Erfolg von der Kongruenz zwischen Qualität der Staatsführung und vorgegebener Sozialstruktur ab. Das gewährt in einer Übergangsepoche „uneingeschränkt" handlungsfähigen Kronenträgern Manöverraum, wobei eine dem historischen Bedürfnis „angepaßte" Persönlichkeit Bezugspunkt einer Partei der Neuerer werden kann. Spielt der Souverän zugleich seinen Ersten Minister, und verzerrt kein Mißverhältnis zwischen Ambition und Potenz einen Duodezdespotismus zur Operette, sind bei Erfüllung sonstiger Voraussetzungen die Trümpfe in der richtigen Hand versammelt: *Wenn er nicht existierte, müßte man auch ihn erfinden.* Da dem nicht immer so ist, mag ihn ein Bevollmächtigter substituieren, dessen Position allerdings leichter zu unterminieren ist: Aufgeschreckte Adelsopposition kann Pombal in die Verbannung und Struensee zum Henker schicken, während Landesvater Gustav gegenüber die Pistole des Verschwörers Ankarström als letztes Auskunftsmittel verbleibt.

Der angestellte Vergleich führt darauf, daß Großmächte infolge militärischen und außenpolitischen Engagements für einen „prince éclairé" nicht unbedingt die optimale Wirkungsebene abgeben. Eher spürt man ihn an kleineren Höfen auf, wo er auf Unsterblichkeit schwerlich setzen kann und sich auf praktikable Ziele einschießen muß, die objektiv dazu beitragen, Fenster aufzustoßen: Florenz, Weimar. Das erfordert ex definitione keine überragende Figur. Anbrandende Klassenwidersprüche bestimmen den Platz, den sie ergreift oder verfehlt.

Komplexer die Wunschliste der „Großen". Friedrich, Joseph, Katharina begreifen immerhin den Vorteil, Ströme einzudämmen, statt sich von ihnen fortreißen zu lassen. Sie haben Ursache, sich Mittel anzueignen, die bürgerliche Lumières anbieten: selbstredend gesiebt für spätfeudale Regierungszwecke: nicht Verstellung demnach, sondern dosierte Aufklärung zur Polsterung der Machtfülle, (indirekte) Vorbeugung gegen Revolution. War dieses 18. Jh. Schauraum der Cagliostro, Casanova, Swedenborg, so mochte sich sein Impetus gleichfalls des emanzipierten Herrschers bemächtigen: Sei es, daß er seine Chance, ehe sie verstrich, zu nacktem Eigennutz wahrt; sei es, daß sich seine Anstrengung in Leitgedanken der Epoche einlegt, deren abenteuerlicher Entbinder er zu sein vermeint:

der Jüngling, der mit Achtzehn desertiert und von den Preußen totsicher füsiliert worden wäre, hätte er sich nicht als ihr Kronprinz entpuppt, der danach zum „Philosophen auf dem Königsthron" avanciert;

der Backfisch aus Anhalts armer Nebenlinie, der es als Opfer dynastischen Eheschachers erlernte, sich durch das Intrigenlabyrinth am Petersburger Hof zu winden und dem erdrosselt vorgefundenen Gemahl eine Nachfolgerin wird, die als „Semiramis des Nordens" die Welt das Staunen lehrt;

nicht minder jedoch der Hallenser Pfarrerssohn, der sich auf dem Umweg über das Bett der Königin diktatorischer Gewalt in Dänemark bemächtigt, um radikale Aufklärung durchzupeitschen, und die Tollkühnheit des roturier durch eine Vierteilung büßt, die im galanten Europa widerhallt:

Geschichten, die im Spannungsfeld zwischen Aufklärung und Absolutismus nichtsdestoweniger Geschichte sind.

Vorgelegt werden Veröffentlichungen von: Eberhard Brüning, Karl Czok, Walter Dietze, Rudolf Große, Friedmar Kühnert, Walter Markov, Werner Neumann, Herbert Peukert, Kurt Rudolph, Claus Träger, Ernst Werner.

Öffentliche Gesamtsitzungen

15. April 1977

Ansprache des Präsidenten, Herrn Schwabe, Bericht des Vizepräsidenten, Herrn Lehmann, über die Arbeiten beider Klassen, — Vortrag des Herrn Bahner: „Machiavelli — Machiavellismus".

Dem Namen des bedeutenden italienischen Denkers Niccolò Machiavelli scheint nach landläufiger Ansicht etwas Hintergründiges, Suspektes anzuhaften, werden doch im allgemeinen Sprachgebrauch mit „Machiavellismus" und „machiavellistisch" unverkennbar moralisch abwertende Züge assoziiert. „Machiavellismus" gilt als Inbegriff willkürlicher Machtpolitik und „machiavellistisch" impliziert eine Strategie der Heimtücke.

Jener ebenso schillernde wie pejorativ aufgeladene Begriff des Machiavellismus beruhte auf einer weitreichenden Kette von Mißdeutungen der politischen Ideen Machiavellis. Vielfach waren diese von gängigen Vorurteilen bestimmt, von handfesten politischen Interessen diktiert oder von einer kirchlich-religiösen Abwehrhaltung motiviert worden. Bei allen vorhandenen Unterschieden und Nuancen hatten sie sich zu einem eigenständigen ideologischen Gebilde herauskristallisiert, mit dem in der Staatskunst das schlechthin Verwerfliche denunziert wurde. Auf der anderen Seite mußte es Elemente im staatspolitischen Denken Machiavellis geben, die sich für solche ins Diffamatorische übergleitende Deutungen anboten, wenn sie auch in einem anderen Gesamtzusammenhang standen, oder die sich vom Ansatz her zumindest leicht in diesem Sinne modifizieren ließen. In der Tat enthält Machiavellis Schrift *Il Principe* (Der Fürst) Überlegungen, die entsprechende Anknüpfungsmöglichkeiten gestatteten. Es war auch gewiß nicht zufällig, daß von Machiavellis Werken im wesentlichen immer nur die in meisterhafter italienischer Prosa verfaßte Schrift *Il Principe* zum Stein des Anstoßes wurde. Im Grunde bildete sie den eigentlichen Ausgangspunkt für die um Machiavellis politische Grundsätze entfachten Auseinandersetzungen, die mit der Geschichte des Machiavellismus meistens verknüpft waren, ohne mit ihr jedoch identisch zu sein.

Untersucht man näher die von Machiavelli anvisierten Zielstellungen, dann zeigt sich, wie sehr er eine auf bürgerliche Interessen ausgerichtete Politik antifeudalen Charakters empfahl.

Die mit der Geschichte des Machiavellismus verzahnte Wirkungsgeschichte Machiavellis ist in mehrfacher Hinsicht von Interesse. Sie dokumentiert zum einen, welche gesellschaftlichen Kräfte im geschichtlichen Prozeß der zurückliegenden Jahrhunderte in der Artikulierung ihrer politischen Interessen und Bedürfnisse positiv wie negativ auf Machiavelli Bezug nahmen und welcher Elemente der Gedankenwelt Machiavellis sie sich dabei bemächtigten. Zum anderen wirft sie ein bezeichnendes Licht darauf, wie sich in der Neuzeit die Wissenschaft von der Politik herausbildete, durch welche gesellschaftlichen und ideologischen Auseinandersetzungen dieser Prozeß mächtige Impulse erhielt und in welchem Maße dabei ein nicht mehr durch Religion vermitteltes neues Verhältnis zur Wirklichkeit gewonnen wurde.

Die Forschung über Machiavellis Gesamtwerk hat inzwischen auf breiter internationaler Ebene beträchtliche Dimensionen angenommen und ist heute kaum mehr zu überblicken. Dennoch ist die Deutung der Werke und Ideen Machiavellis weiterhin recht vielfältig wie widersprüchlich geblieben, trotz neuer archivalischer Funde, weitergetriebener philologischer Studien und neugewonnener Einsichten in die historisch-gesellschaftlichen Verhältnisse von Florenz und Italien während des 15. und 16. Jahrhunderts. Wie bei der Rezeption und historischen Würdigung anderer großer Denker zeigt sich auch in diesem Fall, daß hierbei die grundlegenden gesellschaftlichen Auseinandersetzungen in unserer Zeit von maßgeblicher Relevanz sind. Kulturelles Erbe wird ja von den jeweiligen Zeitgenossen stets im Hinblick auf eigene Bedürfnisse und Interessen erschlossen und befragt und damit gegenüber den Deutungen der Vorgänger in neue Zusammenhänge, eine andersartige Perspektive gerückt. Und da die Zeitgenossen eines historischen Abschnitts nicht eine homogene Einheit bilden, vielmehr durch die betreffenden Klassenkämpfe bedingt, gegensätzliche Positionen beziehen und diese u. a. auf ideologischer Ebene ausfechten, wird auch die Erfassung und Wertung der ins Blickfeld gelangten geistigen Überlieferung davon betroffen.

In bezug auf Machiavelli spielte in diesem Zusammenhang immer wieder das Phänomen des Machiavellismus hinein. Bis heute sind die Kritiker nicht verstummt, die Machiavelli fälschlicherweise mit Machiavellismus gleichsetzen.

Der Machiavellismus als ideologisches Gebilde war ursprünglich das Produkt von Ideologen der ständischen Ordnung und vor allem der Gegenreformation. Es handelte sich hier um eine von vornherein auf Verketzerung angelegte Machiavelli-Rezeption. Gegen Ende des 16. Jahrhunderts zum generellen Schmähbegriff für tyrannische Gewaltpolitik schlechthin geworden, wurde darauf in den nachfolgenden Jahrhunderten unter Hinzufügung weiterer negativer Züge von unterschiedlichen gesellschaftlichen Interessen her verwiesen und vielfach eine Identifizierung von Machiavelli und jenem negativen Vulgär-Be griff des Machiavellismus vorgenommen. Daß insbesondere fortschrittliche Kräfte in der Aufstiegsperiode des Bürgertums darum bemüht waren, Machiavelli aus dem Bann gegenreformatorischer Verketzerungen und damit aus dem Rahmen des Machiavellismus herauszulösen, war sicherlich nicht zufällig. In Auseinandersetzung mit den Mächten der geistlichen und weltlichen Reaktion ihrer Zeit entwickelten sie sowohl das Bild des freiheitsliebenden Republikaners Machiavelli als auch das des neuzeitlichen Begründers einer Wissenschaft von der realen Politik.

Machiavelli war zweifellos der erste Denker der Neuzeit, der sich konsequent um eine rein innerweltliche Erfassung des staatlichen Lebens bemühte und radikal mit allen mittelalterlichen Betrachtungsweisen auf diesem Gebiet brach. Von verschiedenen Philosophiehistorikern ist er deshalb mit Kopernikus oder auch mit Galilei verglichen worden. Mit seiner realistischen Sicht der staatspolitischen Gegebenheiten eröffnete Machiavelli die Reihe jener Denker in der Übergangsepoche vom Feudalismus zum Kapitalismus, welche nach Karl Marx und Friedrich Engels die Macht als Grundlage des Rechts darstellten, damit die theoretische Anschauung der Politik von der Moral emanzipierten und so die selbständige Behandlung der Politik ermöglichten. Für Machiavelli war Politik stets mit Fragen der Macht verknüpft und schloß das Problem der Gewaltanwendung nicht aus, rechnete er doch stets mit unterschiedlichen Interessen und daraus resultierenden gesellschaftlichen Spannungen und Kämpfen. Daß Machiavelli davon so ausführlich in kühlen Analysen und zum Teil einer auf Schockwirkung angelegten Sprache handelte, wurde als Provokation empfunden.

Die Beschäftigung mit Machiavelli in Vergangenheit und Gegenwart ist nicht zuletzt auch dadurch immer wieder angeregt worden, daß sie mit einem Problemkomplex von unverminderter Brisanz zusammenhängt: die Beziehungen zwischen Politik, Macht, Recht und Gewalt.

11. November 1977

Ansprache des Präsidenten, Herrn Schwabe, — Vortrag des Herrn Uhlmann: „Künstliche Ökosysteme".

Den synthetischen Ökosystemen, die gewissermaßen nach dem Baukastenprinzip, durch Zusammenfügen ihrer Elemente, geschaffen werden können, stellt der Vortragende die anthropogenen Ökosysteme gegenüber, also Ensembles von Organismengemeinschaften und zugehörigen Umweltfaktoren. Sie verfügen ebenso wie natürliche Ökosysteme (z. B. tropische Regenwälder, Korallenriffe) über die Fähigkeit der Selbstregulation und Selbstorganisation. Während natürliche Ökosysteme einen weitgehend geschlossenen Stoffkreislauf besitzen, sind die anthropogenen Hochleistungssysteme, stofflich gesehen, offen, daher durch einen hohen Produktionsausstoß gekennzeichnet. Dieser ist aber fast immer auch mit einem Export von Abfallprodukten verbunden.

Anthropogene Ökosysteme unterscheiden sich hinsichtlich der Art und Intensität der Nutzung. Generell nimmt die Zahl der Pflanzen- und Tierarten mit zunehmender Bewirtschaftungsintensität stark ab.

a) Systeme, für die der Mensch nur das Areal zur Verfügung stellt, ohne den Stoffumsatz zu beeinflussen. Hierzu gehören z. B. neu entstandene Seen in Bergbau-Folgelandschaften.

b) Hochleistungssysteme für die Nahrungsmittel- und Rohstoffproduktion.
Hohe Ernten sind im allgemeinen nur durch Amputation der Konsumentenglieder der Nahrungskette möglich. Dies geschieht vor allem durch chemische Bekämpfung der Pflanzenfresser und, ungewollt, auch der anderen Tiere. Die notwendige Stabilität muß außerdem durch Herbizide, Düngung und Bodenbearbeitung aufrechterhalten werden.

c) Service- oder Puffer-Ökosysteme, die in der Lage sind, die nicht oder schwach bewirtschafteten Ökosysteme (z. B. Einzugsgebiete für Trinkwasser, Erholungs- und Naturschutzgebiete) zu entlasten, indem sie Abprodukte oder verdriftete bzw. abgeschwemmte Herbizide, Schädlingsbekämpfungsmittel, Mineral- oder Flüssigdünger, binden. Hierzu zählen z. B. biologische Kläranlagen für Gülle sowie Vorsperren zur Bindung von Pflanzennährstoffen an den Zuflüssen von Trinkwassertalsperren und Seen.

Die Planung von Gewässern, die als biochemische Reaktoren dienen, wird am Beispiel der unabhängigen Variablen erläutert, deren Bemessung über die Art und Intensität des Stoffumsatzes im Ökosystem entscheidet: Tiefe, mittlere Verweilzeit des Wassers, Belastung mit organischen Stoffen oder Nährstoffen, Temperatur. Durch eine Unterteilung des Gesamtsystems in hintereinandergeschaltete Becken ist es möglich, das netzartige Abhängigkeitsgefüge, wie es für natürliche Ökosysteme kennzeichnend ist, gewissermaßen aufzuschneiden. Dadurch lassen sich Organismengruppen bzw. biologische Prozesse, die sonst nebeneinander ablaufen und sich gegenseitig stören, auf räumlich getrennte Stufen konzentrieren. Der Stofftransport zwischen den Gliedern der Nahrungskette kann dadurch in überschaubarer Weise geregelt werden.

Zur Sicherung angemessener Lebensbedingungen für künftige Generationen bedarf es einerseits wirksamer politischer und ökonomischer Regelungen auf nationaler und internationaler Ebene, andererseits auch einer wesentlich beschleunigten Entwicklung der für die langfristige Bewirtschaftung von artenreichen Ökosystemen erforderlichen naturwissenschaftlichen und ingenieurtechnischen Grundlagen. Erschienen in den Abhandlungen Bd 54 (1980) H. 3.

14. April 1978

Ansprache des Präsidenten, Herrn Schwabe. Bericht des Vizepräsidenten, Herrn Lehmann, über die Arbeiten beider Klassen, — Vortrag des Herrn Coblenz: „Zur Archäologie von Burg und Stadt im östlichen Mitteleuropa".

Die engen Verknüpfungen zwischen Burg und Stadt sind gerade in den letzten Jahrzehnten von archäologischer Seite immer wieder herausgestellt worden, nicht zuletzt bedingt durch die zur Stadtkernforschung nötigende Enttrümmerung und den Wiederaufbau der kriegszerstörten Städte. Dazu kommt die Nutzung der Sondierungsmöglichkeiten bei den Großsanierungen besonders auch in den Zentren der unzerstörten Klein- und Mittelstädte.

Die Stadt im Rechtssinn bedeutet meist den Endpunkt einer jahrhundertelangen wirtschaftlichen und sozialen Entwicklung. Ausdrücklich zu betonen ist der Prozeßcharakter der Entstehung von Städten als Mittelpunkte von Handel und Gewerbe. Dabei ist die entsprechende Entwicklung im Zusammenhang mit dem Feudalisierungsprozeß in den europäischen Bereichen chronologisch und typologisch unterschiedlich. Die Wurzeln der Stadtgemeinde gehen auch im östlichen Mitteleuropa zumindest bis ins 10. Jh. zurück und stehen meist mit dem Kampf der Kaufleute und Handwerker um ein Marktrecht gegen den feudalen Druck in unmittelbarer Verbindung. Die Kaufleute bilden dabei die führende Kraft. Fernhändler und gewerbliche Marktsiedler gestalten die Orte gemeinsam, was u. a. auch auf den Bau von Befestigungen und von Kirchen zutrifft. Trotzdem darf daneben die Rolle feudaler Kräfte als Initiatoren von Stadtgründungen nicht übersehen werden.

Durch die archäologischen Forschungen konnten wesentliche Beweise dafür erbracht werden, daß ein großer Teil der ältesten Städte Ostmitteleuropas mit Burgen in Zusammenhang stehen und nur in wenigen Fällen eine Gründung aus wilder Wurzel erfolgte. Meist bestand die Siedlung schon längere Zeit vor der sogenannten Gründung und funktionierte auch bereits wirtschaftlich als Stadt.

Eine Konzentrierung von Handwerkern und Händlern ist ebenso bei fürstlichen Residenzen zu beobachten, die damit zu Orten internationalen Handels wurden. Das gilt vor allem für das Großmährische Reich im 9. Jh., wo mit Mikulčice, Pohansko oder Stare Mesto bedeutende befestigte Siedlungen archäologisch erforscht wurden. Leider ist keine Kontinuität zu den Städten der Přemisliden-Zeit vorhanden, da durch die Ungarnkriege Anfang des 10. Jh. mit der Zerstörung des Großmährischen Machtgebildes die unmittelbare Verbindung unterbrochen war. Im 10. Jh. bilden sich im Raum der heutigen Tschechoslowakei neue Machtzentren mit Vor- oder Frühstädten, von denen als bedeutendste Prag zu nennen ist, von wo die Ausgrabungen auf dem Hradschin eindeutige chronologische Fixierungen erlauben.

Frühstädte als Machtzentren slawischer Stämme und des späteren Staates finden wir bereits vor der Jahrtausendwende auch auf polnischem Boden. Hierzu gehören in erster Linie Gniezno, Poznań, Wrocław, Gdansk, Kraków, Szczecin und noch über 50 kleinere Burgstädte. Dabei reicht die Siedlungskontinuität der meisten Städte bis ins 8. Jh. zurück, in Gdansk sogar bis ins 7. Wie die archäologischen Forschungen deutlich vor Augen führten, ist entwicklungsmäßig keinerlei Bruch der städtischen Besiedlung zu erkennen, als die Niederlassungen im 13. Jh. das Stadtrecht erhielten (z. B. Poznań 1253, Gdansk 1261). Die Bistumsgründungen liegen gleichfalls früher (Poznań 968; Gniezno 1000).

Die Städte um und an den Burgen sind bereits vom 9./10. Jh. an mindestens zweiteilig, meist dreiteilig und schon im 11. Jh. bisweilen auch aus vier getrennten und ummauerten Teilbereichen (Gniezno) bestehend. Die archäologischen Untersuchungen haben auch hier völlig unbekannte Fakten erst erschlossen, wie die topographische Gliederung, die Befestigungstechnik, Haus- und Straßenbau, handwerkliche Einrichtungen und Produkte, verschiedenste Importe als Zeugnisse weitreichenden Handels und deutliche Hinweise auf die soziale Stellung der Bewohner einzelner Gebäude und auch Stadtteile. Hinzu kommen umfangreiche Hinweise auf Kunstäußerungen und auf den seinerzeitigen Kult.

Zum Ostseebereich gehört weiterhin im alten Rußland die bedeutende Stadt Nowgorod als Handelszentrum zwischen dem wikingischen Skandinavien, dem Ost- und Nordseebereich, Zentralrußland, Byzanz und anderen Ländern des östlichen Mittelmeeres.

Wichtigster Handelsplatz im Ostseeraum war schon im 8. Jh. Birka am Mälarsee mit Burg, geschütztem Hafen, befestigter „Stadt" und davorliegendem reichen Hügelgräberfeld. Die bei den Ausgrabungen geborgenen Sachgüter belegen besonders hier den Wohlstand der Händler und den für damalige Zeiten weltweiten Handel.

Als Verbindung zur Odermündung kommt an der westlichen Ostsee Haithabu große Bedeutung zu. Um 800 war es zunächst eine unbefestigte Kaufmannssiedlung mit Spezialwerkstätten und wurde bereits 808 als Hafen erwähnt. Dazu kam bald eine Befestigung und im 10. Jh. die Verstärkung der Verteidigungsanlagen durch einen zweiten Wall. Nach 1080 erfuhr der Platz keine Erwähnung mehr. Als Nachfolger gilt das benachbarte Schleswig.

In Alt-Lübeck und Lübeck brachten die 30jährigen Grabungen wesentliche Ergebnisse für die Besiedlung im alten Slawengau Wagrien und den Wohnsitz slawischer Fürsten. Burg mit Suburbium und Hafen sowie Kaufmannssiedlung konnten in ihrer Entwicklung in vielen klar trennbaren Schichten deutlich herausgearbeitet werden. Die Zerstörung von Alt-Lübeck erfolgte 1138. Zur Gründung der deutschen Stadt Lübeck kam es außerhalb der Stadtruinen Alt-Lübecks auf dem Gebiet des heutigen Stadtkerns erst 1143. Die systematischen neueren Forschungen bezogen sich auf das gesamte Umland und gestatten gute Einblicke in dessen Vorbesiedlung einschließlich des Terrains der heutigen Stadt. Aus den archäologischen Forschungen waren u. a. folgende Ergebnisse abzuleiten, gleichzeitig Forderungen für zukünftige Arbeiten: Eine langwährende und intensive slawische Besiedlung des Stadthügels im Zusammenhang des Burgwalls Buku geht der deutschen Gründung voraus. Weitere Klärungen erfordern die Lebensdauer, Ausdehnung, Struktur und Funktionen der Siedlungsplätze, ihr Verhältnis untereinander, das zu Alt-Lübeck und zur deutschen Stadtgründung. Die ältesten nachslawischen archäologischen Befunde und Funde stammen aus dem Bereich des Burgklosters (= Reste der für 1143—1227 überlieferten landesherrlichen Burg). Das Verhältnis zum slawischen Burgwall Buku, zu den zeitgleichen Kaufleutesiedlungen und zum nachfolgenden Dominikanerkloster bedarf noch weiterer Untersuchungen. Die Kaufleutesiedlung der Erstgründung fehlt ebenso noch; sie befand sich offenbar nicht in den Bereichen Koberg und Markt und wird im Anschluß an den Travehafen zu suchen sein. Da im Umkreis von Markt und Kaufleuteviertel Funde des 12. Jh. noch fehlen, wird die Annahme des Marktes als Zentrum der Zweitgründung in Frage gestellt und sind die Kaufleutesiedlungen beider Gründungen vordringlich im Anschluß an den Hafen aufzuspüren. Die Hafeneinrichtungen des Mittelalters sind weitgehend unbekannt, ebenso ihr Verhältnis zu den früheren Kaufleutesiedlungen. Die Lübecker Bürgerhausarchitektur wird in der Frühstufe durch große Holzständerbauten auf Schwellbalken gekennzeichnet als Vorläufer der steinernen Bürgerbauten. Nach dem Stadtbrand von 1276 erfolgte eine weitgehende Neueinteilung der Grundstücke samt Bebauung.

Die Reste von Handelswaren und handwerklicher Produktion zeigen in ihrer unterschiedlichen Verteilung im Stadtgebiet eine deutliche Funktionsteilung innerhalb der Siedlungseinheit. An Hand wirtschafts- und sozialtopographischer Untersuchungen müssen Verbindungen mit den schriftlichen Quellen noch klarere Aufteilungen erlauben.

Die für Lübeck aufgezeigten Ergebnisse und Forderungen sind in anderem Maß und Umfang für weitere mittelalterliche Städte und deren Entwicklung ein guter Forschungsanhalt. So konnten auch im Binnenland wesentliche Neuerkenntnisse gewonnen werden. Das gilt zunächst einmal für Brandenburg und Köpenick. Ersteres war bereits Zentrum des Heveller-Stammes. Auf dem Areal einer frühslawischen Siedlung können mindestens seit dem 8. Jh. die Reste einer siebenmal erneuerten Befestigung nachgewiesen werden. Im Anfang finden wir Plankenbau und Rostkonstruktionen, schließlich die Kastenkonstruktion. Im 10. Jh. sind auf Grund der archäologischen Befunde Größe, Konstruktion und Nutzung einer gesonderten Hauptburg und einer befestigten Vorbesiedlung erkennbar. In diese entwickelte Stufe gehört bereits die Gründung des Bistums (948). Beim Übergang des Gebietes an die askanischen Markgrafen (1157) ist die Periode des Steinbaues bereits erreicht. Über den zwei altslawischen Burgen in Köpenick befindet sich eine frühstädtische Anlage aus der spätslawischen Periode u. a. mit Münzdatierungen (Jaxa von Köpenick). Die frühdeutsche Burgstadt mit Markt ist auch archäologisch für das 13. Jh. belegt.

Beispielhaft für die Entwicklung von Burg und Stadt sind auch die Ergebnisse der größeren Grabungen in Meißen und in Groitzsch. Der Meißner Burgberg wurde zwar schon am Ende der Bronzezeit während eines Klimaoptimums als von Natur aus geschützte Siedelstelle intensiv genutzt. Bereits aus der frühen Eisenzeit sind aber bis einschließlich der sorbischen Inbesitznahme des Elblandes und der Lommatzscher Pflege, also für etwa 1500 Jahre, keinerlei Siedlungsreste auf dem Meißner Burggelände aufgefunden worden. Der damals wieder bewaldete steile Berg wurde wegen seiner strategischen Bedeutung im eben eroberten Land zwischen Saale und Elbe und nach Niederwerfung des Dalemenzier-Stammes gerodet und zum militärischen Bollwerk ausgebaut (zunächst auch gegen die Ungarn).

Die Grabungsergebnisse bei Burgen, die im Zusammenhang mit der Meißner Gründung als Vorsicherungen errichtet wurden — z. B. Dresden-Briesnitz, Zehren I und II, Höfgen, Köllmichen, Nossen, Schraplau, Landsberg —, lassen eine Mauer erwarten, deren Vorderfront aus mehreren Lagen ungemörtelter Steinplatten bestand, während die Hinterfront durch Holzsicherungen (in Einzelfällen auch aus Steinlagen wie die Vorderfront) befestigt war. Das Zwischenfeld war mit Erde und Steinen verfüllt und durch hölzerne Queranker besser zusammengehalten. Die Innenbesiedlung des Meißner Burgberges bestand von der Mitte des 10. Jh. bis zur Mitte des 11. Jh. aus breiten, vierfach erneuerten Holzstraßen mit Unterzügen aus Nadelholzstämmen und im Durchschnitt 12 cm starken aufliegenden Fahrbohlen. Zu beiden Seiten der Holzstraßen befanden sich aneinandergereiht Häuser in Blockbaumanier mit mehrfach erneuerten Bretterfußböden. Durch die zwischen den einzelnen Schichten eingelagerten Hölzer ist eine Feinchronologie der verschiedenen Baustraten in einer Abfolge von etwa jeweils 25 Jahren gesichert. Im 11. Jh. wurde ein kräftiger, tiefgegründeter Kampfturm errichtet, der im 13. Jh. im Zusammenhang mit dem Bau des gotischen Domes systematisch abgetragen wurde. In die gleiche Zeit fallen weitere gemörtelte Bauwerke mit Lagerkellern und palasartigen Aufbauten. Am Fuße der Burg — in der Nähe einer Elbfurt — sind für die Zeit um 1000 erste Hinweise auf einen Markt gegeben. Zu diesem Suburbium mit Hafen zu Füßen der Burg trat schon im 10. Jh. ein weiteres auf der Höhe hinter der Burg (St. Afra-Gebiet). Das heutige Stadtzentrum mit Markt und Rathaus ist auch archäologisch bereits für das Ende des 12. Jh. als besiedelt nachgewiesen. Vergleichbares findet sich in Altenburg und Bautzen mit je zwei Suburbien noch im 10. Jh., gleichzeitig oder nur wenig später etwa in Rochlitz oder auch Strehla sowie Belgern/Elbe. Die unbefestigte Stadt Altleisnig wurde als Kaufmannssiedlung abseitig vom Burggelände gegründet (12. Jh.), obwohl unterhalb der alten und wichtigen Burg ein Königshof bestanden hatte und ein alter Gewerbemarkt (heutiger Altmarkt) im Anschluß an die Befestigung auf der Höhe spätestens für das 11. Jh. gesichert sein dürfte. Die Stadtverlegung auf die Hochfläche direkt hinter der alten Reichburg (seit dem 14. Jh. Mildenstein genannt) erfolgte erst um 1286.

Infolge der Dichte der Burgwarde des 10./11. Jh. konnten sich nicht alle befestigten und unbefestigten Vorsiedlungen zu Frühstädten weiterentwickeln, ganz abgesehen von den fürstlichen Stadtgründungen in Sachsen um 1200 ohne „Vorgängerburg". Keine absolute

Klarheit besteht für die Abhängigkeit der Stadt Groitzsch von der dortigen Wiprechtsburg, da Wiprecht noch im 11. Jh. das benachbarte Kloster in Pegau gründete und sich dort bald eine städtische Ansiedlung entwickelte, in Groitzsch dagegen die befestigte Vorburg erst später (13. Jh.) im Vorgelände die städtische Zusatzsiedlung mit Gitterschema und zentralem Markt erhielt, deren Bedeutung allerdings trotz Fortbestand von Burg und späterem Schloß Groitzsch rasch verblaßte, da auch die Hauptverkehrswege als eine wichtige Voraussetzung für Entwicklung und Blüte mittelalterlicher Städte abseits vorbeiführten.

Daß ebenso andere Burgen von überregionaler Bedeutung nicht in jedem Falle eine Stadtentwicklung garantierten und lange bewahrten, beweisen in Sachsen u. a. unbedeutend gebliebene oder gar rückentwickelte Orte wie Döben, Mutzschen oder Dohna. Das verursachten z. B. markgräfliche Neugründungen wie Grimma und Dresden.

Wettinische Stadtgründungen stellen sowohl Leipzig als auch Dresden dar. Dabei ist Dresden archäologisch bisher ohne deutliche vorstädtische Entwicklung, ja überhaupt ohne intensive frühgeschichtliche Besiedlung im mittelalterlichen Stadtgebiet geblieben. Von den Stadtkernforschungen waren schwerpunktmäßig das erweiterte Altmarktgebiet mit dem ältesten Stadtkern, der Bereich der Frauenkirche vor der ältesten Stadt und das rechte Elbufer (Meißner Gassen) erfaßt worden. Wesentliche Anhaltspunkte, ja Keimzellen, stellten die relativ junge markgräfliche Burg, der Markt und die Brücke bzw. die Fährstelle dar, denn das Gebiet der späteren Stadt Dresden war wohl schon vor dem Ende des 12. Jh. Brückenkopf an der Elbe.

Die jahrelangen systematischen Ausgrabungen auf dem Matthäikirchhügel in Leipzig förderten unter den Fundamenten des Franziskanerklosters Mauern und Wälle der deutschen Burg des 10. Jh. mit Hüttenresten und reichlichem Fundmaterial auch der vorbesiedelnden Sorben spätestens seit dem Anfang des 9. Jh. zutage. Suburbien bestanden östlich und nördlich der Burg an wichtigen Straßen, an deren Kreuzung der erste Markt entstand. Baugruben im Stadtzentrum zeigen, wie unter deutschem Einfluß die Siedlungsflächen systematisch vergrößert wurden und wie sich die topographische Entwicklung Leipzigs von einer slawischen Doppelsiedlung zu beiden Seiten des alten Parthelaufs bis zur Stadt mit dem 1165 verliehenem Stadtrecht vollzog.

Auch viele hier nicht aufzählbare Belege zur Stadtentstehung weisen in Richtung der vorgeführten Beispiele. Daneben stehen seit dem 11./12. Jh. planmäßig gegründete Bürgerstädte, die aus Märkten der Kaufmannssiedlungen erwuchsen.

Die Verknüpfung von Burg- und Stadtkernforschung hat viele wesentliche und neue Erkenntnisse ermöglicht. So lassen sich im ostmittel-europäischen Raum heute bereits für das 8. Jh. erste nichtagrarische Zentren in Verbindung mit Burgen und Vorburgsiedlungen nachweisen, die auch dem Marktverkehr dienten und dabei ihre Abhängigkeit vom Burgherrn behielten. Es handelt sich im eigentlichen Sinne des Wortes um Frühstädte. Als Urbanisationsfaktor des frühen Mittelalters im behandelten Gebiet wirkte vor allem der Fernhandel zwischen der Ostsee, den arabischen Ländern und Byzanz. So erklärt sich die regelrechte Reihung früher städtischer Siedlungen an den genannten großen Verkehrswegen. Vom 10. Jh. an kennen wir schon Märkte einiger früher Burgstädte mit wirtschaftlich gegliederten Suburbien. Wir finden nun auch im Binnenland als Stadtbewohner fremde Kaufleute. Neben die Bürgerstädte des 11./12. Jh. treten vom 12. Jh. an Lokations- oder Rechtsstädte, die oft die alten Burgstädte ablösten und zur allmählichen Bedeutungslosigkeit verdammten.

Die Herausbildung eines von der agrarischen Produktion gelösten und sich immer mehr spezialisierenden Handwerks und des Handels mit der schließlichen Sonderstellung der

Kaufleute hatte die führende Rolle der Städte ermöglicht, die auch bald mit der Ummauerung eigene Schutzfunktionen übernahmen, somit die steigende Selbständigkeit gegenüber dem örtlichen Burgherrn dokumentierten, sofern nicht ohnehin schon die jüngeren Gründungen zum größeren Teil als Bürgerstädte entstanden waren. Politische und wirtschaftliche Macht, Verwaltung und Recht, Militärwesen, Handel und Handwerk, aber auch der Kult waren in neuen Zentren vereinigt.

Die sich immer deutlicher abzeichnende stufenweise Stadtentwicklung wird bei fortgeführter interdisziplinärer Forschung — z. B. Archäologie, Mediävistik, Siedlungskunde, Namenkunde, Numismatik und viele Naturwissenschaften — und internationaler Abstimmung bald viele neue Ergebnisse zeitigen, aber auch tiefergreifende Fragestellungen ermöglichen.

10. November 1978

Ansprache des Präsidenten, Herrn Schwabe, — Vortrag des Herrn Berg: „Wilhelm Ostwald, Gedanken zur Biologie".

W. Ostwald kam zwar im Laufe seines Lebens häufig mit biologischen Phänomenen in Berührung — sein Lehrer C. Schmidt war Physiologe, in Leipzig waren es die Welträtseldebatten und der Streit um den Vitalismus —, aber seine bedeutsamsten Schlußfolgerungen zog er als Siebzigjähriger in der Stille seines Landhauses in Großbothen und sie sind zum größten Teil erst kürzlich veröffentlicht worden (Ostwalds Klassiker der exakten Naturw. Bd 257). Nachdem Ostwald die Biologie ziemlich an die Spitze eingeordnet hatte, befaßte er sich mit der Abgrenzung zum Anorganischen. Neben Stoffwechsel, Fortpflanzung (Wachstum) stellte er nun das finale Prinzip dem kausalen gegenüber. Diese Zweckbestimmung aller Lebewesen ist zukunftsorientiert wie die Wissenschaft, die zu prophezeien vermag. Erst 1958 ist Ostwalds Prinzip unter dem Begriff Teleonomie erneuert worden. Weitere Kennzeichen des Lebens waren für ihn: das Fließgleichgewicht für die Aufnahme und Abgabe von Materie und Energie im Gefälle der Freien Energie, die letztlich dem Sonnenlicht entstammt. Weiterhin prägte er den Begriff der Überheilung als Überschuß der Gegenwirkung auf eine Störung (Reiz) des Organismus. Schließlich faßte er die Erforschung der Originalität unter dem Begriff der Geniologie zusammen und schrieb darüber seine Psychographien in „Große Männer" (Leipzig 1910), die noch heute beherzigenswert sind. — Erscheint in den Sitzungsberichten Bd 115 (1980) H. 1.

VERÖFFENTLICHUNGEN DER AKADEMIE IN DEN BERICHTSJAHREN

Jahrbuch 1975—1976. Berlin 1979. 364 S., 8 Taf. u. 7 Abb. im Text.

Mathematisch-naturwissenschaftliche Klasse

Sitzungsberichte

Band 112

Heft 4: Friedrich Wolf u. Peter Fröhlich: Zur Druckabhängigkeit von Ionenaustauschreaktionen. 1977. 13 S., 6 Abb., 1 Tab.

Heft 5: Dietrich Uhlmann: Möglichkeiten und Grenzen einer Regenerierung geschädigter Ökosysteme. 1977. 50 S., 20 Abb., 2 Tab.

Heft 6: Erich Rammler: Zwei Jahrzehnte Entwicklung des Einsatzes der Energieträger Kohle und Erdöl im Weltmaßstab. 1977. 29 S., 6 Abb., 4 Tab.

Heft 7: Ulrich Freimuth: Umweltprobleme in der Ernährung. 1977. 32 S., 3 Abb., 4 Tab.

Band 113

Heft 1: Erich Lange: Allgemeingültige Veranschaulichung des II. Hauptsatzes. 1978. 22 S., 10 graph. Darstellungen.

Heft 2: Herbert Beckert: Bemerkungen zur Theorie der Stabilität. 1977. 19 S.

Heft 3: Klaus Dörter: Probleme und Erfahrungen bei der Entwicklung einer intensiven landwirtschaftlichen Produktion im Landschaftsschutzgebiet des Harzes. 1978. 20 S., 6 Abb., 2 Tab.

Heft 4: Hans Drischel: Elektromagnetische Felder und Lebewesen. 1978. 31 S., 14 Abb., 2 Tab.

Abhandlungen

Band 53

Heft 2: Lothar Jentsch: Zur Existenz von regulären Lösungen der Elastostatik stückweise homogener Körper mit neuen Kontaktbedingungen an den Trennflächen zwischen zwei homogenen Teilen. 1977. 45 S.

Heft 4: Karl Strehmel: Näherungsmethoden zur Ermittlung von transsonischen Profilströmungen mit Verdichtungsstößen. 1978. 78 S., 25 Abb.

Philologisch-historische Klasse

Sitzungsberichte

Band 118

Heft 1: Rudolf Große u. Siegfried Blum, Heinrich Götz: Beiträge zur Bedeutungserschließung im althochdeutschen Wortschatz. 1977. 208 S.

Heft 2: Rolf Lieberwirth: Die historische Entwicklung der Theorie vom vertraglichen Ursprung des Staates und der Staatsgewalt. 1977. 54 S.

Heft 4: Hans Hiebsch: Wilhelm Wundt und die Anfänge der experimentellen Psychologie. 1977. 22 S.

Band 119

Heft 1: Willem Pée: Rechtschreibungsprobleme im Niederländischen. Mit einem Beitrag von Helga Hipp: Probleme der niederländischen Rechtschreibung aus germanistischer Sicht. 1977. 53 S.

Heft 2: Gertrud Schubart-Fikentscher: Goethes Amtliche Schriften. Eine rechtsgeschichtliche Untersuchung. 1977. 72 S.

Heft 3: Rudolf Růžička: Historie und Historizität der Junggrammatiker. 1977. 22 S.

Heft 4: Gertrud Schubart-Fikentscher: Christian Thomasius. Seine Bedeutung als Hochschullehrer am Beginn der deutschen Aufklärung. 1977. 50 S.

Heft 5: Joachim Müller: Shakespeare und ein deutscher Anfang: Die von Borcksche Übersetzung des „Julius Cäsar" von 1741 im Streitfeld von Gottsched und Johann Elias Schlegel. 1977. 65 S.

Heft 6: Herbert Peukert: Positionen einer Linguostilistik. 1977. 93 S.

Band 120

Heft 1: Lieselotte Blumenthal: Mozarts englisches Mädchen. 1978. 29 S.

Heft 2: Hans-Joachim Diesner: Westgotische und langobardische Gefolgschaften und Untertanenverbände. 1978. 32 S., 5 Abb.

Heft 3: Walter Dietze: „Ein würdiger Lehrer der Menschheit zu werden ..." Über Johann Gottfried Herders schriftstellerische Anfänge. 1978. 22 S.

Heft 4: Rolf Lieberwirth: Der Staat als Gegenstand des Hochschulunterrichts in Deutschland vom 16. bis zum 18. Jahrhundert. 1978. 32 S.

Abhandlungen

Band 66

Heft 4: Hilmar Walter: Temporale, aspektliche und modale Semantik des verbum finitum im modernen Bulgarischen. 1977. 95 S., 2 Abb.

Band 67

Heft 1: Eberhard Brüning: Humanistische Tradition und progressives Erbe der Leipziger Anglistik/Amerikanistik. 100 Jahre Lehrstuhl für englische Sprache und Literatur an der Karl-Marx-Universität. 1977. 64 S., 14 Taf.

Heft 2: Beiträge zum deutsch-slawischen Sprachkontakt. Hrsg. von Ernst Eichler. 1977. 104 S., 1 Tab.

Heft 3: Hans-Joachim Diesner: Isidor von Sevilla und das westgotische Spanien 1977. 127 S., 6 Tab.

Heft 4: Karlheinz Blaschke: Ereignisse des Bauernkrieges 1525 in Sachsen. Der sächsische Bauernaufstand 1790. 1978. 14 S., Karten mit erläuterndem Text.

Band 68

Heft 3: Politische Korrespondenz des Herzogs und Kurfürsten Moritz von Sachsen. Hrsg. von der Historischen Kommission der Sächsischen Akademie der Wissenschaften zu Leipzig. Bearbeitet von Johannes Herrmann und Günther Wartenberg. 3. Band: 1. Januar 1547—25. Mai 1548. 1978. 914 S.

Mit Unterstützung der Akademie erschienen im Berichtszeitraum:

Thesaurus Linguae Latinae

Vol. I	Fasc. I—IX *a—Amyzon* 3. Aufl. Leipzig 1977. Sp. 1—2032
Vol. II	Fasc. I—X *an—Byzeres* 3. Aufl. Leipzig 1976—1978. Sp. 1—2270
Vol. VII Pars 2	Fasc. XI *locus—ludibundus* Leipzig 1977.
Vol. IX Pars 2	Fasc. VI *oppugnatio—ordo* Leipzig 1978.

VERÖFFENTLICHUNGEN VON AKADEMIEMITGLIEDERN IN DEN JAHREN 1977 UND 1978

Mathematisch-naturwissenschaftliche Klasse

Beckert, Herbert: A theory of finite elastic deformations under second and third boundary conditions for general structures. In: Abh. ADW der DDR, Abt. Math., 1977, S. 9–17.
– Bemerkungen zur Theorie der Stabilität. Berlin 1977. 19 S. (= Sitzungsber. Sächs. Akad. Wiss. zu Leipzig, math.-nat. Kl. Bd. 113, H. 2).
– Zur zweiten und dritten Randwertaufgabe in der nichtlinearen Elastizitätstheorie. In: Zeitschr. f. Angew. Math. u. Mech. *57* (1977) S. 153–164.

Berg, Hermann: Nucleinsäure-Antibiotika-Wechselwirkung. In: Ergebnisse exper. Medizin *24* (1977) S. 275–291.
– M. v. Ardenne, H. Berg, H. Fritzsche, P. Reitnauer, R. Tümmler: Physikochemische Analyse der Hydrolyse von N-(2-Cyanäthylen)-Harnstoff. In: J. f. prakt. Chem. *319* (1977) S. 848–856.
– Biopolymers at Electrode Surface-Recent Conceptions and Models. In: Bioelectrochem. Bioenergetics *4* (1977) S. 522–527.
– Das Verhalten von Biopolymeren an der Elektrodenoberfläche. In: Polarographie: Probleme und Perspektiven. Tagungsband der Allunionskonferenz Riga 1977. S. 308–316.
– u. U. Fiedler, L. Heinisch: Polarographische Differenzierung zwischen 6-Azalumazinen und 1,2,4-Triazinen. In: J. f. prakt. Chem. *319* (1977) H. 3, S. 522–525.
– u. J. Flemming, G. Horn: Conformational Transitions of DNA at the Electrode Surface. In: Abstracts Vol.: 4. Symp. Bioelectrochem. 2.–8. 10. 1977. S. 4.
– u. L. Kittler, F. A. Gollmick: Linear Free Energy Relationship between Light and Electrochem. Reactions of Bases in Nucleic Acids. Ebda S. 43.
– u. G. Horn, J. Flemming, V. Glezers: Kinetics of DNA Compaction at the Electrode Surface. In: Bioelectrochem. Bioenergetics *4* (1977) S. 464–475.
– u. F. A. Gollmick, H. Triebel, E. Bauer, G. Horn, J. Flemming, L. Kittler: Redox processes during photodynamic damage of DNA. I. Results obtained by several physiochemical methods. Ebda *5* (1978) S. 335–346.
– Redox processes during photodynamic damage of DNA. II. A new model for electron exchange and strand breaking. Ebda S. 347–356.
– u. W. Förster, H.-E. Jacob, W. Jungstand, P. Mühlig: Electric Field on Single Cells. In: studia biophysica *74* (1978) S. 31–32.
– u. F. A. Gollmick, L. Kittler, H. Triebel: Photodynamic Mechanisms on their effects on DNA-structure. In: VI. Intern. Biophysics Congress, Kyoto. Abstracts, 1978, S. 401.
– u. W. Fleck, H. Fritzsche, W. Förster, F. A. Gollmick, H. Schütz, D. Strauß, E. Stutter: Complexes between DNA and violamycins a new series of anthracycline antibiotics. Ebda S. 392.
– H. Triebel, H. Bär, H.-E. Jacob, E. Sarfert u. H. Berg: Sedimentation analysis of DNA photooxidized in the presence of thiopyronine. In: Photochem. Photobiol. *28* (1978) S. 331–337.
– [Einführung] Wilhelm Ostwalds Ideen zur Biologie. In: Wilhelm Ostwald: Gedanken zur Biosphäre. (= Ostwalds Klassiker Bd *257* [1978] S. 6–15).
– Auslese und Förderung schöpferischen Nachwuchses für Wissenschaft und Technik. In: 23. Intern. Wiss. Koll. TH Ilmenau 1978.

Bethge, Heinz u. J. Heydenreich: Present state of high voltage electron microscopy. In: Proc. XI. Czech. Conf. on Electron Microsc. Vol. *B* (Prague 1977) S. 438–439.

– H. Höche u. H. Bethge: Observation and simulation of step motion on evaporating crystal surfaces. In: Journal of Crystal Growth *42* (1977) S. 110–120.

– F. Appel, H. Bethge u. U. Messerschmidt: Distribution of point-obstacle distances during the motion of screw dislocations in MgO single crystals. In: phys. status solidi (a) *38* (1976) S. 103–108.

– F. Appel, H. Bethge u. U. Messerschmidt: Dislocation motion and multiplacation at the deformation of MgO single crystals in the high voltage electron microscope. In: phys. status solidi (a) *42* (1977) S. 61–71.

– M. Krohn u. H. Bethge: Step structures of real surfaces. In: 1976 Crystal growth and materials. Ed. by E. Kaldis and H. J. Scheel. Amsterdam: North-Holland Publishing Co. 1977. S. 142–164.

– Systeme und Systemgrenzen, dargestellt an Beispielen aus der Kristallphysik. In: Systeme und Systemgrenzen. Vorträge, gehalten anläßlich der Jahresversammlung der LEOPOLDINA 1975. In: Nova Acta Leopoldina NF *47* (1977) H. 226, S. 43–62.

– Decoration technique and surface physics. In: Proc. 9th. Int. Conf. Electr. Microsc. *V 1* (Toronto 1978) S. 436–437.

– Fortschritte in der Elektronenmikroskopie von Oberflächen. In: Veröff. z. 9. Tagung „Elektronenmikroskopie“, Dresden 1978. S. 1–3.

– Phasengrenzflächen (Einleitung). In: Sitzungsber. AdW der DDR *17* N (1978) S. 5–8.

– G. Kästner u. H. Bethge: Top and Bottom contrast of crystal defects in thick specimens. In: Proc. 5th. Int. Conf. in High Voltage Electron Microsc., Kyoto 1977. S. 217–220.

– M. Krohn u. H. Bethge: Surface structure and problems of thin film growth. In: Fizika ciencich warstw. II. Ogolnopolskie sympozjum, Szczyrk *1975*. Warszawa 1977. S. 46–57.

Buchheim, Wolfgang: Studien und Dokumente zur Geschichte der Physik an der Bergakademie *I*: Ferdinand Reich. Hrsg. von W. B., Bergakademie Freiberg 1977. 19. S.

– Ferdinand Reich – 1827 erster Inhaber des Lehrstuhls für Physik an der Bergakademie. [Mitarbeit von Eberhard Wächtler und Peter Schmidt, Freiberg]. In: Freiberger Forschungshefte *D 115*. Hrsg. vom Rektor der Bergakademie Freiberg. Leipzig 1978. S. 9–32.

– [Vortr.] Ausgewählte Beispiele für die Anwendung geophysikalischer Methoden in der Umweltforschung. Vortrag, gehalten am 9. Juni 1977 in der Klasse Umweltschutz und Umweltgestaltung der AdW (Autorenreferat). In: DLZ *98* (1977) Sp. 779–780. (= „Aus den Sitzungen des Plenums und der Klassen der Akademie der Wissenschaften der DDR, Klassen“).

Busch, Karl-Franz u. Mitarbeiter: Umweltschutztechnik. 2., bearb. u. erw. Aufl., Leipzig 1977. 146 S.

– u. Mitarbeiter: Brockhaus Handbuch *Sozialistische Landeskultur, Umweltgestaltung – Umweltschutz*. Hrsg. E. Neef u. V. Neef. Leipzig 1977. 602 S., 16 Taf.

– Bautechnische Berechnungstafeln für Ingenieure. Hrsg. von H. Pörschmann. 14. Aufl. Leipzig 1978, Teil *15*, Wasserwirtschaft. S. 511–537.

– E. Steiger u. K.-F. Busch: Meyers Taschenlexikon. *Bautechnik*. 2. Aufl., Leipzig 1978. 375 S., 20 Taf.

– Verwertung kommunaler Abwasserschlämme. In: Die Technik *32* (1977) S. 464–466.

– H.-J. Diersch, A. Schirmer u. K.-F. Busch: Analysis of flows with initially unknown discharge. In: Journal of the hydraulics division, ASCE, Vol. *103*, No. HY 3, Proc. Paper 12 784, March 1977, pp. 213–232.

– Requirements and posibilities of disinfecting municipal waste sludges. In: Unesco, International post-graduate training course on ecosystem management at the Technical University of Dresden, Study material, Printed as a manuscript, Volume *V 7* (1978) pp. 1–14.

Busch, Karl Franz u. Mitarbeiter: Re-Use of municipal waste water sludges. In: Unesco, International post-graduate training course on ecosystem management at the Technical University of Dresden, Study material, Printed as a manuscript, Volume *V 7* (1978) pp. 15–22.

– Level and development of sewage land tratment in the GDR. In: Unesco, International post-graduate training course on ecosystem management at the Technical University of Dresden, Study material, Printed as a manuscript, Volume *V 7* (1978) pp. 23–60.

– 150 Jahre Technische Universität Dresden. In: Acta hydrochimica et hydrobiologica *6* (Berlin 1978) H. 5, S. 379–382.

– u. G. Peschke: Lehre und Forschung an der Technischen Universität Dresden für die sozialistische Praxis. In: Wasserwirtschaft-Wassertechnik *28* (Berlin 1978) H. 8, S. 260–262.

– Zur Entwicklung des Wasserwesens in Lehre und Forschung, vornehmlich des Fachgebietes Boden- und Grundwasserkunde. In: WZ TU Dresden *27* (1978) H. 1, S. 207–213.

– Zur Entwicklung der Grundwasserkunde. In: Neue Bergbautechnik *8* (Juni 1978) H. 6, S. 323–327.

Dörter, Klaus: Süßgräser, Riedgras- und Binsengewächse. 2. Aufl., Leipzig, Jena, Berlin 1977. 224 S., 96 Taf., 2 Tab.

– Nutzung und Schutz des Bodens. In: Brockhaus Handbuch *Sozialistische Landeskultur, Umweltgestaltung – Umweltschutz*. Hrsg. E. Neef u. V. Neef. Leipzig 1977. S. 99–139, 12 Tab.

– u. Samia El Gendy, Sabine Leister: Einfluß von mit Salzen belastetem Bewässerungswasser auf Bodeneigenschaften und Pflanzenwachstum eines Lößes. In: WZ Univ. Halle, math.-nat. R. *26* (1977) 4, S. 39–49.

– Einige Hinweise zur intensiven landwirtschaftlichen Produktion in Trinkwasserschutzgebieten am Beispiel des Einzugsgebietes der Rappbodetalsperre im Harz. In: Hercynia NF *14* (1977) 3, S. 264–271.

– Sabine Leister u. K. Dörter: Modellversuche zur unterirdischen Bewässerung über künstlicher Wassersperrschicht auf einem grundwasserfernen sandigen Lehmboden. In: WZ Univ. Halle, math.-nat. R. *27* (1978) 3, S. 13–21.

– Probleme und Erfahrungen bei der Entwicklung einer intensiven landwirtschaftlichen Produktion im Landschaftsschutzgebiet des Harzes. Berlin 1978. 20 S. (= Sitzungsber. Sächs. Akad. Wiss. zu Leipzig, math.-nat. Kl. Bd 113, H. 3).

Drischel, Hans: Informationsaufnahme, -verarbeitung und -speicherung sowie Steuerung und Regelung in Lebewesen. In: *Philippow, E.*: Taschenbuch der Elektrotechnik. Bd *2* (Berlin 1977) S. 788–853.

– On the Outliving Value of Biocybernetics. In: Preprints of the IFAC-Symposium on „Control Mechanisms in Bio- and Ecosystems". Vol. *I* (Leipzig 1977) S. 47–57.

– Elektromagnetische Felder und Lebewesen. Berlin 1978. 31 S. (= Sitzungsber. Sächs. Akad. Wiss. zu Leipzig, math.-nat. Kl. Bd 113, H. 4).

Freimuth, Ulrich: Umweltprobleme in der Ernährung. Berlin 1977. 32 S. (= Sitzungsber. Sächs. Akad. Wiss. zu Leipzig Bd 112, H. 7).

– K. D. Schwenke, E. Kracht, G. Mieth u. U. Freimuth: Proteingewinnung unter Einsatz von komplexbildenden Stoffen. 2. Mitt. Zur Bildung unlöslicher Komplexe zwischen Sonnenblumenalbuminen und Alginat bzw. Pektin. In: Nahrung *19* (1977) S. 395–403.

– H. P. Pietsch, D. Kasprick u. U. Freimuth: Zur objektiven Qualitätsbeurteilung von Weinbrand unter besonderer Berücksichtigung der Gaschromatographie. In: Lebensmittelindustrie *24* (1977) S. 409–415.

– I. Ludwig, K. Böttger u. U. Freimuth: Zur Bildung flüchtiger Stoffe bei der MAILLARD-Reaktion. In: Nahrung *21* (1977) S. 591–597.

– H. Nötzold, B. Schlegel, D. Breitfeld u. U. Freimuth: Zur Alkalibehandlung von Proteinen. I. Mitt. Das Verhalten der Sulfhydryl- und Disulfidgruppen in alkalibehandeltem β-Lactoglobulin und α-Lactalbumin. In: Nahrung *21* (1977) S. 697–704.

Freimuth, Ulrich u. W. Krause, A. Döß: Zur Alkalibehandlung von Proteinen. 2. Mitt. Enzymatische Hydrolyse von alkalibehandeltem β-Casein und Säurecasein. In: Nahrung *22* (1978) S. 557–568.

Gersch, Manfred: Häutungen von Insekten ohne Häutungsdrüse: Befunde mit Larven von *Periplaneta americana*. In: Experientia *33* (1977) S. 228–230.
– Hormonale und humorale Steuerung durch neurosekretorische Peptide. In: Probleme der Korrelation neuronaler und endokriner Regulation bei Evertebraten. In: Wiss. Beitr. Univ. Jena. Jena 1978. S. 8–31.
– Informationsübermittlung mit Hilfe neurosekretorischer Peptide als Mediatoren. In: Naturwissenschaften *64* (1977) S. 417–426.
– Die klassische Vorstellung der hormonalen Steuerung der Insektenentwicklung im Lichte neuer experimenteller Tatsachen: Produktion von Häutungshormon außerhalb der Prothorakaldrüse. In: Zool. Jb. Physiol. *82* (1978) S. 171–184.
– Neural and neurohormonal control of the circadian rhythm of blood trehalose in the cockroach *Periplaneta americana* (Insecta). In: Neurosecretion and neuroendocrine activity. Evolution, structure and function. Berlin und Heidelberg 1978. S. 370–372.
– Neurohormone D in Insects, its Action on Cellular Level with Specific References to the Nervous System. In: Proc. Intern. Soc. Neurochemistry *6* (1977) S. 83.
– Neurosekretorische Peptide als Mediatoren der Informationsübermittlung bei wirbellosen Tieren. In: Hormonale und humorale Informationsübermittlung durch Peptide als Mediatoren. Berlin 1977. 21 S. (= Sitzungsber. AdW der DDR *5* N).
– 100 Jahre Gustav Fischer Verlag Jena. 1878–1953–1978. In: Biol. Rdsch. *16* (1978) S. 209–213.
– 1878–1978, 100 Jahre – 200 Bände „Zoologischer Anzeiger“. In: Zool. Anz. *201* (1978) S. 1–4.
– u. E. Baumann, H. Birkenbeil: C-AMP als möglicher Mediator beim Wirkungsmechanismus von Neurohormon D. In: Zool. Jb. Physiol. *82* (1978) S. 151–170.
– u. M. Eckert, E. Baumann, H. Birkenbeil: Immunologische Untersuchungen des neuroendokrinen Systems der Insekten. V. Zur Kennzeichnung des Aktivationsfaktors II mit immunologischen, biochemischen und physiologischen Methoden. In: Zool. Jb. Physiol. *81* (1977) S. 153–164.
– u. H. Eibisch: Synthesis of ecdysone-^{14}C and ecdysterone from cholesterol-^{14}C in cockroaches (*Periplaneta americana*) without molting glands. In: Experientia *33* (1977) S. 468.
– u. D. Gersch: Das Objekt in der biologischen Forschung. In: Biol. Rdsch. *15* (1977) S. 145–160.
– u. K. Richter: Vergleichende Neurobiologie der wirbellosen Tiere. In: Neurobiologie. Hrsg. v. Dietmar Biesold u. Hans-Jürgen Matthies. Jena 1977. S. 735–791.
– u. K. Richter, H. Eibisch: Untersuchungen zur Kennzeichnung und zur Wirkung des Häutungs-Hemmhormons aus der Sinusdrüse (molt-inhibiting hormone = MIH) von *Orconectes limosus Rafinesque* (Crustacea-Decapoda). In: Zool. Jb. Physiol. *81* (1977) S. 133–152.
– H. Birkenbeil, M. Gersch u. J. Ude: Die Ultrastruktur der Spinndrüsenzellen von *Galleria mellonella* in Beziehung zum Aktivitätszustand. In: Zool. Anz. *201* (1978) S. 161–176.
– R. Bräuer, M. Gersch, G.-A. Böhm u. E. Baumann: In-vitro-Stimulierung der Synthese von α-Ecdyson in Prothoracaldrüsen von *Periplaneta americana* durch den Aktivationsfaktor. In: Zool. Jb. Physiol. *81* (1977) S. 1–12.
– M. Eckert u. M. Gersch: Immunochemical investigations on the neuroendocrine system of the cockroach, *Periplaneta americana L.* In: Neurosecretion and neuroendocrine activity. Evolution, structure and function. Berlin und Heidelberg 1978. S. 365–369.

Görlich, Paul: Meßmethoden der Physik. In: Vorträge auf der Jahreshaupttagung der Phys. Ges. der DDR 1977. S. 3–8.
– Meßtechnik, Gerätebau und Kybernetik als Grundlagen zur Umweltforschung. In: Im Dienste produktiven Schaffens. Berlin 1977. S. 83–113 (= Festschrift der Sächsischen Akademie zum 25. Jahrestag der DDR).

Görlich, Paul: Spektroskopie aus allgemeiner Sicht. In: Wiss.-Techn. Informationsdienst Zentrales Geologisches Inst. *17* (1976) Sonderheft 6, S. 1—15.

Hund, Friedrich: Geschichte der physikalischen Begriffe. 2. Aufl., Mannheim 1978. Teil 1: Die Entstehung des mechanischen Naturbildes, 221 S., 69 Abb.; Teil 2: Die Wege zum heutigen Naturbild, 229 S., 36 Abb.

— Geschichte der Quantentheorie. Japanische Übersetzung von K. Yama Zaki. Tokio 1978. 303 S., 33 Abb.

— Frühgeschichte der quantenmechanischen Behandlung der chemischen Bindung. In: Angewandte Chemie *89* (1977) S. 89—93.

— [Nachruf] Werner Heisenberg. In: Jahrbuch Akad. d. Wiss. *1976* (Göttingen 1977) S. 121—128.

— Raum und Zeit als physikalische Begriffe. Wiesbaden 1978. 16 S., 8 Abb. (= Sitzungsber. d. Wiss. Gesellsch. Frankfurt *15*, Nr. 5).

Jordan, Herbert: Trainingseinfluß auf die rhythmologische Charakteristik der Diastolendauer beim Menschen. In: Nova Acta Leopoldina *46* (Halle/S. 1977) S. 631—633.

— Bericht über die Arbeitstagungen der „Sektion Balneologie und Bioklimatologie" der Gesellschaft für Physiotherapie der DDR am 9. 6. und 3. 11. 1976 im Forschungsinstitut für Bioklimatologie, Berlin-Buch. In: Z. Physiother. *29* (1977) H. 3, S. 213—214.

— u. H. Wagner: Zur Problematik der Kurdurchführung im Alter. Ebda H. 1, S. 33—39.

— u. H. Wagner: Zur Beeinflussung regulativer Prozesse im Zuge der Kurorttherapie. Ebda H. 3, S. 151—163.

— D. Reinhold, H. Jordan, L. Zelaitis: Die kontinuierliche Ermittlung der Systolen- und Diastolendauer des Herzens mittels automatischer Registriereinrichtung. In: Medizintechnik *17* (1977) H. 2, S. 59—61.

— u. G. Hentschel: Balneotherapie (Kurortbehandlung). In: Physiotherapie. Hrsg. von J. C. Cordes. 2. Aufl. Berlin 1978. S. 114—133.

— Institut für Physikalische Therapie. In: Entwicklung der Medizin in Jena 1945—1975. Jenaer Reden und Schriften. Hrsg. von der Friedrich-Schiller-Universität Jena 1978. S. 115—118.

— R. Callies, H. Jordan, D. Knopf, P. Lindau, A. Peter, A. Zielke: Probleme der Kurorttherapie bei entzündlich-rheumatischen Erkrankungen. In: Deutsches Gesundheitswesen *33* (1978) H. 6, S. 274—278.

— Begrüßungsansprache zum III. gemeinsamen Symposium der DDR und der Volksrepublik Polen über Thalassotherapie in Graal-Müritz vom 7. bis 10. Sept. 1977. In: Z. Physiother. *30* (1978) H. 3, S. 141—144.

— Zur Thalassotherapie der Rheumatoidarthritis. Ein Überblick. Ebda H. 1, S. 1—18.

— 1957—1977: Leitlinien und Ergebnisse des Forschungsinstituts für Balneologie und Kurortwissenschaft Bad Elster. Ebda H. 5, S. 317—323.

— Albert Kukowska. Ebda H. 2, S. 77—78.

— Balneologie und Bioklimatologie. Übersichtsreferat der Arbeiten in Zeitschrift für Physiotherapie. In: Vopr. kurortol. *1978*, H. 3, S. 85—86.

— u. H. Wagner, U. Fröhlich: Rhythmusbildung und Ausgangswertgesetz. In: Z. Physiother. *30* (1978) H. 3, S. 147—155.

Klimaszewski, Mieczysław: Geomorfologia [Handbuch]. Warszawa 1978. 1098 S., 804 Abb., 13 vielfarbige Karten.

— A detailed geomorphological map. In: Folia Geographica, Series Geographica Physica *XI* (1978) S. 9—25.

— The High Tatras. In: Folia Geographica, Serias Geographica Physica *XI* (1978) S. 27—31.

Krug, Herbert u. E. Rammler, W. Naundorf, D. Trommer: Probleme der qualitativen Übertragbarkeit von Ergebnissen der Laborbrikettierung auf die Formkanalstempelpresse. In: Neue Bergbautechnik *7* (1977) 5, S. 369—374.

— u. W. Naundorf, E. Rammler, M. Süß, D. Trommer: Einfluß der Brikettierungsparameter auf die Qualität der Braunkohlenbriketts. In: Freib. Forschgsh. *A 574* (1977) 184 S.

Krug, Herbert u. D. Trommer, W. Naundorf: Herstellung von Kalk-Koks-Briketts für Prozesse mit hohen Aufheizgeschwindigkeiten. In: Freib. Forschgsh. *A 580* (1977) S. 33—39.
— u. W. Naundorf: Vorgänge bei der Verdichtung von Brikettiergütern auf Formkanalwalzenpressen. In: Techn. Mittlg. Kombinatsaktiv KdT Mansfeld-Komb. „Wilhelm Pieck" *1977*, 5, S. 6—11.
— u. D. Trommer, W. Naundorf: Über die Brikettierung in einer Wasserdampfatmosphäre. In: Techn. Mittlg. Kombinatsaktiv KdT VEB Mansfeld-Komb. „Wilhelm Pieck" *1978*, 1, S. 13—17.
— u. W. Naundorf, D. Trommer: Zur Brikettierung von körnigen Produkten unterschiedlicher Druckplastizität auf Formkanalstempelpressen. In: Freib. Forschungsh. *A 590* (1978) S. 7—28.
— u. W. Naundorf, H. Heck: Erfahrungen mit der statistischen Versuchsplanung bei der Brikettierung im Labor. In: Freib. Forschgsh. *A 590* (1978) S. 29—44.
— u. R. Wollenberg: Untersuchungen zur Brikettierung von Flußspatflotationskonzentrat. In: Freib. Forschgsh. *A 590* (1978) S. 45—57.
— u. W. Naundorf, R. Wollenberg: Zum Agglomerationsverhalten von Hobel- und Sägespänen. In: Freib. Forschgsh. *A 590* (1978) S. 59—72.
— u. D. Trommer: Möglichkeiten zur Intensivierung des Preßprozesses von Trockenbraunkohle auf der Formkanalstempelpresse. In: Neue Bergbautechnik *8* (1978) 7, S. 381—385.
— u. W. Naundorf: Zum Phänomen der Entstehung fester Braunkohlenbriketts. Teil 1: Theoretische Betrachtungen. In: Neue Bergbautechnik *8* (1978) 11, S. 647—653

Lange, Erich: Allgemeingültige Veranschaulichung des II. Hauptsatzes. Berlin 1978. 22 S. (= Sitzungsber. Sächs. Akad. Wiss. zu Leipzig, math.-nat. Kl. Bd 113, H. 1).
— Gesichtspunkte zur Wissenslehre, Ethik, Macht und Recht. Erlangen 1977, 12 S., 2., verbesserte Aufl. 1978, 17 S. Als Manuskript vervielfältigt 1977.

Lösche, Artur: Über einige Probleme bei der Untersuchung von Phasenstrukturen. In: Vorträge zur Frühjahrsschule über Phasenverhalten in kondensierten Systemen *1977*, S. 1—6.
— u. S. Grande: ^{13}C-Resonances in ordered molecular systems. In: RAMIS 1977. S. 117—129.
— [Nachr.] u. P. Paufler: Gustav E. R. Schulze 24. 2. 1911—5. 10. 1974. In: Jahrbuch Sächs. Akad. Wiss. zu Leipzig *1973—1974* (Berlin 1976) S. 274—278.
— [Nachr.]: James Chadwick 20. 10. 1891—24. 7. 1974. Ebda S. 310—311.
— u. S. Grande, E. Heinze: Protonen-Spin-Gitter-Relaxation in nematischen Phasen. In: 1. Flüssigkristallkonferenz soz. Länder. Halle 1976. S. 1—7.
— u. St. Limmer, S. Grande: NMR-Investigations of the melting behaviour of mesogen compounds. In: phys. stat. sol. (b) *84* (1977) S. 283—292.
— Progress in solid-state-NMR — a source of new problems in liquid crys tals. In: Proc.XX.Congr. Ampere Tallinn 1978.
— u. S. Grande, J. Schulz: Proton-enhanced ^{13}C-resonance in smectic phases of liquid crystals. Ebda.
— u. P. M. Borodin, J. Moltschanow, P. Braun, S. Grande, J. Lorenzsonn: Temperaturabhängigkeit der Rotationsviskosität oberhalb des S_A-nematischen Phasenüberganges in NPOB. In: Forschungen über Flüssigkristalle — Wiss. Beiträge der Martin-Luther-Universität Halle—Wittenberg *21* [N 7] (1978) S. 48—55.
— u. S. Grande, E. Heinze: Untersuchungen der Protonen-Spin-Gitter-Relaxation in der smektischen C- und der nematischen Phase langkettiger Homologer von PAA. In: Ann. Phys. (7) *35* (1978) S. 145—157.
— u. S. Grande, J. Schulz: Structural changes at the phase transition of TGS investigated by high-resolution ^{13}C-NMR. In: J. Molec. Structure *47* (1978) S. 1—7.

Maier, Wilhelm: Mittelwerte der Zeta-Funktion. In: Aequationes Mathematicae *18* (1979). Univ. of Waterloo Report of meetings [= Vortrag, gehalten auf dem XVI. Internationalen Symposium über Funktionalgleichungen der Universität Graz vom 3.—10. Sept. 1978].

Matzen, Peter Friedrich: [Nachr.] Hanna Schimmel. In: Beitr. Orthop. u. Traumatol. *24* (1977) S. 196.
— Indikation der operativen Therapie bei Frakturen und Luxationen im Schulterbereich. Ebda *25* (1978) S. 44—52.
— u. Peter Felix Matzen: Orthopädie für Studierende. 4. Aufl. Leipzig 1977.
— [Vortr.] Über die Ergebnisse der operativen Behandlung primär bösartiger Knochentumoren. In: Orthopädie *V* (Stuttgart 1979).

Neef, Ernst: Destruktive Geographie. In: PGM *121* (1977) S. 138—140.
— A scheme of side-processes relevant for environmental development. In: Geografia Polonica *36* (1977) S. 157—161.
— Zur Behandlung des Problemkreises „Mensch und Umwelt“ in der Internationalen Geographischen Union. In: Geogr. Berichte H. *84* (1977) S. 133—136.
— Einige Bemerkungen über die Beziehungen zwischen Physischer Geographie und Bodenkunde. In: Beiträge zur Quartär- und Landschaftsforschung. Festschrift zum 60. Geburtstag von Julius Fink. Wien 1978. S. 403—411.
— [Hrsg.] Brockhaus Handbuch *Sozialistische Landeskultur, Umweltgestaltung — Umweltschutz*. Mit einem ABC. Leipzig 1977. 604 S., 16 Taf.-Abb.

Nissen, Rudolf u. M. Rossetti, R. Siewert: 20 Jahre Behandlung der Refluxkrankheit mit Fundoplicatio. In: Der Chirurg *48* (1977) S. 634ff.
— Fünfzig Jahre erlebter Chirurgie. Ausgewählte Vorträge und Schriften. Stuttgart 1978. 353 S.

Oelßner, Wilhelm: Teilgebiet medizinische Radiologie. In: Meyers Neues Lexikon, Leipzig 1971—1977.
— u. F. Kamprad, J. Pfeiffer: Ergebnisse der Telekobalttherapie bei nichtradikal operierten Harnblasenkarzinomen. In: Zeitschrift Urol. u. Nephrol. *71* (1978) S. 107ff.
— Beitrag zur Arbeit mit einem Therapiesimulator. In: Československá Radiologie *32* (1978) S. 179ff.
— u. E. Standke: Über die Wirksamkeit der Strahlenbehandlung von Knochenmetastasen bösartiger Geschwülste. In: Zeitschrift für ärztliche Fortbildung *72* (1978) S. 921ff.
— u. F. Kamprad, J. Pfeiffer: Die Telekobaltbestrahlung des Harnblasenkarzinoms. In: Radiobiol./Radiotherapia *19* (1978) S. 275ff.
— u. K. Neumeister, T. Herrmann, R. Holtzhauer, H. L. Kölling, H. Mühr, K. H. Riessbeck: Klinische und genetische Untersuchungen an Kindern nach präkonzeptioneller Strahlenbelastung der Gonaden eines Elternteiles. In: Dt. Gesundheitswesen *33* (1978) S. 1861ff.

Paetzold, Roland: G. Haucke u. R. Paetzold: Photophysikalische Chemie indigoider Farbstoffe. Halle/S. 1978. 123 S. u. 24 Abb. (= Nova Acta Leopoldina, Supplementum Nr. *11*, Deutsche Akademie der Naturforscher Leopoldina).
— H.-D. Ilge u. R. Paetzold: Über die Photochromie der Fulgide, 2. Mittlg. In: J. Signal AM *5* (1977) S. 5—20.
— H.-D. Ilge, J. Sühnel u. R. Paetzold: Über die Photochromie der Fulgide, 3. Mittlg.: Substituenteneinflüsse auf Elektronenspektren und Quantenausbeuten. Ebda S. 177—185.
— H.-D. Ilge u. R. Paetzold: Über die Photochromie der Fulgide, 4. Mittlg.: Methoden zur Aufklärung der Umlagerungsreaktionen sowie zur Bestimmung der spektroskopischen und photokinetischen Parameter. Ebda S. 237—250.
— H.-D. Ilge u. R. Paetzold: Über die Photochromie der Fulgide, 5. Mittlg.: Zur graphischen Extinktionsauswertung. Ebda *6* (1978) S. 61—69.
— K. Gustav, J. Sühnel, W. Weinrich u. R. Paetzold: Über die Photochromie der Fulgide, 6. Mittlg.: Konfigurationsanalyse der π-Elektronenzustände eines Fulgimids. In: Z. Chem. *18* (1978) S. 386—387.

Paetzold, Roland: M. Erler, G. Haucke u. R. Paetzold: Untersuchungen zur trans-cis-Isomerisierung indigoider Verbindungen, 7. Mittlg.: Die thermische cis → trans-Isomerisierung. In: Z. phys. Chem. *258* (Leipzig 1977) S. 315–320.

— J. Sühnel, K. Gustav, R. Paetzold u. J. Fabian: Spektroskopie und Photochemie indigoider Verbindungen, 2. Mittlg.: Theoretische Untersuchungen am Grundchromophor des trans- und cis-Thioindigo. Ebda *259* (1978) S. 17–26.

— F. Lux, F. I. Vilesov, S. N. Lopatin, V. I. Vovna u. R. Paetzold: Untersuchungen an Molekülkomplexen, 8. Mittlg.: Zusammenhänge zwischen den Ionisierungsenergien von Phosphoryl- und Thiophosphoryldonatoren und thermodynamischen sowie spektroskopischen Eigenschaften ihrer Molekülkomplexe mit Jod. Ebda *258* (1977) S. 593–600.

— F. Lux, O. Klein u. R. Paetzold: Untersuchungen an Molekülkomplexen, 9. Mittlg.: Korrelationen zwischen spektroskopischen und thermodynamischen Eigenschaften der Molekülkomplexe von η-Donatoren mit Methanol sowie Jod. In: Z. Chem. *18* (1978) S. 107–108.

Parthier, Benno: Light-induced Chloroplast Differentiation in Euglena gracilis. In: Cell Differentiation in Microorganisms, Higher Plants, and Animals. Edit. L. Nover, K. Mothes. Jena u. Amsterdam 1977. S. 602–624.

— J. Schiemann, R. Wollgiehn and B. Parthier: Isolation of a Transcription-active RNA Polymerase-DNA Complex from Euglena Chloroplasts. In: Biochem. Physiol. Pflanzen *171* (Jena 1977) S. 474–478.

— u. R. Krauspe, F. Mueller-Uri: Specificity of Chloroplast Protein Synthesis on the Aminoacyl-tRNA Level. In: Translation of Natural and Synthetic Polynucleotides. Edit. A. B. Legocki. Poznań 1977. S. 398–401.

— u. D. Neumann: Structural and Functional Analysis of Some Plastid Mutants of Euglena gracilis. In: Biochem. Physiol. Pflanzen *171* (Jena 1977) S. 547–562.

— Compartment Cooperation in the Synthesis of Chloroplast Proteins. In: Proceed. Int. Conf. on Regulation of Developmental Processes in Plants. Edit. H. R. Schütte, D. Gross. Jena 1978. S. 136–158.

— [Hrsg.] L. Nover, M. Luckner u. B. Parthier: Zelldifferenzierung — Molekulare Grundlagen und Probleme. Jena 1978. 582 S.

— Lichtinduzierte Transformation von Proplastiden und Chloroplasten in Algen und höheren Pflanzen. In: Zelldifferenzierung — Molekulare Grundlagen und Probleme. Hrsg. L. Nover, M. Luckner, B. Parthier. Jena 1978. S. 210–259.

— Das Entwicklungsprogramm eines zellulären Schleimpilzes. In: Zelldifferenzierung — Molekulare Grundlagen und Probleme. Hrsg. L. Nover, M. Luckner, B. Parthier. Jena 1978. S. 533–566.

— Biosynthese spezifischer Proteine. In: Leopoldina *21* (1978) S. 61–62.

— J. Schiemann, R. Wollgiehn u. B. Parthier: DNA-dependent RNA Polymerase in Euglena gracilis Broken Chloroplasts. In: Biochem. Physiol. Pflanzen *172* (Jena 1978) S. 507–519.

— Die biologische Stickstoff-Fixierung — Erkenntnisstand und Problematik einer denkbaren praxisbezogenen Nutzung. Berlin 1978. 27 S. (= Sitzungsber. AdW der DDR, Klasse Biowiss. *14* N).

— Die biologische Fixierung des atmosphärischen Stickstoffs. In: Biol. Rundschau *16* (Jena 1978) S. 345–364.

— u. F. Mueller-Uri, R. Krauspe: The aminoacyl-tRNA synthetases of Euglena chloroplasts. In: Development of Chloroplasts. Edit. G. Akoyunoglou. Amsterdam 1978. S. 687–693.

Răduleţ, Remus: Revoluţia tehnico-ştiinţifică şi industrială şi implicaţiile ei în dezvoltarea civilizaţiei şi a culturii (rumänisch). [Die technisch-wissenschaftliche und industrielle Revolution und ihr Einfluß auf die Entwicklung der Zivilisation und der Kultur]. In: Zeitschrift Transilvania, Sibiu 1977. H. *2*, S. 11–13; *3*, S. 10–12; *4*, S. 10–12.

— Metode de cercetare în ştiinţele experimentale, vol. *I*: Stiinţă, tehnică şi producţie; definiţia şi demonstraţia în cercetarea ştiinţifică (rumänisch). [Forschungsmethoden experimenteller

Wissenschaften. Bd *I*: Wissenschaft, Technik und Produktion; Definition und Beweis in der wissenschaftlichen Forschung]. Bucureşti 1977. 111 S.

Răduleţ, Remus u. A. Ţugulea, Al. Timotin, C. Fleraşu: Pertes supplémentaires par courants de Foucault et échauffement des dents frontales du stator des grandes machines synchrones. In: Revue roumaine des sciences techniques, série Electrotechnique et énergétique, tome *23* (Bucureşti 1978) fasc. 1, S. 44—57.
— u. Al. Timotin, A. Ţugulea, A. Nica: The transient response of the electric lines based on the equations with transient line-parameters. In: Revue roumaine des sciences techniques, série Electrotechnique et énergétique, tome *23* (Bucureşti 1978) fasc. 1.
— Tehnological progress and professional mobility. In: Revue de la Commission Nationale Roumaine pour l'Unesco *20* (Bucureşti 1978) Nr. 1—2, S. 66—74.

Rammler, Erich: Zwei Jahrzehnte Entwicklung des Einsatzes der Energieträger Kohle und Erdöl im Weltmaßstab. Berlin 1977. 29 S. (= Sitzungsber. Sächs. Akad. Wiss. zu Leipzig, math.-nat. Kl. Bd 122, H. 6).
— H. Krug, E. Rammler, W. Naundorf u. D. Trommer: Probleme der qualitativen Übertragbarkeit von Ergebnissen der Laborbrikettierung auf die Formkanalstempelpresse. In: Neue Bergbautechnik *7* (1977) S. 369—374.
— H. Krug, W. Naundorf, E. Rammler, M. Süß u. D. Trommer: Einfluß der Brikettierparameter auf die Qualität der Braunkohlenbriketts. In: Freiberger Forschungshefte *A 574* (1977) S. 3—184.
— u. H. Skadow: Zur mathematischen Erfassung der linearen Expansion von bindemittellos gepreßten Briketts in Abhängigkeit vom Preßdruck. In: Neue Bergbautechnik *7* (1977) H. 1, S. 71—74.
— H. Brandt u. Erich Rammler: Untersuchungen über das Verhalten eines Röhrentrockners als Regelstrecke. In: Freiberger Forschungshefte *A 567* (1977) S. 45—72.
— u. H. Skadow: Über die Abhängigkeit des Kompressionsverhältnisses vom Preßdruck bei der bindemittellosen Brikettierung. Ebda S. 73—80.
— u. A. Bahr: Beiträge zum Vergleich von Korngrößenverteilungen. Ebda S. 107—153.
— u. A. Bahr: Zur Tropfengrößenverteilung bei der Zerstäubung von Flüssigkeiten. Ebda *A 590* (1978) S. 95—109.
— G. Bilkenroth u. E. Rammler: Aus der Projektierungs- und der ersten Betriebszeit der Kokerei Lauchhammer. In: Energietechnik *28* (1978) S. 44—47.
— M. Weber, V. Würzner u. E. Rammler: Zusammenhänge zwischen spezifischer Verdampfung und dem spezifischen Wärmebedarf beim Trocknungsprozeß. In: Neue Bergbautechnik *8* (1978) S. 396—400.
— [Nachdruck] Die freundschaftlichen Beziehungen zwischen der Sowjetunion und Deutschland, dargestellt am Beispiel der Entwicklung der Kohlenindustrie. Aus: Deutsche Akademie der Wissenschaften zu Berlin, Vorträge und Schriften, H 100. Berlin 1966. In: Bergakademie Freiberg. Die Sowjetunion und wir. Studienmaterial zur Wissenschaftsgeschichte und Geschichte der Produktivkräfte. Freiberg 1977.

Ries, Werner: Bericht über die Tätigkeit der Fachberater für Geriatrie im Bezirk Leipzig. In: Z. Alternsforsch. *32* (1977) S. 447—459.
— u. I. Hunecke, W. Reuter: Über die Beziehungen zwischen Übergewicht und Alter. In: Z. Alternsforsch. *32* (1977) S. 393—401.
— Untersuchungen über den Risikocharakter des Übergewichts für den älteren Menschen. In: DDR-Med.-Rep. *6* (1977) S. 224—230.
— u. G. Leutert, U. H. Schmidt: The history of gerontology in the German Democratic Republic. In: Z. Alternsforsch. *32* (1977) S. 3—6.
— Nahrungsmittel und ihre ernährungs-physiologische Wirkung bei Adipositas. In: Ernährungsforschung *23* (1978) S. 142—144.

Ries, Werner: Diagnostische Standards in der Geriatrie. In: Z. Alternsforsch. *33* (1978) S. 3—9.
— Study of multiple pathology in old age. In: Mankovsky, N. B., Gerontologie und Geriatrie, Kiew 1978. S. 113—116.
— U. J. Schmidt, G. Brüschke, F. H. Schulz, W. Ries, W. Reuter u. I. Sauer: The special features of the pharmacotherapy and the so-called basic therapy at an advanced age. In: Z. Alternsforsch. *33* (1978) S. 245—258.
— Zielstellung und Organisation der Leipziger Longitudinalstudie. In: Z. Alternsforsch. *33* (1978) S. 311—317.

Schmid, Erich: [Vortr.] Die Anisotropie der Metalle. Vortrag, gehalten vor chinesischen Wissenschaftlern in Peking und Schanghai 1978.

Schwabe, Kurt: pH-Meßtechnik. 4., überarb. u. erw. Aufl. mit 105 Abb., 60 Tab., 4 Nomogrammen in Schl. Dresden 1976. 412 S.
— Galvanic Potentials in Organic Solvents. In: Proceedings of the International Symposium on Statistical Physics with Special Session on Bose Statistics. By M. Dutta. 8.—11. 1. 1974 Calcutta/Indien. S. 191—195.
— Über die Aktivitäten der In^{3+}- und Al^{3+}-Ionen in Lösungen. In: Elektrochimija *13* (1977) S. 930—938.
— Prozeßkontrolle im Umweltschutz. In: Chem. Technik *26* (1974) H. 8, S. 533 (101/74).
— Über die Eigenschaften eines Leiters einer wissenschaftlichen Schule. Akademija Nauk SSSR, Moskau. In: Izd. Nauka *1977*, S. 311—319.
— Leistungen und künftige Aufgaben der Elektrochemie an der Technischen Universität Dresden. In: Wiss. Z. TU Dresden *27* (1978) H. 1, S. 225—227.
— Naturwissenschaftliche Schulen. In: Wissenschaftl. Schulen. Bd *1* (= Reihe: Wiss. u. Ges.). Hrsg. AdW der DDR durch Günter Kröber, Berlin 1977. S. 393—401.
— [Vortr.] Spannungsrißkorrosion und Wasserstoffversprödung aus ökonomischer Sicht. Vortrag anläßl. d. RGW-Symp. in Dresden 26.—29. 11. 1976. 10 S.
— u. G. Vértes, R. Schnoor: Die Änderung des Abscheidungspotentials von Cadmium an Quecksilber durch Neutralsalzzusätze. ZfK Rossendorf, 280. Jahresber. 1974. S. 99—101.
— u. Ch. Queck: Prüfung von Glaselektroden zur Eignung von pH-Messungen in organischen Solvenzien. Z. Chemie *17* (1977) H. 8, S. 304—305.
— u. W. Oelßner, H.-D. Suschke: Eine Unterbrechermethode zur Eliminierung des Ohmschen Spannungsabfalls bei potentiostatischen Strom-Spannungs-Kurven. In: Z. Chemie *17* (1977) H. 11, S. 418—419.
— u. W. Leye, H. Steinhauer: Automatic Control of HCl and SO_2 Contents of the Air by Electrochemical Methods. In: Trans. of the SAEST *12* (1977) H. 4, S. 193—203 (Indien).
— (Versuche von S. Herrmann, H. Ihl u. F. Berthold): Über das anodische Verhalten von Eisen in wasserhaltigem und wasserfreiem Dimethylsulfoxid. In: Z. Physik. Chemie, NF *108* (1977) I, S. 61—72.
— J. Tutschku u. K. Schwabe: Leitfähigkeit von Lithiumperchlorat in Dimethylformamid (DMF)-Wasser-Gemischen. In: ZfK Rossendorf, 294. Jahresber. 1975. S. 163—165.
— J. Tutschku u. K. Schwabe: Viskositäten und Dichten von $LiClO_4$ in Dimethylformamid (DMF)-Wasser-Gemischen mit und ohne Zusatz von HCl. In: ZfK Rossendorf, 294. Jahresber. 1975. S. 165—167.
— H. Kelm u. K. Schwabe: Einfluß der Dielektrizitätskonstanten auf das Verhalten des mittleren Aktivitätskoeffizienten von Elektrolytlösungen. In: ZfK Rossendorf, 294. Jahresber. 1975. S. 169—171.
— H. Kelm, K. Schwabe u. A. Mehlhorn: CNDO/2-Rechnungen zu Monohydraten der Li^{+}-, Na^{+}-, Mg^{++}- und Al^{+++}-Ionen. In: ZfK Rossendorf, 294. Jahresber. 1975. S. 171—173.
— H. Kelm, K. Schwabe u. A. Mehlhorn: CNDO/2-Rechnungen zu Monohydraten von F^{-}- und Cl^{-}-Ionen. In: ZfK Rossendorf, 294. Jahresber. 1975. S. 174—176.

Schwabe, Kurt: Ch. Günther, W. Hoffmann, R. Schnoor u. K. Schwabe: Der Einfluß von Fremdsalzen hoher Konzentration auf den Aktivitätskoeffizienten von Thallium(I)-Ionen in wäßriger Lösung. In: ZfK Rossendorf, 294. Jahresber. 1975. S. 179–182.
– W. Hoffmann u. K. Schwabe: Einfluß der Komplexbildung auf den mittleren Aktivitätskoeffizienten von Cadmiumchlorid in konzentrierten Perchloratlösungen. In: ZfK Rossendorf, 294. Jahresber. 1975. S. 182–185.
– W. Hoffmann u. K. Schwabe: Beeinflussung des mittleren Aktivitätskoeffizienten von Cadmiumsalzen durch Fremdsalzzusatz. In: ZfK Rossendorf, 280. Jahresber. 1974. S. 101–102.
– J. Tutschku u. K. Schwabe: Leitfähigkeit von Lithiumsalzen in organisch-wäßrigen Lösungen. In: ZfK Rossendorf, 280. Jahresber. 1974. S. 102–104.
– J. Tutschku u. K. Schwabe: Viskositäten und Dichten von LiCl und $LiClO_4$ in Dimethylsulfoxid-Wasser-Gemischen mit und ohne Zusatz von HCl. In: ZfK Rossendorf, 280. Jahresber. 1974. S. 104–105.
– H. Kelm u. K. Schwabe: Meßplatz zur Bestimmung der komplexen Dielektrizitätskonstanten von Flüssigkeiten mit großer elektrischer Leitfähigkeit. In: ZfK Rossendorf, 280. Jahresber. 1974. S. 121–122.
– Ch. Günther, W. Hoffmann, R. Schnoor u. K. Schwabe: Potentiometrische und polarographische Bestimmung der Aktivitätskoeffizienten von Cadmium- und Zink-Ionen in konzentrierten wäßrigen Perchloratlösungen bei 25 °C. In: ZfK Rossendorf, 294. Jahresber. 1975. S. 176–179.
– H. Kelm, K. Schwabe, A. Mehlhorn u. H.-J. Köhler: Berechnung von Hydraten einfacher Ionen nach dem CNDO/2- und NDDO-Verfahren. In: Chem. Ges. Mitt.blatt *24* (1977) H. 1/2, S. 26–27.
– R. Schnoor u. K. Schwabe: Der Einfluß der Diffusionspotentiale auf die potentiometrische Bestimmung von Einzelionenaktivitäten in konzentrierten wäßrigen Perchloratlösungen. In: ZfK Rossendorf, 340. Jahresber. 1977. S. 135–138.
– R. Schnoor u. K. Schwabe: Polarographische Untersuchungen über Spurendiffusions- und Aktivitätskoeffizienten des Cd^{2+}-Ions bei Variation der Cd^{2+}-Konzentration. In: ZfK Rossendorf, 340. Jahresber. 1977. S. 138–140.
– R. Schnoor u. K. Schwabe: Der Einfluß von Fremdsalzen hoher Konzentration auf den Aktivitätskoeffizienten von In-(III)-Ionen in wäßriger Lösung bei 25°C. In: ZfK Rossendorf, 340. Jahresber. 1977. S. 144–145.
– Ch. Günther u. K. Schwabe: Löslichkeiten und mittlere Aktivitätskoeffizienten von Bleichlorid und Silberacetat in konzentrierten Perchloratlösungen. In: ZfK Rossendorf, 340. Jahresber. 1977. S. 145–148.
– J. Tutschku u. K. Schwabe: Leitfähigkeit und Viskosität in gemischt wäßrigen Elektrolytlösungen mit einem protischen organischen Lösungsmittel. In: ZfK Rossendorf, 340. Jahresber. 1977. S. 151–154.
– J. Tutschku u. K. Schwabe: Eine Methode zur Bestimmung partieller molarer Volumina in ternären Systemen. In: ZfK Rossendorf, 340. Jahresber. 1977. S. 155–157.
– J. Tutschku u. K. Schwabe: Bestimmung des partiellen molaren Volumens der einzelnen Komponenten im System $CH_3OH-H_2O-LiClO_4$. In: ZfK Rossendorf, 340. Jahresber. 1977. S. 157–159.
– H. Kelm, K. Schwabe, H.-J. Köhler u. A. Mehlhorn: Vergleich zwischen CNDO/2- und NDDO-Verfahren bei der Bestimmung der Gleichgewichtskonfiguration von Li^+- und F^--Monohydraten. In: ZfK Rossendorf, 340. Jahresber. 1977. S. 159–161.
– H. Kelm, K. Schwabe, H.-J. Köhler, J. Reinhold u. H. Zwanziger: CNDO/2-Rechnungen zum Br^--Monohydrat. In: ZfK Rossendorf, 340. Jahresber. 1977. S. 161–162.
– H. Kelm, K. Schwabe u. H.-J. Köhler: Der Formaldehyd-Fluorid-Komplex. In: ZfK Rossendorf, 340. Jahresber. 1977. S. 163–164.

Strack, Erich: H.-P. Kleber, H. Seim, H. Aurich u. E. Strack: Verwertung von Trimethylammoniumverbindungen durch Acinetobacter calcoaceticus. In: Arch. Microbiol. *112* (1977) S. 201–206.

Strack, Erich: H. Seim u. E. Strack: Acetylcarnitin in Blut und Harn der Maus nach Injektion von L-Carnitin und einigen O-Acyl-L-carnitinen. In: Hoppe-Seyler's Z. Physiol. Chem. *358* (1977) S. 675—683.

— [Vortr.] H. Seim u. E. Strack: Die Bildung von γ-Butyrobetain aus exogenem L-Carnitin und Crotonsäurebetain in vivo. 4. Gemeinschaftstagung der Gesellschaft für Experimentelle Medizin der DDR, 10.—12. 10. 1977. Karl-Marx-Stadt.

— [Vortr.] H. Seim, H. Löster u. E. Strack: Catabolism of exogenous carnitine isomers and their derivatives in vivo. 12. FEBS-Meetin, 2.—8. 7. 1978, Dresden.

— H.-P. Kleber, H. Seim, H. Aurich u. E. Strack: Beziehungen zwischen Carnitinstoffwechsel und Fettsäureassimilation bei Pseudomonas putida. In: Arch. Microbiol. *116* (1978) S. 213—220.

Stubbe, Hans: Bericht über 20 Jahre jagdbiologischer Forschung im Wildforschungsgebiet. Hakel. In: Beiträge zur Jagd- u. Wildforschung *X* (1977) S. 23—38.

— u. S. Bruchholz: Probleme und Ergebnisse der Aufzucht von Auerwild (*Tetrao urogallus L.*). Ebda S. 394—413.

Tomašov, Nikon Danilovič: Untersuchung der zunehmenden Korrosionsstabilität der Titan—Molybdän—Niob—Zirkon-Legierungen in sauren Lösungen. In: Zaščita Metallov *13* (1977) Nr. 1, S. 3—9.

— Ju. S. Ruskol, N. D. Tomašov u. a.: Hydrierung und Auflösung einer Titan—Molybdän(33%)-Legierung während des Kontaktes mit Titan in sauren Lösungen. In: Zaščita Metallov *13* (1977) Nr. 2, S. 154—158.

— Erhöhung der Passivität und der Korrosionsbeständigkeit von Titan durch Legierung seiner Oberfläche mit Palladium. In: Zaščita Metallov *13* (1977) Nr. 2, S. 164—169.

— L. A. Cigirinskaja, G. P. Černova u. N. D. Tomašov: Einfluß des Palladiums auf die Wasserstoff-Permeabilität des Stahls. In: Zaščita Metallov *13* (1977) Nr. 4, S. 406—409.

— T. P. Stepanova, V. V. Krasnojarskij u. N. D. Tomašov: Einfluß des Nickels auf das anodische Verhalten des Titans im Flußwasser. In: Zaščita Metallov *14* (1978) Nr. 2, S. 169—171.

— u. a.: Bestimmung der Neigung nichtrostender Stähle zur Mischkristallkorrosion. In: Zeitschrift „Korrosion und Schutz in der Erdgasindustrie“ *1978*, Nr. 4, S. 3—6.

— Korrosionsstabilität von Titanlegierungen. In: Sammelwerk „Korrosion und Schutz vor Korrosion“ Bd *6* (Moskau 1978) S. 53—134.

— T. M. Sigalorskaja u. N. D. Tomašov: Korrosionsstabilität der Legierungen auf der Basis von Titan in Schwefelsäure-Lösungen bei der Produktion viskoser Chemiefasern. In: Zeitschrift „Chemische Fasern“ *1978*, Nr. 3, S. 39—41.

— Untersuchungen zur Passivität und Korrosionsbeständigkeit von Legierungen. In: Chem. Techn. *30* (1978) H. 1, S. 6—12.

— u. a.: Korrosionsverhalten des Stahles in Brom. In: Zaščita Metallov *14* (1978) Nr. 4, S. 401 bis 405.

— E. A. Chacatrjan u. N. D. Tomašov: Korrosions- und elektrochemisches Verhalten von Titan BT-I und von der Legierung Ti 0,2% Pd in Essig- und Schwefelsäurelösungen. In: Zaščita Metallov *14* (1978) Nr. 3, S. 326—331.

— O. V. Ponomareva u. N. D. Tomašov: Elektrochemisches Verhalten der Metalle und Legierungen in Halogenwasserstofflösungen in halogenidsubstituierten Alkoholen. In: Zaščita Metallov *13* (1977) S. 578.

— E. K. Paleolog u. N. D. Tomašov: Anodischer Prozeß der Kinetik einer passiven Oberfläche von Titan, Nickel und Titan—Nickel-Legierungen. In: J. Electrochem. Soc. *1978*, Nr. 9, S. 1410—1415.

— u. G. P. Černova, M. Ja. Rutten: Einfluß der Struktur nichtrostender Stähle auf ihr anodisches Verhalten in Salpetersäure mit Chloridzusätzen. In: Abstracts ISE Band *P* (Budapest 1978) S. 952—954.

— u. a.: Korrosion und Passivität katodenmodifizierter Legierungen auf Basis von Titan. In: Arbeit der 3. Internationalen Konferenz über Titan. Moskau 1978. S. 59—68.

Tomašov, Nikon Danilovič u. a.: Untersuchung der zunehmenden Korrosionsstabilität der Titan—Molybdän—Niob—Zirkon-Legierungen in sauren Lösungen. In: Arbeit der 3. Internationalen Konferenz über Titan. Moskau 1979. S. 69—78.

Uhlmann, Dietrich: Möglichkeiten und Grenzen einer Regenerierung geschädigter Ökosysteme. Berlin 1977. 50 S. (= Sitzungsber. Sächs. Akad. Wiss., math.-nat. Kl. Bd 112, H. 5).
— Erfassung des Stoffhaushaltes ausgewählter Gewässer der DDR. In: Geod. Geoph. Veröff. R *IV* (Berlin 1977) H. 22, S. 181—188.
— 8. Kongreß der International Association on Water Pollution Research (IAWPR) Sydney, Oktober 1976. In: Acta hydrochim. hydrobiol. *6* (1978) S. 87—99.
— [Nachr.] Arno Wetzel. 23. April 1890—19. November 1977. In: Int. Revue ges. Hydrobiol. *63* (1978) S. 139—140.
— The upper limit of phytoplankton production as a function of nutrient load, temperature, retention time of the water, and euphotic zone depth. Ebda S. 353—363.
— Umschau der Limnologie 1977 — SIL-Kongreß in Kopenhagen. In: Acta hydrochim. hydrobiol. *6* (1978) S. 364—375.
— Upper limit of phytoplankton production as a function of nutrient load, temperature, retention time of the water, and euphotic zone depth. In: Verh. Int. Ver. Limnol. *21* (1978) S. 1883.
— u. H. J. Müller, W. Schönborn, G. Stöcker: Zu einigen Grundbegriffen der theoretischen Ökologie. In: Biol. Rdsch. *15* (1977) S. 196—198.
— u. J. Benndorf, A. Gnauck: Entwicklung von Modellen zur Vorhersage der Phytoplanktonentwicklung und Wasserbeschaffenheit in eutrophierten Staugewässern. In: Materialien Internat. Sympos. Eutroph. Sanierg. Obfl. Gewäss. 20.—25. 9. 1976 Karl-Marx-Stadt *3* (1977) S. 403—430; Wiss. Z. TU Dresden *26* (1977) S. 271—278.
— u. I. Fritzsche: Die planktische Primärproduktion bei extrem hoher organischer Belastung — ein Beitrag zur Diskussion „Trophie/Saprobie". In: Arch. Hydrobiol. Beih. Ergebn. Limnol. *9* (1977) S. 169—175.
— u. O. Schlimpert, W. Uhlmann: Automated phytoplankton analysis by a pattern recognition method. In: Int. Revue ges. Hydrobiol. *63* (1978) S. 575—583.
— u. H. Mihan, A. Gnauck: Schwankungen des Sauerstoffhaushaltes und der biologischen Struktur extrem nährstoffreicher Gewässer unter gleichbleibenden Umweltbedingungen (Modellversuche). In: Acta hydrochim. hydrobiol. *6* (1978) S. 421—444.
— J. Benndorf, D. Uhlmann u. F. Recknagel: New aspects of the consideration of feedback mechanisms in an ecological model of the pelagic zone. In: Proceedings of the Baden Symposium, Sept. 1978 IAHS-AISH Publ. No. 125, S. 170—184.
— B. Gutt, L. Luckner, H. Reipig u. D. Uhlmann: Gekoppelte Mengen-Güte-Modelle des unterirdischen Wassers. In: Acta hydrochim. hydrobiol. *23* (1978) S. 291—305.

Van der Waerden, Bartel L.: On the Sources of my Book "Moderne Algebra". In: Historia math. *2* (1975) S. 31—40.
— [Rez.] Krafft: Geschichte der Naturwissenschaft 1. In: Gnomon *47* (1975) S. 202—203.
— Robert Böker neunzigjährig. In: Académie internat. d'histoire des sciences *25* (1975) S. 97.
— [Rez.] M. Kline: Mathematical Thought from Ancient to Modern Times. In: BO *32* (1975) S. 1.
— Topological Algebra. In: Nieuw Archief voor Wiskunde 1975, S. 212—227.
— D. Pingree's Review of my Book: Science Awakening II. In: Historia Math. *3* (1976) S. 209 bis 211.
— On the Motion of Venus in the Pañcasiddhāntikā. In: Centaurus *20* (1976) S. 35—43.
— Gedenkrede Werner Heisenberg. In: Max-Planck-Gesellschaft. Berichte und Mitteilungen. Sonderheft Akademische Gedenkfeier Werner Heisenberg. München 1976. S. 17—22 (= Werner Heisenberg. München 1977. S. 15—25).
— Defence of a "Shocking" Point of View. In: Archive for History of Exacat Sciences *15* (1976) S. 199—210.

Van der Waerden, Bartel L,: Pell's Equation in Greek and Hindu Mathematics. In: Russian Math. Surveys *31* (1976) H. 5, S. 210–225.
– Zur Methode der kleinsten Quadrate. Ein Versuch, den Gedankengang von Gauß zu erraten. Vortrag, gehalten in der öffentlichen Sitzung der Göttinger Akademie der Wissenschaften am 10. Juni 1977. In: Nachrichten der math.-phys. Kl. Jg. 1977, Nr. 8, S. 75–87.
– Die vier Wissenschaften der Pythagoreer. Vorträge Rheinisch-Westfälische Akad. der Wiss. N *268* (1977) p. 7–24.
– The "Babylonians" and the "Persians". In: Prismata. Festschrift für Willi Hartner. 1977. S. 431–439.
– Die Postulate und Konstruktionen in der früh-griechischen Geometrie. In: Archive History of Exact Sciences *18* (1978) S. 343–357.
– The Great Year in Greek, Persian and Hindu Astronomy. Ebda, S. 359–383.
– On Varieties in Multiply-Projective Spaces. In: Proceedings Kon. Ned. Akad. *81* (1978) S. 303 bis 312.
– u. W. K. Pritchett: Thucydidean Time-Reckoning and Euctemon's Seasonal Calendar. In: Bulletin de Correspondence hellénique *85* (1961) S. 17–52. [Nachtrag].
– [Rez.] M. Pasch: Vorlesungen über Neuere Geometrie. In: Historia mathematica *5* (1978) S. 107.
– Gerrit Mannoury and his "Surfaces-Images". In: Nieuw Archief voor Wiskunde *26* (1978) S. 108–115.
– On the Motion of the Planets According to Heraclides of Pontus. In: Archives internationales d'Histoire des Sciences *28* (1978) S. 167–182.
– Die Pythagoreer, Religiöse Bruderschaft und Schule der Wissenschaft. Artemis-Verlag Zürich 1979. 505 S.

Wolf, Friedrich: u. K. Pilchowski, U. Ulitzsch: Zur hydrothermalen Synthese des Zeoliths Typ A in Gegenwart von Vanadiumsalzen. In: Z. Chem. *16* (1976) H. 12, S. 498–499.
– u. D. Muschik: Zum Einfluß von Polymerelektrolyten auf die Oberflächen und das Reaktionsverhalten von Hydridniederschlägen des Fe, Mg, Al, Cr und Ni. In: Chem. Techn. *28* (1976) H. 12, S. 740–743.
– u. C. Golz, K. Pilchowski: Zum Ionenaustausch von Na^+-Ionen gegen zweiwertige Kationen am synthetischen Mordenit. Teil I. In: Z. phys. Chemie Bd *257* (1976) H. 6; Teil II. Ebda. S. 1148–1152.
– u. H. Schmidtke: Über den Einfluß der Grenzflächengestaltung kristalliner Zeolithe des Typs A und des Typs X auf Retentionsdaten bei der Gas-Flüssigchromatographie. Teil I: Zeolithe des Typs A. In: Z. phys. Chemie Bd *257* (1976) H. 6, S. 1061–1072; Teil II: Zeolithe des Typs X. Ebda. S. 1073–1088.
– u. S. Lindau, J. Jamil: Zur Flockung und Entfärbung von irakischen Dattelsaftlösungen. In: Die Nahrung *208/9* (1976) S. 841–846.
– u. P. Fröhlich: Zur Druckabhängigkeit von Ionenaustauschreaktionen. Berlin 1977. 13 S., 6 Abb., 1 Tab. (= Sitzungsber. Sächs. Akad. Wiss. zu Leipzig, math.-nat. Kl. Bd 112, H. 4).
– u. J. Kramer: Zur Beeinflussung der Kornstruktur von Suspensions-PV. In: Plaste u. Kautschuk *24* (1977) H. 1, S. 22–24.
– u. B. Kluge, W. Heyer: Eine gaschromatographische Methode zur Abschätzung der Oberflächenaktivität silicatischer Adsorbentien. In: Z. Chem. *17* (1977) H. 1, S. 36–37.
– u. P. Kuhn, P. Bandit: Zur Diffusion von Harnstoff durch Polymerfilme. In: Plaste und Kautschuk *24* (1977) H. 2, S. 106–107.
– P. Fröhlich u. F. Wolf: Eine neue experimentelle Methode zur Ermittlung des Diffusionsmechanismus von Ionenaustauschreaktionen. In: Acta hydrochimica – hydrobiologica *5* (1977) 1, S. 77–80.
– u. W. John: Beziehungen zwischen der Makroporosität von Ionenaustauscherharzen und deren anwendungstechnischen Eigenschaftsnennwerten. In: Acta hydrochimica – hydrobiologica *5* (1977) 1, S. 81–86.

Wolf, Friedrich: F. Janowski u. F. Wolf: Dispersity of Platinium on porous Glases and Silica In: MLU Halle—Wittenberg, Vol. *6* (1977) No. 2, S. 253—258.

— u. P. König, H. Specht: Zum Einfluß der Aktivierungsbedingungen und der Präadsorption auf die adsorptive Lufttrennung am Zeolith NaCaX. In: Chem. Techn. *29* (1977) H. 4.

— F. Janowski, F. Wolf u. A. Sophianos: Zur Metathese von Propylen an Katalysatoren der Systeme WO_3—SiO_2 und MoO_3—SiO_2. In: Chem. Techn. *29* (1977) H. 6, S. 313—318.

— K.-H. Bergk, F. Wolf u. S. Eckert: Zur Entfernung von Quecksilber und Hg-Ionen aus Gasen und Lösungen. In: Z. Chem. *17* (1977) H. 3, S. 85—88.

— F. Janowski u. F. Wolf: Zur Aromatisierung von Methylcyclopentan an Katalysatoren des Systems SiO_2—Platin. In: Chem. Techn. *29* (1977) H. 5, S. 273—276.

— u. P. Fröhlich: Sorption kolloider Kieselsäure sowie von kolloiden Oxidhydraten des Eisens, Al und Cr an organischen Ionenaustauscherharzen. In: Acta hydrochimica — hydrobiologica *5* (1977) 2, S. 195—200.

— K.-H. Bergk u. F. Wolf: Darstellung und Eigenschaften von NaHg-Zeolithen. In: Z. Chem. *17* (1977) H. 7, S. 274—276.

— u. S. Lindau: Zur Moleküladsorption der Insektizide Lindan und Toxaphen aus Wasserlösungsmittelgemischen an Ionenaustauscherharzen und nichtionischen Polymeren. In: Acta hydrochimica — hydrobiologica *5* (1977) 3, S. 251—258.

— W. Heyer, F. Janowski u. F. Wolf: Zur Herstellung und Charakterisierung makroporöser Gläser. In: Z. f. Chemie *17* (1977) H. 6, S. 212—215.

— u. P. Renger, F. Janowski: Die Oxidation von CO an Katalysatoren auf der Basis poröser Gläser. In: Z. anorg. allg. Chemie *432* (1977) S. 249—252.

— u. F. Janowski, W. Heyer: Zur Hydrierung von Kohlenwasserstoffen an Katalysatoren des Systems poröses Glas — Metall. In: Z. anorg. allg. Chemie *432* (1977) S. 242—248.

— u. J. Rollin: Zur Darstellung von Äpfelsäure durch katodische Reduktion von Kohlendioxid. In: Z. Chem. *17* (1977) H. 9, S. 337—338.

— u. S. Lindau: Zur Adsorption nichtionogener Äthylenoxidaddukte an porösen Styrol-Divinylbenzol-Copolymerisaten. In: Tenside Detergents *14* (1977) S. 119—122.

— u. K. Pilchowski, J. Karch: Zur Flüssigphasenadsorption von n-Alkoholen an 5A-Zeolithen. In: Chem. Techn. *29* (1977) H. 10, S. 554—557.

— u. E. Laqua: Zur Moleküladsorption (Huminsäureadsorption) an bipolaren Ionenaustauscherharzen. In: Vom Wasser *48* (1977) S. 273—281.

— u. P. König: Zur Molekulargewichtsbestimmung wasserlöslicher Polymerer mit Hilfe der Pulsationsdiffusionsmethode. In: Plaste u. Kautschuk *25* (1978) S. 21—22.

— u. W. Heyer, B. Kluge: Zur Struktur und Textur poröser Gläser in Abhängigkeit von deren Thermobehandlung. In: Chem. Techn. *30* (1978) S. 96—97.

— u. K.-H. Bergk: Zur Dehydratisierung von Butandiol(1,3) an Zeolithen. In: Z. f. Chem. *18* (1978) S. 67—68.

— u. W. Heyer: Zur Thermostabilität von Al_2O_3-modifizierten porösen Gläsern. In: Z. f. Chem. *18* (1978) S. 111—112.

— u. W. Heyer: Zum Einfluß des Alkaligehaltes auf die thermische Stabilität poröser Gläser. In: Chem. Techn. *30* (1978) S. 143—144.

— u. K. Pilchowski, R. Gaedeke, J. Karch: Beitrag zur Kationenverteilung und Diffusion in 5A-Zeolithen. In: Kristall u. Techn. *13* (1978) S. 47—55.

— u. P. König, M. Khine: Untersuchungen zur Diffusion in wäßrigen Dispergatorsystemen mit Hilfe der Pulsations-Diffusions-Methode. Teil 1: Abhängigkeit der Diffusionskoeffizienten wasserlöslicher Polymerer von der Konzentration. In: Tenside Detergents *15* (1978) S. 7—8.

— u. J. Fischer, W. Heyer, F. Janowski, A. Schellenberger: Immobilisierung von Proteinen an makroporösen Gläsern unter Beteiligung von Maleinimid als Ankergruppe. In: Acta biol. med. germ. *36* (1978) S. 999—1005.

— u. P. König, M. Khine: Untersuchungen zur Diffusion in wäßrigen Dispergatorsystemen mit Hilfe der Pulsations-Diffusions-Methode. Teil 2: Zur Diffusion von Zusatzkomponenten in wäßrigen Dispergatorlösungen. In: Tenside Detergents *15* (1978) S. 65—67.

Wolf, Friedrich: u. P. König, M. Khine: Untersuchungen zur Diffusion in wäßrigen Dispergatorsystemen mit Hilfe der Pulsations-Diffusions-Methode. Teil 3: Untersuchung von Adsorptionskomplexen zwischen Polyvinylalkohol und verschiedenen Zusatzkomponenten. In: Tenside Detergents *15* (1978) S. 126—127.

— u. P. König, Le van Cat: Zum Einfluß der Verformung auf die Makroporenstruktur und die Adsorptionseigenschaften synthetischer zeolithischer Molekularsiebe. In: Chem. Techn. *30* (1978) S. 308—310.

— u. P. Fröhlich: Ein neues Kriterium zur Prognose des kinetischen Mechanismus von Ionenaustauschreaktionen. In: Z. f. physikal. Chem. *259* (1978) S. 273—280.

— u. P. König: Trennung von N_2/O_2 an synthetischen Zeolithen. In: Materialien der 4. Allunionskonferenz über „Adsorbentien, deren Herstellung, Eigenschaften und Anwendung", Leningrad 1976. Leningrad 1978. S. 144—146.

— u. R. Seidel, W. Roscher, H. Fürtig: Zum Bildungsmechanismus von Zeolithen des Typs Y im System $Na_2O-Al_2O_3-SiO_2$—(Kieselsol)—H_2O. In: Materialien der 4. Allunionskonferenz über „Adsorbentien, deren Herstellung, Eigenschaften und Anwendung", Leningrad 1976. Leningrad 1978. S. 46—50.

— u. K. Pilchowski: Adsorptionskinetik niederer Olefine an Zeolithen. In: Materialien der 4. Allunionskonferenz über „Adsorbentien, deren Herstellung, Eigenschaften und Anwendung". Leningrad 1976. Leningrad 1978. S. 149—153.

— u. P. Fröhlich: Zur Ionenaustauschselektivität von Wofatit KPS und Wofatit KP 16 gegenüber Na-, K- und Mg-Ionen in konzentrierten Elektrolytlösungen. In: Acta Hydrochimica *6* (1978) S. 159—165.

— u. K.-H. Bergk, H. Specht: Zur Charakterisierung von NaHg-Mordeniten. In: Z. f. Chemie *18* (1968) S. 236.

— u. D. Krüger: Zum Einfluß der Präadsorption polarer Verbindungen auf die Argon-Sauerstoff-Trennung an NaA-Zeolithen. In: Z. f. Chemie *18* (1978) S. 226—227.

— u. U. Koch: Zur Viskosität wäßriger Schaummittel-Lösungen. In: Faserforschung und Textiltechnik *29* (1978) S. 352—353.

— u. K. Georgi, K. Pilchowski: Zum Ionenaustausch einwertiger Kationen am synthetischen Mordenit. I. Gleichgewichte und Thermodynamik des Austausches K/Na, H/Na und H/K. In: Z. f. physik. Chem. *259* (1978) S. 717—726.

— u. P. König, Le van Cat: Zum Einfluß der Verformung auf den Massentransport in synthetischen zeolithischen Molekularsieben. In: Chem. Techn. *30* (1978) S. 581—584.

— u. R. Koch, E. Taeger: Zum Copolymerisationsverhalten von β-Chlorvinylsulfonat. In: Plaste u. Kautschuk *25* (1978) S. 643—644.

— u. F. Janowski, A. Sofianos: Aromatization of Propylene and Butadiene over MoO_3-SiO_2 and WO_3-SiO_2 Catalysts. In: Reaction Kinetics and Catalysis Letters *8* (1978) S. 443—449.

— u. J. Fischer, W. Heyer, F. Janowski, A. Schellenberger: Zur Wechselwirkung von Proteinen mit SiO_2-Adsorbentien. In: Z. f. Chemie *18* (1978) S. 413—414.

— u. F. Janowski, W. Heyer, A. Sofianos, K.-H. Bergk, P. Renger: Zur Trennung von Olefin-Paraffin-Gemischen an porösen Gläsern. In: Z. f. Chemie *18* (1978) S. 421—422.

— u. F. Janowski, Jaya Perera: Dehydrocyclisierung von n-Hexan an bimetallischen Platin-Katalysatoren auf der Basis säurebehandelter Kieselgele. In: Chem.-Ing.-Techn. *50* (1978) S. 956—957.

Philologisch-historische Klasse

Aland, Kurt: Vollständige Konkordanz zum griechischen Neuen Testament. Bd *I* (Berlin/New York 1977) Lieferung 3/4—5, S. 193—480.

— Nestle-Aland, Novum Testamentum graece, 25. Auflage, 7. Nachdruck.

— Franz Lau. 18. 2. 1907—6. 6. 1973. Jahrbuch Sächs. Akad. Wiss. zu Leipzig *1973—1974* (Berlin 1977) S. 393—400.

— Das Koptische Neue Testament. Bericht der Stiftung zur Förderung der neutestamentlichen Textforschung für die Jahre *1975* und *1976*. Münster 1977. S. 49—58.

Aland, Kurt: Die Änderungen des revidierten Luther-NT aufgrund des griechischen Textes. In: Die Bibel in der Welt, Bd *17*: Verrat an Luther? Bilanz einer Bibelrevision, hrsg. von Siegfried Meurer, Stuttgart 1977. S. 42–48.
— New Editions of the Greek New Testament. In: Bulletin United Bible Societies. 1977, Number *108/109*, S. 20–27.
— Vollständige Konkordanz zum griechischen Neuen Testament, Bd *I* (Berlin/New York 1978) Lieferung 6/7, S. 481–672.
— Vollständige Konkordanz zum griechischen Neuen Testament, Bd *II* (Berlin/New York 1978) Spezialübersichten.
— Synopsis Quattour Evangeliorum, editio decima et recognita ad textum editionum [26]Nestle-Aland et [3]Greek New Testament aptata. Stuttgart 1978.
— Nestle-Aland, Novum-Testamentum graece. 25. Aufl., 8. Nachdruck.
— Nestle-Aland, Novum Testamentum graece et latine. 22. Aufl., 4. Nachdruck.
— Nestle-Aland, Novum Testamentum graece et germanice. 17. Aufl., 4. Nachdruck.
— Martin Luther in der modernen Literatur — und in unserer Gemeinde. In: Luther, Zeitschrift der Luther-Gesellschaft *1978*, S. 25–42.
— Willem Cornelis van Unnik (28. August 1910–17. März 1978). In: Jaarboek van de Koninklijke Nederlandse Akademie van Wetenschappen *1978*. S. 1–7.
— Die Christen und der Staat nach Phil. 3,20. In: Mélanges offerts à Marcel Simon, Paganisme, Judisme, Christianisme. Influences et affrontements dans le monde antique, Paris 1978. S. 247–259.
— The Coptic New Testament. In: A Tribute to Arthur Vööbus. Studies in Early Christian Literature and Its Environment, Primarily in the Syrian East, edited by Robert H. Fischer. Chicago 1978. S. 3–12.

Bahner, Werner: Formen, Ideen, Prozesse in den Literaturen der romanischen Völker, Band *1*: Von Dante bis Cervantes. Berlin 1977. 285 S.
— Formen, Ideen, Prozesse in den Literaturen der romanischen Völker, Band *2*: Positionen und Themen der Aufklärung. Berlin 1977. 292 S.
— Kant und die Friedensideen der französischen Aufklärung. In: Universalhistorische Aspekte und Dimensionen des Jakobinismus. Dem Wirken Heinrich Scheels gewidmet, Berlin 1976. S. 195–200. (= Sitzungsber. ADW der DDR *10* G, 1976).
— Die Entwicklung der Literatursprachen der Völker Südosteuropas im Zusammenhang mit den sozialen Umgestaltungen während des 19. und 20. Jahrhunderts. In: Linguistische Studien. Reihe A, Arbeitsberichte, Berlin 1976, Bd *33*, S. 1–20; in Zusammenarbeit mit Oda Buchholz, Wilfried Fiedler, Ronald Lötzsch.
— Curentul italienizant al lui I. Heliade Rădulescu. In: Limbă şi literatură. Bucureşti 1977. S. 161–168.
— Problemele îmbogăţirii lexicala în cadrul şcolii ardelene raportate la mediul european din secolul al XVIII-LEA. In: Limba Română *XXVI* (1977) S. 193–203.
— Eine französische Geschichte der europäischen Literatur aus dem Jahre 1786. In: Beiträge zur romanischen Philologie *XVII* (1978) S. 81–87.
— Aspekte der Sprachbetrachtung in der Renaissance. In: Zeitschrift für Phonetik, Sprachwissenschaft und Kommunikationsforschung *31* (1978) S. 457–462.
— Einleitung in: J.-J. Rousseau: Der Gesellschaftsvertrag. Leipzig 1978. S. 5–36.
— Paul Iorgovici und die sprachphilosophischen Auseinandersetzungen in der Aufklärung. In: Studii şi cercetări lingvistice *XXIX* (1978) 5, S. 503–509.
— Zum ideologiegeschichtlichen Kontext von Herders Abhandlung „Über den Ursprung der Sprache". In: Johann Gottfried Herder. Berlin 1978. S. 93–107. (= Sitzungsber. AdW der DDR *8* G, 1978).
— [Rez.] Hans-Josef Niederehe: Die Sprachauffassung Alfons des Weisen. Studien zur Sprach- und Wissenschaftsgeschichte. Tübingen 1975. In DLZ *98* (1977) Sp. 821–824.

Bahner, Werner: [Rez.] Alfred Opitz: Schriftsteller und Gesellschaft in der Literaturtheorie der französischen Enzyklopädisten. Bern 1975. Ebda. Sp. 702—703.
— [Rez.] Gerhart Hoffmeister: Spanien und Deutschland. Geschichte und Dokumentation der literarischen Beziehungen. Berlin (West) 1976. Ebda *99* (1978) Sp. 709—711.
— [Rez.] Ulrich Ammon: Probleme der Soziolinguistik. 2., durchges. u. erg. Aufl. Tübingen 1976. Ebda. Sp. 837.
— [Rez.] Paul Oskar Kristeller: Humanismus und Renaissance. Bd I: Die antiken und mittelalterlichen Quellen. München 1974. Ebda. Sp. 30—32.
— Johannes Hösle u. W. Eitel: Italienische Literatur der Gegenwart in Einzeldarstellungen. Stuttgart 1974. Ebda. Sp. 135.

Beševliev, Veselin: Bulgarisch-Byzantinische Aufsätze. London 1978. Varia Variorum. 370 S., 15 Abb. (= Collected studies series *CS80*).
— Eine unvollendete Tragödie von Dr. N. S. Pikkolo. In: Balkan Studies *17* (1976) H. 2, S. 225—228.
— Kleinasiatische Personennamen in den spätgriechischen und spätlateinischen Inschriften aus Scythia Minor. In: Moesia Inferior und Thracia, Pulpudeva *2* (1976) S. 94—98.
— Zwei vulgärlateinische Inschriften aus Bulgarien. In: Klio *59* (1977) H. 2, S. 265—266.
— Beobachtungen über die protobulgarischen Runeninschriften bei Basarabi (Murfatlar). In: Bulletin du musée national de Varna *XIII* [XXVIII] (1977) S. 49—56 mit 8 Tafeln.
— Kăm văprosa za devtašlarite [Zur Frage der sog. Devtašlar]. In: Bulletin du musée national de Varna *XII* [XXVII] (1976) S. 1—7.
— Latinski nadpisi ot rannovizantijskata krepost pri Kilifarevskija manastir [Lateinische Inschriften von der frühbyzantinischen Festung bei dem Kloster von Kilifarevo]. In: Arheologija 1978, H. 1, S. 35—37.
— [Bespr.] E. Popescu: Inscripţile din secolele IV—XIII descoperite în România — Inscriptiones intra fines Dacoromaniae repertae graecae et latinae anno CCLXXXIV recentiores. Bucureşti 1976. In: Arheologia *1977*, H. 2, S. 69—72.

Bischoff, Karl: Magdeburg. Zur Geschichte eines Ortsnamens. In: Beitr. *72* (Halle/S. 1950) S. 392—420. Nachdruck, in: Probleme der Namenforschung im deutschsprachigen Raum. Darmstadt 1977. S. 383—410 (= Wege der Forschung *CCCLXXXIII*).
— *wîf, vrowe* und ihresgleichen im mittelalterlichen Elbostfälischen. Eine wortgeschichtliche Studie. Mainz u. Wiesbaden 1977. 38 S. (= Abh. der Akademie der Wiss. und der Literatur in Mainz, geisteswiss. Kl. *1977*, Nr. 6).
— Akener Wörterbuch. Köln u. Wien 1977. XVIII u. 189 S. (= Mitteldeutsche Forschungen *82*).
— Anneliese Bretschneider zum 80. Geburtstag am 24. August 1978. In: Z. f. Dialektologie und Linguistik *45* (1978) S. 129—132.

Blumenthal, Lieselotte: Schillers Urteil über ein unbekanntes Theaterstück. In: Jahrbuch der Deutschen Schillergesellschaft. Bd *21* (Stuttgart 1977) S. 1—20.
— „Eilig". Ein unveröffentlichtes Billett Schillers. In: Jahrbuch der Deutschen Schillergesellschaft. Bd *21* (Stuttgart 1977) S. 21—30.
— Mozarts englisches Mädchen. Berlin 1978. 29 S. (= Sitzungsber. Sächs. Akad. Wiss. zu Leipzig, phil.-hist. Kl. Bd *120*, H. 1).
— Angebliche „Don Karlos"-Verse. In: Jahrbuch der Deutschen Schillergesellschaft. Bd *22* (Stuttgart 1978) S. 355—361.
— [Hrsg.] Goethes Werke. Hamburger Ausgabe. Bd *5*. Textkritisch durchgesehen von L. B. und Eberhard Haufe. [...] München 1977.
— [Hrsg.] Schillers Werke. Nationalausgabe. Begründet von Julius Petersen. Herausgegeben [...] von L. B. und Benno von Wiese. Bd *29*. Schillers Briefe 1796—1798. Bearbeiter: Norbert Oellers und Frithjof Stock. Weimar 1977. 709 S.

Bruford, Walter Horace: Tragic Guilt. A Germanist's gleanings from recent interpretations of Aristotle's *Poetics*. In: Tradition and Creation. Essays in honour of Elisabeth Mary Wilkinson. Leeds 1978. S. 1–12.
– [Bespr.] Karl Robert Mandelkow (Hrsg.): Goethe im Urteil seiner Kritiker, Teil I, 1975. In: Modern Language Review *72* (1977) S. 746–747.
– [Bespr.] Heinz Moenkemeyer: François Hemsterhuis, 1975. Ebda S. 998.
– [Bespr.] Inge Stephan: Johann Gottfried Seume, 1973. In: German Life and Letters *XXX* (1977) Nr. 3, S. 235–236.
– [Bespr.] Albert Fuchs: Le Faust de Goethe, 1973. Ebda S. 244–246.
– [Bespr.] John Prudhoe: The Theatre of Goethe and Schiller, 1973. Ebda Nr. 4, S. 324–325.
– [Bespr.] W. E. Yates: Humanity in Weimar and Vienna, 1973. Ebda S. 325–326.
– [Bespr.] C. P. Magill: German Literatur, 1974. Edba *XXXI* (1978) Nr. 3, S. 240–241.
– [Bespr.] Deutung und Bedeutung. Studies presented to Karl-Werner Maurer, 1973. Ebda S. 238–240.
– [Bespr.] Lieselotte Dieckmann: Johann Wolfgang Goethe, 1974. Ebda S. 280–281.
– [Bespr.] T. C. W. Blanning: Reform and Revolution in Mainz, 1743–1803, 1974. Ebda S. 272–273.
– [Bespr.] Gerhard Sauder: Empfindsamkeit, Bd I, 1974, Ebda S. 276–277.
– [Bespr.] W. Witte (Hrsg.): Goethes Clavigo, 1973. Ebda S. 281–282.
– [Bespr.] Eudo C. Mason: Hölderlin and Goethe, 1975. Ebda *XXXII* (1978) Nr. 1, S. 73–74.

Brüning, Eberhard: Humanistische Tradition und progressives Erbe der Leipziger Anglistik/Amerikanistik. 100 Jahre Lehrstuhl für englische Sprache und Literatur an der Karl-Marx-Universität. Berlin 1977. 61 S., 14 Tafeln (= Abh. Sächs. Akad. Wiss. zu Leipzig, phil.-hist. Kl. Bd *67*, H. 1).
– u. K. Köhler, B. Scheller: Studien zum amerikanischen Drama nach dem zweiten Weltkrieg. Hrsg. u. Beiträge „Vorbemerkung", „Zur Entwicklung des amerikanischen Theaters und Dramas nach 1945", „Arthur Miller: Spätbürgerliche Humanistik und Gesellschaftskritiker", „Schwarze Befreiungsbewegung und afroamerikanische Dramatik". Neue Beiträge zur Literaturwissenschaft, Bd *39*. Herausgegeben von Prof. Dr. Werner Krauss und Prof. Dr. Walter Dietze. Berlin 1977. 328 S.
– Beziehungen zwischen amerikanischer und deutscher progressiver Dramatik in den 20er und 30er Jahren. In: In memoriam Karl-Heinz Wirzberger, Berlin 1977, S. 36–47. (= Sitzungsber. der AdW der DDR, Gesellschaftswissenschaften, *2*G, 1977).
– Relations between Progressive American an German Drama in the Twenties an Thirties. In: ZAA *25* (1977) S. 221–226.
– Grundpositionen der DDR-Amerikanistik in Forschung und Lehre und ihr Beitrag zur ideologischen Auseinandersetzung zwischen Sozialismus und Imperialismus. In: 200 Jahre USA – Fortschritt und Reaktion in Literatur und Gesellschaft. Wissenschaftliche Beiträge der Karl-Marx-Universität Leipzig. Reihe Gesellschaftswissenschaften. Leipzig 1977. S. 10–36. – Dsgl. in: Aufsätze zur Landeskunde, Geschichte und Literatur der USA. Teil 1. Lehrmaterial zur Ausbildung von Diplomlehrern Englisch. Potsdam 1977. S. 4–27.
– 79 Artikel zur Literatur der USA für Lexikon fremdsprachiger Schriftsteller von den Anfängen bis zur Gegenwart. Herausgegeben von Gerhard Steiner, Herbert Greiner-Mai, Wolfgang Lehmann. Bd *1* A/G. Leipzig 1977.
– Scholochow, die „New Masses" und der Große Vaterländische Krieg. In: Werk und Wirkung M. Scholochows im weltliterarischen Prozeß. Materialien eines Internationalen Symposiums. Leipzig, 10.–13. Dezember 1975. Karl-Marx-Universität Leipzig, Leipzig 1977. S. 265–272.
– [Bespr.] Geschichte und Gesellschaft in der amerikanischen Literatur. Herausgegeben von Karl Schubert und Ursula Müller-Richter. Heidelberg 1975. In: ZAA *25* (1977) S. 188–189.
– [Bespr.] Der amerikanische Roman im 19. und 20. Jahrhundert. Interpretationen. Unter Mitwirkung zahlreicher Fachgelehrter herausgegeben von Edgar Lohner. Berlin (West) 1974. Ebda S. 266–267.

Brüning, Eberhard: [Bespr.] Ihab Hassan: Die moderne amerikanische Literatur. Eine Einführung. Mit einem Nachwort von Brigitte Scheer-Schäzler. Stuttgart 1974. Ebda S. 362–363.
— Die Entwicklung progressiver und sozialistischer Literatur in den USA. In: Internationale Literatur des sozialistischen Realismus 1917–1945. Aufsätze. Hrsg. von Georgi Dimow, Alexander L. Dymschitz, Laszlo Illés, Oleg W. Jegorow, Klaus Kändler, Alfred Klein, Miklos Szabolcsi und Pawel M. Toper. Berlin und Weimar 1978. S. 357–385.
— Australische Literatur in der DDR. Ein Überblick. In: ZAA *26* (1978) S. 101–114.
— Herder und Nordamerika. In: Johann Gottfried Herder. Zum 175. Todestag am 18. Dezember 1978. In: Sitzungsber. AdW der DDR *8* G, 1978. S. 65–73.
— Die amerikanische Zeitschrift „New Masses" und die Sowjetliteratur. In: Gulliver. Deutsch-englische Jahrbücher, Bd *4* (Berlin [West] 1978) S. 106–118.
— Lehrprogramme für die Lehrgebiete Literatur der USA und Geschichte der USA zur Ausbildung in der Grundstudienrichtung Lehrer für Erwachsenenbildung in Russisch und Englisch an Universitäten und Hochschulen der DDR. Ministerium für Hoch- und Fachschulwesen. Berlin 1978.
— [Nachw. u. Hrsg.] Edward Albee: Dramen. Berlin und Weimar 1978. S. 547–581.
— [Nachw.] Sinclair Lewis: Babbitt. Berlin und Weimar 1978. S. 420–434.
— [Bespr.] Die amerikanische Literatur der Gegenwart. Aspekte und Tendenzen. Herausgegeben von Hans Bungert. Suttgart 1977. In: ZAA *26* (1978) S. 362–363.

Coblenz, Werner: Erich Schmidt 75 Jahre. In: Bautzener Kulturschau *27* (1977) S. 7–9.
— Ur- und Frühgeschichte (Überschau und archäologische Fundstätten). In: Das mittlere Zschopaugebiet (Werte unserer Heimat *28*). Berlin 1977. S. 16, 25f., 53, 93, 102.
— Die Darstellung der Ur- und Frühgeschichte in den „Werten unserer Heimat" (Zwanzig Jahre Wissenschaftlicher Beirat für Heimatforschung). In: Sächsische Heimatblätter *23* (1977) S. 4f.
— Die altsorbische Sumpfschanze von Brohna. In: Sächsische Gebirgsheimat *1978*, Kalender, Blatt Februar/März 1978.
— Bemerkungen zum Slawengau Nisane. In: Archäologie als Geschichtswissenschaft. Berlin 1977. S. 343–351.
— Archäologische Betrachtungen zur Gana-Frage im Rahmen der älterslawischen Besiedlung des Gaues Daleminze. In: Beiträge zur Archivwissenschaft und Geschichtsforschung. Weimar 1977. S. 354–370.
— Technische Versuche und Rekonstruktionen von Artur Pietzsch. In: Blick ins Museum *18* (Dresden 1977) S. 23–25.
— Ur- und Frühgeschichte (Überschau und archäologische Fundstätten). In: Um Oschatz und Riesa (Werte unserer Heimat *30*). Berlin 1977. S. 12–15, 27, 35, 39, 41, 47, 48, 50, 52, 54, 57f., 60, 79, 81f., 90, 93f., 98, 116, 131, 132f., 140, 143, 144, 146, 147f., 150, 152, 153, 155, 156, 161, 162, 164, 167, 173, 179, 180–182, 183, 185f., 187, 188f., 190, 191, 195, 196, 202, 206, 207f., 209, 214, 215, 217; Abb. 14, 1–6 u. 31, 1–4 sowie Taf. 30.
— [Bespr.] Bona I, Die mittlere Bronzezeit Ungarns und ihre südöstlichen Beziehungen. In: DLZ *98* (1977) Sp. 757–759.
— [Hrsg.] Arbeits- und Forschungsberichte zur sächsischen Bodendenkmalpflege *22* (Berlin 1977) 318 S., 82 Abb.
— [Hrsg.] K. Peschel: Anfänge germanischer Besiedlung im Mittelgebirgsraum (Arbeits- und Forschungsberichte zur sächsischen Bodendenkmalpflege, Beiheft *12*). Berlin 1978. 337 S., 12 Abb.
— [Hrsg.] H. Küas: Das alte Leipzig in archäologischer Sicht (Veröffentlichungen des Landesmuseums für Vorgeschichte Dresden, Bd *14*). Berlin 1976. 462 S., 266 Abb., 88 Taf., 11 Farbtaf.
— [Hrsg.] H. Küas u. M. Kobuch: Rundkapellen des Wiprecht von Groitzsch (Veröffentlichungen des Landesmuseums für Vorgeschichte Dresden, Bd *15*). Berlin 1977. 176 S., 96 Abb.
— [Hrsg.] M. Müller u. H. Quietzsch: Steinkreuze und Kreuzsteine in Sachsen I. Inventar Bezirk Dresden (Arbeits- und Forschungsberichte zur sächsischen Bodendenkmalpflege, Beiheft *13*). Berlin 1977. 422 S., 314 Abb., 1 Karte.

Coblenz, Werner: [Hrsg.] W. Haupt: Sächsische Münzkunde (Arbeits- und Forschungsberichte zur sächsischen Bodendenkmalpflege, Beiheft *10*). 2. Aufl. als Nachdruck, Berlin 1977, mit Vorwort von Werner Coblenz und einem Beitrag auf S. 289—301. Text 301 S., 141 Taf., 48 Abb.

— [Ber.] Landesmuseum für Vorgeschichte Dresden. In: Mitteilungen zur Alten Geschichte in der Deutschen Demokratischen Republik. Berichtsjahr 1976. *4* (Berlin 1977) S. 90—95.

— [Ber.] Landesmuseum für Vorgeschichte Dresden. In: Mitteilungen zur Alten Geschichte und Archäologie in der Deutschen Demokratischen Republik. Berichtsjahr 1977. *5* (Berlin 1978) S. 90—96.

— Rudolf Moschkau. 1886—1976 (mit Bibliographie). In: Arbeits- und Forschungsberichte zur sächsischen Bodendenkmalpflege *22* (1977) S. 9—16.

— Artur Pietzsch. 1901—1975 (mit Bibliographie). In: Arbeits- und Forschungsberichte zur sächsischen Bodendenkmalpflege *22* (1977) S. 17—19.

— Bruno Friedland. 1892—1976 (mit Bibliographie). In: Arbeits- und Forschungsberichte zur sächsischen Bodendenkmalpflege *22* (1977) S. 21—23.

— Die kulturhistorischen Beziehungen der Gebiete der VR Polen und der ČSSR zur südlichen DDR in ur- und frühgeschichtlicher Zeit als Forschungsaufgabe des Dresdner Landesmuseums für Vorgeschichte. In: Arbeits- und Forschungsberichte zur sächsischen Bodendenkmalpflege *22* (1977) S. 187—189.

— Neue bronzezeitliche Siedlungsgruben mit Brandspuren aus Zauschwitz, Kr. Borna. Nach Grabungsbefunden und Dokumentation von C. Fritzsche (mit Tafel 3—5a und zwölf Textabbildungen). In: Ausgrabungen und Funde *23* (Berlin 1978) S. 13—26.

— Ur- und Frühgeschichte (Überschau und archäologische Fundstätten). In: Zwischen Zwickauer Mulde und Geyerschem Wald (Werte unserer Heimat *31*). Berlin 1978. S. 12f., 27, 29, 31, 35, 40, 50, 77, 79, 83, 97, 101, 104, 122, 150, 151, 183.

— [Hrsg.] u. F. Horst: Mitteleuropäische Bronzezeit. Beiträge zur Archäologie und Geschichte. Berlin 1978. 326 S., 108 Abb. u. Karten.

— u. F. Horst: dsgl. Vorwort, S. 1—3.

— Zu den befestigten Siedlungen der Lausitzer Kultur in der DDR. In: Mitteleuropäische Bronzezeit. Berlin 1978. S. 239—253.

— Zu den Anfängen der Lausitzer Kultur im Süden der DDR. In: Geneza kultury łużyckiej na terenie Nadodrza. Materiały konferencyjne (PAN, Oddział we Wrocławiu, Komisja Nauk Humanistycznych, Sekcja Archeologiczna). Wrocław 1977. S. 79—96.

— Ergebnisse und Probleme der ur- und frühgeschichtlichen Bodendenkmalpflege in der DDR. In: Archäologische Denkmale und Umweltgestaltung (Veröffentlichungen des Zentralinstituts für Alte Geschichte und Archäologie der Akademie der Wissenschaften der DDR, Bd 9). Berlin 1978. S. 45—53.

Czok, Karl: Die Regionalgeschichte in ihren Wechselbeziehungen zur Geschichte des deutschen Volkes und zur Weltgeschichte. Ein Diskussionsbeitrag. In: Beiträge zur Archivwissenschaft und Geschichtsforschung. Weimar 1977. S. 335—343 (= Schriftenreihe des Staatsarchivs Dresden, Bd *10*).

— Der „Calvinistensturm" 1592/93 in Leipzig — seine Hintergründe und bildliche Darstellung. In: Jahrbuch zur Geschichte der Stadt Leipzig *1977* (Leipzig 1977) S. 123—144.

— [Bespr.] H. Küas: Das alte Leipzig in archäologischer Sicht (= Veröffentlichungen des Landesmuseums für Vorgeschichte, Bd *14*). Berlin 1976. In: Jahrbuch zur Geschichte der Stadt Leipzig *1977* (Leipzig 1977) S. 231—234.

— [Bespr.] Geschichte der Stadt Magdeburg. Hrsg. Rat der Stadt Magdeburg. Berlin 1975. In: ZfG *25* (1977) S. 356—358.

— [Anz.] G. Günther: Mühlhausen in Thüringen. 1200 Jahre Thomas-Müntzer-Stadt. Berlin 1975. In: ZfG *25* (1977) S. 1485.

— u. W. Fellmann: Leipzig. Tourist-Stadtführer. 2. Auflage, Berlin/Leipzig 1977.

— Das alte Leipzig. Leipzig 1978. 203 S., ca. 100 Abb.

Czok, Karl: u. H. Thieme u. a.: Leipzig — Geschichte der Stadt in Wort und Bild. Berlin 1978. 162 S., 234 Abb.
— [Redaktion] Jahrbuch für Regionalgeschichte, Bd *6*. Hrsg. Historische Kommission der Sächsischen Akademie der Wissenschaften. Weimar 1978. 232 S.
— Zur Entwicklung der Leipziger Vorstädte bis zum 18. Jahrhundert. In: Jahrbuch zur Geschichte der Stadt Leipzig *1978* (Leipzig 1978) S. 37—77.
— Zum Erscheinen neuer Stadtgeschichten in der DDR. In: Jahrbuch für Regionalgeschichte, Bd *6* (Weimar 1978) S. 167—175.
— u. J. Seidel [Bespr.] Klassenkampf — Tradition — Sozialismus. Von den Anfängen der Geschichte des deutschen Volkes bis zur Gestaltung der entwickelten sozialistischen Gesellschaft in der DDR. Grundriß. In: Jahrbuch für Regionalgeschichte. Bd *6* (Weimar 1978) S. 198—202.
— [Bespr.] Deutscher Städteatlas. Hrsg. und bearb. von H. Stoob, Lieferung I, Dortmund 1973. In: Jahrbuch für Regionalgeschichte. Bd *6* (Weimar 1978) S. 202—204.
— [Bespr.] J. Solta: Abriß der sorbischen Geschichte, Bautzen 1976. In: Letopis, Reihe B, *1978*, S. 188—189.
— [Anz.] Beiträge zur Heimatgeschichte von Karl-Marx-Stadt, H. 21, Karl-Marx-Stadt 1976. In: ZfG *25* (1977) S. 646.

Diesner, Hans-Joachim: Lexika gestern und heute. Leipzig 1976.
— Die Völkerwanderung [Bildband]. Leipzig—Gütersloh 1976.
— Les grandes invasions. Leipzig—Paris 1977 [frz.].
— The great migration. Leipzig 1978 [engl.].
— Isidor von Sevilla und das westgotische Spanien. Berlin 1977 (= Abh. Sächs. Akad. Wiss., phil.-hist. Kl. Bd *67*, H. 3).
— Idem. Trier 1978.
— Westgotische und langobardische Gefolgschaften und Untertanenverbände. Berlin 1978 (= Sitzungsber. Sächs. Akad. Wiss., phil.-hist. Kl. Bd *120*, H. 2).
— Braulios ‚Vita S. Aemiliani' und die frühchristliche Biographie. In: Mittellateinisches Jahrbuch *11* (1976) S. 7—12.
— Byzanz, Rom und die Langobarden. In: Jahrbuch d. Österreichischen Byzantinistik *25* (1976) S. 31—45.
— Fulgentius von Ruspe als Theologe und Kirchenpolitiker. In: Die Kirche angesichts der Konstantinischen Wende. Darmstadt 1976. S. 362—406 [Wiederabdruck].
— Augustinus und die Barbaren der Völkerwanderung. In: Revue des Études Augustiniennes *23* (1977) S. 83—91.
— Der Untergang der Römerherrschaft in Nordafrika. In: Mitteilungen der Gesellschaft der Freunde Carnuntums *1976*, H. 2, S. 3—16.
— Lexikographie und Enzyklopädie in der Antike. In: Lexika gestern und heute. Leipzig 1976. S. 11—60.

Dietze, Walter: Der „Walpurgisnachtstraum" in Goethes „Faust": Entwurf, Gestaltung, Funktion. In: Aufsätze zu Goethes „Faust" *I*. Hrsg. v. Werner Keller. Darmstadt 1974 [recte 1975]. S. 443—475 (= Wege der Forschung *X*).
— Der deutsche Bauernkrieg in der Dramatik. Berlin 1974 [recte 1975]. 80 S. (= Material zum Theater. Beiträge zur Theorie und Praxis des sozialistischen Theaters *49*. Reihe Schauspiel 15).
— [Hrsg.] Deutsche Epigramme aus vier Jahrhunderten. Hrsg. v. Anita und Walter Dietze. Mit Ill. von Nuria Quevedo. 3. Aufl. Leipzig 1975. 436 S., Ill.
— [Nachw.] Goethe, Johann Wolfgang: Faust. Urfaust, Faust 1 und 2. Paralipomena, Goethe über „Faust". Mit einem Nachwort v. Walter Dietze. 3. Aufl. Berlin, Weimar 1975. 779 S.
— [Ausw.] Lenau, Nikolaus: Werke. In einem Band ausgewählt v. Walter Dietze. Eingel. v. Reiner Schlichting. 2. Aufl. Berlin, Weimar 1975. XXXVII, 391 S., Titelb. (= Bibliothek deutscher Klassiker).

Dietze, Walter: [Hrsg.] 1525. Dramen zum deutschen Bauernkrieg. Hrsg. und mit einem Vorwort v. Walter Dietze. Berlin, Weimar 1975. 865 S.
— Probleme der literarischen Periodisierung: Axiome — Fragen — Hypothesen, Seminar, Toronto *11* (1975) 2, S. 77—92.
— [Nachr.] Abschied von Alexander Dymschiz. In: UZ Karl-Marx-Universität Leipzig v. 23. 1. 1975, S. 3.
— Eine alte Geschichte ganz neu erzählt. Gedanken zu Werner Heiduczeks „Die seltsamen Abenteuer des Parsival". In: LVZ v. 22./23. 3. 1975, S. 12.
— Wie der König von Tauris heute zu uns reden kann. Gespräch über Erbe und Erbeaneignung. In: Das Volk, Erfurt, 20. 10. 1975, S. 3.
— [Hrsg.] „Faust", Vers 11580. Weimar 1975. 3 Bl., 2 Bl. Faks. (= Jahresgabe der Nationalen Forschungs- und Gedenkstätten der klass. deutschen Literatur, hrsg. 1976).
— [Ausw.] Börne, Ludwig: Werke. In 2 Bänden. Ausgew. u. eingel. v. Helmut Bock u. Walter Dietze. Berlin, Weimar 1976 (= Bibliothek deutscher Klassiker).
— Dialektik der Sprache — Dialektik der Sache. Über Werner Heiduczeks neue Nacherzählung von Wolframs Parzival-Roman. In: Literatur und Geschichtsbewußtsein. Entwicklungstendenzen der DDR-Literatur in den sechziger und siebziger Jahren. Hrsg. v. Manfred Diersch u. Walfried Hartinger. Berlin, Weimar 1976. S. 211—247.
— Probleme der literarischen Periodisierung: Axiome, Fragen, Hypothesen. In: Renaissance — Barock — Aufklärung, Epochen- und Periodisierungsfragen. Hrsg. v. Werner Bahner. Berlin 1976. S. 41—53.
— Raum, Zeit und Klasseninhalt der Renaissance. Ebda S. 72—128.
— Aufgaben und Probleme der Aneignung des bürgerlich-humanistischen Kunst- und Kulturerbes unter besonderer Berücksichtigung der deutschen Aufklärung, Klassik und Romantik. In: Das kulturelle Erbe in unserer sozialistischen Gesellschaft. Wissenschaftliches Kolloquium 21.—23. Oktober 1975 in Weimar. Berlin 1976. S. 72—99.
— Auslegung als Überlegung. Ein Gespräch. In: Wissen aus Erfahrungen. Festschrift für Herman Meyer zum 65. Geburtstag. Tübingen 1976. S. 2—19.
— Hier und da. Unterwegs in zwei Welten. Halle (Saale) 1977. 403 S.
— [Nachw.] Heinrich Mann: Ein Zeitalter wird besichtigt. Reinbek bei Hamburg 1977. S. 394—415.
— Versuch über die Parodie. [Übersetzung ins Japanische.] Tokyo 1977.
— [Nachw.] „Faust". Berlin u. Weimar 1977[4]. S. 595—627.
— Gottsched und Leipzig. Leipzig 1978. 20 S. (= Leipziger Universitätsreden NF H. 46).
— „Ein würdiger Lehrer der Menschheit zu werden ..." Über Johann Gottfried Herders schriftstellerische Anfänge. Berlin 1978. 22 S. (= Sitzungsber. Sächs. Akad. Wiss. zu Leipzig Bd *120*, H. 3).
— Johann Gottfried Herder. Weltbild, Menschenbild, Wirkung. Weimar 1978. 68 S. (= Tradition und Gegenwart, H. 33, 1978).
— Herder, Ein Lesebuch für unsere Zeit. Einleitung von Walter Dietze. Berlin u. Weimar 1978. S. XXV—LX.
— Disegni di Goethe in Italia. Catalogo a curva di Gerhard Femmel. Introduzione di Luigi Magnani. — Vicenza, Neri Pozza Editore, 1977. — 78 S., 27 Bl. Ill. Darin S. 11—12: Einleitende Bemerkungen von W. D.
— 333 Limericks. Ausgewählt, importiert, übersetzt, kommentiert und herausgegeben von W. D. Leipzig 1977. 223 S. (Ill.).
— Reines Ebenmaß der Gegensätze. Deutsche Sonette. Herausgegeben von Anita und Walter Dietze. Berlin 1977. 236 S.
— Weimar. Klassiker-Stätten im Bild. Einleitender Text von W. D. Weimar, Nationale Forschungs- und Gedenkstätten der klassischen deutschen Literatur, 1976. 4 Bl., 36 Taf. (Mappe).
— Weimar. Klassiker-Stätten im Bild. Einleitender Text (viersprachig) von W. D. Weimar, Nationale Forschungs- und Gedenkstätten der klassischen deutschen Literatur, 1978, 4 Bl. 36 Taf. (Buntdruck).

Dietze, Walter: Auslegung als Überlegung. Ein Gespräch. In: Wissen aus Erfahrungen. Werkbegriff und Interpretation heute. Festschrift für Herman Meyer zum 65. Geburtstag. Tübingen 1976. S. 741–759.

— Bemerkungen zur Forschungssituation. In: Renaissanceliteratur und frühbürgerliche Revolution. Studien zu den sozial- und ideologiegeschichtlichen Grundlagen europäischer Nationalliteraturen. Herausgegeben von Robert Weimann, Werner Lenk und Joachim-Jürgen Slomka. Berlin u. Weimar 1976. S. 87–94.

— Literarische Bemerkungen zu den Schatzgräbereien eines Unbestechlichen. In: Universalhistorische Aspekte und Dimensionen des Jakobinismus. Dem Wirken Heinrich Scheels gewidmet. Berlin 1976. S. 10–14. (= Sitzungsber. AdW d. DDR, *10* G, 1976).

— Metaphorik und Realität — ein Versuch. In: Aspekte der Goethezeit. Herausgegeben von Stanley A. Corngold, Michael Curschmann, Theodore J. Ziolkowski. Göttingen 1977. S. 68–80.

— Urworte, nicht sonderlich orphisch. In: Goethe-Jahrbuch. Bd *94* (Weimar 1977) S. 11–37.

— Von Weimar nach Japan ist es sehr weit. Interview mit Prof. Dr. Walter Dietze. In: Mitteilungsblatt der Gesellschaft zur Förderung der Germanistik. Tokyo 1977. H. 17, S. 15–17 [japanisch].

— Väterlich, gütig und streng. In: Zum Leben und Wirken Georg Meyers. Gesellschafts- und Sprachwissenschaftliche Reihe der Wissenschaftlichen Zeitschrift der Karl-Marx-Universität Leipzig *26* (1977) H. 6, S. 590–591.

— Johann Karl Wezel. In: Sturm und Drang, Erläuterungen zur deutschen Literatur. Berlin 1978[5]. S. 337–344.

— Johann Gottfried Herders historische Stellung in der Geschichte deutscher Literatur und Philosophie, Thesen. In: Sitzungsber. AdW d. DDR. *8* G (1978) S. 5–13.

— [Rez.] Bert Nagel: Staufische Klassik. Deutsche Dichtung um 1200. Heidelberg 1977. In: DLZ *99* (1978) Sp. 38–40.

— „Ein würdiger Lehrer der Menschheit zu werden ...“ Über Johann Gottfried Herders schriftstellerische Anfänge. In: Germanistische Studienberichte der „Freunde von Weimar“. Tokyo 1978. H. 3, S. 61–86.

— Klassisches literarisches Erbe und sozialistisches Traditionsverständnis. In: Impulse, Aufsätze, Quellen, Berichte zur deutschen Klassik und Romantik. Im Auftrage der Nationalen Forschungs- und Gedenkstätten der klassischen deutschen Literatur in Weimar, herausgegeben von W. D. und Peter Goldammer, Folge 1, Berlin u. Weimar 1978. S. 9–43.

— Der Schönheit Sammelplatz. Rede zur Eröffnung der Ausstellung „Schönste Bücher aus aller Welt“. In: Börsenblatt für den deutschen Buchhandel *154* (1978) H. 39, S. 648–652.

— Impulse. Aufsätze, Quellen, Berichte zur deutschen Klassik und Romantik. Im Auftrage der Nationalen Forschungs- und Gedenkstätten der klassischen deutschen Literatur in Weimar, herausgegeben von W. D. und Peter Goldammer. Berlin u. Weimar 1978. Folge 1. — (Vorw.) S. 5–7, zus. mit P. G.

— [Hrsg.] Kleist, Heinrich von: „Das war der stolzeste Augenblick meines Lebens“. Heinrich von Kleist an Christoph Martin Wieland, 17. Dezember 1807. Mit einem Nachw. von Peter Goldammer. Weimar, Nationale Forschungs- und Gedenkstätten der klassischen deutschen Literatur, 1976, 4 Bl.

— [Hrsg.] Herder, Johann Gottfried. Kupferstich von Johann Heinrich Lips. Mit einem Nachw. von Regine Otto. Weimar, Nationale Forschungs- und Gedenkstätten der klassischen deutschen Literatur, 1977, 5 Bl. unpag.

— [Hrsg.] Lessing, Ephraim Gotthold: Nathan der Weise. 3 Kupferstiche aus dem Theater-Kalender auf das Jahr 1780. Text von Konrad Kratzsch. Weimar, Nationale Forschungs- und Gedenkstätten der klassischen deutschen Literatur, 1978, 6 Bl. unpag.

— [Mithrsg.] Brüning, Eberhard, Klaus Köhler, Bernhard Scheller: Studien zum amerikanischen Drama nach dem zweiten Weltkrieg. Berlin 1977. 328 S. (= Neue Beiträge zur Literaturwissenschaft, herausgegeben von Werner Krauss und Walter Dietze).

Dudek, Gerhard: [Nachwort] Lew Tolstoi: Krieg und Frieden. Leipzig 1977. S. 499—517.
— Struktura obraza i metaforika v poezii Andreja Voznesenskogo. In: Struktura i semantika literaturnogo teksta. Budapest 1977. S. 39—48.
— Zur Genrespezifik der Romane I. S. Turgenevs. In: ZfS *XXII* (1977) H. 1, S. 88—94.
— II. Leipziger Šolochov-Symposium. Ebda H. 3, S. 404—407.
— A. N. Radiščevs Versdichtung und die deutsche Lyrik des 18. Jahrhunderts — Kontakte und typologische Entsprechungen. In: Wissenschaftliche Zeitschrift der KMU Leipzig, ges. u. sprachwiss. R. *26* (1977) H. 4, S. 331—341.
— M. A. Scholochow im Bezugsfeld der literarischen Tradition. In: Werk und Wirkung M. Scholochows im weltliterarischen Prozeß, Materialien eines Internationalen Symposiums. KMU Leipzig 1977. S. 173—179.
— [Rez.] B. P. Gorodeckij: Russkie liriki. Leningrad 1974. In: Referatedienst zur Literaturwissenschaft *9* (1977) H. 1, S. 99—100.
— [Rez.] Poetičeskij stroj russkoj liriki. Sbornik, Leningrad 1973. Ebda S. 105—108.
— Die Dichtergestalt in der russischen und polnischen Romantik. In: Beiträge zur Literatur der tschechischen und slowakischen Wiedergeburt. In: Wissenschaftliche Beiträge der KMU Leipzig, Reihe Literaturwissenschaft. KMU Leipzig 1977. S. 97—106.
— [Bespr.] Das ewige Feuer. Sowjetische Lyrik. In: LVZ 1977.
— [Rez.] Warnowanje a mobilizowanje [zu J. Brězans „Krabat"]. In: rozhlad. časopis za serbsku kulturu. Bautzen 1977. H. *7/8*, S. 264—267.
— Das musikalische Element in L. N. Tolstojs epischem Sprachstil. In ZfS *XXIII* (1978) H. 1, S. 1—8.
— [Rez.] Klaus Städtke: Zur Geschichte der russischen Erzählung (1825—1840). Berlin 1975. In: Referatedienst zur Literaturwissenschaft *10* (1978) H. 1, S. 81—82.
— [Rez.] Dostojewskis Erbe in unserer Zeit. Berlin 1976. In: DLZ *99* (1978) H. 4, Sp. 270 bis 272.
— [Rez.] I. Semenko: Žizn' i poezija Žukovskogo. Moskva 1975. In: Referatedienst zur Literaturwissenschaft *10* (1978) H. 2, S. 225—226.
— Er bewegt Millionen. Gedenkartikel zum 150. Geburtstag von L. N. Tolstoi. In: LVZ v. 9./10. 9. 1978.
— [Geleitwort] Tagung der Internationalen Kommission für Slawische Poetik und Stilistik. In: ZfS *XXIII* (1978) H. 4.
— Komplexität und Einheit des Sprachstils in L. N. Tolstojs frühen Erzählungen. Ebda S. 477—489.
— [Rez.] Dostoevskij. Materialy i issledovanija, tom I, Leningrad 1974. In: DLZ *99* (1978) H. 2/3, Sp. 156—158.
— [Rez.] L. A. Čerejskij: Puškin i ego okruženie. Leningrad 1975. In: Referatedienst zur Literaturwissenschaft 10 (1978) H. 2, S. 223—224.
— [Rez.] Bernhard Kroneberg: Studien zur Geschichte der russischen klassizistischen Elegie. Wiesbaden/Frankfurt/M. 1972. In: DLZ *99* (1978) H. 5/6, Sp. 382—384.

Eichler, Ernst, u. Hans Walther: Ortsnamenbuch der Oberlausitz. Studien zur Toponymie der Kreise Bautzen, Bischofswerda, Görlitz, Hoyerswerda, Kamenz, Löbau, Niesky, Senftenberg, Weißwasser und Zittau. II. Namenkunde und Siedlungsgeschichte. (= Deutsch-Slaw. Forsch. z. Namenk. u. Siedlungsgesch. Nr. *29*). Berlin 1978. 222 S., 9 Karten.
— [Hrsg.] Beiträge zum deutsch-slawischen Sprachkontakt. Abh. Sächs. Akad. Wiss. zu Leipzig, phil.-hist. Kl., Bd 67, H. 2. 104 S.
— [Mithrsg.]: Beiträge zur konfrontierenden Sprachwissenschaft. Hrsg. von E. Eichler, J. Filipec, B. Havránek, R. Růžička. Red.: E. Wiese. (= Linguist. Studien). Halle/S. 1976. 211 S.
— [Mitautor:] Die russische Sprache der Gegenwart. Bd *1*: Einführung. Phonetik und Phonologie. 2. Aufl. Leipzig 1978. S. 144—145, 166—174. 3. Aufl. 1980.
— [Vorwort zu:] A. Jedlička: Die Schriftsprache in der heutigen Kommunikation. (Linguist. Studien). Halle/Saale 1978. S. 3—4.

Eichler, Ernst: Zur Morphemalternation im Tschechischen und Deutschen. In: Linguist. Studien Reihe A (Arbeitsberichte) Nr. *29/2*, S. 217–224.
– Zur tschechisch-deutschen kontrastiven Wortbildungslehre. In: LAB (Linguist. Arbeitsberichte) H. *21*, Leipzig 1978. S. 269–275.
– Zum tschechischen Anteil am deutschen Wortschatz. In: Beiträge zum deutsch-slawischen Sprachkontakt. Berlin 1977. S. 21–28.
– u. K. Hengst: Russisch-deutsche Sprachbeziehungen in der Gegenwart. In: Der Große Oktober und die russische Sprache. Hrsg. von V. V. Ivanov, V. A. Sirotina und K. Buttke. Leipzig 1977. S. 148–158. In russ. Übersetzung in: Velikij Oktjabr' i russkij jazyk. Kiev–Leipzig 1977. S. 142–152.
– Zur Erforschung der Phraseologie der tschechischen Gegenwartssprache. In: Aktuelle Probleme der Phraseologie. Karl-Marx-Univ. Leipzig 1976. S. 150–151.
– Zur onomastischen Wissenschaftsmethodologie: Name, Appellativum und onymische Integration. In: Nkdl. Inf. *33* (1978) S. 4–13; Kurzfassung in: XIII. Internationaler Kongreß für Namenforschung. Kraków 1978. Nomina appellativa et nomina propria. Zusammenfassungen der Kurzreferate. Kraków 1978. S. 64.
– Onomastik und Lexikologie. Dargestellt am Beispiel des Altsorbischen. In: ZfS *22* (1977) S. 60–66.
– Zur Erforschung onomastischer Areale in den slawischen Sprachen. Ein Beitrag zum Slawischen Onomastischen Atlas. In: ZfS *22* (1977) S. 469–475. – Resümee in: VIII Međunarodni slavistički kongres. Zagreb–Ljubljana 1978. Knjiga referata. Sažeci *I* A–K. Zagreb 1978. S. 205 [russ.].
– u. H. Walther: Zur Personennamenforschung in der Lausitz. In: Name und Geschichte. Henning Kaufmann zum 80. Geburtstag. Hrsg. v. Fr. Debus u. K. Puchner. München 1978. S. 55–64.
– Zur Typologisierung onomastischer slawisch-deutscher Sprachkontakte. In: Commentationes linguisticae et philologicae Ernesto Dickenmann lustrum claudenti quintum decimum. Heidelberg 1977. S. 57–64.
– Zur historischen Lautentwicklung des Obersorbischem im Lichte der Toponomastik. In: LAB H. 16. Leipzig 1977. S. 120–122. In russ. Sprache (K istoričeskoj fonetike serbolužickogo jazyka v svete toponomastiki) in: Obščeslavjanskij lingvističeskij atlas. Materialy i issledovanija 1976. Moskva 1978. S. 87–91.
– Woher kommen unsere Ortsnamen? In: Kaleidoskop. 3. Folge. Hrsg. von C. Nendel. Berlin 1978. S. 209–214.
– Zur kartographischen Darstellung slawischer Ortsnamen der Steiermark. In: Onomastica Jugoslavica 7. Zagreb 1978. S. 209 (= Nkdl. Inf. *31* [1977] S. 73–74).
– Mieczysław Karaś †. In: Nkdl. Inf. *31* (1977) S. 32–33.
– Das namenkundliche Werk des polnischen Gelehrten Mieczysław Karaś (1924–1977). In: Nkdl. Inf. *33* (1978) S. 73–78 [Bibliographie, zusammengestellt mit K. Rymut].
– u. H. Walther: Friedrich Redlich †. In: Nkdl. Inf. *32* (1978) S. 14–15.
– Anneliese Bretschneider 80 Jahre. In: Beitr. z. Gesch. und Gegenwart d. Bez. Cottbus *12* (1978) S. 139.
– Erhard Müller 70 Jahre. In: Nkdl. Inf. *34* (1978) S. 41–43.
– I. Internationale Konferenz „Entwicklungsperspektiven der slawischen Onomastik“ Moskau 26.–30. Oktober 1976. In: ZfS *22* (1977) S. 715–718; Nkdl. Inf. *30* (1977) S. 44–48.
– VII. Slowakische Onomastische Konferenz. Zemplínska šírava (ČSSR) 20.–24. September 1976. In: ZfS *22* (1977) S. 718–721; Nkdl. Inf. *29* (1976) S. 36–40.
– Internationale Konferenz „Der Namenschatz in Sprachkontakträumen“. Gdańsk, 25. bis 27. Oktober 1977. In: Nkdl. Inf. *32* (1978) S. 19–23; Kurzfassung (mit I. Bily) in: Zs. f. Phonetik, allg. Sprachwiss. und Kommunikationsforsch. *31* (1978) 668–670.
– Bericht über das VI. NORNA-Symposium „Ortsnamen im Sprachkontakt“ (Uppsala 5. bis 7. Mai 1978). In: Nkdl. Inf. *33* (1978) S. 79–81.

Eichler, Ernst: 13. Internationaler Kongreß für Namenforschung. Kraków 21.—25. August 1978. In: Nkdl. Inf. *34* (1978) S. 45—47.
— Namenkundliche Jahrestagung am 9. Juni 1978 in Leipzig. Nkdl. Inf. *34* (1978) S. 47—49.
— [Bespr.] J. Bělič: Nástin české dialektologie. Praha 1972. In: ZfS *22* (1977) S. 562—568.
— [Bespr.]: H. H. Bielfeldt: Zum Aufbau der sorbischen Etymologie. Berlin 1977; H. H. Bielfeldt, Die deutschen Lehnwörter im Obersorbischen. Nendeln 1968. In: Nkdl. Inf. *32* (1978) S. 34—36.
— [Bespr.] E. Breza: Toponimia powiatu kościerskiego. Gdańsk 1974. In: Nkdl. Inf. *30* (1977) S. 63—65.
— [Bespr.] Commentationes linguisticae et philologicae Ernesto Dickenmann ... Heidelberg 1977. In: Nkdl. Inf. *31* (1977) S. 51—52.
— [Bespr.] A. Garovi: Die Örtlichkeitsnamen der Stadt Luzern im Mittelalter. Luzern 1975. In: Nkdl. Inf. *30* (1977) S. 60—61.
— [Bespr.] Gdańskie studia jeęzykoznawcze. Gdańsk 1975. In: Nkdl. Inf. *30* (1977) S. 65—66.
— [Bespr.] P. Glatthard: Ortsnamen zwischen Aare und Saane. Namengeographische und siedlungsgeschichtliche Untersuchungen im westschweizerischen Sprachgrenzraum. Bern u. Stuttgart 1977. In: Nkdl. Inf. *32* (1978) S. 52—57.
— [Bespr.] Istoričeskaja onomastika. Moskva 1977. In: Nkdl. Inf. *31* (1977) S. 64—67.
— [Bespr.] M. Jeżowa: Sufiks *-ika* w jeęzykach słowiańskich. Wrocław ... 1975. In: Nkdl. Inf. *30* (1977) S. 66—67.
— [Bespr.] V. V. Loboda: Toponimija Dnipro-Buz'koho mežyriččja. Kiev 1976. In: Nkdl. Inf. *31* (1977) S. 71.
— [Bespr.] J. Spal: Místní jména s příponou na -yně. Plzeň 1977. In: Nkdl. Inf. *32* (1978) S. 62.

Erben, Johannes: *Großvater* und *Enkel* (*Groß-/Klein-Kind*), zur Bezeichnungsgeschichte der Kindes-Kinder. In: Altgermanistische Beiträge. Jan van Dam zum 80. Geburtstag gewidmet. Hrsg. v. Friedrich Maurer und Cola Minis. Amsterdam 1977. S. 101—113.
— Sprachgeschichte als Systemgeschichte. In: Sprachwandel und Sprachgeschichtsschreibung im Deutschen. Jahrbuch des Instituts für deutsche Sprache *1976* (= Sprache der Gegenwart 41) Düsseldorf 1977. S. 7—23.
— Über „Kopula"-Verben und „verdeckte" (kopulalose) Ist-Prädikationen, zugleich ein Beitrag zur Theorie der Valenz und ihrer Geschichte. In: Festschrift für Friedrich Maurer zum 80. Geburtstag. Bern u. München 1978. S. 75—92.
— [Rez.] M. Åsdahl-Holmberg: Studien zu den verbalen Pseudokomposita im Deutschen (= Göteborger Germanistische Forschungen 14). Lund 1976. In: Moderna Språk *LXXII* 2 (1978) S. 179—181.
— [Rez.] W. Alberts: Einfache Verbformen und verbale Gefüge in zwei Ausgburger Chroniken des 15. Jahrhunderts. Ein Beitrag zur frühneuhochdeutschen Morphosyntax (= Palaestra Bd 264). Göttingen 1977. In: Germanistik *19* (1978) S. 293.
— [Vorwort zu:] Deutsche Wortbildung. Typen und Tendenzen in der Gegenwartssprache, 3. Hauptteil: Das Adjektiv. In: Sprache der Gegenwart. Schriften des Instituts für deutsche Sprache, Bd *43* (Düsseldorf 1978) S. 15—17.

Forberger, Rudolf: Zu einigen neuen Problemen der sächsischen Industriegeschichte. In: Beiträge zur Archivwissenschaft und Geschichtsforschung. Hrsg. mit Unterstützung der Historischen Kommission der Sächs. Akad. d. Wiss. zu Leipzig v. Reiner Groß und Manfred Kobuch. Weimar 1977. S. 466—476 (= Schriftenreihe des Staatsarchivs Dresden, Bd 10).
— Zur terminologischen Problematik und zur Genesis der „Bergfabrik" am Ende des Feudalsystems und während der ersten Phase der industriellen Revolution — demonstriert vornehmlich am sächsischen Beispiel. In: Internationales Komitee für Geschichte der Technik ICOTEC, Thesen zu den Vorträgen anläßlich des Internationalen Symposiums „Zur Geschichte des Bergbaus und Hüttenwesens". Stand vom 31. Mai 1978. Bergakademie Freiberg. September 1978. S. 15—16.

Gadamer, Hans-Georg: Variationen. Tübingen 1977. 261 S. (= Kleine Schriften, Bd IV).
— Poetica. Ausgewählte Essays. Frankfurt/M. 1977. 149 S.
— Die Aktualität des Schönen. Kunst als Spiel, Symbol und Fest. Stuttgart 1977. 77 S. (= Reclams Universal-Bibl. 9844).
— Die Idee des Guten zwischen Plato und Aristoteles. Heidelberg 1978. 103 S. (= Sitzungsber. der Heidelberger Akademie der Wissenschaften, phil.-hist. Kl. Jg 1978, Abh. *3*).
— [Hrsg. u. Übers.] Plato: Texte zur Ideenlehre. Frankfurt/M. 1978. 95 S. (= Klostermann-Texte Philosophie).
— Wahrheit und Methode. Spanische Übersetzung: Salamanca 1977; Jugoslawische Übersetzung: Belgrad 1978.
— Kleine Schriften. [Japanische Übersetzung] Tokyo 1978.
— Sein, Geist, Gott. In: Heidegger. Freiburger Universitätsvorträge zu seinem Gedenken. Im Auftrag der Albert-Ludwigs-Universität hrsg. von W. Marx. Freiburg u. München 1977. S. 43—62; Teilabdrucke in: Evang. Kommentare *4* (1977) S. 204—208 [Anrufung des entschwundenen Gottes. Das Denken Martin Heideggers zwischen Metaphysik und technischer Welt] und in: Neue Zürcher Ztg. v. März 77.
— Philosophie und Poesie. In: Geist und Zeichen. Festschrift für Arthur Henkel zu seinem 60. Geburtstag. Hrsg. von H. Anton, B. Gajek, P. Pfaff. Heidelberg 1977. S. 121—126.
— Hans-Georg Gadamer. In: Philosophie in Selbstdarstellungen, Bd *III*. Hrsg. von L. P. Pongratz. Hamburg 1977. S. 60—101.
— Gerhard Krüger. In: Marburger Gelehrte in der ersten Hälfte des 20. Jahrhunderts. Hrsg. von Ingeborg Schnack. Marburg 1977. S. 299—308.
— Wissenschaft und Öffentlichkeit. In: diagnostik *10* (1977) S. 770—774.
— Hermeneutique et Theologie. In: Revue des Sciences Religieuses *51* (1977) 384—397.
— Über das Zeitproblem im Abendland. In: Leib Geist Geschichte. Festschrift zum 60. Geburtstag von Hubertus Tellenbach. Hrsg. von A. Kraus. Heidelberg 1977. S. 87—103.
— Erinnerungen an Richard Kroner. In: Frankfurter Allgemeine Ztg. vom 3. Dez. 1977.
— Das Blatt zwischen uns. Ebda vom 12. Febr. 1977.
— Rudolf Bultmann. In: Das Parlament (Bonn) vom 16. Juli 1977.
— I Presocratici. In: Questioni di Storiografia Filosofica. Dalle Origini all'Ottocento. A cura di Vittorio Mathieu. Brescia 1974. S. 113—114.
— Sarvepalli Radhakrishnan. In: Orden Pour le mérite für Wissenschaften und Künste — Reden und Gedenkworte Bd *13* (1976/77) S. 45—50.
— Rudolf Bultmann. Ebda S. 131—139.
— Über das Philosophische in den Wissenschaften und die Wissenschaftlichkeit der Philosophie. In: Ist systematische Philosophie möglich? Hegel-Studien. Beiheft 17 (1977) S. 53—67.
— Die Unverständlichkeit der Wissenschaft und das Verständnis der Öffentlichkeit. In: Wissenschaft und Gesellschaft. Herausforderungen und Wechselwirkungen in ihrer Zeit. Hrsg. von R. Schmitz. Stuttgart u. Frankfurt/M. 1978. S. 25—36.
— Hermeneutik als theoretische und praktische Aufgabe. In: Rechtstheorie *9* (1978) S. 257—274.
— [Beitrag] Der Reiz der Wörter. Eine Anthologie zum 150jährigen Bestehen des Reclam-Verlages. Stuttgart 1978. S. 70—71 (= Reclams Universal-Bibl. 9999).
— [Einführung] Martin Heidegger. Que cosa e la vertitá. Napoli 1978.
— Die griechische Philosophie und das moderne Denken. In: Festschrift für Franz Wieacker zum 70. Geburtstag. Hrsg. von O. Behrends u. a. Göttingen 1978. S. 361—365; auch in: Neue Zürcher Ztg. vom Aug. 1978.
— Il Pensatore Martin Heidegger. In: Humanitas *4* (1978) S. 416—422.
— [Hrsg.] Philosophische Rundschau.
— [Mithrsg.] und P. Vogler: Nova Antropologia Bd *1—7*. Portugiesische Übersetzung: Sao Paulo 1977; Nueva Antropologia Bd *1—2*. Spanische Übersetzung.
— [Mithrsg.] Archiv für Begriffsgeschichte.
— [Mithrsg.] Hegel-Studien.

Gadamer, Hans-Georg: [Mithrsg.] Heidelberger Forschungen.
— [Mithrsg.] Kant-Studien.

Georgiev, Vladimir I.: Die A-Linear-Inschrift aus Chania KH5: Lesung, Deutung und Übersetzung. In: Linguistique Balkanique *XIX* (1976) H. 4.
— The System of the Bulgarian Verb from a Diachronic Point of View, Bŭlgaria. In: Past and Present Studies in History, Literature, Economics, Music, Sociology, Folklore and Linguistics. Columbia [Ohio] 1976. S. 275—284.
— Dešifrovka teksta diska iz festa. In: Vestnik drevnej istorii *1977*, 1, S. 52—60.
— Trakite i technijat ezik. Sofija 1977. 348 S.
— L'union linguistique belkanique: l'état actuel des recherches. In: Linguistique Balkanique *XX* (1977) 1—2, S. 5—19.
— Trakijskijat proizchog na dialektnata guma „*kljuk*"/i *pljuk*/„mljako". In: Bulgarski ezik *XXVII* (1977) S. 123.
— La situation ethnique en Crète ancienne et le déchiffrement du texte sur le disque de Phaistos. In: Praktika tēs Akadēmias Athēnōn *50* (1975) S. 412—428.
— Probleme der historischen Lautlehre des Albanischen: Die Vertretung der ide. Gutturale und der sonantischen Nasale. In: Innsbrucker Beiträge zur Kulturwissenschaft, Sonderheft 41, Akten des internationalen albanologischen Kolloquiums. Innsbruck 1972 [zum Gedächtnis an Norbert Jokl]. Innsbruck 1977. S. 223—234.
— Une nouvelle inscription en linéaire B de Mycènes. In: Kadmos *XV* (Berlin—New York 1976) S. 95—97.
— Diachrone Morphologie. In: XII. Internationale Linguistenkongress, Kurzfassungen, Wien 1977. S. 117.
— u. J. Zaimov, J. Ivanov, St. Ilčev, T. Todorov: Bŭlgarski etimologičen rečnik. Heft *XIII* bis *XIV* (Sofia 1977).
— Griech. *gala*, lat. *lac* und bulg. (thrak.) *kljuk* „Milch". In: Indogermanische Forschungen *81* (1976) S. 67—69.
— Götternamen in Kontakt: Bildung und Deutung der thrakischen Götternamen. In: Onoma *XXI* (Leuven [Belgique] 1977) S. 346—354.
— Otnosno proizchoda na dialektnoto suščestvitelno tarapana. In: Bŭlgarski ezik *XXVIII* (1978) S. 52—53.
— [Rez.] J. Zaimov: Bulgarski geografski imena s — jŭ. Ebda S. 76—78.
— Tendinţe convergente in limbile vechi din Peninsula Balcanica si din Asia Mica de nord-ovest. In: Noi Tracii, supplement *2*/1978, S. 2—5; *3*/1978, S. 7—10; *4*/1978, S. 5—8.
— Thrakische Etymologien. In: Linguistique Balkanique *XXI* (1978) H. 1, S. 5—20.
— Prinzipi na slavjanskata diachronna morfologija. In: Slavjanska filologija *XV* (1978) S. 5—16.
— Thrakische Götterbeinamen. In: Studia in honorem V. Beševliev. Sofia 1978. S. 35—38.
— Das thrakische Wort *pui-s*, *pu-s* „Mädchen, Tochter". In: Linguistique Balkanique *XXI* (1978) H. 2, S. 5—8.
— Kontaminacijata kato princip na etimologičnoto izsledvane. In: Bŭlgarski ezik *XXVIII* (1978) S. 189—203.
— Principy slavjanskoj diachronnoj morfologii [Zusammenfassung]. In: VIII Međunarodni slavistički kongress, Zagreb, Knjiga referata. *I* (1978) S. 256.
— L'anthroponymie thrace. In: L'état actuel des recherches *2* (Pulpudeva 1976, 1978) S. 7—19.
— Tendances convergentes dans les langues anciennes de la péninsule Balkanique et de l'Asie Mineure du Nord-Ouest. In: Actes du Premier Symposium International de Thracologie (Rome, 14—16 novembre, 1977). 1978. S. 21—35; S. 40—41, 54, 90 [Discussions]; Table ronde consacrée à l'étruscologie. S. 139—140, 141—142; Table ronde sur l'ethnogenèse euroindienne et la langue commune euro-indienne. S. 147, 153, 156—157; Conclusions. S. 133—135.
— u. J. Zaimov, St. Ilčev, M. Čalukov, J. Ivanov, D. Muchajlova: Bulgarski etimologičen rečnik. Heft *XV*—*XVI* (1978).
— Die trojanische Herkunft der Elymer. In: Linguistique Balkanique *XXI* (1978) S. 5—8.

Georgiev, Vladimir I.: Za proizchoda na dumite *kuk, kuker, kukir*. In: Bŭlgarski ezik *XXVIII* (1978) S. 334–335.
— Principi za ustanovjavane etimologijata na sobstveni imena. Ebda S. 397–401.
— Morphologische Untersuchungen I: Probleme der indoeuropäischen Verbalflexion. In: Linguistique Balkanique *XXI* (1978) H. 4, S. 5–34.
— Vit, Vitbol, Vitoša. In: Bŭlgarski ezik *XXVIII* (1978) S. 519–521.

Große, Rudolf: Sprachliche Normen als soziale Normen und ihre Bedeutung für die Verbeitung von Neologismen. In: Linguistische Arbeitsberichte *18* (Leipzig 1977) S. 1–7.
— Sprache und Geschichte bei Theodor Frings. In: Erbe – Vermächtnis und Verpflichtung. Zur sprachwissenschaftlichen Forschung in der Geschichte der AdW der DDR, hrsg. von J. Schildt. Berlin 1977. S. 132–141.
— u. S. Blum, H. Götz: Beiträge zur Bedeutungserschließung im althochdeutschen Wortschatz. Berlin 1977. 208 S. (= Sitzungsber. Sächs. Akad. d. Wiss. zu Leipzig, phil.-hist. Kl. Bd 118, H. 1).
— 25 Jahre sprachwissenschaftliche Forschung an der Sächsischen Akademie der Wissenschaften. In: Im Dienste produktiven Schaffens. Öffentliche Sitzung der Sächsischen Akademie der Wissenschaften zu Leipzig am 9. November 1974 aus Anlaß des 25. Jahrestages der DDR. Berlin 1977. S. 55–59.
— Materialien der Arbeitstagung zu dem Lehrgebiet „Geschichte der deutschen Sprache" am 24. 9. 1976 in Leipzig. Eröffnung und Einführung. Zur Verflechtung des Lehrgebiets Sprachgeschichte mit anderen Lehrveranstaltungen. In: Potsdamer Forschungen, Reihe A, H. 24, 1977, S. 79–91.
— Zur Dialektik von Stabilität und Variabilität in der Sprache und zum Begriff der sprachlichen Norm. In: Variabilität in Sprachsystem und Text: textlinguistische, soziolinguistische und stilistische Aspekte, hrsg. von W. Fleischer und R. Große (= Wissenschaftliche Zeitschrift der Karl-Marx-Universität Leipzig, gesellschafts- und sprachwissenschaftliche Reihe *27* [1978] H. 5, S. 523–532).
— Zur Stellung Herders in der Geschichte der deutschen Sprache. In: Johann Gottfried Herder. Zum 175. Todestag am 18. Dezember 1978. Berlin 1978, S. 75–82. (= Sitzungsber. AdW der DDR, *8* G, 1978).
— Zur Rolle der Volksmassen in der Geschichte der Sprache. In: Wissenschaftliche Zeitschrift der Wilhelm-Pieck-Universität Rostock, gesellschafts- und sprachwissenschaftliche Reihe *27* (1978) Heft 1/2, S. 3–7.
— Zehn Jahre Germanistenkommission der DDR und der VR Polen. In: Deutsch als Fremdsprache *15* (1978) H. 6, S. 377–381.
— Bilaterale Germanistenkommission der Deutschen Demokratischen Republik und der Volksrepublik Polen – Rückblick und Ausblick; in: Mitteilungsblatt *IX*, 1978, Karl-Marx-Universität Leipzig, Sektion Germanistik und Literaturwissenschaften, Lehrbereich Germanistisches Ausländerstudium, S. 3–4.
— [Hrsg.] Althochdeutsches Wörterbuch, Band *III*, Lfg 7 und 8, Berlin 1977. 1978.
— [Hrsg.] Dialektologische Studien zur Sprachgeschichte und Sprachsoziologie. Sächsische Akademie der Wissenschaften, Sprachwissenschaftliche Kommission, Band *1*, Berlin 1977.
— [Mithrsg.] Deutsch-slawische Forschungen zur Namenkunde und Siedlungsgeschichte. Sächsische Akademie der Wissenschaften zu Leipzig, Sprachwissenschaftliche Kommission, Nr. 29 und 32, Berlin 1978.
— [Mithrsg.] Beiträge zur Geschichte der deutschen Sprache und Literatur, Bd *98* und *99*, Halle/Saale 1977. 1978.

Hamann, Günther: Zur Restaurierung und Reproduktion von Waldseemüllers Carta Itineraria Europae. In: Mitt. d. Inst. f. österr. Geschichtsforschung *84* (1976) S. 144–151.
— Regiomontans Wiener Zeit, sein Verhältnis zu Georg von Peuerbach und seine Wanderjahre (Italien, Ungarn, Nürnberg). In: 500 Jahre Regiomontan – 500 Jahre Astronomie (= Katalog der Ausstellung im Germanischen Nationalmuseum Nürnberg). 1976. S. 23–38.

Hamann, Günther: Johannes Regiomontanus — Wegbereiter der Himmelskunde und Mathematik in vorcopernicanischer Zeit. In: Der Sternbote *19* (1976) Nr. 10, S. 202—216 (I. Teil); Nr. 11, S. 226—245 (Teil II).
— Der russische Geleitbrief und die Rußlandkontakte der österr.-ungar. Polarexpedition unter Payer und Weyprecht. Ihre Rolle in der Entdeckungsgeschichte der russischen Arktis. In: Ost-West-Begegnung in Österreich. Festschrift für Eduard Winter. Wien—Köln—Graz 1976. S. 95—123.
— Das Naturhistorische Museum in Wien. Die Geschichte der Wiener naturhistorischen Sammlungen bis zum Ende der Monarchie. In: Veröff. aus dem Naturhistorischen Museum NF Bd *13* (2. A., Wien 1976) 98 S.
— Heinrich Benedikt zum 90. Geburtstag (30. Dezember 1976) — Biographisches Geleitwort zu: Heinrich Benedikt. In: Das Zeitalter der Emanzipation 1815—1848. Wien—Köln—Graz 1976. S. 7—14.
— Der Behaim-Globus als Vorbild der Stabius-Dürer-Karte von 1515. In: Z. für Globographie und Instrumentenkunde „Globusfreund". Wien 1978. S. 135—148.
— Die Dokumentationsstelle für Geschichte der Naturwissenschaften und Geographie im Rahmen der Kommission für Geschichte der Mathematik, Naturwissenschaften und Medizin der ÖAW. In: Daten, Dienste, Dokumente, Bd 2: Wissenschaftliches Dokumentations- und Informationswesen in Österreich. Wien 1978. Hrsg. vom Bundesmin. für Wissenschaft und Forschung. Wien 1978. S. 281—285.
— Die Geschichte der Wiener Naturhistorischen Sammlung bis zum Ende der Monarchie. 3. Aufl. 1977. 100 S.
— Das Naturhistorische Museum in Wien — Geschichtliche Grundlagen seiner Entstehung; sowie: Das Gebäude und seine künstlerische Ausstattung. In: Das Naturhistorische Museum in Wien. Salzburg 1977. S. 1—36.
— Österreichs Anteil an der Geschichte der Arktisforschung. In: Veröff. aus dem Naturhistorischen Museum Wien NF Bd *15* (Wien 1978) S. 16—23 (= Canada und die Nordpolargebiete).
— Julius von Payer — Offizier, Kartograph, Alpen- und Polarforscher, Maler und Schriftsteller. In: Österreichisches Biographisches Lexikon 1815—1950. Wien 1977. Lfg 34.
— Atlantische Inseln. In: Lexikon des Mittelalters. München 1977. S. 338—341.
— Kriegs- und Nachkriegserinnerungen eines Studenten an Heinrich Ritter von Srbik. In: Abhandlungen phil.-hist. Kl. *115*/10 (1978) S. 366—395.
— Die frühen Entdeckungen unserer Erde und das Zeitalter der großen Entdeckungen. Zu Walter Krämers großer Trilogie. In: PGM *2* (Gotha 1979) S. 117—119.
— [Hrsg.] Heinrich Benedikt: Das Zeitalter der Emanzipation 1815—1848. Wien—Köln—Graz 1976. 395 S.
— [Hrsg.] Biographien österr. Geographen und Forschungsreisender im Rahmen der Sektion des Österr. Zweiges der Commission d'Histoire de la Pensée Géographique der Union Géographique Internationale (Paris).
— [Hrsg.] Berichte zur Geschichte der Entdeckungs- und Forschungsreisen der Humboldt-Gesellschaft.
— [Hrsg.] Wiener Beiträge zur Geschichte der Neuzeit.
— [Hrsg.] Regiomontanus-Studien in den Veröffentlichungen der Kommission für Geschichte der Mathematik, Naturwissenschaften und Medizin.
— [Art.] Artikel über die Geschichte der Geographie, des geographischen Weltbildes und der Entdeckungs- und Forschungsreisen im Rahmen des „Lexikons des Mittelalters" (Artemis-Verlag München).

Heimpel, Hermann: Die Vener von Gmünd und Strassbourg (1162—1447). Versuch einer Familiengeschichte aus Wiener Handschriften. In: Anzeiger der Österreichischen Akademie der Wissenschaften, phil.-hist. Kl. *115* (1978) S. 1—15.
— Aloys Schmidt u. H. Heimpel: Winand von Steeg (1371—1453), ein mittelrheinischer Gelehrter und Künstler, und die Bilderhandschrift über die Zollfreiheit des Bachararer Pfarrweins auf

dem Rhein aus dem Jahr 1426 (= Handschrift 12 des Bayerischen Geheimen Hausarchivs in München). München 1977 (= Abhandlung der Bayerischen Akademie der Wissenschaften, phil.-hist. Kl. NF *81*).

Heimpel, Hermann: „Habent sua fata libelli". Wolfenbüttel. Herzog August Bibliothek. Cod. 32.10 Aug. fol. In: Wolfenbütteler Beiträge *3* (Frankfurt/Main 1978) S. 59–63.
– Scheltrede eines Professors des Bürgerlichen Rechts, des Kölner doctor legum Johannes „vam Hirtze" an Papst Gregor XII. (Brixen, am 11. November 1407). In: Festschrift für Franz Wieacker zum 70. Geburtstag. Göttingen 1978. S. 245–260.

Hiebsch, Hans: Wissenschaftspsychologie. Berlin 1977. 148 S. mit 7 Abb.
– [Hrsg.] u. M. Vorwerg: Sozialpsychologie. Berlin 1978. 486 S. mit vielen Abb.
– Brauchen wir Psychoanalyse? In: Die Weltbühne *73* (Berlin, 31. Okt. 1978) H. 44, S. 1388 bis 1390.

Kühnert, Friedmar: Lexikon der Antike. Hrsg. von J. Irmscher. 2., neubearb. u. erw. Aufl. Leipzig 1977. Stichwörter und Personenartikel der Gebiete Erziehung/Bildung/Schulwesen; Rhetorik; Grammatik; Römische Geschichtsschreibung (etwa 2200 Zeilen).
– Bildung des Menschen – Bildung zum Menschen. Zur Herkunft des Bildungsideals der deutschen Klassik aus der griechisch-römischen Antike. In: Wiss. Z. Friedrich-Schiller-Univ. Jena, ges.- u. sprachwiss. R. *27* (1978) H. 5, S. 593–596.

Lehmann, Edgar: Die Kartographie als Hilfsmittel der Umweltforschung. Vortrag zur Sitzung der Sächsischen Akademie der Wissenschaften zu Leipzig am 4. 12. 1973. In: Jahrbuch Sächs. Akad. Wiss. *1973–1974* (Berlin 1976) S. 166–167.
– Wesen und Aufgabe der Buchreihe „Werte unserer Heimat". Begrüßung zum Kolloquium aus Anlaß des 20jähr. Bestehens des Wissenschaftl. Beirates für Heimatforschung am 26. 10. 1976. In: Sächs. Heimatblätter *23* (1977) H. 1, S. 1–2.
– Die Stellung der Buchreihe „Werte unserer Heimat" in der Umweltforschung. Ebda S. 11–14.
– [Mithrsg.] Die Jugendbriefe Alexander von Humboldts 1787–1799. Beiträge zur Alexander-von-Humboldt-Forschung. Berlin 1977. 838 S.
– [Mithrsg.] Briefwechsel zwischen Alexander von Humboldt und Carl Friedrich Gaus. Berlin 1977. 202 S.
– [Vorw.] Atlas DDR. Hrsg. von der AdW der DDR durch die Kommission zur Herausgabe des Atlas DDR in Zusammenarbeit mit dem VEB Hermann Haack, Geographisch-Kartographische Anstalt Gotha/Leipzig 1978.
– [Mitarb.] Gesamtdurchsicht, Korrekturen und Anregungen "America in Maps", Compiled and edited by Egon Klemp. Edition Leipzig 1978. Textteil 25 S. (Groß-Folio).

Lieberwirth, Rolf: Die historische Entwicklung der Theorie vom vertraglichen Ursprung des Staates und der Staatsgewalt. Berlin 1977. 56 S. (= Sitzungsber. Sächs. Akad. Wiss. zu Leipzig, phil.-hist. Kl. Bd 118, H. 2).
– [Rez.] Wilhelm Wächtershäuser: Das Verbrechen des Kindesmordes im Zeitalter der Aufklärung. Eine rechtsgeschichtliche Untersuchung der dogmatischen, prozessualen und rechtssoziologischen Aspekte. Berlin 1973. 181 S. (= Quellen und Forschungen zur Strafrechtsgeschichte, hrsg. v. E. Kaufmann u. H. Holzhauer, 3. Kart.). In: ThLZ *102* (1977) Nr. 2, Sp. 121ff.
– [Rez.] Benno Eide Siebs: Weltbild, symbolische Zahl und Verfassung. Scientia Aalen 1969. 300 S. In: ZRG (GA) *93* (1976) S. 528ff.
– [Rez.] Carl Joachim Friedrich: Johannes Althusius und sein Werk im Rahmen der Entwicklung der Theorie von der Politik. Berlin 1975. 161 S., 4 Abb. In: ZRG (GA) *93* (1976) S. 511f.
– [Rez.] Wilhelm Ebel: Der Göttinger Professor Johann Stephan Pütter aus Iserlohn (= Göttinger Rechtswissenschaftliche Studien 95). Göttingen 1975. VIII, 206 S., 1 Abb. In: ZRG (GA) *94* (1977) S. 362ff.

Lieberwirth, Rolf: [Rez.] Walter Hubatsch: Stein-Studien. Die preußischen Reformen des Reichsfreiherrn Karl vom Stein zwischen Revolution und Restauration (= Studien zur Geschichte Preußens 25). Köln—Berlin 1975. 258 S. 4 Abb. In: ZRG (GA) *94* (1977) S. 362.

Lomov, Boris F. u. D. N. Zavališina, V. F. Rubachin: Über den Systemaufbau kognitiver Prozesse. In: Psychologische Probleme der Verarbeitung von Zeicheninformation. Moskau 1977. S. 49—57 [russ.].
— u. Ivanickij: Über den wechselseitigen Zusammenhang von Psychologie und Physiologie in der Untersuchung der Wahrnehmung. In: Physiologie des Menschen *3* (1977) Nr. 6, S. 951—959 [russ.].
— u. V. M. Munipov: Probleme der komplexen Untersuchung der Arbeitstätigkeit. In: Psychologie der Persönlichkeit und kleiner Gruppen. Leningrad 1977. S. 9—16 [russ.].
— u. V. F. Rubachin, V. F. Venda: Ingenieurpsychologie. Theorie, Methodologie, praktische Anwendung. Moskau 1977. 19 Taf. [russ.].
— u. B. A. Duškov, V. F. Rubachin, B. A. Smirnov: Grundlagen der Ingenieurpsychologie. Moskau 1977. 335 S., 21 Taf. [russ.].
— u. M. V. Gamezo, V. F. Rubachin: Psychologische Aspekte der Methodologie sowohl der allgemeinen Zeichentheorie als auch der Zeichensysteme. In: Psychologische Probleme der Verarbeitung von Zeicheninformation. Moskau 1977. S. 5—49 [russ.].
— u. M. V. Gamezo, V. F. Rubachin: Zeichen und psychische Tätigkeit. In: Gesellschaftswissenschaften 1977, Nr. 2, S. 111—126 [russ.].
— u. N. D. Zavalova, V. A. Ponomarenko: Das Prinzip des aktiven Operators in der Ingenieurpsychologie. In: Ingenieurpsychologie. Moskau 1977. S. 119—134 [russ.].
— 60 Jahre sowjetische Psychologie. In: Studia psychologica *19* (Bratislava 1977) H. 4, S. 266 bis 274.
— Das Problem des Biologischen und des Sozialen in der Psychologie. In: Das Biologische und Soziale in der Entwicklung des Menschen. Moskau 1977. S. 34—64 [russ.].
— V. F. Venda u. B. F. Lomov: Psychologische Probleme der adaptiven Informationswechselwirkung. In: Philosophischer Gedanke. Theoretisches Organ des Instituts für Philosophie der Akademie „Todor Pawlow" und der Belgrader Gesellschaft für Philosophie Bd *11* (1977) S. 49—57 [russ.].
— Der Beitrag B. M. Teplows zur allgemeinen Psychologie. In: Probleme der Psychologie und der Psychophysiologie der individuellen Unterschiede. Moskau 1977 [russ.].
— Über Wege des Aufbaus der Theorie der Ingenieurpsychologie auf der Grundlage des Systemzugangs. In: Ingenieurpsychologie. Moskau 1977. S. 31—55 [russ.].
— "Bio" and "Socio" — An Untenable Contrast. In: Social Sciences vol. *VIII* (1977) Nr. 4.
— u. V. F. Venda: Human Factors: Problems of Adapting Systems for the Interaction of Information to the Individual: The Theory of Hybrid Intelligence. In: Proc. of the 21st Annual Conference of Human Factors Society. San Francisco, Oct. 17—21, 1977, pp. 1—9.
— O stave a perspectivach vyvoja psychologickey vedy v ZSSR. In: Československa psychologie v. *XXII* (1978) Nr. 3, S. 201—218.
— Psykologian kehitysteistä. In: Psykologia, numero 4, 1978 [Finnland].
— Über Entwicklungsstand und Perspektiven der psychologischen Wissenschaft in der UdSSR In: Zeitschrift für Psychologie *186* (1978) H. 1, S. 1—24.
— u. I. V. Ravič—Ščerbo (verantwortlich für die Redaktion): [Sammelband] Probleme der genetischen Psychophysiologie des Menschen. Moskau 1978 [russ.].
— u. Žuravlev: Psychologie und Leitung. In: Zeitschrift „Wissen", Serie „Wissenschaft und Leitung". Moskau 1978, Nr. 7 [russ.].
— Horizonte der sowjetischen psychologischen Wissenschaft. In: Die Zukunft der Wissenschaft. Moskau 1978, S. 254—265 [russ.].
— Über Wege der Entwicklung der Psychologie. In: Fragen der Psychologie (1978) Nr. 5, S. 31—43 [russ.].

Lomov, Boris F.: G. T. Beregovoj, N. D. Žavalova, B. F. Lomov, V. A. Ponomarenko: Experimentell-psychologische Untersuchungen in Flugwesen und Raumfahrt. Moskau 1978. Hrsg. von B. F. Lomov u. K. K. Platonov [russ.].
— A. D. Bòtvinnikov, B. F. Lomov: Wissenschaftliche Grundlagen der Forschung graphischen Wissens, graphischer Fähigkeiten und Fertigkeiten von Schülern. Moskau 1979. 254 S. [russ.].
— Bewußtsein, Gehirn und äußere Welt. In: Fragen der Philosophie. 1979, Nr. 3, S. 109—118 [russ.].

Markov, Walter: Mein Stück des Jahres. In: Weltbühne *71* (1976) H. 51, S. 1628.
— 1789: Die politische Linke und die Theologie der Revolution. In: Ost-West-Begegnungen in Österreich. Festschrift für Eduard Winter zum 80. Geburtstag. Wien, Köln, Graz 1976. S. 175 bis 185.
— u. H. Helmert: Schlachten der Weltgeschichte. Leipzig 1977, 440 S.
— u. A. Soboul: 1789. Die Große Revolution der Franzosen. 3. Aufl. Berlin 1977. 480 S. Köln 1977. Durchgesehene Ausg. 480 S. (= Kleine Bibliothek Politik Wissenschaft Zukunft Nr. 100).
— Albert Mathiez à Leipzig. Paris: Société des Etudes robespierristes 1977. In: Annales historiques de la Révolution française. Nr. 227, H. 1, S. 64—65.
— Nécrologie. Werner Krauss (1900—1976). Paris: Société des Etudes robespierristes 1977. In: Annales historiques de la Révolution française. Nr. 229, H. 3, S. 499—500.
— Interview. Berlin 1977. In: Das Hochschulwesen. H. 7, S. 176—179.
— Fragen und Antworten zum Feudalismus in Japan. In: H. Kawame, Bulletin der Universität Osaka [jap.-engl.-dt.]. Osaka 1977. S. 6—17.
— Befragung zum Roten Oktober. Einsichten und Bekenntnisse. In: Urania. Monatsschrift über Natur und Gesellschaft. *53* (Leipzig 1977) H. 7, S. 4—5.
— Kurt Schnelle und Walter Markov: Französische Aufklärung und Große Französische Revolution. In: Kritik der bürgerlichen Geschichtsschreibung. Handbuch. Hrsg. von Werner Berthold, Heinz Heitzer, Gerhard Lozek (Gesamtleitung), Helmut Meier, Walter Schmidt. 4., neu bearb. u. erw. Aufl. Köln 1977. S. 250—263; Berlin 1977. S. 250—263.
— (Geschichtswandkarte) Große geographische Entdeckungen und koloniale Eroberungen 1492 bis 1648. Überarb. 6. Ausg. Gotha, Leipzig 1977.
— Attentat in der Rückblende. In: Polska-Niemcy-Europa. Festschrift für Janusz Pajewski. Hrsg. Anton Czubiński. Poznań 1977. S. 299—305.
— Système de l'absolutisme éclairé: discussion. In: Les Lumières en Hongrie, en Europe centrale et en Europa orientale. Actes du Troisième Colloque de Mátrafüred, 28 Septembre—2 Octobre 1975. Budapest 1977. S. 56—59.
— Jakobiner in der Habsburgermonarchie. In: Jakobiner in Mitteleuropa. Hrsg. Helmut Reinalter. Innsbruck 1977. S. 291—311.
— [Nachwort] In: Nikolai Karamsin. Briefe eines russischen Reisenden. Berlin 1977. S. 675—681.
— Harry Wheatcroft. In: Die Weltbühne *72* (1977) H. 7, S. 223.
— Das gefährliche Leben. Ebda H. 27, S. 847—849.
— Wege nach Genf. Ebda H. 46, S. 1449—1451.
— Herzenswärme und politische Konsequenz. Zum Leben und Wirken von Georg Mayer. Ein Vermächtnis für die sozialistische Universität. Hrsg. v. G. Handel. In: Wiss. Z. Karl-Marx-Universität, ges.- u. sprachwiss. Reihe *26* (Leipzig 1977) H. 6, S. 592.
— A. Z. Manfred zum Gedenken. In: ZfG *25* (1977) H. 4, S. 465.
— [Anz.] Les Juifs et la Révolution française. Hrsg. Bernhard Blumenkranz und Albert Soboul (= Collection Franco-Judaica, Bd 4). Toulouse 1976. In: ZfG *25* (1977) H. 1, S. 108.
— [Anz.] Die Französische Revolution in Augenzeugenberichten. Hrsg. Georges Pernoud und Sabine Flaissier. Mit e. Vorw. von André Maurois. München 1976. Ebda H. 3, S. 370.
— [Anz.] Tihomir J. Markovitch: Histoire des industries françaises. Les industries lainières de Colbert à la Révolution. Ebda H. 4, S. 498—499.
— [Anz.] Grakch Babef: Sočinenija, Bd II. Hrsg. V. M. Dalin, A. Z. Manfred, O. K. Senekina, A. Soboul. Moskva 1976. Ebda H. 5, S. 614—615.

Markov, Walter: [Anz.] Die Weltreligionen. Selbst- und Weltverständnis nach der Revolution. Geschichte in Gegenwart. Freiburg i. Br., Basel, Wien 1975 (= Saeculum-Weltgeschichte, Bd 7). Ebda H. 7, S. 865.
— [Anz.] V. Daline: Gracchus Babeuf à la vielle et pendant la Grande Révolution française, 1785—1794. Moskva 1976. Ebda H. 9, S. 1122—1123.
— [Art.] Universitätszeitung der Karl-Marx-Universität vom 6. 5.; 2. 9. 1977.
— [Art.] Leipziger Volkszeitung vom 30. 7.; 29. 8. 1977.
— [Art.] Neues Deutschland vom 30. 8. 1977.
— Sur les Droits de l'homme. In: Annales historiques de la Révolution française *232* (1978) 2, S. 214—219.
— Die Gleichheit des Jacques Roux. In: Lendemains. Zeitschrift für Frankreichforschung und Französischstudium *3* (1978) 12, S. 17—25.
— Pamjati A. Z. Manfreda: učenyj-internacionalist. In: Francuzskij eżegodnik 1976. Stat'i i materialy po istorii Francii. Moskau 1978. S. 27—28.
— Purintsipu to Abisu: Saraebo nickeru 1914-nen no Ansatsu no Kaibu no Saimeni [Princip und Apsis. Zur Anatomie des Attentats von Sarajevo 1914]. In: Uesugi Jujiro Kyoju. Takan Kinem go (Festschrift für Jujiro Uesugi). Sapporo 1978. S. 55—62.
— [Rez.] Marcelle Adler-Bresse: Sieyès et le monde allemand. 2 Bde, Paris 1977. In: ZfG *26* (1978) 2, S. 171—172.
— [Rez.] Werner Giesselmann: Die brumairianische Elite. Stuttgart 1977. Ebda H. 3, S. 254.
— [Rez.] Albert Soboul/Guy Lemarchand/Henriette Fogel: Le siècle des Lumières, T. 1: L'essor. 2 Bde = Peuples et civilisations, Bd 11. Paris 1977. Ebda H. 9, S. 832—833.
— [Rez.] George Rudé: Die Volksmassen in der Geschichte. England und Frankreich 1730—1848. Frankfurt, New York 1977. Ebda H. 12, S. 1135—1136.
— [Hrsg.] Albert Soboul: Französische Revolution und Volksbewegungen: die Sansculotten. Die Sektionen von Paris im Jahre II (= Edition Suhrkamp SVA 960). Frankfurt/Main 1978. 387 S.
— u. Eberhard Hackethal: Die Kommune zwischen 1789 und 1871 — ihre Weiterentwicklung in unserer Gegenwart. In: Alltag der Pariser Kommune. Auf den Barrikaden von Paris. Hrsg. Klaus Schenk. Berlin (West), Hamburg 1978. S. 183—185.
— u. Heinz Helmert: Schlachten der Weltgeschichte. Stuttgart 1978. 439 S.
— u. Heinz Helmert: Battles of World History. Leipzig 1978. 438 S.
— u. Manfred Kossok, Lothar Rathmann: [Resümee] Revolution und Nationwerdung in Asien, Afrika und Lateinamerika. AdW der DDR, Plenarvortrag vom 17. 11. 1977. In: DLZ *99* (1978) 2/3, Sp. 211—213.
— u. Ernst Werner: Geschichten der Türken. Berlin 1978. 379 S.
— [Anz.] Klaus Malettke: Opposition und Konspiration unter Ludwig XIV. Göttingen 1976. In: ZfG *26* (1978) H. 1, S. 88—89.
— Princip auf Breitwand. In: Die Weltbühne *73* (1978) Nr. 17, S. 531—534.
— [Anz.] Œuvres de Babeufe. Hrsg. V. M. Dalin, A. Saitta, A. Soboul. Bd I, Paris 1977. In: ZfG *26* (1978) H. 7, S. 657.
— Voltaire im Kindergarten. In: Die Weltbühne *73* (1978) Nr. 21, S. 661—670.
— Ein nicht alltägliches Buch. Ebda Nr. 36, S. 1151—1152.
— Der achte Papst. Ebda Nr. 46, S. 1461—1463.
— Boxer mit Pfiff. Ebda Nr. 52, S. 1662—1663; Mitteldeutsche Neueste Nachrichten vom 12. 5. 1978.

Mayrhofer, Manfred: Iranisches Personennamenbuch Bd *I* (Die altiranischen Namen), Fasz. 1 (Die avestischen Namen). Wien 1977. 113 S. (= Sonderpublikation der Iranischen Kommission bei der Österreichischen Akademie der Wissenschaften).
— Zum Namengut des Avesta. Wien 1977. 68 S. (= Sitzungsberichte der Österreichischen Akademie der Wissenschaften, phil.-hist. Kl. *308/5* = Veröffentlichungen der Iranischen Kommission 3, 1977).

Mayerhofer, Manfred: Émile Benveniste. In: Almanach der Österreichischen Akademie der Wissenschaften *127* (1977) S. 532—539.

— Supplement zur Sammlung der altpersischen Inschriften. Wien 1978. 51 S. (= Sitzungsberichte der Österreichischen Akademie der Wissenschaften, phil.-hist. Kl. *338* = Veröffentlichungen der Iranischen Kommission 7, 1978).

— Sanskrit-Grammatik mit sprachvergleichenden Erläuterungen. 3., durchgesehene Aufl. Berlin u. New York 1978. 110 S.

— Nachlese altpersischer Inschriften. Innsbruck 1978 (= Innsbrucker Beiträge zur Sprachwissenschaft, Vorträge Nr. *19*). 26 S.

— Die bisher vorgeschlagenen Etymologien und die ältesten Bezeugungen des Mithra-Namens. In: Études Mithriaques. Leiden, Teheran, Lüttich 1978. S. 317—325 (= Acta Iranica 17).

— Die Nebenüberlieferung des Altwestiranischen. In: AfO *25* (1978) S. 179—184.

— Alt-neue Iraniernamen aus Persepolis. In: Studia in honorem Veselin Beševliev. Sofia 1978. S. 56—60.

— Exkurs über die Wortbildung von /hek^{w}étās/. In: Sigrid Deger-Jalkotzy, E-QE-TA, Zur Rolle des Gefolgschaftswesens in der Sozialstruktur mykenischer Reiche. Wien 1978. S. 196—197.

Michałowski, Kazimierz: Polska archeologia śródziemnomorska. In: Problemy *12* (1977) S. 2—5.

— Polskie badania archeologiczne w Aleksandrii. In: Starożytna Aleksandria w badaniach polskich. Warszawa 1977. S. 9—12.

— W kręgu śródziemnomorskim. In: Polska *11* (1977) S. 28—31.

— La Contribution de la Pologne à l'archéologie mondiale. In: Cahiers Europeens *2* (1977) S. 21—23; deutsch: S. 23—27; englisch: S. 29—31.

— Nielem Piramidy. Bratislava 1977. 285 S., 121 Ill., 37 Karten.

— Das Christliche Nubien (1158—1272). In: Ägypten und Kush. Schriften zur Geschichte und Kultur des Alten Orients, Bd *13*. Berlin 1977. S. 309—313 (= Festschrift zum 60. Geburtstag von Prof. F. Hintze).

— Sztuka starożytna na wystawie „Warszawa oskarża". In: Rocnik Muz. Narodowego w Warszawie *XX* (1976) S. 592—593.

— [Nachr.] Kazimierz Kumaniecki. In: Meander *6* (1977) S. I—V.

— Ostatnie nowości w polskiej archeologii śródziemnomorskiej. In: Polska, Interpress 1977.

— Egitto. Milano 1978. 191 S.

— Les fouilles archéologiques polonaises en Afrique. In: Africana Bulletin *25* (1978) S. 13—26.

— [Nachr.] Kazimierz Kumaniecki (18. 5. 1905—8. 6. 1977). In: Kulutra i Społeczeństwo *1—2* (1978) S. 3—7.

— Deir el-Bahari. In: The Frontiers of Human Knowledge. In: Acta Universitatis Upsaliensis. Uppsala 1978. S. 163—169.

— Wypowiedź na temat: Niepodległośc a kultura. In: Miesięcznik Literacki *9* (1978) S. 69—71.

— Drewnieje Isskustwo i Galeria Faras. Nacjonalnyj Muzej. Warszawa—Moskwa, Isskustwo, 1978.

— O istocie i potrzebie piękna. In: Studia Filozoficzne 1978.

Möbius, Friedrich: Die Eichen in Caspar David Friedrichs Gemälde „Abtei im Eichwald" (1809). Dichtungsgeschichtliche Voraussetzungen und assoziativer Gehalt. In: Caspar David Friedrich. Leben, Werk, Diskussion. Hrsg. von Hannelore Gärtner. Berlin 1977. S. 163—168, 218—223.

— Verkündigungsengel, Schmerzensmutter, Epochensymbol. Studie zur Wirkungsgeschichte von Ernst Barlachs Güstrower Ehrenmal. In: Weimarer Beiträge *23* (1977) S. 66—101.

— Aspekte der Wirkungsforschung IV. Zur bürgerlichen Wirkungsgeschichte und ihrem Kunstbegriff. In: Bildende Kunst *25* (1977) S. 357—358.

— Mittelalterliche Kunst als Erbe und wissenschaftlicher Auftrag. Ebda S. 457—458.

— [Bespr.] Irma Emmrich: Werner Tübke — Schöpfertum und Erbe. Eine Studie zur Rezeption christlicher Bildvorstellungen im Werk des Künstlers. Berlin 1976. Ebda S. 463—464.

Möbius, Friedrich u. H. Möbius: Ecclesia ornata. Ornament am mittelalterlichen Kirchenbau. 2. Aufl. Berlin 1978. 282 S., 164 Abb.
— u. H. Möbius: Bauornament im Mittelalter. Symbol und Bedeutung. 2. Aufl. Wien 1978 (= Edition Tusch). 275 S., 164 Abb.
— u. H. Möbius: Ornamentale Kunst an gotischen und romanischen Kirchen. Zürich 1978 (= Buchclub Ex Libris) 275 S., 164 Abb.
— Topos und Adressaten. Wirkungsgeschichtliche Aspekte im künstlerischen Schaffensprozeß. In: Bildende Kunst *26* (1978) S. 524—526.
— Wirkungsforschung — Fragen an die Kunstwissenschaft. In: Funktionen und Wirkungsweisen der Kunst im Sozialismus. Dritte Jahrestagung der Sektion Kunstwissenschaft des VBK — DDR, bearbeitetes Protokoll, Berlin 1978. S. 23—39.
— Gründung des Jenaer Arbeitskreises für Ikonografie und Ikonologie. In: Bildende Kunst *26* (1978) S. 463—464.
— [Bespr.] Kurt Bauch: Das mittelalterliche Grabbild. Figürliche Grabbilder des 11. bis 15. Jahrhunderts in Europa. Berlin-West und New York 1976. In: DLZ *99* (1978) Sp. 431—434.

Müller, Joachim: Heines Prosakunst. 2. Aufl. Berlin 1977. 180 S. (= Abh. Sächs. Akad. Wiss. zu Leipzig, phil.-hist. Kl. Bd 65, H. 2).
— Shakespeare und ein deutscher Anfang. Die von Borcksche Übersetzung des „Julius Cäsar" von 1741 im Streitfeld von Gottsched und Johann Elias Schlegel. Berlin 1977. 65 S. (= Sitzungsber. Sächs. Akad. Wiss. zu Leipzig, phil.-hist. Kl. Bd 119, H. 5.)
— Symbol und Glauben. Das Streitgespräch zwischen Hebbel und Luck. In: Hebbel Jahrbuch *1977*. S. 54—99.
— Die tragische Aktion. Zum Geschehen im 5. Akt von Goethes ‚Faust' II bis zum Tode Fausts. In: Goethe Jahrbuch *1977*. S. 188—205.
— ‚An den Mond' und ‚Dem aufgehenden Vollmonde' von J. W. v. Goethe. In: begegnung mit gedichten, hrsg. v. Walter Urbaneck. Bamberg [3]1977. S. 134—142.
— Auf der Suche nach der wahren Existenz: Peter Handke und seine Erzählungen. In: Universitas *33* (1978) S. 683—692.
— Goethes Italienerlebnis, sein Stilbegriff von 1789 als Erkenntnispostulat und die Voraus setzungen seines Menschenbildes in der Winckelmannschrift. In: Philosophie und Humanismus Beiträge zum Menschenbild der deutschen Klassik. Weimar 1978. S. 140—159.
— Goethes ‚Trilogie der Leidenschaft' — Lyrische Tragödie und „aussöhnende Abrundung". Versuch einer genetischen Interpretation. In: Jahrbuch des Freien Deutschen Hochstifts *1978* (Tübingen 1978) S. 85—159.
— Ironie und Humanität bei Thomas Mann. In: Werk und Wirkung Thomas Manns in unserer Epoche. Ein internationaler Dialog. Hrsg. v. Helmut Brandt und Hans Kaufmann. Berlin und Weimar 1978. S. 157—166.
— Einleitung und Anmerkungen zu: Schillers Werke in fünf Bänden. Berlin u. Weimar 1978[15] (= Bibliothek deutscher Klassiker).
— [Bespr.] Hölderlin, Sämtliche Werke. Bd 7: Dokumente. Hrsg. v. Adolf Beck. 3. Teil: Dokumente 1822—1846. Stuttgart 1974. In: DLZ *98* (1977) Sp. 39—41.
— [Bespr.] Schiller-Zeitgenosse aller Epochen. Dokumente zur Wirkungsgeschichte Schillers in Deutschland. Teil II: 1860—1966. Hrsg., eingel. u. komment. v. Norbert Oellers. München 1976. Ebda Sp. 143—146.
— [Bespr.] Schillers Werke, Nationalausgabe. Hrsg. im Auftrage der Nationalen Forschungs- und Gedenkstätten der klassischen deutschen Literatur in Weimar und des Schiller-Nationalmuseums in Marbach von Lieselotte Blumenthal und Benno von Wiese. Bd *36*, Teil II: Brief. wechsel, Briefe an Schiller 1. 11. 1795—31. 3. 1797 (Anmerkungen). Hrsg. v. Norbert Oellers Weimar 1796. Ebda Sp. 330—332.
— [Bespr.] Hugo von Hofmannsthal, Sämtliche Werke. Kritische Ausgabe. Veranstaltet vom Freien Deutschen Hochstift, hrsg. v. Heinz Otto Burger u. a. Bd XIV: Dramen 12, hrsg. v.

Jürgen Fackert; Bd XXVIII: Erzählungen 1, hrsg. v. Ellen Ritter. Frankfurt a. M. Ebda Sp. 583—588.

Müller, Joachim: [Bespr.] Clemens Brentano. Sämtliche Werke und Briefe. Hist.-krit. Ausgabe. Veranstaltet vom Freien Deutschen Hochstift, hrsg. v. Jürgen Behrens u. a. Bd 6: Des Knaben Wunderhorn. Alte deutsche Lieder. Gesammelt v. A. L. v. Arnim u. Clemens Brentano. Teil I: Hrsg. v. Heinz Rölleke; Bd 9,1: Des Knaben Wunderhorn. Lesarten und Erläuterungen zu Teil I. Hrsg. v. Heinz Rölleke. Stuttgart 1975. Ebda Sp. 712—714.
— [Bespr.] Robert Mühlher: Deutsche Dichter der Klassik und Romantik. Wien 1976. Ebda Sp. 834—836.
— [Bespr.] Heinrich Heine. Artistik und Engagement. Hrsg. v. Wolfgang Kuttenkeuler. Stuttgart 1977. Ebda *99* (1978) Sp. 41—43.
— [Bespr.] Ilse Graham: Goethe-Portrait of the Artist. Berlin und New York 1977. Ebda Sp. 145—148.
— [Bespr.] Deutsche Dichter des 18. Jahrhunderts. Ihr Leben und Werk. Hrsg. v. Benno von Wiese. Berlin 1977. Ebda Sp. 366—371.
— [Bespr.] Hölderlin. Sämtliche Werke. Bd 7: Dokumente. Hrsg. v. Adolf Beck. 4. Teil: Rezensionen, Würdigungen 1791—1847. Stuttgart 1977. Ebda Sp. 507—509.
— [Bespr.] Aspekte der Goethezeit. Hrsg. v. St. A. Corngold u. a. Göttingen 1977. Ebda Sp. 605—608.
— [Bespr.] Ilse Graham: Heinrich von Kleist. Word into Flesh: A Poet's Quest for the Symbol. Berlin und New York 1977. Ebda Sp. 725—728.
— [Bespr.] Thomas Mann, Tagebücher 1933—1934. Hrsg. v. Peter de Mendelssohn. Frankfurt a. M. 1977 — Thomas Mann, Alfred Neumann, Briefwechsel. Hrsg. v. Peter de Mendelssohn. Heidelberg 1977. Ebda Sp. 862—866.
— Kurzreferate in Germanistik.

Neubert, Albrecht: Sprache als „praktisches Bewußtsein“. Leipzig 1977. 21 S.
— [Hrsg.] Beiträge zur englischen Lexikologie. Linguistische Studien *36*, Berlin 1977. 120 S.
— Grundfragen der englischen Lexikologie. In: Ling. Stud. *36*, Berlin 1977. S. 2—36.
— Zur Problematik des amerikanischen Englisch im Fremdsprachenunterricht in der DDR. In: In Memoriam Karl-Heinz Würzberger. Sitzungsberichte der AdW der DDR, *2* G (1977) S. 21—29.
— Zur kommunikativen Äquivalenz. In: Linguistische Arbeitsberichte 16, Leipzig 1977. S. 15—22.
— Sprachwissenschaft und gesellschaftliche Praxis. In: Der IX. Parteitag der SED und die Gesellschaftswissenschaften. Berlin 1977. S. 292—299.
— Sprachwissenschaft und gesellschaftliche Praxis. In: Fremdsprachen *21* (1977) 4 S.
— Übersetzungswissenschaft und Soziolinguistik. In: Übersetzungswissenschaftliche Beiträge *1* (Leipzig 1977) S. 52—59.
— [Rez.] L. G. Heller-James Macris: Multilateral Allovariance. In: ZAA *25* (1977) S. 171—172.
— [Rez.] I. Vater: Das Wortfeld „Teacher“ im amerikanischen und britischen Schriftenglisch von 1935—1960. Ebda S. 172—173.
— [Rez.] D. Cherubim (Hrg.): Sprachwandel. Ebda S. 281—283.
— u. K. Hansen, M. Schentke, Rosemarie Gläser, R. Arnold: Probleme der englischen Lexikologie. Ebda S. 107—120.
— Autorenkollektiv: Englisch Grammar. A University Handbook. Leipzig 1977. 406 S.
— Arten der Bedeutung. In: Linguistische Studien 45, Berlin 1978. S. 1—23.
— Der Zusammenhang von Fragestellung, Gegenstand und Methodologie. In: Zeitschrift für Phonetik, Sprachwissenschaft und Kommunikationsforschung *31* (1978) H. 5/6, S. 482—486.
— Kinds of meaning. In: ZAA *26* (1978) S. 241—246.
— Englische Aussprache. 9. Aufl. Leipzig 1978.

Neubert, Albrecht: Pragmatičeskie aspekty perevoda. In: Voprosy teorii perevoda v zarubežnoi lingvistike. Moskau 1978. S. 185—202.
— Language and Society: The Topic of Sociolinguistics. In: Linguistische Arbeitsberichte L. 3, 1978. S. 13—19.
— [Hrsg.] Zur lexikalischen Semantik des Englischen. Linguistische Studien 45, Berlin 1978.

Neumann, Werner: Festmusiken für Leipziger Rats- und Schulferien, Huldigungsmusiken für Adlige und Bürger. Kritischer Bericht, Serie I, Bd *39* von: Johann Sebastian Bach, Neue Ausgabe sämtlicher Werke. Leipzig und Kassel etc. 1977. 166 S., 33 Abb.
— [Vorwort] Johann Sebastian Bach, Zerreißet, zersprenget, zertrümmert die Gruft, „Der zufrieden-gestellte Aeolus", Drama per Musica, BWV 205. Faksimile-Reihe Bachscher Werke und Schriftstücke, hrsg. v. Bach-Archiv Leipzig, Bd *13*. Leipzig 1977. 10 S. Text, 86 S. Faksimile.
— „Erwirb es, um es zu besitzen!". Besorgnisse um Bachs Kantatenwerk. In: Programmfestbuch zum 52. Bachfest der Neuen Bachgesellschaft, Schwerin 1977. S. 133—145.
— Das kleine Bachbuch. Reinbeck bei Hamburg 1978. 122 S., 43 Abb.
— Johann Sebastian Bach. Gyldendal Norsk Forlag, Oslo 1978 [= norwegische Ausgabe von „Das kleine Bachbuch", Salzburg 1974, übersetzt von Johan B. Hygen] 128 S., 50 Abb.
— [Einführungen zu Schallplatten der ETERNA EDITION BACH:] Gottes Zeit ist die allerbeste Zeit (BWV 106), Ach wie flüchtig, ach wie nichtig (BWV 26). Berlin 1978 (Stereo 827028). — Was mir behagt, ist nur die muntre Jagd (BWV 208). Berlin 1978 (Stereo 827029). — Weichet nur, betrübte Schatten (BWV 202), Ich bin in mir vergnügt (BWV 204). Berlin 1978 (Stereo 827030).

Orlandos, Anastasios K.: Die Architektur des Parthenon. Band *B′*. Herausgegeben von der Griechischen Archäologischen Gesellschaft zu Athen. Athen 1977. Vorwort S. 1—348, Taf. I—XVI.
— Die Architektur des Parthenon. Band *Γ* ... Athen 1978. S. 349—778, Taf. XVI—XXXII.

Peek, Werner: Die epigraphische Praxis. In: G. Pfohl (Hrsg.), Das Studium d. griech. Epigraphik. Darmstadt 1977. S. 38—61.
— Compositis componendis. In: Studii classici *17* (1977) S. 113—116.
— Grabepigramme aus Klaudiopolis. In: Z. f. Papyrologie u. Epigraphik *27* (1977) S. 113—116.
— Corrigendum. Ebda *28* (1978) S. 40.
— Zu dem neuen Grabepigramm aus Ephesos. Ebda S. 178—179.
— Grabepigramm aus Bithynien. Ebda S. 285—286.
— Zum Epigramm auf die bei Tanagra gefallenen Argiver. Ebda *30* (1978) S. 18—19.
— Orakel aus Dodona für den Piratenkönig Zeniketes. Ebda S. 247—248.
— Griechische Weihgedichte aus Halikarnassos, Knidos, Kyzikos und Pergamon. In: Studien zur Religion und Kultur Kleinasiens. Festschrift f. F. K. Dörner, 1978, S. 690—711.
— Hesiod und der Helikon. In: Philologus *121*, 1977 (1978) S. 173—175.
— Ein neues Euripidesfragment. Ebda S. 306—307.
— Zu griechischen Epigrammen. In: Z. f. Papyrologie u. Epigraphik *31* (1978) S. 247—264.
— Grabepigramm von der Chalkidike. Ebda S. 265—269.
— GV 1351. Ebda S. 269—270.
— Epigraphische Lesefrüchte. Ebda S. 271—274.
— Zu einem Gladiatoren-Epigramm aus Ephesos. Ebda 32 (1978) S. 6.
— Die Perser in Delphi. In: Philologus *122* (1978) S. 1—10.

Pée, Willem: Rechtschreibungsprobleme im Niederländischen. Berlin 1977. 33 S. (= Sitzungsber. Sächs. Akad. Wiss. zu Leipzig, phil.-hist. Kl. Bd 116, H. 1).
— [Nachr.] Dr. Ruth Klappenbach (Niedersteinbach 7. X. 1911 — Schöneiche bei Berlin 2. II. 1977). In: Taal en Tongval *30* (1978) H. 1—2, S. 1—4 (mit Bildnis).

Pée, Willem: [Nachr.] Dr. Ruth Klappenbach (Niedersteinbach 1911 — Schöneiche bei Berlin 1977). In: Informatiebulletin ‚Vereniging België — Duitse Demokratische Republiek' *14* (1978) H. 4, S. 10—11 (mit Bildnis); auch erschienen in der französischen Auflage der Zeitschrift.

Peukert, Herbert: Positionen einer Linguostilistik. Berlin 1977. 93 S. (= Sitzungsber. Sächs. Akad. Wiss. zu Leipzig, phil.-hist. Kl. Bd 119, H. 6).
— Die makedonische Volkspoesie. Probleme und Praxis des Traditions- und Funktionswandels in der Volksdichtung. Skopje 1978. 99 S.
— [Bespr.] L. Hadrovics: Schrifttum und Sprache der burgenländischen Kroaten im 18. und 19. Jahrhundert. Budapest 1974. In: ZfS *22* (Berlin 1977) S. 574.
— [Bespr.] Problemy chudožestvennoj formy (= Russkij fol'klor XIV). Leningrad 1974. Ebda S. 848—849.

Préaux, Claire: L'image du roi l'époque hellénistique. In: Images of Man in Ancient and Medieval Thought. Studia Gerardo Verbeke ab amicis et collegis dicata. Leuven 1976. S. 53—75.
— Sur l'étanchéité des droits dans l'Egypte hellénistique. In: Le droit égyptien ancien. Colloque organisé par l'Institut des Hautes Etudes de Belgique les 18 et 19 mars 1974. Bruxelles [1976]. S. 183—206, 254—255.
— Le monde hellénistique. La Grèce et l'Orient (323—146 av. J.-C.). 2 Bände. Paris 1978. 770 S.

Rudolph, Kurt: Die Gnosis. Wesen und Geschichte einer spätantiken Religion. Leipzig 1977 u. Göttingen 1978. 436 S. u. 48 Abb.
— Mandaeism. Leiden 1978. 29 S. u. 48 Tafeln (= Iconography of Religions *XXI*).
— Mohammed vallása, az iszlám. A. Korán. In: Arabok. Irodalmi és politikai antológia, Editor: B. Vilmos. Budapest 1976. S. 144—164.
— Das frühe Christentum als religionsgeschichtliches Phänomen. In: J. Irmscher, K. Treu (Hrsg.): Das Korpus der Griechischen Christlichen Schriftsteller. Berlin 1977. S. 29—42 (= TU 120).
— Die mandäische Literatur. Ebda S. 219—236.
— Das Problem einer Soziologie und „sozialen Verortung" der Gnosis. In: Kairos *XIX* (1977) H. 1, S. 35—44.
— Simon — Magus oder Gnosticus? Zum Stand der Debatte. In: Theol. Rundschau *42* (1977) S. 279—359.
— Die ‚ideologiekritische' Funktion der Religionswissenschaft. In: Numen *XXV* (1978) S. 17—39.
— Bemerkungen zu einer Rezension von G. Quispel. In: Vigiliae Christianae *32* (1978) S. 143—145.
— Der Mandäismus in der neueren Gnosisforschung. In: Gnosis. Festschrift für Hans Jonas. In Verbindung mit U. Bianchi, M. Krause, J. M. Robinson u. G. Widengren, hrsg. von B. Aland. Göttingen 1978. S. 244—277.
— Współczesny stan badán nad mandeizmem [Zum gegenwärtigen Stand der mandäischen Religionsgeschichte]. In: Studia Religioznawcze Nr. 12 (Seria B Teoria i Metodologia religioznastwa 3). Warszawa 1977. S. 147—178.
— News about the Sabians. In: Baghdad Observer v. 3. Dec. 1977, p. 6.
— [Interv.] Interview with Dr. K. R. Ebda.
— [Rez. mit M. Killus] H. Biezais: Die himmlische Götterfamilie der alten Letten. Uppsala 1972. In: ThLZ *102* (1977) Sp. 179—184.
— [Rez.] W. Beyerlin (Hrsg.): Religionsgeschichtliches Textbuch zum Alten Testament. Göttingen 1975. Ebda Sp. 491—492.
— [Rez.] O. H. Schumann: Der Christus der Muslime. Gütersloh 1975. Ebda Sp. 642—644.
— [Rez.] D. J. Sahas: John of Damascus on Islam. Leiden 1972. In: OLZ *73* (1978) Sp. 158—162.
— [Rez.] A. Th. Khoury: Polémique byzantine contre l'Islam. Leiden 1972. Ebda Sp. 278—282.
— [Ber.] Revue de l'histoire des religions 184. Ebda *72* (1977) Sp. 125—126.
— [Ber.] Revue de l'histoire des religions 185, 1974. Ebda Sp. 333—334.
— [Ber.] History of Religions 14, 1974/75. Ebda *73* (1978) Sp. 219—220.

Rudolph, Kurt: [Ber.] Revue de l'histoire des religions 186, 1974. Ebda Sp. 428—429.
— [Ber.] Revue de l'histoire des religions 187, 1975. Ebda Sp. 525—526.
— [Ber.] Religion 4, 1974; 5, 1975. Ebda Sp. 426—428.

Růžička, Rudolf: Historie und Historizität der Junggrammatiker. Berlin 1977. 22 S. (= Sitzungsber. Sächs. Akad. Wiss. zu Leipzig, phil.-hist. Kl. Bd 119, Heft 3).
— u. a. Slovník slovanské lingvistické terminologie, *I.* díl. [Wörterbuch der slavischen linguistischen Terminologie I. Teil]. Nakladatelství ČSAV Praha 1977 [Verlag der Tschechoslov. Akademie der Wiss. Prag 1977].
— Slawistika i rusistika do 1945 i segodnja w GDR [Slawistik und Russistik vor 1945 und heute in der DDR]. Kiew 1977.
— Slawistik und Russistik vor 1945 und heute in der DDR. In: Der Große Oktober und die russische Sprache. Leipzig 1977.
— Gerundien und Skopus der Negation. In: Slavica Slovaca, Roč. *12* (1977) 3, S. 209—216.
— Syntaktische und semantische Aspekte der Hebungsregel im modernen Russischen. In: ZfS *22* (1977) H. 1, S. 2—7.
— O trech aspektach v vzaimopronikovenii semantiki i sintaksisa [Über drei Aspekte der gegenseitigen Durchdringung von Semantik und Syntax]. In: Linguistische Arbeitsberichte *16* (Leipzig 1977) S. 23—30.
— Pojmy „příznakovost“ a „nepříznakovost“ a jejich pouzití v generativní transformační gramatice. In: Principy strukturní syntaxe *II* (Praha 1977).
— Grammatiktheorie und linguistische Konfrontation. In: Übersetzungswissenschaftliche Beiträge *1*, vermittelte Kommunikation und Sprachmittlung, Translation, hrsg. von Otto Kade, Leipzig 1977. S. 105—110.
— Gerunds, Negation and Truth Conditions in Modern Standard Russian. — A Preliminary Demonstration. In: Papers in Slavic Philology, edited by B. Stolz, Michigan, Ann Arbor 1978.
— Taschenwörterbuch Russisch-Deutsch. 16. durchgesehene Aufl. Leipzig 1978. I—LX, 259 S.
— Taschenwörterbuch Deutsch-Russisch. Leipzig 1978[7]. I—LXXI, 388 S.
— Erkundungen für eine Typologie der syntaktischen und semantischen Strukturen der Gerundien (Adverbialpartizipien) in modernen slawischen Literatursprachen. In: ZfS *23* (1978) H. 2, S. 229—244.
— Logically-based Syntax versus Autonomous Generative Syntax [Logische Syntax versus autonomer generativer Syntax]. In: The Prague Bulletin of Mathematical Linguistica *29* (1978) S. 15—17.
— Fragment tipologii deepričastnych struktur sovremennych slavjanskich literaturnych jazykov (russkij, pol'skij, češskij, serbochorvatskij, bulgarskij, lužickij) [Fragment einer Typologie gerundialer Strukturen in den modernen slavischen Literatursprachen (russisch, polnisch, tschechisch, serbokroatisch, bulgarisch, sorbisch)]. VIII Medunarodni Slavistički Kongres, Knjiga Referata, Sažeci *II* 1978, Zagreb, S. 763.
— Three Aspects of Valence [Drei Aspekte der Valenz]. In: Studies in Language Companion Series. Volume 1. Valence, Semantic Case and Grammatical Relations, Edited by Werner Abraham. Amsterdam 1978, S. 47—53.
— Neskol'ko soobraženij o teoretičeskich pnjatijach „zalog“ i „diateza“ [Einige Erwägungen über die theoretischen Begriffe „Genus Verbi“ und „Diathese“]. In: Problemy teorii grammatičeskogo zaloga. Leningrad 1978, S. 16—22.
— Logically-based Syntax versus Autonomous Generative Syntax. In: Theoretical Linguistics Vol. *5* (Berlin—New York 1978) No. 1, S. 109—114.

Schubart-Fikentscher, Gertrud: Goethes Amtliche Schriften. Eine rechtsgeschichtliche Untersuchung. Berlin 1977. 72 S. (= Sitzungsber. SAW, phil.-hist. Kl. Bd 119, H. 2).
— Christian Thomasius. Seine Bedeutung als Hochschullehrer am Beginn der deutschen Aufklärung. Berlin 1977. 50 S. (= Sitzungsber. Sächs. Akad. Wiss. zu Leipzig, phil.-hist. Kl. Bd 119, H. 4).

Schubart-Fikentscher, Gertrud: [Rez.] Guido Kisch: Der Lebensweg eines Rechtshistorikers. Erinnerungen. Sigmaringen 1975. 259 S., Bildteil. In: ZSS (GA) *93* (1976) S. 532–534.

— [Rez.] Hans Liermann: Erlebte Rechtsgeschichte. Neustadt a. d. Aisch. 1976. 205 S. (= Schriften des Zentralinstituts für fränkische Landeskunde und allgemeine Regionalforschung an der Universität Erlangen–Nürnberg *15*). Ebda *94* (1977) S. 386–388.

Tackenberg, Kurt: Zur Bronzesitula von Bürstl, Kr. Grafsch. Hoya, Niedersachsen. In: Studien zur Sachsen-Forschung *1977*. S. 416–426.

— Drehscheibenkeramik der späten Kaiserzeit aus Osnabrück-Atter. In: Bonner Jahrbücher *178* (1978) S. 367–375.

Träger, Claus: Hamlet — Julien Sorel — Grigori Melechow. In: Werk und Wirkung M. Scholochows im weltliterarischen Prozeß, hrsg. von W. Beitz und H. Conrad. Leipzig 1977. S. 180–186.

— Aufklärung und Jakobinismus in Mainz 1792/93. In: Jakobiner in Mitteleuropa, hrsg. von H. Reinalter. Innsbruck 1977. S. 109–124.

— [Nachw.] Clemens Brentano: Das Märchen von Fanferlieschen Schönefüßchen. Leipzig 1977. Nachwort S. 91–100. — Dass. Frankfurt a. M. 1977. — Dass. Tübingen 1977.

— Johann Sebastian Bach und das Zeitalter der Aufklärung (Kolloquium). In: Bericht über die Wissenschaftliche Konferenz zum III. Internationalen Bachfest der DDR (18.–19. 9. 1975 in Leipzig), hrsg. von F. Felix, W. Hofmann und A. Schneiderheinze. Leipzig 1977. S. 46–48, 52, 57.

— [Rez.] Marianne Thalmann, Romantik in kritischer Perspektive. Heidelberg 1976. — Ludwig Tieck, hrsg. von W. Segebrecht. Darmstadt 1976 (= Wege der Forschung, Bd 386). — Ludwig Tieck, Ausgewählte kritische Schriften, hrsg. von Ernst Ribbat. Tübingen 1975 (Deutsche Texte, Bd 34). In: DLZ *98* (1977) H. 4, Sp. 251–254.

— [Rez.] Materialien zur Ideologiegeschichte der deutschen Literaturwissenschaft, hrsg. von G. Reiß. Tübingen 1973 (Deutsche Texte, Bd 21/22). — Psychoanalyse und Literaturwissenschaft, hrsg. von B. Urban. Tübingen 1973 (Deutsche Texte, Bd 24). — Vom Laienurteil zum Kunstgefühl, hrsg. von A. v. Bormann. Tübingen 1974 (Deutsche Texte, Bd 30). In: DLZ *98* (1977) H. 7, Sp. 453–457.

— Historische Dialektik der Romantik und Romantikforschung. In: Weimarer Beiträge *25* (1978) H. 4, S. 47–73.

— Herder — Goethe — Möser, Von deutscher Art und Kunst. Leipzig 1978, 3. Auflage. Nachwort S. 103–113.

— [Rez.] Methoden der deutschen Literaturwissenschaft, hrsg. von V. Žmegač. Frankfurt a. M. 1974. — Marxistische Literaturkritik, hrsg. von V. Žmegač. Frankfurt a. M. 1972. In: DLZ *99* (1978) H. 4, Sp. 238–240.

— [Rez.] Methodische Praxis der Literaturwissenschaft, hrsg. von D. Kimbel und B. Pinkerneil. Kronberg/Ts. 1975. — Inge Stephan, Literarischer Jakobinismus in Deutschland 1789–1806. Stuttgart 1976. In: DLZ *99* (1978) H. 5/6, Sp. 348–351.

— [Rez.] Impulse, hrsg. von W. Dietze und P. Goldammer. Berlin und Weimar 1978. In: Neues Deutschland v. 28. 12. 1978, S. 4.

Turner, Eric Gardner: The Typology of the Early Codex. In: University of Pennsylvania Press, Philadelphia (USA) 1977. xxiii, 188 S., 10 Taf.

— u. M. E. Weinstein: Greek and Latin Papyri from Qasr Ibrim. In: Journal of Egyptian Archaeology *62* (1976) S. 115–130, Taf. 16–19.

— Athenian Books in the Fifth and Fourth Centuries B.C. University College London, Inaugural Lecture. 2. Aufl. 1977. 24 S.

— Towards a Typology of the Early Codex (Third to Sixth Centuries). In: Codicologica *2* (1978) S. 9–14.

— The Terms Recto and Verso: the Anatomy of the Papyrus Roll. (= Papyrologica Bruxellensia *16*). In: Fondation Égyptologique Reine Élisabeth. Brussel 1978. 71 S., 13 Textbilder.

Turner, Eric Gardner: The Lost Beginning of Menander, Misoumenos. In: Proceedings of the British Academy *LXIII* (1977) S. 315—331.
— Writing Material for Businessmen. In: Bulletin of the American Society of Papyrologists *XV* (1978) S. 163—169.

Weizsäcker, Carl Friedrich von: Der Garten des Menschlichen. — Beiträge zur geschichtlichen Anthropologie. München 1977. 612 S.
— Heisenberg's conception of physics. In: Quantum theory and the structures of time and space. Vol. *2*. Ed. by L. Castell, M. Drieschner, C. F. v. Weizsäcker. München 1977. S. 9—19.
— Binary alternatives and space-time-structure. In: Quantum theory and the structures of time and space. Ebda S. 86—112.
— Begegnungen in vier Jahrzehnten. In: Erinnerungen an Martin Heidegger. Hrsg. von Günther Neske. Pfullingen 1977. S. 239—247.
— Der Mensch im naturwissenschaftlich-technischen Zeitalter. Vortr., geh. im Nov. 1974 in Kyoto, Japan. In: Neue Rundschau *88* (1977) S. 325—337.
— Gottesfrage und Naturwissenschaften. In: Heute von Gott reden. Hrsg. von Martin Hengel & Rudolf Reinhardt. München, Mainz 1977. S. 162—180.
— Heidegger und die Naturwissenschaft. In: Heidegger — Freiberger Universitätsvorträge zu seinem Gedenken. Hrsg. von Werner Marx. Freiburg 1977. S. 63—86.
— Werner Heisenberg in memoriam. [Heisenbergs Entwicklung seit 1927]. Heisenberg — Physik und Philosophie. Notizen über die philosophische Bedeutung der Heisenbergschen Physik. In: Werner Heisenberg. Von C. F. v. Weizsäcker & Bartel L. van der Waerden. München 1977. S. 7—14; 25—40; 41—50 (= Reihe Hanser. 228).
— Hat das parlamentarische System eine Zukunft? Festvortr., geh. in Hannover am 13. Mai 1977. In: Schriftenreihe des Niedersächsischen Landtages [Festsitzung aus Anlaß des 30jähr. Bestehens des Niedersächsischen Landtages] *3* (1977) S. 14—29.
— On the avoidance of atomic war. In: World Issues *1*(2) (1976/77) 3—4. (Dec/Jan.).
— A halál küszöb. [Der Tod. Vortr. geh. während der Salzburger Hochschulwoche, Aug. 1975. Aus d. Dt. ins Ungar. übers.] In: Mérleg. (Ungarischer Digest). *13*(4) (1977) S. 320—338.
— Die Einheit der Natur und die Zukunft der Wissenschaft. Vortr., geh. am 6. Nov. 1974 in Kyoto. Dt. und Japan. In: Acta Humanistica et Scientifica Universitatis Sangio Kyotiensis. Natural Science Ser. 7. *7* (1) (1977) S. 3—24.
— Das Menschenbild im naturwissenschaftlich-technischen Zeitalter. Vortr., geh. am 4. Nov. 1974 in Kyoto. Dt. und Japan. In: Acta Humanistica ... *7*(1) (1977) S. 42—60.
— Der deutsche Titanismus — Festvortr. zum 50jährigen Jubiläum des C. Hanser Verlages am 1. Okt. 1978. In: 50 Jahre Carl Hanser Verlag. Ansprachen u. Festvortr. München 1978. S. 22—34; Merkur *32* (1978) S. 1207—1217.
— Deutlichkeit. — Beitr. zu politischen u. religiösen Gegenwartsfragen. München 1978. 184 S.
— Die friedliche Nutzung der Kernenergie — Chancen und Risiken. Vortr., geh. am 9. März 1978 im Wissenschaftszentrum Bonn: Informationskreis Kernenergie 1978. 6 Bl. [Außerdem in:] Bulletin. Presse- und Informationsamt der Bundesregierung Nr. 26, 1978 v. 14. März, S. 241—248; Die Zeit v. 24. März 1978 [u. d. T.: Mit der Kernenergie leben.]: Kernenergie — wozu? Bedürfnis oder Bedrohung. Hrsg. von W. Chr. Zimmerli. Basel 1978. S. 100—121. (Philosophie aktuel. 13.) [u. d. T.: Kernenergie.]; Universitas *33* (1978) S. 561—570 [u. d. T.: Die Energiesituation und die Wachstumsprobleme in ihren weiteren Entwicklungen. (Ausz.)]; MPG-Spiegel Nr. 2 (1978) S. 32—38 [Leicht gekürzt.]; Zivilverteidigung Nr. 2 (1978) S. 5—8. [u. d. T.: Unsere Zivilisation ist von selbsterzeugten Gefahren umstellt. (Ausz.)]; Universitas. Ausg. S *16* (1978) S. 1—8 [u. d. T.: La situation energetica y los problemas de crecimiento en su desarollo ulterior. (Ausz.)]; German Tribune. Political affairs review *33* (1978) S. 13—15 [u. d. T.: Myths and realities of world growth. (Ausz.]; La Tribune d'Allemagne. Selection politique *33* (1978) S. 14—16. [u. d. T.: Energie, ressources et croissance. (Ausz.)]; Tribuna Alemana. Seleccion politica *33* (1978) S. 14—16 [u. d. T.: Energia y problemas de crecimiento. (Ausz.)].

Weizsäcker, Carl Friedrich von: Heisenbergs Begriff der Physik. Vom Verf. aus d. Engl. ins Deutsche übers. In: Physik und Didaktik *6* (1) (1978) S. 1—8. [Orig.: Heisenberg's conception pf physics. In: Quantum theory and the structure of time and space. Vol. *2*. München 1977.].

— Die Hoffnung des revolutionären Sozialismus. In: Bundesrepublik Deutschland — Sowjetunion: Offenheit gegen Offenheit. Hrsg. von Fr. Hitzer. Köln: Pahl-Rugenstein 1978. S. 61—68 [Orig. in: Wege in der Gefahr. München: Hanser 1976. Kap. 4. S. 82—89.].

— Kirchenlehre und Weltverständnis. Vorabdr. In: Frankfurter Hefte *33* (8) (1978) S. 28—36. [Orig. in: Deutlichkeit. München 1978. S. 137—153.].

— Meditation und Wahrnehmung. In: Munen musô — Ungegenständliche Meditation. Festschrift für Pater Hugo M. Enomiya-Lassalle SJ zum 80. Geburtstag. Hrsg. von G. Stachel. Mainz 1978. S. 286—299.

— Das moralische Problem der Linken und das moralische Problem der Moral. In: Hirschberg. Monatsschrift des Bundes Neudeutschland *31* (6) (1978) S. 170—173. [Orig. in: Der Garten des Menschlichen. München 1977. S. 116—121.].

— Ein Pastor scheitert am Problem. — Gutachten ... aus Anlaß des Lehrbeanstandungsverfahrens gegen Pastor Paul Schulz. In: Deutsches Allgemeines Sonntagsblatt Nr. 50 v. 10. Dez. 1978. S. 9—11.

— Die ‚Plutonium-Wirtschaft' und die Proliferation von Kernwaffen. (Ausz.) In: Europäische Wehrkunde *27* (6) (1978) S. 269—271. [Orig. in: Rissener Jahrbuch. Jg 1977/78.].

— Theorie der Macht. — Eine Rede, geh. am 19. Jan. 1977 an der Ev. Akad. Tutzing. München 1978. 20 S.

— Die Verteidigung der Freiheit. Vortr., geh. anläßl. d. Verleihung des Theodor-Heuss-Preises am 23. Jan. 1978 in München. In: Süddeutsche Zeitung v. 24. Jan. 1978; Universitas *33*, 12, (1978) S. 1233—1240. [u. d. T.: Die Verteidigung der Freiheit und die Gesellschaft]; Basler Zeitung v. 25. Febr. 1978 [u. d. T.: Die Falle, die der Terror stellt. (Ausz.)]; Suplemento Cultural. Sao Paulo *2* (84) (1978) S. 3—4 [u. d. T.: A defesa da liberdade].

Werner, Ernst: Konstantinopel und Canossa. Lateinisches Selbstverständnis im 11. Jahrhundert. Berlin 1977. 35 S. (= Sitzungsber. AdW d. DDR *4* G).

— [Anz.] Dizionario degli istituti di perfezione (Enzyklopädie der Einrichtungen vollkommenen Lebens) Vol. III, Roma 1976. In: ZfG *25* (1977) S. 103.

— [Anz.] Jutta Beumann: Sigebert von Gembloux und der Traktat de investitura episcoporum. In: Vorträge und Forschungen, Sonderbd *20*, Sigmaringen 1976. Ebda S. 1118.

— [Anz.] Christopher Brooke: Die große Zeit der Klöster 1000—1300. Freiburg—Basel—Wien 1976. Ebda S. 230—231.

— [Anz.] Krieg und Sieg in Ungarn. Hrsg. v. Erich Prokosch. In: Osmanische Geschichtsschreiber Bd 8, Graz—Wien—Köln 1976. Ebda S. 497.

— [Anz.] Karl Teply: Die kaiserliche Großbotschaft an Sultan Murad IV. 1628. Wien o. J. Ebda S. 873—874.

— [Anz] La povertà del secolo XII e Francesco d'Assisi (Die Armut im 12. Jh. und Franz von Assisi) Atti del II Convegno Internazionale, Assisi 17—19 ottobre 1974. In: Società internazionale di studi francescani t. II. Assisi 1975. Ebda S. 749—750.

— Die Geburt einer Großmacht — Die Osmanen (1300—1481). Ein Beitrag zur Genesis des türkischen Feudalismus. Dritte, bearbeitete und erweiterte Auflage. In: Forschungen zur mittelalterlichen Geschichte. Hrsg. von H. Sproemberg u. a. Bd *13*. Berlin 1978. 408 S.

— u. Walter Markov: Geschichte der Türken von den Anfängen bis zur Gegenwart. Berlin 1978. 379 S.

— Izmenenija v strukture pozdnesrednevekovogo obščestva v svete novejšich issledovanii na primere Italii [Spätmittelalterlicher Strukturwandel im Spiegel neuer Forschungen. Das italienische Beispiel]. In: Problemy social'noj struktury i deologii srednevekovogo obščestva t. *2* Leningrad 1978) S. 72—85.

— [Rez.] E. Ashtor: A Social and Economic History of the Near East in the Middle Ages [Sozial- und Wirtschaftsgeschichte des Nahen Ostens im Mittelalter]. In: WZKM *69* (1977) S. 159—169.

Werner, Ernst: [Rez.] G. G. Litavrin: Vizantijskoe obščestvo i gosudarstvo v X–XII vv. Moskva 1977. In: ZfG *26* (1978) S. 256–258.
– [Rez.] M. D. Lambert: Medieval Heresy. Popular movements from Bogomil to Hus [Mittelalterliche Häresie. Volksbewegungen von Bogomil bis Hus]. In: ZfG *25* (1977) S. 1486–1487.
– [Rez.] Decreta Hungariae. Gesetze und Verordnungen Ungarns 1301–1457. Hrsg. v. F. Dörry, G. Bónis, V. Bácskai. Budapest 1976. In: ZfG *26* (1978) S. 87.
– [Rez.] R. Hüls: Kardinäle, Klerus und Kirchen Roms 1049–1130. Tübingen 1977. Ebda S. 181–182.
– [Rez.] L. Paolinie: L'eresia a Bologna fra XIII e XIV secolo. – R. Orioli: L'eresia a Bologna fra XIII e XIV secolo [Die Ketzerei in Bologna zwischen dem 13. u. 14. Jh.]. In: Istituto storico italiano per il Medio Evo, studi storici, fasc. 93–96, Rom 1976. Ebda S. 468–469.
– [Rez.] G. Podskalsky: Theologie und Philosophie in Byzanz. München 1977. Ebda S. 1150 bis 1151.

Wieacker, Franz: Offene Wertung in der römischen Jurisprudenz. In: ZRG (RA) *94* (1977) S. 1–39.
– Juristen und Jurisprudenz im Prinzipat. Ebda S. 319–358 [= Rezensionsmiszelle zu: Temporini–Haase (Hrsg.): Aufgang u. Niedergang der römischen Welt *II* 15, Berlin–New York 1976].
– Pónoi ton didaskálon (im für einen griechischen Gelehrten bestimmten Original in griechischen Buchstaben [πόνοι τῶν διδασκάλων]). Leistungen und Grenzen der frühen oströmischen Rechtswissenschaft. Festgabe für Joh. Sontis. Hrsg. v. Baur, Laren u. Wieacker. München 1977. S. 53–89.
– [Rez.] Guarino: La rivoluzione della plebe. Napoli 1975. In: Labeo *23* (1977) S. 59–69.
– Zur Ideologie der römischen Juristen. Vom Gebrauch aktueller Erklärungsmodelle in der heutigen Romanistik. In: Jakobs, Knobe-Keuk, Picker, Wilhelm (Hrsg.): Festschrift für Werner Flume zum 70. Geburtstag. Köln 1978. S. 233–254.
– Vom Nutzen und Nachteil des Szientismus in der Rechtswissenschaft. In: Kaulbach u. Krawietz (Hrsg.): Recht und Gesellschaft. Festschrift für H. Schelsky zum 65. Geburtstag. S. 746 bis 764.
– Vom Lebenswert des römischen Rechts. In: K. Büchner (Hrsg.): Latein und Europa. Traditionen und Renaissance. Stuttgart 1978. S. 82–99.
– On the History of Supranational Legal Systems of Commerce. In: Legal Organisation of Commerce. University of Aahus, *50th* Anniversary (Aarhus 1979) S. 7–15.
– Zur Methodik der Rechtsgeschichte. In: Festschrift Fritz Schwind zum 65. Geburtstag. Wien 1978. S. 355–375.

Wollgast, Siegfried: V. Weigel, Ausgewählte Werke. Hrsg. u. eingel. v. S. Wollgast. Berlin 1977. 592 S. [davon 164 S. Einleitung] Stuttgart, Berlin (West), Mainz 1978. 592 S.
– u. S. Marx: Johannes Kepler, Köln 1977. 120 S.
– [Mithrsg.] Philosophie und Naturwissenschaften. Wörterbuch zu den philosophischen Fragen der Naturwissenschaften. Hrsg. v. H. Hörz, R. Löther, S. W. Berlin 1978. XXVI, 1044 S.
– Stichworte in: Philosophie und Naturwissenschaften. Wörterbuch zu den philosophischen Fragen der Naturwissenschaften. Hrsg. v. H. Hörz, R. Löther, S. Wollgast. Berlin 1978: agens (S. 14), Akzidens (S. 31), Anthropomorphismus (S. 51), Apeiron (S. 57), Arche (S. 64), Aristotelismus (S. 65–69), Cartesianismus (S. 138–140), coincidentia oppositorum (S. 153 bis 154), Deismus (gemeins. mit O. Klohr, S. 160–161), Dualismus (S. 190–191), Dynamismus (S. 192–193), Emanation (S. 208–209), Epikureismus (S. 233–235), esse est percipi (S. 257 bis 258), generatio aequivoca (S. 294–296), Hylemorphismus (S. 357), Hylozoismus (S. 357), ideae innatae (S. 361), Idol (S. 373–374), impetus (S. 376–377), Ionische Naturphilosophie (S. 415–417), Kontingenz (S. 464–465), Monade (S. 616–617), Mystik (S. 624–626), Nativismus (S. 627–628), Naturalismus (S. 630), Neukantianismus (S. 655–659), Neuplatonismus (S. 659–660), Neuthomismus (S. 662–663), natura naturans (S. 630–631),

natura naturata (S. 631), Naturphilosophie der Renaissance (S. 637—640), Nominalismus (S. 668—670), Pantheismus (S. 697—699), Parallelismus (S. 701), Philosophie der Technik (mit G. Banse, S. 712—716), Platonismus (S. 736—738), panta rhei (S. 697), Sophismus (S. 838), Spinozismus (S. 847—850), Rationalismus (S. 781—783), Wahrheit, doppelte (S. 189—190), Scholastik (S. 817—820), Sensualismus (S. 828—830), tabula rasa (S. 895), Technokratie (mit G. Banse, S. 908—910), Tradition (S. 937—938), Vulgärmaterialismus (S. 973—975).

Wollgast, Siegfried: Valentin Weigel und Jakob Böhme. Vertreter einer Entwicklungslinie progressiven Denkens in Deutschland. Jakob-Böhme-Symposium Görlitz 1974, 15. und 16. November, veranstaltet vom Rat der Stadt Görlitz und vom Zentralinstitut für Philosophie der Akademie der Wissenschaften der DDR. In: Schriftenreihe des Ratsarchivs der Stadt Görlitz, Bd *8* (Görlitz 1977) S. 67—86.

— Zu methodologischen Problemen der Philosophiegeschichte. In: Struktur und Prozeß. Hrsg. v. K.-F. Wessel. Berlin 1977. S. 281—298.

— Emil Du Bois-Reymond (1818—1896). In: Biographien bedeutender Biologen. Eine Sammlung von Biographien. Hrsg. v. Prof. Dr. Werner Plesse und Dieter Rux. Berlin 1977. S. 197—205.

— u. H. Hörz, R. Löther [Einleitung zu:] Philosophie und Naturwissenschaften. Wörterbuch zu den philosophischen Fragen der Naturwissenschaften. Berlin 1978. S. I—XXVI.

— Stichwort: Tradition. In: Kulturpolitisches Wörterbuch. 2., erweiterte Aufl. Berlin 1978. S. 671—673.

— Wissenschaft und Philosophie (in der zweiten Hälfte des 16. und der ersten Hälfte des 17. Jahrhunderts). In: M. Steinmetz, Deutschland von 1476—1648 (Von der frühbürgerlichen Revolution bis zum westfälischen Frieden). 2., überarb. u. erweiterte Aufl. Berlin 1978. S. 274 bis 281.

— Zum Aristotelesverständnis in der deuschen Philosophie in der 2. Hälfte des 16. und der 1. Hälfte des 17. Jahrhunderts. In: Aristoteles. Anläßlich seines 2300. Todestages. Hrsg. v. G. Schenk u. H.-M. Gerlach, Martin-Luther-Universität Halle—Wittenberg, Wissenschaftliche Beiträge *1978/33* (A 43). Halle/Saale 1978. S. 169—184.

— Friedrich von Spee und die Hexenprozesse. In: WZ der Friedrich-Schiller-Universität Jena, ges.- u. sprachwiss. R *26* (1977) H. 5, S.675—682.

— Valentin Weigel (1533—1588) und seine Stellung in der Deutschen Philosophie- und Geistesgeschichte. In: Sächsische Heimatblätter *23* (1977) H. 6, S. 266—276.

— Bemerkungen zu Sitten und Bräuchen. In: Deutsche Zeitschrift für Philosophie *26* (1978) H. 5, S. 616—624.

— Die Herausbildung der Philosophiegeschichte als wissenschaftliche Disziplin. In: Rostocker wissenschaftshistorische Manuskripte, Heft 1, Wilhelm-Pieck-Universität Rostock 1978. S. 93—105.

— Zum Begriff des naturwissenschaftlichen Materialismus in der zweiten Hälfte des 19. Jahrhunderts. In: WZ TU Dresden *27* (1978) H. 2, S. 263—266.

— u. H. Hörz, R. Löther: Der Naturwissenschaftler und die Philosophie — Erreichtes und zu Erreichendes. Zum Erscheinen des „Wörterbuches Philosophie und Naturwissenschaften". In: Wissenschaft und Fortschritt 1978, H. 7, S. 246—249.

— [Rez.] Der dialektische Materialismus und seine Kritiker. Hrsg. v. H. Hörz, A. J. Iljin. In: Deutsche Zeitschrift für Philosophie *25* (1977) H. 7, S. 862—865.

— [Rez.] Der dialektische Materialismus und seine Kritiker. Hrsg. v. H. Hörz, A. J. Jljin. In: Filozoficky časopis (1977) H. 6, S. 915—918.

— [Rez.] E. H. Lemper: Jakob Böhme. In: DLZ *99* (1978) Sp. 97—100.

— [Übers.] B. G. Kuznecov: Einstein, Leben — Tod — Unsterblichkeit. Berlin 1977; Basel u. Stuttgart 1977. Übers. v. S. Wollgast unter Mitwirkung v. H. Fuchs. 484 S.

— Zur Verbreitung technischen Wissens und seines philosophischen Gehaltes in seiner Bedeutung für die Auseinandersetzung mit der „christlichen Technikphilosophie". In: VI. Kongreß der Urania 24.—25. Juni 1976, Arbeitsgruppe 3: Das wissenschaftliche Weltbild und seine Popularisierung (gekürztes Protokoll), Präsidium der Urania Berlin 1977. S. 62—64.

Wollgast, Siegfried: Zur Verbreitung technischen Wissens und seines philosophischen Gehaltes in seiner Bedeutung für die Auseinandersetzung mit der „Christlichen Technikphilosophie". In: Urania Schriftenreihe für den Referenten, 1977, H. *11*, Wissenschaft und Weltbild, Eigenverlag der Urania, Berlin 1977. S. 63—73.
— Vom Leben und Sterben des Th. Morus: Ketzer — Heiliger — Bahnbrecher. In: Wochenpost Nr. 5, 25 (1978) S. 16—17.
— u. H. Hörz: Der Mensch und seine Umwelt. In: Wochenpost Nr. 29, 25 (1978) S. 16—17.
— Kraft der Vernunft. Zum 175. Geburtstag von Immanuel Kant am 12. Februar. In: Sächsische Zeitung, Wochenendbeilage Nr. 4, 9. 2. 1979, S. 2.
— [Rez.] E.-H. Lemper: Jakob Böhme — Leben und Werk. In: Neues Deutschland v. 23./24. 4. 1977, S. 14.
— [Rez.] J. V. Andreae, Christianopolis: Utopie eines christlichen Staates aus dem Jahre 1619. In: Neues Deutschland v. 23./24. 7. 1977, S. 14.
— [Rez.] F. Jürß, R. Müller, E. G. Schmidt: Griechische Atomisten. 2. Aufl. In: wissenschaft und fortschritt 1978, H. 1, S. 40—41.
— [Rez.] J. V. Andreae: Christianopolis. In: Sonntag, Nr. 7, 1978, S. 9.
— [Rez.] F. Jürß: Von Thales zu Demokrit. Frühe griechische Denker. In: wissenschaft und fortschritt 1978, H. 7, S. 280.
— [Rez.] G. Klaus (Hrsg. M. Buhr): Philosophiehistorische Abhandlungen. Kopernikus — D'Alembert — Condillac — Kant. In: wissenschaft und fortschritt 1978, H. 9, S. 31.

NACHRUFE
UND
SCHRIFTENVERZEICHNISSE

Horst Hanson

5. 6. 1911—3. 7. 1978

Horst Hanson wurde am 5. Juni 1911 als Sohn eines Postbeamten in Lauchhammer geboren, besuchte das Reform-Realgymnasium in Halle und studierte 1929 zunächst Mathematik und Physik und ab 1930 Medizin in Halle und Innsbruck. Bereits 1932 begann er mit seiner Promotionsarbeit bei Emil *Abderhalden*. Nach dem Staatsexamen (1934), der Promotion zum Dr. med. (1935 über den Einfluß parenteraler Peptidzufuhr auf den Polypeptidasegehalt des Blutserums) und einem Jahr praktischer medizinischer Ausbildung arbeitete er als Assistent und später Oberassistent bei Emil Abderhalden und habilitierte sich 1941 mit einer Arbeit über Dikarbonsäuren im Harn. Während des Krieges hat er nach truppenärztlichem Dienst ernährungsphysiologische Fragen bearbeitet. Nach der Kriegsgefangenschaft kam er Juni 1945 an das Institut in Halle zurück, wurde 1948 Professor mit Lehrauftrag und 1950 Direktor des Physiologisch-chemischen Instituts. Als Dekan der Medizinischen Fakultät hat er 1954 bis 1956 in besonderem Maß seine Einsatzbereitschaft für die Martin-Luther-Universität Halle—Wittenberg und ihre Studenten bewiesen. Beträchtliche Anforderungen wurden an ihn während des Institutsneubaus in der Hollystraße gestellt. Kurz vor der Vollendung des letzten Bauabschnitts erlitt er 1960 seinen ersten Herzinfarkt, der ihn für lange Zeit im Leistungsvermögen schwer beeinträchtigte.

Mit tiefer Betroffenheit mußten wir zu Beginn des FEBS-Meetings in Dresden erfahren, daß am Morgen des 3. Juli 1978 Professor emeritus Dr. med. habil. Horst Hanson in Halle an seinem schweren Herzleiden verstorben ist.

Er und wir hatten, obwohl wir in den Wochen nach einem zweiten Infarkt um den Ernst der Lage wußten, zu hoffnungsvoll seine Genesung für gewiß gehalten. So wurde die Nachricht von seinem Tod nicht nur von seinen Mitarbeitern und Freunden, sondern auch von vielen Gästen des FEBS-meetings mit großer Bestürzung und einer Anteilnahme, die uns seine besondere internationale Bedeutung erneut bewußt werden ließ, aufgenommen.

Die Leitung einer für ihn als Emeritus seit 1976 im halleschen Institut eingerichteten Arbeitsstelle der Sächsischen Akademie der Wissenschaften, seine Arbeit als Generalsekretär der Deutschen Akademie der Naturforscher Leopoldina, seine Mitarbeit in der Akademie für Ärztliche Fortbildung und im Vorstand der Biochemischen Gesellschaft der DDR waren neben einer umfassend fortgesetzten Gutachtertätigkeit die Hauptarbeiten, mit denen er sich selbst auch nach seiner Emeritierung in den vergangenen zwei Jahren belastete. Es war einer der Grundzüge seines Lebens, sich solchen Belastungen bis an die Grenze seines Leistungsvermögens zu stellen.

Viele seiner späteren Mitarbeiter haben ihn zuerst in seiner Vorlesung erleben dürfen, die von Hörern verschiedener Fakultäten mit Begeisterung besucht wurde. Es war ein jeden Morgen wiederkehrender Genuß, wie er allmählich viele Tafeln unter didaktisch geschickten Wiederholungen mit einer jeweils den neuesten Entwicklungen gerecht werdenden Biochemie füllte. Dabei war er sich der Vorläufigkeit des gegenwärtigen

Wissensstandes immer stark bewußt. So hatte er später eine besondere Freude, als er im Poesiealbum 118 von Reinhard Heinrich fand: „Diese Formeln aus Kreide, die durch die grüne Tafel brechen, sind nur die Haare des Tieres, das schon von jeher unserer Jagd entgeht." Eine vorbildliche intellektuelle Bescheidenheit war Grundzug seines Wesens. Auf diese Weise würdigte er jeden Gesprächspartner, auch wenn dieser im Irrtum gewesen sein sollte. So wahrte er auch in Weisheit seine Würde, wenn er selbst irrte. Auf Irrtümer durfte auch der jüngste Mitarbeiter ihn freimütig aufmerksam machen. Bezeichnend ist, daß er einem Studenten nach einem Meinungsstreit eine Assistentenstelle im Institut anbot, obwohl er bei einer ständig überfüllten Warteliste aus vielen Stellengesuchen gewiß wesentlich bequemere Mitarbeiter hätte wählen können.

Eine Fülle von Ehrungen hat seine Bescheidenheit nicht vermindert. Er war seit 1955 Mitglied der Deutschen Akademie der Naturforscher Leopoldina, seit 1957 im Präsidium und seit 1967 Generalsekretär dieser ältesten deutschen Naturforscherakademie, die ihn 1969 mit der Carusmedaille und 1971 mit ihrer Verdienstmedaille auszeichnete. Seit 1959 war er Mitglied der Sächsischen Akademie der Wissenschaften zu Leipzig.

Diese beiden Akademien wurden ihm zu einer besonderen Heimat. Er hat ihnen selbstlos gedient und ihr Leben durch seine große und gediegene Sachkenntnis bereichert. Er äußerte oft seine Befriedigung über die Möglichkeit, von kompetenter Seite Vorträge auch über Probleme zu hören, die seinem eigenen Arbeitsgebiet fern lagen. Das gilt besonders auch für historische und philologische Themen, die in der Sächsischen Akademie diskutiert wurden.

Sein wissenschaftliches Werk umfaßt neben einer Reihe ernährungsphysiologischer Arbeiten überwiegend das Gebiet des Proteinabbaus, das er nach dem Tod Emil Abderhaldens erneut aufgegriffen hat und später von verschiedenen Forschungsgruppen seiner Mitarbeiter weiter bearbeiten ließ. Seine Entdeckung der großen Menge von Leucinaminopeptidase in Augenlinsen (gefolgt von der Reinigung, Kristallisation und eingehenden Charakterisierung dieses Enzyms), peptidsynthetische Arbeiten (fortgesetzt durch Synthesen von Substratpeptiden und Peptidinhibitoren), der Stoffwechsel schwefelhaltiger Aminosäuren (neu aufgenommen durch Arbeiten zum Thialysin), der Abbau von Zahnhartsubstanzen (fortgesetzt durch weitere Arbeiten zum Ursachengefüge der Karies), der intrazelluläre Proteinabbau (fortgesetzt durch Arbeiten zur Peptidase- und Proteinaseaktivität in Zellorganellen und verschiedenen Organen, zum Peptidhormonstoffwechsel, zur Energieabhängigkeit, Altersabhängigkeit und Selektivität der intrazellulären Proteolyse und durch die Entdeckung, Reinigung und Charakterisierung der Kathepsine H und L) seien hier nur als einige Beispiele genannt.

Eine der Ursachen für diese besonders im internationalen Maßstab anerkannten Erfolge war Horst Hansons Fähigkeit, eine oft ursprünglich von ihm aufgegriffene Thematik neuen Forschungsgruppen, die sich freiwillig zusammenfinden durften, zur selbständigen Bearbeitung überlassen zu können. Das geschah dann mit der ermunternden Bemerkung, inzwischen verstehe man mehr davon als er selbst. Um Rat freilich wurde er oft genug gefragt, aber nie drängte er ihn auf. So wußte sich jeder geachtet und in vollem Maße verantwortlich und so wurde auch eine vollständige Identifizierung der Mitarbeiter mit ihrer Thematik erreicht. Hanson trieb nicht, er konnte geduldig wachsen lassen. Besonderen Wert legte er auf saubere und gründliche methodische Vorarbeiten — oft das größte Geduldsspiel. Er war gegenüber raschen Entschlüssen mißtrauisch und hielt schwere Entscheidungen oft lange in der Schwebe. Konfrontationen hat er, wo es ging, gemieden. Waren sie unvermeidlich, hat er sich ihnen mutig gestellt und das Nötige in seiner verbindlichen Art, aber klar und deutlich gesagt. Es war ihm anzumerken, daß er eine strenge Schule hinter sich hatte, obwohl er darüber in seiner in sich gekehrten Art, die sein Persönliches hinter dem Dienstlichen zurückstehen lassen mußte, höchst selten sprach.

So hat er über seinen Lehrer Abderhalden nur mit der größten Verehrung und in Dankbarkeit gesprochen. Er fühlte es als eine selbstverständliche Pflicht, sein Erbe geistig lebendig zu erhalten.

Horst Hanson hatte einen ausgeprägten Gerechtigkeitssinn und es war schwer für ihn, seinen Mitarbeitern immer wieder sagen zu müssen, daß eine Tätigkeit bei ihm kein Freibrief für einen erleichterten Lebensweg sein könne. Mit großem Einsatz hat er sich immer wieder hinter seine Mitarbeiter gestellt und ihnen ihre Arbeitsmöglichkeiten, soweit er irgend konnte, gesichert. Die Erfolge, die er dabei erzielte, sind beträchtlich und geben ihm auch nachträglich recht. Hinterhältigkeiten gegenüber war er im ersten Moment hilflos, er hat sie schwer und nachhaltig verarbeitet. Auf die geringste Spur von Schöntuerei mit vollbrachten Leistungen reagierte mit feinem Lächeln, das auf durchaus noch freundliche Weise zum Spott neigte. Da mußte, wie oft bei ihm, kein Wort gesprochen werden. Es war einfach selbstverständlich, daß jeder gab, was er konnte. Unter den auf gegenseitiger Achtung beruhenden Verhältnissen konnte er es sich leisten, Kritisches auf leise und zarte Weise höchst wirksam zu äußern.

Er wurde zum Ratgeber für Biochemiker aus vielen anderen Instituten und Ländern nicht nur auf dem Gebiet des Proteinabbaus. Seinen Mitarbeitern gegenüber bewies er eine ungewöhnliche Güte und nahm an deren persönlichem Schicksal warm Anteil. So wuchs seine Arbeitsgruppe auch menschlich eng zusammen, einer der Gründe des großen Arbeitsenthusiasmus und der daraus erwachsenden wissenschaftlichen Erfolge mit ihrer weiten Anerkennung.

Der Erhalt bestehender und die Knüpfung neuer internationaler Beziehungen als eine der Grundlagen für qualifizierte wissenschaftliche Arbeit lag ihm besonders am Herzem. Dazu trug er gemeinsam mit Mothes zunächst durch die Veranstaltungen der „Biochemischen Seminare", später über die Leopoldinaabende wesentlich bei. Die Organisation des Europäischen Peptidsymposiums und des 1. und 3. Symposiums „Intracellular protein catabolism" in Reinhardsbrunn bot vielen seiner Mitarbeiter die Gelegenheit, mit bedeutenden Kollegen aus aller Welt die brennendsten Probleme bis tief in die Nächte diskutieren zu können.

In den letzten Jahren seiner Amtszeit als Institutsdirektor wurde er zunehmend freier von strengen Regeln, so daß beispielsweise Dienstbesprechungen als Harzwanderungen mit ihm zu einem besonderen und sehr wirkungsvollen Erlebnis wurden.

Das ungewöhnlich gute Verhältnis zu seinem Nachfolger hat diesem den Dienstantritt und die Vertrauensbildung im Institut erleichtert und half andererseits Hanson bei der Meisterung der Emeritierung in vorbildlicher Weise.

Hanson war seit 1938 mit Frau Else geb. Schröder sehr glücklich verheiratet. Seine Frau half durch ihren Frohsinn und ihre Liebenswürdigkeit über manche Schwierigkeit hinweg und schuf eine Atmosphäre der Geselligkeit, in der der Ernst unserer Zeit ebenso spürbar wurde wie eine schöne Art von Heiterkeit die Kollegenfamilien umspannte. Der Ehe entsprossen zwei Kinder.

Der Verlust seiner Frau durch einen Verkehrstod im Jahre 1972 war wohl der schwerste Schlag im Leben Hansons.

In seiner immer größer werdenden Einsamkeit entschloß er sich zu einer neuen Ehe mit Frau Veronika Hesse geb. Splisgarth, deren Temperament ihm neue schöne Tage versprach. Die Erkrankung Hansons machte diesen Hoffnungen ein baldiges Ende.

Horst Hanson hat Gefühle nie gern mit Worten benannt. Er hat auf seine scheue Weise seine Mitarbeiter geliebt und wußte: dieses Gefühl wird auf eine ähnliche Weise erwidert.

Dr. Peter Bohley und Kurt Mothes

Bibliographie Horst Hanson

1. Studien über den Einfluß parenteraler Zufuhr von Polypeptiden auf den Gehalt des Blutplasmas bzw. Serums an Polypeptidasen bestimmter Art. Fermentforschung *14* (1935) 189.
2. E. Abderhalden u. H. Hanson, Weiterer Beitrag zur Kenntnis des Verhaltens racemischer Aminosäuren im tierischen Organismus. Fermentforschung *15* (1936) 274—284.
3. E. Abderhalden u. H. Hanson, Weiterer Beitrag zur Kenntnis der im Blutplasma vorhandenen Polypeptidase. Fermentforschung *15* (1937) 382.
4. E. Abderhalden u. H. Hanson, Studien über Carboxypolypeptidase und Acylase. Fermentforschung *16* (1938) 37—47.
5. E. Abderhalden u. H. Hanson, Studien über Carboxypolypeptidasen und Acylase. Compt. Rendu Labor Carlsberg *22* (1938) 1—7.
6. E. Abderhalden u. H. Hanson, Über das Vorkommen von Polypeptidasen in der Linse, im Glaskörper und im Kammerwasser des Auges. Fermentforschung *16* (1938) 67—80.
7. Obst und Gemüse in ihrer Bedeutung für den Mineralhaushalt des Menschen. Zeitschrift für ärztliche Fortbildung, 1940.
8. Über die Dicarbonsäureausscheidung im Harn vor und nach Verzehr bestimmter Fettarten. Die Ernährung *6* (1941) 273.
9. Untersuchung über Nachweis und Isolierung von im Harn ausgeschiedener Dicarbonsäure. Zeitschrift für die gesamte Medizin *113* (1943) 226.
10. Über die Galaktoseausscheidung während und nach akuter Hypoxie. Klinische Wochenschrift *23* (1944) 11.
11. Eine Mikrobestimmung für Gesamtschwefel im enteiweißten Serum. Pharmazie *2* (1947) 154
12. Die Cystein-Cystinbestimmung mit Phosphor-18-Wolframsäure im lichtelektrischen Kolorimeter nach Havemann. Biochem. Zeitschrift *318* (1947) 313.
13. Verdaulichkeit und Fütterungswert hochmolekularer Keratinabbauprodukte (Keratosen). Biochem. Zeitschrift *318* (1947) 287.
14. Emil Abderhalden 70 Jahre. Pharmazie *2*, 1947.
15. u. S. Tannert, Zur Frage des intermediären Schwefelstoffwechsels (Beabsichtigter Vortrag auf der Tagung der physiologischen Chemiker, Bonn 1947). Angewandte Chemie *60* (1948) 54.
16. u. W. Schultze, Zum ernährungsphysiologischen Wert von Eiweißhydrolysaten (Speisewürzen). Pharmazie *3* (1948) 340.
17. Die Eiweiß- und Aminosäuretherapie vom Standpunkt chemisch-physiologischer Forschungsergebnisse. D. dtsch. Ges. Wesen *4* (1949) 618—623.
18. u. S. Tannert, Untersuchungen über den intermediären Schwefelstoffwechsel, I. Wechselwirkg. von Bact. coli und Cystin, zugleich ein Beitrag zur Frage der enzymatischen Adaptation. Z. f. Vit.-Hormon-Fermentforschung Bd *IV* (1951) Heft 3—4, 278.
19. In Memoriam Emil Abderhalden. Pharmazie *5* (1951) 233.
20. Untersuchungen über den intermediären Schwefelstoffwechsel, II. Cystinbilanzversuche mit Bact. coli. Z. f. ges. Innere Medizin und ihre Grenzgebiete, Jg *6* (1951) Heft 19/20, S. 589.
21. u. M. Wenzel, Zum papierchromatographischen Nachweis von Serumpeptidasen. Naturwissensch. *17* (1952) 403.

22. u. R. Koch, Untersuchungen zur biologischen Wertigkeit des Eiweiß einer Sorte von Lupinus albus. Pharmazie *10* (1952) 655—670.

23. u. G. Eisfeld, Untersuchung über den intermediären Schwefelstoffwechsel, III. Die Schwefelwasserstoffbildung durch die Leber aus Cystin/Cystein. Z. f. ges. Innere Medizin u. ihre Grenzgebiete *17* (1952) 801.

24. Die Bedeutung Emil Abderhaldens für die Physiologische Chemie als Lehr- und Forschungsfach an Universitäten. Festschrift 450-Jahrfeier d. Univ. Halle. 1952. S. 535—545.

25. R. Koch u. H. Hanson, Zur Papierchromatographie von Glutamin- und Asparaginsäure. Hoppe-Seylers Z. f. physiol. Chemie *292* (1953) 180—183.

26. u. E. Mantel, Untersuchungen über den intermediären Schwefelstoffwechsel, IV. Über die im Substrat gelegenen Bedingungen der Desulfurierbarkeit durch E. coli. Z. f. physiol. Chemie *295* (1953) 141—155.

27. Die Bedeutung Emil Abderhaldens für die Entwicklung der Physiologie des Eiweiß in den letzten 50 Jahren. Wissenschaftl. Z. d. Univ. Halle *2* (1953/54) 319.

28. u. M. Wenzel, Zur Lokalisierung der Serumpeptidasen an den Serum-Eiweißfraktionen. Klin. Wochenschr. 1953. 1./2. Heft, S. 24—25.

29. u. M. Wenzel, Zur photoelektrischen Konzentrationsbestimmung von Serum-Eiweiß auf Papier. Hoppe-Seylers z. physiol. Chem. *292* (1953) 137.

30. u. R. Koch, Zur Papierchromatographie von Glutamin- und Asparaginsäure. Hoppe-Seylers Z. physiol. Chemie *292* (1953) 180.

31. u. M. Wenzel, Kann das EKG-Gerät zur quantitativen Auswertung von Papierelektropherogrammen verwendet werden? Z. f. ges. Innere Medizin und Grenzgeb. *8* (1954) 409 bis 411.

32. u. N. Tendis, Darstellung von Zellbestandteilpräparationen aus Hirngewebe u. ihre Peptidase-Aktivität im Vergleich zu Niere und Leber. Z. f. ges. Innere Medizin u. Grg. *5* (1954) 224.

33. u. J. Kothe, Zur Charakterisierung d. N-haltigen Materials der Zähne. Dtsch. Zahn-, Mund- u. Kieferheilkunde Bd *20* (1954) Heft 11/12, 457—463.

34. u. R. Illhardt, Über die Eignung von Phthalylpeptiden als Substrate für proteolytische Enzyme. Hoppe-Seylers Z. physiol. Chemie *298* (1954) 210—218.

35. Vitamine und Hormone als Chemoregulatoren der Funktionen von Zelle, Gewebe und Organismus. Dtsch. Zahn-, Mund- u. Kieferheilkunde Bd *21* (1955) Heft 9/10, S. 355.

36. u. J. Methfessel, Untersuchungen über Keratosen. II. Verdauungsversuche mit Haarpulver, Alkali- u. Sulfidkeratose. Biochem. Z. *326* (1955) 350—357.

37. J. Methfessel u. H. Hanson, Untersuchungen über Keratosen. III. Die Jafféscche Pikrinsäurereaktion. Biochem. Z. *327* (1955) 213—220.

38. Mécanisme de la formation enzymatique de l'hydrogéne sulfuré a partir de la cystéine et de l'homocysteine. Colloque sur la Biochemie du Soufre Roscoff. 1956. S. 11—38 (Colloques internationaux du Centre National de la recherche scientifique).

39. Vorkommen und mögliche Bedeutung der Gewebspeptidasen. Die Kulturpflanze. Beiheft *1* (Berlin 1956) S. 146—163.

40. u. R. Haschen, Zur Charakteristik der Aminopeptidasen des Blutserums. Hoppe-Seylers Z. physiol. Chemie *310* (1958) 213—220.

41. u. R. Haschen, Die Peptidaseaktivität des Blutplasmas aus verschiedenen Hauptgefäßstämmen, des Harns und der Galle gegenüber Leucyl-glycyl-glycin. Hoppe-Seylers Z. physiol. Chemie *310* (1958) 221—229.

42. u. J. Methfessel, Zur Spezifität der Peptidaseaktivität der Rinderlinse. Acta biol. med. germ. *1* (1958) 414—421.

43. u. P. Hermann, Über die Bildung eines Reaktionsproduktes aus Cystein und Chloracetyltyrosin und sein Verhalten gegenüber proteolytischen Fermenten. Bulletin de la Société de Chim. Biologique *40* (1958) 1835—1847.

44. u. H. Schmidt, Über die Einwirkung proteolytischer Enzyme auf die organische Zahnsubstanz. Deutsche Zahn-, Mund- und Kieferheilkunde *28* (1958) 435—447.

45. u. S. Fittkau, Über Peptide im menschlichen Harn. Hoppe-Seylers Z. Physiol. Chemie *313* (1958) 152—165.

46. u. W. Blech, P. Hermann, R. Kleine, Vorkommen und quantitative Erfaßbarkeit proteolytischer Enzymaktivitäten in Zellbestandteilen von Leber und Niere der Ratte. Hoppe-Seylers Z. f. Physiol. Chemie *315* (1959) 181—190.

47. u. W. Blech, Die Lokalisierung von Di- und Aminopeptidaseaktivitäten in den Zellbestandteilfraktionen von Leber und Niere der Ratten. Hoppe-Seylers Z. Physiol. Chemie *315* (1959) 191—200.

48. u. P. Hermann, W. Blech, Acylase- und katheptische Carboxypeptidase-Wirkung in Leber und Niere der Ratte und in den Zellbestandteilen dieser Organe. Z. physiol. Chem. *315* (1959) 201.

49. u. R. Kleine, Untersuchungen zur Frage des Vorkommens und der Differenzierung von Dipeptid- u. Aminosäure-esterspaltenden Fermenten in Leber, Niere und Serum der Ratte. Z. physiol. Chemie *315* (1959) 208—221.

50. u. R. Kleine, W. Blech, Die Spaltung von Kathepsin C- u. Chymotrypsin-Substraten sowie Hämoglobin durch tierische Organe und ihre Zellbestandteile. Z. physiol. Chem. *316* (1959) 127—136.

51. H. Schmidt u. H. Hanson, Über die Einwirkung proteolytischer Enzyme auf die organische Zahnsubstanz. 2. Mitt.: Veränderungen des metachromatischen Dentinbildes durch Pankreatin. Deutsche Zahn-, Mund- und Kieferheilkunde *34* (1960) 2—9.

52. H. Schmidt u. H. Hanson, Über die Einwirkung proteolytischer Enzyme auf die organische Zahnsubstanz. 3. Mitt.: Die Auflösung entkalkten Dentins durch Papain. Das Deutsche Zahnärzteblatt *XIV* (1960) 39—43.

53. S. Fittkau, D. Gläser u. H. Hanson, Zur Aktivität und Spezifität der Leucinaminopeptidase in Augenlinsen. Z. physiol. Chem. *322* (1961) 101—111.

54. Zusammensetzung und Funktion des Speichels. Deutsche Zahnärztliche Zeitschrift *16* (1961) 143—152.

55. u. H. Kirschke, Die enzymatische Hydrolyse von Prolin- und Glykokoll-haltigen Di- und Tripeptiden durch die Rinderlinse. Zeitschrift für Vitamin-, Hormon u. Fermentforschung *II* (1960/61) 343—354.

56. S. Ansorge, S. Fittkau u. H. Hanson, Vergleichende Untersuchungen über die Ausscheidung von Peptiden im Harn stoffwechselgesunder Personen. Z. Physiol. Chem. *324* (1961) 17—31.

57. Das proteolytische System der Augenlinse. Wiss. Z. Universität Halle, Math.-Nat. R. *X*/4 (1961) 593—598.

58. R. Kleine u. H. Hanson, Untersuchungen zur Aktivität und Spezifität der Aminosäureesterasewirkung der Augenlinse. Z. physiol. Chemie *326* (1961) 106—115.

59. u. H. Schmidt, Über die Einwirkung proteolytischer Enzyme auf die organische Zahnsubstanz. 4. Mitt.: Der Einfluß variierter Versuchsbedingungen auf den pankreatinbedingten Andauungseffekt. Beiträge z. Zahnheilkunde und ihren Grenzgebieten — Festschrift. 1962.

60. H. Schmidt u. H. Hanson, Über die Einwirkung proteolytischer Enzyme auf die organische Zahnsubstanz. 5. Mitt.: Der Einfluß von Kalziumchlorid, Na-EDTA, Kaliumzyanid, Lauryl- und Palmitylsarkosinat auf die enzymatische Wirkung von Pankreatin. Deutsche Zahn-, Mund- und Kieferheilkunde *37* (1962) 269—282.

61. D. Gläßer u. H. Hanson, Einfaches Verfahren zur präparativen Gewinnung hochgereinigter Leucinaminopeptidase aus Rinderaugenlinsen. Z. physiol. Chem. *329* (1962) 249—256.

62. u. D. Gläßer, R. Kleine, Über Aminosäureesterase-Wirkung der Leucinaminopeptidase der Rinderaugenlinse. Z. physiol. Chem. *329* (1962) 257—263.

63. Proteolytic Enzymes. Exp. Eye Res. *1* (1962) 468—479.

64. R. Kleine u. H. Hanson, Untersuchungen zur Frage des Vorkommens von Endopeptidasen in der Rinderaugenlinse. Acta biol. med. germ. *9* (1962) 606—622.

65. Über Proteolyse durch intrazelluläre Proteasen. Abhandl. d. Sächs. Akad. d. Wiss. zu Lpzg., Math.-nat. Klasse *48* (1963) H. 1, 3—15.

66. u. P. Bohley, H. G. Mannsfeldt, Zur Verwendung von L-Leucin-β-Naphthylamid als spezifisches Substrat für Bestimmungen von Leucinaminopeptidase. Clin. Chim. Acta *8* (1963) 555—564.

67. J. Methfessel, J. Langner u. H. Hanson, Über die Autolyse der Linsenproteine. v. Graefes Archiv f. Ophthalmologie *165* (1963) 529—539.

68. W. Blech u. H. Hanson, Beeinflussung der Aktivität proteolytischer Gewebsenzyme in vivo, I. Der Einfluß der partiellen Hepatektomie an der Ratte auf die Peptidaseaktivität in Leber, Niere und Blutserum. Z. physiol. Chem. *332* (1963) 244—255.

69. D. Gläßer u. H. Hanson, Kristallisierte Leucinaminopeptidase aus Rinderaugenlinsen. Naturwissensch. *50*/18 (1963) 595—596.

70. D. Gläßer u. H. Hanson, Gewinnung von L-Leucin und D-Leucinamid aus DL-Leucinamid durch Racematspaltung mit Leucinaminopeptidase aus Rinderaugenlinsen. Pharmazie *12* (1963) 814—816.

71. D. Gläßer u. H. Hanson, Die Wirkungsbedingungen der Glycylleucin und Alanyl-glycin spaltenden Aktivität der Rinderaugenlinse. Z. physiol. Chem. *334* (1963) 84—94.

72. u. P. Bohley, D. Gläßer, H. Kirschke, Zur Differenzierung des Peptidasenspektrums in Rinde und Kern der Rinderaugenlinse. Acta biol. med. germ. *11* (1963) H. 5/6, 736—750.

73. D. Gläßer u. H. Hanson, Ein weiteres Verfahren zur Gewinnung kristallisierter Leucinaminopeptidase aus Rinderaugenlinsen. Naturwissensch. *51*/5 (1964) 110—111.

74. P. Bohley u. H. Hanson, Perfusionsversuche an autolysierenden Rattenlebern. Z. physiol. Chem. *337* (1964) 32—39.

75. u. P. Bohley, Enzymfreisetzung während der Perfusion autolysierender Rattenlebern. Z. physiol. Chem. *337* (1964) 32—39.

76. W. Blech, H. Hanson, P. Hermann, R. Kleine, Beeinflussung der Aktivität proteol. Gewebsenzyme in vivo, II. Peptidaseaktivität in Leber und Blutserum bei in-vivo-Autolyse eines Leberlappens an der Ratte. Z. physiol. Chem. *337* (1964) 196—210.

77. W. Blech, H. Hanson, P. Hermann, R. Kleine, Beeinflussung der Aktivität proteol. Gewebsenzyme in vivo, III. Peptidaseaktivität in Niere und Blutserum bei in-vivo-Autolyse einer Niere an der Ratte. Z. physiol. Chem. *337* (1964) 211—221.

78. S. Fittkau, H. Hanson. I. Marquardt, H. Diessner, U. Kettmann, Kristallisierte Leucinaminopeptidase aus Rinderaugenlinsen. Aminosäurezusammensetzung und N-terminale Aminosäuren. Z. physiol. Chem. *338* (1964) 180—188.

79. u. D. Gläßer, H. Kirschke, Leucinaminopeptidase aus Rinderaugenlinsen. Kristallisation, Eigenschaften und optimale Wirkungsbedingungen des Enzyms. Z. physiol. Chemie *340* (1965) 107—125.

80. K. Kretschmer u. H. Hanson, Kristallisierte Leucinaminopeptidase aus Rinderaugenlinsen. Physikalische Konstanten, I. Z. physiol. Chemie *340* (1965) 126—137.

81. H. Schmidt, P. Bohley u. H. Hanson, Histologische Untersuchung zur Autolyse von durchströmten Rattenlebern. Acta biol. med. germ. *15* (1965) 317—330.

82. Untersuchungen zur Differenzierung von Peptidhydrolasen, insbesondere der Aminopeptidasen (x-Aminopeptid—Aminoacidlydrolasen) tierischer und menschlicher Organe und Zellen. Festschrift z. 65. Geburtstag Kurt MOTHES Beiträge zur Biochemie und Physiol. v. Naturstoffen. Jena 1965. S. 219—233.

83. H. Kirschke u. H. Hanson, Bestimmung der enzymatischen Spaltung von Triglycin unter Anwendung seines Nickelcomplexes. Acta biol. med. germ. *16* (1966) 264—270.

84. P. Bohley, R. Kleine, M. Frohne, H. Kirschke, J. Langner u. H. Hanson, Langfristige Perfusionen autolysierender Rattenlebern. Z. physiol. Chem. *347* (1966) 118—126.

85. u. H.-J. Hütter, Zur Darstellung von Leucinaminopeptidase aus Schweinenieren. Z. physiol. Chem. *347* (1966) 118—126.

86. Hoppe-Seyler/Thierfelder „Handbuch der physiologisch- und pathologisch-chemischen Analyse Enzyme Teil C". Peptidasen (Exopeptidasen). Herausgegeben v. K. Lang, E. Lehnartz, O. Hoffmann-Ostenhof u. G. Siebert. Springer-Verlag 1966. S. 1—229.

87. u. R. Kleine, in „Vergleichende Ernährungslehre des Menschen und seiner Haustiere", hrsg. von A. Hock: „III. Die enzymatischen Verdauungsvorgänge sowie die Resorptionsleistungen bei Mensch und Tier." Jena 1966. S. 207—260.

88. S. Fittkau, U. Kettmann u. H. Hanson, Spezifische Markierung kristallisierter Leucinaminopeptidase mit Mangan-54. Journal of Labelled Compounds *II*/3 (1966) 255—260.

89. Die Rolle der proteolytischen Enzyme beim Eiweißhaushalt von Tier und Mensch. "Scientia" Vol. *CI* (1966) 1—9.

90. u. P. Bohley, M. Frohne, D. Gläßer, Über die bei der Regulierung des Zellstoffwechsels verantwortlichen molekularen Mechanismen. Bericht über den Vortrag von Nobelpreisträger Prof. Dr. Jaques MONOD, Paris, vor der Deutschen Akademie der Naturforscher Leopoldina, Halle a. d. Saale, 6. November 1966. Naturw. Rundschau *20* (1967) Heft 3, 111—112.

91. S. Ansorge u. H. Hanson, Zur Ausscheidung von Peptiden im menschlichen Harn. Mikropräparative Isolierung und nähere Charakterisierung. Z. physiol. Chemie *348* (1967) 334—346.

92. u. S. Ansorge, Zur Ausscheidung von Peptiden im menschlichen Harn. Das Verhalten isolierter Peptidfraktionen gegenüber proteolytischen Enzymen. Z. physol. Chemie *348* (1967) 347—351.

93. u. H.-J. Hütter, H.-G. Mannsfeldt, K. Kretschmer, Ch. Sohr, Zur Darstellung und Substratspezifität einer von der Leucinaminopeptidase unterscheidbaren Aminopeptidase aus Nierenpartikeln. Z. physiol. Chemie *348* (1967) 680—688.

94. u. D. Gläßer, M. Ludewig, H.-G. Mannsfeldt, E. John, H. Nesvadba, Struktur- und Wirkungsidentität der Leucinaminopeptidase aus Schweinenieren und Rinderaugenlinsen und Vergleich mit der Partikelaminopeptidase aus Schweinenieren. Z. physiol. Chem. *348* (1967) 689—704.

95. R. Kleine, D. Joswig u. H. Hanson, Isolierung und Reinigung einer löslichen C-Acetyl-Aryl-Esterase aus Rattennieren. Biochim. Biophys. Acta *139* (1967) 511—513.

96. u. H.-G. Mannsfeldt, E. Mendler, H. Bekemeier, Untersuchungen zum Verhalten Leucinamid- und Leucin-β-naphthylamid-spaltender Aminopeptidasen der Niere bei der Salizylamid-Nephrose der Katze. Acta biol. med. germ. *19* (1967) 9—16.

97. u. H. Schmidt, E. Bohley, Über die Einwirkung mikrobieller Enzyme auf die organische Zahnsubstanz. 1. Mitt. Die enzymatische Wirkung von Proteus vulgaris und Bacillus subtilis. Deutsche Zahn-, Mund- und Kieferheilkunde *49* (1967) 264—273.

98. u. H. Schmidt, E. Bohley, Über die Einwirkung mikrobieller Enzyme auf die organische Zahnsubstanz. 2. Mitt. Die enzymatische Wirkung von Micrococcus aureus, Streptococcus lactis und Streptococcus salivarius. Nova Acta Leopoldina N. P. 33 (1967) 245—252.

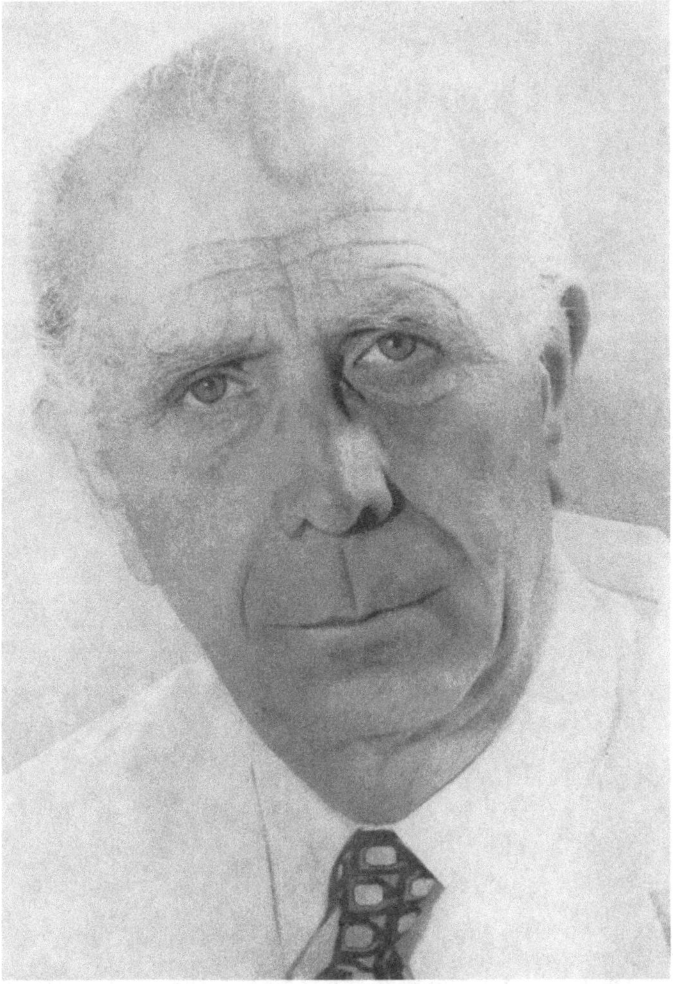

HORST HANSON

5. 6. 1911–3. 7. 1978

BERND LÜDER LUEKEN

8. 8. 1908—10. 9. 1978

99. u. S. Ansorge, Über Peptide im Harn und deren Beziehung zum Kollagenstoffwechsel (Vortrag 1. Symp. über „Die Beziehungen zwischen Stoffwechsel und Haut“, Greifswald, 3.—5. 6. 1966). Wiss. Z. der E.-M.-Arnst-Universität Greifswald, Math.-nat. Reihe *XVI* (1967) 17—21.

100. W. Blech u. H. Hanson, Beeinflussung der Aktivität proteolytischer Gewebsenzyme in vivo, IV. Änderung der Peptidaseaktivität und endogenen Atmung im Hoden sowie Beeinflussung der Peptidaseaktivität des Blutserums bei In-vivo-Autolyse eines Rattenhodens. Z. physiol. Chemie *348* (1967) 1477—1485.

101. W. Blech, H. Hanson, R. Kleine, Beeinflussung der Aktivität proteolytischer Gewebsenzyme in vivo, V. Änderung der Peptidaseaktivität in Milz und Blutserum bei In-vivo-Autolyse der Milz an der Ratte. Z. physiol. Chem. *348* (1967) 1486—1492.

102. u. J. Lasch, Enzymatische Transamidierungsreaktion mit kristalliner Rinderaugenlinsen-Leucinaminopeptidase (EC 3.4.1.1.). Z. physiol. Chem. *348* (1967) 1525—1539.

103. u. S. Fittkau, Sequenzanalyse von Peptiden auf enzymatischem Wege. Symposium on Modern Methods in the Investigation of Protein Structure, Edited by F. B. Straub, Akadémial Kiadó Budapest 1967. S. 9—18.

104. D. Felicetti u. H. Hanson, Zur Trennung D-Peptid spaltender Enzyme. Z. physiol. Chem. *349* (1968) 655—564.

105. K. Kretschmer u. H. Hanson, Kristallisierte Leucinaminopeptidase aus Rinderaugenlinsen. Untersuchungen über die Untereinheiten: Physikalische Konstanten. Z. physiol. Chemie *349* (1968) 831—845.

106. M. Böttger, S. Fittkau, S. Niese u. H. Hanson, Die aktivierungsanalytische Bestimmung einiger Spurenelemente in kristallisierter Leucinaminopeptidase aus Rinderaugenlinsen und in Linse, Kammerwasser und Glaskörper des Rinderauges. Acta biol. med. germ. *21*/2 (1968) 143—149.

107. u. P. Bohley, Der Einfluß von Detergentien auf das Wachstum des Ehrlich-Ascites-Carcinoms. Z. Krebsforschung *71* (1968) 51—58.

108. Die Autolyse als biochemisches Phänomen in ihrer Verknüpfung mit der Pathophysiologie der Organe und des Blutes. Wiss. Z. der Universität Halle *XVII* (1968) Heft 2, 225—235.

109. U. Kettmann, K. Kretschmer u. H. Hanson, Kristallisierte Leucinaminopeptidase aus Rinderaugenlinsen. Aminosäurezusammensetzung und N-terminale Aminosäuren, II. Z. physiol. Chem. *349* (1968) 1537—1542.

110. Proteolytische Enzyme der Augenlinse. Biochem. of the Eye, Symp. Tutzing Castle. Basel 1968, pp. 325—343.

111. M. Frohne u. H. Hanson, Untersuchungen zur Struktur und enzymatischen Aktivität der Leucinaminopeptidase aus Rinderaugenlinsen in Harnstoff-, Guanidin-hydrochlorid- und Natriumdodecylsulfatlösungen. Z. physiol. Chemie *350* (1969) 207—212.

112. M. Frohne u. H. Hanson, Untersuchungen zur Reaktion der kristallinen Leucinaminopeptidase aus Rinderaugenlinsen mit SH-Reagentien. Z. physiol. Chemie *350* (1969) 213—222.

113. M. Frohne, R. Michael, S. Fittkau u. H. Hanson, Über die Einwirkung von N-Bromsuccinimid und Jod auf die Leucinaminopeptidase aus Rinderaugenlinsen. Z. physiol. Chemie *350* (1969) 223—229.

114. M. Iwig, D. Gläßer u. H. Hanson, Eignung der „klassischen“ Leucinaminopeptidase (LAP) als Indikator-Enzym bei Hepatitis epidemica acuta (Differenzierung zwischen Leucinaminopeptidase und Arylamidase bei hepatobiliären Erkrankungen). Z. klin. Chem. u. klin. Biochem. *7* (1969) 225—238.

115. J. Grävinghoff u. H. Hanson, Der Einfluß von Licht und reduzierenden Substanzen auf die Reaktion von Tyrosin mit 1-Nitroso-2-naphthol. Acta biol. med. germ. *22* (1969) 461—471.

116. u. M. Fritsche, K. Iwig, Stereospezifität und Aktivität einiger Exopeptidasen und Azylase von grampositiven Bakterien unter besonderer Berücksichtigung des Zellalters. Acta biol. med. germ. *22* (1969) 507—517.

117. M. Fritsche u. H. Hanson, Über die Lokalisation von Exopeptidasen in Bacillus brevis. Acta biol. med. germ. *22* (1969) 519—523.

118. u. B. Wiederanders, Fraktionierung hydroxyprolinhaltiger Harnpeptide mittels Sephadex-Gelfiltration. Clin. chim. Acta *25* (1969) 255—262.

119. H. Kirschke u. H. Hanson, Untersuchungen über den Kollagenabbau durch Rattenorgane. Differenzierung und Charakterisierung Prolinpeptidspaltender Enzyme. Hoppe-Seylers Z. ph. Ch. *350* (1969) 1437—1448.

120. H. Kirschke, J. Lasch u. H. Hanson, Untersuchungen über Vorkommen und Kinetik von Tripeptidasen in der Rattenleber. Hoppe-Seylers Z. ph. Ch. *350* (1969) 1449—1459.

121. Zur Kennzeichnung und Differenzierung proteolytischer Gewebsenzyme. Verh. Dt. Ges. exp. Med. *23* (1969) 52—100.

122. R. Koelsch, J. Lasch u. H. Hanson, Untersuchungen zur kovalenten und nicht kovalenten Bindung von Leucinaminopeptidase an wasserunlösliche Träger. Acta biol. med. germ. *24* (1970) 833—846.

123. U. Kettmann u. H. Hanson, Zur Bedeutung des Zinks in der Leucinaminopeptidase aus Rinderaugenlinsen. FEBS Letters *10* (1970) 17—20.

124. D. Felicetti u. H. Hanson, Charakterisierung einer D-Leucyl-glycin spaltenden Aktivität aus menschlichen Nieren. Hoppe-Seylers Zeitschrift für physiol. Chemie *351* (1970) 1253—1259.

125. D. Felicetti u. H. Hanson, Charakterisierung einer Glycyl-D-leucin spaltenden Präparation aus menschlichen Nieren. Hoppe-Seylers Zeitschr. für physiol. Chemie *351* (1967) 1260—1267.

126. D. Gläßer, U. Kettmann u. H. Hanson, Über die Eignung des Zink-Hitze-Verfahrens zur Gewinnung und Anreicherung von Enzympräparationen aus verschiedenen Organen. Leucinaminopeptidase und Lactat-Dehydrogenase aus Augenlinsen, Nieren und Leber. Hoppe-Seylers Z. f. physiol. Chem. *351* (1970) 1329—1336.

127. D. Gläßer, M. John u. H. Hanson, Zur Organ- und Speziesspezifität der Leucin-Aminopeptidase aus Rinderaugenlinsen. Hoppe-Seylers Z. f. physiol. Chem. *351* (1970) 1337—1343.

128. Der XX. Präsident (1931—1950). Emil Abderhalden (1877—1950). Nova Acta Leopoldina *36* (1970) 257—317.

129. P. Bohley, H. Kirschke, J. Langner, S. Ansorge, B. Wiederanders u. H. Hanson, Intracellular Protein Breakdown. Tissue Proteinases. Ed. by A. J. Barrett and J. T. Dingle North. Holland Publ. Co. 1971. 187—219.

130. S. Ansorge, P. Bohley, J. Langner, H. Kirschke, B. Wiederanders u. H. Hanson, Metabolism of Insulin and Glucagon. Breakdown of Radioiodinated Insulin and Glucagon in Rat Liver Cell Fractions. Eur. J. Biochem. *19* (1971) 283—288.

131. D. Felicetti, C. A. Gründig u. H. Hanson, Zum Verhalten von Glyzyl-D-Leuzin und Leuzinamid spaltenden Enzymaktivitäten in Rohhomogenaten aus menschlichen Nieren und Rattennieren auf Sephadex G 200. Acta biol. med. germ. *26* (1971) 475—482.

132. u. H.-G. Mannsfeldt, Biochemische Beiträge zur Kenntnis der Serum-Oxytocinase. Nova Acta Leop. *200*, Bd 36 (1971) 1—45.

133. J. Langner, S. Ansorge, P. Bohley, H. Kirschke u. H. Hanson, Intracellular protein breakdown I. Activity determinations of endopeptidases using protein substrates. Acta biol. med. germ. *26* (1971) 935—951.

134. S. Ansorge, P. Bohley, H. Kirschke, J. Langner u. H. Hanson, Intracellular protein breakdown II. Breakdown of proteins from rat liver cytosol by endopeptidases. Acta biol. med. germ. *26* (1971) 953—962.

135. B. Wiederanders u. H. Hanson, Enthält die aus Rinderaugenlinsen kristallisierte Leucinaminopeptidase (3.4.1.1)-Neuraminsäure und alkalische Phosphatase-Aktivität? Actal biol. med. germ. *26* (1971) 1081–1084.

136. Biochemische Aspekte der Innenohrforschung. Wiss. Z. d. Universität Halle *XX* (1971) H. 1, 3–24.

137. M. Ludewig, J. Lasch, U. Kettmann, M. Frohne u. H. Hanson, The influence of Anions on Enzymic Activity and Metal Cation Binding of Leucine Aminopeptidase. Enzymologia Vol. *41* (1971) No. 1, 59–67.

138. R. Koelsch u. H. Hanson, (Leuzin)aminopeptidase aus Micrococcus Lysodeikticus: Anreicherung und einige Eigenschaften. Acta biol. med. germ. *26* (1971) 1117–1129.

139. G. Schwartze u. H. Hanson, Zur proteolytischen Aktivität in Psoriasisschuppen. Derm. Mschr. *157* (1971) 315–325.

140. P. Bohley, H. Kirschke, J. Langner, S. Ansorge u. H. Hanson, Intrazellulärer Proteinabbau III. Intrazelluläre Verteilung des Zytosolproteinabbaues bei neutralem pH. Acta biol. med. germ. *27* (1971) 229–243.

141. Spurenelemente der Zellen in ihrer Bedeutung für Enzymwirkungen. Leopoldina *15* (1971) 165–169.

142. J. Lasch, M. Iwig u. H. Hanson, Method of Visualization of Matrix-Bound Proteins. Leucine Aminopeptidase Bound to Sepharose and Sephadex Beads. Eur. J. Biochem. *27* (1972) 431 bis 435.

143. P. Haase u. H. Hanson, Die S-Aminoäthylierung der Leuzinaminopeptidase aus Rinderaugenlinsen. Wissensch. Z. der KMU Leipzig, Math.-Nat. Reihe *21*/5 (1972) 514–522.

144. M. Ludewig u. H. Hanson, Die Dimerisation der Leuzinaminopeptidase. Acta biol. med. germ. *29* (1972) 539–550.

145. S. Ansorge, P. Bohley, H. Kirschke, J. Langner, B. Wiederanders u. H. Hanson, Metabolism of Insulin and Glucagon. Glutathione-Insulin Transhydrogenase from Microsomes of Rat Liver. Eur. J. Biochem. *32* (1973) 27–35.

146. G. Damaschun, H. Damaschun, H. Hanson, J. J. Müller, H.-V. Pürschel, Brief an die Redaktion: Zur Quartärstruktur der Leucinaminopeptidase. Studia biophysica Berlin *35* (1973) 59–60.

147. J. Lasch, W. Kudernatsch u. H. Hanson, Bovine-Lens Leucine Aminopeptidase — Kinetic Studies with Activators and Competitive Inhibitors —. Eur. J. Biochem. *34* (1973) 53–57.

148. Chr.-A. Gründig u. H. Hanson, Teilreinigung und Eigenschaften von Glycyl-L-leicin-Hydrolase (EC 3.4.3.2) aus der Frauenmilch. Hoppe-Seylers Z. Physiol. Chemie *354* (1973) 487–500.

149. B. Wiederanders, J. Lasch, H. Kirschke, P. Bohley, S. Ansorge u. H. Hanson, The Suitability of Bovine-Lens Leucine Aminopeptidase for Sequence Analysis and Limited Hydrolysis of Polypeptides. Eur. J. Biochem. *36* (1973) 504–508.

150. C. A. Gründig u. H. Hanson, Über die Enzymaktivität der Frauenmilch gegenüber Aminosäurearylamiden. Acta biol. med. germ. *30* (1973) 599–606.

151. M. Frohne u. H. Hanson, Untersuchungen zum Einfluß von Präinkubationsbedingungen auf die Enzym-Aktivität der Leucinaminopeptidase. Acta biol. med. germ. *31* (1973) 453–456.

152. Intracellular Proteolysis and its Demonstration with Synthetic and Natural Peptides and Proteins as Substrates. The Chemistry of Polypeptides (1973) 237–248.

153. S. Ansorge, P. Bohley, H. Kirschke, J. Langner, I. Marquardt, B. Wiederanders, H. Hanson, B. Kaiser, The Identity of the Insulin Degrading Thiol-Protein Disulfide Oxidoreductase (Glutathione-Insulin Transhydrogenase) with the Sulfhydryl-Disulfide Interchange Enzyme. FEBS Letters Vol. *37*, Nr. 2 (1973) 238–240.

154. Eiweißumsatz und Differenzierungsvorgänge tierischer Zellen. Abh. d. Sächs. Akad. Math.-Nat. Klasse *52* (1974) H. 5, 1–26.

155. M. Frohne, J. Lasch u. H. Hanson, Bovine lens leucine aminopeptidase. pH dependence of the kinetik parameters. Acta biol. med. germ. *31* (1973) 879–884.

156. H. Damaschun, G. Damaschun, J. J. Müller, H.-V. Pürschel u. H. Hanson, Quartärstruktur und Hydration der Leucinaminopeptidase. studia biophysica *43* (1974) H. 2, 126–127.

157. M. Ludewig, H. Hanson, N. Kiselev, V. Stermstuk, F. Lerner, Elektronenmikroskopische Untersuchung der Leucinaminopeptidase. studia biophysica *43* (1974) H. 2, 128–129.

158. G. Lassmann, B. Ebert, A. N. Kuznetsov, W. Damerau u. H. Hanson, Untersuchung der Polarität in der Umgebung eines am Protein gebundenen Spinmarkers am Beispiel der Leucinaminopeptidase (LAP). studia biophysica *43* (1974) H. 2, 128–129.

159. P. Danew, E. Friedrich, M. Iwig u. H. Hanson, Untersuchungen zur Peptidaseaktivität hautpathogener Pilze. Aminopeptidaseaktivität im Pilzmyzel und Kulturmedium von Microsporum hypseum in Abhängigkeit von den Wachstumsphasen. mykosen *17*/8 (1974) 179–189.

160. R. Misselwitz, D. Zirwer, M. Frohne u. H. Hanson, Bovine lens Leucine aminopeptidase number and state of tryptophyl residues. FEBS Letters *55* (1975) 233–236.

161. G. Lassmann, W. Damerau, G. Sklenar, D. Schwarz, M. Frohne, M. Ludewig u. H. Hanson, Spin-labeling studies of urea-treated Leucine aminopeptidase. Eur. J. Biochem. *54* (1975) 453 458.

162. R. Koelsch, J. Lasch, I. Marquardt u. H. Hanson, Application of Spectrophotometric Methods to the Determination of Protein Bound to Agarose Beads. Analytical Biochemistry *66* (1975) 556–567.

163. D. Gläßer, E. Weber, J. Frenzel u. H. Hanson, Isolation of RNA-Containing Proteins from pig eye lenses using a Zinc-Heat Procedure. FEBS-Letters *56* (1975) 124–128.

164. J. Lasch, R. Koelsch u. H. Hanson, An inexpensive device for sample stirring in VSU-Zeiss spectrophotometers. Its use for kinetik measurements and active site titrations with immobilized enzymes. Acta biol. med. germ. *34* (1975) 1137–1144.

165. Diabetesforschung am Bereich Medizin Halle (Saale). Wiss. Z. der Universität Halle *XXIV* M (1975) H. 5, S. 47–49.

166. B. Wiederanders, S. Ansorge, P. Bohley, H. Kirschke, J. Langner u. H. Hanson, Zur Altersabhängigkeit der intrazellulären Proteolyse: 1. Mitteilung: Veränderungen der Endopeptidasen. Zeitschrift für Alternsforschung *31* (1976) 175–183.

167. J. Lasch, R. Koelsch, P. Roth, A. Gabert, I. Marquardt u. H. Hanson, Untersuchungen zur Hydrolyse von Proteinen durch immobilisierte Enzyme. Acta biol. med. germ. *35* (1976) 735–743.

168. u. M. Frohne, Crystalline Leucine Aminopeptidase from Lens (d-Aminoacyl-Peptide-Hydrolase; E. C. 3.4.11.1). Methods Enzymol. *XLV* (1976) 504–521.

169. P. Bohley, H. Kirschke, J. Langner, B. Wiederanders, S. Ansorge u. H. Hanson, Degradation of rat liver proteins. Intracellular Protein Catabolism (H. Hanson and P. Bohley edit.). 1974/76, 201–209.

170. H. Kirschke, J. Langner, B. Wiederanders, S. Ansorge, P. Bohley u. H. Hanson, Cathepsin L and proteinases with Cathepsin B_1-like activity from rat liver lysosomes. Intracellular Protein Catabolism (H. Hanson and P. Bohley edit.). Leipzig 1974/76. 210–217.

171. J. Langner, B. Wiederanders, S. Ansorge, P. Bohley, H. Kirschke u. H. Hanson, Enzyme inactivation studies as tool for the characterization of lysosomal proteolytic enzymes. Ebda 218–220.

172. B. Wiederanders, S. Ansorge, P. Bohley, H. Kirschke, J. Langner u. H. Hanson, On Cathepsin D of Rat liver. Ebda 221–226.

173. S. Ansorge, P. Bohley, H. Kirschke, J. Langner, B. Wiederanders u. H. Hanson, Thiol-proteindisulfide oxidoreductases of rat liver, studies on breakdown of insulin. Ebda 319—336.

174. H. Kirschke, J. Langner, B. Wiederanders, S. Ansorge, P. Bohley u. H. Hanson, Cathepsin H: An endoaminopeptidase from rat liver lysosomes. Acta biol. med. germ. *36* (1977) 185—199.

175. u. H. Kirschke, J. Langner, B. Wiederanders, S. Ansorge, P. Bohley, Intracellular Protein Catabolism in vitro und in vivo. Intracellular Protein Catabolism II (V. Turk and N. Marks edit.). Plenum Press New York and London 1977. 1—11.

176. P. Bohley, H. Kirschke, J. Langner, S. Riemann, B. Wiederanders, S. Ansorge, H. Hanson, Primary reaction of intracellular protein catabolism. Intracellular Protein Catabolism II (V. Turk and N. Marks edit.). Plenum Press New York and London 1977. 108—110.

177. J. Langner, P. Hoffmann, S. Riemann, B. Wiederanders, S. Ansorge, P. Bohley, H. Kirschke u. H. Hanson, Heterogeneity of rat liver lysosomes with respect to proteolytic activity at pH 6.0. Ebda 139—143.

178. B. Wiederanders, S. Ansorge, P. Bohley, H. Kirschke, J. Langner u. H. Hanson, The age dependence of intracellular proteolysis in the rat liver. Ebda 144—147.

179. S. Ansorge, H. Kirschke, J. Langner, B. Wiederanders, P. Bohley u. H. Hanson, Proteolytic degradation of insulin and glucagon by enzymes of rat liver. Ebda 163—166.

180. H. Kirschke, J. Langner, B. Wiederanders, S. Ansorge, P. Bohley u. H. Hanson, Cathepsin L and cathepsin B3 from rat liver lysosomes. Ebda 299—303.

181. M. Ludewig, H. Hanson, N. A. Kiselev, V. Y. Stel'Mashchuk, V. L. Tsuprun, On the quarternary structure of leucine aminopeptidase. Acta biol. med. germ. *36* (1977) 157—165.

182. N. A. Kiselev, V. Ya. Stel'Mashchuk, V. L. Tsuprun, M. Ludewig u. H. Hanson, Electron microscopy ov leucine aminopeptidase. J. Mol. Biol. *115* (1977) 33—43.

183. P. Bohley, S. Riemann, H. Kirschke, J. Langner, B. Wiederanders, S. Ansorge u. H. Hanson, Protein degradation in rat liver cells, in: Cell Differentiation in Microorganisms, Plants and Animals. International Symposium held by the Deutsche Akademie der Naturforscher Leopoldina (Reinhardsbrunn 1976) Editors: Lutz Nover and Kurt Mothes. Jena 1977.

Herausgabe von Symposiumsbänden

1. u. H. D. Jakubke, Peptides 1972. Proceedings of the 12th European Peptide Symposium Reinhardsbrunn GDR 1972. North-Holland Publ. Co. Amsterdam—London 1973.

2. u. P. Bohley, Intracellular Protein Catabolism Proceedings of the Symposium. Reinhards brunn 1973. Leipzig 1974/76.

3. u. S. Ansorge, P. Bohley, Intracellular Protein Catabolism III Proceedings of the 3rd Symposium 1977. Acta biol. med. germ. *36* (1977) Heft 11/12.

Dr. Peter Bohley

Bernd Lüder Lueken

8. 8. 1908—10. 9. 1978

Am 10. September 1978 verstarb das ordentliche Mitglied der mathematisch-naturwissenschaftlichen Klasse der Sächsischen Akademie der Wissenschaften zu Leipzig Bernd Lüder Lueken, em. ordentlicher Professor Dr. med. habil. der Physiologie, in Halle a. d. Saale im 71. Lebensjahr.

Bernd Lueken wurde am 8. August 1908 in Rüstringen/Oldenburg als Sohn eines Juristen geboren. Er besuchte das humanistische Gymnasium (Gelehrtenschule) in Kiel und legte 1927 das Abitur ab. Von 1927 bis 1932 studierte er Medizin in Bonn, Wien und Kiel. Die Promotion zum Dr. med. erlangte er bei R. *Hoeber* in Kiel. Danach war B. Lueken Assistent und Oberassistent am Physiologischen Institut der Universität Berlin unter *W. Trendelenburg*. Seine Habilitation erfolgte 1937 in Berlin. Ab 1939 war B. Lueken Dozent und hielt Vorlesungen über Physiologie an der Medizinischen Fakultät der Universität Berlin. 1944 wurde er nach dem Tode seines Lehrers Trendelenburg kommissarischer Direktor des Berliner Physiologischen Institutes, 1945 apl. Professor und 1946 a. o. Professor und Abteilungsleiter in Berlin. Ab 1. Mai 1946 wurde B. Lueken als ordentlicher Professoran die Universität Berlin berufen und mit der Leitung des dortigen Physiologischen Institutes als Direktor betraut. Er konnte, auf eine solide Ausbildung bei Lehrern wie R. Hoeber und W. Trendelenburg gestützt, trotz der Wirren der Nachkriegsjahre das Hallenser Physiologische Institut in relativ kurzer Zeit zu einem Zentrum solider Lehre und Forschung machen, das es unter Abderhalden gewesen war. Mit bewundernswerten universellen Kenntnissen und Fähigkeiten hat Lueken die Entwicklung der Physiologie in Halle und in unserer Republik vorangetrieben. Er hatte bisher auf den Gebieten der Nierenphysiologie, der Elektrophysiologie des Herzens und der Reflexphysiologie des Rückenmarks gearbeitet. Es gelang ihm, das hallesche Physiologische Institut — bis zum heutigen Tage — in seiner Hauptforschungsrichtung, der Physiologie der vegetativen Regulationen, speziell der nervalen Herzsteuerung, zu prägen. Aus den Tagen des Beginns nach dem 2. Weltkrieg ist uns auch das knappe, aber prägnante, in seinen Konzeptionen sehr moderne „Lehrbuch der Physiologie" (1949) in guter Erinnerung.

B. Lueken hat — als Senior der Physiologen in der DDR — sehr bald nach 1945 Niveau und Anschluß an die internationale Physiologie gewinnen können. Er und seine Mitarbeiter konnten auf dem Gebiete der nervalen Steuerung der Herztätigkeit international stark beachtete Ergebnisse erzielen. Sein Arbeitsstil war gekennzeichnet durch experimentellen und theoretischen Ideenreichtum, ferner durch harte Konsequenz des naturwissenschaftlichen induktiven Vorgehens bei ausgeprägter und zurückhaltender Kritik. Ein intensives, bis ins hohe Alter nicht erlahmendes Studium der Fachliteratur machte ihn zu einem unbestechlichen Experten auf seinem speziellen Gebiet, auf dem er anderen viele wertvolle Ratschläge zu geben vermochte. Der Forscher Lueken hat sich auf diese Weise die vertrauensvolle Wertschätzung seiner Mitarbeiter und die Achtung der Fachkollegen im In- und Ausland erworben. Durch den Lehrer Lueken sind viele Generationen von Medizinstudenten an der Universität Halle in einem anspruchsvollen akademischen Unterricht geprägt worden.

In Anerkennung seiner wissenschaftlichen Leistungen wurde B. Lueken 1957 in die Akademie der Naturforscher „Leopoldina" zu Halle gewählt und hat als deren Obmann für Physiologie lange Zeit gewirkt und zwei bedeutende und erfolgreiche Tagungen organisiert: „Neurophysiologie" 1963 und „Sinnesphysiologie" 1971. Die Sächsische Akademie der Wissenschaften zu Leipzig wählte ihn 1964 zu ihrem ordentlichen Mitglied und gedenkt dankbar seiner fruchtbaren Aktivitäten, zuletzt mit dem schönen Beitrag über „analytische und synthetische Physiologie" im Rahmen einer Debatte über das Problem der Komplementarität.

Auch in der Wissenschaftsorganisation unseres Landes leistete B. Lueken wertvolle Dienste. 1964 war er Vorsitzender der damaligen Sektion „Physiologie und Endokrinologie" der mathematisch-naturwissenschaftlichen Klasse der Akademie der Wissenschaften der DDR, ab 1966 Vorsitzender des zentralen Arbeitskreises „Physiologie des Menschen und der Tiere" beim Ministerium für Wissenschaft und Technik. Damit hat Lueken mit erheblichem Engagement grundlegende synoptische und prognostische Arbeit für die Physiologie im Rahmen der Aufgaben des Forschungsrates geleistet. Ferner war er Wegbereiter und Mitbegründer der heutigen „Gesellschaft der Physiologen in der DDR". Er zeigte sich stets stärkstens aktiv interessiert an der Fort- und Weiterbildung unseres wissenschaftlichen Nachwuchses. Als langjähriges Präsidiumsmitglied und Vizepräsident der Gesellschaft für experimentelle Medizin in der DDR hatte er unmittelbar Einfluß auf das wissenschaftliche Leben in unserem Staate nehmen können. Zu bewundern war seine kritische Teil- und Anteilnahme an allen Fachsitzungen und Symposien auf dem Gebiete der Physiologie. 1978 wurde er Ehrenmitglied der „Deutschen physiologischen Gesellschaft" (BRD).

Hans Drischel †

Bibliographie Bernd Lüder Lueken

1. Lueken, B.: Über die Harnsäureausscheidung durch die Froschniere. Pflügers Arch. *229* (1932) 557—566.
2. Schütz, E., u. B. Lueken: Die relative Refraktärphase des Herzens. I. Reizschwelle und Reizzeit nach Ablauf des Erregungsvorgangs. Z. Biol. *96* (1935) 364—373.
3. Schütz, E., u. B. Lueken: s. o. II. Verhalten gegenüber Reizen von kurzer Dauer und von großer Intensität. Z. Biol. *96* (1935) 502—509.
4. Lueken, B., u. E. Schütz: Die relative Refraktärphase des Herzens. III. Reversibilität und Antagonismus. Z. Biol. *99* (1939) 186—197.
5. Lueken, B., u. E. Schütz: Die relative Refraktärphase des Herzens. IV. Über ein neues Aktionsphänomen des Herzens. Z. Biol. *99* (1939) 338—354.
6. Gotsev, T., B. Lueken u. W. Simmendinger: Über den Einfluß des Splanchnicusgebietes auf den allgemeinen Blutdruck. Z. ges. exp. Med. *100* (1936) 81—116.
7. Lueken, B., u. W. Bross: Les-troubles de la circulation du sang et du volume respiratoire au cours des operations sur les poumes et le probleme du mechanisme nerveux du shoc operatoire. Revue de Chirurgie *9* (1938) 648.
8. Lueken, B.: Über die reflektorischen Funktionen von einigen völlig abgetrennten Rückenmarkssegmenten. Z. Biol. *99* (1939) 551—580.
9. Lueken, B.: Über die Wirkung der Kohlensäure auf das Froschrückenmark. Z. Biol. *100* (1941) 373—393.
10. Lueken, B., Kl. Soehring u. H. Jebramek: Über die Wirkung der Atmungsgifte auf das Froschrückenmark. Z. Biol. *100* (1941) 486—517.
11. Lueken, B.: Über die Wirkung einiger Säuren auf das Froschrückenmark und auf die Nerv-Muskelübertragung. Z. Biol. *100* (1941) 535—553.
12. Lueken, B.: Elektrische Reizversuche am Froschrückenmark. Z. Biol. *101* (1944) 174—202.
13. Martin, J., u. B. Lueken: Aktionsstromuntersuchungen verschiedener Muskelkontrakturen. Z. Biol. *101* (1944) 143—156.
14. Lueken, B., u. C. Timm: Über die Erregbarkeit des Atemzentrums in den einzelnen Phasen des Atemzyklus. I. Reizung des Vagus. Z. Biol. *102* (1945) 29.
15. Lueken, B.: Über die Erregbarkeit des Atemzentrums in den einzelnen Phasen des Atemzyklus. II. Reizung des N. vagus bei Zustandsänderungen des Atemzentrums. Pflügers Arch. *249* (1942) 841.
16. B. Lueken: „Physiologie" — Arbeitsgemeinschaft med. Verlage, Berlin 1949.
17. Lueken, B., u. E. Enger: Zur Messung der peripheren nervösen Summation bei der Wirkung der Vagusreizung auf das Froschherz. Pflügers Arch. *252* (1950) 392.

18. Lueken, B., u. P.-G. Linke: Zur Messung der zentral-nervösen Summation am Froschrückenmark. Pflügers Arch. *252* (1950) 411.

19. B. Lueken: „Anleitung zu den Physiologischen Übungen für Mediziner und Zahnmediziner". o. O. 1953.

20. Lueken, B.: Einige Ergebnisse aus dem Gebiet der Hörphysiologie. Wiss. Z. Univ. Halle, math.-nat. Reihe *V* (1956) 1027—1038.

21. B. Lueken: "Anleitung zu den Physiologischen Übungen für Mediziner und Zahnmediziner", überarb. Auflage. o. O. 1956.

22. Lueken, B.: Über die Temperaturabhängigkeit der Herzvaguswirkung und ihre Beeinflussung durch vegetative Regulationen. Sitzungsber. Leopoldina *3*, 4/5 (1958/59) 154—170.

23. Lueken, B.: Neue Ergebnisse auf dem Gebiet der physiologischen Akustik. Z. ärztl. Fortb. *53* (1959) 1270—1281.

24. Lueken, B.: Die gegenseitigen Beziehungen der verschiedenen Vaguswirkungen auf das Herz. Wiss. Z. Univ. Halle, math.-nat. Reihe *X*/4 (1961) 805—814.

25. Lueken, B.: Neurophysiologie der Herzregulation. Nova acta Leopoldina NF, Bd *28*, Nr. 169 (1964) 249—315.

26. Jaeger, A., u. B. Lueken: Über inotrope Sympathicuswirkungen am Froschvorhof unter Natriumentzug und kombiniertem Na^{+}/Ca^{++}-Entzug in der Außenlösung. Mitt. Ges. exp. Med. *2* (1965) S. 28.

27. Lueken, B.: Über das Zusammenwirken des rechten und des linken Vagus am Schildkrötenvorhof. Mitt. Ges. exp. Med. *2* (1965) S. 27.

28. Lueken, B.: Über nervöse Steuerung des Herzens. Verh. Ges. exp. Med. *8* (1966) 155—207.

29. Lueken, B., E. Weiß u. H. Opitz: Die Beziehung von AS-Fläche und Kontraktion bei Vagusreizung unter verschiedenen Bedingungen. Verh. Ges. exp. Med. *14* (1966) 20—23.

30. Opitz, H., G. Koester, E. Weiß u. B. Lueken: Vaguswirkungen auf den Katzenvorhof bei sinusförmig modulierter Reizfrequenz. Verh. Ges. exp. Med. *14* (1966) 24—27.

31. B. Lueken u. Mitarb.: „Physiologisches Praktikum". Bd 1 u. 2. Halle 1969/70.

32. Lueken, B., u. J. H. Scharf (Hrsg.): Neue Ergebnisse zur Informationsaufnahme und Informationsverarbeitung in Sinnesorganen. Nova acta Leopoldina NF, Bd *37*/2, Nr. 208 (1973).

Hans Drischel †

Paul Buchner

12. 4. 1886—19. 10. 1978

Am 19. Oktober 1978 verstarb nach langer schwerer Erkrankung in seiner Wahlheimat, der Insel Ischia (Italien), im Alter von 92 Jahren das auswärtige, früher ordentliche Mitglied der mathematisch-naturwissenschaftlichen Klasse Paul Buchner, emeritierter o. Professor für Zoologie an der Ludwig-Maximilian-Universität München und vormals o. Professor der Zoologie an der Universität Leipzig. Er gehörte seit 1936 der Akademie als ordentliches Mitglied an und war als Nachfolger von Werner Heisenberg ab 1942 bis zu seinem Weggang im Jahre 1943 Sekretar der mathematisch-naturwissenschaftlichen Klasse.

Der am 12. 4. 1886 in Nürnberg als Sohn eines Arztes geborene Gelehrte studierte zunächst in Würzburg, dann aber bald in München Naturwissenschaften, anfangs mit Botanik, sehr bald aber Zoologie als Schwerpunkt. Er promovierte 1909 mit einer cytologischen Arbeit bei dem damals auf der Höhe seines Schaffens stehenden Richard *Hertwig* in München. Im Jahre 1912 habilitierte er sich hier und war dann als Dozent, bald darauf als Kustos und später als Nachfolger Richard *Goldschmidts* als Konservator der Bayerischen Staatssammlungen tätig, bis er 1923 einen Ruf auf den Lehrstuhl für Zoologie der Universität Greifswald erhielt. 1927 übernahm er die Leitung des Zoologischen Instituts Breslau und folgte im Jahre 1934 dem Ruf als Nachfolger von Johannes *Meisenheimer* an die Universität Leipzig. Hier wirkte er bis zu seinem im Jahre 1943 erfolgten Weggang; als Folge des Krieges zunächst nur zeitbegrenzt gedacht, dann aber doch zu einer Dauerlösung geworden.

Buchner lebte seitdem bis zu seinem Tode auf der Insel Ischia, auf der er sich in früheren Jahren ein Grundstück erworben, anschließend ein Haus gebaut und sich dort seinen ständigen Wohn- und Arbeitsort eingerichtet hatte. Hier konnte er auch durch die Unterstützung der Deutschen Forschungsgemeinschaft ein kleines Laboratorium erhalten, in dem er zielstrebig seine zoologischen Studien neben den später ihn ebenfalls stark beschäftigenden Studien zur Entstehungsgeschichte der Insel Ischia betrieb.

Wie es sonst selten der Fall ist, verbindet sich mit dem Namen Buchner und seiner Schule der Ausbau eines einheitlichen Arbeitsgebietes. Nachdem er in den ersten Jahren, vor allem angeregt durch den Cytogenetiker Richard Goldschmidt in München, cytologische Themen bearbeitet hatte, richtete er schon frühzeitig seine Aufmerksamkeit auf Probleme der intrazellulären Symbiose, einer Thematik, die durch zwei in jener Zeit erschienene Mitteilungen erstmalig auf sich aufmerksam gemacht hatte. Buchner hatte ihre weittragende Bedeutung sofort erkannt und unmittelbar eigene Studien in Angriff genommen. Sie begannen mit der Bearbeitung der Symbiosen pflanzensäftesaugender Insekten. Da sie von Anfang an sehr umfassend und gründlich betrieben wurden, wobei ihm sein ausgezeichnetes morphologisches Beobachtungsvermögen zugute kam, bildeten sie gewissermaßen die Grundlage für die weitere Forschungsarbeit. Mit der Erkenntnis, daß die Symbiosen häufig durch ernährungsphysiologisches Spezialistentum bedingt sind, ergaben sich weitere Untersuchungen an blutsaugenden und auch xylophagen Insekten.

Diese umfangreiche, zielgerichtete, aber zugleich vielseitige Forschung führte zu zahlreichen Entdeckungen symbiontischer Einrichtungen bei Vertretern verschiedenartiger Nahrungsspezialisten unter den Insekten, über Symbiosen als Ursachen bestimmter Formen tierischen Leuchtens, über die verschiedenen Formen der symbiontischen Organe, über die vielfältigen Übertragungsmechanismen sowie auch über Art und Zahl der Symbionten in den verschiedensten Wirtsorganismen. So entstand mit der Vielzahl eigener, aber auch zahlreicher Schülerarbeiten ein sonst selten so geschlossenes Forschungsgebiet, wie es die intrazelluläre Symbiose der Tiere mit pflanzlichen Mikroorganismen darstellt.

Der damalige rasche Fortgang der wissenschaftlichen Untersuchungen an zahlreichen Objekten führte schon frühzeitig auch zu ersten zusammenfassenden Darstellungen. So erschien bereits im Jahre 1921 das Buch „Tier und Pflanze in intrazellulärer Symbiose". Es folgten in bestimmten Zeitabständen die immer umfangreicheren Neubearbeitungen: „Tier und Pflanze in Symbiose" (1930), „Endosymbiose der Tiere mit pflanzlichen Mikroorganismen" (1953) und schließlich die wiederum stark überarbeitete englische Ausgabe „Endosymbiose of Animals with Microorganisms" (1966). Erwähnung verdienen auch zwei kürzere Bearbeitungen der Symbiose, das Göschenbändchen „Symbiose der Tiere mit pflanzlichen Mikroorganismen" (1939, 1949, 1953) und „Tiere als Mikrobenzüchter" aus der Reihe „Verständliche Wissenschaft" (1966). Genannt seien noch als Ergebnis seiner frühen cytologischen Interessen und Arbeiten das bereits 1915 erschienene Buch „Praktikum der Zellenlehre" und die im Jahre 1938 erschienene „Allgemeine Zoologie", ein Lehrbuch über seine Vorlesung aus den Jahren der Unterrichtstätigkeit in Leipzig.

Schon frühere, nur auf die Ferienzeiten begrenzte Aufenthalte auf der Insel Ischia hatten das Interesse Buchners auf die Probleme der Entstehungsgeschichte dieser Insel gelenkt. So entstanden durch planmäßig betriebene jahrelange Studien, teilweise zusammen mit seinem der Archäologie zugewandten Sohn, neue Erkenntnisse über die Entstehung, frühe Entwicklung und Besiedlung dieser Insel. Die Ergebnisse wurden in mehreren Veröffentlichungen, z. T. in italienischer Sprache, niedergelegt. Aus den selbst zusammengetragenen geologischen, archäologischen und prähistorischen Funden entstand das aus kleinsten Anfängen erwachsene „Museo dell'Isola d'Ischia". Die Beschäftigung mit der Kulturgeschichte dieser Insel fand ihren Niederschlag in seinem 1968 erschienenen Buch „Gast auf Ischia", das auf Grund von Briefen, anderen Quellen und Memoiren aus mehreren Jahrhunderten über die damaligen Gäste und ihre Erlebnisse auf dieser Insel berichtet. Außer der umfassenden Symbioseforschung ist somit der Name Buchner aufs engste mit der heutigen Kenntnis der Natur- und Kulturgeschichte dieser Mittelmeerinsel verbunden.

Infolge dieser Vielseitigkeit und des Umfangs seines Gesamtwerkes nimmt es nicht wunder, daß er stets ganz seinen wissenschaftlichen und seinen anderen Interessen lebte, wobei er die Schönheiten der Natur ebenso wie die wohltuende Atmosphäre menschlicher Gemeinschaft zu schätzen wußte. Er war ein entschiedener Gegner des Nationalsozialismus und hat auch alles von sich abgewehrt, was er als Eingriff in seine persönliche Freiheit empfand. Aus dieser Einstellung heraus wird seine Entscheidung, seinen endgültigen Wohnsitz seit 1943 auf Ischia zu nehmen, verständlich. Er entsagte auch einer weiteren Tätigkeit in Leipzig nach Kriegsende wie auch einem später an ihn ergangenen Ruf an die Universität München.

Zahlreiche Ehrungen hat er für sein wissenschaftliches Wirken erfahren. Er war Mitglied der Academia della Science fisiche et matematiche Napoli, der Deutschen Akademie der Naturforscher Leopoldina in Halle sowie korrespondierendes Mitglied der Bayerischen Akademie der Wissenschaften. Drei Ehrenpromotionen wurden ihm angetragen: Dr. med. h. c. (München 1959), Dott. Sc. biol. h. c. (Pavia 1960) und Dr. rer. nat. h. c. (Greifswald 1960). Außerdem war er Ehrenmitglied mehrerer wissenschaftlicher Gesellschaften, u. a. der Deutschen Zoologischen Gesellschaft.

Ungeachtet der langen Jahre, die Paul Buchner fern von seinem letzten akademischen Wirkungsort lebte und arbeitete, wird er als wissenschaftliche Persönlichkeit von weiter Ausstrahlung, aber auch als aufrechter und warmherziger Mensch allen, die ihn kannten in Erinnerung bleiben. Die Sächsische Akademie der Wissenschaften zu Leipzig kann es sich als hohe Ehre anrechnen, daß sie ihn zu ihrem Mitglied zählen durfte.

Manfred Gersch

Bibliographie Paul Buchner

1. Über „Belastungsteile" und Anpassung bei Larvengehäusen von Trichopteren. In: Z. wiss. Ins.biol. *1* (1905).
2. Über den Wert des Spiralbaues bei einigen Trichopterenlarven. In: Z.wiss. Ins. biol. *2* (1906).
3. Das accessorische Chromosom in Spermatogenese und Ovogenese der Orthopteren, zugleich ein Beitrag zur Kenntnis der Reduktion. In: Arch. f. Zellf. *3* (1909) 335—430.
4. Keimbahn und Ovogenese bei Sagitta. In: Anat. Anz. *35* (1909) 433—443.
5. Von den Beziehungen zwischen Centriol und Bukettstadien. In: Arch. Zellforsch. *5* (1910) 215—228.

6. Zur Bedeutung der Heterochromosomen (mit einer Erwiderung an Gutherz). In: Arch. Zellforsch. *5* (1910) 449—464.

7. Die Schicksale des Keimplasmas der Sagitten in Reifung, Befruchtung, Keimbahn, Ovogenese und Spermatogenese. In: Festschrift zum 60. Geburtstag v. Richard Hertwig. Vol. *1*. Jena 1910.

8. Über hermaphrodite Seesterne. In: Zool. Anz. *38* (1911) 315—319.

9. Über intracellulare Symbionten bei zuckersaugenden Insekten und ihre Vererbung. In: Sitzungsber. Ges. Morph. u. Physiol. München 1911.

10. Die Reifung des Seesterneies bei experimenteller Parthenogenese. In: Arch. Zellforsch. *6* (1911) 577—612.

11. Zur Kenntnis der Aleurodes-Symbionten. In: Sitzungsber. Ges. Morph. u. Physiol. München 1912.

12. Studien an intrazellularen Symbionten. 1. Die intrazellularen Symbionten der Hemipteren. In: Arch. Protistenkde. *26* (1912) 1—112.

13. Neue Erfahrungen über intrazellulare Symbionten. In: Naturwiss. Wschr. *28* (1913).

14. Die Besamung der jugendlichen Ovozyte und ihre Befruchtung bei Saccocirrus. In: Arch. Zellforsch. *12* (1914) 395—414.

15. Sind die Leuchtorgane Pilzorgane? In: Zool. Anz. *45* (1914) 17—21.

16. Praktikum der Zellenlehre 1. Teil. Allgemeine Zellen- u. Befruchtungslehre. Verlag Gebr. Bornträger Berlin 1915.

17. Studien an intrazellularen Symbionten. 2. Die Symbionten von Aleurodes, ihre Übertragung in das Ei und ihr Verhalten bei der Embryonalentwicklung. In: Arch. Protistenk. *39* (1918) 34—61.

18. Vergleichende Eistudien. 1. Die accessorischen Kerne des Hymenoptereneies. In: Arch. mikr. Anat. Abt. 2. *91* (1918) 1—202.

19. Über totale Regeneration bei chilostomen Bryozoen. In: Biol. Zbl. *38* (1918) 457—461.

20. Neue Beobachtungen an intrazellularen Symbionten. In: Sitzungsber. Ges. Morph. Physiol. München 1919.

21. Richard Hertwig und die Lehre von den Chromidien und dem Chromidiendualismus. In: Naturwiss. (Berlin 1920) 774—776.

22. Zur Kenntnis der Symbiose niederer pflanzlicher Organismen mit Pedikuliden. In: Biol. Zbl. *39* (1920) 535—540.

23. Tier und Pflanze in intrazellularer Symbiose. Verlag Gebr. Bornträger, Berlin 1921.

24. Studien an intrazellularen Symbionten. 3. Die Symbiose der Anobiinen mit Hefepilzen. In: Arch. Protistenkde. *42* (1921) 319—335.

25. Haemophagie und Symbiose. In: Naturwiss. *10* (Berlin 1922) 703—710.

26. Über das „tierische" Leuchten. In: Naturwiss. *10* (Berlin 1922) 1—6, 30—34.

27. Rassen- und Bakteroidenbildung bei Hemipterensymbionten. In: Biol. Zbl. *42* (1922) 38—46.

28. Moderne Symbioseforskning (nach in Kopenhagen gehaltenen Vorlesungen). In: Naturens Verden, Kopenhagen *7* (1923).

29. Studien an intrazellularen Symbionten. 4. Die Bakteriensymbiose der Bettwanze. In: Arch. Protistenkde *46* (1923) 225—263.

30. Das Geheimnis der leuchtenden Tiere. In: Kosmos, Stuttgart 1923.

31. Die neueren Ergebnisse der Symbiontenforschung. In: Naturw. Mh. *21* (1923).

32. Intrazellulare Symbiose der Tiere mit pflanzlichen Mikroorganismen. In: Handb. biol. Arbeitsmethod. Abt. 12, Teil 1 Lfg *122* (1924).

33. Das Leuchten der Tiere und die moderne Symbioseforschung. In: Ges. Freunde u. Förderer Univ. Greifswald 1924.

34. System und Symbiose. In: Verh. Dtsch. Zool. Ges. *29* (1924) 48–54.

35. Studien über den Polymorphismus der Bryozoen. 1. Anatomische und systematische Untersuchungen an japanischen Reteporiden. In: Zool. Jahrb. Abt. Syst. *48* (1924) 155–214.

36. Studien an intrazellularen Symbionten. 5. Die symbiontischen Einrichtungen der Zikaden. In: Z. Morph. Ökol. Tiere *4* (1925) 88–245.

37. Studien an intrazellularen Symbionten. 6. Zur Akarinensymbiose. In: Z. Morph. Ökol. Tiere *6* (1926) 625–644.

38. Tierisches Leuchten und Symbiose. Verlag J. Springer, Berlin 1926.

39. Holznahrung und Symbiose. In: Forsch. Fortschr. *3* (1927).

40. Symbiontische Einrichtungen bei blutsaugenden Tieren. In: Naturwiss. *15* (Berlin 1927).

41. Die Grenzen des Symbioseprinzipes. In: Naturwiss. *16* (Berlin 1928) 517–521.

42. Holznahrung und Symbiose. Verlag J. Springer, Berlin 1928.

43. Ergebnisse der Symbioseforschung. 1. Die Übertragungseinrichtungen. In: Ergebnisse Biol. *4* (1928) 1–129.

44. Tier und Pflanze in Symbiose. 2., völlig umgearbeitete und erweiterte Auflage von Tier und Pflanze in intrazellularer Symbiose. Verlag Gebr. Bornträger, Berlin 1930. 900 S., 336 Abb.

45. Symbiontengestalt und Wirtsorganismus. Atti XI. Congr. Intern. Zool. Padova. In: Arch. Zool. ital. *16* (1931).

46. Symbiose von Tier und Pflanze. Eine Einführung. In: Mikroskopie für Naturfreunde *9* (1931).

47. Der gegenwärtige Stand der Symbioseforschung. In: Der Biologe *2* (1932).

48. Studien an intrazellularen Symbionten. 7. Die symbiontischen Einrichtungen der Rüsselkäfer. In: Z. Morph. Ökol. Tiere *26* (1933) 709-777.

49. Neuere Symbiosestudien. In: Schles. Ges. vaterl. Cultur *105* (1933).

50. Symbiose (Zool. Teil). In: Handwörterbuch d. Naturwissenschaften, 2. Aufl. Bd *9* (1934) 774–787.

51. Chaetognathen. In: Handwörterbuch d. Naturwissenschaften 2. Aufl. Bd *2* (1934) 339–340.

52. Johannes Meisenheimer. Nachruf. In: Ber. math.-phys. Klasse Sächs. Akad. Wissenschaften zu Leipzig Bd *88* (Leipzig 1936) H. 2, 109–118.

53. Allgemeine Zoologie. Verlag Quelle u. Mayer, Leipzig 1938.

54. Symbiose der Tiere mit pflanzlichen Mikroorganismen. Sammlung Göschen Nr. 1128. Verlag W. de Gruyter, Berlin 1939, 2. Aufl., 3. Aufl. 1953.

55. Felsenhäuser auf Ischia. In: Natur und Volk *69* (1939) 377–385.

56. Über den Wurmlöwen (*Vermileo vermileo*). In: Natur u. Volk *70* (1940).

57. Symbiose und Anpassung. In: Nova Acta Leopoldina NF *8* (1940) Nr. 52, S. 255–374.

58. Die Lagunen des Golfs von Neapel und der marinen Ablagerungen auf Ischia. (Beiträge zur Naturgeschichte der Insel Ischia I). In: Nova Acta Leopoldina NF *9* (1940) Nr. 62, S. 361 bis 560, 29 Taf.

59. P. u. G. Buchner: Die Datierung der vorgeschichtlichen und geschichtlichen Ausbrüche auf der Insel Ischia. In: Naturwiss. Berlin 1940, 553–564.

60. Vom Werdegang einer vulkanischen Mittelmeerinsel. In: Nova Acta Leopoldina NF *9* (1940) Nr. 64, S. 635–638.

61. Spezialisierung und Entwicklung. In: Leipziger Universitätsreden *1940*, Heft 5.

62. Alexander Reichert (1859–1939), ein Meister der Insektenkunde. In: Sitzungsber. Naturf. Ges. Leipzig Jahrg. *65–67* (1941) 1–28.

63. Die Lingulinen des Golfes von Neapel und der marinen Ablagerungen auf Ischia (Beiträge zur Naturgeschichte der Insel Ischia 2). In: Nova Acta Leopoldina NF *11* (1942) Nr. 75, S. 101—145.
64. Formazione e sviluppo dell'isola d'Ischia. Studi di Geologia, Zoologia e Preistoria. Conferenza tenuta all'Università di Milano. In: Riv. Sci. nat. „Natura" *34* (1943).
65. L'Accademia Borbonica e l'Isola d'Ischia. In: Ischia Nuova, Anno *3* (1945).
66. Symbiosis in Oliarius. In: Nature *160* (London 1947).
67. Ischia e Capri. Un confronto basato sulla geologia delle due isole. Il Filomate. Riv. Sci. Mat., Fis. e Nat. *1*, Milano 1948.
68. Nuove ricerche e problemi nel campo della simbiosi. In: La Ricerca scientifica. Anno 18, Consiglio Naz. delle Ricerche. Roma 1948.
69. Erich Ries zum Gedächtnis. In: E. Ries: Rätsel des Lebens. Westerstede 1949.
70. Symbiose. In: Neue Zürcher Zeitung *170* (1949) Nr. 1865 u. 1868.
71. Guilio Jasolino, medico calabrese del cinquecento che dette nuova vita ai bagni dell'isola d'Ischia. In: Arch. Storico per la Calabria e la Lucania, Anno *18* (1949) e *19* (1950) u. folg.
72. Ein Schweizer Badearzt auf Ischia. In: Neue Züricher Zeitung. *171* (1950).
73. Symbioseforschung und Stammesgeschichten. In: Umschau *51* (1951).
74. Historische Probleme der Endosymbiose bei Insekten. Symposium sur la „Symbiose chez les Insectes". Amsterdam 1951. In: Tijdschr. Entomol. *95* (1952) 143—163, and Union intern. sci. Biol. Ser. B. No. 10.
75. Vom Leben des Meeres. In: „Du", Schweizerische Monatsschrift *12* (1952) Nr. 7.
76. Endosymbiose der Tiere mit pflanzlichen Mikroorganismen. Verlag Birkhäuser, Basel/Stuttgart 1953, 771 S., 336 Fig.
77. Studien an intrazellularen Symbionten. VIII. Die symbiontischen Einrichtungen der Bostrychiden (Apatiden). In: Z. Morph. Ökol. Tiere *42* (1954) 550—633.
78. Endosymbiosestudien an Schildläusen. I: *Stictococcus sjoestedti*. In: Z. Morph. Ökol. Tiere *43* (1954) 262—312.
79. Endosymbiosestudien an Schildläusen. II: *Stictococcus diversiseta*. In: Z. Morph. Ökol. Tiere *43* (1955) 397—424.
80. Endosymbiosestudien an Schildläusen. III. *Macrocerococcus* und Puto, zwei Pseudococcinen. In: Z. Morph. Ökol. Tiere *43* (1955) 523—577.
81. Neue Beiträge zur Kenntnis der Coccidensymbionten. In: Wiss. Z. Ernst-Moritz-Arndt-Universität Greifswald, math.-nat. R. *5* (1955/56) 267—278.
82. Einführung zu: Ischia und Procida. Photos von Kay Yvonne Trüb. Verlag Fretz & Wasmuth A.G. Zürich 1956.
83. Die harmonische Einbürgerung pflanzlicher Mikroorganismen in den tierischen Körper. In: Verh. Dt. Ges. inn. Med. *63*. Kongreß Wiesbaden. München 1957. S. 32—55.
84. Endosymbiosestudien an Schildläusen. IV: *Hippeococcus*, eine myrmicophile Pseudococcine. In: Z. Morph. Ökol. Tiere *45* (1957) 379—410.
85. Endosymbiosestudien an Schildläusen. V: Die Gattung *Rastrococcus Ferris* (Ceroputo Šulc). In: Z. Morph. Ökol. Tiere *46* (1957) 111—148.
86. Endosymbiosestudien an Schildläusen. VI: Die nicht in Symbiose lebende Gattung Apiomorpha und ihre ungewöhnliche Embryonalentwicklung. In: Z. Morph. Ökol. Tiere *46* (1957) 481—528.
87. Eine neue Form der Endosymbiose bei Aphiden. In: Zool. Anz. *160* (1958) 222—230.
88. Il termalismo sociale a Casamicciola agli albori del Seicento. In: Lettere d'Ischia Nr. *1*, Nr. *2/3*, Nr. *5* (1957, 1958).

89. Giulio Jasolino, medico calabrese del Cinquecento che dette nuova vita ai bagni dell'Isola d'Ischia. Verlag Rizzoli, Milano 1958. 133 S., 15 Taf.
90. „Hin nach Ischia flüchte Du ...". In: Merian *11* (1958) H. 6.
91. Storia degli stabilimenti termali di Porto d'Ischia. Editur. Roma 1959.
92. Tiere als Mikrobenzüchter (= Verständl. Wissensch. Vol. *75* Verlag Springer). Berlin 1960.
93. Endosymbiosestudien an Ipiden. I. Die Gattung Coccotrypes. In: Z. Morph. Ökol. Tiere *50* (1961) 1—80.
94. Fünfzig Jahre Symbioseforschung. In: Wiss. Z. Ernst-Moritz-Arndt-Universität Greifswald, math.-nat. R. *10* (1961) 89—102.
95. „Ischia". In: „Il compagnio di viaggio", Itinerari napolitani, Ed. Montanino, v. J. Napoli (1961).
96. Die geschlechtsgebundene Symbiose der Stictococcinen. Proc. IV. Congr. UIEIS Pavia *1961* (1963).
97. Endosymbiosestudien an Schildläusen. VII. Weitere Beiträge zur Kenntnis der Stictococcinen-symbiose. In: Z. Morph. Ökol. Tiere *52* (1963) 401—458.
98. Endosymbiosestudien an Schildläusen. VIII. Margarodidae 1. Teil. In: Z. Morphol. Ökol. Tiere *56* (1966) 275—362.
99. Endosymbiosis of Animals with Microorganisms. Expanded and completly revised edition of „Endosymbiose der Tiere mit pflanzlichen Mikroorganismen". John Wiley & Sons, Inc. New York 1966.
100. Ancora lo „Scuopolo". Chronache dei due Golfi Anno *1*, u. *4* (1964) [Antwort auf „Una polemica tra Algranati e Buchner", ebda Anno *1*, n. 2. (1964)].
101. Endosymbiosestudien an Schildläusen. VIII. Die Symbiosen der Palaeococcoidea 2. Teil. In: Z. Morph. Ökol. Tiere *59* (1967) 211—317, 18 Abb.
102. Endosymbiosestudien an Schildläusen. VIII. Die Symbiosen der Palaeococcoidea 3. Teil. In: Z. Morph. Ökol. Tiere *64* (1969) 201—308.
103. Gast auf Ischia. Aus Briefen und Memoiren von 500 Jahren. Prestel Verlag, München 1968. 447 S., zahlreiche Illustrationen.

Archibald Vivian Hill

26. 9. 1886—3. 6. 1977

Mit A. V. Hill ist am 3. Juni 1977 im Alter von 91 Jahren ein großer Naturforscher von uns gegangen, der das Bild der modernen Physiologie als einer Disiplin, die die Lebenserscheinungen mit physikalischen Mitteln erforscht, in der zweiten Hälfte unseres Jahrhunderts nachhaltig geprägt hat. Über hundert Schüler, die ihm nahegestanden und von ihm gelernt haben, denken in Dankbarkeit an ihn zurück. Für seine herausragenden wissenschaftlichen Leistungen erhielt er 1922 zusammen mit Otto Meyerhof den Nobelpreis. Seit 1929 war er Mitglied der Sächsischen Akademie der Wissenschaften.

A. V. Hill wurde am 26. September 1886 in Bristol geboren. Er besuchte die Blundell-Schule in Tiverton und wurde hier besonders durch seinen hervorragenden Mathematiklehrer J. *Thornton* beeinflußt, der seinen Schülern auch klares Denken und präzise Ausdrucksweise beibrachte. Im Jahre 1905 trat A. V. Hill in das Trinity-College in Cambridge ein und studierte hier Mathematik. Unter dem Einfluß seines Tutors W. *Fletcher* entschied er, sich der Physiologie zuzuwenden, und 1910 wurde er Fellow am Trinity-College.

Während in vielen europäischen Ländern, z. B. auch in Deutschland, in der zweiten Hälfte des vorigen Jahrhunderts eine starke Bindung der Physiologie an die Medizin bestand (Physiologie an medizinischen Fakultäten, beste Voraussetzungen für Physiologie ein Medizinstudium), war in Cambridge ein anderer Weg beschritten worden. Man erkannte sehr früh — und das wurde später international weitgehend akzeptiert —, daß eine solide Grundlage in Mathematik und den Naturwissenschaften einen besseren Start für einen jungen Physiologen darstellt. Nicht zuletzt darin dürften die großen Erfolge der englischen Physiologie ihren Grund haben. Hier traf also A. V. Hill auf vorbereiteten Boden, und es ist kein Wunder, daß er später (1951 London) zu einem anerkannten Führer und Wegbereiter einer neuen Disziplin wurde, die man heute „Biophysik" nennt — eine Wissenschaftsrichtung, deren Entwicklung in der zweiten Hälfte des vorigen Jahrhunderts sich besonders Helmholtz gewidmet hat.

Im Physiologischen Laboratorium in Cambridge fand sich A. V. Hill in der Gesellschaft hervorragender Forscher wie Joseph Barcroft, Keith Lucas, J. N. Langley, Walter Fletcher und F. G. Hopkins. Er begann mit Publikationen theoretischen Charakters über die Nervenerregung (1910) und über die Kinetik der Sauerstoff-Hämoglobin-Reaktion. Die letztere Arbeit enthält einige wichtige Formeln, die später unter den Bezeichnungen LANGMUIRsche Isotherme oder MICHAELIS-MENTEN-Gleichung bekannt wurden; noch heute wird in diesem Zusammenhang vom Hillschen Koeffizienten als charakteristischem Index bei molekularen Interaktionen gesprochen.

Aber bald wandte sich Hill — dazu angeregt durch J. N. Langley — seinem eigentlichen Forschungsgebiet zu, dem er dann in den nächsten 55 Jahren treugeblieben ist. Es handelt sich um die präzise Messung der Wärmebildung bei der Tätigkeit des Muskels und des Nerven. Diese Bemühungen entsprachen durchaus keinem Selbstzweck, sondern dienten als Beitrag der mit physikalischen Methoden arbeitenden Physiologie — der „Biophysik", wie sie von Hill konzipiert wurde — zur Erforschung der seinerzeit noch weitgehend unbekannten Stoff- und Energiewechselprozesse im arbeitenden Muskel. Wärmebildung ist Begleiterscheinung beim Ablauf der zugrunde liegenden biochemischen Vorgänge im Muskel, die zur Energieentbindung und Leistung mechanischer Arbeit führen. Hill erkannte, daß die bis heute noch nicht restlos gelungene Aufklärung der Arbeitsweise der chemodynamischen Maschine „Muskel" auch für Technik und Technologie neue, und zwar außerordentlich praktische und ökonomische Aspekte liefern würde. Als er dies 1924 anläßlich seines ersten Besuches in den USA einer Zuhörerschaft von Physikern und Ingenieuren klarzumachen versuchte, wurde er bei der etwas bohrenden Frage eines älteren Hörers, welchen Nutzen derartige Untersuchungen wohl haben könnten, leicht unwillig und antwortete lächelnd: „Um Ihnen die Wahrheit zu sagen, wir machen dies alles, nicht weil es nützlich ist, sondern weil es uns Spaß macht" — eine treffende Bemerkung zur Charakterisierung des Wesens der Grundlagenforschung.

Hills frühe Messungen über die Wärmebildung beim tätigen Muskel ermöglichte eine Einteilung in eine initiale Phase der anaeroben und einer darauf folgenden Sauerstoff erfordernden Energieentbindung. Sie wurden damals mit dem, was über Milchsäureentstehung und über oxidative restorative Prozesse bekannt war, in Beziehung gesetzt. Heute sind sie lediglich Stufen eines wissenschaftsentwicklungsgeschichtlichen Prozesses; zu seiner Zeit waren es erregende Meisterleistungen einer überzeugenden Meßtechnik. Mit seinen Mitarbeitern A. C. Downing und J. L. Parkinson entwickelte und verbesserte Hill ständig die thermoelektrischen Meßverfahren bis zu einer ungeahnten Vollkommenheit hinsichtlich der Empfindlichkeit, der Stabilität und der Zeitauflösung — entscheidende technische Fortschritte, die auch die Erkenntnis physiologischer Zusammenhänge systematisch vorantrieben. 1937 berichtete Hill vor der Royal Society: „Meine Haupttätigkeit während des vergangenen Jahres war es gewesen, eine weitere Verbesserung der Technik der Wärmemessungen am Muskel zu erzielen ..." und „... es bleibt jetzt, eine große Zahl der älteren Experimente mit den verbesserten Methoden zu wiederholen". Mit seiner Thermosäule gelang es A. V. Hill 1926 schließlich, die außerordentlich geringe Wärmebildung während der Leitung eines Nervenimpulses über eine Faser erstmalig zu messen und (1959, nach weiterer Verbesserung der Zeitauflösung) zu demonstrieren, daß auf eine kurze Periode der Wärmeproduktion sofort eine solche negativer Tönung und danach eine langdauernde Phase der Bildung von Erholungswärmen folgen. Mit diesen Feststellungen war der lange Streit — bereits Helmholtz hatte sich darum bemüht — endgültig entschieden, ob die Erregungsleitung in der Nervenfaser ein passiv-physikalischer Vorgang oder aber mit Stoffwechselbeteiligung verbunden sei (Wärmebildung, Sauerstoffverbrauch, Kohlendioxidabgabe).

A. V. Hill hatte besondere Freude daran, exakte Messungen durchzuführen, akkurate Daten zu gewinnen und genaue Relationen zwischen verschiedenen Variablen zu erfassen, weil — wie er überzeugt war — ein besonderer praktischer Nutzen darin zu sehen ist: Quantitative Beziehungen, auch wenn sie nur empirischer Natur sind, besitzen den großen Vorteil, dynamische Ereignisse berechenbar zu machen, und sie erlauben es sogar, Veränderungen in einem System vorauszusagen, ohne die zugrunde liegenden Mechanismen direkt und im einzelnen zu kennen. So gelang es ihm, Aussagen über die Geschwindigkeit der maximalen Gasentwicklung des isolierten Froschmuskels, aber auch bei sportlichen Leistungen zu machen.

Überhaupt wandte sich das Interesse Hills vielfach praktischen Problemen zu. Einst selbst Sportler und begeisterter Querfeldeinläufer, interessierte er sich intensiv für Probleme und das Studium der muskulären Leistungen bei Arbeit und Sport, insbesondere für den Sauerstoffbedarf bei bestimmten motorischen Abläufen. Seine empfindlichen Thermosäulen setzte er mit relativ kleinen Abänderungen auch zur Bestimmung des osmotischen Drucks kleinster Proben von Körperflüssigkeiten sowie zur Messung der Pulswellengeschwindigkeit und Elastizität von Arterien ein.

Die Arbeiten von Hill wurden durch zwei Weltkriege unterbrochen; beide Male verließ er sein physiologisches Laboratorium und stellte sich seinem Vaterland zur Verfügung. Während des 1. Weltkrieges machte er Dienst als Hauptmann und Major und wurde Direktor einer experimentellen Flugabwehrsektion, wo er seine ingenieurtechnischen Fähigkeiten und Interessen wirksam einsetzen konnte. Nach Beendigung des Krieges ging er 1920 von Cambridge nach Manchester (Lehrstuhl für Physiologie), 1923 an das University College in London, zunächst als Foulerton-Professor der Royal Society. Er arbeitete in den Laboratorien des University College in London bis 1967.

Es ist bemerkenswert, daß A. V. Hill nach dem 1. Weltkrieg sich energisch gegen die Weigerung der französischen Physiologen wandte, deutsche Kollegen zur Mitarbeit in internationalen Gremien und zu internationalen Kongressen zuzulassen. Mit gleicher Durchschlagskraft protestierte er 15 Jahre später gegen das Hitler-Regime und seine Eingriffe in das wissenschaftliche Leben. Beide Aktivitäten sicherten ihm die Dankbarkeit und Bewunderung vieler deutscher Kollegen, insbesondere solcher, die als Emigranten Nazideutschland verlassen mußten, und denen er tatkräftige Hilfe zukommen ließ.

In der Zeit vor dem 2. Weltkrieg schloß sich A. V. Hill dem Tizard-Komitee an, welches die Radar-Abwehr ausarbeitete, und außerdem widmete er sich der Aufgabe, ein zentrales Register des Einsatzes von Wissenschaftlern und technischem Personal im Kriegsfalle aufzustellen. Zur gleichen Zeit war er wissenschaftlich besonders aktiv und führte Experi-

PAUL BUCHNER

12. 4. 1886—19. 10. 1978

ARCHIBALD VIVIAN HILL

26. 9. 1886—3. 6. 1977

mente durch, die zu einer seiner wichtigsten Publikationen über die Energiefreisetzung und die Wärmebildung während der Verkürzung des tätigen Muskels führten. Ferner war er in dieser Periode Sekretär für Biologie in der Royal Society sowie in zahlreichen anderen wissenschaftlichen Komitees. Während des Weltkrieges 1939—45 war er Mitglied des Parlaments für die Universität Cambridge und stellte seinen Dienst als wissenschaftlicher Berater der indischen Regierung 1943/44 zur Verfügung. Von weiteren gesellschaftlichen und wissenschaftsorganisatorischen Aktivitäten A. V. Hills seien hier nur genannt: Sekretär für Auswärtiges der Physiologischen Gesellschaft von England und später der Royal Society; Vorsitzender der Gesellschaft für den Schutz von Wissenschaft und Lehre und Präsident der British Association 1952 mit einer bemerkenswerten Ansprache über „das ethische Dilemma der Wissenschaft"; Generalsekretär der ICSU (International Council of Scientific Unions). Ferner war Hill Präsident der Marine Biological Association und ermutigte junge Wissenschaftler, die Möglichkeiten zu meeresbiologischen Forschungen und Untersuchungen an Meerestieren im Laboratorium von Plymouth zu nutzen. Diesen Aktivitäten sind nicht zuletzt wesentliche Fortschritte auf dem Gebiete der Neurophysiologie in England zu danken. 1951 gründete Hill ein biophysiologisches Department am University College London. 1967 zog er sich nach Cambridge zurück.

Hill übertrug seine strengen Ansichten über die Tugenden des Wissenschaftlers, die er selbst kompromißlos vorlebte, auch auf das sonstige Leben. Er konnte ungeduldig und intolerant werden gegenüber allem Mittelmäßigen und Wertlosen. Die konsequente Verfolgung der Wahrheit war für ihn nicht nur Leitlinie des Experimentierens, sondern auch für das Verhalten zu anderen Menschen. „Unkritisch zu sein", sagte er, „insbesondere sich selbst, seinen Ideen und Motiven gegenüber, ist der erste Schritt auf dem langen Weg der Unehrlichkeit." Niemals haben jedoch seine ausgeprägte Kritik und die intellektuellen Vorbehalte seinen Enthusiasmus und die Überzeugung von der Wichtigkeit seiner eigenen Arbeit zu dämpfen vermocht. Was er am meisten haßte, war pompöses Auftreten, welches er für eine einfältige Form des Selbstbetruges hielt, und jede Form von Betrug war ihm zuwider. Wer ihn nicht kannte, dem mochte A. V. Hill aus der Entfernung eher unnahbar, intolerant oder gar furchterregend erscheinen. Aber bei näherer Bekanntschaft entpuppte er sich als gütiger Mensch mit viel Sinn für Humor, auch den Schwächen der Menschen und seinen eigenen gegenüber.

A. V. Hill ist von vielen Akademien und wissenschaftlichen Institutionen der ganzen Welt geehrt worden. 1946 wurde er zum Companion of Honour gemacht, und er erhielt ähnliche Auszeichnungen von Frankreich und den USA. Im Alter von 31 Jahren wurde er in die Royal Society gewählt, die ihm später die Royal- und die Copley-Medaille verlieh. 1922 wurde ihm der Nobelpreis für Physiologie und Medizin zuerkannt. Hill starb am 3. Juni 1977 in seinem Heim in Cambridge im 91. Lebensjahr.

Hans Drischel †

Bibliographie Archibald Vivian Hill

1909

1. The mode of action of nicotine and curari, determined by the form of the contraction curve and the method of temperature coefficients. J. Physiol., Lond. *39*, 361—373.

1910

2. (following Mines, G. R. 'On the relative velocities of diffusion in aqueous solution of rubidium and caesium chlorides', pp. 381—386) Note on the use of the experimental method described in the proceding paper. Proc. Cambr. phil. Soc. *15*, 387—389.
3. (With J. Barcroft) The nature of oxyhaemoglobin, with a note on its molecular weight. J. Physiol., Lond. *39*, 411—428.
4. The possible effects of the aggregation of the molecules of haemoglobin on its dissociation curves. J. Physiol., Lond. *40*, iv—vii.
5. A new mathematical treatment of changes of ionic concentration in muscle and nerve under the action of electric currents, with a theory as to their mode of excitation. J. Physiol., Lond. *40*, 190—224.
6. The heat produced in contracture and muscular tone. J. Physiol., Lond. *40*, 389—403.

1911

7. The position occupied by the production of heat, in the chain of processes constituting a muscular contraction. J. Physiol., Lond. *42*, 1—43.
8. A new form of differential micro-calorimeter, for the estimation of heat production in physiological, bacteriological, or ferment actions. J. Physiol., Lond. *43*, 261—285.
9. The total energy exchanges of intact cold-blooded animals at rest. J. Physiol., Lond. *43*, 379—394.

1912

10. The absence of temperature changes during the transmission of a nervous impulse. J. Physiol., Lond. *43*, 433—440.
11. The heat production of surviving amphibian muscles during rest, activity and rigor. J. Physiol., Lond. *44*, 466—513.
12. A new calorimeter for small warm-blooded animals. J. Physiol., Lond. *44*, i—ii.
13. The delayed heat production of muscles stimulated in oxygen. J. Physiol., Lond. *45*, XXXV to XXXVII.

1913

14. The energy degraded in the recovery processes of stimulated muscle. J. Physiol., Lond. *46*, 28—80.
15. (With A. M. Hill) Calorimetric experiments on warm-blooded animals. J. Physiol., Lond. *46*, 81—103.
16. The absolute mechanical efficiency of the contraction of an isolated muscle. J. Physiol., Lond. *46*, 435—469.
17. The effects of frequency of excitation upon the relation between mechanical and thermal response in muscle. J. Physiol., Lond. *46*, vii—viii.
18. The absolute efficiency of the muscular contraction. J. Physiol., Lond. *46*, xii—xiii.
19. The rectification of alternating currents by unequal or unequally dirty electrodes. J. Physiol., Lond. *46*, xvii—xviii.
20. The work done by the lungs at low oxygen pressures. J. Physiol., Lond. *46*, xxvii—xxviii.
21. The heat-production in prolonged contractions of an isolated frog's muscle. J. Physiol., Lond. *47*, 305—324.

22. The combinations of haemoglobin with oxygen and carbon monoxide. Biochem. J. *7*, 471—480,

1914

23. The oxidative removal of lactic acid. J. Physiol., Lond. *48*, x—xi.
24. The total energy available in isolated muscles kept in oxygen. J. Physiol., Lond. *48*, xi—xiii.
25. (With A. M. Hill) A self-recording calorimeter for large animals. J. Physiol., Lond. *48*, xiii—xiv.
26. (With V. Weizsäcker) Improved myothermic apparatus. J. Physiol., Lond. *48*, xxxv—xxxvi.
27. (With H. Hartridge) The infra-red absorption bands of haemoglobin. J. Physiol., Lond. *48*, li—liii.
28. (With C. L. Evans) The relation of length to tension development and heat production on contraction in muscle. J. Physiol., Lond. *49*, 10—16.
29. (With T. B. Wood) Skin temperature and fattening capacity in oxen. J. agric. Sci. *6*, 252—254.

1915

30. The differential blood-gas apparatus. J. Physiol., Lond. *50*, vii—ix.
31. (With H. Hartridge) The transmission of infra-red rays by the media of the eye and the transmission of radiant energy by Crookes and other glasses. Proc. R. Soc. Lond. B *89*, 58—76.

1916

32. Die Beziehung zwischen der Wärmebildung und den im Muskel stattfindenden chemischen Prozessen. Ergebn. Physiol. *15*, 340—479.

1920

33. (With W. Hartree) The heat produced by extending or releasing a muscle. J. Physiol., Lond. *53*, lxxxvi—lxxxviii.
34. An instrument for recording the maximum work in a muscular contraction. J. Physiol., Lond. *53*, lxxxviii—xc.
35. The mechanics of muscular contraction. J. Physiol., Lond. *53*, xc—xci.
36. (With W. Hartree) The four phases of heat-production of muscle. J. Physiol., Lond. *54*, 84—128.
37. An electrical pulse recorder. J. Physiol., Lond. *54*, lii—liii.
38. (With W. Hartree) The tension-time production of muscle. J. Physiol., Lond. *54*, liii—lv.
39. (With. W. Hartree) The thermoelastic properties of muscle. Phil. Trans. R. Soc. London. B *210*, 153—173.

1921

40. The temperature coefficient of the velocity of a nervous impulse. J. Physiol., Lond. *54*, 332—334.
41. (With W. E. L. Brown) The production of an electromotive force by the movement of salt solution past silver electrodes. J. Physiol., Lond. *54*, cix—cxi.
42. The meaning of records made with the hot wire sphygmograph. J. Physiol., Lond. *54*, cxvii—cxix.

43. (With W. E. L. Brown) The chlorine ion concentration of plasma of oxidized and reduced blood. J. Physiol., Lond. *54*, cxxi—cxxii.

44. (With. W. Hartree) A method of analysing galvanometer records. Proc. R. Soc. Lond. A *99*, 172—174.

45. (With W. Hartree) The specific electrical resistance of frog muscle. Biochem. J. *15*, 379—382.

46. The energy involved in the electric change in muscle and nerve. Proc. R. Soc. Lond. B *92*, 178—184.

47. (With W. Hartree) The regulation of the supply of energy in muscular contraction. J. Physiol., Lond. *55*, 133—158.

48. (With W. Hartree) The nature of the isometric twitch. J. Physiol., Lond. *55*, 389—411.

48a. The tetanic nature of the voluntary contraction in man. J. Physiol., Lond., xiv—xvi.

49. The combinations of haemoglobin with oxygen and carbon monoxide, and the effects of acid and carbon dioxide. Biochem. J. *15*, 577—586.

1922

50. The mechanism of muscular contraction. Physiol. Rev. *2*, 310—341.

51. The maximum work and mechanical efficiency of human muscles and their most economical speed. J. Physiol., Lond. *56*, 19—41.

52. (With J. Barcroft, A. V. Bock, T. R. Parsons, W. Parsons u. R. Shoji) On the hydrogen-ion concentration and some related properties of normal human blood. J. Physiol., Lond. *56*, 157—178.

53. (With W. Hartree) The heat production and the mechanism of the veratrine contraction. J. Physiol., Lond. *56*, 294—300.

54. (With W. Hartree) The recovery heat production of muscle. J. Physiol., Lond. *56*, 367—381.

55. (With Hartley Lupton) The oxygen consumption during running. J. Physiol., Lond. *56*, xxxii—xxxiii.

56. (With J. C. Bramwell) The velocity of the pulse wave in man. Proc. R. Soc. Lond. B *95*, 298—306.

57. (With. J. C. Bramwell) Velocity of transmission of the pulse wave. Lancet, 6 May, 891—892.

58. The interactions of oxygen, acid and CO_2 in blood. J. Biol. Chem. *51*, 359—365.

1923

59. (With O. Meyerhof) Über die Vorgänge bei der Muskelkontraktion. Ergebn. Physiol. *22*, 299—344.

60. (With Hartley Lupton) Muscular exercise, lactic acid and the supply and utilization of oxygen. Q. Jl Med. *16*, 135—171.

61. Muscular exercise. Proc. R. Instn *24*, 23—38; also Nature, Lond. *112*, 77—84.

62. (With J. Crighton Bramwell u. B. A. McSwiney) The velocity of the pulse wave in man in relation to age as measured by the hot-wire sphygmograph. Heart, *10*, 233—255.

63. (With J. Crighton Bramwell) The formation of 'breakers' in the transmission of the pulse wave. J. Physiol., Lond. *57*, lxxiii—lxxiv.

64. (With J. Crighton Bramwell u. A. C. Downing) The effect of blood pressure on the extensibility of the human artery. Heart, *10*, 289—300.

65. (With W. E. L. Brown) The oxygen dissociation curve of blood and its thermodynamical basis. Proc. R. Soc. Lond. B *94*, 297—334.

66. Adsorption and haemoglobin. Nature, Lond. *111*, 843—844.

67. The potential difference occuring in a Donnan equilibrium and the theory of colloidal behaviour. Proc. R. Soc. Lond. A *102*, 705—710.

68. The acid nature of oxyhaemoglobin. Biochem. J. *17*, 544—546.

1924

69. The mechanism of muscular contraction. Nobel Lecture, 12 December 1923. Prix Nobel 1921—25, Stockholm. pp. 1—15.

70. (With W. Hartree) The anaerobic processes involved in muscular activity. J. Physiol., Lond. *58*, 127—137.

71. (With C. N. H. Long u. H. Lupton) The effect of fatigue on the relation between work an speed in the contraction of human arm muscles. J. Physiol., Lond. *58*, 334—337.

72. (With W. Hartree) The heat production of muscles treated with coffein or subjected to prolonged discontinuous stimulation. J. Physiol., Lond. *58*, 441—451.

73. (With W. Hartree) The effect of hydrogen ion concentration on the recovery process in muscle. J. Physiol., Lond. *58*, 470—479.

/4. (With H. S. Gasser) The dynamics of muscular contraction. Proc. R. Soc. Lond. B *96*, 398—437.

75. Muscular activity and carbohydrate metabolism. Science, *60*, 505—514.

76. (With C. N. H. Long u. H. Lupton) Muscular exercise, lactic acid and the supply and utilization of oxygen. I—III. Proc. R. Soc. Lond. B *96*, 438—475; IV—VI Proc. R. Soc. Lond. B *97*, 84—138.

77. (With K. Furusawa, C. N. H. Long u. H. Lupton) Muscular exercise, lactic acid, and the supply and utilization of oxygen. VII and VIII. Proc. R. Soc. Lond. B *95*, 155—176.

78. Muscular Activity. Baltimore: Williams and Wilkins Co. 1926. Herter Lectures at Jones Hopkins University for 1924.

79. The recovery process. I: In isolated muscle; II: In man. Lancet, 16 August 1924, 307—309; 23 August 1924, 361—365.

1925

80. The surface tension theory of muscular contraction. Proc. R. Soc. Lond. B *98*, 506—515.

81. Length of muscle, and the heat and tension developed in an isometric contraction. J. Physiol., Lond. *60*, 237—263.

82. The physiological basis of athletic records. Rep. Br. Ass. 153—163; Nature, Lond. *116*, 544—548.

83. (With C. N. H. Long) Muscular exercise, lactic acid and the supply and utilization of oxygen. Ergebn. Physiol. *24*, 43—51.

84. The present tendencies and methods of physiological teaching and research. Science, *61*, 295—305.

1926

85. The heat production of nerve. J. Pharmacol. *29*, 161—165.

86. (With A. C. Downing u. R. W. Gerard) The heat production of nerve. Proc. R. Soc. Lond. B *100*, 223—251.

87. A note on the elasticity of skeletal muscle. J. Physiol., Lond. *61*, 494—496.

88. The laws of muscular motion. Proc. R. Soc. Lond. B *100*, 87—103.

89. The viscous elastic properties of smooth muscle. Proc. R. Soc. Lond. B *100*, 108—115.
90. Myothermic observations on the dogfish. J. Physiol., Lond. *62*, 156—159.
91. The physical environment of the living cell, and lactic acid as the keystone of muscular activity. In Certain aspects of biochemistry, pp. 235—310. University of London Press.
92. The scientific study of athletics. Scient. Am. April 1926, 224—225.

1927

93. (With R. W. Gerard u. Y. Zotterman) The effect of frequency of stimulation on the heat production of nerve. J. Physiol., Lond. *63*, 130—143.
94. Muscular movement in man: the factors governing speed and recovery from fatigue. New York and London: McGraw-Hill Book Co. Inc.
95. (With K. Furusawa u. J. L. Parkinson) The dynamics of 'sprint' running. Proc. R. Soc. Lond. B *102*, 29—42.
96. (With K. Furusawa u. J. L. Parkinson) The energy used in 'sprint' running. Proc. R. Soc. Lond. B *102*, 43—50.
97. Living machinery, pp. i—xiv, 1—256. London, G. Bell & Sons.

1928

98. The air-resistance to a runner. Proc. R. Soc. Lond. B *102*, 380—385.
99. Myothermic apparatus. Proc. R. Soc. Lond. B *103*, 117—137.
100. The role of oxidation in maintaining the dynamic equilibrium of the muscle cell. Proc. R. Soc. Lond. B *103*, 138—162.
101. The absolute value of the isometric heat coefficient Tl/H in a muscle twitch, and the effect of stimulation and fatigue. Proc. R. Soc. Lond. B *103*, 163—170.
102. The absence of delayed anaerobic heat in a series of muscle twitches. Proc. R. Soc. Lond. B *103*, 171—182.
103. The recovery heat production in oxygen after a series of muscle twitches. Proc. R. Soc. Lond. B *103*, 183—191.
104. (With W. Hartree) The anaerobic delayed heat production after a tetanus. Proc. R. Soc. Lond. B *103*, 207—217.
105. (With W. Hartree) The factors determining the maximum work and the mechanical efficiency of muscle. Proc. R. Soc. Lond. B *103*, 234—251.
106. (With G. P. Eggleton u. P. Eggleton) The coefficient of diffusion of lactic acid through muscle. Proc. R. Soc. Lond. B *103*, 620—628.
107. (With W. Hartree) The energy liberated by an isolated muscle during the performance of work. Proc. R. Soc. Lond. B *104*, 1—27.
108. Muscular activity in man from the engineering aspect. Sci. Progr. Twent. Cent. *22*, 630—640.
109. The diffusion of oxygen and lactic acid throught tissues. Proc. R. Soc. Lond. B *104*, 39—96.

1929

110. The maintenance of life and irritability in isolated animal tissues. Nature, Lond. *123*, 723—730.
111. The heat production of crustacean nerve. Nature, Lond. *123*, 831.
112. (With A. C. Downing) A new thermopile for the measurement of nerve heat production. Proc. R. Soc. Lond. B *105*, 147—152.
113. The heat production and recovery of crustacean nerve. Proc. R. Soc. Lond. B *105*, 153—176.

114. Anaerobic survival in muscle. Proc. R. Soc. Lond. B *105*, 298—313.

115. (With P. Kupalov) Anaerobic and aerobic activity in isolated muscle. Proc. R. Soc. Lond. B *105*, 313—322.

1930

116. The analysis of galvanometer curves. J. Physiol., Lond. *69*, 81—87.

117. (With P. S. Kupalov) The vapour pressure of muscle. Proc. R. Soc. Lond. B *106*, 445—477.

118. The state of water in muscle and blood and the osmotic behaviour of muscle. Proc. R. Socr Lond. B *106*, 477—505.

119. A thermal method of measuring the vapour pressure of an aqueous solution. Proc. R. Soc. Lond. A *127*, 9—19.

120. Membrane-phenomena in living matter: equilibrium or steady state. Trans. Faraday Soc. *26*, 667—673.

121. The physical reasonableness of life. J. Am. med. Ass. *95*, 1393—1397.

1931

122. Biology in education and human life. Nature, Lond. *127*, 19—26.

123. (With J. L. Parkinson) Heat and osmotic change in muscular contraction without lactic acid formation. Proc. R. Soc. Lond. B *108*, 148—156.

124. (With Mck. Cattell, T. P. Feng, W. Hartree & J. L. Parkinson) Recovery heat in muscula. contraction without lactic acid formation. Proc. R. Soc. Lond B *108*, 279—301.

125. Myothermic experiments on a frog gastrocnemius. Proc. R. Soc. Lond. B *109*, 267—303.

126. Adventures in biophysics. IX and 162 pages. Oxford University Press.

1932

127. A closer analysis of the heat production of nerve. Proc. R. Soc. Lond. B *111*, 106—164.

128. Chemical wave transmission in nerve. IX and 74 pages. Cambridge University Press.

129. The revolution in muscle physiology. Physiol. Rev. *12*, 56—67.

1933

130. (With H. Fromherz) The effect of veratrine on frog's nerve. J. Physiol., Lond. *77*, 25P.

131. The physical nature of the nerve impulse. Nature., Lond. *131*, 501—508.

132. The three phases of nerve heat production. Proc. R. Soc. Lond. B *113*, 345—356.

133. (With T. P. Feng) The steady state of heat production of nerve. Proc. R. Soc. Lond. B *113*. 356—365.

134. (With T. P. Feng) The effect of frequency of stimulation on the heat production of frog's nerve. Proc. R. Soc. Lond. B *113*, 366—368.

135. (With T. P. Feng) The relation between initial and recovery heat production in frog's nerve Proc. R. Soc. Lond. B *113*, 369—386.

136. The effect of veratrine on the heat production of medullated nerve. Proc. R. Soc. Lond. B 113, 386—393.

137. Biology as an integral part of science. In Biology in education, (ed. J. G. Crowther), pp, 133—139. London: William Heinemann.

138. Wave transmission as the basis of nerve activity. Scient. Mon., N.Y. *37*, 316—324.

1934

139. (With W. O. Fenn, R. W. Gerard & H. S. Gasser) Physical and chemical changes in nerve during activity. Science *79*, Supplement, April.
140. Nerve heat production as a physiological response to stimulation. Proc. R. Soc. Lond. B *115*, 200–216.
141. The efficiency of bicycle pedalling. J. Physiol. Lond. *82*, 207–210.
142. Repetitive stimulation by commutator and condenser. J. Physiol., Lond. *82*, 423–431.
143. (With D. Y. Solandt) Myograms from the chromatophores of *Sepia*. J. Physiol., Lond. *83*, 13–14P.
144. Electrotonnic effects during high-frequency stimulation of nerve J. Physiol., Lond. *83*, 14–15P.
145. (With L. Bugnard) High frequency stimulation of nerve and the refractory period. J. Physiol., Lond. *83*, 18–20P.
146. (With L. Bugnard) Electric excitation of the fin nerve of *Sepia*. J. Physiol., Lond. *83*, 20–21P.

1935

147. The intensity-duration relation for nerve excitation. J. Physiol., Lond. *83*, 30–31P.
148. (With L. Bugnard) The effect of frequency of excitation on the thermal response of medullated nerve. J. Physiol., Lond. *83*, 383–393.
149. (With L. Bugnard) The effect of frequency of excitation on the total electrical response of medullated nerve. J. Physiol., Lond. *83*, 394–406.
150. (With L. Bugnard) A further analysis of the effects of high-frequency excitation of nerve. J. Physiol., Lond. *83*, 416–424.
151. (With L. Bugnard) Electric excitation of the fin nerve of *Sepia*. J. Physiol., Lond. *83*, 425–438.
152. (With D. Y. Solandt) 'Accommodation' in nerve. J. Physiol., Lond. *84*, 1–2P.
153. (With D. Y. Solandt) Nerve excitation by alternating current. J. Physiol., Lond. *84*, 2–3P.
154. The two time-factors in the electric excitation of nerve. Adv. in Mod. Biol. (Moscow) *4*, 131–147.
155. (With J. L. Parkinson & D. Y. Solandt) Photoelectric records of the colour change in *Fundulus heteroclitus*. J. exp. Biol. *12*, 379–399.
156. Muscles and nerves: the maintenance of posture, the development of power and the transmission of messages in the body. Proc. Instn mech. Engrs *131*, 353–381.

1936

157. Excitation and accommodation in nerve. Proc. R. Soc. Lond. B *119*, 305–355.
158. Alternating current stimulation of nerve. J. Physiol., Lond. *86*, 47P.
159. The strength-duration relation for electric excitation of medullated nerve. Proc. R. Soc. Lond. B *119*, 440–453.
160. (With B. Katz & D. Y. Solandt) Nerve excitation by alternating current. Proc. R. Soc. Lond. B *121*, 74–133.

1937

161. Methods of analysing the heat production of muscle. Proc. R. Soc. Lond. B *124*, 114–136.

1938

162. Energy liberation and 'viscosity' in muscle. J. Physiol., Lond. *93*, 4—5P.
163. The heat of shortening and the dynamic constants of muscle. Proc. R. Soc. Lond. B *126*, 136—195.

1939

164. The transformation of energy and the mechanical work of muscles. Proc. phys. Soc. Lond. *51*, 1—18.
165. Recovery heat in muscle. Proc. R. Soc. Lond. B *127*, 297—307.
166. The mechanical efficiency of frogs' muscle. Proc. R. Soc. Lond. B *127*, 434—451.

1940

167. The dynamic constants of human muscle. Proc. R. Soc. Lond. B *128*, 262—274.

1940—1946

See Ethical dilemma (213) and Memories and reflections (see p. 132).

1945

168. Scientific research in India, a report to the government of India. The Royal Society, London, 55 pages.

1948

169. The pressure developed in muscle during contraction. J. Physiol. Lond. *107*, 518—526.
170. On the time required for diffusion and its relation to processes in muscle. Proc. R. Soc. Lond. B *135*, 446—453.

1949

171. Adenosine triphosphate and muscular contraction. Nature, Lond. *163*, 320.
172. The heat of activation and the heat of shortening in a muscle twitch. Proc. R. Soc. Lond. B *136*, 195—211.
173. The energetics of relaxation in a muscle twitch. Proc. R. Soc. Lond. B *135*, 211—219.
174. Work and heat in a muscle twitch. Proc. R. Soc. Lond. B *136*, 220—228.
175. Myothermic methods. Proc. R. Soc. Lond. B *136*, 228—241.
176. The onset of contraction. Proc. R. Soc. Lond. B *136*, 242—254.
177. The abrupt transition from rest to activity in muscle. Proc. R. Soc. Lond. B *136*, 399—420
178. Is relaxation an active process? Proc. R. Soc. Lond. B *136*, 420—435.

1950

179. A challenge to biochemists. Biochim. biophys. Acta *4*, 4—11.
180. (With others) A discussion on muscular contraction und relaxation: their physical and chemical basis. Proc. R. Soc. Lond. B *137*, 40—87.
181. Does heat production precede mechanical response in muscular contraction? Proc. R. Soc. Lond. B *137*, 268—273.

182. The series elastic component of muscle. Proc. R. Soc. Lond. B *137*, 273—280.

183. Mechanics of the contractile element of muscle. Nature, Lond. *166*, 415—419.

184. The development of the active state of muscle during the latent period. Proc. R. Soc. Lond. B *137*, 320—329.

185. A note on the heat of activation in a muscle twitch. Proc. R. Soc. Lond. B *137*, 330—331.

186. The dimensions of animals and their muscular dynamics. Proc. R. Instn *34*, 450—473; also Sci. Progr. Twent. Cent. *38*, 209—230.

1951

187. Thermodynamics of muscle. Nature, Lond. *167*, 377—380.

188. The physical analysis of events in muscular contraction. Rev. canad. Biol. *10*, 103—118.

189. The effect of series compliance on the tension developed in a muscle twitch. Proc. R. Soc. Lond. B *138*, 325—329.

190. The transition from rest to full activity in muscle: the velocity of shortening. Proc. R. Soc. Lond. B *138*, 329—338.

191. The earliest manifestation of the mechanical response of striated muscle. Proc. R. Soc. Lond. B *138*, 339—348.

192. The effect of temperature on the tension developed in an isometric twitch. Proc. R. Soc. Lond. B *138*, 349—354.

193. (With B. C. Abbott & X. M. Aubert) The absorption of work by a muscle stretched during a single twitch or a short tetanus. Proc. R. Soc. Lond. B *139*, 86—104.

194. The mechanics of voluntary muscle. Lancet, 1951 (2), 947—951.

1952

195. (With others) A discussion on the thermodynamics of elasticity in biological tissues. Proc. R. Soc. Lond. B *139*, 464—527.

1953

196. The mechanics of active muscle. Proc. R. Soc. Lond. B *141*, 104—117.

197. The 'instantaneous' elasticity of active muscle. Proc. R. Soc. Lond. B *141*, 161—178.

198. Chemical change and mechanical response in stimulated muscle. Proc. R. Soc. Lond. B *141*, 314—320.

199. The 'plateau' of full activity during a muscle twitch. Proc. R. Soc. Lond. B *141*, 498—503.

200. A reinvestigation of two critical points in the energetics of muscular contraction. Proc. R. Soc. Lond. B *141*, 503—510.

1954

201. (With L. Macpherson) The effect of nitrate, iodide and bromide on the duration of the active state in muscle. Proc. R. Soc. Lond. B *143*, 81—102.

1955

202. The influence of the external medium on the internal pH of muscles. Proc. R. Soc. Lond. B *144*, 1—22.

1956

203. The design of muscles. Brit. med. Bull. *12*, 165—166; The thermodynamics of muscle. Brit. med. Bull. *12*, 174—176.

204. Why biophysics? Lect. scient. Basis Med. *4*, 1—17; University of London: Athlone Press. Also Science, *124*, 1233—1237.

1957

205. (With J. V. Howarth) The effect of potassium on the resting metabolism of the frog's sartorius. Proc. R. Soc. Lond. B *147*, 21–43.
206. (With J. V. Howarth) Alternating relaxation heat in muscle twitches. J. Physiol. Lond. *139*, 466–473.

1958

207. (With B. C. Abbott & J. V. Howarth) The positive and negative heat production associated with a nerve impulse. Proc. R. Soc. Lond. B *148*, 149–187.
208. The priority of the heat production in a muscle twitch. Proc. R. Soc. Lond. B *148*, 397–402.
209. The relation between force developed and energy liberated in an isometric twitch. Proc. R. Soc. Lond. B *149*, 58–62.
210. (With J. V. Howarth) The initial heat production of stimulated nerve. Proc. R. Soc. Lond. B *149*, 167–175.

1959

211. (With J. V. Howarth) The reversal of chemical reactions in contracting muscle during an applied stretch. Proc. R. Soc. Lond. B *151*, 169–193.
212. The heat production of muscle and nerve. Ann. Rev. Physiol. *21*, 1–18.

1960

213. The ethical dilemma of science. XIII + 395 pages. The Rockefeller University Press.
214. Production and absorption of work by muscle. Science *131*, 897–903.

1961

215. The negative delayed heat production in stimulated muscle. J. Physiol., Lond. *158*, 178–196.
216. The heat produced by a muscle after the last shock of a tetanus. J. Physiol., Lond. *159*, 518–545.

1962

217. (With R. C. Woledge) An examination of absolute values in myothermic measurements. J. Physiol., Lond. *162*. 311–333.

1963

218. On repeating earlier observations. In: Perspectives in biology, (ed: Cori, Foglia, Leloir & Ochoa), pp. 289–292. Amsterdam.

1964

219. The effect of load on the heat of shortening of muscle. Proc. R. Soc. Lond. B *159*, 297–318.
220. The ratio of mechanical power developed to total power expended during muscular shortening. Proc. R. Soc. Lond. B *159*, 319–324.
221. Heat and shortening in a twitch. J. Physiol., Lond. *170*, 18–19P.
222. The effect of tension in prolonging the active state in a twitch. Proc. R. Soc. Lond. B *159*, 589–595.
223. The variation of total heat production in a twitch with velocity of shortening. Proc. R. Soc. Lond. B *159*, 596–605.

1965

224. Trails and trials in physiology. vii + 374 pages. London: Arnold.

1969

224a. The Third Bayliss-Starling Memorial Lecture. J. Physiol., Lond. *204*, 1—13.

1970

225. First and last experiments in muscle mechanics. xv + 141 pages. Cambridge University Press.

226. Autobiographical sketch. Perspect. Biol. Med. *14*, 27—42 (see also Memories and reflections).

Mstislav Vsevolodovič Keldyš

10. 2. 1911—24. 6. 1978

Am 24. Juni 1978 starb im 67. Lebensjahr das auswärtige Mitglied der mathematisch-naturwissenschaftlichen Klasse M. W. Keldyš, ordentliches Mitglied der Akademie der Wissenschaften der UdSSR seit 1946, Präsident der Akademie der Wissenschaften der UdSSR von 1961 bis 1975, Staats- und Leninpreisträger der UdSSR, Mitglied vieler bedeutender Akademien und Gesellschaften des In- und Auslandes.

M. W. Keldyš wurde am 10. Februar 1911 in Riga als Sohn eines Bauingenieurs geboren. Er schloß 1931 sein Hochschulstudium an der mathematisch-physikalischen Fakultät der Lomonossow-Universität Moskau ab. Entscheidend für das spätere Wirken M. W. Keldyš's wurde sein Eintritt in das Zentrale Aerohydrodynamische Institut (ZAI), der ihn an die vielschichtigen, schwierigen Probleme des Flugzeugbaus und der Strömungstheorie im Unter- und Überschallbereich heranführte und die Richtung seiner mathematischen Forschungen in der Funktionentheorie, der Approximationstheorie, der Theorie linearer und nichtlinearer partieller Differentialgleichungen und Funktionalanalysis bestimmten. Ohne seine Tätigkeit am ZAI zu unterbrechen, arbeitete M. W. Keldyš seit 1934 an seiner Dissertation über die Darstellung von harmonischen und komplexen Funktionen durch Polynomreihen zur Erlangung des Grades eines Doktors der math.-phys. Wissenschaften, die er 1938 erfolgreich verteidigte. Während seiner langjährigen äußerst verdienstvollen Arbeit am ZAI verfaßte er eine Reihe wichtiger Arbeiten zur Tragflügeltheorie bei nichtstationärer Bewegung und Stoßtheorie fester Körper auf Flüssigkeiten. Weitere Arbeiten betreffen die Berechnung von Schwingungsproblemen im Flugzeugbau. Durch M. W. Keldyš und seine Mitarbeiter wurden u. a. die Grundlagen für eine Modellierung und numerischen Berechnung der gefährlichen Erscheinung des Flatterns gelegt. Seine Untersuchungen über die elastischen Deformationen und Eigenschwingungen eines luftbereiften Bugrads wurden richtungsweisend für deren zweckmäßigste und einfachste Konstruktion, um gefährliche Eigenschwingungen des Vorderrades eines Flugzeugs bei der Landung zu unterdrücken.

Die Arbeit am ZAI verknüpfte M. W. Keldyš seit 1938 über zwei Jahrzehnte lang mit einer erfolgreichen Lehrtätigkeit als Professor an der Lomonossow-Universität Moskau. Er führte weitere interessante Untersuchungen über polynomiale Approximationsverfahren durch. So klärte er die Frage auf, welche metrischen Eigenschaften eines ebenen Gebiets

D hinreichend sind, um die Vollständigkeit des Systems der komplexen Polynome im Hilbertraum $L_2(D)$ zu sichern. M. W. Keldyš wandte sich dann den Randwertaufgaben der Potentialtheorie zu. Er prägte hier den für die Numerik wichtigen Begriff der Stabilität der Lösungen bei kleinen Gebiets- und Randvariationen und konstruierte u. a. gemeinsam mit M. A. Lavrentev durchsichtige Beispiele. Wenn die Instabilitätspunkte des Gebietsrandes für das Dirichletproblem das harmonische Maß Null haben, ist, wie M. W. Keldyš zeigen konnte, jeder Punkt im Innern des Gebietes stabil.

Auch heute noch ist man von einer strengen mathematischen Theorie zur exakten Beschreibung des Strömungsverlaufs in der Gasdynamik beim Überschreiten der Schallgrenze weit entfernt. Im Vorfeld dieser Problematik liegt das Studium der Lösungen linearer partieller Differentialgleichungen, wenn der Gleichungstyp vom Elliptischen ins Hyperbolische oder umgekehrt wechselt. Hier wurde eine Untersuchung von M. W. Keldyš wegweisend, in der er das Randwertproblem der von Gellerstedt verallgemeinerten Tricomi-Gleichung analysierte und erstmals auf den Fall hinwies, wo auf der Übergangskurve keine Bedingungen gestellt werden dürfen.

Die wissenschaftlichen Leistungen M. W. Keldyš's fanden breite internationale Anerkennung.

Nach der Wahl zum ordentlichen Mitglied 1946 wurde M. W. Keldyš im Jahre 1961 zum Präsidenten der Akademie der Wissenschaften der UdSSR gewählt. Die Leitung des Akademieinstituts für angewandte Mathematik nahm er weiterhin wahr. Diese Wahl zum höchsten Repräsentanten der Akademie der Wissenschaften der UdSSR basierte auf dem Vertrauen, auf die hervorragenden Fähigkeiten M. W. Keldyš's nicht nur als vielseitiger Wissenschaftler, sondern als als blendender Organisator großer Forschungsbereiche mit dem sicheren Blick, Wissenschaft und Technik in enger Verbindung auf breitester Front zu entwickeln. M. W. Keldyš's große wissenschaftsorganisatorische Leistungen sind mit den großen Erfolgen der sowjetischen Wissenschaft und Technik untrennbar verbunden, ebenso mit den Pionierleistungen der Weltraumfahrt vom ersten Sputnik bis zur automatischen wissenschaftlichen Station Lunochod 1.

Die Sächsische Akademie und die Akademie der Wissenschaften der DDR wählten ihn 1966 zu ihrem Mitglied.

Die Sächsische Akademie der Wissenschaften zu Leipzig rechnet es sich als hohe Ehre an, daß sie M. W. Keldyš, einen der führenden Repräsentanten der sowjetischen Wissenschaft, zu den Ihren zählen durfte.

Herbert Beckert

Karl Otto Müller

18. 12. 1897—20. 1. 1978

Karl Otto Müller wurde am 18. Dezember 1897 in Berlin-Pankow geboren und verstarb am 20. Januar 1978 in Karlsruhe. Anläßlich des 3. International Congress of Plant Pathology in München (1978) sah man das hier wiedergegebene Portrait in einer „Hall of Fame", woraus seine gegenwärtige Einschätzung unter seinen Fachkollegen deutlich wurde. So kann sich die Sächsische Akademie der Wissenschaften rühmen, ihn am 13. VI. 1966 zum Mitglied gewählt zu haben.

K. O. Müller entstammte bescheidenen sozialen Verhältnissen. Der Vater, der aus einer alteingesessenen Berliner Handwerkerfamilie kam, war städtischer Verwaltungsbeamter der mittleren Laufbahn. Die Mutter kam aus einer kleinbäuerlichen Familie der Niederlausitz. K. O. Müller hat es immer seinen Eltern gedankt, daß sie unter persönlichen Einschränkungen seinen beiden Geschwistern und ihm den Besuch einer höheren Schule ermöglichten und daß er damit den in jener Zeit noch sehr schweren Weg als akademischer Lehrer und Forscher einschlagen konnte. Auf dem Realgymnasium traf er auf Dr. *Quelle*, der ihn in besonderer Weise in die Mikroskopie und das wissenschaftliche Denken einführte und dem er bis ins hohe Alter eine große Zuneigung und Dankbarkeit entgegenbrachte. Das ist eines der vielen Beispiele, daß Lehrer in der Schule die Begeisterung wecken, die dann auf schwierigsten und wechselvollen Wegen bis zum Tode anhält.

Zunächst wurde er Soldat (1914—1917) an der Front, bis eine Kriegsverletzung ihn 1917 zu militärischem Bürodienst brachte. In dieser Zeit (1917) bestand er die Kriegsreifeprüfung und begann nach dem Krieg das Studium der Botanik, Zoologie und Chemie. Er nennt als seine wichtigsten Lehrer G. *Haberlandt*, E. G. *Pringsheim* und C. *Correns*. Da die Eltern das Studium nicht finanzieren konnten, mußte er sich auf anderem Wege die notwendigen Mittel verdienen (als Hilfslehrer am Sophien-Gymnasium in Berlin und als Hilfsassistent am Zentralinstitut für Erziehung und Unterricht). Später erhielt er Stipendium von Universität und Magistrat auf Empfehlung seiner Professoren Haberlandt und Pringsheim.

1921 wurde er zum Dr. phil. promoviert. Kurz danach bot ihm der Oberregierungsrat an der Biologischen Reichsanstalt Dr. Broili die Stelle eines Forschungsassistenten an. Broili hatte zu seinem Mitarbeiter ein sehr freundschaftliches Verhältnis und bot ihm das „Du" an. Durch Broili kam K. O. Müller zur Kartoffelforschung.

1924 habilitierte sich Müller für Agrikultur und Botanik an der Landwirtschaftlichen Hochschule. 1925 erhielt er einen Lehrauftrag für Phytopathologie und Angewandte Mykologie, wurde 1927 Kommissarischer Leiter des Laboratoriums für Angewandte Vererbungsforschung.

1928 erhielt er die Ernennung zum nichtbeamteten a. o. Professor und die Berufung durch die türkische Regierung in die deutsche Delegation zum Aufbau der Landwirtschaftlichen Fakultät einer neuen Universität in Ankara. 1930 kehrte er zurück, wurde Regierungsrat und zum Leiter der späteren Dienststelle für Angewandte Vererbungsforschung ernannt.

Diese Entwicklung seiner akademischen Laufbahn war unter den damaligen Schwierigkeiten sehr gut und konnte unter den gegebenen Möglichkeiten gar nicht besser sein.

Mit dem Jahr 1933 wurde diese Entwicklung unterbrochen. Es begann ein unruhiges Leben, ein Hin- und Hergeworfenwerden, das seine Ursache in der kompromißlosen Ablehnung nationalsozialistischer Ideen und seinem Eintreten für unterdrückte Kollegen hatte. Er mußte erleben, daß seine Chefs persönlich zu ihm ein freundschaftliches Verhältnis bewahrten, ihm aber offiziell nicht helfen konnten. In seinen Aufzeichnungen erwähnt er einige Kollegen, zu denen er in vertraut-freundschaftlichen Beziehungen verblieb und denen „er es verdankte, daß er sich in seiner Kritik des ‚tausendjährigen Reiches' nicht zu stark vorwagte". Zum Eintritt in die NSDAP wurde er wiederholt aufgefordert. Die Namen seiner Freunde zu nennen, so wie er sie selbst aufzählt, halte ich mich für verpflichtet: M. Schwarz, E. Werth, A. Hase, E. Pfankuch, H. Zillig, F. Merkenschlager und H. Völkel. Doch sei erwähnt, wie er vermerkt, daß „dem Ministerialdirigenten Schuster und dem Ministerialrat Tillmann, die gegen Ende des Krieges meine Verhaftung durch die Gestapo abwendeten, mein ganz besonderer Dank gilt". Im übrigen hatte K. O. Müller in dieser verhängnisvollen Zeit ein ungetrübtes, warmes Verhältnis zu einem großen Teil des technischen Personals der Reichsanstalt. Nur so ist zu verstehen, daß Müller in dieser Zeit einige seiner bedeutendsten Arbeiten veröffentlicht hat.

Nach diesen sehr schweren Jahren der persönlichen Unsicherheit, der Aussichtslosigkeit eines Vorwärtskommens, der Verhinderung seiner Berufung kam mit den Jahren 1945/46 eine hoffnungsvolle Wende. Er wurde durch die Generalverwaltung für Land- und Forstwirtschaft in der Sowjetisch-besetzten Zone zum Vorsitzenden des Verwaltungsrates der Deutschen Saatzuchtgesellschaft ernannt, erhielt den Ruf als o. Professor an die Martin-Luther-Universität Halle und wurde durch die Universität Berlin rehabilitiert und Honorarprofessor.

Die Unbeugsamkeit und Aufrichtigkeit seines Charakters ließen ihn bald in neue Konflikte geraten, die vor allem mit seiner Gegnerschaft gegenüber dem Lyssenkoismus zusammenhingen. Dazu traten örtliche Schwierigkeiten bei der Einrichtung des neuen Lehrstuhls. Dieses neue Kapitel im Leben Müllers wurde beendet, als er einer Einladung des englischen Ministry of Agriculture and Fisheries Folge leistete und nach Cambridge übersiedelte. Er wurde wissenschaftlicher Mitarbeiter am dortigen Institute of Agricultural Botany. 1951/52 folgte er einem Auftrag der FAO der United Nations, als wissenschaftlicher Berater der Chilenischen Regierung nach Südamerika zu kommen, wo er wieder in seinem Hauptgebiet, der Kartoffelzüchtung und dem Kartoffelanbau, tätig war. Von dort ging er nach Australien als Senior Research Fellow an der Commenwealth Scientific and Industrial Research Organisation, wo er starke Impulse zur Arbeit auf seinem Hauptgebiete, der Phytoalexin-Forschung, hatte. Er schuf in den Grundzügen die Microbiological Section an der Division of Plant Industry in Canberra. Die Achtung, die man ihm entgegenbrachte, kommt in seiner Wahl zum Mitglied der Royal Society of Canberra zum Ausdruck. Nach Erfüllung dieses Auftrages siedelte er nach Heidelberg über, wo er vorzeitig in den Ruhestand trat. Er war nun Oberregierungsrat a. D.

Er hielt Vorträge „in aller Welt“ — ich nenne Schweden, Bulgarien, Österreich, England, USA, Australien, Südafrika, Chile, Japan — und setzte seine publizistische Tätigkeit fort. Ich erwähne seine großen Arbeiten über „Hypersensitivity in Plant Pathology“ (1959) und „Die Heredopathien der Pflanzen“ (im Handbuch der Pflanzenkrankheiten, 7. Auflage, Bd 1).

Damit komme ich zu seinem wissenschaftlichen Werk. Müller hat etwa 80 wissenschaftliche Veröffentlichungen herausgebracht. Dazu kommen 16 Dissertationen. Von seinen Schülern haben sich einige in herausgehobenen Stellungen befunden, so Klinkowski, der auch Mitglied der Sächsischen Akademie war, und Behr, der den Lehrstuhl für Phytopathologie an der Universität Halle innehatte.

In großen Zügen drehen sich seine Arbeiten um die Kartoffel. Durch Broili wurde er früh dafür interessiert und ging schnell eigene Wege in Problematik und Methodik.

K. O. Müller war aber kein Simpel. Vielmehr hat er — wo auch hingestellt — neue Probleme aufgegriffen. Seine Arbeiten über die Verbreitung der Harmelstaude, über den Wintertypus von *Triticum vulgare* oder über Geschlechtsverteilung und Geschlechtsreife bei der Waldkiefer beweisen seine Anpassungsfähigkeit. Doch liegt zweifellos der Schwerpunkt seiner Arbeit und seiner Erfolge auf dem Gebiete der Kartoffel und da wieder auf dem der Resistenz und der Resistenzzüchtung. Diese Arbeiten gehen bis auf das Jahr 1922 zurück, also bis auf seinen Eintritt in die Abteilung von Dr. Broili über angewandte Vererbungsforschung. Das Kernstück stellen die Arbeiten über die durch den Pilz *Phytophthora infestans* (*P. i.*) hervorgerufene Kraut- und Knollenfäule der Kartoffel dar. *P. i.* ist der wichtigste der zahlreichen Pilzparasiten der Kartoffel.

Um die Jahrhundertwende hatte man nach vielen Versuchen keine Hoffnung, durch Kreuzung von ertragreichen, aber *P. i.*-anfälligen Kulturformen mit Wildformen, die häufig resistent sind, zu neuen resistenten Kulturformen zu gelangen. Aber eben das gelang K. O. Müller unter Benutzung von *Broili*schen Wildhybriden. Das Erbgut dieser sogenannten W-Sorten ist in vielen Kultursortimenten der verschiedensten Länder enthalten. Doch zeigte sich bald, daß auch die W-Sorten keine absolute Resistenz besitzen. Neu aufgetauchte Rassen des Pilzes *P. i.* konnten auch diese vermeintlich resistenten Kartoffelsorten befallen. Es mußten umfangreiche Studien zur Rassenbildung bei *P. i.* angestellt werden, bis die anatomisch-strukturelle Voraussetzung von Anfälligkeit oder Resistenz geklärt wurde.

Wenn man eine Kartoffelknolle mit einem nichtpathogenen Stamm des Pilzes *P. i.* infiziert und danach mit einem pathogenen, so kommt der pathogene nicht zur Wirkung. K. O. Müller schloß daraus, daß die Knolle durch Ausbildung eines stofflichen Abwehrprinzips (*Phytoalexin*) befähigt wird, den pathogenen Stamm zu hemmen oder ganz zu unterdrücken. Diese Theorie fand vielerlei Stützen durch andere Forscher, an anderen Pflanzen und unter dem Einfluß anderer Pilze, so daß sie zu einem Kernstück der Resistenzlehre überhaupt geworden ist.

Es hat international eine intensive Forschung auf diesem Gebiet eingesetzt. Dabei kam es zu einigen Abänderungen und Vervollkommnungen der Müllerschen Vorstellungen. Es kann heute kein Zweifel mehr bestehen, daß in den meisten oder allen Fällen die Phytoalexine in geringen Konzentrationen schon vor der Infektion vorhanden sind, daß aber ihre Synthese durch einen vom Pilz ausgehenden Impuls sehr verstärkt werden kann. Hier müssen interessante Regulationen Platz greifen, deren genauere Erforschung neuerdings mit Hilfe von Gewebe- und Zellkulturen erleichtert erscheint.

Der vom Pilz ausgehende chemische Reiz ist bisher nur in einem Falle und noch nicht vollständig aufgeklärt worden. Die Phytoalexine sind wirtsspezifische Stoffe. Jede Familie hat ihre eigene Stoffgruppe, die unter Umständen von Art zu Art ohne Aufgabe des Typus variiert erscheinen kann. Die Phytoalexine haben meist ein breites Wirkungsspektrum gegenüber verschiedenen Pilzen, z. T. auch gegenüber Bakterien. Wenn die Geschwindigkeit der Bildung dieser Stoffe dem Wachstum des Pilzes vorauseilt (*Hypersensitivität*), kann es zum völligen Stoppen des Pilzes kommen. Die Resistenz des Pilzes gegenüber dem Alexin beruht in einigen Fällen auf der Fähigkeit, den Abwehrstoff chemisch zu verändern oder ganz zu zerstören.

Es ist eine bedeutsame Frucht der Tätigkeit von K. O. Müller in Canberra, daß er dort J. A. M. Cruickchank als Mitarbeiter fand, der das Werk des Meisters vor allem auch in chemischer Richtung vorzüglich weiterentwickelte.

Noch zu prüfen ist, ob die Kenntnis der Phytoalexine die industrielle Produktion von Giften gegen Pilzparasiten auf eine „gesündere" Basis stellt als es derzeit der Fall ist. Vor allem aber muß man prüfen, ob die um sich greifenden, schwer zu bekämpfenden pathogenen Pilze beim Menschen durch diese natürlichen Pilzabwehrstoffe besser gehemmt werden können.

Bibliographie Karl Otto Müller

Liste der wesentlichen Veröffentlichungen von K. O. Müller
(eine in seiner Autobiographie von ihm selbst getroffene Auswahl)

Untersuchungen zur Entwicklungsgeschichte und Biologie von *Hypochnus solani P.* u. *D.* (*Rhizoctonia solani K.*). Arb. a. d. BRA *13* (1924) 197–262.

Neue Wege und Ziele in der Kartoffelzüchtung. Beiträge zur Pflanzenzucht (1925) Heft 8, 45–72 (Verlag P. Parey, Berlin).

MSTISLAV V. KELDYŠ

10. 11. 1911–24. 6. 1978

KARL OTTO MÜLLER

16. 12. 1897—20. 1. 1978

CARL WAGNER

25. 5. 1901—10. 12. 1977

WILHELM TREIBS

6. 11. 1890–20. 4. 1978

VICTOR B. SOČAVA

20. 6. 1906–29. 12. 1978

Über die Züchtung krautfäulefester Kartoffelsorten. Zeitschr. f. Pflanzenzüchtung *13* (1928) 143—156.

Über die Phytophthoraresistenz der Kartoffel und ihre Vererbung. Angew. Botanik *12* (1930) 299—324.

Über die Verbreitung der Harmelstaude in Anatolien und ihre Bindung an die menschlichen Wohnstätten. Ber. d. Deutsch. Bot. Gesellschaft *50a* (Festschrift) 262—275.

Die Variabilität der Virulenz und der biologischen Spezialisation bei dem Erreger der Kartoffelkrautfäule. Naturwissenschaften *24* (1936) 552—557.

Zur Kenntnis des Sommer-Wintertypus bei *Triticum vulgare*. Angew. Botanik *18* (1936) 231—239.

Über die Geschlechtsverteilung und den Eintritt der Geschlechtsreife bei der Waldkiefer (*Pinus silvestris L.*). Ztschr. Forst- u. Jagdwesen *69* (1937) 177—202.

(zus. mit H. Börger) Experimentelle Untersuchungen über die Phytophthoraresistenz der Kartoffel (zugleich ein Beitrag zum Problem der „erworbenen Resistenz" im Pflanzenreich). Arb. a. d. BRA. *23* (1940) 189—231.

Affinity and Reactivity of Angiosperms to Phytophthora infestens. Nature *166* (1950) 392—394.

Informe al Gobierno de Chile so bre al Tizon de la Papa. FAO Report No. 28 (United Nations) 1952.

The Nature of Resistenz of the Potato Plant to Blight-Phyt. inf. Journ. Nat. Institute Agr. Botany (Cambridge) *6* (1953) 346—360.

Einige einfache Versuche zum Nachweis von Phytoalexinen. Phytopath. Zeitschr. *27* (1956) 237—254.

(zus. mit C. G. Greenham) Conductance Changes and Responses in Potato tubers following Infection with various Strains of Phytophthora and Pythium. Austr. J. Biol. Sci. *9* (1956) 99—212.

The Formation and the Immunological Significance of Phytoalexin produced by Phaseolus vulgaris in Response to Infections with Sclerotinia fracticola and Phytophthora infestans. Austr. J. Biol. Sciences *11* (1958) 275—300.

Hypersensitivity in "Plant Pathology" (Hrsg. von Horsfall and Dimond). Vol. *1*. (Academic Press, New York 1959).

The Phytoalexin Concept and its methological Significance. Res. Adv. Botany (Torento Press 1961).

Sind Pflanzen zur Antikörperbildung befähigt? Umschau in Wiss. u. Technik *1965*. 369—371.

Die Heredopathien der Pflanzen in „Handbuch der Pflanzenkrankheiten". Bd *1*, 7. Auflage (Verlag Paul Parey Berlin) 1965.

Anhang

Veröffentlichungen über das Phytoalexin-Problem

Klinkowski, M.: Das Phytophtora-Problem. In „50 Jahre Biologische Zentralanstalt für Land- und Forstwirtschaft", S. 159—164 (Deutscher Zentralverlag 1949).

Cruickchank, J. A. M.: Ann. Rev. Phytopathol. *1* (1963) 351—374.

Deverall, B. J.: In „Phytochemical Ecology" (Harborne, J. B., ed.), p. 217—223, Academic Press London 1972.

Groß, D.: Fortschr. in Chemie organ. Naturstoffe *34* (1977) 187—247.

Groß, D.: Biochem. Physiol. Pflanzen *174* (1979) 255—272.

Grisebach, H. u. Ebel, J.: Angew. Chemie *90* (1978) 668—681.
Harborne, J. B. u. Ingham, J. L.: In: J. B. Harborne "Biochemical Aspects of Plant and Animal Coevolution", p. 309—405, Academic Press 1978.

Kurt Mothes

Carl Wagner

25. 5. 1901—10. 12. 1977

Am 10. Dezember 1977 verstarb im Alter von 76 Jahren das auswärtige Mitglied der mathematisch-naturwissenschaftlichen Klasse der Sächsischen Akademie der Wissenschaften Carl Wagner in Göttingen.

Carl Wagner wurde am 25. Mai 1901 in Leipzig geboren. Sein Vater war in dem damals einzigen Institut für physikalische Chemie, das von Wilhelm Ostwald geleitet wurde, Abteilungsleiter und später Ehrenmitglied der von Wilhelm Ostwald gegründeten Deutschen Bunsengesellschaft für physikalische Chemie. So ist es verständlich, daß Carl Wagner nach Abschluß seiner Ausbildung am Thomas-Gymnasium in Leipzig das Studium der Chemie an der Leipziger Universität aufnahm und schon im Jahre 1926 an dem Institut, an dem sein Vater tätig war, über ein Thema der chemischen Kinetik promovierte.

Ein Teil seines Studiums hatte er an der Universität München verbracht, und dorthin kehrte er 1927 als Assistent an das Pharmazeutische Institut zurück. Doch zeigen die Publikationen aus dieser Zeit deutlich, daß seine Interessen in erster Linie auf physikalisch-chemischem Gebiet lagen, denn er beschäftigte sich mit Problemen der potentiometrischen Titration von Arzneimitteln und diskutierte die Titrationskurven vom physikalisch-chemischen Standpunkt aus. Schon damals hat er sich mit Problemen der Elektrolyte befaßt, z. B. mit Untersuchungen über die Oberflächenspannung verdünnter Elektrolytlösungen. Auch photochemische Arbeiten stammen aus dieser Zeit, und die elektrochemische Richtung seines späteren Wirkens wird insofern deutlich, als er sich mit der Ionenbeweglichkeit in gemischten Elektrolyten befaßte, wobei er sich mit der Elektrolyttheorie von Debye, Hückel und Onsager auseinandergesetzt hat.

1928 ging Carl Wagner nach Berlin, arbeitete unter *Bodenstein* bereits auf dem Gebiet, das ihn später sein ganzes Leben lang beschäftigt hat und wo er die größten Erfolge erzielen konnte, nämlich der physikalischen Chemie der festen Stoffe. Durch seine Begegnungen mit Walter *Schottky* und W. *Jost* wurde sein Interesse an diesem Bereich der physikalischen Chemie besonders gefördert. Schottky erkannte sofort, daß er eine hervorragende wissenschaftliche Befähigung besaß und hat oft mit ihm gemeinsam interessierende Fragen diskutiert.

Nach der Berliner Zeit war Carl Wagner als Privatdozent in Jena tätig, und hier haben seine Arbeiten auf dem Gebiete der Festkörper, insbesondere auch der metallischen Festkörper, bereits große Anerkennung gefunden. Seine ersten Untersuchungen über den elektrochemischen Mechanismus der Korrosion, der heute noch als Grundlage der elektrochemischen Korrosionstheorie gelten kann, begannen zu dieser Zeit.

Von 1933—34 war Carl Wagner an der Universität Hamburg stellvertretender Professor für physikalische Chemie und ging dann an die TH in Darmstadt, wo er den Lehrstuhl für physikalische Chemie übernahm. Aus dieser Zeit stammt seine grundlegende Arbeit mit *Traud* über die anodisch-kathodischen Teilprozesse der Korrosion an der Metalloberfläche.

Nach dem zweiten Weltkrieg entschloß sich Carl Wagner, eine wissenschaftliche Tätigkeit in den USA aufzunehmen. Von 1949 an war er wissenschaftlicher Berater in Fort Bliss, 1950 übernahm er eine Professur für Metallurgie am Massachussets Institute of Technology in Cambridge, das schon damals eine große Zahl erfahrener Gelehrter auf dem Gebiete der Physik, Chemie und Technologie beherbergte. 1958 wurde er als Direktor des Instituts für Physikalische Chemie der Max-Planck-Gesellschaft in Göttingen berufen und damit Nachfolger von K.-F. Bonhoeffer. Später übernahm er noch zusätzlich die Funktion des Leiters der Chemisch-Physikalisch-Technischen Sektion im Wissenschaftlichen Rat der Max-Planck-Gesellschaft. 1966 trat er in den Ruhestand.

Im Jahre 1959 wählten ihn die Göttinger Akademie der Wissenschaften zu ihrem ordentlichen, die Sächsische Akademie der Wissenschaften zu Leipzig zu ihrem auswärtigen Mitglied.

Das wissenschaftliche Werk, das Carl Wagner in 250 Publikationen der Nachwelt hinterlassen hat, ist gekennzeichnet durch seine Tätigkeit auf dem Gebiete der Festkörper, vor allen Dingen der Fehlstellen im Festkörper, und durch seine Arbeiten über die Theorie der geordneten Mischphasen, die noch heute von grundlegender Bedeutung sind. Neben der Thermodynamik hat er, noch unter dem Einfluß des Ostwaldschen Institutes, die Elektrochemie intensiv betrieben. Hier sind seine Untersuchungen über die Theorie der Metalloxydation, der Passivschichtbildung und zu Problemen der Hochtemperaturkorrosion von größter Wichtigkeit.

Seine Arbeiten zur Festkörperchemie und -physik trugen zum Verständnis der Halbleiter und ihrer späteren Verwendung in der Elektrotechnik bei. Sie haben die Entwicklung von Wissenschaft und Technik in entscheidendem Maße beeinflußt und sind bis in unsere Tage maßgebend. Er selbst hat auch nach seiner Emeritierung mit Erfolg weitere sehr gründliche Untersuchungen über Elektrodenprozesse, Stromdichteverteilungen und das elektrolytische Polieren durchgeführt. Sie sind gekennzeichnet durch eine sorgfältige Versuchsplanung, durch eine gründliche und kritische Bewertung und Auswertung der Meßergebnisse. Viele dieser Arbeiten finden noch viel zu wenig Beachtung. So lieferte er auch Beiträge zur Entwicklung galvanischer Festkörperketten; als Sauerstoffionenleiter hat er erstmalig dotiertes Zirkonoxyd verwendet. Sie trugen aber auch zur Weiterentwicklung der Raffination von Metallen und der Prozeßsteuerung bei der Stahlherstellung bei.

So hat Carl Wagner für die physikalische Chemie und insbesondere für die Elektrochemie der Festkörper Fundamente geschaffen, die noch für lange Zeit diesem heute so wichtigen Gebiet der Technik als Mittel zur Beantwortung grundsätzlicher Fragestellungen dienen werden. Dabei hat er immer dazu geneigt, die von ihm gewonnenen Erkenntnisse zu verallgemeinern. Wenn man seinen wissenschaftlichen Arbeitsstil kennenlernen will, ist es am besten, sein Buch über die „Methoden der naturwissenschaftlichen und technischen Forschung“ zu studieren. Obwohl er Grundlagenforschung im wahrsten Sinne des Wortes betrieben hat, betrachtete er sich selbst als einen Angehörigen der angewandten Wissenschaften, und das mit Recht, da er ein ausgeprägtes Verständnis für Ingenieuraufgaben zeigte. In mancher Hinsicht trägt seine experimentelle Arbeit noch Züge der Ostwaldschen Schule, indem er bemüht war, mit einfachen Mitteln grundsätzliche Fragen zu beantworten, wie überhaupt sein klares logisches Denken sich in Diskussionen über Probleme, die scheinbar abseits lagen, immer wieder erwiesen hat.

Den Menschen Carl Wagner charakterisierte eine absolute Bindung an seine Verpflichtung als Wissenschaftler und akademischer Lehrer; er hat sein ganzes Leben der Wissenschaft gewidmet. Seine Bescheidenheit und Zurückhaltung haben es ihm oft nicht leicht gemacht, im Kreise seiner Kollegen so zu leben und zu arbeiten, daß bei ihm das Gefühl der Befriedigung zustande kam. Die Kraft zu seinem unermüdlichen Schaffen schöpfte er auf stundenlangen Spaziergängen, die er aber auch gleichzeitig dazu benutzte, um Gedanken nachzugehen und sich Klarheit über wissenschaftliche Probleme zu verschaffen. Noch in einem seiner letzten Briefe hat er mir mitgeteilt, daß er auf diese Weise wieder die Klärung einiger Fragen erzielen konnte. Seine Konzentrationsfähigkeit und sein ausgezeichnetes Gedächtnis haben ihm dabei wesentlich geholfen. Alle langatmigen Ausführungen, hinter denen sich im Grunde genommen Unklarheit verbirgt, lehnte er zeitlebens ab. Den wissenschaftlichen Gremien, in denen er mitwirkte, gab er oft sehr wertvolle Ratschläge und Hinweise, die weit über seinen eigentlichen Wissenschaftsbereich hinausgingen.

Carl Wagner hat hohe Ehrungen erfahren. Er war Mitglied vieler wissenschaftlicher Akademien, Ehrendoktor mehrerer Universitäten und Ehrenmitglied der Bunsengesellschaft. Er erhielt als erster die von den Vereinigten Staaten geschaffene Palladium-Medaille der Electrochemical Society. An der Arbeit der Sächsischen Akademie hat er als auswärtiges Mitglied und ehemaliger Leipziger stets Anteil genommen und dabei betont, daß letzten Endes in Leipzig unter Ostwald sein wissenschaftliches Interesse auf die physikalische Chemie gelenkt worden ist.

Die Sächsische Akademie der Wissenschaften ist stolz darauf, daß sie diesen hervorragenden Gelehrten, der für die physikalische Chemie noch heute besonders aktuelle Grundlagen geschaffen hat, zu ihren auswärtigen Mitgliedern zählen durfte.

Kurt Schwabe

Wilhelm Treibs

6. 11. 1890—20. 4. 1978

Mit Wilhelm Treibs ist einer der erfolgreichsten organischen Chemiker des deutschen Sprachgebietes dahingegangen. Dank einer außergewöhnlich robusten Konstitution war es ihm möglich, sein Leben lang neben allen sonstigen Verpflichtungen bis unmittelbar vor seinem Tode in seinem eigenen Laboratorium ständig selbst experimentell zu arbeiten. Dadurch hat er auf Grund persönlicher, unmittelbarer Erfahrungen die Thematik der Arbeiten zahlreicher Mitarbeiten vorklären, absichern oder ergänzen können. Noch zu seinem 75. Geburtstag wurde ihm nachgerühmt, „daß niemand ihn jemals müde oder entmutigt gesehen hätte“. Diese beneidenswerte Vitalität, verbunden mit Dynamik und großem Fleiß, ermöglichte ihm eine umfangreiche Arbeitsleistung, so daß er ein an Erfolgen und Anerkennungen reiches Lebenswerk hinterlassen konnte.

Wilhelm Treibs wurde am 6. November 1890 in Idar-Oberstein geboren und besuchte in Zweibrücken das Realgymnasium, wo offenbar bereits sein Interesse für Chemie geweckt wurde. Das Chemiestudium begann er in Bonn und setzte es in München und Göttingen fort. In Göttingen gehörten *Wallach*, *Windaus*, *Debye* und *Tamman* zu seinen Lehrern. Die Promotion wurde 1917 unter Leitung von Wallach und Wienhaus mit einer Arbeit „Ester der Chromsäure und ihre Bedeutung namentlich für die Campherreihe“ durchgeführt. Durch den Einfluß dieser beiden hervorragenden Wissenschaftler erfolgte schon frühzeitig seine Orientierung auf sein späteres Hauptarbeitsgebiet: die Chemie der ätherischen Öle und Terpene.

Im Jahre 1920 wurde W. Treibs zunächst Assistent bei Franz *Fischer* am Kaiser-Wilhelm-Institut für Kohleforschung in Mühlheim/Ruhr. Danach verbrachte er einige Jahre als Betriebsassistent, später als Betriebsleiter in der chemischen Industrie, wobei er in Premnitz, Rottweil und Bobingen sowie in Büchen (Lignose AG) tätig war. In diesen Funktionen arbeitete er vor allem an der Entwicklung von Verfahren der Kunstseidenproduktion. Praktisch wichtige Ergebnisse erreichte er in der Herstellung von Folien, Lacken und von Sensibilisatoren für den Schwarz-Weiß-Film. Außerdem gelang ihm in dieser Zeit die Schaffung der Voraussetzungen für die Farbphotographie durch die Entwicklung lichtempfindlicher Emulsionen mit Anwendung des Dreiraster-Verfahrens (grün–blau–rot). Ein nach diesem Prinzip hergestellter Farbfilm gelangte in größerem Umfange in den Handel.

1929 errichtete Treibs in Freiburg/Br. ein eigenes Laboratorium, in dem er sich rein wissenschaftlichen Aufgaben widmete. Neuartige Erkenntnisse und richtungsweisende Ergebnisse erzielte er hier über den komplizierten Mechanismus der Autoxydation ungesättigter Verbindungen und der zugehörigen Oxydations- und Radikalreaktionen. Dabei untersuchte er sowohl den Reaktionsablauf von α, β-ungesättigten Ketonen, wie die für die Lackindustrie und die Lebensmittelchemie wichtige Autoxydation der polyolefinischen Fettsäuren der „trocknenden Öle". Gleichzeitig entwickelte er neuartige Methoden, wie die durch anorganische Perverbindungen katalysierte Oxydation von Cycloaliphaten, Olefinen und Ketonen durch Hydroperoxid, eine auch für die technische Chemie interessante Reaktion. Auch die von ihm ausgearbeitete acylierende Oxydation von cyclischen Kohlenwasserstoffen mit Quecksilbersalzen hat sich als eine vielfach anwendbare Methode bewährt.

Auf Grund seiner Arbeiten über die ätherischen Öle sowie deren Autoxydation stellte ihm die an diesem Gebiet besonders interessierte Firma Schimmel und Co. in Miltitz bei Leipzig 1941 ein eigenes Laboratorium zur Verfügung. Hier dehnte er seine weiterhin außerordentlich erfolgreichen Arbeiten über die Konstitution von Sesquiterpenen und die Synthese von Methofuran, Dehydrocarvacrol und Camphenen sowie über die Dehydrierung von Terpenen auf die Erforschung der damals noch wenig bekannten nichtbenzoiden Aromaten aus. Insbesondere haben ihm seine äußerst interessanten Ergebnisse in der Konstitutionsaufklärung der bemerkenswerterweise tiefblau bis violett gefärbten Azulene und über die natürlichen Azulenbildner große Anerkennung eingetragen.

Auch das vordem wenig untersuchte 7-Ring-System des Tropons und Tropolons wurde von ihm mit gleichem Erfolge in sein Forschungsgebiet einbezogen. Ferner sind ergänzende Arbeiten über die Chemie der Fünfringe oder die mehr technisch orientierten Untersuchungen über Dicarbonsäuren als wichtige Arbeitsgebiete zu nennen.

Außer seiner Tätigkeit als Forscher und Lehrer konnte W. Treibs auch eine intensive Wirksamkeit auf publizistischem Gebiet aufweisen. So hat er das 7bändige Standardwerk von E. Gildemeister und F. Hoffmann: „Die ätherischen Öle" neu herausgegeben. Unter seiner Leitung wurde auch das sowjetische Werk „Der gegenwärtige Stand der Strukturtheorie in der organischen Chemie" in eine deutsche Fassung übertragen. Er war ferner Mitglied des Redaktionskollegiums der internationalen Zeitschrift „Tetrahedron", bis 1961 Mitherausgeber der „Chemischen Berichte" sowie Mitglied des Expertenbeirates der Zeitschrift „Parfümerie und Kosmetik". Die Zahl seiner wissenschaftlichen Veröffentlichungen beträgt nahezu 300.

Seine Arbeiten über die Chemie der ätherischen Öle und Terpene in Miltitz hatten W. Treibs in Beziehung zur Universität Leipzig gebracht. Hier habilitierte er sich 1943 und wurde unter dem damaligen Ordinarius B. Helferich Dozent und 1947 Professor mit Lehrauftrag. 1951 erfolgte seine Berufung zum Professor mit Lehrstuhl und Direktor des Instituts für Organische Chemie der Karl-Marx-Universität Leipzig. In dieser Funktion hat er den Neuaufbau der chemischen Institute in Leipzig mit Energie und Umsichtigkeit gelenkt.

Die Sächsische Akademie der Wissenschaften zu Leipzig wählte ihn 1955 zu ihrem Mitglied. W. Treibs erhielt den Nationalpreis der DDR, den Vaterländischen Verdienstorden in Silber sowie den Titel „Hervorragender Wissenschaftler des Volkes". Er war Ehrendoktor der Humboldt-Universität Berlin, ordentliches Mitglied der Akademie der Wissenschaften der DDR zu Berlin, Mitglied der Deutschen Akademie der Naturforscher Leopoldina zu Halle sowie der Chemical Society of London und der Schweizer Chemischen Gesellschaft. Ferner war er Ehrenmitglied der Chemischen Gesellschaft der DDR und Träger ihrer August-Kekulé-Medaille.

Wilhelm Treibs erfreute sich des Rufes eines temperamentvollen Lehrers und guten Redners. Seine Dynamik und menschliche Ausstrahlungskraft haben ihm nicht nur persönliche Anerkennung und Auszeichnung eingetragen. Die für seinen Arbeitsstil typische Kombination von theoretischer Durchdringung mit exakter experimenteller Laborarbeit hat ihm die Heranbildung und wissenschaftliche Ausrichtung zahlreicher Schüler ermöglicht. Mehr als 200 junge Chemiker sind von ihm wissenschaftlich geprägt worden, viele von ihnen sind in leitenden Stellungen der Industrie, mehrere als Hochschullehrer tätig.

Ulrich Freimuth

Viktor Borisovič Sočava

20. 5. 1905—29. 12. 1978

Akademiker Prof. Dr. Viktor Borisovič Sočava war einer der führenden Wissenschaftler der UdSSR auf den Gebieten der Geobotanik, der Vegetationskunde, Vegetationsklassifizierung und Vegetationskartierung, und in Weiterentwicklung seiner ursprünglichen Arbeitsgebiete der Landschaftskunde und der Geosystemforschung. Von 1959 bis zu seiner Emeritierung 1976 war er Direktor des Geographischen Instituts Sibiriens und des Fernen Ostens der Akademie der Wissenschaften der UdSSR, Sibirische Abteilung, in Irkutsk.

Am 20. 5. 1905 in St. Petersburg geboren, nahm er 1921 das Studium am Leningrader Landwirtschaftlichen Institut auf, wo er mit dem Begründer der Geobiozönologie, V. N. *Sukačov*, in Kontakt kam, dessen Gedanken er konsequent weiterentwickelt hat. Von 1926 an war er mit dem Botanischen Museum, dem späteren Botanischen Institut der Akademie der Wissenschaften der UdSSR in Leningrad, verbunden. Hier begann eine rege Forschungstätigkeit auf Expeditionen in wenig erforschte Gebiete zwischen Ural und dem Fernen Osten. Er war Teilnehmer der berühmten Nordural-Expedition der AdW der UdSSR und war drei Jahre bis 1929 im Polar-Ural und Nordural forschend tätig. 1929 bis 1935 galt sein Interesse, angeregt durch die Erfahrungen im Ural, der Erforschung der Tundra Nordsibiriens und des Fernen Ostens. In zahlreichen Veröffentlichungen zu Problemen der Tundraentwicklung, zur Entstehung der Fleckentundra, zur Waldlosigkeit der Tundra und, allgemeiner, zu den Methoden der Erkundung der Tundravegetation hat er die Ergebnisse niedergelegt. Gleichzeitig richtete er seine Aufmerksamkeit auf die wirtschaftliche Nutzung dieser extremen geographischen Gebiete. Als Leiter einer Abteilung im Institut für Rentierkunde, später im Allunions-Arktis-Institut Leningrad erwarb er sich große Verdienste in der wissenschaftlichen Ermittlung der Futterbasis für die Rentierzucht. Untersuchungen zur Struktur der Rentierweiden und ihrer Tragfähigkeit, zur Organisation der Systeme der Weidegänge, zur Pflege und Aufbau der Weidegründe führten zu einer wissenschaftlich begründeten Rentierzucht im Norden Sibiriens und des Fernen Ostens.

Das Präsidium der AdW der UdSSR verlieh V. B. Sočava 1935 ohne Verteidigung einer Dissertation in Anerkennung seiner wissenschaftlichen Leistung den Grad eines Kandidaten der Wissenschaften. Noch in den 30er Jahren begann Sočava weitere Forschungen in den südlichen Teilen des Fernen Ostens (Bureja-Kette, Sichote-Alin, Amur-, Gornia- und Urma-Gebiete). Wenn auch der Hauptzweck Vegetationsuntersuchungen waren, so erweiterte Sočava seine Arbeiten auf eine Reihe geographischer Probleme. So untersuchte er Zusammenhänge der erkundeten Vegetationsgliederung mit der Luftmassendynamik; im Amurgebiet stellte er Beziehungen zwischen der Entwicklung der Tundravegetation und Formen des Mikroreliefs dar. 1939 folgten ähnliche Arbeiten im Hochgebirge des Erzaltai, verbunden mit Untersuchungen über dessen ehemalige und rezente Vergletscherung, sowie anschließend Vegetationsstudien auf der Ostabdachung des Südurals.

Die breiten geographischen Erfahrungen und praktischen Arbeiten in verschiedenen Naturräumen der UdSSR faßte V. B. Sočava in allgemeinen Prinzipien der Klassifikation der Vegetationsdecke auf ökologisch-geographischer und genetischer Grundlage zusammen. Seinem 1944 veröffentlichten „Versuch einer Phylogenozönotischen Systematik der Pflanzenassoziationen" folgte im gleichen Jahr die Verteidigung seiner Doktorarbeit für biologische Wissenschaften mit dem Titel: „Anwendung von genetischen Kriterien der Bewertung der ökologischen und strukturellen Besonderheiten der Vegetationsdecke, bei Einführung einer neuen taxonomischen Einheit — der Fratri-Formation (= Schwester/Bruder-Formation)". Diese regional-typologische Einheit vereinigt Formationsklassen, die auf gleicher phylozönogenetischer Grundlage entstanden sind, obgleich sie sich in ihren physiognomischen Merkmalen unterscheiden. Es handelt sich mithin um das Gegenstück zu den oft behandelten Konvergenzerscheinungen. Die geographische Verbreitung der Formationsfratri weist einen engen Zusammenhang zwischen der Entwicklung der Vegetationsdecke und der Entwicklung des ganzen Komplexes der Naturbedingungen auf.

Diese enge Verbindung geobotanischer Kartierung, genetischer Gesichtspunkte und ökologischer Bedingungen prägt auch in den Nachkriegsjahren die Arbeit Sočavas. Trotz aktueller Aufgabestellungen erscheinen rückschauend die Expeditionen in den Nordkaukasus, nach Adscharien, später in das Transkarpatengebiet und Moldawien als Stationen für die Grundlegung umfassender Prinzipien der Vegetationsentwicklung und Vegetationsgliederung. Die Anwendung der Erfahrungen auf Fragen der Landnutzung erscheint auch hier als wichtiges Anliegen, so in der Erarbeitung einer agrargeographischen Methode der Bewertung von landwirtschaftlichen Nutzflächen oder die Feststellung geeigneter Gebiete für den Teeanbau. Mitte der 50er Jahre faßt Sočava die Erfahrungen seiner Vegetationsstudien in mehreren Publikationen zusammen. Seit 1950 ist er Leiter des Labors für Vegetationsgeographie und Vegetationskartierung des Botanischen Instituts der AdW der UdSSR. Damit hatte er wesentlichen Anteil an der Redaktion und Leitung verschiedener bedeutsamer Kartenwerke, z. B. der Vegetationskarte des europäischen Teils der Sowjetunion, der geobotanischen Karte der UdSSR, von Vegetationskarten des Pribaltikums und Rumäniens, wofür er als Teilnehmer an der sowjetisch-rumänischen Expedition Erfahrungen in den Südkarpaten gewinnen konnte. Die Serie der von ihm betreuten Kartenwerke läßt erkennen, daß er bemüht war, die Aussagemöglichkeiten der Vegetationskarten zu verdichten und für sie den Charakter der Komplexkarten zu entwickeln. Anerkennung und Wertschätzung dieser kartographischen Leistungen äußern sich in der Berufung zur Mitarbeit in internationalen kartographischen Gremien, so 1964 in die UNESCO-Kommission zur Ausarbeitung der Grundlagen für eine Weltvegetationskarte. Dieser Lebensabschnitt erfuhr seinen Höhepunkt durch die Teilnahme an der komplexen Amur-Expedition der AdW der UdSSR 1957 bis 1958, wo seine Aufgabe in der Erkundung der Vegetationsdecke des Amurgebietes im Zusammenhang mit Hydroprojekten und der naturräumlichen Gliederung dieses Raumes lag.

1959 wurde V. B. Sočava zum Direktor des neugegründeten Instituts für die Geographie Sibiriens und des Fernen Ostens, Sibirische Abteilung der AdW der UdSSR, in Irkutsk berufen. Hier übte er bis zu seiner Emeritierung 1976 eine vielseitige wissenschaftliche und wissenschaftsorganisatorische Tätigkeit aus, wofür ihm im Irkutsker Institut und mehreren Außenstellen durchschnittlich 270 Mitarbeiter zur Verfügung standen. Selbstverständlich führte er die bisherige Arbeitsrichtung zur geobotanischen Kartierung weiter (Vegetationskarte des Amurgebietes 1968 und des südlichen Ostsibirien 1972). Er erweiterte aber diese Vegetationskartierung durch andere thematische Karten bis zur Entwicklung komplexer Regionalatlanten (Irkutsker Oblast 1962, Atlas Transbaikaliens 1967).

Charakteristischer für diesen Lebensabschnitt ist die Hinwendung zur Physischen Geographie, wobei er sowohl regionale Untersuchungen wie auch Fragen der Nutzanwendung berücksichtigte. Die in einer ersten Arbeit 1956 behandelten Prinzipien der physisch-geographischen Rayonierung führte er über Begriffsbestimmungen in der Physischen Geographie, Untersuchungen zur physisch-geographischen Gliederung Nordasiens bis zur Theorie der Geosysteme. Eine wesentliche Etappe auf diesem Weg war die Begründung von Feldstationen, von denen aus in mehrjähriger Durchforschung einschließlich langfristiger Meßserien Landschaftsprofile aufgenommen wurden, „Transsekte", die in der Regel eine Länge von mehr als einem Kilometer und einige hundert Meter Breite haben und unter verschiedenen Aspekten kartiert wurden. Aus dieser hierfür entwickelten Methode entstanden zwei hervorragende Regionalstudien über die südliche Taiga im Angara-Gebiet und zur „Topologie der Geosysteme der Steppe". Sie beweisen den überragenden Wert stationärer Feldstationen für die Landschaftsforschung, gestatten Struktur, Funktion und Dynamik der niedrigsten topischen Grundeinheiten des Naturmilieus komplex zu erfassen und auf experimentellen Untersuchungen aufzubauen. Ein internationales Symposium „Topologie der Geosysteme 1971" stellte die bis dahin gewonnenen Ergebnisse zur Diskussion. Die auf diesem Symposium beruhende Aufsatzsammlung kann als die bisher ausgefeilteste Darlegung der systemtheoretisch unterbauten Landschaftskunde angesehen werden. Eine geschlossene Darstellung über Geosysteme konnte Sočava noch in seinem letzten Lebensjahre publizieren.

Neben den physisch-geographischen Aufgaben des Irkutsker Institutes spielen selbstverständlich Forschungen in anderen Zweigen der Geographie keine geringe Rolle. Neben den Untersuchungen zur Siedlungs- und Wirtschaftsstruktur der Gegenwart müssen vor allen Dingen auch die Versuche hervorgehoben werden, die künftige Entwicklung der Territorien in den wichtigsten Trends zu erfassen. In diesem Sinne gewinnt auch die geomedizinische Abteilung des Institutes in Irkutsk ihre Bedeutung, denn sie analysiert die Bedingungen der Umwelt, die die künftigen Siedler beeinflussen, ihre Gesundheit, ihr Wohlergehen gefährden können und eine entsprechende Anpassung in der Lebensweise erfordern. Die reichen Ergebnisse der Institutsarbeit sind in der Institutszeitschrift, den Doklady, niedergelegt.

Selbstverständlich erhielt V. B. Sočava zahlreiche Ehrungen, so z. B. zweimal den Leninorden, und zwar 1954 in Würdigung seiner Tundraforschung und 1975 zum 70. Geburtstag in Würdigung seiner wissenschaftlichen und wissenschaftsorganisatorischen Leistungen im Irkutsker Institut. 1958 wurde er zum Korrespondierenden Mitglied der Sowjetischen Akademie der Wissenschaften gewählt, 1968 zum Ordentlichen Mitglied. Seiner Initiative entsprang der „Wissenschaftliche Rat für die komplexe Nutzung der Taigagebiete" und die „Kommission zur komplexen Kartierung der Naturräume, der Wirtschaft und Siedlungen" bei der Sibirischen Abteilung der Akademie der UdSSR. Unter den Ehrungen durch ausländische wissenschaftliche Gesellschaften sei nur hervorgehoben die Ehrenmitgliedschaft bei der Geographischen Gesellschaft der DDR.

Die persönlichen Eigenschaften V. B. Sočavas werden in der Würdigung zu seinem 70. Geburtstag hervorgehoben: seine tiefe wissenschaftliche Verantwortung, Überzeugungskraft und Prinzipientreue, die hohe wissenschaftliche Gewissenhaftigkeit, seine große Energie und Arbeitsfähigkeit und sein unbändiger Wunsch, zur Lösung theoretischer Probleme der Geographischen Wissenschaften und zur Entwicklung fortschrittlicher wissenschaftlicher Ideen beizutragen.

Was Viktor Borisovič Sočavas wissenschaftliches Werk kennzeichnet, ist der Weg vom Biologen zum Geographen. Er nimmt damit persönlich eine Wissenschaftsentwicklung vorweg, die sich in den nächsten Jahrzehnten in breiterer Front durchsetzen dürfte. Zwangsläufig führt die ökologische Betrachtungsweise zu einer stärkeren Beachtung der geographischen Umwelt, die die ökologischen Faktoren für die Formen der Biosphäre in sich birgt. Sočava, der von der Tundra über Taiga und Steppe bis in die Trockengebiete Mittelasiens die Spannweite der Vegetationsformen und dabei die Unterschiedlichkeit ihrer geographischen Bedingungen auf eigenen Forschungsreisen erlebt hat, mußte sich des engen Zusammenhanges zwischen Pflanzendecke und geographischen Bedingungen als einer kaum mehr zu trennenden Einheit bewußt werden. Er sah den Schlüssel zur geobotanischen Mannigfaltigkeit, die zu kartieren er in reichem Maße Gelegenheit hatt-, in der Mannigfaltigkeit der geographischen Ausstattung und ihrem zeitlichen Wandel. Die Methoden der Transsekt-Kartierungen in Feldstationen fußt ebenso auf der Ökosysteme forschung wie auf der geographischen Landschaftsanalyse. Hier sind Biologie und Geographie in einer neuen Form vereinigt worden, aber Sočava hat die Ergebnisse solcher Forschungen z. B. als „Topologie der Geosysteme der Steppe" publiziert (und in entsprechender Weise die der südlichen Taiga im Angara-Gebiet) und damit kundgetan, daß er in der Erforschung der Geosysteme einen entscheidenden Schritt für die Lösung der Aufgaben sieht, die man oft als Sicherung der Biosphäre umschreibt.

Dazu kommt allerdings ein zweites. Sočava kannte trotz aller subtilen und oft auf Methodisches orientierten Spezialarbeit des Geobotanikers immer den gesellschaftlichen Auftrag, den er mit seinen Forschungen für die Entwicklung der Lebensgrundlagen zu erfüllen hatte. Das sehen wir an der Anwendung seiner Tundraforschung für die Optimierung der Renwirtschaft, bei den medizinischen Untersuchungen in Gebieten, die für die Erschließung vorgesehen sind, bei den Unterscheidungen verschiedener Nachfolgeformen der südlichen Taiga unter dem Einfluß der Besiedlung und Nutzung. Gerade der Blick auf die gesellschaftlichen Notwendigkeiten der nahen Zukunft zwangen ihn, die Geosysteme und deren Elemente, die als erste durch menschliche Eingriffe Veränderungen erfahren, als das entscheidende Glied anzusehen, von dessen naturgesetzlich vorgezeichneten Prozessen als Reaktion auf diese Eingriffe ein großer Teil der Veränderungen in der Biosphäre ausgelöst wird.

Auf diesem Wege zur geographischen Betrachtungsweise suchte Sočava Geographen, die ihm als Partner zur Seite stehen und die von der Biologie her entwickelten Auffassungen stützen konnten. Er fand sie unter anderem in der landschaftsökologischen Arbeitsweise, die ich mit meinen Schülern seit der Mitte der 50er Jahre aufgebaut hatte. Von ihr übernahm er auch das Wort Topologie, weitete allerdings den Begriff durch Einbeziehung chorologischer Elemente aus. Er suchte die wissenschaftliche Begegnung, er richtete den Termin für das Symposium „Topologie der Geosysteme 1971" von vornherein so ein, daß die Fachkollegen aus der DDR teilnehmen konnten, und er übertrug diese wissenschaftlichen und persönlichen Beziehungen auch auf die nächste Generation, so daß sein Werk auch in dieser Hinsicht weiterleben wird.

Die Berufung V. B. Sočavas zum Auswärtigen Mitglied der Sächsischen Akademie der Wissenschaften zu Leipzig sollte nicht nur eine Ehrung sein, sondern auch künftige Zusammenarbeit unterbauen. Durch seinen unerwartet frühen Tod kann sie leider nur den Dank für die fruchtbare Zusammenarbeit vergangener Jahre zum Ausdruck bringen.

Ernst Neef

Philologisch-historische Klasse

Walter Baetke

28. 3. 1884—15. 2. 1978

Wenige Wochen vor Vollendung seines 94. Lebensjahres verstarb in Leipzig das langjährigste und älteste ordentliche Mitglied der philologisch-historischen Klasse, Dr. phil. Dr. theol. h. c. Walter Baetke, emeritierter Ordinarius für Religionsgeschichte und Nordische Philologie an der Karl-Marx-Universität Leipzig.

Walter Baetke stammte aus der Neumark, wo er am 28. März 1884 als Sohn eines Polizeiangestellten in Sternberg (heute VR Polen) geboren wurde, wuchs allerdings in Stettin auf, wohin die Mutter nach dem frühen Tod des Vaters mit ihren vier Kindern gezogen war. Nach Abschluß der Oberrealschule begann er 1902 mit der Absicht, Lehrer zu werden, an der Universität Halle/Saale Germanistik, Anglistik, Pädagogik und Philosophie zu studieren. Zu seinen Lehrern gehörten hier die Professoren A. E. *Berger*, O. *Bremer* (der ihn als erster ins Altnordische einführte), H. E. *Ebbinghaus*, A. *Kirchhoff*, A. *Riehl*, Ph. *Strauch*, H. *Vaihinger*, *Wagner* und *Wiese*. Da er auch einige Semester an der Berliner Universität verbrachte, belegte er dort Vorlesungen bei A. *Brandl*, M. *Dessoir*, W. *Dilthey*, R. M. *Meyer*, F. *Paulsen*, E. *Schmitt* und U. *von Wilamowitz-Moellendorff*. Nach eigenen Aussagen hat sich Baetke jedoch in erster Linie dem Selbststudium gewidmet und tatsächlich lassen sich auch im Hinblick auf seine spätere wissenschaftliche Arbeit kaum maßgebende Vorbilder und Anregungen aus seiner Studienzeit nachweisen. Auffällig ist auch, daß er keine theologischen oder religionswissenschaftlichen Lehrveranstaltungen besucht hat, außer daß er, wie viele zu seiner Zeit, gelegentlich den berühmten Kirchenhistoriker Adolf von Harnack hörte. Dieser Tatbestand macht Baetkes spätere Eigenständigkeit und Stellung jenseits herkömmlicher Schulrichtungen gut verständlich. 1906 promovierte er in Halle mit einer Spezialarbeit über das englische Drama zur Zeit Shakespeares zum Dr. phil. Nach Ablegung des Staatsexamens für das Höhere Lehramt 1907 ging er in den Schuldienst, zunächst als Assessor in Schönebeck/Elbe, Magdeburg und Suhl, dann ab 1910 als Studienrat an das Stadtgymnasium in Stettin. Bereits 1913, also für damalige Zeit in recht jungen Jahren, wurde er mit der Leitung der Ernst-Moritz-Arndt-

Schule in Bergen auf Rügen betraut, einer Realschule, die er in den folgenden Jahren mit großer Tatkraft zu einem Realgymnasium (eine Art Oberschule) ausbaute.

In dieser seiner Rügener Zeit hat Baetke neben seinen pädagogischen Verpflichtungen in zunehmendem Maße wissenschaftlich gearbeitet. Seine frühen Publikationen erstrecken sich auf unterschiedliche Gebiete: das der „Jugendpflege" und Schulreform, das der Kultur- und Religionsphilosophie (wobei er von Tolstoi beeinflußt ist, aber auch mit Hegel argumentiert), das der deutschen Literaturgeschichte (besonders Wilhelm Raabe und Heinrich von Kleist hatten es ihm angetan), dann beschäftigten ihn vor allem Probleme der von ihm geliebten niederdeutschen Sprache und Dichtung. Schon in den 20er Jahren beginnt daneben immer mehr das Interesse Baetkes, sich der altnordischen (altisländischen) Literatur zuzuwenden. Um diese eigenwillige Dichtkunst des Nordens auch breiteren Kreisen zu erschließen, übersetzte er zahlreiche Werke der Sagaliteratur (Vier Isländergeschichten, 1923; Bauern und Helden, 1923—1934; Die Geschichten von den Orkaden, Dänemark und der Jomsburg, 1924; Islands Besiedlung und älteste Geschichte, 1928; Geschichten vom Sturlungengeschlecht, 1930). 1930 unternahm er eigens eine Studienreise nach Island.

Dieser Umgang mit einem wichtigen Teil der nordgermanischen Überlieferung führte Baetke sehr bald in die Probleme der Germanenforschung überhaupt, insbesondere der germanischen Religion und der Christianisierung der Germanen. Dabei spielten von vornherein die politisch-ideologischen Vorgänge der 30er Jahre hinein, wie sie sich in Form des nationalsozialistischen „Mythus" Alfred Rosenbergs und der von der antichristlichen „Deutschen Glaubensbewegung" entfachten „völkisch-rassischen" Umdeutung der germanischen und frühdeutschen Geistesgeschichte äußerten. Da Baetke hierbei von vornherein als entschiedener Gegner dieser Pseudowissenschaft auftrat und seine Position offen in Vorträgen und Schriften zur Geltung brachte, wurde man auch von akademischer Seite auf ihn aufmerksam. Im Frühjahr 1933 lud ihn die Theologische Fakultät der Universität Greifswald zu Vorträgen über dieses Thema in der Aula ein und erteilte ihm ein Jahr darauf einen Lehrauftrag für „Germanische Religionsgeschichte". Auch die Leipziger Theologische Fakultät bemühte sich bald um ihn, als 1934 ihr Ordinarius für Religionsgeschichte, Hans Haas, unerwartet starb. Die Berufungsverhandlungen stießen allerdings auf erhebliche Schwierigkeiten, da die staatliche Seite (d. h. das sächsische Volksbildungsministerium in Dresden) mit dem Vorschlag der Fakultät nicht einverstanden war: man wollte keinen Gegner der NS-Ideologie berufen. Erst als die Fakultät hart blieb und mit geschickten Argumenten die Gegenvorschläge der Regierung entkräften konnte, kam es zu einer Einigung (am 9. 8. 1935). Baetke wurde zum 1. 10. 1935 nach Leipzig berufen, mußte allerdings noch bis zum 5. 2. 1936 auf seine ministerielle Bestätigung warten, übernahm aber schon den Lehrstuhl kommissarisch. Mit ihm blieb, wie es in einem Fakultätsgutachten heißt, die „streng methodisch wissenschaftliche Tradition des Leipziger Lehrstuhls" gewahrt.

Die Zeichen, unter denen Baetke seine Hochschullehrertätigkeit in Leipzig begann, waren denkbar ungünstig. Der wachsende Einfluß der NS-Ideologie innerhalb und außerhalb der Universität führte immer wieder zu Auseinandersetzungen mit ihr und kosteten ihm viel Zeit und Energie, nicht nur durch häufige Vorträge, sondern auch durch eine ausgedehnte Rezensionstätigkeit, mit der er versuchte, unter der üppig ins Kraut schießenden Literatur auf dem Felde der Germanenforschung die Spreu vom Weizen zu sondern. Seine in mehreren Auflagen verbreiteten Streitschriften, die teilweise in fremde Sprachen (u. a. ins Japanische) übersetzt wurden, sind vielfach aus Vorträgen erwachsen, die er vor interessierten Kreisen der Bevölkerung hielt, insbesondere in christlichen Gemeinden, die sich einer Zerreißprobe zwischen „Deutschen Christen“ und „Bekennender Kirche“ ausgesetzt sahen. Baetke, der der letzteren nahe stand, ohne alle ihre theologischen Ansichten (etwa die Karl Barths) zu teilen, hat oft unter persönlicher Gefahr seine Auffassungen zu den damals brennenden Problemen, wie „Arteigene germanische Religion und Christentum“ (als selbständige Schrift 1933, ²1936), „Germanischer Schicksalsglaube“, „Wesenszüge nordischer Frömmigkeit“ (gedruckt 1937), „Religion und Politik in der Germanenbekehrung“ (1937; Kleine Schriften, 351—369), „Die Annahme des Christentums durch die Germanen“, vor einer größeren Zuhörerschaft vorgetragen. Diese aufrechte Haltung — B. gehörte keiner nazistischen Organisation an und lehnte die Aufnahme in die „Reichsschrifttumskammer“ ab — führte dazu, daß weder seine Wahl 1940 in die Prüfungskommission der Theologischen Fakultät noch die 1943 erfolgte Wahl zum ordentlichen Mitglied der Sächsischen Akademie der Wissenschaften zu Leipzig bestätigt wurde (dies geschah erst nach 1945).

Die Lehrtätigkeit in Leipzig brachte auch die Einarbeitung in das weite Feld der allgemeinen Religionsgeschichte und vergleichenden Religionswissenschaft mit sich. Baetke hat diesen Einstieg von seiner profunden Quellenkenntnis zur germanischen und nordischen Religionsgeschichte in einer beachtenswerten Weise gefunden, die es ihm ermöglichte, Spezialkenntnisse mit allgemeinen Problemstellungen der religionswissenschaftlichen Theoriediskussion zu verbinden. Drang er einerseits als strenger Philologe auf das Studium der Quellen als Grundlage jeder religionshistorischen Arbeit, um damit den Zugang zum Verständnis der Religionen von der Geschichte und Gesellschaft her zu begreifen, so suchte er andererseits eben von dieser Basis aus jede theologisch-dogmatische und subjektivistisch-irrationale, vom „Erlebnis“ her diktierte Betrachtung der Religionsgeschichte als für die Religionswissenschaft nicht legitim zu erweisen. Er stellte sich damit weit außerhalb der gängigen Tradition in der deutschen Religionswissenschaft und machte Leipzig mit seinem alten Erbe religionshistorischer Forschung zu einem neuen Zentrum dieser Arbeit. Baetke hat diese seine Konzeption in zwei kurzen, aber gewichtigen und nicht zu unterschätzenden Darstellungen zum Ausdruck gebracht: „Das Phänomen des Heiligen. Eine religionswissenschaftliche Grundlegung“ (1942, aus kriegsbedingten Gründen der Untersuchung „Das Heilige im Germanischen“ vorangestellt; vgl. Kleine Schriften 56—84), und „Aufgabe und Struktur der Religionswissenschaft“ (1952, Kleine Schriften 13—27). Am anschaulichsten dargelegt hat er seine Überzeugung vom geschichtlichen Charakter, an Gemeinschaft, Kult und Überlieferung gebundenen und von daher interpretierbaren Religionsformen in seinen Spezialarbeiten zur germanischen Religion, unter denen in erster Linie sein wohl bedeutendstes Werk auf diesem Gebiet, „Das Heilige im Germanischen“ (1942), eine grundlegende quellenkritische Untersuchung zu nennen ist, ergänzt von dem gleichzeitig vorgelegten Aufsatz „Der Begriff der ‚Unheiligkeit‘ im altnordischen Recht“ 1942; Kl. Schr. 90—128). Beide Arbeiten sind Musterbeispiele philologisch-historischer Untersuchungen, die in ihrer Art der Wort- und Religionsgeschichte neue Impulse vermittelten. Der Forderung nach fundierter Quellenkenntnis kam Baetke selbst nach durch eine umfangreiche, in ihrer Vollständigkeit bis heute nicht erreichte Quellensammlung (in deutscher Übersetzung): „Die Religion der Germanen in Quellenzeugnissen“ (1937, ³1944). Sie trägt in ihrer Auswahl und Anordnung sehr deutlich den Grundsätzen der von ihm geforderten religionsgeschichtlichen Betrachtungsweise Rechnung, nämlich eine Religion zunächst von ihrem objektiven Vorstellungsgehalt, ihrem Kult und Gemeinschaftscharakter zu verstehen. Die Mythologie spielt dabei nur eine untergeordnete Rolle und hat, sofern sie sich von Kult und Glaube gelöst hat, keine eigentlich religiöse Bedeutung mehr. Baetke hat in dieser Beziehung auch ganz entschieden mit der beherrschenden naturmythologischen Theorie gebrochen und im Bereich von

Geschichte und Gesellschaft den primären Horizont der religiösen Vorstellungswelt gesehen (vgl. Kl. Schr. 44—55; 195—205). Noch im vorletzten Kriegsjahr (1944) gelang es ihm, eine Reihe seiner Aufsätze unter dem Titel „Vom Geist und Erbe Thules“ herauszubringen. Eine Zusammenfassung über die „Germanische Religion“, wie sie sich ihm nach lebenslanger Arbeit darstellte, legte er erst 1958 in der Enzyklopädie „Die Religion in Geschichte und Gegenwart“ (Bd. 2; vgl. Kl. Schr. 28—36) vor.

Der 2. Weltkrieg, der Baetke auch persönlich durch den Soldatentod seines Sohnes schwer traf und der die Lehr- und Forschungsarbeit immer mehr einschränkte, um sie „kriegsbedingten“ Forderungen zu unterwerfen, führte schließlich auch zur materiellen Zerstörung: mit der Ausbombung der Universitätsgebäude im Dezember 1943 wurde auch das Religionsgeschichtliche Seminar mit seiner reichhaltigen Bibliothek ein Opfer der Flammen. Eine der ersten Aufgaben, die Baetke nach Kriegsende und nach der Neueröffnung der Universität in Angriff nahm, war der Neuaufbau dieser alten Lehr- und Forschungsstätte. Noch wichtiger aber war ihm, beim geistigen Wiederaufbau in Gesellschaft und Universität mitzuwirken, und er hat dies in erheblichem Maße bis zu seiner Emeritierung (1955) getan. Im Rahmen der Neuordnung der Universität übernahm er 1946 den verwaisten Lehrstuhl für Nordische Philologie in der Philosophischen Fakultät. Dadurch ergab sich auch die Realisierung eines ihm schon länger vorschwebenden Planes, nämlich die Umsetzung des Fachbereichs Religionsgeschichte aus der Theologischen in die Philosophische Fakultät; dies erfolgte endgültig ab Wintersemester 1946/47. Der neue Wirkungskreis bedeutete für Baetke die Betreuung zweier Fachgebiete (die auch institutionell und räumlich getrennt waren), eine doppelte Belastung, die er aber mit unermüdlicher Energie und aus großer Hingabe zur Sache der beiden in seiner Person seit Jahrzehnten verbundenen Interessengebiete bis weit über sein Emeritierungsalter hinaus bewältigte. 1948—50 versah er zusätzlich noch das Amt des Dekans der Philosophischen Fakultät. Bis in sein 75. Lebensjahr hinein hielt er regelmäßig einige Kollegs und behielt die kommissarische Leitung der Nordistik und Religionsgeschichte bei.

Baetke hat nach seiner Berufung auf die nordische Professur (1946) seine Forschungen auf dieses ihm vor allem anderen nahestehende Interessengebiet konzentriert, ohne deshalb religionsgeschichtliche Fragestellungen außer acht zu lassen. So legte er in seiner ersten in den Sitzungsberichten unserer Akademie erschienenen Arbeit „Die Götterlehre der Snorra-Edda“ (1950) dar, daß man dem isländischen Mythographen Snorri Sturluson nicht gerecht wird, wenn man ihn ausschließlich als Bewahrer echt heidnischen Gedankengutes betrachtet, daß er vielmehr als Kind seiner Zeit, des christlichen hohen Mittelalters, verstanden werden muß. Die folgenden Akademie-Abhandlungen („Christliches Lehngut in der Sagareligion. Das Svoldr-Problem. Zwei Beiträge zur Sagakritik“, 1951; „Über die Entstehung der Isländersagas“, 1956; vgl. Kl. Schr. 206—246, 256—276, 319—350) dürfen als bahnbrechende Untersuchungen zur altisländischen Sagaliteratur bezeichnet werden. Anregungen der sog. isländischen Schule aufgreifend, entwickelte Baetke die Sagakritik weiter und rief damit in der deutschen Nordistik einen Wandel in der Wertung der altnordischen Prosaliteratur, besonders der Isländersagas, hervor. Er brach mit der herrschenden Auffassung, die in ihnen weitgehend zuverlässige historische Quellen der vor- und frühchristlichen Zeit auf Island sah, ohne in Rechnung zu stellen, daß diese Werke erst Jahrhunderte nach den in ihnen geschilderten Vorgängen (die dem 9.—11. Jahrhundert zugeordnet werden) auf das Pergament gekommen sind (13. Jahrhundert). Demgegenüber zeigte er, daß die realistische Prosa der Isländersagas auf dem Boden der gesellschaftlichen, politischen und kulturellen Verhältnisse des 13. Jahrhunderts auf Island erwachsen ist und nur von da her verstanden werden kann. Nach Baetkes Auffassung sind die Sagas in erster

Linie als literarische Kunstwerke dieses Jahrhunderts zu betrachten und spiegeln Zeit und Umwelt ihrer Verfasser, zum Teil in kritischer Sicht, wider. Das schließt ein, daß auch christliches Gedankengut in sie eingeflossen ist. Diese Erkenntnisse wandte Baetke in den Einleitungen zu den Heften der von ihm neuherausgegebenen „Altnordischen Textbibliothek" (1952—1960) auf einzelne Sagatexte an. Untersuchungen seiner Schüler bewegten sich in derselben Richtung. Einige von ihnen sind in der von ihm geschaffenen Schriftenreihe „Saga. Untersuchungen zur nordischen Literatur- und Sprachgeschichte" (seit 1956) erschienen.

Ein besonderes Anliegen Baetkes als Hochschullehrer war es, die technischen Voraussetzungen für das Studium der Sagaliteratur an den Universitäten zu verbessern. Davon zeugen die schon genannten Textausgaben mit ihren Glossaren und Kommentaren. Höhepunkt dieser Bestrebungen war die Erarbeitung eines „Wörterbuches zur altnordischen Prosaliteratur". Baetke übernahm diese Aufgabe im Auftrage der Sächsischen Akademie der Wissenschaften im Jahre 1952. Innerhalb von nur 16 Jahren wurde mit einem kleinen Mitarbeiterstab unter Leitung von Dr. Rolf Heller ein zweibändiges Handbuch geschaffen (1. Band 1965, 2. Band 1968), das inwischen an in- und ausländischen Universitäten über den Bereich der Lehre hinaus zu einem Standardwerk geworden ist. Bereits nach 8 Jahren ist das Wörterbuch (in einem Band) in einer zweiten, durchgesehenen Auflage herausgekommen.

Noch 1974 erschien in der Reihe „Wege der Forschung" eine Dokumentation zur Geschichte der Sagaforschung seit dem 19. Jahrhundert anhand von ausgewählten Aufsätzen und bedeutsamen Abschnitten größerer Werke („Die Isländersagas", Darmstadt, Bd 151; vgl. Kl. Schr. 247—255). Auswahl und kommentierende Einleitung waren bereits ein Jahrzehnt zuvor abgeschlossen worden; sie zeichnen auf engen Raume noch einmal ein Bild von der Sagaliteratur, wie es sich Baetke nach jahrzehntelanger Beschäftigung mit diesen Meisterwerken des isländischen Mittelalters darstellte.

Neben dieser Konzentration auf die Sagaforschung hat Baetke noch einmal direkt in die Diskussion um Probleme der germanischen Religionsgeschichte eingegriffen. Als in den 50er Jahren die Theorie des Gott- und Sakralkönigtums die Religionswissenschaft zu beherrschen begann und entsprechend auch auf das Gebiet der Germanenforschung übergriff, indem verschiedentlich der sakrale oder gar göttliche Charakter der germanischen Könige behauptet wurde, wies Baetke in einer gründlichen quellen- und überlieferungskritischen Studie die Haltlosigkeit dieser Auffassung nach (Yngvi und die Ynglinger, 1964; gekürzt in Kl. Schr. 143—194). Die vielerorts damit verbundene These von der „Kontinuität" angeblich urgermanischer Vorstellungen in der Welt des Mittelalters, die vor allem in der NS-Zeit seltsame Blüten trieb und in jüngster Zeit wieder auflebte, ist in diesem Zusammenhang von Baetke als Irrweg der Forschung abgewiesen worden. Damit zeigte sich erneut, daß das von ihm vertretene und weiterentwickelte Germanenbild, das sich sehr wesentlich von nationalistisch-emotionalen und mystisch-romantischen Klischees unterschied, bis in die Gegenwart haltbar und tragfähig ist; die moderne Forschung hat es inzwischen auch in mannigfaltiger Weise bestätigt. Die 1973 herausgegebenen „Kleinen Schriften" Baetkes, die die ganze Weite seiner Arbeitsweise trotz Konzentration anschaulich machen, dokumentieren sehr deutlich Kontinuität und Fortschritt in der Betrachtungsweise; sie sind wegen ihres methodisch geradezu modellhaften Charakters ein Vermächtnis an die jüngere Gelehrtengeneration. Der Geist, der durch diese Schriften weht, ist der der „Entmythologisierung"; man spürt in ihnen „das Ethos eines Aufklärers, der mit scharfem Intellekt und unerbittlicher Wahrheitsliebe die Dinge wieder zurechtrückt" (A. Häny). Aus diesem Grund bewahren viele seiner Arbeiten ihre Aktualität und wurden gerade in letzter Zeit durch Nachdrucke wieder zugänglich gemacht (s. Bibliographie). Die geplante Wiederaufnahme des ihn immer erneut beschäftigenden Fragenkreises um den Übergang der germanischen Stämme zum Christentum, war ihm leider nicht mehr vergönnt. Sah er doch immer mehr die Aufgabe darin, diese Vorgänge nicht bloß unter kirchengeschichtlichem Blickpunkt zu sehen, sondern sie von den politisch-gesellschaftlichen Zusammenhängen der Zeit her zu begreifen. Dazu hatte er in seinen früheren Studien bereits wesentliche Vorarbeit geleistet.

W. Baetkes persönliches und wissenschaftliches Lebenswerk hat vielfache Anerkennung und Auszeichnung gefunden. Dazu gehört in erster Linie seine Wahl in die Sächsische Akademie (1943), die erst nach dem Zusammenbruch des NS-Regimes 1945 realisiert werden konnte; sie bedeutete ihm sehr viel, und als ihm anläßlich seines 90. Geburtstages die Moritz-Wilhelm-Drobisch-Medaille überreicht wurde, war dies ein Zeichen des Dankes der Akademie an eines ihrer langjährigsten ordentlichen Mitglieder. 1946 verlieh ihm die Theologische Fakultät Leipzig die Würde eines Dr. theol. h. c. 1959 ehrte ihn die Regierung der DDR mit dem „Vaterländischen Verdienstorden in Silber" und 1961 mit dem Titel „Hervorragender Wissenschaftler des Volkes". Zu seinem 80. Geburtstag 1964 brachten ihm in- und ausländische Kollegen, Freunde und Schüler eine „Festschrift" dar (erschienen 1966).

Mit Walter Baetke verließ uns nicht nur ein großer Gelehrter, der einer Generation angehörte, für die Wissenschaft und Leben eng verbunden waren und der das Ideal kritischer Strenge absolutes Gebot war, sondern auch eine integre Persönlichkeit, die durch Bescheidenheit, Güte und klare humanistische Gesinnung geprägt war; dessen sind sich alle mit Dankbarkeit bewußt, die ihm begegneten, bei ihm studierten und mit ihm zusammenarbeiteten.

Kurt Rudolph

Bibliographie Walter Baetke

1908

Kindergestalten bei den Zeitgenossen und Nachfolgern Shakespeares. Phil. Dissertation, Halle a. d. S. 1908, 108 S.

1909

Hans Hoffmann [Gedicht]. In: Ostseezeitung und Neue Stettiner Zeitung. Abendausgabe Nr. *326*, 15. 7. 1909 (2. Blatt).

„Our German Cousins". In: Ostseezeitung und Neue Stettiner Zeitung, Nr. *395*, 25. 8. 1909.

1910

Zu Hans Hoffmans Tode [Gedicht]. In: Jahresbericht *1909/10* des Stettiner Stadtgymnasiums ehemaligen Ratslyceums, Stettin Ostern 1910, S. 89.

Raabe. In: Der Türmer *13* (1910) S. 412–413.

1911

Die religiöse Bewegung der Gegenwart in Jahrhundertbeleuchtung. In: Der Türmer *13* (1911) S. 489–494.

Geschichtsphilosophie, Soziologie und praktisches Christentum. In: Der alte Glaube *12* (1911) Sp. 1242—1245.

„Ein Kampf ums Recht“ [betr. den Fall Pfarrer G. Traub]. Veröffentlichungsorgan bisher nicht nachweisbar (Sp. 801—802).

1912

Hegel und die gegenwärtige religiöse Lage. In: Protestantenblatt *45*. (1912) Sp. 185—188.

Jesus und die Sozialdemokratie. In: Das Leben. Greppiner Gemeindeblatt, *2*. Jg. (1912) Nr. 4 (April), S. 1—2 und Nr. 5 (Mai), S. 1—2.

Wissenschaft und Religion. In: Das Leben. Greppiner Gemeindeblatt, *2*. Jg. (1912) Nr. 11 (November), S. 2—3; Nr. 12 (Dezember), S. 2—3.

Nationale oder soziale Jugendpflege. In: Preußische Jahrbücher *149* (1912) S. 63—90.

Christentum und geschichtliche Weltanschauung. In: Preußische Jahrbücher *150* (1912) S. 193—214.

Mensch und Menschheit. Ein Beitrag zur Kritik der geschichtlichen Religion und Weltanschauung. In: Religion und Geisteskultur 6 (1912) S. 110—131.

Der angeklagte Oberkirchenrat. In: Ostseezeitung und Neue Stettiner Zeitung, Nr. *460*, 1. 10. 1912, Morgenausgabe, S. 1.

Fritz Stavenhagen. In: Eckart *7* (1912/13) S. 790—796.

Schillers Verhältnis zu Goethe im Lichte der Begabungslehre. In: Neuphilologische Blätter *20* (1912—13) S. 333—342.

[Rez.] Günther von Vielrogge, Ein Mahnruf an die Eltern zur Reform der höheren Schule. — Der Kampf der Parteien um die Jugend. Hrsg. v. d. Deutschen Zentrale für Jugendfürsorge, Berlin 1912. In: Preußische Jahrbücher *150* (1912) S. 504—506.

1913

Nationale und soziale Jugendpflege. In: Dürer-Bund (116. Flugschrift zur Ausdruckskultur), 1913, S. 34—56. Vgl. Preußische Jahrbücher *149* (1912) S. 63—90.

1914

Einheitsschule und höhere Schule. In: Zeitschrift für lateinlose höhere Schulen *28* (1914) S. 146—150.

Der Fall Jatho und die geschichtliche Glaubensgrundlage. Veröffentlichungsorgan bisher nicht nachweisbar (1. 2. 1914, Sp. 73—74).

Ernst Moritz Arndt-Schule, Realschule i.E. zu Bergen auf Rügen, 1. Jahresbericht, Ostern 1914.

Fritz Stavenhagen. In: Ernst Moritz Arndt-Schule, Realschule i. E. zu Bergen auf Rügen, 1. Jahresbericht, Ostern 1914, S. 3—7.

[Rez.:] H. Bohnstedt, Jugendpflegearbeit, Leipzig und Berlin 1914. In: Preußische Jahrbücher *156* (1914) S. 534—535.

[Rez.:] Jugendpflegearbeit. 2. Teil. Berlin und Leipzig 1914: In: Preußische Jahrbücher *158* (1914) S. 317—319.

1915

Der Weltkrieg und der deutsche Geist. In: Preußische Jahrbücher *159* (1915) S. 1—9.

Der Krieg und unsere Schule. In: Ernst Moritz Arndt-Schule, Realschule auf Bergen, 2. Jahresbericht Ostern 1915, S. 3.

Das starke Verbum in Thomas Kantzows niederdeutscher Chronik von Pommern. In: Niederdeutsches Jahrbuch *43* (1917) S. 87–100.

1918

[Rez.:] Die öffentliche Bücherei. Berlin 1917. In: Preußische Jahrbücher *171* (1918) S. 116–117.

[Rez.:] Erwin Ackerknecht. Das Lichtspiel im Dienst der Bildungspflege. Berlin 1918. In: Preußische Jahrbücher *174* (1918) S. 257–260.

1919

Die Ernst Moritz Arndt-Realschule zu Bergen und ihre Bedeutung für die Insel Rügen, o. O. u. J. (Buchdruckerei der „R. Z." [Rügensche Zeitung], Bergen a. Rügen [1919], 16 S.

1920

Hans Hoffmann. Auswahl aus seinen Schriften. Mit einer Einleitung hrsg., Bd 1–2. Berlin 1920.

Reformschulen oder Einheitsschulen. In: Die neue Erziehung *2*, Sozialistische Pädagog. Zwei-Wochenschrift. Hrsg. von M. H. Baege, Berlin 1920, S. 170–174.

Provinziale Kulturprobleme. In: Rügensche Zeitung *308*, 11. 12. 1920.

1921

Sammelbesprechungen über Plattdeutsche Literatur. Ausgearbeitet für die „Beratungsstelle für Volksbüchereiwesen der Provinz Pommern", o. O. u. J. [1921], 8 S.

Hans Hoffmanns Erzählung „Der grobe Pommer" und ihre Quelle. In: Unser Pommerland *6* (1921) S. 65–71.

Die Grundschule. Eine Betrachtung zu dem bevorstehenden Ostertermin. In: Rügensche Zeitung *27*, 2. 2. 1921; *28*, 3. 2. 1921.

Entgegnung. Zurückweisung von Behauptungen des Kurdirektors Seelmann. In: Rügensche Zeitung *42*, 19. 2. 1921.

Rügenlieder XIV. In: Rügensche Zeitung *191*, 18. 8. 1921 [2. Blatt].

1922

Pommerns Anteil an der niederdeutschen Literatur. In: Stettiner Jahrbuch 1922, hrsg. von M. Kuch, S. 123–135.

Rügensche Arndtgesellschaft Bergen [Ref. ü. e. Vortrag v. G. Heckel]. In: Rügensche Zeitung *250*, 1. 11. 1922.

1923

Vier Isländer Geschichten. Leipzig 1923, 116 S. (= Freytags Sammlung deutscher Schriftenwerke *190*).

[Hrsg.] Bauern und Helden. Geschichten aus Alt-Island. Bd *1–10* (Hamburg 1923–1934).

Glum der Totschläger. Übertr. u. mit e. Einf. hrsg. Hamburg 1923, 125 S. (= Bauern und Helden Bd *1*).

1924

Die Schwurbrüder. Übertr. u. m. e. Einf. hrsg. Hamburg 1924. 144 S. (= Bauern und Helden Bd *2*).

Die Geschichten von den Orkaden, Dänemark und der Jomsburg. Übertragen. Jena 1924 (= Slg. Thule Bd *19*).

Der Gegensatz der Welt bei Raabe. In: Deutsches Volkstum *1924*, S. 369–380.

1925

Havards Rache. Die Söhne der Droplaug. Übertr. u. m. e. Einf. hrsg. Hamburg 1925, 160 S. (= Bauern und Helden Bd. *3*).

Die niederdeutsche Sage von Wieland dem Schmied. München [1925] (= Der Schatzgräber, hrsg. vom Dürerbund, Nr. *116*).

1926

Zu Hans Hoffmans Tode [Gedicht]. In: Unser Pommerland *11* (1926) H. 3, S. 93.

Die Jomsburg. In: Unser Pommerland *11* (1926) S. 313–321.

Die dänische Jomsburg und die Vinetafrage. In: Stralsundische Zeitung *29*, 4. 2. 1926, S. 7.

1927

Thords Pflegesohn. Übertr. u. m. e. Einf. hrsg. Hamburg 1927 (= Bauern und Helden Bd *7*).

[Hrsg.] Die Grabschrift zu Bobbin von Karl Tiburtius. Bergen a. Rügen, 1927, 101 S.

1928

Islands Besiedlung und älteste Geschichte. Übertragen. Jena 1928 (= Slg. Thule *23*).

Die niederdeutsche Mundart im Deutschunterricht der Mittel- und Oberstufe. In: Der deutsche Arbeitsunterricht, hrsg. von G. Wenz, *2.* Heft: Sprach-, Stil- und Aufsatzunterricht, 1927, 20–39.

Die deutschen Flieger auf historischem Boden: In: Rügensche Zeitung, Jg *9* (67) Nr. 90, 17. 4. 1928.

1929

Nordische Blutrache. Übertr. u. hrsg. Hamburg 1929 [Darin: Die Schwurbrüder, S. 3–144; Havards Rache. Die Söhne der Droplaug, S. 3–160].

Nordische Schicksalsgeschichten. Übertr. u. hrsg. v. Walter Baetke und Paul Herrmann. Hamburg 1929 [Darin v. W. B.: Glum der Totschläger, S. 3–125].

Die nordisch-deutsche Woche in Kiel. In: Rügensche Zeitung, Jg *10* (68) Nr. 145, 23. 6. 1929.

Glaube und Heimat. Bericht und Meinung über den kirchlich-sozialen Kongreß in Greifswald. In: Rügensche Zeitung, Jg *10* (68) Nr. 257, 1. 11., und Nr. 258, 2. 11. 1929.

1930

Geschichten vom Sturlungengeschlecht. Übertragen. Jena 1930. 363 S. (= Slg. Thule *14*).

Zum Erzählstil der Isländersagas. In: Mitteilungen der Islandfreunde. *XVII* (1930) S. 63–69.

Ansprache auf dem Rugard am 17. 6. 30. In: Jahresbericht des Pommerschen Gustav-Adolf-Hauptvereins *1930*. S. 17–19.

Was ist uns Island? Zur Tausendjahrfeier des isländischen Staates. In: Rügensche Zeitung Nr. *148*, 27. Juni 1930 [3. Blatt].

Was ist uns Island? Zur Tausendjahrfeier des isländischen Allthings. In: Deutsches Schrifttum *22.* Jg (1930) Nr. 12, Dez., S. 1–2.

Tausendjahrfeier im Land der Edda. Islands Eintritt in die Politik. In: Deutsche Zeitung *35.* Jg, Nr. 145b, Abendausgabe, 24.6.1930.

1931

Entsagung und Behauptung [in Wilhelm Raabes Werken]. In: Deutsches Volkstum *1931*, 9. Heft, S. 665–675.

Vorpommern und Rügen in germanischer Frühgeschichte und Heldensage. In: Baltische Studien, NF, Bd *33* (Stettin 1931) S. 1–20.

„Ultima Thule“ (Island in Gegenwart und Vergangenheit). In: Rügensche Zeitung, Jg *12* (70) Nr. 21, 25. 1. 1931 [2. Blatt].

Rügensch – rügisch – Rügianer. In: Rügensche Zeitung, Jg *12* (70) Nr. 33, 8. 2. 1931, S. 2.

1932

Strindberg, August, Historische Miniaturen. Breslau [1932], 96 S. (= Hirt's deutsche Sammlung, Literer. Abt., Gruppe 2, Bd *42*).

Das Hochziel. Gedanken zum Sedantage. Arndtfestrede. In: Rügensche Zeitung. Jg *13* (71) Nr. 209, 2. 9. 1932, S. 1–2.

Hans Hoffmann. In: Deutsches Volkstum *14* (1932) S. 41–47.

Idealismus, deutscher Glaube und Christentum [Vortragsresumee]. In: Rügensche Zeitung, Jg *13* (71) Nr. 109, 8. 5. 1932.

1933

Arteigene germanische Religion und Christentum. Berlin und Leipzig 1933 (= Der Weg der Kirche, H. *4*).

Die Evchen-Handlung in Kleists ‚Zerbrochenem Krug‘. In: Neue Jahrbücher für Wissenschaft und Jugendbildung *9* (1933) S. 133–143.

Die Gerechtigkeit Gottes und die Tragödie. In: Zeitschrift für Deutschkunde *47* (1933) S. 129–147.

„Hiddensee“ als Zeugnis germanischer Heldensage. In: Unser Pommerland *18* (1933) H. 4/5 (Sonderheft „Hiddensee“), S. 129–134.

Die neue germanische Religionsforschung in ihrer Beziehung zum Christentum. In: Mission und Pfarramt *26* (1933) 3. Heft, S. 41–47.

1934

Art und Glaube der Germanen. Hamburg 1934. 79 S.

Christentum und germanische Religion. Berlin 1934. 30 S.

Das Pferd des Priesters Hrafnkel. Übertr. u. m. einer Einführung vers. Hamburg 1934. 50 S. (= Bauern und Helden, Bd *9*).

Kinderleben und Kindererziehung in altgermanischer Zeit (nach den Isländersagas). In: Pädagogische Warte *41* (1934) S. 14–22.

Germanischer Schicksalsglaube. In: Neue Jahrbücher für Wissenschaft und Jugendbildung *10* (1934) S. 226–236.

Die neue germanische Religionsforschung in ihrer Beziehung zum Christentum. In: Mission und Unterricht *22* (1934) S. 25–31.

[Rez.:] Germanentum und Christentum. In: Deutsche Evangelische Erziehung *45* (1934) S. 491 bis 495.

1935

Art und Glaube der Germanen. 2. Aufl. Hamburg 1935.

Die Isländersagas als Quellen der Missionsgeschichte. In: Deutscher evang. Missionskalender für das Jahr 1935, *10.* Jg, S. 34–38.

Die Behandlung der germanischen Religion im Unterricht. In: Deutsche Evangelische Erziehung *46* (1935) S. 63—74.

Mythus und Religion der Germanen im Religionsunterricht. In: Haus und Schule *31* (1935) S. 74—84. Auszug daraus ebda, Probeheft S. 3—4.

Die Annahme des Christentums durch die Germanen. In: Christus und die Völker. Vorträge und Predigten der achten Studentischen Missionskonferenz Halle 1935. Berlin. S. 54—59.

[Rez.:] Germanenglaube und Germanenbekehrung. In: Deutsche Evangelische Erziehung *46* (1935) S. 509—512.

[Rez.:] W. Krogmann: Mudspelli auf Island. Wismar 1933. In: Zeitschrift für Kirchengeschichte *54* (1935) S. 362—363.

[Rez.:] H. Tögel u. E. H. Wohlrab: Germanisches Gottgefühl im christlichen Religionsunterricht. Leipzig 1935. — H. Tögel: Germanenglaube. Leipzig 1933. In: Deutsche Evangelische Erziehung *46* (1935) S. 303—304.

1936

Arteigene germanische Religion und Christentum. 2. Aufl. Berlin und Leipzig 1936 (= Der Weg der Kirche, Heft *4*).

Das objektive Moment in der germanischen Religion. In: Zeitschrift für Theologie und Kirche NF *17* (1936) S. 353—376.

Das Abhängigkeitsgefühl in der germanischen Religion. In: Allgemeine Evangelisch-Lutherische Kirchenzeitung *69* (1936) Sp. 1154—1158; 1179—1183.

Germanische Religion, Sachsenbekehrung und frühmittelalterliches Christentum [Forschungsbericht]. In: Zeitschrift für Kirchengeschichte, 3. Folge 6, *55*. Band (1936) S. 322—329.

[Rez.:] W. Elliger, Gottes- und Schicksalsglaube im Frühdeutschen Christentum. Hamburg 1935. In: ThLBl *57* (1936) Sp. 107—108.

1937

Die Religion der Germanen in Quellenzeugnissen. Frankfurt a. M. 1937. 167 S.

Wesenszüge nordischer Frömmigkeit. Gütersloh 1937. 23 S.

Religion und Politik in der Germanenbekehrung. Leipzig 1937. 46 S.

Politische und religiöse Motive in der Germanenbekehrung. In: Allgemeine Evangelisch-Lutherische Kirchenzeitung *70* (1937) Sp. 818—820; 842—846; 866—870; 882—889.

Religion, Bekehrung und Frühchristentum der Germanen [Forschungsbericht]. In: Zeitschrift für Kirchengeschichte, 3. Folge 7, *56*. Band (1937) S. 605—619.

1938

Die Religion der Germanen in Quellenzeugnissen. 2. verb. u. verm. Aufl. Frankfurt a. M. 1938, 185 S.

Art und Glaube der Germanen. 3. Aufl. Hamburg 1938.

Religion und Politik in der Germanenbekehrung. In: FuF *14* (1938) S. 365—366.

[Hrsg.] Bauern und Helden. Geschichten aus Alt-Island. Neue Schulausgaben. Hamburg 1938.

Das Pferd des Goden Hrafnkel. Übertr. u. mit einer Einführung vers. Hamburg 1938. 48 S. (= Bauern und Helden, Schulausg.).

Die Schwurbrüder. Übertr. u. m. einer Einführung vers. Hamburg 1938. 80 S. (= Bauern und Helden, Schulausg.).

Havards Rache. Übertr. u. mit einer Einführung vers. Hamburg 1938. 66 S. (= Bauern und Helden, Schulausg.).

Die Söhne der Droplaug. Übertr. u. m. einer Einführung vers. Hamburg 1938. 56 S. (= Bauern und Helden, Schulausg.).

Was bedeutet „Hiddensee"? Neuere Forschung entdeckte die Insel König Hetels aus der Edda. In: Leipziger Tageszeitung v. 20. 2. 1938 (Nr. 50), S. 13.

[Rez.:] K. Helm: Altgermanische Religionsgeschichte. 2. Band: Die nachrömische Zeit. Teil 1: Die Ostgermanen. Heidelberg 1937. — M. Ninck: Götter- und Jenseitsglauben der Germanen. Jena 1937. — F. v. d. Leyen: Die Götter der Germanen. München 1938. — H. Harder: Die Religion der Germanen. Leipzig 1937. — K. A. Eckhardt: Irdische Unsterblichkeit. Germ. Glaube an d. Wiederverkörperung i. d. Sippe. Weimar 1937. — G. Bohne: Zeugnisse altnordischen Glaubens. Leipzig 1937. In: ThLZ *63* (1938) Sp. 169—174.

[Rez.:] H. Schäfer: Götter und Helden. Stuttgart 1937. In: ThLZ *63* (1938) Sp. 452—453.

[Rez.:] A. Schmieder: Wider die Lüge von der germanischen Götterlehre. I. Die Götterlehre der älteren Edda. Leipzig 1937. In: ThLBl *59* (1938) Sp. 337—338.

1939

Altgermanische Gottesverehrung und Frömmigkeit. In: Zeitschrift für Deutschkunde *53* (1939) S. 100—105.

Stufen und Typen in der Germanenbekehrung. In: ZMR *54* (1939) S. 1—24.

Die Götterlieder der Edda und ihre Deutungen. In: Velhagen und Klasings Monats-Hefte *53* (1939) S. 73—77.

Deutsches Lesebuch für höhere Lehranstalten (= Teubners deutsches Unterrichtswerk. Abt. Erziehung durch das Schrifttum. Ausgabe A. für Jungen), 6. Für Klasse 6, hrsg. v. W. B. Leipzig 1939. 2. [unveränderte] Aufl. 1940. 186 S.

Neue Forschungen zum Glauben der Germanen. In: ThLZ *64* (1939) Sp. 161—168.

[Rez.:] H. Güntert: Altgermanischer Glaube nach Wesen und Grundlage. Heidelberg 1937. In: ThLBl *60*, Sp. 81—83.

1940

[Rez.:] R. Köhler-Irrgang: Sippenpflicht und Sittlichkeit. Leipzig 1938. In: ThLZ *65* (1940) Sp. 117—118.

[Rez.:] W. Gehl: Der germanische Schicksalsglaube. Berlin 1939. In: ThLZ *65* (1940) Sp. 352 bis 354.

1941

[Rez.:] R. von Kienle: Germanische Gemeinschaftsformen. Stuttgart 1939. In: ThLZ *66* (1941) Sp. 8—10.

[Rez.:] W. Capelle: Die Germanen der Völkerwanderung. Stuttgart 1939. In: ThLZ *66* (1941) Sp. 34.

[Rez.:] H. H. Rüdiger: Liederedda und germanische Seele. Berlin 1939. In: ThLZ *66* (1941) Sp. 134—135.

[Rez.:] H. Ljungberg: Die Nordische Religion und das Christentum. Gütersloh 1940. In: ThLBl *62* (1941) Sp. 33—35.

[Rez.:] H.-E. Giesecke: Die Ostgermanen und der Arianismus. Leipzig und Berlin 1939. In: ThLBl *62* (1941) Sp. 113—115.

Kannten die vorchristlichen Germanen Runenzauber? [Besprechung der unter dem gleichen Titel erschienenen Schrift von Sigurd Sierke]. In: Deutsches Pfarrerblatt *45*, Nr. 23, 1941, S. 216.

1942

Das Heilige im Germanischen. Tübingen 1942. 226 S.

Der Begriff der ,Unheiligkeit' im altnordischen Recht. Beiträge zur Geschichte der deutschen Sprache und Literatur *66* (1942) S. 1–54.

[Rez.:] J. W. Hauer: Urkunden und Gestalten der Germanisch-Deutschen Glaubensgeschichte, Bd 1, Lfg. 1, Stuttgart 1940. In: ThLZ *67* (1942) Sp. 211–212.

[Rez.:] W. Preisinger: Die Weltanschauung des Bonifatius. Stuttgart–Berlin 1939. In: ThLZ *67* (1942) Sp. 212–213.

[Rez.:] B. Pering, „Heimdall". Religionsgeschichtliche Untersuchungen zum Verständnis der altnordischen Götterwelt. Lund 1941. In: ThLBl *67* (1942) Sp. 193–194.

1943

Die Aufnahme des Christentums durch die Germanen. Ein Beitrag zur Frage der Germanisierung des Christentums. In: Die Welt als Geschichte *9* (1943) S. 143–166.

[Rez.:] J. Werner: Die beiden Zierscheiben des Thorsberger Moorfundes. Berlin 1941. In: ThLZ *68* (1943) Sp. 139–140.

[Rez.:] S. Brechter: Die Quellen zur Angelsachsenmission Gregors des Großen. Münster 1941. In: ThLZ *68* (1943) Sp. 288–290.

1944

Vom Geist und Erbe Thules. Aufsätze zur nordischen und deutschen Geistes- und Glaubensgeschichte. Göttingen 1944. 240 S.

Die Religion der Germanen in Quellenzeugnissen. 3., verb. u. verm. Aufl. Frankfurt a. M. 1944. 220 S.

Das Heilige im Germanischen. Von der Wirksamkeit der göttlichen Segenskraft in der Gemeinschaft. In: Brüsseler Ztg. v. 22./23. Juli 1944 (Nr. 189).

[Rez.:] J. W. Hauer: Urkunden und Gestalten der Germanisch-Deutschen Glaubensgeschichte, Bd 1, Lfg. 2–8, Stuttgart 1941/42. In: ThLZ *69* (1944) Sp. 107–109.

1948

Guð in den altnordischen Eidesformeln. In: Beiträge zur Geschichte der deutschen Sprache und Literatur *70* (1948) S. 351–371.

1950

Die Götterlehre der Snorra-Edda. Sitzungsber. Sächs. Akad. Wiss. zu Leipzig, phil-hist. Klasse Bd *97*, H. 3. 68 S.

1951

Christliches Lehngut in der Sagareligion. Das Svoldr-Problem. Zwei Beiträge zur Sagakritik. Sitzungsber. Sächs. Akad. Wiss. zu Leipzig, phil.-hist. Kl. Bd *97*, H. 3. 135 S.

[Rez.:] K. D. Schmidt: Germanischer Glaube und Christentum. Göttingen 1948. In: HZ *171* (1951) S. 112–118.

1952

Aufgabe und Struktur der Religionswissenschaft. In: Grundriß des Theologiestudiums, hrsg. v. M. Doerne, 3. Teil, Gütersloh 1952. S. 206–228.

[Hrsg.] Altnordische Textbibliothek. NF, Halle/S. 1952ff.

Hrafnkels saga freysgoða. Mit Einleitung, Anmerkungen und Glossar herausgegeben. Halle/S. 1952. 107 S. (= Altnordische Textbibliothek, NF, Band *1*).

[Rez.:] Stefán Einarsson: History of Icelandic Prose-Writers 1800—1940. Ithaca (New York) 1948. In: DLZ *73* (1952) Sp. 16—20.

[Rez.:] S. Beyschlag: Konungasögur. Untersuchungen zur Königssaga bis Snorri. Kopenhagen 1950. In: DLZ *73* (1952) Sp. 333—341.

1953

[Hrsg.] De Eikbom. Eine Auswahl niederdeutscher Dichtungen. Halle/S. 1953. 193 S.

Hœnsa-þóris saga. Mit Einleitung, Anmerkungen, Glossar u. Karte herausgegeben. Halle/S. 1953. 120 S. (= Altnordische Textbibliothek, NF, Band *2*).

1954

Aufgabe und Struktur der Religionswissenschaft. In: Grundriß des Theologiestudiums, hrsg. v. M. Doerne, 3. Teil, Berlin 1954. S. 206—227.

[Rez.:] Edda, Skalden, Saga. Festschrift zum 70. Geburtstag von Felix Genzmer. Hrsg. v. H. Schneider, Heidelberg 1952. In: DLZ *75* (1954) Sp. 17—24.

[Rez.:] H. Bach: Det femte korstog i samtidens franske og tyske digtning. Kopenhagen 1952. In: DLZ *75* (1954) Sp. 546—548.

[Rez.:] E. O. Sveinsson: The Age of the Sturlungs. Icelandic Civilization in the Thirteenth Century. Ithaca (New York) 1953. In: DLZ *75* (1954) Sp. 674—677.

1955

[Rez.:] K. Helm: Altgermanische Religionsgeschichte, Bd II: Die nachrömische Zeit, 2. Die Westgermanen, Heidelberg 1953. In: ZRGG *VII* (1955) S. 79—81.

1956

Über die Entstehung der Isländersagas. Sitzungsber. Sächs. Akad. Wiss. zu Leipzig, phil.-hist. Kl. Bd *102*, H. 5. 108 S.

[Hrsg.] Saga. Untersuchungen zur nordischen Literatur- und Sprachgeschichte, Halle/S. 1956, Heft *1*, mit einem Vorwort des Herausgebers.

Zur Religion der Skalden. In: Atti dell' VIII congresso internazionale di storia delle religioni (Roma 1955). Firenze 1956. S. 361—364.

1957

[Rez.:] J. de Vries: Altgermanische Religionsgeschichte. 2., völlig neubearb. Aufl. 2 Bde. Berlin 1956—57. In: DLZ *78* (1957) Sp. 1062—1069.

1958

Die Víga Glúm-Episode in der Reykdœla-Saga. In: Beiträge zur deutschen und nordischen Literatur (Festgabe für L. Magon). Hrsg. von H. W. Seifert. Berlin 1958. S. 5—21.

Artikel „Edda". In: RGG, 3. Aufl., Bd *II* (Tübingen 1958) Sp. 305—307.

Artikel „Germanische Religion". In: RGG, 3. Aufl., Bd *II* (Tübingen 1958) Sp. 1432—1440.

1959

Die Aufnahme des Christentums durch die Germanen. Ein Beitrag zur Frage der Germanisierung des Christentums. Darmstadt 1959 (Libelli Bd *XLVIII*). Unveränd. Abdruck aus: Die Welt als Geschichte *9.* Jg (1943).

[Rez.:] W. Lange: 1. Studien zur christlichen Dichtung der Nordgermanen 1000—1200. Göttingen 1958; 2. Christliche Skaldendichtung, Göttingen 1958. In: DLZ *80* (1959) Sp. 505—510.

1960

[Hrsg.] Bandamanna saga und Ölkofra þáttr. M. Einl., Anm. u. Glossar hrsg. Halle/S. 1960 (= Altnordische Textbibliothek NF *4*. Bd).

1962

Die Aufnahme des Christentums durch die Germanen. Ein Beitrag zur Frage der Germanisierung des Christentums. Unveränd. fotomech. Nachdruck der Ausg. Darmstadt 1959. Darmstadt 1962 (= Libelli *XLVIII*).

1964

Yngvi und die Ynglinger. Eine quellenkritische Untersuchung über das nordische „Sakralkönigtum". Sitzungsber. Sächs. Akad. Wiss. zu Leipzig, phil.-hist. Kl. Bd *109*, H. 3. 182 S.

1965

Wörterbuch zur altnordischen Prosaliteratur. Bd I. A—L. Sitzungsber. Sächs. Akad. Wiss. zu Leipzig, phil.-hist. Kl. Bd *111*, H. 1. XII, 398 S.

1968

Wörterbuch zur altnordischen Prosaliteratur. Bd II. M—Ø. Sitzungsber. Sächs. Akad. Wiss. zu Leipzig, phil.-hist. Kl. Bd *111*, H. 2. S. 399—822.

1970

Die Óláfs Saga Tryggvasonar des Oddr Snorrason und die Jómsvikinga Saga. Zur Historiographie des nordischen Frühmittelalters. In: Formen mittelalterlicher Literatur. Siegfried Beyschlag zu seinem 65. Geburtstag von Kollegen, Freunden und Schülern. Hrsg. von O. Werner u. B. Naumann. Göppingen 1970 (= Göppinger Arbeiten zur Germanistik Nr. *25*) S. 1—18.

1973

Kleine Schriften. Geschichte, Recht und Religion in germanischem Schrifttum. Hrsg. von K. Rudolph und E. Walter. Weimar 1973. 387 S.

1974

[Hrsg.] Die Isländersaga. Darmstadt 1974 (= Wege der Forschung Bd *151*). XXII, 390 S. Darin von W. B.: Vorwort [S. VII—XIX], Bibliographie [S. XX—XXII], Zum Erzählstil der Isländersagas (1930) [S. 165—172], Die „Hœnsa-þórissaga" (Auszug) (1953) [S. 293—314], Über den geschichtlichen Gehalt der Isländersagas (1956, Auszüge) S. 315—335].

Aufgabe und Struktur der Religionswissenschaft (1952). Wiederabdruck in: G. Lanczkowski [Hrsg.], Selbstverständnis und Wesen der Religionswissenschaft. Darmstadt 1974 (=Wege der Forschung Bd *263*). S. 133—158.

1976

Wörterbuch zur altnordischen Prosaliteratur. 2. durchgesehene Auflage. Berlin und Darmstadt 1977. 840 S.

1977

Das Phänomen des Heiligen (1942). Wiederabdruck in: C. Colpe (Hrsg.), Die Diskussion um das „Heilige". Darmstadt 1977 (= Wege der Forschung Bd *305*). S. 337–379.

Erinnerungen an Georg Mayer. In: Wissenschaftliche Zeitschrift der Karl-Marx-Universität, ges.- u. sprachwissenschaftliche Reihe *26* (1977) H. 6 (= Zum Leben und Wirken von Georg Mayer), S. 594–595.

Vorträge und Vortragsresumees

Lokales und Provinzielles [betr. 70. Geburtstag Hindenburgs]. In: Anzeiger f. d. Stadt Bergen und die Insel Rügen, 4. 10. 1917 (Jg *37*, Nr. 117).

Hans-Hoffmann-Gedenkfeier. In: Ostsee-Zeitung, 28. 10. 1918. Abendausgabe, 2. Blatt. – Stettiner Abendpost (Stettiner Neueste Nachrichten), 29. 10. 1918. – Generalanzeiger für Stettin und die Provinz Pommern, 29. 10. 1918 (Nr. 300).

Ein halb Vergessener [betr. Hans Hoffmann]. In: Rügensche Zeitung, 5. 10. 1920, Beilage, 2. Blatt.

Ernst von Wildenbruch und die Quitzows. In: Rügensche Zeitung, 20. 2. 1923 (Nr. 43), 2. Blatt.

Palnatoki und die Jomswikingen. In: Pommersche Tagespost, 13. 11. 1925 (Nr. 268), 1. Beiblatt.

Die dänische Jomsburg und die Vinetafrage. In: Stralsundische Zeitung, 4. 2. 1925 (Nr. 29), S. 7.

Jomsburg – Vineta. In: Stralsunder Tageblatt, 3. 2. 1926, Beilage.

Was ist uns Island? In: Stralsunder Tageblatt, 8. 2. 1930, S. 2.

Ultima-Thule. In: Rügensche Zeitung, 25. 1. 1931, 2. Blatt.

Rügen und die Rugier. Ursprung der ältesten Heldensagen. In: General-Anzeiger für Stettin, 17. 2. 1931 (Nr. 48).

Raabe-Abend. In: Rügensche Zeitung, 8. 10. 1931, 2. Blatt.

Was ist uns Island? In: Stralsundische Zeitung, 9. 2. 1932 (Nr. 34) 1. Beilage, S. 2.

Idealismus, deutscher Glaube und Christentum. In: Rügensche Zeitung, 8. 5. 1932, S. 1.

Das Hochziel. Gedanken zum Sedantage. In: Rügensche Zeitung, 2. 9. 1932, S. 1–2.

Das tragische Problem in Kleist's „Amphitryon", Vortrag v. d. Rügenschen Arndtgesellschaft. In: Rügensche Zeitung, 30. 10. 1932 (Nr. 259) 2. Blatt.

Germanische Religion. Vortrag auf der Pastoralkonferenz Nürnberg 1934. In: Korrespondenzblatt f. d. evang.-luth. Geistlichen in Bayern, 23. 6. 1934, *59.* Jg (Nr. 30) S. 345–347.

Gottes- und Schicksalsglaube in der germanischen Religion. Tagung der Meißner Kirchen- und Pastoralkonferenz Mai 1936. In: Meißner Tageblatt, 12. 5. 1936 Jg *135* (Nr. 110) 2. Blatt.

Wesenszüge nordischer Frömmigkeit. In: Gemeindeblatt Epiphanien, Berlin-Charlottenburg Juli 1937, *15.* Jg (Nr. 7) S. 52–53.

Religions- und volksgeschichtliche Faktoren in der Germanenmission. In: Allgemeine Ev.-luth. Kirchenzeitung *70* (1937) Nr. 24, S. 543–545 (J. Weidauer, Missionsfest und kirchliche Konferenz in Leipzig).

Die Religion der Germanen. In: Hofer Anzeiger. Generalanzeiger für Oberfranken, 4. 11. 1937. S. 7.

Die Gerechtigkeit Gottes und die Tragödie. Vortrag in der Goethegesellschaft Mai 1944. In: Leipziger Neuste Nachrichten, 14. Mai 1944 (Nr. 135).

Religion und Menschlichkeit. In: Leipziger Volkszeitung, 2. 11. 1948.

Schriftenverzeichnisse. *H. Quistorf, J. Sass*, Niederdeutsches Autorenbuch, Hamburg 1959, S. 25. — *E. Walter*, in: Jahrbuch Sächs. Akad. Wiss. zu Leipzig *1957—1959* (Berlin 1961) S. 289—292. — *K. Rudolph, E. Walter*, in: W. Baetke, Kleine Schriften, Weimar 1973, S. 375 bis 383. — Bibliography of Old Norse-Icelandic Studies *1976* (Copenhagen 1979) S. 14—25.

Festschrift. Festschrift Walter Baetke. Dargebracht zu seinem 80. Geburtstag am 28. März 1964. Hrsg. von *K. Rudolph, R. Heller* und *E. Walter*. Weimar 1966. 391 S. m. Bild.

Würdigungen. Allgemein: *K. Rudolph*, Die Religionsgeschichte an der Leipziger Universität und die Entwicklung der Religionswissenschaft. Sitzungsber. Sächs. Akad. Wiss. zu Leipzig, phil.-hist. Kl. Bd 107, H. 1. S. 156—176. — *Ders.*, Leipzig und die Religionswissenschaft, in: Numen IX (1962) S. 64—68. — *Ders.*, W. B., in: Bedeutende Gelehrte der Karl-Marx-Universität, Leipzig 1980, im Druck (m. Bild). — *E. Hildebrandt*, 350 Jahre Stadt Bergen. Studien zu einer Geschichte der Stadt aus Anlaß ihres Jubiläums am 30. Juni 1963. Hrsg. v. Rat der Stadt Bergen, S. 72f. — *M. Tosetti*, Das Christentum und die Welt der Germanen. Aus dem Wirken des Leipziger Wissenschaftlers Prof. Dr. W. B., in: Neue Zeit, 9. 12. 1961 (Nr. 288) S. 3. — *A. Häny*, aus dem Lebenswerk W. B.s, in: Neue Zürcher Zeitung 20. 3. 1974. — *O. V.*, Direktor Dr. B.s wissenschaftliches und völkisches Werk, in: Rügensche Zeitung 20. 6. 1934 (Nr. 140) 2. Blatt, S. 3. Zum Schulwirken in Bergen (Rügen): Ernst-Moritz-Arndt-Schule. Real-Schule i. E. zu Bergen auf Rügen. 1. Jahresbericht Ostern 1914, S. 21. — Eine Stadt und Schule danken. Abschiedsfeier für Studiendirektor Dr. B., in: Rügensche Post 27. 10. 1935 (Nr. 252), 1. Beilage, S. 2. — [*E. Aßmann*], Die Ernst-Moritz-Arndt-Schule in Bergen auf Rügen 1913—1938, Putbus (Rügen) 1938, S. 11ff. Zur Berufung nach Leipzig: *E. Wiedemann*, Zum Fortgang von Dr. W. B., in: Rügensche Post 27. 10. 1935. — *Ders.*, Dr. W. B. Ein bekannter Island- und Heimatforscher verläßt Rügen, in: Stralsunder Tageblatt 25. 10. 1935 (Nr. 250). — *O. V.*, Berufung eines pommerschen Gelehrten, in: Pommersche Tagespost 23. 2. 1936, Beilage (m. Bild). Zur Verleihung des Titels „Hervorragender Wissenschaftler des Volkes“: *K. Rudolph*, in: Leipziger Volkszeitung, 16. 11. 1961 (Nr. 317) S. 7, m. Bild. Zum 60. Geburtstag: *W. Schilling*, Im Dienste der Erforschung Germaniens, in: Leipziger Neueste Nachrichten, 28. 3. 1944, S. 2. — *O. V.*, in: Neueste Leipziger Tageszeitung, 26. 3. 1944 (Nr. 82) S. 4. Zum 80. Geburtstag: *K. Rudoph* u. *E. Walter*, in: FuF *38* (1964) S. 6 (m. Bild). — *W. Maaß*, in: UZ Leipzig, 2. 4. 1964, S. 2 (m. Bild). — *O. V.*, in: Die Union (Leipzig) 28. 3. 1964, S. 5. — *O. V.*, in: ND, 28. 3. 1964. Zum 85. Geburtstag: *P. Br(aasch)*, in: Pommersche Zeitung (Hamburg) 29. 3. 1969 (m. Bild). — *Ders.*, in: Island-Berichte der Gesellschaft der Freunde Islands E. V. Hamburg *10.* Jg, Nr. 4 (April 1969), Zum 90. Geburtstag: *E. Walter*, in: Nordeuropa. Studien *7*, 1974 (WZ Univ. Greifswald), S. 107—109. — *W. Feurich*, Verfälschungen der Nazis aufgewiesen, in: Die Union (Dresden) 28. 3. 1974. — *P. Braasch*, in: Pommern *12.* Jg (1974) H. 4, S. 30—32 (m. Bild u. Wiedergabe e. unveröff. Briefes von W. B. an den Autor v. 6. 12. 1942).

Nachrufe: Siehe vorliegendes Jahrbuch, S. 266—271. — *K. Rudolph*, in: Die Union (Leipzig) 4. 3. 1978, S. 4. — *W. Feurich*, in: Standpunkt. Ev. Monatsschrift, *6.* Jg, H. 5 (Mai) 1978, 137 f. — *P. Braasch*, Zum Gedenken an Walter Baetke, in: Pommern, *16.* Jg, (1978) H. 3. — *E. Walter*, Walter Baetke in memoriam, in: Bibliography of Old Norce-Icelandic Studies *1976* (Copenhagen 1979) S. 7—13 (m. Bild).

Kurt Rudolph

Gerhard Buchda

22. 10. 1901—20. 12. 1977

Am 20. Dezember 1977 verstarb im Alter von 76 Jahren Prof. Dr. iur. Gerhard Buchda, emeritierter Ordinarius für Deutsche Rechtsgeschichte und Handelsrecht an der Friedrich-Schiller-Universität Jena, ordentliches Mitglied unserer Akademie seit dem 15. September 1958, Träger des Vaterländischen Verdienstordens, Inhaber der Deutschen Friedensmedaille des Deutschen Friedensrates in Berlin, der Gedächtnisplakette der Humboldt-Universität in Berlin und der Friedrich-Schiller-Medaille der Universität Jena, Leiter der Historischen Kommission der Akademie, Mitglied der Vereinigung der Deutschen Rechtshistoriker und der Société Jean Bodin pour l'Histoire comparative des Institutions in Brüssel. Mit ihm verliert die Deutsche Rechtsgeschichte einen Wissenschaftler, der in allen seinen historischen Forschungen immer darum bemüht war, die großen Zusammenhänge der europäischen Rechtsentwicklung nicht aus dem Auge zu verlieren.

Am 22. Oktober 1901 als Sohn eines Verwaltungsamtmanns in Roda, dem heutigen Stadtroda/Thür. geboren, blieb Gerhard Buchda dieser thüringischen Kleinstadt unweit von Jena zeit seines Lebens auf das Engste verbunden. Hier ging er von 1908 bis 1912 in die Bürgerschule und danach noch drei Jahre in die Mittelschule. Im nahe gelegenen Eisenberg besuchter er sechs Jahre lang das damalige Christians-Gymnasium, das er 1921 mit einem glänzend bestandenen Abitur verließ. Der humanistischen Unterweisung schloß sich nun noch eine kaufmännische in Hannover an. Danach kehrte er, wie noch oft in seinem Leben, nach Stadtroda zurück. Geistig wohlvorbereitet, nahm er im Inflationsjahr 1923 das juristische Studium an der Heimatuniversität Jena auf. Zu seinen Lehrern zählten die Juristen Hans Albrecht *Fischer*, Heinrich *Gerland*, Justus Wilhelm *Hedemann*, Rudolf *Hübner*, Otto *Koellreutter* und Eduard *Rosenthal*, der fast schon vergessene Schöpfer der thüringischen Verfassung von 1921, sowie die Wirtschaftswissenschaftler Franz *Gutmann* und Gerhard *Keßler*. In seine siebensemestrige Studentenzeit fielen auch die ersten Versuche, Erlesenes und Erlebtes gedanklich zu verarbeiten und anderen mitzuteilen. Das begann schon im Jahre 1924, als er zum vierzigjährigen Todestag des Naturforschers Alfred Brehm einen Gedenkartikel in den Thüringischen Monatsblättern veröffentlichte. Ein Jahr später versuchte er sich an gleicher Stelle mit einer Studie zum deutschen Fachwerkbau. Zwei Beiträge aus dem Jahre 1926, einer zur Geschichte des Jenenser Studentenlebens und die Reiseskizzen aus dem Böhmisch-Bayerischen Wald, flossen ebenfalls noch vor Abschluß der Studien aus seiner Feder. In diesen literarischen Erstlingen deutete sich schon ein bestimmender Grundzug seines Wesens an: Vielseitige Interessiertheit sowie große Heimat- und Naturverbundenheit.

Mit der Referendarprüfung beim Thüringischen Oberlandesgericht in Jena am 18. und 20. Dezember 1926 schloß Gerhard Buchda das juristische Studium ab. Wenige Wochen später trat er in den Thüringischen Justizdienst ein, blieb aber als Doktorand mit seiner Ausbildungsstätte weiterhin eng verbunden, so daß er noch während der Referendarzeit mit einer von Hans Albrecht Fischer angeregten Arbeit über das anspruchsvolle Thema „Das Privatrecht Immanuel Kants" am 20. Januar 1930 zum Doktor beider Rechte promovieren konnte. Etwa ein Jahr später schloß er am 30. April 1931 seine Referendarzeit mit der Gerichtsassessorprüfung ab, womit normalerweise die berufliche Ausbildung als abgeschlossen galt. Doch sein außerordentliches Interesse an wissenschaftlicher Arbeit ließen Gerhard Buchda erneut zur damaligen Rechts- und Wirtschaftswissenschaftlichen Fakultät nach Jena zurückkehren, um dort ab WS 1931/32 eine zeitlich befristete Assi stantentätigkeit aufzunehmen. Während dieser Zeit arbeitete er zielstrebig an einer Monographie zu dem Thema „Geschichte und Kritik der deutschen Gesamthandlehre“. Als er diese Arbeit im Spätsommer 1933 der Fakultät als Habilitationsschrift einreichte, hatter er einen Plan verwirklicht, dessen erste Umrisse wiederum auf Hans Albrecht Fischer zurückgingen. Dieser erfahrene Gelehrte konnte aber das allmähliche Reifen des Werkes nicht mehr unmittelbar miterleben, da er schon 1929 einem Ruf nach Breslau gefolgt war. So übernahmen Rudolf Hübner und Karl Blomeyer die wissenschaftliche Betreuung von Gerhard Buchda, der sich schließlich am 12. Mai 1934 in Jena für Deutsche Rechtsgeschichte habilitierte. Die venia legendi umfaßte bald auch bürgerliches und Handelsrecht.

Vor Gerhard Buchda standen keine leichten Jahre. Mit großer Zielstrebigkeit hatte er aus eigener Kraft die erforderlichen Ausgangspositionen für einen akademischen Beruf erreicht. Noch konnte er als Hilfsrichter arbeiten und erhielt auch im Sommersemester 1936 einen Lehrauftrag an der Wirtschaftshochschule Berlin sowie im Wintersemester 1936/37 den Auftrag, eine freie juristische Professur an der Martin-Luther-Universität Halle—Wittenberg zu vertreten; doch die Übernahme in ein Beamtenverhältnis auf Lebenszeit hing entscheidend von den großen und kleinen Machthabern im „Dritten Reich“ ab. Sein Antrag auf Übernahme in eine freie Richterstelle beim Landgericht Rudolstadt wurde abgelehnt und erst im Herbst 1937 erhielt er einen Ruf als Extraordinarius für Deutsches Bürgerliches Recht und Handelsrecht an die Martin-Luther-Universität Halle—Wittenberg mit der besonderen Verpflichtung, auch die Deutsche Rechtsgeschichte zu vertreten. Mit dem Ruf nach Halle war die Entscheidung zugunsten der Wissenschaft gefallen. Ihr sollte er auch in den schwersten Stunden treu bleiben, wie er sich selbst stets in seiner wissenschaftlichen Grundhaltung treu blieb. An keiner Stelle seiner Veröffentlichungen findet sich eine Konzession an die nationalsozialistische Ideologie.

In Halle fand Gerhard Buchda freundliche Aufnahme. Neben Lehrtätigkeit und Amtsgeschäften als Dekan fand er immer wieder Zeit zu wissenschaftlicher Arbeit. So beteiligte er sich mit Beiträgen an den Festschriften für Rudolf Hübner, für Justus Wilhelm Hedemann und für Ulrich Stutz; er eröffnete ferner 1937 seine vierzigjährige Mitarbeit an der Zeitschrift der Savigny-Stiftung für Rechtsgeschichte mit einer Miszelle über Untertanenpflicht, Frauenschwurgebärde und ein paar ältere Rechtswörter in einem Meusebacher Gerichtsbuch, und schließlich zählte er schon in jungen Jahren zu den deutschen Referenten beim II. Internationalen Kongreß für Rechtsvergleichung in Den Haag 1937, wo er über den Ursprung und die Entwicklung des gemeinschaftlichen Eigentums sprach. Alles in allem war das ein vielversprechender Anfang für einen jungen Wissenschaftler. Am 6. Juli 1939 erfolgte die Berufung in das Ordinariat, das er schon längere Zeit vertretungsweise zunächst als Lehrbeauftragter und danach als ao. Professor innehatte.

Dreieinhalb Jahre zusammenhängender Lehr- und Forschungstätigkeit waren Gerhard Buchda als Ordinarius in Halle beschieden. Doch sie standen schon unter kriegsbedingten Verhältnissen. In dieser Zeit reifte sein Entschluß, sich den Fragen der Rechtsprechung, besonders den Rechtsbelehrungen und der Spruchtätigkeit zuzuwenden, da die eigentliche Fortentwicklung des spätmittelalterlichen und des neuzeitlichen Rechts dort zu suchen war. Ab 1941 finden sich die ersten Veröffentlichungen in dieser Richtung. Untersuchungen über das Schöffenstuhlsiegel von Magdeburg und über die hallesche Juristen-Fakultät als „Organ“ des Kassationshofs von Anhalt-Köthen waren der Anfang. Dann folgten die ungemein gründlichen Untersuchungen zur Spruchtätigkeit der hallischen Juristenfakultät in ihrem äußeren Verlauf. Noch heute lassen die von ihm sorgfältig geschriebenen Anhänger an den hallischen Fakultätsakten in Spruchsachen seine ordnende Hand erkennen. Doch ehe er diese Arbeiten abschließen konnte, wurde er als 42jähriger am 27. Oktober

1943 zum Kriegsdienst einberufen. Das Soldatische entsprach so gar nicht seiner Wesensart. Die Möglichkeit, gelegentlich wissenschaftlich arbeiten zu können, half ihm über vieles hinweg.

Nach Kriegsende fand Gerhard Buchda mit seiner Familie wieder in Stadtroda Zuflucht. Dort versuchte er unter den außerordentlich erschwerten Lebensbedingungen der Nachkriegsjahre, soweit es irgend ging, wissenschaftlich zu arbeiten. Ein historischer Abriß über das Landeskrankenhaus in Stadtroda (1848—1948) war das wissenschaftliche Produkt der entbehrungsreichen Jahre; es war wohl zugleich auch ein Ausdruck der Verbundenheit mit seinem Heimatort. Nach diesem Zwischenspiel konnte sich Gerhard Buchda 1949 endlich wieder ganz der Rechtswissenschaft widmen; denn seine alte Fakultät in Jena nahm ihn nunmehr als Professor mit Lehrstuhl für Deutsche Rechtsgeschichte und Handelsrecht in ihre Reihen auf. Befreit von materiellen Sorgen, aber auch befreit von dem Gefühl des Nichtgebrauchtwerdens, war es ihm nun wieder möglich zu lehren und zu forschen. Bis zu seiner Emeritierung im Jahre 1967 half er, viele Juristenjahrgänge auszubilden und im demokratischen Geiste zu erziehen, wofür ihm verdientermaßen offizielle Ehrungen zuteil wurden.

Nachdem Gerhard Buchda 1952 mit einer Miszelle über die verlorenen hallischen Konstitutionen zum Landrecht der Kurmark Brandenburg (1714) ein letztes Vorhaben aus seiner hallischen Zeit verwirklicht hatte, konzentrierte er sich von nun an sachlich auf Untersuchungen zur deutschen Prozeßrechtsgeschichte und räumlich auf historische Fragen des sächsisch-thüringischen Rechtskreises. Das beweisen seine zahlreichen im In- und Ausland gehaltenen Vorträge und die daraus hervorgegangenen Veröffentlichungen ebenso wie die Vielzahl von Artikeln im Handwörterbuch zur deutschen Rechtsgeschichte. Außerordentlich viel Zeit und Arbeit verwandte Gerhard Buchda auf die Pößnecker Schöffenspruchsammlung. Dabei setzte seine eigentliche Arbeit erst mit dem dritten Band ein, die Bedeutung der Pößnecker Schöffenspruchsammlung für die allgemeine Rechtsgeschichte, der 1962 herausgegeben werden konnte. Mit dem vierten und letzten Band kam 1971 das Gesamtwerk zum Abschluß. Dieses Wort- und Sachregister dokumentiert so eigentlich die wissenschaftliche Gründlichkeit von Gerhard Buchda. Auf fast 400 Druckseiten verzeichnet er den in der Pößnecker Spruchsammlung überlieferten Wortschatz. Das bedeutet mehr als ein Register im üblichen Sinne; es ist in seiner Art ein kleines Rechtswörterbuch, das mit voller Berechtigung den Untertitel trägt: Ein Beitrag zur Erfassung des frühneuhochdeutschen Wortschatzes und Sprachgebrauchs.

Der Überblick über die Veröffentlichungen bedarf in zweifacher Hinsicht einer Ergänzung. So verfolgte Gerhard Buchda sehr aufmerksam die Unternehmungen der Société Jean Bodin und fand sich stets bereit, ihre wissenschaftlichen Ziele verwirklichen zu helfen. In regelmäßigen Abständen erschienen daher von ihm Beiträge in den Recueils de la Société Jean Bodin pour l'histoire comparative des institutions. Schließlich darf nicht unerwähnt bleiben, daß Gerhard Buchda auch noch zu Veröffentlichungen außerhalb des engeren Fachgebietes Zeit fand. Mit sehr viel Hingabe widmete er sich der Familiengeschichte des Naturforschers Alfred Brehm, die er mit Akribie in den feinsinnigen Brehm-Studien nachzeichnete. Sie waren als Vorstufe für eine umfassende Brehm-Biographie gedacht.

Mit Gerhard Buchda ist eine große Wissenschaftlerpersönlichkeit dahingegangen. Er hat sein großes Wissen und seinen wissenschaftlichen Erfahrungsschatz in umfassender Weise sowohl in die Lehre als auch in die Forschung eingebracht. Er demonstrierte in vorbildlicher Weise wissenschaftliche Forschungsarbeit bis ins Detail, und er konnte den Studenten in seiner gütigen Art besonders eindringlich klarmachen, daß es auch in der Rechtswissenschaft in erster Linie um den Menschen und nicht um Institutionen geht. Seinen Schülern, seinen Kollegen und den Mitgliedern der Sächsischen Akademie der Wissenschaften wird er unvergessen bleiben.

Rolf Lieberwirth

Bibliographie Gerhard Buchda

1924/25

Alfred Brehm zum Gedächtnis. Zur 40. Wiederkehr seines Todestages am 11. November 1924. In: Thüringer Monatsblätter *32* (1924/25) S. 78f.

1925/26

Vom deutschen Fachwerkbau. In: Thüringer Monatsblätter *33* (1925/26) S. 114f.

1926/27

Reiseskizzen aus dem Böhmisch-Bayerischen Wald (mit 4 Abbildungen). In: Natur *17* (1926) S. 401ff.

Das Stammbuch eines Jenenser Altenburgers aus den Jahren 1803 bis 1809. Zugleich ein Beitrag zur Geschichte des Jenenser Studentenlebens in den Jahren 1805 bis 1807. In: Deutsche Corpszeitung *42* (1925/26) S. 309ff., S. 347ff.; *43* (1926/27) S. 18ff.; S. 99ff.

1928/29

Dr. Ferdinand Schröder. Ein Beitrag zur Geschichte der deutschen graphischen Kunst im 19. Jahrhundert. In: Deutsche Corpszeitung *45* (1928/29) S. 166ff. (mit 8 Tafeln und 1 Abbildung im Text).

Alfred Brehm als Corpsstudent. Zum 2. Februar 1929. In: Deutsche Corpszeitung *45* (1928/29) S. 340ff. (mit 2 Abbildungen).

1929

Das Privatrecht Immanuel Kants (Der erste Teil der Rechtslehre in der Metaphysik der Sitten). Ein Beitrag zur Geschichte und zum System des Naturrechts. Jena 1929. Jur. Diss. Jena 1930.

1935

Der Hirtenschutt. In: Festschrift für Rudolf Hübner zum 70. Geburtstag, hrsg. von der Rechts- und Wirtschaftswissenschaftlichen Fakultät der Universität Jena. Jena 1935. S. 218—230.

1936

Geschichte und Kritik der deutschen Gesamthandlehre (= Arbeiten zum Handels-, Gewerbe- und Landwirtschaftsrecht, hrsg. von Ernst Heymann, Bd *76*) Marburg 1936. 320 S. (= Jenenser Habil. Schrift 1934).

1937

Der Ursprung und die Entwicklung des gemeinschaftlichen Eigentums. In: Deutsche Landesreferate zum II. Internationalen Kongreß für Rechtsvergleichung in Haag 1937. Sonderheft des *11.* Jg der Zeitschrift für ausländisches und internationales Privatrecht. Berlin und Leipzig. S. 64—77.

Untertanenpflicht, Frauenschwurgebärde und ein paar ältere Rechtswörter in einem Meusebacher Gerichtsbuch. In: ZRG (Germ A) *57* (1937) S. 468–474.

[Bespr.] Friedrich Facius, Allstedt, Geschichte der Stadtverfassung als Festgabe zur Tausendjahrfeier im Auftrag des Bürgermeisters der Stadt Allstedt bearbeitet. 1935. In: ZRG (Germ A) *57* (1937) S. 617–619.

1938

Wirtschaftsrecht in jüngeren thüringischen Landesordnungen. In: Festschrift Justus Wilhelm Hedemann zum 60. Geburtstag am 24. April 1938. Jena 1938. S. 34–50.

Dursal (dursal eigen), Vorabdruck, Ulrich Stutz zum 70. Geburtstag am 5. Mai 1938 überreicht. Weimar 1938, zugleich in: ZRG (Germ A) *59* (1939) S. 194–207.

1939

Deutsches Bergrecht im Südosten. Rede gehalten am Luther-Gedenktage der Martin-Luther-Universität Halle–Wittenberg am 10. November 1938. Hallische Universitätsreden Nr. *76*. Halle 1939.

Rechtswissenschaft. In: Hallisches Studentenbuch *1939*, S. 93.

[Bespr.] Hans Würdinger, Gesellschaften, 1. Teil: Recht der Personalgesellschaften (= Grundzüge der Rechts- und Wirtschaftswissenschaft, Reihe A: Rechtswissenschaft, hrsg. von G. Dahm, K. A. Eckhardt, E. R. Huber), 1937. In: Kritische Vierteljahrschrift für Gesetzgebung und Rechtswissenschaft, NF Bd *30* (1939) S. 204–213.

[Bespr.] Franz Beyerle, Gesetze der Burgunden (Germanenrechte, Texte und Übersetzungen Bd 10), 1936. In: ZRG (Germ A) *59* (1939) S. 324–328.

1940

[Bespr.] Das Burger Landrecht, Text und Übersetzung nebst Faksimile-Wiedergabe nach dem Kodex des Stadtarchivs zu Burg bei Magdeburg, hrsg. und mit einleitenden Bemerkungen versehen von Fritz Markmann und Paul Krause, Stuttgart und Berlin 1938. In: ZRG (Germ A) *60* (1940) S. 377–380.

1941

Soldatisches Reiseerlebnis eines Eisenacher Regierungsboten 1748 in Halle. In: Beiträge zur Verkehrswissenschaft, Festschrift für Hellmuth Wolff zum 65. Geburtstag am 10. April 1941, hrsg. von Helmut Schütz. Halle 1941. S. 67–71.

Die hallesche Juristenfakultät als „Organ" des Kassationshofs von Anhalt-Köthen. In: Abhandlungen zur Rechts- und Wirtschaftsgeschichte, Festschrift Adolf Zycha. Weimar 1941. S. 371 bis 384.

Schöffenstuhlsiegel (I): 1. Magdeburg. In: ZRG (Germ A) *61* (1941) S. 257–265.

[Bespr.] Jahrbücher der Akademie gemeinnütziger Wissenschaften zu Erfurt, NF Heft 54, 1939. Ebda S. 288–290.

[Bespr.] Quellen, Untersuchungen und Darstellungen zur Geschichte von Halle und Wettin. Theo Sommerlad zur Vollendung des 70. Lebensjahres (zum 7. Februar 1939) gewidmet, hrsg. von Bernhard Weißenborn (= Thüringisch-Sächsische Zeitschrift für Geschichte und Kunst, Bd 26) Halle 1938. Ebda S. 290–292.

1942

Eine Bemerkung zum Sachsenspiegel II Artikel 55. In: ZRG (Germ A) *62* (1942) S. 353–355.

Hegung und Aufhebung des Vogtgerichts zu Kindleben. Ebda S. 355–358.

Die Spruchtätigkeit der hallischen Juristenfakultät in ihrem äußeren Verlauf. I. Teil. Ebda S. 210 bis 294.

1943

Die Spruchtätigkeit der hallischen Juristenfakultät in ihrem äußeren Verlauf. II. Teil. In: ZRG (Germ A) *63* (1943) S. 251–318.

1944

Die Spruchtätigkeit der hallischen Juristenfakultät in ihrem äußeren Verlauf, III. Teil. In: ZRG (Germ A) *64* (1944) S. 223–275.

Die hallische Juristenfakultät als Spruchkolleg 1693–1889. In: 250 Jahre Universität Halle. Streifzüge durch ihre Geschichte in Forschung und Lehre. Halle 1944. S. 119–131.

1949

Das Landeskrankenhaus in Stadtroda 1848–1948. Festschrift zur Erinnerung an das hundertjährige Bestehen der Anstalt. Jena (Vopelius) 1949. 64 S.

Über Karl Witte, Danteforscher. In: Deutsches Dante-Jahrbuch, NF Bd *19* (Weimar 1949) S. 158 bis 164.

1950

Zur Geschichte des hallischen Schöppenstuhls. In: ZRG (Germ A) *67* (1950) S. 416–440.

1951

Die Spruchtätigkeit der hallischen Juristenfakultät in ihrem äußeren Verlauf, IV. Teil. In: ZRG (Germ A) *68* (1951) S. 308–347.

1952

Über die verlorenen hallischen Konstitutionen zum Landrecht der Kurmark Brandenburg (1714). In: ZRG (Germ A) *69* (1952) S. 385–399.

1953

Zur Lebensgeschichte und zum wissenschaftlichen Werk des Pfarrers Christian Ludwig Brehm (= Brehm-Studien *I*). In: Wissenschaftliche Zeitschrift der Friedrich-Schiller-Universität Jena, math.-nat. Reihe Jg *3* (1953/54) S. 459–466.

Über den Rechtsstreit zwischen Friedrich Nicolovius und Johann Heinrich Tieftrunk wegen Nachdrucks zweier Schriften von Kant (1799–1803). In: Wissenschaftliche Zeitschrift der Martin-Luther-Universität Halle–Wittenberg, gesellschafts- und sprachwissenschaftliche Reihe, Jg *3* (1953/54) Heft 2, S. 341–347.

1954

Spruchtätigkeit der hallischen Juristenfakultät (Nachtrag). In: ZRG (Germ A) *71* (1954) S. 367 bis 374.

Thüringer Zuchthäuser des 17./19. Jahrhunderts. In: FuF *28* (1954) Heft 1, S. 20–27.

[Bespr.] Gottfried Baumgärtel, Die Gutachter- und Urteilstätigkeit der Erlanger Juristenfakultät in dem ersten Jahrhundert ihres Bestehens. Diss. jur. Erlangen 1951, VIII u. 118 S.

Engelbert Klugkist, Die Göttinger Juristenfakultät als Spruchkollegium. Mit einer Einführung von Prof. Dr. Hans Fehr (Bern) und einem Abdruck der Fakultätsstatuten von 1737 (= Göttinger Rechtswissenschaftliche Studien, hrsg. von der Rechts- und Staatswissenschaftlichen Fakultät der Universität Göttingen, Heft *5*) Göttingen 1952. 137 S. Verlag Otto Schwartz u. Co. In: ZRG (Germ A) *71* (1954) S. 484–491.

[Anz.] Jenenser rechtshist. Diss. Ebda S. 524–526.

WALTER BAETKE

28. 3. 1884—15. 2. 1978

GERHARD BUCHDA

22. 10. 1901—20. 12. 1977

1955

Archäologisches zum Sachsenspiegel. In: ZRG (Germ A) *72* (1955) S. 205–215.

[Bespr.] Monumenta Germaniae Historica. Legum Sectio I. Leges Nationum Germanicarum, Bd 3, Teil 2. Lex Ribvaria, hrsg. von Franz Beyerle und Rudolf Buchner. Hannover (Hahn) 1954. 217 S. In: ZRG (Germ A) *72* (1955) S. 279–287.

1957

[Bespr.] Hans Fehr, Das Recht in den Sagen der Schweiz. Frauenfeld 1955. In: Deutsches Jahrbuch für Volkskunde, Bd *3*, *1* (1957) S. 312–315.

1958

Die Rechtsmittel im Sächsischen Prozeß. In: ZRG (Germ A) *75* (1958) S. 274–348 (Vortrag gehalten auf dem Rechtshistorikertag 1956 i. Freiburg/Brg.).

Die Stammtafel der Naturforscherfamilie Brehm (= Brehm-Studien *II*). In: Forschungen zur thüringischen Landesgeschichte (= Veröffentlichungen des Thüringischen Landeshauptarchivs Weimar, Bd *1*). Weimar 1958. S. 412–437.

Alfred Brehm als Maurerlehrling in Altenburg (= Brehm-Studien *III*). In: Abhandlungen und Berichte des Naturkundlichen Museums „Mauritianum" Altenburg, Bd *1* (1958) S. 31–41.

[Bespr.] Hans Patze, Recht und Verfassung thüringischer Städte (= Thüringische Archivstudien, hrsg. von Willy Flach, Bd 6). Weimar 1955. XXIII und 299 S. Ebda S. 444–450.

[Bespr.] Hans Jänichen, Der Rechtszug im Spätmittelalter am oberen Neckar und im pfalzgräflich-tübingischen Bereich. Sonderdruck aus der Zeitschrift für Württ. Landesgeschichte, hrsg. von der Kommission für geschichtliche Landeskunde in Baden-Württemberg und dem Württemb. Geschichts- und Altertumsvereins Stuttgart, Jg 15 (Stuttgart 1956) S. 214–241. Ebda S. 500 bis 502.

1961

Eine neue Schöffenspruchsammlung. In: FuF *35* (1961) S. 307–309.

„Gewohnheiten" in der Pößnecker Schöffenspruchsammlung. In: ZRG (Germ A) *78* (1961) S. 64–92.

[Anz.] Gerhard Günther, Die Anfänge der Rezeption des mittelalterlichen römischen Zivilrechts in Thüringen bis zur Mitte des vierzehnten Jahrhunderts. Jenaer jur. Diss. 1957. Ebda S. 470–471.

[Anz.] Jörgen Haalck, Die Gutachter- und Urteilstätigkeit der Rostocker Juristenfakultät in ihrem äußeren Verlauf. Jenaer jur. Diss. 1957. Ebda S. 471.

[Anz.] Witho Holland, Die schmalkaldischen Handwerkerzünfte und ihr Recht bis zur Mitte des 19. Jahrhunderts, dargestellt hauptsächlich nach ihren Zunftbriefen. Jenaer jur. Diss. 1957. Ebda S. 472.

1962

Die Schöffenspruchsammlung der Stadt Pößneck. Teil 3. Die Bedeutung der Sammlung für die allgemeine Rechtsgeschichte. Ordnung der Sprüche nach Rechtssachen (= Thüringische Archivstudien, Bd *9*). Weimar 1962. XII, 150 S.

[Bespr.] Deutsches Rechtswörterbuch (Wörterbuch der alten deutschen Rechtssprache) Bd 5 (Weimar 1953–1960). In: Deutsches Jahrbuch f. Volkskunde *8*, *1* (Berlin 1962) S. 251–255.

[Bespr.] Wilhelm Ebel, Studie über ein Goslarer Ratsurteilsbuch des 16. Jahrhunderts (nebst einem Urkundenanhang). Göttingen 1961. In: ZRG (Germ A) *79* (1962) S. 357–365.

[Anz.] Wolfgang Jacobeit, Schafhaltung und Schäfer in Zentraleuropa bis zum Beginn des 20. Jahrhunderts (= Veröffentlichungen des Instituts für deutsche Volkskunde der Deutschen Akademie der Wissenschaften zu Berlin, Bd 25). Berlin 1961. Ebda S. 449—450.

[Anz.] Hamburgische Burspraken 1346 bis 1594 mit Nachträgen bis 1699. Bearb. von Jürgen Bolland. Teil 1. 2. (= Veröffentlichungen aus dem Staatsarchiv der Freien und Hansestadt Hamburg, Bd 6, 1 u. 2). In: HZ *195* (1962) S. 211.

[Anz.] Norbert Hasselwander, Aus der Gutachter- und Urteilstätigkeit an der alten Mainzer Juristenfakultät (= Beiträge zur Geschichte der Universität Mainz 3). Wiesbaden 1956. Ebda S. 224.

1963

Zwei unbekannte Briefe Alfred Brehms (= Brehm-Studien *IV*). In: Abhandlungen und Berichte des Naturkundlichen Museums „Mauritianum" in Altenburg. *3* (Altenburg 1963) S. 63—68.

1964

Erwin Jacobi zum 80. Geburtstag am 15. 1. 1964. In: FuF *38* (1964) S. 29—30.

Die Dorfgemeinde im Sachsenspiegel. In: Vorträge und Forschungen *8* (Konstanz, Stuttgart 1964) S. 7—24.

Christian Ludwig Brehm. Zum 23. 6. 1964, seinem 100. Todestag. In: Der Falke *11* (1964) S. 75 bis 77.

Über Christian Ludwig Brehms Briefwechsel (= Brehm-Studien *V*). Ebda S. 91—94, 117—118.

Aktenversendung. In: Handwörterbuch zur deutschen Rechtsgeschichte, unter Mitarbeit v. W. Stammler, hrsg. v. A. Erler und E. Kaufmann. Lfg *1* (Berlin 1964) Sp. 84—87.

Altmärkische Glosse zum Sachsenspiegel. Ebda S. 144—145.

Anklage. Ebda Sp. 171—175.

Anwalt. Ebda Sp. 182—191.

Appellation. Ebda Sp. 196—200.

Appellationsprivilegien. Ebda Sp. 200—201.

Artikelprozeß. Ebda Sp. 233—235.

[Bespr.] G. Baumgärtel, Die Gutachter- und Urteilstätigkeit der Erlanger Juristenfakultät in dem ersten Jahrhundert ihres Bestehens. Zugleich ein Beitrag zur Geschichte der Rechtspflege (= Erlanger Forschungen, Reihe A: Geisteswiss. 14). Erlangen 1962, 150 S. In: DLZ *85* (1964) Sp. 338—340; ZRG (Germ A) *81* (1964) S. 446—450; [Anz.] HZ *199* (1964) S. 249.

[Bespr.] H. Wiemann, Der Heimbürge in Thüringen und Sachsen (= Mitteldeutsche Forschungen 23). Köln—Graz 1962. In: Deutsches Jahrbuch für Volkskunde *10* (1964) S. 213—218.

[Bespr.] A. D. Gathen, Rolande als Rechtssymbole (= Neue Kölner Rechtswiss. Abhandlg. 14). Berlin 1960. Ebda S. 218—219.

1965

Berufung. In: Handwörterbuch zur deutschen Rechtsgeschichte, Lfg *2* (Berlin 1965) Sp. 385—386.

Beschlagnahme. Ebda Sp. 386—387.

Beweisinterlokut. Ebda Sp. 408—411.

Ludwig Brehm und seine Söhne. In: Der Falke *12* (1965) S. 51—57.

Ludwig Brehm und Gottlieb Richter. Zur Morphologie der Vögel. (= Brehm-Studien *VI*). In: FuF *39* (1965) S. 165—170.

Beziehungen der Naturforscherfamilie Brehm zur Universität Jena (= Brehm-Studien *VII*). In: Kleine Festgabe aus Anlaß der 100jähr. Wiederkehr der Gründung des Zoologischen Instituts der Universität Jena ... Jenaer Reden und Schriften (1965). S. 81—133 mit Abb.

Vermischtes, vorwiegend Ornithologisches, aus den Korrespondenzbänden I—IV (1818—1849) der Naturforschenden Gesellschaft des Osterlandes zu Altenburg. In: Abhandlungen und Berichte des Naturkundlichen Museums „Mauritianum" Altenburg *4* (Altenburg 1965) S. 157 bis 172.

Der Beweis im mittelalterlichen sächsischen Recht. In: Recueils de la Société Jean Bodin *XVII* (Bruxelles 1965) S. 519—546.

Reichsstände und Landstände in Deutschland im 16. und 17. Jahrhundert. Ebda *XXV* (1965) S. 193—226.

1966

Büttel. In: Handwörterbuch zur deutschen Rechtsgeschichte. Lfg *3* (Berlin 1966) Sp. 579—580.

Cautelarjurisprudenz. Ebda Sp. 602—603.

Contumacia. Ebda Sp. 636—637.

Delegation. Ebda Sp. 674—677.

[Ber.] Institut für Staats- und Rechtsgeschichte. In: Jahresbericht 1964/56 der Friedrich-Schiller-Universität Jena (= Wissenschaftliche Zeitschrift der Friedrich-Schiller-Universität Jena, gesellschafts- und sprachwissenschaftliche Reihe, Jg *15* [1966] Heft 4/5). S. 368.

[Bespr.] Gunter Gudian, Die Begründung in Schöffensprüchen des 14. und 15. Jahrhunderts. Ein Leitprinzip der Abfassung spätmittelalterlicher Schöffensprüche. Darmstadt 1960. In: HZ *201* (1966) S. 651—655.

[Bespr.] Schwabenspiegel, Kurzform. Mitteldeutsch-niederdeutsche Handschriften. Hrsg. von Rudolf Große (= Monumenta Germaniae Historica. Fontes iuris Germanici antiqui. Nova series V). Weimar 1964. In: Tijdschrift voor Rechtsgeschieddenis/Revue d'histoire du droit *34* (1966) S. 121—124.

[Bespr.] Gunter Wesener, Das innerösterreichische Landschrannenverfahren im 16. und 17. Jahrhundert (= Grazer Rechts- und Staatswissenschaftliche Studien, hrsg. v. Hermann Baltl, 10) Graz 1963. In: ZRG (Germ A) *83* (1966) S. 459—462.

1967

Einlassung. In: Handwörterbuch zur deutschen Rechtsgeschichte, Lfg *4* (Berlin 1967) Sp. 904—906.

Ein Plan Alfred Brehms, die Vögelsammlung seines Vaters durch eine Dauerausstellung der Volksbildung dienstbar zu machen, 1871 (= Brehm-Studien *VIII*). In: Abhandlungen und Berichte des Naturkundemuseums Gotha. Gotha 1967. S. 79—87.

[Nachruf] Erwin Jacobi 15. 1. 1884—5. 4. 1965. In: Jahrbuch Sächs. Akd. Wiss. zu Leipzig *1963—1965*. S. 344—349.

[Bespr.] Die älteren Urteile des Ingelheimer Oberhofes. Bd III u. IV. Hrsg. und erläutert v. Adalbert Erler. Frankfurt a. M. 1963. In: HZ *204* (1967) S. 651—655.

[Bespr.] Die Schöppenbücher der Mark Brandenburg, besonders des Kreises Züllichau-Schwiebus. Von Bernhard Hinz. Bearb. u. eingel. v. Gerd Heinrich (= Veröffentlichungen der Historischen Kommission zu Berlin beim Friedrich-Meinecke-Institut der Freien Universität Berlin 12), Berlin 1964. Ebda S. 655—659.

[Bespr.] Wilhelm Ebel, Das Ende des friesischen Rechts in Ostfriesland (= Abhandlungen und Vorträge zur Geschichte Ostfrieslands. Hrsg. v. d. Ostfriesischen Landschaft in Verbindung mit dem Niedersächsischen Staatsarchiv in Aurich. 37), Aurich 1961. Ebda S. 667—669.

[Anz.] Die Tübinger Stadtrechte von 1388 und 1493. Hrsg. von Reinhold Rau und Jürgen Sydow (= Veröffentlichungen des Stadtarchivs Tübingen 2), Tübingen 1964. In: HZ *204* (1967) S. 467.

[Anz.] Albrecht Eckhardt, Eschweger Zunftverfassung und hessische Zunftpolitik in Mittelalter und früher Neuzeit (= Beiträge zur hessischen Geschichte 2), Marburg/Lahn 1964. Ebda S. 754—755.

1968

Fallrecht. In: Handwörterbuch zur deutschen Rechtsgeschichte, Lfg *5* (Berlin 1968) Sp. 1057—1060.

Freischöffe. Ebda Sp. 1246—1247.

Freistuhl. Ebda Sp. 1248—1249.

Hat die Universität Jena zur juristischen Bildung in der Slowakei und in Ungarn beigetragen? In: Acta Facultatis Juridicae Universitatis Comenianae. Die juristische Bildung in der Slowakei und Ungarn bis zum Jahre 1848. Materialien der IX. tschechoslowakisch-ungarischen Rechtshistorikerkonferenz, die zur 500. Jahrfeier der Begründung der Academia Istropolitana und zur 300. Jahrfeier der Juristischen Fakultät in Trnava vom 10. bis 12. November 1966 in Smolenice (Slowakei) tagte. Bratislava 1968. S. 65—72.

[Diskuss.-Beitr.] Zu den Renuntiationsklauseln. Ebda S. 353.

[Diskuss.-Beitr.] Was ist unter „juristischer Bildung" zu verstehen? Ebda S. 364.

[Bespr.] Eberhard Frhr. v. Künßberg, Rechtsgeschichte und Volkskunde. Bearb. v. Pavlos Tzermias (= Rechtshistorische Arbeiten 3) Köln, Graz 1965. In: DLZ *89* (1968) Sp. 57.

[Bespr.] Fritz Ostler, Der deutsche Rechtsanwalt. Das Werden des Standes seit der Reichsgründung. Vortrag, gehalten vor der Juristischen Studiengesellschaft in Karlsruhe am 12. 12. 1962 (= Juristische Studiengesellschaft Karlsruhe, Schriftenreihe Heft 56/57). Ebda Sp. 331—332.

[Bespr.] Karl August Eckhardt, Eschwege als Brennpunkt thüringisch-hessischer Geschichte (= Beiträge zur hessischen Geschichte 1). Marburg/Lahn und Witzenhausen 1964. 328 S., 13 Stammtafeln, 5 genealogische Übersichtstafeln, 14 Karten im Text und 10 Abb. auf Tafeln. In: ZRG (Germ A) *85* (1968) S. 310—312.

[Bespr.] Wolfgang Heß, Hessische Städtegründungen der Landgrafen von Thüringen (= Beiträge zur hessischen Geschichte 4). Marburg/Lahn und Witzenhausen 1966, 200 S., 4 Skizzen und Pläne im Text, 4 Tafeln und 20 Stadtpläne. Ebda S. 312—314.

[Bespr.] Johannes Schultze, Forschungen zur brandenburgischen und preußischen Geschichte. Ausgewählte Aufsätze. Mit einem Vorwort von Wilhelm Berges (= Veröffentlichungen der Historischen Kommission zu Berlin beim Friedrich-Meinecke-Institut der Freien Universität Berlin 13). Berlin 1964. VIII, 312 S. Ebda S. 314—315.

[Bespr.] Clausdieter Schott, Rat und Spruch der Juristenfakultät Freiburg i. Br. (= Beiträge zur Freiburger Wissenschafts- und Universitätsgeschichte, in Verbindung mit Hans Gerber, Max Pfannenstiel, Gerhard Ritter und Josef Schumacher, hrsg. von Johannes Vincke, 30). Freiburg i. Br. 1965. 304 S. Ebda S. 315—317.

[Anz.] Gerhard Haas, Verfassung und Recht der Städte Arnstadt, Königsee, Saalfeld und Stadtilm von den Anfängen bis ins 19. Jahrhundert. Jenaer rechtswiss. Diss. 1967. Maschinenschrift. Ebda S. 435—436.

[Anz.] Max Guldener, Über die Herkunft des schweizerischen Zivilprozeßrechts (= Schriften zum Prozeßrecht 2). Berlin 1966. Ebda S. 460—461.

1969

Monarchie in Kursachsen. In: Recueils de la Société Jean Bodin pour l'histoire comparative des institutions. XXII: La monocratie. Deuxième partie. Bruxelles 1969. S. 329—358.

Rechtsgeschichtlicher Diskussionsbeitrag zu: J. Müller, Literarische Analogien in Heinrich von Kleists Novelle „Vom Zweikampf" (= Sitzungsber. Sächs. Akad. Wiss., phil.-hist. Kl. Bd *114*, H. 4) Berlin 1969. S. 50—56.

Fronbote. In: Handwörterbuch zur deutschen Rechtsgeschichte, Lfg *6* (Berlin 1969) Sp. 1304—1306.

Fronung. Ebda Sp. 1312—1315.

Gebundene Tage. Ebda Sp. 1424—1426.

Gelöbnis. Ebda Sp. 1490—1494.

Gemeines Sachsenrecht. Ebda Sp. 1510—1513.

1970

Über den Gesellschaftsvertrag. In: Die Entwicklung des Zivilrechts in Mitteleuropa (1848—1944). Budapest 1970. S. 183—190.

Gerichtsgefälle. In: Handwörterbuch zur deutschen Rechtsgeschichte. Lfg *7* (Berlin 1970) Sp. 1545—1547.

Gerichtsverfahren. Ebda Sp. 1551—1563.

Gerichtsverfassung. Ebda Sp. 1563—1576.

Gerüfte. Ebda Sp. 1584—1587.

Gesamthand. Ebda Sp. 1587—1591.

Görlitzer Rechtsbuch. Ebda Sp. 1755—1756.

[Nachr.] Arthur Baumgarten 31. 3. 1884—27. 11. 1966. In: Jahrbuch Sächs. Akad. Wiss. zu Leipzig *1966—1968* (Berlin 1970) S. 351—355.

[Autorreferat] Europäische Rechtsgeschichte als wissenschaftliche Aufgabe. Ebda S. 128—129.

[Ber.] Historische Kommission. Ebda S. 195—196.

1971

Die Schöffenspruchsammlung der Stadt Pößneck. Teil IV: Wort- und Sachregister. Zugleich ein Beitrag zur Erfassung des frühneuhochdeutschen Wortschatzes und Sprachgebrauches (= Thüringische Archivstudien *10*). Weimar 1971. 377 S.

[Bespr.] Festschrift Hans Lentze. Zum 60. Geburtstag dargebracht von Fachgenossen und Freunden. Hrsg. von Nikolaus Graß und Werner Ogris (= Forschungen zur Rechts- und Kulturgeschichte 4). Innsbruck—München 1969. XII, 628 S., 1 Bild d. Jubilars, 10 Tafeln in Kunstdruck, 29 Abb. i. Text. In: ZRG (Germ A) *88* (1971) S. 212—224.

1972

Heimbürge. In: Handwörterbuch zur deutschen Rechtsgeschichte. Lfg *9* (Berlin 1972) S. 50—51.

Hermann von Oesfeld. Ebda Sp. 94—96.

Bibliographie Erwin Jacobi. Zur fünften Wiederkehr des Todestages von Erwin Jacobi am 5. April 1970. In: Jahrbuch Sächs. Akad. Wiss. zu Leipzig *1969—1970* (Berlin 1972) S. 393—404.

[Autorreferat] Menschen und Tiere. Eine rechtsgeschichtliche Untersuchung. Ebda S. 105—106.

[Ber.] Historische Kommission. Ebda S. 145—146.

1973

Enthält die Glosse zum sächsischen Weichbild echte Schöffensprüche? In: Festschrift Heinrich Demelius zum 80. Geburtstag. Erlebtes Recht in Geschichte und Gegenwart. Hrsg. v. G. Frotz und W. Ogris. Wien 1973. S. 25—50.

Ius evocandi. In: Handwörterbuch zur deutschen Rechtsgeschichte. Lfg *10* (Berlin 1973) Sp. 496—498.

1974

Reichsstände und Landstände in Deutschland im 16. und 17. Jahrhundert. In: Die geschichtlichen Grundlagen der modernen Volksvertretung. Die Entwicklung von den mittelalterlichen Korporationen zu den modernen Parlamenten. Zwei Bände. Hrsg. von Heinz Rausch. *2*. Band: Reichsstände und Landstände (= Wege der Forschung *469*). Darmstadt 1974. S. 211–241. Wiederabdruck aus: Recueils de la Société Jean Bodin pour l'histoire comparative des institutions *XXV* (1965) p. 193–226 (= Gouvernés et Gouvernants, *4*e partie).

Über die Vorrede im sächsischen Prozeß des 15. Jahrhunderts. In: ZRG (Germ A) *91* (1974) S. 90–116.

Klage. In: Handwörterbuch zur deutschen Rechtsgeschichte. Lfg *12* (Berlin 1974) Sp. 837–845.

75 Jahre Historische Kommission (1896–1971). In: Jahrbuch Sächs. Akad. Wiss. zu Leipzig *1971–1972* (Berlin 1974) S. 459–461.

[Ber.] Historische Kommission. Ebda S. 86–90.

[Bespr.] Johannes Bauermann, Von der Elbe bis zum Rhein. Aus der Landesgeschichte Ostsachsens und Westfalens. Gesammelte Studien (= Neue Münstersche Beiträge zur Geschichtsforschung 11). Münster 1968. In: ZRG (Germ A) *91* (1974) S. 264–265.

[Bespr.] Hans Schlosser, Spätmittelalterlicher Zivilprozeß nach bayerischen Quellen. Gerichtsverfassung und Rechtsgang (= Forschungen zur deutschen Rechtsgeschichte 8). Köln–Wien 1971. Ebda S. 329–332.

[Bespr.] Hans Hattenhauer, Die Entstehung der Verfügungsmacht. Studien zur Geschichte der Grundstücksverfügung im deutschen Recht des Mittelalters (= Kieler Rechtswissenschaftliche Abhandlungen 9). Hamburg 1969. Ebda S. 332–336.

1975

Kummer. In: Handwörterbuch zur deutschen Rechtsgeschichte. Lfg *13* (Berlin 1975) Sp. 1257–1263.

[Bespr.] Karl Siegfried Bader. Studien zur Rechtsgeschichte des mittelalterlichen Dorfes. Dritter Teil. Rechtsformen und Schichten der Liegenschaftsnutzung im mittelalterlichen Dorf. Mit Ergänzungen und Nachträgen zu den Teilen I und II der Studien zur Rechtsgeschichte des mittelalterlichen Dorfes. Wien–Köln–Graz 1973. In: ZRG (Germ A) *92* (1975) S. 217–221.

1976

Zur Geschichte des Strafrechts in den sächsisch-thüringischen Ländern. In: Études d'histoire du droit pénal sous la Rédaction du Lesław Pauli (= Zeszyty Naukowe Universytetu Jagiellonskiego *CCCCXI* = Prace Prawnicze Zeszyt *LXXIII*). Warszawa–Kraków 1976. S. 27–29.

[Diskussionsbeitrag] Zur Frage der Kabinettsjustiz. Ebda S. 151.

Zum 200. Geburtstag von Christian Friedrich Schwägerichen. In: Jahrbuch Sächs. Akad. Wiss. zu Leipzig *1973–1974* (Berlin 1976) S. 555–562.

[Autorreferat] Das Grundgesetz über die Landständische Verfassung des Großherzogtums Sachsen-Weimar-Eisenach vom 5. Mai 1816 und Okens „Isis". Ebda S. 173–175.

[Ber.] Historische Kommission. Ebda S. 100–102.

Testament und Nachlaß des Naturforschers Alfred Edmund Brehm (= Brehm-Studien *IX*). In: Rechtsgeschichte als Kulturgeschichte. Festschrift für Adalbert Erler zum 70. Geburtstag. Aalen 1976. S. 591–610.

Kinder und Jugendliche im deutschen Recht (Mittelalter und neuere Zeit). Ihre Fähigkeit zu Rechtsgeschäften und der Einfluß unehelicher Geburt auf ihre Rechtsstellung. In: L'Enfant.

2e partie: Europe médiévale et moderne. Recueils de la Société Jean Bodin pour l'histoire comparative des institutions. *36* (Bruxelles 1976) p. 381—415.

Kursächsische Konstitutionen. In: Handwörterbuch zur deutschen Rechtsgeschichte. Lfg *14* (Berlin 1976) Sp. 1304—1310; Landfriedensgericht. Ebda Sp. 1486—1487; Landgemeinde. Ebda Sp. 1490—1495; Landrechtsbücher. Ebda Sp. 1536—1540.

1977

Landrechtsglosse. Ebda Lfg *15* (Berlin 1977) Sp. 1540—1545; Laten. Ebda Sp. 1631—1632; Läuterung. Ebda Sp. 1648—1652.

1978

Leipzig. Ebda Lfg *16* (Berlin 1978) Sp. 1837—1842; Magdeburger Recht. Ebda Lfg *17* (Berlin 1978) Sp. 134—138.

Rechtsarchäologisches und Volksrechtskundliches aus Thüringen. In: Festschr. Hermann Baltl zum 60. Geb. Hrsg. v. K. Ebert. Innsbruck 1978. S. 63—78.

Im Jahre 1877 begann der Briefwechsel zwischen Kronprinz Rudolf von Österreich und Alfred Edmund Brehm. Ein vorläufiger Bericht über 53 wiederentdeckte Briefe des Kronprinzen an Brehm aus den Jahren 1877 bis 1883. In: Beitr. zur Vogelkunde *24* (Leipzig 1978) S. 121—152.

Rolf Lieberwirth

Paul Aebischer

8. 12. 1897—9. 3. 1977

Am 9. März 1977 verstarb in Florenz unser auswärtiges Mitglied Paul Aebischer. Dieser schweizerische Gelehrte gehört ohne Zweifel zu den hervorragendsten Vertretern jener philologischen Traditionslinie in der romanistischen Forschung, die im Aufspüren und Erschließen mittelalterlicher Texte unter linguistischen, literarhistorischen, kulturgeschichtlichen und volkskundlichen Gesichtspunkten ein wichtiges Betätigungsfeld erblickten. In mühevoller philologischer Kleinarbeit, die nichtsdestoweniger viel Spürsinn, scharfes Denken und zuweilen Spitzfindigkeit erforderte, gelangte Paul Aebischer auf scheinbar eng begrenzten Gebieten zu bemerkenswerten Ergebnissen. Diese Resultate erwiesen sich nämlich vielfach für größere Entwicklungszusammenhänge von beträchtlicher Relevanz, so u. a. für die Herausbildung und Gliederung der romanischen Sprachräume, vor allem die Darlegungen in Aebischers Aufsätzen „La finale -e du féminin pluriel italien", in: Studi linguistici italiani *I* (1960) S. 5—48, und „Le pluriel -as de la première déclinaison latine et ses résultats dans les langues romanes", in: Zeitschrift für romanische Philologie *87* (1971) S. 74—98. Manche gängige Auffassung oder auch aufgestellte geistvolle These konnte durch seine Untersuchungen in Frage gestellt bzw. völlig entkräftet werden. Dank seiner sprachlichen Vielseitigkeit, seines breiten Wissens und seiner soliden Kenntnisse im Bereich der philologischen Hilfswissenschaften, insbesondere der Paläographie und Volkskunde, gewann er Erkenntnisse, die Licht auf sprachliche, kulturhistorische und literarische Gegebenheiten einzelner Regionen in bestimmten Zeitabschnitten warfen und auf neue übergreifende Zusammenhänge hindeuteten.

Paul Aebischer, am 8. Dezember 1897 in Hauterive geboren, hatte das Studium der romanischen Philologie zunächst hauptsächlich an der Universität Fribourg betrieben und dieses mit der Promotion im Jahre 1921 abgeschlossen. Sein akademischer Lehrer war hier vor allem der namhafte italienische Sprach- und Literaturwissenschaftler Giulio *Bertoni*. Dann bemühte er sich, seinen romanistischen Horizont durch weitere Studien an den Universitäten Zürich, Florenz, Paris, Bonn und Barcelona zu erweitern. Dabei verdankte er wesentliche Anregungen Jakob *Jud*, Jules *Gilliéron* und Wilhelm *Meyer-Lübke*, die in den zwanziger Jahren mit zu den führenden Repräsentanten ihres Faches gehörten. Gilliéron und *Jud* vermittelten ihm wichtige Methoden und Erkenntnisse der sprachgeographischen Forschung und Dialektologie. *Meyer-Lübke* öffnete ihm, wie schon *Jud*, den Blick für die Probleme der Gesamtromania und für die letztlich noch junggrammatisch orientierte Beschäftigung mit der historisch-vergleichenden Grammatik, speziell der Laut- und Formenlehre. Im Jahre 1924 erhielt Paul Aebischer eine Privatdozentur für romanische Philologie an der Universität Fribourg und fünf Jahre später wurde er an die Universität Lausanne berufen, zunächst als außerordentlicher, dann 1945 als ordentlicher Professor für die von ihm vertretene Disziplin. Hier lehrte er über seine 1968 erfolgte Emeritierung hinaus noch bis zum Jahre 1974.

Aus dem sehr umfangreichen wissenschaftlichen Werk Paul Aebischers heben sich vor allem drei Gebiete ab, auf denen er forscherisch äußerst rege war und wichtige Resultate erzielte: 1) Studien und Textausgaben zur mittelalterlichen Literatur, vor allem zu den Heldenepen und zum Theater, 2) Namenkunde, 3) als „stratigraphie linguistique" gekennzeichnete Forschungen.

Wer sich heute ernsthaft mit der Entstehungsgeschichte der ‚chansons de geste' beschäftigt, kommt nicht umhin, auf alle Fälle die zahlreichen scharfsinnigen Untersuchungen Aebischers über diese Thematik zur Kenntnis zu nehmen. Seine beiden Bände „Rolandiana et Oliveriana. Recueil d'études sur les chansons de geste" (Genève 1967) und „Préhistoire et protohistoire du «Roland» d'Oxford" (Berne 1972) beispielsweise bringen in dieser Hinsicht eine Fülle von wertvollen Hinweisen und kritischen Kommentaren. Auch sein Band „Neuf Études sur le théâtre médiéval" (Genève 1972) behandelt vielfältige Aspekte des mittelalterlichen Theaters, wobei bei einzelnen Gattungen oder Problemkreisen hinsichtlich der Quellengrundlage eine Konzentration auf ganz bestimmte kleinere Gebiete, das Aosta-Tal, die französischprachige Schweiz, Palma de Mallorca, Alghero, Teile Süd- oder Nordfrankreichs erfolgt. In diesen Studien tritt Paul Aebischers unverkennbare Arbeitsweise in besonders deutlicher Weise hervor: „Die Arbeit an den Texten und in ihrem Umfeld, Erforschung der Autorschaft, der Lokalisierung und Datierung zumeist, mit den Mitteln des Text- und Handschriftenvergleichs, der Mundartforschung und der Erhellung impliziter Namen und Daten aus vielen lokalen Archiven, ist in den vorliegenden Arbeiten sehr im Detail beschrieben und somit für jeden wie eine Art Arbeitsanleitung nachvollziehbar." [1]

Kontinuierlich widmete sich Paul Aebischer seit seiner Dissertation über Familiennamen des Kantons Fribourg der namenkundlichen Forschung, wobei er sowohl Studien zur Anthroponymie als auch zur Toponymie und Hydronymie verfaßte. Noch 1976 erschien seine aufschlußreiche Monographie „Les noms de lieux du Canton de Fribourg (partie française)". Mit Recht hat Carl Theodor Gossen in seinem in „Vox Romanica", Bd *36* (1977), veröffentlichten Nachruf hervorgehoben, daß zwar die Namenforschung in Paul Aebischers geistigem Entwicklungsweg den Ausgangs- und Endpunkt bildete, dieser unermüdliche Forscher aber vor allem durch seine „stratigraphie linguistique" in der Romanistik bekannt geworden sei. Der 1978 postum publizierte Band „Etudes de stratigraphie linguistique" (Romanica Helvetica, Bd 87, Editions Francke Berne), der eine repräsentative Auswahl von Aebischers bedeutendsten Artikeln zur stratographischen Linguistik bringt, dokumentiert dies erneut recht überzeugend. Durch sorgfältiges Studium mittelalterlicher, in der Regel bis zum 12. Jahrhundert reichender lateinischer Urkunden gelang es Paul Aebischer in diesen Aufsätzen, Herkunft und Geschichte zentraler Bezeichnungen für Dinge und Vorgänge des menschlichen Alltags und konstitutiver lautlicher wie morphologischer Elemente der romanischen Sprachen aufzuhellen und neue wichtige Einsichten für die romanische Wortforschung, besonders für die Dynamik der Wortschatzentwicklung zu gewinnen. In dieser Hinsicht brachten u. a. Aebischers Studien „Protohistoire de deux mots romans d'origine grecque: *Thius* ‚oncle' et *Thia* ‚tante'", „L'italien prélittéraire a-t-il dit *Germano* et *Germana* pour ‚frère' et ‚soeur'?", „Les origines de l'italien *bosco*" oder „La literie et l'histoire du matelas d'après des matériaux médiévaux romans" eine reiche Ernte, weil sich daraus nicht zuletzt auch wichtige methodologische Schlußfolgerungen ergaben.

In zahlreichen Arbeiten erwähnter Art entwickelte Paul Aebischer eine Forschungsrichtung kreativ weiter, zu der von der schweizerischen Romanistik ganz entscheidende Impulse ausgegangen waren. Jakob Jud (1882—1952) hatte erkannt, daß Gilliérons rein sprachgeographische Sichtweise durch eine wirklich historische zu ergänzen war und daß es deshalb das Studium der alten Sprachdenkmäler mit demjenigen der Karten der Sprachatlanten im Hinblick auf die Rekonstruktion vergangener Sprachzustände zu verbinden galt. [2] Und Jud benutzte für das Aufdecken der aufeinander folgenden lexikalischen Schichten bereits den Ausdruck Stratographie. Paul Aebischer reihte sich mit seinen diesbezüglichen Studien selbst in diese Traditionslinie ein. Und er sah seinen eigenen Beitrag zur methodologischen Verfeinerung mit Recht darin, daß es ihm nicht nur darum ging, die einzelnen Schichten voneinander noch präziser abzuheben, vielmehr zugleich darum, den Charakter, die Dichte, das Alter der einzelnen Schicht zu erfassen. Sein Anliegen umriß er wie folgt: „La stratigraphie linguistique, telle que je la conçois et que je la pratique, doit être la reconstruction, pour chaque période et pour une surface donnée, de l'état d'un mot ou de l'ensemble de mots désignant tel objet, telle idée. Si le nombre de formes anciennes recueillies nous le permet, nous pourrons, en les répartissant, en les classant dans l'espace et dans le temps, en les analysant, travailler non seulement en surface, mais aussi en profondeur: nous pourrons évaluer, non seulement les changements intervenus au cours des siècles dans l'aire occupée par un mot, mais l'épaisseur et la direction des stratifications. C'est-à-dire que, loin de baser nos conclusions sur les données fournies par l'étude d'un seul plan, le plan horizontal, l'état superficiel, nous les appuierons sur une série de cartes linguistiques sousjacentes à celle que nous pouvons dresser grâce aux recherches dialectologiques modernes. Et l'histoire du mot ou de la dénomination du concept ressortira lumineusement, dans les cas les plus heureux, de la confrontation de ces cartes, de l'examen de leurs variations à travers le temps." [3]

Paul Aebischer hat sich in Fachkreisen durch seine zahlreichen, von weitgespannter und äußerst solider philologischer Arbeitsweise zeugenden Studien hohe Anerkennung erworben. Mehrere ausländische Akademien wählten ihn zu ihrem Mitglied, außer unserer Akademie die Akademie der Wissenschaften der DDR, die Crusca in Florenz sowie die wissenschaftlichen Akademien von Turin und Barcelona. Die Sächsische Akademie wird ihm stets ein ehrendes Angedenken bewahren.

Anmerkungen

[1] Vgl. die von Konrad Schoell stammende Besprechung des Bandes "Neuf Études sur le théâtre médiéval", in: Zeitschrift für romanische Philologie *92* (1976) S. 595.

[2] Vgl. auch Iorgu Iordan, Einführung in die Geschichte und Methoden der romanischen Sprachwissenschaft. Ins Deutsche übertragen, ergänzt und teilweise neubearbeitet von Werner Bahner. Berlin 1962. S. 255.

[3] Paul Aebischer, Études de stratigraphie linguistique. Berne 1978. S. 21

Werner Bahner

Bibliographie Paul Aebischer

Für die Abkürzungen der Zeitschriftentitel siehe die Bibliographie der Zeitschrift für romanische Philologie (ZrP)

1 L'esprit satirique et la royauté dans la littérature française du moyen âge. In: Monat-Rosen. Organ des Schweizer. Studentenvereins *LXI* (1916–1917) 233–249, 382–388, 425–431.

2. Les idées philosophiques et religieuses de Verhaeren. In: Monat-Rosen ... *LXII* (1917–1918) 288–293, 350–358, 423–431, 500–510, et *LXIII* (1918–1919) 25–33, 169–175, 205–210.

3. Quelques cas de changements de noms de famille. In: AF *VII* (1919) 39–48, 73–86.

4. Etymologies romandes. In: AR *III* (1919) 379–381.

5. La famille Alex. In: AF *VII* (1919) 168–184, 204–232, 265–280, et *VIII* (1920) 30–46, 135–144.

6. Un versificateur fribourgeois du XVe siècle: Jehan Fornerod. In: AF *VIII* (1920) 219–223.

7. A propos de la pièce de vers de Jehan Fornerod. In: AF *VIII* (1920) 251–254.

8. L'inventaire du mobilier de Nicod du Chastel, s.l.n.d. (Bern 1921) 8 S.

9. Quelques textes en patois fribourgeois, I. In: AR *IV* (1920) 342–361. Cf. le No. 17.

10. Noms de montagne de la Suisse romande. In: AF *IX* (1921) 233–252.

11. Etudes toponomastiques valdôtaines, Ire série. In: AP *III* (1921) 104–108, 158–165. Cf. les Nos. 15 et 41.

12. En collaboration avec J. Jud: Trois mots: franç. *somard savart*; esp. *senara*. In: AR *V* (1921) 29–52.

13. La pancarte de Rougemont de 1115. In: Revue historique vaudoise *XXVIII* (1920) 4–16.

14. Les noms de quelques cours d'eau fribourgeois, Ire série. In: AF *X* (1922) 169–170, 282–285, et *XI* (1923) 38–45. Cf. les Nos. 26, 51 et 78.

15. Etudes toponomastiques valdôtaines, 2e série. In: AP *IV* (1922) 198–204, 255–258. Cf. les Nos. 11 et 41.

16. Notes sur le changement de nom de lieu Dompierre-le-Grand-Carignan. In: AF *XII* (1924) 34–36, 80–90.

17. Quelques textes du XVIe siècle en patois fribourgeois, Deuxième partie. In: AR *VII* (1923) 288–336. Cf. le No. 9.

18. Sur l'origine et la formation des noms de famille dans le canton de Fribourg, in Onomastica. In: Biblioteca dell « Archivum romanicum », 2a ser., *VI* (Genève 1923) 1–112, et thèse de Fribourg, 1923, 112 S.

19. Compte rendu de J. Gumy, Regeste de l'abbaye de Hauterive. In: AF *XII* (1924) 44–47.

20. Compte rendu de P. Aebischer, Sur l'origine et la formation ... In: AF *XII* (1924) 141–144.

21. L'anthroponymie wallonne d'après quelques anciens cartulaires. Première partie, seule parue. In: Bulletin du Dictionnaire wallon *XIII* (1924) 74–168.

22. Trois farces françaises inédites trouvées à Fribourg. In: Revue du XVIe siècle *XI* (1924) 129–192. Tirage à part mis dans le commerce sous le même titre. Paris 1924. 64 S.
23. Compte rendu du Glossaire des patois de la Suisse romande, fasc. 1. In: AF *XIII* (1925) 46–48.
24. Les noms de personnes et l'origine des noms de famille d'après les plus anciens documents valdôtains. In: AP *VI* (1924) 112–121, *VII* (1925) 13–16.
25. Le nom d'un bienfaiteur du prieuré de Rougemont: Redboldus de Mauguens. In: RHS *V* (1925) 241–242.
26. Les noms de quelques cours d'eau fribourgeois. Deuxième série. In: AF *XIII* (1925) 83–92, 232–240, 258–275. Cf. les Nos. 14, 15, 78.
27. Noms de lieu suisses d'origine celtique. In: RC *XLII* (1925) 97–118.
28. Compte rendu de G. Saladin, Zur Siedelungsgeschichte des freib. Sensebezirkes. In: AF *XIII* (1925) 139–144.
29. Contribution à l'étude de la situation linguistique dans la vallée de La Roche du XIIIe siècle à 1500. In: Festschrift Louis Gauchat. Aarau 1926. 22–39.
30. Liégeois, Brabançons et Flamands à Fribourg (Suisse) au XVe siècle. In: Bulletin de la Commission royale d'histoire *XC* (1926) 1–26. Cf. le No. 48.
31. Fragment d'un manuscrit du « Roman d'Alexandre » de Lambert le Tort et Alexandre de Bernai. In: AR *IX* (1925) 366–382.
32. Compte rendu de A. Dauzat, Les noms de personnes. Origine et évolution. In: AR *IX* (1925) 468–479.
33. Fragments de moralités, farces et mystères retrouvés à Fribourg. In: Romania *LI* (1925) 511–527.
34. Survivance du culte des eaux en pays fribourgeois. In: ASTP *XXVII* (1927) 27–41.
35. Histoire de quelques pâturages: Les possessions du monastère d'Hauterive au pays de Charmey. In: Revue d'histoire ecclésiastique suisse *XX* (1926) 53–63, 223–235.
36. Une œuvre littéraire valdôtaine? Le « Mystère de Saint Bernard de Menthon ». In: AP *VII* (1925) 49–61.
37. Sur deux « Bonnes Fontaines » et quelques autres sources encore en pays fribourgeois. In: ASTP *XXVI* (1926) 140–144.
38. Le doyen Bridel et les patois fribourgeois d'après sa correspondance avec P.-L. Pettolaz. In: Nouvelles Etrennes fribourgeoises pour 1927 *LX*, 124–143.
39. Voyageurs, artisans et marchands valdôtains à Fribourg au XVe siècle, et brigands fribourgeois dans la Vallée d'Aoste. In: AP *VIII* (1926) 58–65.
40. Une ballade sur Fribourg composée par un notaire du XVe siècle. In: RHS *VI* (1926) 386–393.
41. Etudes toponomastiques valdôtaines, 3e série. In: AP *VIII* (1926) 10–22. Cf. les No. 11, 15.
42. Un inventaire des archives des comtes de Gruyère. Notice et extraits. In: AF *XV* (1927) 83–90, 97–109.
43. Sur les noms de lieu en *-acum* de la Suisse alemanique. In: Zeitschrift für Ortsnamenforschung *III* (1927) 27–38.
44. Banquiers, commerçants, diplomates et voyageurs italiens à Fribourg (Suisse) avant 1500. In: RHS *VII* (1927) 1.59.
45. L'inventaire d'un intérieur bourgeois à Fribourg au milieu du XVe siècle. In: ASTP *XXVIII* (1927) 61–71.
46. La restauration de l'abbaye d'Hauterive après l'incendie de 1578. In: Nouvelles Etrennes fribourgeoises pour 1928 *LXI* (1928) 181–193.
47. La Chanson du comte de Gruyère. In: AR *XI* (1927) 417–458.

48. Encore quelques Liégeois et Bruxellois à Fribourg (Suisse) avant 1500. In: RBPhH *VII* (1928) 144–152. Cf. le No. 30.

49. La « Fontaine de Diane » de Vuissens (Fribourg). In: Bulletin mensuel de la Société suisse des traditions populaires *XVIII* (1928) 1–7.

50. Minnodunum « Moudon » et Eburodunum « Yverdon ». In: RC *XLIV* (1927) 320–335.

51. Les noms de quelques cours d'eau fribourgeois. Troisième série. In: AF *XVI* (1928) 55–72, 121–136. Cf. les Nos. 14, 26, 78.

52. Essai sur l'onomastique catalane du IXe au XIIe siècle. In: Anuari de l'Oficina de filologia *I* (1928) 43–117.

53. Sopra alcuni nomi di fiumi toscani probabilmente preetruschi. In: Studi Etruschi *II* (1928) 287–305.

54. Sur les martyria et les martyreta en général et les « martereys » fribourgeois en particulier. Contribution à l'étude de la christianisation de la Suisse romande. In: RHS *VIII* (1928) 149–224.

55. Coutumes populaires. In: Almanach catholique de la Suisse romande. *1929*, 27–32.

56. Ce qui reste d'un manuscrit perdu de l' « Entrée d'Espagne ». In: AR *XII* (1928) 233–264.

57. Trois farces du XVe siècle. Fribourg 1928. 93 S.

58. Pour l'histoire des recherches sur les patois fribourgeois. In: Nouvelles Etrennes fribourgeoises pour 1929 *LXII*, 83–94.

59. Etudiants du Pays de Vaud à l'Université de Montpellier en 1378. In: Revue d'histoire ecclésiastique suisse *XXII* (1928) 301–308.

60. Légendes et coutumes populaires relatives à quelques mégalithes fribourgeois. In: ASTP *XXIX* (1929) 18–32.

61. Comment on se protège de la foudre et de la grêle dans les campagnes fribourgeoises. In: AF *XVII* (1929) 49–69.

62. Jazme Oliou, versificateur et auteur dramatique avignonais du XVe siéle. In: Annales d'Avignon et du Comtat Venaissin *XIV* (1928) 49–79.

63. La police de la rue, des jeux et des mœurs à Fribourg aux XIVe et XVe siècles. In: Revue pénale suisse *XLII* (1929) 178–205.

64. Un usage de l'écrevisse dans l'ophtalmothérapie populaire. In: Schweizer Volkskunde *XVII* (1928) 31–32.

65. Faut-il dire d'Hauterive ou de Hauterive? In: Bulletin pédagogique. Organe de la Société fribourgeoise d'éducation *LVIII* (1929) 156–159.

66. Etudes de toponymie catalane. I. — Les noms de personne dans certaines catégories de noms de lieu catalans. II. — Les noms de lieu en *-anum*, *-acum*, et *-ascum* de la Catalogne et du Roussillon. In: Memories del Institut d'Estudis catalans, secció filològica, Barcelona 1928, I, 125–287.

67. Trois noëls avignonais du XVe siècle. In: AR *XIII* (1929) 358–369.

68. Quelques traces du culte des « Matres » en toponymie particulièrement en Suisse romande. In: Revue des études anciennes *XXXI* (1929) 237–252.

69. Une chanson de « Mal mariée » dans un manuscrit fribourgeois du XVe siéle. In: Romania *LIV* (1928) 492–503.

70. L'Ecole Normale à Fribourg et à Hauterive avant le Sonderbund. In: Nouvelles Etrennes fribourgeoises pour 1930, *LXIII*, 233–252.

71. Moralités et farces des manuscrits Laurenziana-Ashbournham Nos. 115 et 116. In: AR *XIII* (1929) 448–518.

72. A propos de deux noms de rivière catalans: Gavarra et Gavarresa. In: BDC *XVII* (1929) 66–78.

73. Une possession du monastère d'Hauterive: Le « Mulin Wafum ». In: AF *XVIII* (1930) 34–38.

74. « Empros » fribourgeois. In: Schweizer Volkskunde *XX* (1930) 5–10.

75. Notes sur les routes romaines du canton de Fribourg. In: RHS *X* (1930) 173–199. Cf. le No. 151.

76. Esquisse du processus de dissémination de capella en Italie. In: ALMA *V* (1929–1930) 5–44.

77. Le catalan « turó » et les dérivés romans du mot prélatin *« taurus ». In: BDC *XVIII* (1930) 193–216.

78. Les noms de quelques cours d'eau fribourgeois. Quatrième série. In: AF *XVIII* (1930) 157–169, *XIX* (1931) 130–150, 164–180. Cf. les Nos. 14, 26, 51.

79. « Montorge » et quelques autres noms de lieu romans dérivés de **muntorium*. In: AR *XIV* (1930) 237–248.

80. Le thème *garg-* et ses dérivés dans la toponymie de la Gaule. In: AR *XIV* (1930) 436–439.

81. Le caractère divin Sarno. In: RBPhH *IX* (1930) 421–454.

82. Un Aventicum fribourgeois. In: RC *XLVII* (1930) 63–71.

83. Un argot de malfaiteurs parlé dans le canton de Fribourg à la fin du XVIIe siècle. In: Revue de philologie française *XLII* (1930) 106–117.

84. Noms de vaches d'après un inventaire de 1648 provenant de la région de Nyon. In: ASTP *XXX* (1930) 183–187.

85. Une moralité de Monseur sant Nicholas. Fribourg 1930, XVII, 38 S.

86. Toponymie et épigraphie: L'origine du nom de « Perpignan » et le gentilice « Perperna ». In: BDC *XIX* (1931) 1–18.

87. Le nom de *Lausanne*. In: RHS *XI* (1931) 265–296.

88. Formulettes de jeux usitées à Troistorrents. In: Cahiers valaisans de folklore, fasc. *20* (1931) 10 S.

89. La divinité aquatique Telo et l'hydronymie de la Gaule. In: RC *XLVIII* (1931) 427–441.

90. Un procès de sorcellerie à Monthey, en 1670. In: Cahiers valaisans de folklore, fasc. *21* (1931) 16 S.

91. Les coutumes relatives aux différentes fêtes de l'année à Troistorrents. In: Cahiers valaisans de folklore, fasc. *23* (1931) 16 S.

92. Remarques sur la toponymie de la région de Vetulonia. In: Studi Etruschi *V* (1931) 347–361.

93. Le miracle des trois clercs ressuscités par saint Nicolas. In: AR *XV* (1931) 383–399.

94. Les drapeaux de Venise du « Fahnenbuch » de Fribourg. In: Archives héraldiques suisses *XLV* (1931) 54–60.

95. Le nom de lieu « Montjoret » et les possessions hypothétiques du Grand-Saint-Bernard aux environs de Romont. In: Revue d'histoire ecclésiastique suisse *XXV* (1931) 261–274.

96. Noms de lieu languedociens en *-anum* accentués sur l'antépénultième. In: Miscelánea filológica dedicada a D. Antonio M.ª Alcover. Palma de Mallorca *1930* [1932] 71–97.

97. Le lieu d'origine et la date des fragments de farces en franco-provençal. In: AR *XV* (1932) 512–540.

98. Témoignages hydronymiques du culte de la déesse *Vroica* en Suisse romande. In: RC *XLVIII* (1931) 312–324.

99. Vieux usages fribourgeois. In: AF *XIX* (1931) 260–264; *XX* (1932) 32–44.

100. Remèdes populaires fribourgeois contre les verrues. In: ASTP *XXXII* (1932) 21–36.

101. Sur deux caractéristiques du culte populaire de saint Nicolas. In: AR *XVI* (1932) 125–134.

102. Le nom de lieu « Schiazzano » de la péninsule sorrentine et de l'Apennin parmesan et le gentilice « Stlaccius ». In: RBPhH *XI* (1932) 25–43.

103. Questionnaire de folklore fribourgeois. In: AF *XX* (1932) 227–238.

104. Un Miracle de saint Nicolas représenté en Avignon vers 1470. In: Annales d'Avignon et du Comtat Venaissin *XVIII* (1932) 5–40.

105. Les termes servant à dénommer le « moulin » dans quelques anciennes chartes relatives à la Belgique. In: Etudes de dialectologie romane dédiées à la mémoire de Charles Grandgagnage. In: Bulletin du Dictionnaire wallon *XVII* (1932) 9–20.

106. Notes et suggestions concernant l'étude du culte des eaux en Etrurie. In: Studi Etruschi *VI* (1932) 129–144.

107. Les dénominations du « moulin » dans les chartes italiennes du moyen âge. In: ALMA *VIII* (1932) 49–109.

108. Le diable, son nom, son aspect et ses manifestations, d'après des procédures de sorcellerie du Pays de Vaud aux XVIe et XVIIe siècles. In: ASTP *XXXII* (1933) 149–171.

109. Nouvelle série d'empros fribourgeois. In: Folklore suisse *XXIII* (1933) 1–7.

110. L'auteur probable des farces en franco-provençal jouées à Vevey vers 1520. In: AR *XVII* (1932) 83–92. Cf. les Nos. 9, 17 et 97.

111. Le fleuve „Rosne" de la „Chevalerie Ogier" et le „Rodanus" du „Codice diplomatico padovano". In: Ann. Pisa, ser. II, *II* (1933) 140–146.

112. L'origine et l'aire de dispersion du prénom médiéval italien « Muntius ». In: AR *XVII* (1933) 279–288.

113. Une statuette italo-étrusque du Musée de Fribourg (Suisse). In: Studi Etruschi *VII* (1933) 367–371.

114. Les pluriels analogiques en *-ora* dans les chartes latines de l'Italie. In: ALMA *VIII* (1933) 5–76. Cf. le No. 123.

115. Le plus ancien texte en patois valaisan. In: AR *XVII* (1933) 387–404.

116. Petit historique du patois gruérien. In: « *Lyôba* », s. l. n. d. [Bulle 1933] 18–24.

117. Le toponyme *Sembrancher* et le nom de personne *Pancratius*. In: Revue d'histoire ecclésiastique suisse *XXVIII* (1934) 20–29.

118. Le culte de Feronia et le gentilice Feronius. In: RBPhH *XIII* (1934) 5–23.

119. Les origines du nom de « Napoléon ». In: Ann. Pisa, ser. II, *III* (1934) 259–270.

120. Le sanctuaire gallo-romain du Chasseron. In: RHS *XIV* (1934) 284–309.

121. Témoignages du culte de l'Apollon gaulois dans l'Helvétie romaine. In: RC *LI* (1934) 34–45.

122. Deux noms de lieux catalans d'origine religieuse: « Madremanya » et « Marquixanes ». In: BDC *XXII* (1934) 36–58.

113. Quelques nouveaux cas de pluriels analogiques en « *-ora* » provenant en particulier de chartes napolitaines. In: ALMA *IX* (1934) 26–36.

124. La forme dissimilée **cerquus* < *quercus* dans le latin d'Espagne et d'Italie. In: Revista de filología española *XXI* (1934) 337–360.

125. Sur l'aire occupée par le mot « péntoma, péntima » et les noms de lieu correspondants en Italie. In: AR *XVIII* (1934) 553–559.

126. Les noms qu'on donnait aux vaches et aux chevaux dans le canton de Fribourg et le Pays-d'Enhaut d'après des inventaires du XVIIIe siècle. In: Nouvelles Etrennes fribourgeoises pour 1935, *LXVIII*, 165–175.

127. « Pensulum » dans le latin de Naples au moyen âge et dans la toponymie romane. In: ALMA *IX* (1934) 113–128.

128. Un point de phonétique historique du patois fribourgeois: La date approximative du changement *-st-* > *s*. In: Festschrift für Prof. Ernst Tappolet, Basel 1935. 1—8.

129. Sur l'origine de l'esp. urraca « pie ». In: Romania *LXI* (1935) 351—360.

130. *Resina, Risina* dans le latin médiéval. In: Vox romanica *I* (1936) 121—133.

131. Compte rendu de J.-U. Hubschmied, Bagako-, Bagon(o) « forêt de hêtres ». In: Vox romanica *I* (1936) 186—187.

132. Sur les noms de lieu composés de *domnus* et d'un vocable hagiographique et singulièrement sur *Donneloye* et *Donatyre*. In: RHS *XVI* (1936) 36—67.

133. Un écho de la légende de Roland dans l'onomastique napolitaine. In: AR *XX* (1936) 285—288.

134. Précisions sur les origines lointaines du fr. *plage*. In: Vox romanica *I* (1936) 225—234.

135. Les premiers pas du mot *sclavus* « esclave ». In: AR *XX* (1936) 484—490.

136. Un mot du latin médiéval napolitain: egripus. In: AR *XX* (1936) 491—504. Cf. le No. 187.

137. La forme métathétique *padule* dans les langues romanes. In: Homenatge a Antoni Rubió i Lluch *I* (Barcelona 1936) 161—174.

138. Protohistoire de deux mots romans d'origine grecque: *thius* « oncle » et *thia* « tante ». Etude de stratigraphie linguistique. In: Ann. Pisa, ser. II, *V* (1936) 54—69; 125—142 et 211—224.

139. Les formes métatétiques romanes **plubicus* et **pulbicus* pour *publicus*. In: ZRPh *LVII* (1937) 57—68.

140. Les noms de trois vieux cépages valaisans: *l'arvine*, la *rèze* et la *durize*. In: Vox romanica *II* (1937) 61—76. Cf. le No. 277.

141. L'italien prélittéraire a-t-il dit *germano* et *germana* pour « frère » et « soeur »? In: ZRPh *LVII* (1937) 211—239, et Festschrift Karl Jaberg, Halle/Saale 1937, 83—111.

142. Le théâtre dans le Pays de Vaud à la fin du moyen âge. In: Recueil de travaux publiés par la Faculté des Lettres à l'occasion du quatrième centenaire de l'Université de Lausanne, Lausanne 1936, 113—126.

143. L'origine du toponyme catalan « Pi » et le mot « Pinus » du latin médiéval de Catalogne. In: BDC *XXIV* (1936) 127—147.

144. Sur le catalan « pantà, pantan, pantano » « Marais ». In: BDC *XXIV* (1936) 148—157.

145. Le lat. *parastaticum* en franco-provençal et en catalan. In: AR *XXI* (1937) 321—326.

146. Les dérivés italiens du longobard *gahagi* et leur répartition d'après les chartes médiévales. In: ZRPh *LVIII* (1938) 51—62.

147. Collaboration à E. Olivier, L'Herbier de Moudon. In: Publications de la Société suisse d'histoire de la médecine et des sciences naturelles *XI* (Aarau 1938) 19—36.

148. La parola „Scrajo, Scraggio, Scheraggio" nella toponomastica italiana. In: Rendiconti della R. Accademia di Archeologia, Lettere ed Arti, Società reale di Napoli *XVIII* (1938) 17—27.

149. Un mot d'origine normande dans les dialectes des Pouilles: sire « père ». In: AR *XXII* (1938) 357—363.

150. Quelques noms de cours d'eau vaudois. In: Mélanges Antonin Duraffour. In: Romania Helvetica *XIV* (Paris et Zürich 1939) 80—92.

151. Précisions sur le tracé de quelques routes romaines en territoire fribourgeois. In RHS *XIX* (1939) 155—164. Cf. le No. 75.

152. « Sancta Hierusalem ». In: Bollettino storico lucchese *IX* (1939) 91—102. Cf. le No. 247.

153. Les origines de l'italien *bosco*. Etude de stratigraphie linguistique. In: ZRPh *LIX* (1939) 417—430.

154. Latin médiéval et problèmes de géographie linguistique italienne. In: EL *XIV* (1940) 37—54.

155. L'origine du nom de famille *Jomini*. In: RHS *XIX* (1939) 415—421.

156. Petit historique du patois gruérien. In: Unter dem Banner des Kranichs. Aus Geschichte und Sage der Grafschaft Greyerz, Oberdießbach, s. d. [1940] 137–143. Cf. le No. 181.

157. Pour l'histoire du suffixe d'origine longobarde *-ing* dans l'Italie centrale. In: ZRPh *LXI* (1941) 114–121.

158. Comment le mot *foresta* est entré dans le vocabulaire italien. In: ZRPh *LXI* (1941) 122–125.

159. L'évolution du suffixe *-arius* en italien prélittéraire d'après les chartes latines médiévales. In: Ann. Pisa, ser. II, *X* (1941) 1–19. Cf. le No. 193.

160. Allocution de M. le Doyen P. Aebischer pour le centenaire de la leçon inaugurale de Charles Secretan, Ier novembre 1841. In: EL *XVI* (1942) 1–3.

161. Autour de l'origine du nom de Catalogne. In: ZRPh *LXII* (1942) 49–67. Cf. les No. 173 et 219.

162. Giulio Bertoni. In: Archivio storico della Svizzera italiana *XVII* (1942) 118–119.

163. Les dénominations du « cousin » en Italie dans les dialectes actuels et les chartes médiévales. Étude de stratigraphie linguistique. In: Ann. Pisa, ser. II, *XII* (1943) 24–39.

164. Matériaux tirés de chartes latines médiévales d'Italie pour l'étude du type blava. In: ZRPh *LXIII* (1943) 392–403.

165. La forme métathétique *preta* < *petra* en Italie. In: ZRPh *LXIII* (1943) 403–406.

166. Un mot d'origine italienne passé en français par l'intermédiaire de Fribourg: *canton* « subdivision territoriale ». In: RHS *XXIII* (1943) 609–620.

167. Toponymes vaudois et fribourgeois dérivés de noms de personne latins par le suffixe burgonde *-ingos*, in *Mélanges* Charles Gilliard. In: Publications de la Faculté des lettres, Lausanne 1944, 103–113.

168. Les plus anciens témoignages de la diphtongaison de *e* et *o* libres en Italie. In: ZRPh *LXIX* (1944) 364–370.

169. Faits nouveaux et nouvelle hypothèse concernant la signification et l'origine de l'italien *romeo*. In: ZRPh *LXIV* (1944) 371–380.

170. *Sinaita*: L'aire de dispersion et le développement sémantique du mot dans le latin médiéval d'Italie. In: ZRPh *LXIV* (1944) 371–380.

71. Latin médiéval italien *teclatura*. In: ZRPh *LXIV* (1944) 388–391.

172. Considérations sur le cours du Rubicon. In: Museum Helveticum *I* (1944) 258–269. Cf. le No. 244.

173. Autour de l'origine du nom de *Catalogne*. In: Miscellània Fabra. Recull de treballs de lingüística catalana i romànica dedicats a Pompeu Fabra, Buenos Aires 1943 [1944]. 1–26. Cf. les Nos. 161 et 219.

174. Arguments linguistiques et historiques pour servir à la datation du plus ancien terrier rhétique, conservé par une copie de Gilg Tschudi. In: RHS *XXV* (1945) 177–230.

175. Une invitation à dîner datée de 1703 en patois vaudois. In: Glossaire des patois de la Suisse romande. Quarante-septième rapport annuel de la direction (1946) 3–6. Cf. le No. 184.

176. Mont Gibloux = « montagne des diables »? In: ASTP *XLIII* (1946). Festsschrift zum fünfzigjährigen Bestehen der Gesellschaft, Basel 1946, 509–522.

177. L'origine macabre du nom du *Guintzet*. In: AF *XXXIII* (1945) 131–136.

178. Anatomie descriptive et pathologique du plus ancien terrier rhétique, conservé par une copie de Gilg Tschudi. In: RHS *XXVI* (1946) 179–193.

179. Deux nouveaux manuscrits du *Conte du Craizu*. In: Vox romanica *VIIII* (1945) 110–128.

180. *Vetus* et *vetulus* dans le latin des chartes médiévales d'Italie. Essai de stratigraphie linguistique. In: CN *IV–V* (1944–1945) 113–122.

PAUL AEBISCHER

8. 12. 1897—9. 3. 1977

BOHUSLAV HAVRÁNEK

30. 1. 1893—1. 3. 1978

181. Petit historique du patois gruérien. In: Sous la bannière de la grue. Histoire et légendes du comté de Gruyère, Fribourg s. d. [1946] 210—217. Cf. le No. 156.

182. Herkunft und Bedeutung des Ortsnamens Vaduz. In: Jahrbuch des historischen Vereins für das Fürstentum Liechtenstein *XLVI* (1946) 7—21.

183. Pourquoi Neuchâtel s'est appelé Neuchâtel. In: Musée neuchâtelois, nouv. sér. *XXXIV* (1947), et Notes d'histoire neuchâteloise dédiées à Jules Jeanjaquet à l'occasion de son quatre-vingtième anniversaire, Neuchâtel 1947, 22—27.

184. Monsieur de Warens, versificateur et patoisant en 1703. In: Revue historique vaudoise *LV* (1947) 16—20. Cf. le No. 175.

185. Les origines de la finale *-i* des noms de famille italiens. In: Onomastica. Revue internationale de toponymie et d'anthroponymie *I* (1947) 90—106.

186. Eléments autochtones et étrangers dans la diplomatique et le lexique du testament de Tello. In: RHS *XXVII* (1947) 174—210.

187. Le grec *εὔριπος* et ses aboutissants latins: lat. cl. *euripus* et lat. médiéval napolitain *egripus*. In: CN *VI—VII* (1946—1947) 23—31. Cf. le No. 136.

188. Il problema di « parlascio-virilasci ». Dati attuali e inquadramento del problema. In: Lingua nostra *IX* (1948) 1—7.

189. La belle Luce. In: AF *XXXVI* (1948) 89—100.

190. Estudios de toponimía y lexicografía románica, Barcelona 1948, 156 S.

191. Compte rendu de Ad. Gros. Dictionnaire étymologique des noms de lieu de la Savoie. In: RHS *XXIX* (1949) 296.

192. Compte rendu de L. Blondel, Les origines de Lausanne et les édifices qui ont précédé la cathédrale actuelle. In: RHS *XXIX* (1949) 297.

193. Perspective cavalière du développement du suffixe *-arius* dans les langues romanes et particulièrement en italien prélittéraire. In: Boletín de la Real Academia de Buenas Letras de Barcelona *XXI* (1948) 163—174. Cf. le No. 159.

194. *Granica* „grange" et sa descendance dans les dialectes italiens et les langues de la péninsule ibérique. In: Revista portuguesa de filologia *II* (1948) 201—218.

195. Par quelle voie *bosque* est entré en espagnol. In: ER (1947—1948) 69—74.

196. Contribution à la protohistoire des articles *ille* et *ipse* dans les langues romanes. In: CN *VIII* (1948) 181—203.

197. *Näfels* = chantiers navals. In: RHS *XXIX* (1949) 378—386.

198. Pour la défense et l'illustration de l'épisode de Baligant. In: Mélanges de philologie romane et de littérature médiévale offerts à Ernest Hoepffner. In: Publications de la Faculté des Lettres de l'Université de Strasbourg, fasc. *113* (Paris 1949) 173—182.

199. Matériaux médiévaux pour l'étude du suffixe d'origine germanique « -ing » dans les langues de la péninsule ibérique. In: Actas de la I^{a}. Reunión de Toponimía Pirenaica, Jaca 1948, Zaragoza 1949, 11—24.

200. Chrestomathie franco-provençale. Recueil de textes franco-provençaux antérieurs à 1630. In: Bibliotheca romanica edendam curat W. v. Wartburg; series alters. Scripta romanica selecta *II* (Berne 1950) 150 S.

201. Les noms du *sorgho* dans les dialectes modernes et le latin médiéval d'Italie. In: ZRPh *LXV* (1949) 434—441.

202. Préface à J. Cordey (Marc à Louis), Por la veillâ, Lausanne 1959, 3—5. Cf. le No. 241.

203. Noms de lieux fribourgeois. 1. Porsel; 2. Ponthaux; 3. Rue et Riaz; 4. Neyruz. In: AF *XXXVIII* (1950) 18—27.

204. „Salicetum" et „salictum" dans les langues romanes. In: Revista portuguesa de filologia *III* (1950) 70—85.

205. Les formes vulgaires du lat. *amygdala* „amande“ et leur répartition dans les langues romanes. In: Estudios dedicados a Menéndez Pidal *I* (Madrid 1950) 1—17.

206. Les couleurs de la robe des équidés et des bovidés et quelques noms de chevaux, de mules et de vaches d’après les chartes espagnoles et portugaises. In: Revista de dialectología y tradiciones populares *VI* (1950) 28—40.

207. Sosta ore una. In: Lingua nostra *XI* (1950) 37—39.

208. Fragments de la *Chanson de la Reine Sebile* et du *Roman de Florence de Rome* conservés aux Archives cantonales de Sion. In: Studi Medievali *XVI* (1943—1950) 135—160. Cf. le No. 216.

209. [Discours d’installation comme professeur ordinaire]. In: Université de Lausanne. Discours d’installation 1940—1947, 171—172.

210. Un ultime écho de la Procession des Prophètes: Le « Cant de la Sibilla » de la nuit de Noël à Majorque. In: Mélanges d’histoire du théâtre du moyen âge et de la Renaissance offerts à Gustave Cohen, Paris 1950, 261—270.

211. „Crexenturri“. Notes de toponymie pyrénéenne. In: Pirineos *VI* (1950) 67—80.

212. *Argentum* et *plata* en ibéro-roman. Etude de stratigraphie linguistique. In: Mélanges de linguistique offerts à Albert Dauzat par ses élèves et ses amis, Paris, s. d. [1951] 11—21.

213. Ruga „rue“ dans les langues romanes. In: Revista portuguesa de filologia *IV* (1951) 170—185.

214. Preuves anthroponymiques de l’existence du pronom atone *ci* „nous“ en italien au XIIe siècle. In: ZRPh *LXVII* (1951) 255—256.

215. La literie et l’histoire du matelas d’après matériaux médiévaux romans. In: ZRPh *LXVI* (1950) 303—337.

216. Fragments de la *Chanson de la Reine Sebile* et du roman de *Florence de Rome* conservés aux Archives cantonales de Sion. In: ZRPh *LXVI* (1950) 385—408. Cf. le No. 208.

217. L’extension du type **aquiducium* en Italie d’après les chartes latines du moyen âge. In: ZRPh *LXVI* (1950) 422—428.

218. Une possibilité nouvelle concernant l’origine du fr. „chaussée“, esp. „calzada“. In: Revista de filología española *XXXV* (1951) 8—28.

219. L’étymologie de *Catalogne*. In: ZRPh *LXVI* (1950) 356—368. Cf. les Nos. 161 et 173.

220. Le préposition *da* dans les chartes latines italiennes du moyen âge. In: CN *XI* (1951) 5—23.

221. L’origine du nom de « Monthey ». In: Annales valaisannes *XXVII* (1952) 17—20, et in Etudes montheysannes, Saint-Maurice 1952, 17—20.

222. Esp. *volcán*, it. *vulcano*, fr. *volcan*: une conséquence de la découverte de l’Amérique centrale. In: ZRPh *LXVII* (1951) 299—318.

223. Les termes qui rendent l’idée de « blé » et les idées affines dans le latin médiéval d’Italie. Etude de stratigraphie linguistique. In: Mélanges de linguistique et de littérature romanes offerts à Mario Roques par ses amis et ses anciens élèves de France et de l’étranger *III* (Paris 1952) 1—17.

224. Les types *sambucus* et *sabucus* « sureau » et leur répartition dans les langues romanes. In: Vox romanica *XII* (1951) 82—94.

225. L’équation *Oliba* = *Olivarius* et la fin de la déclinaison gothique en *-a*, *-anem* et *-o*, *-onem* en Septimanie. In: CN *XI* (1951) 197—211.

226. Les dénominations du « Carnaval » d’après les chartes italiennes du moyen âge. In: Mélanges de philologie romane offerts à M. Karl Michaëlsson, Göteborg 1952, 1—10.

227. La *Cant de la Sibilla* en la cathédrale d’Alghero la veillée de Noël. In: ER *II* (1949—1950) 171—182.

228. « Coussin » et « oreiller » et quelques-uns de leurs synonymes en latin médiéval. In: Boletín de la Real Academia de Buenas Letras de Barcelona *XXIV* (1951—1953) 117—132.

229. Les trois mentions plus anciennes du couple « Roland » et « Olivier ». In: RBPH *30* (1952) 657—675.

230. L'étymologie du fr. « chaussée » et un passage du « Roman de Rou ». In: Revue internationale d'onomastique *V* (1953) 1—7.

231. Les dénominations des « céréales », du « blé » et du « froment » d'après les données du latin médiéval. Etude de stratigraphie linguistique. In: Essais de philologie moderne. In: Bibliothèque de la Faculté de philosophie et lettres de l'Université de Liège, fasc. *CXXIX* (Paris 1953) 77—94.

232. Répartition et survivance des deux types *iscla* et *i(n)sula* dans les langues romanes. Etude de stratigraphie linguistique. In: Boletim de filologia *XIII* (1952) 185—200.

233. „Vallensis" dans le toponymie romane. In: Vallesia *VIII* (1953) 1—4.

234. Un manuscrit valaisan du „Viandier" attribué à Taillevent. In: Vallesia *VIII* (1953) 73—100.

235. *„Halt sunt li pui e li port tenebrus". In: Studi Medievali *XVIII* (1952) 1—22.

236. Un cas du couple *Roland-Olivier* dans une charte de San Cugat del Vallés. In: Boletín de la Real Academia de Buenas Letras de Barcelona *XXV* (1953) 165—170.

237. Le lat. *malleolus* „crosette de vigne" et ses développements dans les langues romanes. In: ZRPh *LXIX* (1953) 195—202.

238. Le „seigle" dans le latin médiéval. In: ZRPh *LXIX* (1953) 392—402.

239. Sur l'origine portugaise de port., esp. „bravo". In: Revista portuguesa de filologia *VI* (1953—1955) 37—50.

240. Textes norrois et littérature française du moyen âge. I. Recherches sur les traditions épiques antérieures à la « Chanson de Roland » d'après les données de la première branche de la « Karlamagnús saga ». In: Société de publications romanes et françaises sous la direction de Mario Roques *XLIV* (Genève et Lille 1954) 69 S.

241. Préface à Jules Cordey (Marc à Louis), La Veillâ à l'ottô, Lausanne 1954, 5—7. Cf. le No. 202

242. Rolandiana borealia. La saga af Runzivals bardaga et ses dérivés scandinaves comparés à la *Chanson de Roland*. Essai de restauration du manuscrit français utilisé par le traducteur norrois. In: Publications de la Faculté des Lettres de l'Université de Lausanne *XI* (Lausanne 1954) 256 S.

243. Deux cas italiens de frères dénommés Rolandus et Uliverius à la fin du XIIe siècle. In: Studi Medievali *XVIII* (1952) 325—331.

244. Considerazioni sul corso del Rubicone. In: La Piê. Rassegna mensile d'illustrazione romagnola *XXVII* (1954) 85—88, 111—112, 158—160. Cf. le No. 172.

245. Anthroponymie et toponymie dans la « Chevalerie Ogier ». A propos d'un livre récent. In: RBPH *32* (1954) 1223—1238.

246. Les origines du nom de *Massongex*. In: Vallesia *X* (1955) 59—64.

247. Trois nouveaux cas d'églises placées sous l'invocation de Sancta Hierusalem. In: CN *XIV* (1954) 189—193. Cf. le No. 152.

248. Le suffixe *-arius* en catalan prélittéraire. In: Miscelanea filologica dedicada a Mons. A. Griera, I, 3—13.

249. Compte rendu de M. Delbouille, Sur la genèse de la Chanson de Roland. In: RBPH *33* (1955) 640—644.

250. Sobre la data del document 884 del Cartulari de Sant Cugat del Vallés. In: Butlletí de la Societat catalana d'estudis històrics *II* (1953) 41—42.

251. Le *calix* de Frontin et sa descendance espagnole. In: Revista de filología española *XXXVIII* (1954) 240—246.

252. Les versions norroises du « Voyage de Charlemagne en Orient ». Leurs sources. In: Bibliothèque de la Faculté de philosophie et lettres de l'Université de Liège *XXL* (Paris 1956) 185 S.

253. Les différents états de la *Karlamagnús saga*. In: Fragen und Forschungen im Bereich und Umkreis der germanischen Philologie. Festgabe für Theodor Frings zum 70. Geburtstag 23. Juli 1956. In: Deutsche Akademie der Wissenschaften zu Berlin, Veröffentlichungen des Instituts für Deutsche Sprache und Literatur *8* (Berlin 1956) 298—322.

254. A propos de deux ou trois nouveaux cas italiens du couple „Roland et Olivier". In: CN *XV* (1955) 223—237.

255. Une étymologie de *Namur* donnée par le *Karlamagnús saga*. In: Marche romane. Cahiers de l'Association des romanistes de l'Université de Liège *VI* (1956) 67—72.

256. Le gab d'Olivier. In: RBPH *34* (1956) 659—679. Cf. le No. 306.

257. L'expédition de Charlemagne en Espagne jusqu'à la bataille de Roncevaux. In: RSH *VII* (1957) 28—43.

258. Le Fragment de la Haye. Les problèmes qu'il pose et les enseignements qu'il donne. In: ZRPh *LXXIII* (1957) 20—37. Cf. le No. 260.

259. *Raimbaud et Hamon*. Une source perdue de la *Chanson de Roland*. In: Le Moyen Age *LXIII* (1957) 23—54.

260. Le Fragment de La Haye. Rectification d'une note. In: ZRPh *LXXIII* (1957) 273. Cf. le N. 258.

261. Scripta franco-provençale [Compte rendu de H. Stimm, Altfrankoprovenzalische Übersetzung.]. In: RBPH *34* (1957) 585—586.

262. Collaboration à: Marie de France. Le Lai de Lanval. Texte critique et édition diplomatique de quatre manuscrits français par Jean Rychner. Accompagné du texte du *Ianuals ljod* et de sa traduction française avec une introduction et des notes par Paul Aebischer. In: Textes littéraires français, 77 (Genève et Paris 1958) 87—125.

263. Karlamagnús saga, Keiser Karl Krönike danoise et Karl Magnus suédois. In: Studia neophilologica *XXIX* (1957) 145—179.

264. Les origines du nom de « Liège ». In: RBPH *35* (1957) 643—682.

265. Le type toponymique fr. *Montjardin*, *Montgardin*, it. *Mongiardino*, *Mongardino* et ses origines probables. In: EL, ser. II, t. *I* (1958) 38—51.

266. *Gruyère*. In: Etymologica. Walther von Wartburg zum siebzigsten Geburtstag 18. Mai 1958. Tübingen 1958, 1—12.

267. Compte rendu de Albert Junker, Stand der Forschung zum Rolandslied. In: RBPH *36* (1958) 170—171.

268. *Nyon*: *Noviodunum*. In: Revue historique vaudoise *LXVI* (1958) 61—66.

269. L'entrée de Roland et d'Olivier dans le vocabulaire onomastique de la Marca Hispanica d'après le *Liber Feudorum Maior* et d'autres recueils de chartes catalanes et françaises. In: ER *V* (1955—1956) 55—76.

270. Sur les noms de lieux d'origine latine en *-acum* et en *-anum* du canton de Fribourg. In: AF *XLIII* (1958) 69—81.

271. Un nouveau cas génois du couple „Roland et Olivier". In: CN *XVIII* (1958) 59—60.

272. Le titre originaire de la *Chanson de Roland*. In: Studi in onore di Angelo Monteverdi I (Modena 1959) 33—47.

273. Le suffixe italien *-igiano*. In: Revue de linguistique romane *XXII* (1958) 169—192.

274. Le *zebro* « âne sauvage » de la Péninsule ibérique et Brunetto Latini. In: Boletim de filologia *XVI* (1956—1957) 165—175.

275. Héraldique et linguistique. L'emblème national de la République de Saint-Marin: Les trois plumes, et ses origines. In: EL, sér. II, *2* (1959) 41—60.

276. Le manuscrit Supersaxo 97 bis de la Bibliothèque cantonale du Valais: Le roman de « Ponthus et la belle Sidoine ». Textes en vers. In: Vallesia *XIV* (1959) 245—269.

277. Elucubrations bachiques et étymologiques sur les noms des vieux cépages valaisans. In: Les Propos de l'Ordre de la Channe, 2, Saviès [Sion] 1959, 32 S. Cf. le No. 140.

278. Quatre mots du latin médiéval saint-marinais. In: ALMA *XXVII* (1958) 103—118.

279. *Italiano.* In: Ioanni Dominico Serra ex munere laeto inferiae. Raccolta di studi linguistici in onore di G. D. Serra, Napoli 1959, 39—50.

280. Le rôle de Pampelune lors de l'expédition franque de 778 en Espagne d'après l'histoire et l'épique médiévale. In: RSH *IX* (1959) 305—333.

281. Pierre Chessex. In: Onoma. Bulletin d'information et de bibliographie *VII* (1956—59) 353—354.

282. Etudes sur *Otinel.* De la chanson de geste à la saga norroise et aux origines de la légende. In: Travaux publiés sous les auspices de la Société suisse des sciences morales *2* (Bern 1960) 169 S.

283. *Le Placitum feretranum* de 885 et les origines de Saint-Marin. In: Le Moyen Age *LXVI* (1960) 1—36.

284. Compte rendu de W. P. Ker, Epic and Romances. In: Le Moyen Age *LXVI* (1960) 205.

285. Compte rendu de Martin de Riquer, Les chansons de geste françaises. In: Erasmus XIII, No. 7—8 (1960) 204—205.

286. Les graphies toponymiques „Sebre" et „Balaguet" de la „Chanson de Roland" ms. Digby. In: Boletín de la Real Academia de Buenas Letras de Barcelona *XXVIII* (1959—1960) 185—209.

287. Compte rendu de Ramón Menéndez Pidal, La Chanson de Roland y el neotradicionalismo. In: ZRPh *LXXVI* (1960) 259—265.

288. La finale *-e* du féminin pluriel italien. Etude de stratigraphie linguistique. In: Studi linguistici italiani *I* (1960) 5—48.

289. Les derniers vers de la *Chanson de Roland.* In: Studia philologica. Homenaje ofrecido a Dámaso Alonso por sus amigos y discípulos con ocasión de su 60° aniversario *I* (Madrid 1960) 11—33.

290. La « Chanson de Roland » dans le « désert littéraire » du XIe siècle. In: RBPH *38* (1960) 718—749.

291. A travers l'anthroponymie du haut moyen âge. In: VII Congresso Internaz. di Scienze Onomastiche. Firenze—Pisa. s. l. n. d. [Firenze 1960].

292. Le latin du „Placitum feretranum" de 885. In: ALMA *XXX* (1960) 5—13.

293. Le songe de la Pucelle. Poème moral du XVe siècle publié d'après le texte du manuscrit Supersaxo 97 bis. In: Vallesia *XVI* (1961) 225—241.

294. Nachruf auf Karl Jaberg. In: Jahrbuch der Deutschen Akademie der Wissenschaften zu Berlin *1960*, 128—129.

295. Nachruf auf Clemente Merlo. Ebda 150—151.

296. *Andare, ire* et leurs synonymes sur territoire linguistique italien. In: Studi linguistici italiani *II* (1961) 3—23.

297. „Scherpa seu usitilia" dans le latin des chartes longobardes. In: ALMA *XXXI* (1961) 5—21.

298. Un phénomène complexe de phonétique romane: le développement *-mn-* > *-nd-*. In: Revista portuguesa de filología *XI* (1961) 275—305.

299. *Solemnis* et ses dérivés ou le développement du groupe *-mni-* en galloroman. In: Revue de linguistique romane *XXV* (1961) 238—250.

300. Le *Gouvert d'Humanité* par Jean d'Abondance. In: Bibliothèque d'Humanisme et Renaissance. Travaux et documents *XXIV* (1962) 282—338.

301. Paléozoologie de l'*Equus Clavileñus*, Cervant. In: EL sér. II, *6* (1962) 93—130.

302. La christianisation du Valais à la lumière de quelques faits linguistiques. In: Vallesia *XVII* (1962) 171–206.

303. Compte rendu de Walter Baetke. Über die Entstehung der Isländersagas. In: RBPH *40* (1962) 139–141.

304. Préface à Aldo Rosellini, Rolandiana Marciana. In: Civiltà veneziana, Saggi *12* (Venezia–Roma 1962) 7–10.

305. Essai sur l'histoire de Saint-Marin des origines à l'an mille, Saint-Marin 1962, 88 S.

306. Sur quelques passages du « Voyage de Charlemagne à Jérusalem et à Constantinople ». A propos d'un livre récent. In: RBPH *40* (1962) 815–844.

307. La finale *-i* des pluriels italiens et ses origines. In: Studi linguistici italiani *II* (1961) 73–111.

308. Le *Mystère d'Adam* (*Ordo representacionis Ade*). Texte complet du manuscrit de Tours publié avec une introduction, des notes et un glossaire. In: Textes littéraires français *99* (Genève et Paris 1963) 119 S.

309. Compte rendu de Jaakko Ahoskas, *Essai d'un glossaire genevois*. In: RBPH *40* (1962) 1367–1369

310. A travers l'anthroponymie du haut moyen âge. In: Atti e Memorie del VII Congresso internazionale di Scienze Onomastiche *III* (Firenze–Pisa 1961) 5–26. Cf. le n° 291.

311. Basilica. Eclesia. Ecclesia. Etude de stratigraphie linguistique. In: Revue de linguistique romane *XXVII* (1963) 119–169.

312. [Rez.] A. D. Gathen, Roland als Rechtssymbol. Berlin 1960. In: RBPH *41* (1963) 962–963.

313. La sonorisation des occlusives intervocaliques en Toscane au début du VIIIe siècle d'après le témoignage de quelques documents longobards. In: ER *8* (1961) 245–263.

314. Le nom de *Röschenbach* (district du Lac) et ses origines. In: AF *45* (1962) 95–100.

315. P. Zinsli, P. A., St. Sonderegger, Bibliographie Onomastica 1960: Schweiz — Suisse — Svizzera. In: Onoma *10* (1962/63) 123–127.

316. Un problème d'exégèse rolandienne: Maelgut, la conquête de Gautier de l'Hum. In: CN *23* (1963) 146–152.

317. Sur l'emploi d'*ambulare* et de ses synonymes dans les plus anciennes chartes italiennes. In: SLI *4* (1963/64) 170–193.

318. A propos de quelques noms de lieux de la „Chanson de Roland". In: Boletín de la Real Academia de Buenas Letras de Barcelona *30* (1963/64) 39–61.

319. Une allusion des « Quinze signes du Jugement » à l'épisode du Jeu de la Quintaine du « Girart de Viane » primitif. In: Mélanges Maurice Delbouille *II* (Gembloux 1964) 7–19.

320. Latin longobard *diocia* ‚ressort ecclésiastique'. In: MA *69* (1964) 55–65.

321. La diffusion de *plebs* ‚paroisse' dans l'espace et le temps. In: RLiR *28* (1964) 143–165.

322. *Basilica* dans la toponymie de la Suisse romande. In: Revue suisse d'histoire *14* (1964) 227–234.

323. Roland: Mythe ou personnage historique? In: RBPH *43* (1965) 849–890.

324. A propos de *foris* et *foras* dans le latin médiéval d'Italie. Considérations sur la répartition de ces deux types dans la Romania. In: Omagiu lui Al. Rosetti. București 1965. 1–8.

325. Les termes qui désignent les différents édifices du culte dans le Terrier rhétique de Tschudi et dans d'autres textes grisons médiévaux. In: RLiR *29* (1965) 15–37.

326. *Monasterium* dans le latin de la Tuscie longobarde. In: Anuario de estudios medievales *2* (1965) 11–30.

327. Pourquoi *pucelle* ne viendrait-il pas de *pulcella*, dérivé de *pulcra*? In: RLiR *29* (1965) 228–237.

328. L'antécédence d'*ecclesia* sur *basilica* au sens de 'bâtiment servant au culte chrétien' prouvée par les Evangiles. In: Studi in onore di A. Schiaffini = Rivista di cultura classica e medioevale *7* (1965) 6–32.

329. Le voyage de Charlemagne à Jérusalem et à Constantinople. Texte publié avec une introduction, des notes et un glossaire par P. A., Genève—Paris 1965 (TLF *115*). — 2e édition 1971.

330. Les vainqueurs de la bataille des Pyrénées du 15 août 778: Basques ou Gascons? In: Mélanges Georges Bonnard. Genève 1966. 161—178.

331. Trois personnages en quête d'auteurs: Roland, Olivier, Aude. Contribution à la génétique de la « Chanson de Roland ». In: Festschrift Walter Baetke. Weimar 1966. 17—45.

332. D'un jésuite missionnaire fribourgeois et des origines du *fandango*. In: RLiR *30* (1966) 88—96.

333. *Domus* au sens de ‚maison reliquieuse' dans les anciens documents catalans. In: Mélanges Pierre Gardette. Strasbourg 1966. 17—25.

334. Du vieux et du nouveau concernant les noms de lieux d'origine longobarde en -ingos de la Suisse romande. In: Revue suisse d'histoire *16* (1966) 329—377.

335. [Rez.] Les Œuvres de Marguerite d'Oingt, publiées par A. Duraffour, P. Gardette et P. Durdilly. Paris 1965. In: RLiR *30* (1966) 212—215.

336. [Rez.] Adalbert Hämel, Der Pseudo-Turpin von Compostela. München 1965. In: Cahiers de civilisation médiévale *9* (1966) 261.

337. Rolandiana et Oliveriana. Recueil d'études sur les chansons de geste. Genève 1967. 334 S.

338. Un fragment de rôle comique datant du début du XIVe siècle retrouvé dans un manuscrit déposé aux Archives cantonales du Valais, à Sion. Vallesia *22* (1967) 71—80.

339. L'ital. *duomo* ‚cathédrale' et ses origines. In: RLiR *31* (1967) 80—88.

340. Notes complémentaires sur les origines de la famille Weck. In: AF *48* (1967) 191—195.

341. Deux récits épiques antérieurs au Roland d'Oxford: L'entrée d'Espagne primitive et le Girart de Vienne pimitif. In: EL *III/1* (1968) 5—35.

342. La véritable identité d'Antoine, duc d'Avignon et père d'Aye d'Avignon. In: Marche Romane *18* (1968) 147—155.

343. Un écho norrois d'un détail curieux fourni par la Nota Emilianense. In: CN *38* (1968) 5—15.

344. Le plus ancien témoignage relatif au mythe saint-marinais de la „libertas perpetua". In: Anuario de estudios medievales *5* (1968) 223—235.

345. Sur quelques noms de parenté en catalan. In: Estudis Romànics *13* (1963—68) 13—25.

346. Linguistique romane et histoire religieuse. Recherches sur quelques cultes préchrétiens et quelques termes du lexique ecclésiastique à la lumière de la toponymie et du vocabulaire des textes médiévaux latins. San Cugat del Vallés 1968 (= Bibl. filol. hist. 24) 377 S.

347. Quelques toponymes lausannois d'origine celtique (Georgette, Denantou, Vernand, Vennes, Chamblandes). In: Revue historique vaudoise *76* (1968) 1—16.

348. Arnold de Winkelried, le héros de Sempach, et Roland, le vainqueur de Roncevaux. Observations sur la technique du montage, du lancement et de la mise en orbite de quelques mythes dans le cosmos historico-littéraire. In: Revue suisse d'histoire *19* (1969) 1—33.

349. Sur le vers 1776 du Roland d'Oxford. In: Mélanges Alf Lombard. Lund 1969. 17—21.

350. Bavardages érudits sur Olivier, Aude et leur père Rainier, d'après les chansons de geste ayant Girard de Vienne comme protagoniste. In: Mélanges Rita Lejeune. Gembloux 1969. 709—737.

351. Le concept d'*état latent* dans la préhistoire des chansons de geste. In: RBPH *47* (1969) 789—839.

352. Au dossier du fr. *flibustier*, esp. *filibustero*. In: RLiR *33* (1969) 38—52.

353. Contestation d'une contestation. A propos du Fragment de la Haye. In: VRom. *29* (1970) 192—205.

354. L'état actuel des recherches relatives aux origines de l'anthroponyme Olivier. In: Mélanges Jean Frappier. Genève 1970. 17—34.

355. Notule rolandienne. Les personnages d'Astor et de Gaifier dans la laisse LXIV du Roland d'Oxford. In: MA *76* (1970) 427—444.

356. *Abiaticus* ,petit-fils' dans les chartes médiévales d'Italie. In: Mélanges Georges Straka. *I* (Lyon/Strasbourg 1970) 370—395.

357. *Pagus* ,région, territoire' dans le latin médiéval des Pyrénées catalanes. In: Estudis Romànics *15* (1970) 123—217.

358. Histoire religieuse et linguistique: La Christianisation de l'Europe centrale d'après quelques faits lexicaux. In: RSH *20* (1970) 1—22.

359. *Arrissoules*. Sur son histoire et son nom. In: Revue historique vaudoise *78* (1970) 5—14.

360. Le pluriel *-ās* de la première déclinaison latine et ses résultats dans les langues romanes. In: ZRPh *87* (1971) 74—98.

361. Le Peuplement de la vallée de Saint-Nicolas. In: Vallesia *26* (1971) 15—33.

362. Préhistoire et protohistoire du « Roland » d'Oxford. Berne 1972 (= Bibl. Rom. I/12). 291 S.

363. Textes norrois et littérature française du moyen âge II. La première branche de la « Karlamagnús saga ». Traduction complète du texte norrois, précédée d'une introduction et suivie d'un index des noms propres cités. Genève 1972 (= PRF 118) XII u. 149 S.

364. Neuf études sur le théâtre médiéval. Genève 1972 (Univ. de Lausanne, Publ. de la Fac. des Lettres 19). 175 S.

365. [Rez.] Aldo Rosselini, Essai sur la francisation de la vallée d'Aoste des origines au XVIe siècle (Studi mediolatini e volgari *18* [1970] 113—215). In: RLiR *36* (1972) 198—200.

366. La mesnie Doon de Mayence et son plus illustre représentant, Ogier le Danois. In: Mélanges Pierre Le Gentil. Paris 1973.

367. Oliveriana et Rolandiana. Sur le résumé du « Girard de Viane » conservé par la première branche de la « Karlamagnús saga ». Une ultime mise au point. In: RBPH *93* (1973) 479—491.

368. Aspects négatifs de la toponymie valaisanne. In: RSH *23* (1973) 479—491.

369. Préface à Anouar Hatem, Les problèmes épiques des Croisades, réimpression de l'édition de Paris 1932. Genève 1973.

370. Eléments traditionnels et invention personelle dans les textes annalistiques et historiographiques relatifs à l'expéditon franque de 778 en Espagne. In: RSH *24* (1974) 373—400.

371. La „Vita Sancti Marini". Texte du manuscrit F. III. 16 de la Bibliothèque nationale de Turin, précédé d'une introduction. Saint-Marin 1974.

372. Contribution à la préhistoire italienne des marionnettes liégeoises. In: Marche Romane *24* (1974) 31—36.

373. Sur les origines du latin médiéval bluttare ,expolier' et de ses dérivés. Position du problème et remarques techniques. In: RLiR *38* (1974) 1—7.

374. Girard d'Amiens, Le roman du cheval de fust, ou de Meliacin. Extraits publiés d'après le texte du ms. de la Biblioteca Riccardiana de Florence, avec une introduction et un glossaire réduit, par P. A., Genève 1974 (= TLF 212).

375. L'élément historique dans les chansons de geste ayant la Guerre de Saxe pour thème. In: Philologica Romanica, Erhard Lommatzsch gewidmet. München 1975. S. 9—22.

376. Des annales carolingiennes à Doon de Mayence. Nouveau recueil d'études sur l'épique française médiévale. Genève 1975 (= PRF 129) IX u. 286 S.

377. Particularités et généralités observées en étudiant quelques chansons de geste. In: Mélanges Carl Theodor Gossen *I* (Berne/Liège 1976) 25—49.

378. Le chat de Lausanne. Examen critique d'un double mythe. In: Revue historique vaudoise *84* (1976) 7–23.

379. Les noms de lieux du Canton de Fribourg (partie française). Fribourg 1976 (= Archives de la Société d'histoire du Canton de Fribourg 22) XVII u. 218 S.

380. Études de stratigraphie linguistique (avec une postface de W. Egloff et de H. Glättli). Bern 1978. 271 S. (3 RH 87).

Bohuslav Havránek

30. 1. 1893–2. 3. 1978

Kurz nach seinem 85. Geburtstag verstarb am 2. März 1978 das auswärtige Mitglied unserer Akademie und Ehrendoktor der Karl-Marx-Universität Leipzig, Bohuslav Havránek, em. o. Professor der slawischen Sprachwissenschaft an der Karlsuniversität Prag. Das Hinscheiden Havráneks bedeutet für die Linguistik der ČSSR einen unersetzlichen Verlust, hatte doch Havránek jahrzehntelang an der Spitze der Sprachwissenschaft unseres Nachbarlandes gestanden und vor allem auf dem Gebiet der allgemeinen Slawistik wie der Bohemistik bahnbrechende Leistungen, die vor allem durch ihre theoretischen Einsichten weiterwirken werden, hervorgebracht.

Bohuslav Havránek wurde am 30. Januar 1893 als Sohn eines Gymnasialprofessors in Prag geboren. Sein Elternhaus ließ ihm eine vielseitige Bildung angedeihen, und seine Lehrer am Gymnasium erweckten in ihm das Interesse für Philosophie und die alten Sprachen sowie die vergleichende Sprachbetrachtung überhaupt, aber auch für die großen Literaturen wie die russische und englische. Als Havránek an der Philosophischen Fakultät der Prager Universität immatrikuliert wurde, widmete er seine Studien zunächst der Kunstgeschichte und Ästhetik, wandte sich aber dann, vor allem unter dem Einfluß der Vorlesungen des hervorragenden international bekannten tschechischen Sprachwissenschaftlers Josef Zubatý (1855–1931), der Philologie zu. Seine Studien galten sowohl der slawischen als auch der klassischen Philologie, und bei seinen Lehrern *Zubatý*, Oldřich *Hujer*, Jiří *Polívka* und Jiří *Král* erhielt er eine gediegene Ausbildung. Bereits im Jahre 1915 wurde der junge Gelehrte Mitarbeiter der Kanzlei des Wörterbuches der tschechischen Sprache, die unter der Obhut der damaligen Tschechischen Akademie der Wissenschaften und Künste stand. Er promovierte 1917 zum Doktor der Philosophie mit einem Thema zur slawistischen Sprachwissenschaft und nahm an einem Prager Realgymnasium seine Tätigkeit als Gymnasialprofessor mit den Lehrfächern Tschechisch, Latein, Deutsch und Philosophie auf, ohne die wissenschaftliche Tätigkeit an der Akademie aufzugeben. Bis 1929 war Havránek im Schulwesen der 1918 gegründeten ersten Tschechoslowakischen Republik tätig und lernte hier die praktischen Erfordernisse der Schule genau kennen, was für seine spätere wissenschaftliche Forschung, die sich auf die gesellschaftliche Praxis orientierte, von großer Bedeutung war.

Die 20er Jahre waren für Havránek wahrlich eine Periode der Vorbereitung auf seine künftige umfassende Wirkungszeit als bedeutender und an internationalem Ansehen immer mehr gewinnender Hochschullehrer: gleich nach der Begründung der bohemistischen Fachzeitschrift „Naše řeč" („Unsere Sprache", ab 1917) ergriff er auf ihren Seiten das Wort zu aktuellen Fragen der tschechischen Sprachkultur und Bohemistik im weitesten Sinne. Von Jahr zu Jahr erweiterte sich das Spektrum der aktuellen Themen. In dieser Zeit machte sich Havránek mit den wichtigsten Arbeiten bedeutender Linguisten wie H. Schuchardt, F. de Saussure, Ch. Bally, A. Sechehay, J. Baudouin de Courtenay, F. F. Fortunatov, L. V. Ščerba, A. A. Potebnja, G. O. Vinokur, L. P. Jakubinskij u. a. bekannt und bereiste die slawischen Länder.

Im Jahre 1928 habilitierte sich Havránek mit der Abhandlung „Genera verbi v slovanských jazycích" („Die Genera verbi in den slawischen Sprachen", erschienen als Akademieabhandlung in Prag 1928, 184 S.) für slawische Sprachwissenschaft. Das Vorwort zu dieser Arbeit weist auf Havráneks Auseinandersetzung mit den modernen Theorien der Linguistik hin, in dem er — zugleich als Reaktion auf die Auffassungen des Mitbegründers der Prager Linguistischen Schule, Vilém Mathesius — für ein ausgewogenes Verhältnis zwischen diachronischer und synchronischer Sprachbetrachtung eintritt. Dies erscheint ebenso wichtig wie die Behandlung des komplizierten, auch heute noch die Forschung stark beschäftigenden Themas des Genus verbi. Bis in die letzten Jahre seine Lebens wandte Havránek sein Interesse immer wieder dem Genus verbi zu und dachte an eine Neubearbeitung. Havránek sieht in der synchronischen Analyse keinen Selbstzweck, sondern betrachtet sie als Ergänzung zur diachronischen. Beeindruckend ist die Fülle des sprachlichen Materials, das er hier ausbreitet und mit Scharfsinn analysiert. Auf seine Lehrtätigkeit als Hochschullehrer war er somit durch seine Erfahrungen als Lehrer und Forscher bestens vorbereitet und daher von seinen Fachkollegen auch sehr geschätzt. Bereits 1929 erfolgte seine Berufung zum außerordentlichen Professor an der Prager Universität. Als im Jahre 1934 in der mährischen Landeshauptstadt Brünn (Brno) eine neue Universität eröffnet wurde, nahm Havránek den Ruf auf den dortigen Lehrstuhl für slawische Sprachwissenschaft an und übersiedelte nach Brünn.

Die Brünner Zeit wurde für ihn bestimmend: in ihr entstanden nicht nur weitere tiefschürfende und die slawistische Forschung maßgeblich formende Arbeiten, sondern in ihr wurde Havránek wirksam als Lehrer für Studenten und diejenigen jungen Kräfte, die seinem Beispiel folgten und später zu seinen engen Mitarbeitern wurden, heute ebenfalls hervorragende Vertreter der Linguistik der ČSSR. Mit Umsicht und Bedachtsamkeit, die sein Handeln immer auszeichneten, entfaltete er in Brünn sein Schaffen. Es umfaßt Themenkreise, die damals (und zum Teil noch heute) im Mittelpunkt standen; hier greift Havránek mit seinen Aktivitäten ein, die keinesfalls nur ihn angehen, sondern mit denen er die Mitglieder künftiger Arbeitskreise und Kollektive anspricht. Sie bilden eine Einheit mit dem Schaffen nach 1945, und wir betrachten sie weiter unten deshalb zusammenhängend.

Im Jahre 1939 war Havránek zum Dekan der Philosophischen Universität der Universität Brünn gewählt worden, kurz darauf wurde der Lehrstuhl für slawische Sprachwissenschaft an der Karlsuniversität nach dem Tode Miloš *Weingarts* im Januar 1939 vakant, und Havránek wurde nach Prag berufen. Die Schließung der Universitäten nach der Annexion der Tschechoslowakei im Jahre 1939 verhinderte Havráneks Weggang, und er tat in Brünn alles, um Menschen und Einrichtungen vor dem Zugriff der faschistischen Herrschaft zu schützen. Havránek unterstützte die antifaschistische Widerstandsbewegung und war im Mai 1945, als der zweite Weltkrieg endlich zu Ende war, auf die Wiedereröffnung der Universität vorbereitet. Als Dekan leistete er in Brünn und nach seinem Weggang in Prag eine hervorragende Arbeit beim Neuaufbau des tschechoslowakischen Hochschulwesens und widmete sich zielbewußt nicht nur der Bohemistik und ihrer Weiterentwicklung, sondern vor allem auch der Russistik. An der Philosophischen Fakultät leitete er jehrelang den Lehrstuhl für tschechische Sprache und allgemeine Sprachwissenschaft und erwarb sich um die Ausbildung von Studenten und Angehörigen des wissenschaftlichen Nachwuchses im Bereich der Linguistik hohe Verdienste, ebenso bei der Heranbildung fähiger Russisten. In den Jahren 1953 bis 1961 bekleidete er auch das Amt des Rektors der Hochschule für russische Sprache in Prag. Insgesamt lehrte Havránek über 110 Semester.

Bereits im Jahre 1946 war an der Tschechoslowakischen Akademie der Wissenschaften das Institut für tschechische Sprache gegründet worden, das aus jener Kanzlei für das tschechische Wörterbuch erwuchs, an der Havránek seit jungen Jahren tätig war. Im Jahre 1952 wurde Havránek zum ordentlichen Mitglied der Akademie in Prag gewählt und trug lange Jahre die Last der Direktion des eben genannten Instituts. Im Internationalen Slawistenkomitee wirkte er in den Jahren 1964 bis 1969 als sein Vorsitzender und leistete als Präsident des IV. Internationalen Slawistenkongresses (Prag 1968) eine umfangreiche organisatorische Arbeit. Havránek war Mitglied weiterer ausländischer Akademien und ein gern gesehener Gast auf vielen internationalen Kongressen, Tagungen und Symposien großen und kleinen Stils im In- und Ausland, die er mit seinen fundierten Beiträgen bereicherte. Nicht vergessen werden darf die umfangreiche Redaktionsarbeit, die er bis zum Tode fortführte; allem voran ist hier die Prager Zeitschrift mit internationalem Widerhall und repräsentatives Organ der tschechoslowakischen Linguistik zu nennen: die 1935 begründete Zeitschrift „Slovo a slovesnost" (Wort und Schrifttum). Dazu kam die Verantwortlichkeit und Mitarbeit in den Redaktionen der Zeitschriften „Slavia" (1947ff.), „Naše řeč" („Unsere Sprache", 1949 ff.) und „Byzantinoslavica" (1946 ff.), abgesehen von anderen Publikationsorganen, populärwissenschaftlichen Zeitschriften, zahlreichen Sammelbänden und Schriftenreihen.

Die großen Forschungskomplexe, die den großen Gelehrten bis in seine letzten Tage beschäftigten, zu charakterisieren, ist eine außerordentlich schwierige Aufgabe, die seine engsten Mitarbeiter und Fachkollegen besser lösen können. Dennoch seien sie hier kurz umrissen, um eine annähernde Vorstellung von dem hinterlassenen Werk zu geben, zumal es in vielem auch unsere Akademie berührt.

Das Bedeutendste ist dabei die allgemeine Theorie der Schriftsprache, die Havránek nicht allein für das Tschechische und andere slawischen Sprachen entwickelte, sondern die universell angelegt ist und die in ihrer Bedeutung gerade heute, im Zeitalter der wissenschaftlich-technischen Revolution, über die slawistische Sprachwissenschaft weit hinausgeht. Auf diesem Feld wurde Havránek zu einer internationalen Autorität. Wie kaum ein anderer enthüllte er das komplizierte Bedingungsgefüge zwischen Stand und Entwicklung einer modernen Schriftsprache und den Bedürfnissen der Gesellschaft, die sie gebildet hat und der sie dient, und verband sie somit mit den stets aktuellen Aufgaben der früheren und heutigen Sprachkultur. Er suchte — aufbauend auf jahrelange Studien und zugleich die voranschreitenden wissenschaftlichen Ergebnisse seiner eigenen Schüler und Mitarbeiter einbeziehend — die Entwicklung der Schriftsprache in dialektischen Gegensätzen zu fassen, wobei er die Methoden der Dialektik gekonnt anwendete. Dabei stellte er Hauptkriterien wie die Stufe der Intellektualisierung der Sprache, ihrer Stabilisierung und ihrer Einheit in ihrer dialektischen Spannung mit der funktionalen Differenzierung auf. Seine nun schon klassischen Arbeiten „Die Aufgaben der Literatursprache und die Sprachkultur", „Zum Problem der Norm in der heutigen Sprachwissenschaft und Sprachkultur", „Die funktionale Schichtung der Literatursprache" u. a. sind erst spät in deutscher Sprache zugänglich geworden, die zuerst und zuletzt genannte 1976 in dem Berliner Sammelband „Grundlagen der Sprachkultur. Beiträge zur Prager Linguistik, zur Sprachtheorie und Sprachpflege. Teil 1" (hrsg. von K. Horálek und J. Kuchař). Seine Schüler haben auf diesen Grundlagen aufgebaut und weitergebaut, stellvertretend für das Gebiet der Erforschung der Literatursprache seien A. Jedličkas synthetische Arbeiten über die Entwicklung der Literatursprachen — nicht nur der slawischen — genannt: zusammengefaßt in seinem Buch „Die Schriftsprache in der heutigen Kommunikation" (Leipzig 1978). Solange es ihm vergönnt war, hat Havránek die Theorie der Schriftsprachen weiter gefördert und damit wegweisend gewirkt. Seine 1963 in tschechischer Sprache erschienenen Studien über die Schriftsprache („Studie o spisovném jazyce") verdienen besondere Erwähnung.

Mit diesem Themenkreis aufs engste verbunden sind Havráneks Untersuchungen über die sprachliche Gestaltung bei einzelnen Dichtern und Schriftstellern: so bei Božena Němcová, deren Schriften er edierte, bei Karel Hynek Mácha und anderen, aber auch bei Jan Ámos Komenský (Comenius) und nicht zuletzt bei Jan Hus. Von der intimen Kenntnis der tschechischen Schriftsprache und ihrer Entwicklung, die er in einem meisterhaften Abriß 1936 darstellte („Vývoj spisovného jazyka českého"), gelangte Havránek zum vergleichenden Studium der Struktur der slawischen Schriftsprachen, wobei er viele neue Problemstellungen gab, die heute in die Arbeitsprogramme internationaler Kommissionen Eingang gefunden haben. Indem er die Forschungslage gut überblickte, besaß er die seltene Gabe, in Neuland vorzudringen. Mit dem vergleichenden Studium der slawischen Schriftsprachen befaßt sich heute eine eigene Kommission beim Internationalen Slawistenkomitee, und Havránek hat die Arbeit dieser Kommission von Beginn an bereichert. In diesem Zusammenhang verdient seine Studie „On Comparative Structural Studies of Slavic Standard Languages" (in: Travaux Lingustiques de Prague, Bd I, Prag 1964, S. 59 ff.) besondere Erwähnung, denn sie wendet sich auch an Nichtslawisten.

Beim synchronischen und diachronischen Studium des Tschechischen mußte der Gelehrte immer wieder auf die Kontakte dieser Sprache (aber auch anderer slawischer Sprachen) mit dem Deutschen stoßen, die sich in jahrhundertelanger schicksalhafter Geschichte vollzogen. Gerade hier bot sich die Gelegenheit, mit der Sächsischen Akademie der Wissenschaften zusammenzuarbeiten und die Untersuchung von Beziehungen in die Kulturgeschichte überhaupt einzubetten. Zwei Sammelbände unter dem Titel „Deutsch-tschechische Beziehungen im Bereich der Sprache und Kultur", die 1965 und 1968 in den Abhandlungen der Akademie erschienen und von Havránek und R. *Fischer* herausgegeben wurden, belebten die Forschungen über die Sprachkontakte und Beziehungen auch in der Literatur. Zum ersten Band steuerte Havránek einen synthetischen Aufsatz „Die sprachlichen Beziehungen zwischen dem Tschechischen und Deutschen" bei, auf dem bei weiteren Untersuchungen aufgebaut werden kann.

Havránek verstand sich sowohl als Linguist im weitesten Sinne als auch als Slawist, vor allem Bohemist, als Vertreter einer Disziplin, für die gerade das tschechische Volk eine Plejade von Gelehrten aufbrachte. So fühlte er sich verpflichtet, den eigentlichen Begründer der slawischen Philologie, Josef Dobrovský (1753—1829), zu würdigen und seinem Erbe gerecht zu werden. Aber auch anderen Slawisten des 19. und 20. Jahrhunderts, so P. J. Šafárik, Vuk Karadžić und N. S. Trubetzkoy, galten seine Studien, die die Eigenart der Persönlichkeit und des Schaffens dieser Gelehrten sehr treffend charakterisierten.

Alle größeren slawistischen Forschungsvorhaben — vor allem der Nachkriegszeit —, die in der ČSSR in Angriff genommen und heute zum Teil schon beendet wurden, sind mit seinem Namen verbunden; er nahm als ihr Mitarbeiter oder als Herausgeber an ihnen unmittelbaren Anteil. Genannt seien hier nur das vierbändige Akademiewörterbuch der tschechischen Schriftsprache („Slovník spisovného jazyka českého"), die mit A. Jedlička verfaßte und 1970 in 3. Auflage erschienene tschechische Grammatik („Česká mluvnice"), das Wörterbuch des Alttschechischen („Slovník staročeský"), das J. Gebauers Werk fortsetzt, den Atlas der tschechischen Dialekte, über die Havránek bereits im Jahre 1934 eine grundlegende Abhandlung veröffentlicht hatte, das mehrbändige Werk über die tschechische Wortbildung sowie die Herausgebertätigkeit für die Reihe der alttschechischen Literaturdenkmäler und die dreibändige Auswahl aus dem alttschechischen Schrifttum, die bis in die Hussitenzeit reicht. Auch das Große Russisch-tschechische Wörterbuch, das 1952 bis 1964 in sechs Bänden erschien, muß hier genannt werden.

Bereits in den 30er Jahren hatte sich Havránek mit seinen bedeutenden, auf progressiven Methoden der linguistischen Forschung fußenden allgemeinlinguistischen und slawistischen Studien als hervorragender Vertreter des 1929 auf dem I. Internationalen Slawistenkongreß zu Prag mit einem selbständigen Programm in die internationale Öffentlichkeit getretenen Cercle Linguistique de Prague legitimiert, und diese Stellung hat er auch bei der Aufnahme und Weiterentwicklung dieses Erbes bis heute bewahrt. Die Tiefe und Vielfalt seines Schaffens, das noch lange nicht voll rezipiert ist, sichern dem Verstorbenen einen festen Platz in der slawistischen und allgemeinen Sprachwissenschaft.

Ernst Eichler

Bibliographie Bohuslav Havránek

Schriftenverzeichnisse. Für die Zeit 1918—1952: in: Studie a práce linguistické I, Praha 1954, S. 529—552 (*K. Horálek* und *Z. Tyl*). 1953—1962: in: Slavica Pragensia Bd IV, Praha 1962, S. 727—738 (*Z. Tyl*). 1963—1972: in: Studie Slavica Pragensia, Praha 1973, S. 245—254 (= Slovo a slovesnost 34, 1973, S. 14—20) (*M. Tylová*). Übersicht bis 1970: *R. Večerka*, in: *M. Kudělka*, *Z. Šimeček* und Kollektiv, Československé práce o jazyce, dějinách a kultuře slovanských národů od r. 1760. Biograficko-bibliografický slovník. Praha 1972. S. 148—152. Auswahl: *R. Fischer*, Dem Repräsentanten der Slawistik der ČSSR Bohuslav Havránek zum 70. Geburtstag. Mit einer Auswahlbibliographie von *Z. Tyl* und *M. Tylová*, in: Wiss. Z. der KMU Leipzig, G 12 (1963) S. 139—145.

Würdigungen. Zum 70. Geburtstag: s. o. Zum 80. Geburtstag: *V. Barnet*, Bulletin ruského jazyka a literatury 17 (1973) S. 7—12; *M. Dokulil*, Slovo a slovesnost 34 (1973) S. 1—14, und Sovetskoe slvjano-vedenie 9 (1973) Nr. 4, S. 136—138; *K. Hausenblas*, Jazykovědné aktuality 10 (1973) Nr. 1, S. 6—7; *J. Hrabák*, Česká literatura 21 (1973) S. 299—300; *A. Jedlička*, Naše řeč 56 (1973) S. 2—10; *J. Jelínek*, Český jazyk a literatura 23 (1972/73) S. 273—275; *V. Křístek*, Studia Slavica Pragensia (Praha 1973) S. 9—12; *A. Lamprecht*, Universitas 73 (Brno 1973) Nr. 1, S. 78—82; *Š. Peciar*, Slovenská reč 38 (1973) S. 229—231; *D. Šlosar*, Listy filologické 96 (1973) S. 38—39; *M. Zatovkaňuk*, Československá rusistika 18 (1973) S. 1—2.

Nekrologe. *M. Dokulil*, Slovo a slovesnost 39 (1978) S. 81—83; *K. Hausenblas*, Jazykovědné aktuality 15 (1978) S. 80—82; *A. Jedlička*, Naše řeč 61 (1978) S. 225—233; *Š. Ondruš*, Slavica Slovaca 13 (1978) S. 288—289.

Ernst Eichler

Kazimierz Kumaniecki

18. 5. 1905—8. 6. 1977

Am 8. Juni 1977 verstarb im 73. Lebensjahr das auswärtige Mitglied der philologisch-historischen Klasse Kazimierz Feliks Kumaniecki, emeritierter ordentlicher Professor für Klassische Philologie an der Universität Warschau.

Als Sohn des Krakauer Professors für Verwaltungswesen und Statistik Kasimierz Ladislaus Kumaniecki am 18. Mai 1905 in Krakau geboren, studierte er 1923—1926 unter *Th. Sinko*, *K. Morawski* und *L. Sternbach* in Krakau Klassische Philologie, wo er auch 1926 mit einer Arbeit über die Chronologie der Entstehung von Vergils Aeneis (Quo ordine Vergilius singulos Aeneidos libros elaboravit) promovierte. In den folgenden Jahren setzte er seine Studien an der Berliner Universität fort, wo er *Ulrich v. Wilamowitz-Moellendorff*, *Eduard Norden*, *Werner Jaeger* und *Paul Maas* kennenlernte, und arbeitete in den Bibliotheken in Rom, Florenz, Venedig und Paris, um die Handschriften für eine neue kritische Textausgabe von Ovids ‚Halieutica' zu kollationieren (da das gesamte Material für diese Ausgabe 1944 während des Warschauer Aufstandes verbrannte, kam es nicht zu der geplanten Edition). Nach seiner Habilitation über Euripides (De consiliis personarum apud Euripidem agentium) wurde Kumaniecki 1930 Dozent an der Universität Krakau. Sechs Jahre später folgte er einem Ruf auf den Lehrstuhl für Lateinische Philologie an der Universität Warschau, wo er bis zu seiner Emeritierung im Jahre 1975 als der führende Klassische Philologe Polens und als Gelehrter von internationalem Rang wirkte, der die große Tradition der Klassischen Philologie Polens auf einer neuen Stufe wiederbelebt und fortgeführt hat.

Für den Wissenschaftler Kumaniecki ist bemerkenswert und zugleich kennzeichnend die ungewöhnliche Breite seiner Forschungsarbeiten, die nicht nur das gesamte Gebiet der Klassischen Philologie umfassen und hier insbesondere die Höhepunkte der griechischen und römischen Literatur, sondern darüber hinaus auch das Gebiet der Byzantinistik und des lateinischen Humanismus in Polen mit einbeziehen. Philologe aus innerer Berufung, widmete er sich mit besonderer Vorliebe Problemen der Überlieferungsgeschichte und der kritischen Textgestaltung. Der polnische Gelehrte, der auf internationalen Kongressen wegen seiner in der heutigen Zeit ganz ungewöhnlichen souverän beherrschten Fähigkeit, lateinisch zu sprechen, als prädestinierter Festredner für Eröffnungs-, Dank- und Schlußreden in lateinischer Sprache galt, hat vor allem Cicero, dem Meister der römischen Eloquenz, seine wissenschaftliche Arbeitskraft gewidmet und in der Cicero-Forschung grundlegende und bleibende Ergebnisse erzielt. Besonders hervorzuheben sind in diesem Zusammenhang seine bereits 1959 publizierte Monographie über „Cicero und seine Zeitgenossen" und seine neue textkritische Ausgabe von Ciceros rhetorischem Hauptwerk De oratore, die 1969 in der Bibliotheca Teubneriana erschienen ist. Als Krönung seines wissenschaftlichen Lebenswerkes kann die große Monographie „Römische Literatur im Zeitalter Ciceros" gelten, die wenige Tage vor seinem Tode erschienen ist. Durch seine Herausgebertätigkeit (zusammen mit *K. Michlaowski* und *L. Winniczuk*) an der 1946 begründeten Zeitschrift für antike Kultur „Meander", durch Übersetzungen, Rundfunksendungen und allgemein verständliche Darstellungen hat Kumaniecki ganz wesentlich zu einer neuen lebendigen Wirksamkeit des antiken Kulturerbes in der Volksrepublik Polen beigetragen.

An Anerkennung und Ehrungen hat es dem hervorragenden polnischen Gelehrten, der seit 1965 Mitglied der Sächsischen Akademie der Wissenschaften zu Leipzig gewesen ist, auf nationaler und internationaler Ebene nicht gefehlt. Er war Ehrendoktor der Universitäten Debrecen und Warschau, Staatspreisträger, ordentliches Mitglied der Polnischen Akademie der Wissenschaften in Warschau und anderer internationaler Akademien und wissenschaftlicher Gesellschaften, lange Zeit Präsident der „Union Académique Internationale" in Brüssel und Vizepräsident des „Conseil International de la Philosophie et des Sciences Humaines", Mitglied der „Fédération Internationale des Associations des Etudes Classiques" sowie Inhaber des Kommandeur- und Kavalierkreuzes des Ordens „Polonia Restituta" und des Tapferkeitskreuzes. Die internationale Fachwelt verliert in ihm einen ihrer profiliertesten Vertreter und zugleich einen vir vere humanus im besten und ursprünglichen Sinne des Wortes.

Friedmar Kühnert

1. Quo ordine Vergilii Eclogae conscriptae sint. In: Eos *29* (1926) 69–79.
2. Podanie o Wandzie w świetle źródeł starożytnych. In: Pamiętnik Literacki *22–23* (1926) 46–55.
3. Ad Vergilii Aeneid. I 223. In: Eos *19* (1926) 68.
4. Quo temporis ordine Vergilius singulos Aeneidos libros elaboraverit. In: Archiwum Filologiczne PAU Nr. *4* (Cracoviae 1926) 89 S.
5. Zu Prokops Anecdota. Das rhythmische Klauselgesetz in den Anecdota und die Echtheitsfrage. In: Byzantinische Zeitschrift *27* (1927) 19–22.
6. De Satyro Peripatetico. Stresczenie. In: Bull. Intern. Acad. Crac. *1927*, 204.
7. De Satyro Peripatetico. In: Archiwum Filologiczne PAU Nr. *8* (Cracoviae 1929) 90 S.
8. Des Nectarios von Casole. Verse über seine Vorgänger in der Amtswürde. In: Byzantinische Zeitschrift *29* (1929) 13.
9. *εἰς τὴν τῶν Σκλαβηνικῶν φιλολόγων ἐν Πολωνία συντελουμένην πανήγυριν.* In: Kwartalnik Klasyczny *3* (1929) 387–388.
10. De consiliis personarum apud Euripidem agentium. In: Archiwum Filologiczne PAU Nr. *10* (Cracoviae 1930) 125 S.
11. De consiliis personarum apud Euripidem agentium. Streszczenie. In: Bull. Intern. Acad. Crac. 1930, 25–27.
12. De studiis Vergilianis in Universitate Jagiellonica priore saeculi XVI parte florentibus. In: Commentationes Vergilianae. Cracoviae 1930, 193–205.
13. Eine unbekannte Monodie auf den Einsturz der Hagia Sophia im Jahre 558. In: Byzantinische Zeitschrift *30* (1930) 35–42.
14. De Polycratis Alexandro. In: Acta *II* Congressus Philologorum Classicorum Slav. Pragae 1931, 113–118.
15. Notes critiques sur le texte de Théophane Continué. In: Byzantion *7* (1932) 235–237.
16. Queleques remarques critiques sur Genesios. In: Byzantion *8* (1933) 551–552.
17. Index scriptorum, quae Leo Sternbach publici iuris fecit. In: Eos *34* (1932/33) 7–9.
18. Ad Ioannis Geometrae epigramma VIII. In: Eos *34* (1932/33) 343–344.
19. De Aesopi vita supplenda. In: Aegyptus *13* (1933) 51–52.
20. De elocutionis Aeschyleae natura. Streszczenie. In: Sprawozdanie Wydziału *I* PAU 1934, 109–111.
21. De elocutionis Aeschyleae natura. In: Archiwum Filologiczne PAU Nr. *12* (Cracoviae 1935) 115 S.
22. De epodis quibusdam Horatianis. In: Commentationes Horatianae. Cracoviae 1935, 139–157.
23. Istota i rozwój osobowości Horacego. Wykład inauguracyjny wygłoszony na Uniwersytecie Warszawskim w dniu 12 marca 1937 roku. In: Eos *38* (1937) 340–353.
24. De quibusdam Oppiani Halieuticorum codicibus. In: Sprawozdania z Posiedzeń Wydziału I Towarzystwa Naukowego Warszawskiego *30* (1937) 4/6, 67–82.
25. Cesarz August, próba charakterystyki. In: Filomata 1937, 1. *94*, 99–118; 1. *95*, 147–153.
26. Gatunki literackie poezji greckiej. In: Meander *1* (1946) 12–24.
27. Tucydydes. Periklesowa pochwała demokracji ateńskiej. Przełożył ... In: Meander *1* (1946) 101–109.
28. Ludwig Cwikliński. In: Pamiętnik Literacki *36* (1946) 1/2, 96–103.
29. Nowy przekład polski Tucydydesa i Sallustiusza. In: Sprawozdania z Posiedzeń Wydziału I Towarzystwa Naukowego Warszawskiego *38/39* (1946) 1/2, 59.

30. Tucydydes „Periklesowa pochwała demokracji ateńskiej" Przełożył ... In: Meander *1* (1946) 101—109.

31. Traktat pokojowy ateńsko-spartański z r. 421 w relacji Tucydydesa. In: Sprawozdania z Posiedzeń Wydziału I Towarzystwa Naukowego Warszawskiego *40* (1947) 7—8.

32. Działalność naukowa Tadeusza Sinki. In: Meander *2* (1947) 495—503.

33. Gustaw Przychocki 1884—1947. In: Rocznik Towarzystwa Naukowego Warszawskiego *40* (1947) 155—159.

34. Gaius Sallustiusz Krispus. Sprzysiężenie Katyliny i Wojna z Jugurtą. Przełożył i wstępem poprzedził ... Warszawa 1947, 197 S. (= Biblioteka Meandra Nr. 1).

35. De Horatii carmine ad Plancum [Carm. I7]. In: Eos *42* (1947) 1, 5—23.

36. Traktat pokojowy ateńsko-spartański z r. 421. In: Przegląd Historyczny *37* (1948) 92—102.

37. Oda Horacego do Plankusa. In: Sprawozdania z Posiedzeń Wydziału I Towarzystwa Naukowego Warzawskiego *61* (1948) 1/2, 53.

38. Pieśni biesiadne Horacego. In: Meander *3* (1948) 61—79.

39. Homer — Wergiliusz [Z cyklu Sylwetki]. In: Meander *3* (1948) 48—50.

40. Wergiliusz. Wiedza Powszechna. Literatura starożytnej Crecji i Rzymu Nr. 10. Łódz 1948. 48 S.

41. Demokracja ateńska. Warszawa 1948, 56 S. (= Biblioteka Historyczna. Kultura starożytna. PZWS).

42. O odnalezionej retoryce Filipa Kallimacha, Warszawa 1948. 63 S. (= Biblioteka Meandra Nr. 7).

43. [Rez.:] J. H. Jr. Finley, Thucydides. Cambridge Mass. Harvard University Press 1942, 344 S. In: Przegląd Historyczny *38* (1948) 267—268.

44. [Rez.:] J. de Romilly, Thucydide et l'impérialisme athénien. Paris 1947, 326 S., Les Belles Lettres. In: Przegląd Historyczny *38* (1948) 268—269.

45. Ateny w dobie Peryklesa. Epoka Peryklesa. Warszawa 1949, 9—26. (= Biblioteka Meandra Nr. 10).

46. Philippi Callimachi Rhetorica, edidit ... Varsaviae 1950, XVI, 160 S., 14 Tab. (= Auctarium Meandreum Vol. I).

47. Uwagi do tekstu „Tragedii o polskim Scylurusie" Jana Jurkowskiego. In: Meander *5* (1950) 261—262.

48. Echa Owidiusza w polskiej literaturze mieszczańskiej w. XVII. In: Meander *5* (1950) 563—573.

49. De Philippi Callimachi Epigrammatum codicibis duobus: Charisteria Thaddaeo Sinko ... oblata. Varsaviae-Wratislaviae 1951. 141—150.

50. Tukydides na tle epoki. In: Meander *6* (1951) 219—234.

51. Średniowieczna a humanistyczna poezja polsko-łacińska. Konieczność różnicowania jej znaczenia i metod badawczych. In: Poezja polsko-łacińska w dobie Odrodzenia. Odrodzenie w Polsce. T. IV: Historia Literatury. Warszawa 1951. 248—250.

52. Drobiazgi polsko-łacińskie, Kallimach-Dantyszek-Mickiewicz. In: Pamiętnik Literacki *43* (1952) 453—463.

53. Działalność naukowa Seweryna Hammera. In: Meander *8* (1953) 171—175.

54. Tukydides. Wojna peloponeska. Przełożył z języka greckiego i opatrzył przedmową ... Warszawa 1953, 20, 560 S., 3 Tab. Czytelnik.

55. Twórczość poetycka Filipa Kallimacha. Warszawa 1953. 147 S., PIW.

56. Poezja rzymska na przełomie republiki i pryncypatu. In: Meander *8* (1953) 361—374.

57. Andreae Fricii Modrevii Opera Omnia. Varsaviae 1953, 578 S. (= Academia Scientiarum Polona. Vol. I: Commentariorum de Republica emendanda libri quinque, edidit ...).

KAZIMIERZ KUMANIECKI

18. 5. 1905—8. 6. 1977

JULIUS NEMETH

2. 11. 1890—14. 12. 1976

EBERHARD SCHMIDT

16. 3. 1891—17. 6. 1977

58. Andreae Fricii Modrevii Opera Omnia. Varsaviae 1954, 198 S. (= Academia Scientiarum Polona. Vol. II: Orationes, edidit ...).

59. Dzieło Witruwiusza. In: Meander *9* (1954) 57—70.

60. Witruwiusz. O architekturze. Przełożył ... In: Meander *9* (1954) 134—140.

61. Dion z Prusy. Mowa trojańska, czyli o tym, że Ilion nie zostało zdobyte. Przekładu dokonała Sekcja Czytania Autorow Greckich Koła Warszawskiego Polskiego Towarzystwa Filologicznego pod kierunkiem ... Słowo wstępne ... Warszawa 1954. 56 S. (= Biblioteka Meandra Nr. 21).

62. Arystofanes. Ptaki. Przekład J. Jedlicza Wstęp ... Warszawa 1954. 5—23. PIW.

63. Dziesięciolecie filologii klasycznej w Polsce Ludowej. In: Meander *9* (1954) 415—425.

64. Historia kultury starożytnej Grecji i Rzymu. Kraków 1955. 487 S., 109 Risse, 54 Tab., 10 Taf. PWN (= Kulturgeschichte des alten Griechenland und Roms).

65. Andreae Fricii Modrevii Opera Omnia. Varsaviae 1955. 358 S. (= Academia Scientiarum Polona. Vol. III: De ecclesia liber secundus, edidit ...).

66. Przemówienie wygłoszone na jubileuszu Jana Parandowskiego. In: Meander *10* (1955) 337—344.

67. Nad prozą antyczną. In: O sztuce tłumaczenia, pod red. M. Rusinka. Wrocław 1955, 99—109. Ossolineum.

68. Zehn Jahre Klassische Philologie in Volkspolen. In: Das Altertum *1* (1955) 244—255.

69. Komedia arystofanesowska w walce o pokój. In: Meander *10* (1955) 25—46.

70. Witruwiusz. O architekturze ksiag dziesięć. Z tekstu łacińskiego przełożył ... Warszawa 1956. 190 S., 1 Tab., Tafeln. PWN.

71. [Rez.:] K. Aland, Die Handschriftenbestände der polnischen Bibliotheken, insbesondere an griechischen und lateinischen Handschriften. Ein vorläufiger Bericht. Berlin 1956. 66 S. In: DLZ *77* (1956) Sp. 882—883.

72. Komedia arystofanesowska w walce o pokój. In: Arystofanes, pod red. O. Jurewicza. Wrocław 1957. 21—46. Polska Akademia Nauk. Ossolineum.

73. Słownik łacińsko-polski według słownika Hermana Mengego i Henryka Kopii opracował ... Warszawa 1957. VIII, 545 S. PWN.

74. Cyceron, człowiek-polityk-pisarz, w dwutysięczną rocznicę śmierci. In: Przegląd Humanistyczny *1* (1957) 9—22.

75. Ciceros Paradoxa Stoicorum und die römische Wirklichkeit. Vortrag gehalten auf der Tagung der Mommsengesellschaft in Darmstadt am 27. April 1956. In: Philologus *CI*, 113—134.

76. Plutarch z Cheronei. Jak młodzież powinna słuchać poetów. Przekładu dokonała Sekcja Czytania Autorów Greckich Warszawskiego Koła PTF pod kierunkiem ... Warszawa 1957. 75 S. (= Biblioteka Meandra Nr. 24. PWN).

77. Na przedstawieniu No w teatrze tokijskim. In: Teatr i Film *13* (1958) Nr. 7, 1—15, 21—22.

78. Tukidydes, Wojna peloponeska. Przełożył z języka greckiego i opatrzył przedmową ... wydanie drugie. Warszawa 1958. Czytelnik.

79. Andreae Fricii Modrevii Opera Omnia. Varsaviae 1958. 338 S. (= Academia Scientiarum Polona. Vol. IV: Opuscula annis 1560—1562 conscripta, edidit ...).

80. Mowa Cycerona o orzeczeniu haruspików. In: Przegląd Historyczny *49* (1958) 445—459.

81. Podróz Cycerona do Grecji i Azji w r. 79—77. In: Meander *13* (1958) 237—250.

82. Il periodo italiano dell'opera poetica di Filippo Buonaccorsi. In: I suoi epigrammi romani: Il mondo antico nel Rinascimento [Atti del V Convegno Internazionale sul Rinascimento. Firenze 2—6 settembre 1956]. Firenze 1958. 65—73.

83. Cyceron w Cylicji. In: Meander *13* (1958) 449—470.

84. Działalność naukowa Ryszarda Gańsińca. In: Przegląd Humanistyczny *3* (1958) 90—96.
85. Stand und Aufgaben der klassischen Philologie in Volkspolen. Aus der altertumskundlichen Arbeit Volkspolens, hrsg. von J. Irmscher und K. Kumaniecki. Berlin 1959. 7—20.
86. Tadeusz Sinko. In: Nauka Polska *7* (1959) 1, 167—173.
87. Cyceron i jego współcześni. Warszawa 1959. 559 S. Czytelnik.
88. Tadeusz Zieliński. In: Meander *14* (1959) 387—393.
89. O rękopisie lejdejskim „Sylw" Andrzeja Frycza Modrzewskiego i podstawach nowego wydania. In: Przegląd Humanistyczny *3* (1959) Nr. 4, 11—17.
90. [Rez.:] M. I. Finley, The World Odysseus, London 1956. In: DLZ *80* (1959) H. 7/8.
91. Stare i nowe w twórczości Cycerona. In: Przegląd Humanistyczny *3* (1959) Nr. 5, 1—9.
92. Przemówienie. In: Compte-Rendu, 29e Congrès International des PEN Clubs, Tokyo 1957. 95—97.
93. Tradition et apport personnel dans l'œuvre de Cicéron. In: Revue des Études Latines 1959. 171—183.
94. Ciceros Rede de haruspicum responso. In: Klio *37*, 135—152.
95. Cyceron, Mowy wybrane, przełożyl i opracowali J. Mrukówna, D. Turkowska, St. Kołodziejczyk, przedmową poprzedził ... Warszawa 1960, 5—7, Czytelnik.
96. Prooemium. In: Acta Sessionis Ciceronianae diebus 3—5 mensis Decembris a. 1957 Varsoviae habitae, pod red ... Warszawa 1960.
97. Cicero Mensch—Politiker—Schriftsteller. In: Acta Sessionis Ciceronianae diebus 3—5 mensis Decembris a. 1957 Varsoviae habitae, pod red ... Warszawa 1960. 9—27.
98. Tadeusz Sinko, L'homme et son œuvre. In: Perspectives Polonaises *3* (1960) Nr. 2, 51—54.
99. Tadeusz Sinko, The Man and his Work. In: Polish Perspectives *3* (1960) Nr. 2, 45—47.
100. Martiis caelebs quid agam Kalendis [zu Horaz Od. III, 8]. In: Eos *50* (1960) 147—153.
101. Taddeo Zielinski. In: Atene e Roma N.S. *5* (1960) Nr. 1, 1—7.
102. Quaestiunculae Tullianae. In: Studi Classice *2* (Bucureşti 1960) 95—97.
103. Cicero in Cilicia. In: Studi Classice *2* (Bucureşti 1960) 225—241.
104. Martiis caelebs quid agam Kalendis. In: Römische Literatur der Augusteischen Zeit, Berlin 1960, 15—17. (= Schriften der Sektion für Altertumswissenschaft der DAW, Nr. 22).
105. Andreae Fricii Modrevii Opera Omnia, Varsaviae 1960, 352. (Academia Scientiarum Polona. Vol. V: Sylvae, edidit ... [accidit Index Modrevianus]).
106. Liryka Horacego. In: Przegląd Humanistyczny 1960, Nr. *6*, 11—20.
107. Filologia klasyczna w XX wieku. In: Przegląd Kulturalny *10* (1961) Nr. 10, [445], 5.
108. [Rez.:] E. Gibbon, Zmierzch cesarstwa rzymskiego, tłum. Z. Kierszys, wstęp. T. Zawadzki, Warszawa 1960, t. 1—2 PIW. In: Nowa Kultura *12* (1961) Nr. 10 [571], 2.
109. Elementy kultury klasycznej w wykształceniu współczesnego filologa. In: Przegląd Humanistyczny 1961, Nr. *5*, 57—65.
110. La poésie latine en Pologne à l'époque de la Renaissance [1460—1620]. In: Bulletin de l'Association de G. Budé, Suppl.: Lettres d'Humanité *20* (1961) 580—593.
111. De oratione Tulliana in toga candida habita. In: Estratto dagli Atti del I. Congresso Internazionale di Studi Ciceroniani. Roma 1961. 10 S.
112. De Angeli Politiani notis in Ciceronis libros de oratore. In: Charisteria Fr. Novotný octogenario oblata, Pragae 1961. 65—70.
113. Cyceron i Warron. In: Meander *17* (1962) 283—301.
114. La philologie Classique en Pologne. In: Romanitas *4* (Rio de Janeiro 1962) Nr. 5, 288—296.
115. Cicerone e Varrone, Storia di una conoscenza. In: Athenaeum N.S. *40* (1962) fasc. III—IV, 221—243.

116. Latin költészet Lengyelországban a reneszánsz korában [1460—1620]. In: Filológien Közlöng *8* (1962) 3—4, 241—249.

117. A Horatiusi Lira. In: Antik Tanulmănyok *IX* (1962) Nr. 3—4, S. 161—170.

118. Die lateinische Dichtung in Polen in der Zeit der Renaissance [1460—1620]. In: Renaissance und Humanismus in Mittel- und Osteuropa. Bd *II* (Berlin 1962) S. 107—120.

119. Zur Überlieferungsgeschichte der Ciceronischen Schrift „De Oratore". In: Acta Antiqua Philippolitana, Studia Historica et Philologica, Sofia 1963. 263—264.

120. Philippi Callimachi Epigrammatum libri duo, edidit ... Wratislaviae, Varsaviae, Cracoviae 1963, 119 S. (= Bibliotheca Latina Medii et Recentioris Aevi, Vol. XI).

121. The Structure of Hesiod's Works and Days. In: Institute of Classical Studies, University of London, Bull. Nr. 10 (London 1963) 79—96.

122. Iliada i Odysseja. Grafika M. Kościelniak. Słowo wstępne ... PZWS, Warszawa 1963.

123. Kompozycja Hezjodowych Prac i Dni. In: Meander *19* (1964) 55—76.

124. Cud Grecki. In: Argumenty *8* (1964).

125. Filologia klasyczna w Polsce Ludowej w okresie dwudziestolecia 1944—1964. In: Meander *19* (1964) 299—314.

126. Meletemata critica in Ciceronis libros de oratore. In: Eos *53* (1964) fasc. 1, 136—142.

127. Historia kultury strarożytnej Grecji i Rzymu. wydanie drugie, przejrzane i rozszerzone. Warszawa 1964. 638 S., 5 Ktn.

128. Notulae criticae in Ciceronis libros de oratore. In: Studi in Onore di E. Malcovati. Athenaeum N.S. *42* (1964) fasc. 1—4, 197—200.

129. Philippi Callimachi Epicedion in Dorotheam Gonzagam edidit ... In: Classical Mediaeval and Renaissance Studies in Honour of B. L. Ullman. Vol. *2* (Roma 1964) 365—373.

130. Some Remarks on the Manuscript Tradition of Cicero's Dialogue "De Oratore". In: Eos *54* (1964) 107—115.

131. Ad Ciceronis libros De Oratore adnotationes criticae. In: Miscellanea Critica, Teil *2* (Leipzig 1965) 197—205.

132. De locis quibusdam dialogi Tulliani q. i. „De Oratore" observationes aliquot. In: Acta Classica Universitatis Scientiarum Debreciniensis *I* (Debrecini 1965) 21—24.

133. Fragmenty komedii Menandra pt. „Sikyonios". In: Meander *20* (1965) 257—265.

134. Bemerkungen zu den neuentdeckten Fragmenten des *Σικυῶνιος* von Menandros. In: Athenaeum N.S. *43* (1965) 154—166.

135. Filologia klasyczna w chwili obecnej. In: Filomata *1966*, Nr. *200/201*, 36—42.

136. Proces Ligariusza. In: Przegląd Historyczny *57* (1966) 327—345.

137. Ad Misumeni Menandreae nuper repertae fragmenta observationes aliquot. In: Eos *55* (1965) 57—58 [1967 erschienen].

138. La défense de Cicéron. In: La Pologne 1967, Nr. *7*, 17.

139. Où tourner le regard. Ebda S. 14ff.

140. La tradition manuscrite du De oratore. In: Revue des Etudes Latines. Paris 1967. 204—218.

141. Twenty Years of Classical Philology in Poland (1945—1965). In: Greece and Rome *14* (1967) Nr. 1, 61—75.

142. Dookoła zaginionej Censolatio Cycerona. In: Meander *22* (1967) 86—112.

143. Der Prozeß des Ligarius. In: Hermes *95* (1967) 434—458.

144. Ad Ovidi Halieutica. In: Philologus *118* (1967) 145—146.

145. Historia kultury starożytnej Grecji i Rzymu. Wydanie II. Warszawa 1967. 639 S., 203 Ill., 12 Taf.

146. Obrona Cycerona. Polska nr *7*, 1967, S. 17.

147. Scripta minora. Vratislaviae — Varsoviae — Cracoviae 1967. XLI, 608 S.

148. De eis quae intra hos sexaginta quinque nostri saeculi annos de litteris Latinis scripta sint. In: Acta omnium gentium ac nationum conventus Latinis litteris linguaeque fovendis Romae A. MDCCCCLXVI habiti. Roma 1968. 198—218.

149. Die verlorene „Consolatio" des Cicero. In: Acta Classica Univ. Scient. Debrecniensis *4* (1968) 27—47.

150. De scriptorum Romanorum nativa quadam vi atque indole. In: Meander *23* (1968) 182—186.

151. A propos de la „Consolatio" perdue de Cicéron. In: Annales et Publications de la Faculté des Lettres d'Aix 1969. 369—402.

152. Cycerona „Katon". In: Meander *24* (1969) 293—312.

153. Homer — początki europejskiej. Nauka Polska 1969, nr *5*, 105—106.

154. De scriptorum Romanorum nativa quadam vi atque indole. In: Vox Latina 1969, nr *15*/1, 24—28. [Nachdruck aus Meander *23* (1968) 182—186].

155. Historia kultury starożytnej Grecji i Rzymu. Tabl. chronol. Maria Cytowska i Hanna Szelest. Wyd 4. Warszawa 1969 PWN ss. 638 nbl, 1, tab. 15, ilustr. portr. mapy. bibliogr.

156. Epistulae ad P. C. Eichenseer. In: Vox Latina 1969, nr *15*/1, S. 21.

157. Les discours égarés de Cicéron „Pro Cornelio". In Mededelingen van de Koninklijke Vlaamse Academie voor Wetenschappen *32* (1970) H. 4.

158. Ciceros „Cato". In: Forschungen zur römischen Literatur. Festschrift zum 60. Geburtstag von K. Büchner. 1970, 168—188.

159. [Hrsg.] M. Tullius Cicero. Fasc. 3: De oratore. Leipzig 1969, 60, 412 S.

160. [Hrsg.] Erasmi Roterodami Antibarbarorum liber. In: Opera Omnia Desiderii Erasmi Roterodami *I* (1969) 1—138.

161. Słownik łacińsko—polski. Wg. słownika H. Mengego i H. Kopii. Wyd. *5*, Warszawa 1970 PWN, 547.

162. Ciceros Rede „Pro Murena" W: Acta Conv. XI „Eirene", 1971, 161—179.

163. Pierwasza mowa obrończa Cycerona. Nauka pol. 1971, nr *4*, S. 190.

164. Zaginione mowy Cycerona w obronie Gajusza Korneliusza. In: Meander *26* (1971) 298—329.

165. De Vergilio in litteris Polonis. W: Acta Conventus omnium gentium Latinis litteris linguaeque fovendis. Bucurestiis 1971, 217—223.

166. Herodotus. Żywot Homera przekazany pod imieniem Herodota z Helikarnasu. Przekł. zesp. Sekcji przy Warszawskim Kole PTF pod kier. K. Kumanieckiego. In: Meander *26* (1971) 442—454.

167. Sallustius Crispus Caius: Sprzysiężenie Katyliny i Wojna z Jugurtą Przełożył i wstępem opatrzył ... Zakł. Nar. im Ossolińskich. Wyd. PAN 1971, XLVI, 115 Biblioteka Przekładów z Literatury Antycznej, 18 [II Wyd.].

168. Historia kultury starożytnej Grecji i Rzymu. Dobór i oprac ilustr. B. Gąssowska. Tablice chronologiczne M. Cytowska, H. Szelest. Wyd 5. W-wa PWN 1972, 638 S.

169. Proclus: Żywot Homera według Proklosa. Pierwsza z czterech części Chrestomachii Proklosa. Homer. Czas. życie, cechy twórczości, spis poematów, przekł, zbiór. Sekcja Warszawska Koła PTF pod kier. K. Kumanieckiego. In: Meander *27* (1972) 39—41.

170. Cicero's first defence speech. In: Rev. PAS 1971, No *4*, S. 94.

171. Mowa Cycerona pro P. Quinctio. In: Meander *27* (1972) 429—451.

172. Cicerone e la crisi della Repubblica Romana. Roma 1972. 563 S.

173. L'orazione „Pro Quinctio" di Marco Tullio Cicerone. In: Studi Classici in onore di Quinto Catandella *3* (1972) 129—157.

174. Uwagi o źródłach ustnych Tukidydesa. In: Meander *28* (1973) 121—132.

175. Homer. Warszawa 1974 Wyd. Szkolne i Pedagogicznes. 486 S.
176. Literatura rzymska. Okres Cyceroński. Warszawa 1977. PWN 573 S.
177. Ciceros Rede De aere alieno Milonis. In: Klio *59* (1977) 381–401

Frau Prof. Dr. Hanna Szelest (Warszawa) hat die Bibliographie freundlicherweise durchgesehen und ergänzt.

G. W.

Julius Németh

2. 11. 1890–14. 12. 1976

Mit erhobenem Finger pflegte er zu sagen: „Ein sehr interessanter Gedanke, wirklich ein genialer Gedanke — aber natürlich vollkommener Unsinn". Jene, die das Vorrecht hatten, seine Gesellschaft zu genießen, hörten diese Worte, geäußert in seinem gütig schmollenden Stil, viele Male. Sie waren in dem Sinne typisch, daß sie zwei seiner wesentlichen Charaktereigenschaften widerspiegelten — sein niemals nachlassendes Interesse an allem, was für seine Forschungen irgendeinen Belang hatte oder haben könnte und seine rigorose und schwerwiegende, aber immer gerechte und methodologisch fundierte Art, Kritik zu üben. Noch nach seinem 80. Lebensjahr, fast vollkommen taub und geplagt von vielen Gebrechen, versäumte er es nie, seine jüngeren Kollegen zu fragen, was sie gelesen hatten, und als Gegenleistung berichtete er stets über seine eigene Lektüre, mit einer Art vergebender Ironie lebhaft seinen gelehrten Kommentar zur entsprechenden Zusammenfassung hinzufügend. Den kritischen Geist betrachtete er als wichtigstes Charaktermerkmal eines Wissenschaftlers.

Julius oder, in der ungarischen Form seines Vornamens, Gyula Németh war eine einzigartige Gestalt in der Geschichte der Turkologie, und nicht weniger einzigartig war seine Karriere. Er wurde am 2. November 1890 in der Stadt Karcag, bis heute Greater Cumania (Naskumság) genannt, geboren. Greater Cumania wurde im 13. Jahrhundert (etwa 1239) von den eingewanderten kumanischen Gruppen besiedelt, die sich ein ethnisches Bewußtsein bis heute bewahrt haben. István *Györffy*, einer der Begründer der modernen ungarischen Ethnographie, der so viel für die Erforschung der Geschichte der ungarischen Kumanen getan hat, lenkte die Aufmerksamkeit seines jüngeren Schulkameraden Németh auf die Sprache und Geschichte seiner eigenen ethnischen Gruppe. Mit vierzehn Jahren begann der junge Schüler des Gymnasiums von Karcag, türkisch zu lernen. Er war noch immer Schüler, als er zum ersten Mal Istanbul besuchte. Nach seiner Immatrikulation reiste er auf die Krim.

1909 wurde Németh Student an der Universität von Budapest und gleichzeitig zur berühmten Eötvös-Hochschule zugelassen, die nach dem Modell der Ecole Normale Superieure in Paris organisiert ist. Zoltán *Gombocz* führte ihn in die Turkologie und die Altai-Forschung im weiteren Sinne ein. Daneben prägte ihn Bernhardt (Bernát) *Munkácsi*, der auf den Gebieten der Ural-, Altai-, indoeuropäischen und Kaukasus-Forschung arbeitete und der das Ungarische Komitee der Internationalen Assoziation für Zentral- und Ostasienstudien, IACEAS, begründet hatte. Auf der Sitzung am 18. April 1910 übermittelte der Sekretär B. *Munkácsi* dem Komitee den Antrag des damals neunzehnjährigen Németh auf eine Studienreise nach Kaukasien. Er erhielt den Reisezuschuß mit den notwendigen Instruktionen, und im Herbst des gleichen Jahres übermittelte er bereits den Bericht über seine Kumück- und Balkar-Forschungen, seine erste eigenständige Veröffentlichung.

Das lexikologische und textliche Material seiner Kumück-Sammlung erschien innerhalb eines Jahres im „Keleti Szemle", der Zeitschrift des Ungarischen Komitees der IACEAS. 1913 bat Németh um einen Zuschuß für eine zweite Reise zu den Chuwaschen von Orenburg und Ufa, den er vom Ungarischen Komitee der IACEAS erhielt, und im gleichen Sommer besuchte er die Tataren von Kasan und die in Baschkirien lebende Chuwaschenbevölkerung.

Die zentrale Gestalt der ungarischen Sprachwissenschaft jener Jahre war J. *Szinnyei* (1857—1943) auf dem Lehrstuhl für finnisch-ugrische Sprachen. Er und der Professor für ungarische Sprache Z. *Simonyi* (1853—1919) erkannten das Talent des jungen Németh und eröffneten ihm neue Möglichkeiten: Auf der Sitzung des Rates der Universität wurde Anfang 1914 ein Vorschlag angenommen, daß der seit 1905 vakante Lehrstuhl für Orientstudien nicht besetzt, sondern die Ernennung so lange verschoben werden sollte, bis ein geeigneter Kandidat für die Wahl bereit sein würde. Der Kandidat, den der Rat im Auge hatte, war Németh, der, obwohl noch Student, bereits einige wichtige Schriften veröffentlicht hatte. Németh setzte sein Studium in Leipzig, Berlin und Kiel fort, und nachdem er 1913 seinen Doktor der Philosophie erlangt hatte, erhielt er 1915 eine besondere Erlaubnis des Ministers für Religion und Bildung, die Prüfung als Privatdozent abzulegen. Er besaß nun die notwendige venia legendi, um Vorlesungen in Turkologie zu halten. Er arbeitete mit großem Eifer, was 1916 zu seiner „Türkischen Grammatik" führte und veröffentlichte das „Türkische Lesebuch mit Glossar", ihnen folgte 1917 das „Türkische Lesebuch für Anfänger" und das „Türkisch-deutsche Gesprächsbuch". 1916 wurde er außerordentlicher Professor und 1918 ordentlicher Professor. Bis er 1965 von seinem Lehrstuhl zurücktrat, hatte er 50 Jahre lang ununterbrochen an der Universität von Budapest gelehrt.

Von Anfang an hatte Németh einen großen Anteil an der Organisierung der ungarischen Orientforschung. 1922 wurde er zum korrespondierenden Mitglied der Ungarischen Akademie der Wissenschaften gewählt, und 1927, als die Ungarische Akademie der Wissenschaften ihren 100. Jahrestag feierte, faßte Németh die Ergebnisse der Akademie auf dem Gebiet der Orientforschung zusammen. Seine Vorlesung „Die ungarische Akademie und die Orientsprachwissenschaft" überblickt die Geschichte der ungarischen Orientalistik und umriß ihre wesentlichen Tendenzen und Ziele. Er betonte die Bedeutung der Arbeit zur Klärung der Ursprünge der ungarischen Sprache und des ungarischen Volkes, der Untersuchung der Beziehungen zwischen den Ungarn und dem Orient, der Forschung in der Geschichte der ottomanischen Okkupation Ungarns, und er schätzte auch jene Orientforschungen ein, die keinen direkten Bezug zur ungarischen Geschichte hatten.

1930, drei Jahre später, wurde Némeths Lehrstuhl unter dem neuen Namen „Institut für türkische Philologie und Urgeschichte Ungarns" reorganisiert. 1935 wurde er zum ordentlichen Mitglied der ungarischen Akademie gewählt, und ab 1939 hatte er das Amt des Sekretärs der Sektion für Sprachwissenschaft und Literatur der ungarischen Akademie inne; er hatte diesen Posten bis zur Reorganisation der Akademie 1949 verwaltet.

Nach dem Ende des zweiten Weltkrieges und der Befreiung Ungarns spielte Németh eine aktive Rolle bei der Reorganisation des ungarischen akademischen Lebens. Für die Jahre 1947—48 war er Rektor der Universität von Budapest, und für seine Verdienste um die Wissenschaft und seine gesellschaftlichen Aktivitäten wurde ihm 1948 der Kossuth-Preis (erster Klasse), die höchste Auszeichnung des neuen demokratischen Staates für Personen im öffentlichen Leben, verliehen.

Eine wichtige Veränderung im ungarischen wissenschaftlichen Leben vollzog sich mit der Errichtung der Teilinstitute im Rahmen und unter Führung der Akademie. Eines der ersten Institute dieses neuen Typs war das Institut für Linguistik, und Németh wurde zu seinem Direktor ernannt und behielt diese Stellung bis zu seiner Emeritierung 1965. Gleichzeitig wurde er zum Chefredakteur der neuen Zeitschrift „Acta Linguistica Academiae Scientarum Hungariae" berufen, wo er bis zu seinem Tod aktiv tätig war.

Die 50er und 60er Jahre brachten ihm die Mitgliedschaft mehrerer Akademien und Gelehrter Gesellschaften: der Bulgarischen Akademie der Wissenschaften (1953), der Akademie der Wissenschaften der DDR (1955), der Sächsischen Akademie der Wissenschaften zu Leipzig (1958), der Societa Uralto-Altaica (1952), der Société Finno-Ougrienne (1956), der Royal Asiatic Society (1956), der Linguistischen Gesellschaft der Türkei (1960), der Historischen Gesellschaft der Türkei (1960), der Orient-Gesellschaft der polnischen Akademie (1966) usw. Neben der Verleihung hoher Auszeichnungen der ungarischen Regierung wurde er 1967 mit der Goldmedaille der Universität von Indiana für Altai-Studien und 1970 mit dem Orden „Cyrill- und Methodi" (Bulgarien) geehrt.

Als er 1965 75 Jahre alt war, trat er sowohl vom Lehrstuhl für Turkologie als auch als Direktor des Instituts für Linguistik zurück, aber er nahm weiter aktiv an der Arbeit verschiedener Komitees und Institutionen teil. Seine Schüler, Kollegen und Freunde veröffentlichten 1960 aus Anlaß seines 70. und 1975 aus Anlaß seines 85. Geburtstages zwei Gedenkbände. Seines 80. Geburtstages wurde von der Universität Budapest gedacht. Sie verlieh ihm den Grad eines doctor honoris causa. Er verließ die Welt für immer am 14. Dezember 1976, elf Jahre nach seiner Emeritierung und wenige Wochen nach seinem 86. Geburtstag.

Obwohl er sich immer der Tatsache bewußt war, daß die Organisation ein wichtiger Faktor in der Entwicklung der Wissenschaft ist, war die Lehre der wichtigere Teil in seinem Leben. Seine Vorlesungen an der Universität waren große Ereignisse und wurden nicht nur von Studenten der Turkologie, sondern auch von Sprachwissenschaftlern, Historikern und Anthropologen besucht. Und wie wirksam und fruchtbar seine pädagogischen Anstrengungen waren, ist aus der großen Zahl seiner Schüler zu schließen, die führende Wissenschaftler wurden. Unser auswärtiges Mitglied Lajos Ligeti, Gründer des Lehrstuhls für innerasiatische Studien, früher Vizepräsident der Ungarischen Akademie der Wissenschaften und nach Némeths Emeritierung eine Zeit lang Direktor des Lehrstuhls für Turkologie, betrachtete ihn stets als einen seiner maitres.

Némeths wissenschaftliche Arbeit galt der Erforschung der nach Osteuropa eingewanderten Turkstämme. Um das Problem der frühen türkisch-ungarischen Kontakte zu lösen, wurde eine größere Menge linguistischen Materials benötigt, besonders das weithin verstreute Namen-Material. Die Sammlung des diesbezüglichen Materials von den europäischen Hunnen an bis zu den Ungarn, deren meiste Stammes- und Clannamen türkischen Ursprungs sind, blieb von nun an sein zentrales Interessengebiet. Und aus diesen Arbeiten entstand sein opus magnum „Die Herausbildung der landnehmenden Ungarn", veröffentlicht 1930.

Die Linie der Wanderungen der Ungarn ist die folgende: Finnisch-ugrische Urheimat in der Gegend der Kama und der Wolga — die Ungarn kommen mit den Bulgaren in Berührung —, um 800 wandert die Mehrheit des Volkes in die politische Sphäre des Chasarischen Reiches, wo eine zweite Berührung mit bulgarischen Völkern beginnt, Das sind die Grundthesen der ungarischen Geschichte der zweiten Hälfte des I. Jahrtausends. Er hat das Werk später ergänzt, teilweise auch überarbeitet.

Einen großen Teil seiner Bemühungen galt dabei den Wörtern cumanischen Ursprungs. In der 1921 veröffentlichten Schrift „Die mittlere Schicht der türkischen Lehnwörter im Ungarischen" benannte er diese Wörter als zur Kabar-Kuman-Petschenegen-Gruppe gehörend. Er verfolgte danach das Ziel, das er sich seit seiner Schulzeit gestellt hatte: Die Klärung der Ursprünge der ungarischen Cumanen.

Daneben entschied er sich schon in den frühen 20er Jahren, die linguistischen Probleme der ottomanischen Verbindungen, der dritten Periode der ungarisch-türkischen Kontakte, aufzuarbeiten. Das Studium der türkischen Dialekte auf der Balkanhalbinsel leistete ihm dazu gute Hilfe.

1956 besuchte Németh Albanien und untersuchte die früher dort gesprochenen türkischen Dialekte. 1966 bereiste er mit gleichem Ziel Jugoslawien, denn Türkisch wurde in Bosnien lange als zweite Sprache verwendet. Es gelang Németh, den Hintergrund der ottomanisch-ungarischen Kontakte aufzuklären.

Németh war klar, daß die Untersuchung der ungarisch-türkischen Beziehungen ohne das Studium der Grundprobleme der Turkologie, ohne unabhängige Forschungen aktueller Fragen der internationalen türkischen Studien einseitig und provinziell bleiben würde.

Vor diesem Hintergrund erarbeitete er eine seiner wichtigsten Schriften, die „Probleme der türkischen Urzeit". Als wichtigster Wegweiser diente ihm dazu die sprachwissenschaftliche Forschung.

Némeths Interesse an methodologischen Problemen der Turkologie war stets mit dem Studium der neuesten allgemeinen Sprachwissenschaft verbunden. In den 20er Jahren wurde er mit dem Werk von Ferdinand de Saussure bekannt. Er fertigte eine kommentierte ungarische Übersetzung des „Cours" an, und es ist bedauerlich, daß sie nicht veröffentlicht wurde, obwohl das Manuskript zum Druck bereitlag.

Némeths Lebenswerk war fundamental im wahrsten Sinne des Wortes: er legte die Grundlagen für eine neue Epoche der ungarischen Turkologie. In der älteren Tradition verwurzelt, unternahm er große Schritte in neue Richtungen. Er war stets in der Lage, seine Ansichten zu ändern und von anderen zu lernen. Er hinterließ seinen Schülern und Freunden nicht nur sein gewaltiges Wissen, sondern auch seine Zweifel. Er bot nicht nur neue Gedanken an, sondern auch ihre Gegenargumente. Er bestand niemals darauf, daß alle seine Ansichten teilen, aber er forderte stets, Gegenargumente offen darzulegen.

An der Arbeit der SAW nahm Németh regen Anteil. Das Archiv bewahrt eine Reihe von Briefen, an die Akademie gerichtet bis kurz vor seinem Ende. Er hielt Leipzig seit seiner Studienzeit in dankbarer Erinnerung und bekennt einmal, daß es ihm neben seiner ungarischen Geburtsstadt am engsten verbunden sei. Die SAW rechnet es sich zur Ehre an, daß Julius Németh ihr Mitglied gewesen ist.

Eberhard Schmidt

16. 3. 1891—17. 6. 1977

Am 17. Juni 1977 verstarb in Heidelberg im Alter von 87 Jahren das auswärtige Mitglied Dr. jur. Eberhard Schmidt, emeritierter ordentlicher Professor für Strafrecht, Strafprozeßrecht und Rechtsgeschichte an der Ruprecht-Karl-Universität Heidelberg, ordentliches Mitglied der Göttinger und der Heidelberger Akademie der Wissenschaften, korrespondierendes Mitglied der Österreichischen Akademie der Wissenschaften in Wien und der Deutschen Gesellschaft für Psychiatrie und Nervenheilkunde in Marburg (Lahn), Ehrendoktor der Medizinischen Fakultät der Universität Göttingen.

Eberhard Schmidt wurde am 16. März 1891 als Sohn eines Arztes in Jüterbog geboren. Als Neunzehnjähriger nahm er an der Universität der nahegelegenen Hauptstadt am

10. Mai 1910 das Studium der Rechtswissenschaft auf, um „nach einer herrlich verbrachten Studentenzeit“, wie er sich selber erinnerte, an der berühmten Berliner Juristenfakultät im Jahre 1913 zu promovieren und sich dort 1920 auch zu habilitieren. Während dieser Zeit war er Assistent bei den weit über die Landesgrenzen hinaus bekannten Strafrechtlern und Strafprozessualisten *Franz von Liszt*, *Eduard Kohlrausch* und *James Goldschmidt*, die sein Interesse für ihre Fachgebiete zu wecken verstanden und seine Entwicklung in die richtigen Bahnen lenkten. Mit dreißig Jahren stand er wissenschaftlich auf eigenen Füßen. Im Jahre 1921 folgte er einem Ruf als Ordinarius an die Universität Breslau, wo er sich bald als vorbildlicher Lehrer und Forscher auszeichnen konnte. Es nimmt daher nicht wunder, daß sich auch andere deutsche Universitäten um seine Mitarbeit bemühten, und so führte ihn seine akademische Laufbahn über Kiel (1926) und Hamburg (1929) im Jahre 1935 nach Leipzig, wo er am 14. Juni 1941 als ordentliches Mitglied in die Sächsische Akademie der Wissenschaften zu Leipzig aufgenommen wurde. Mit ihr fühlte er sich bis zuletzt eng verbunden. Nach dem Kriege lehrte er dann drei Jahre in Göttingen, ehe er in Heidelberg 1948 seine letzte akademische Wirkungsstätte fand. Den Universitäten Hamburg und Heidelberg stand er als Rektor vor.

Seine gesamte wissenschaftliche Arbeit war schon sehr früh durch die Erkenntnis geprägt worden, daß die Geschichte auch für den Rechtswissenschaftler das wesentliche Anschauungsmaterial bietet und wichtige Lehren vermittelt. Seine Habilitationsschrift „Fiskalat und Strafprozeß“ ist der sichtbare Beweis seiner rechtshistorischen Grundlegung, die eigentlich alle seine wissenschaftlichen Arbeiten durchzieht und in der „Einführung in die Geschichte der deutschen Strafrechtspflege“ ihren zusammenfassenden Höhepunkt erreicht. Dieses Werk gilt heute mit Recht als das Standardwerk der deutschen Strafrechts- und Strafprozeßrechtsgeschichte. Geschichte war ihm also immer Mittel zum Verständnis des geltenden Rechts, der Kriminalpolitik und der Strafgesetzgebung, mit ihr suchte er die Sicherheit des Standpunktes zu festigen und sie schützte ihn vermutlich auch davor, an der Perversion des Rechts zwischen 1933 und 1945 mitzuwirken. Als Schüler *Franz von Liszts*, dessen weltberühmtes, in viele Sprachen übersetztes Lehrbuch des deutschen Strafrechts er bis zur 26. Auflage (1932) betreute, entfaltete Eberhard Schmidt eine äußerst fruchtbare wissenschaftliche Tätigkeit. Aus der Vielzahl der Veröffentlichungen sind der Lehrkommentar zum Strafprozeß- und zum Gerichtsverfassungsrecht, die Beiträge zum Wirtschaftsrecht und besonders die zahlreichen Untersuchungen zu Fragen des ärztlichen Strafrechts hervorzuheben. Auf letzterem Gebiet begründete er mit seinem Werk „Der Arzt im Strafrecht“ im Jahre 1939 seinen Ruf, der ihm bald Ehrungen von Seiten der Mediziner eintrug.

Eberhardt Schmidt lebte in seinen Werken nicht nur von der Geschichte, sondern eben auch für die Geschichte. Gerade in seinen Altersarbeiten kommt das deutlich zum Ausdruck, so in den Artikeln: Strafrecht und Strafprozeßrecht im Berliner Stadtbuch aus dem Ende des 14. Jahrhunderts, Zur Entwicklung des Inquisitionsprozesses in Baiern, Markgraf Otto I. von Brandenburg, Theodor Fontane und die Askanier, Strafrechtliche Vorbeugungsmittel im Preußischen Allgemeinen Landrecht von 1794, Vom ältesten Recht Magdeburgs oder in der Monografie Die Mark Brandenburg unter den Askaniern. Die meisten Forschungen dieser Art legen auch Zeugnis darüber ab, wie sich Eberhard Schmidt mit seiner brandenburgischen Heimat bis zuletzt eng verbunden fühlte.

Eberhard Schmidt war eine überragende Forscher- und Lehrerpersönlichkeit, der, vielfach geehrt und von seinen Schülern unvergessen, in seinem großen literarischen Werk weiterleben wird.

Rolf Lieberwirth

VERZEICHNIS DER MIT DER AKADEMIE IM SCHRIFTENTAUSCH STEHENDEN KÖRPERSCHAFTEN

I. Periodica

Ägypten—VAR

Kahira *Institut Français d'Archéologie Orientale*
Bibliothèque d'études
Bulletin
Bulletin de liaison du groupe int. d'étude de la céramique Egyptienne
Conférences

National Information and Documentation Centre
Journal of Chemistry

Argentinien

Buenos Aires *Comisión Nacionali de la Energía Atómica*
Inform

Sociedad Científica Argentina
Anales

La Plata *Universidad Nacional. Facultad de Ciencias Fisicomatemáticas*
Revista

Mendoza *Universidad Nacional de Cuyo. Instituto de Lingüística*
Anales

Australien

Adelaide *Barr Smith Library*
The Australien Journal of Experimental Biology and Medical Science

Brisbane *Royal Society of Queensland*
Proceedings

Canberra *National Library of Australia*
Australian Bibliography and Bibliographical Services
Historical Records of Australia

Melbourne *Royal Society of Victoria*
Proceedings

Sydney *Royal Society of New South Wales*
Journal and Proceedings
Monographs

Belgien

Bruxelles

Algemene Bibliotheek van de Vrije Universiteit
Tijdschrift
Studiereeks

Institut Royal des Sciences naturelles de Belgique
Mémoires

Société des Bollandistes
Analecta Bollandiana

Union Académique Internationale
Archivum latinitatis medii aevi
Compte rendu
Handbook

Université libre. Bibliothèque Centrale
Revue de l'Université

Gent

Koninklijke Vlaamse Academie voor Taal-en Letterkunde
Jaarboek
Verslagen en Mededeelingen
Leonard Willemsfonds

Leuven

Universiteitsbibliotheek
Bibliographia Academia
Jaarboek
Studia Hellenistica

Ancient Society
Humanistica Lovaniensia

Liège

L'Institut Archéologique Liégeois
Bulletin

Louvain

Bibliothèque de l'Université
Faculté des Sciences économiques, N.S.
Travaux de la Faculté de Philosophie et Lettres
Travaux de l'Institut de Psychologie

Meise

Jardin Botanique National
Bulletin

Namur

Rédaction „Les études classiques"
Les Etudes classiques

Brasilien

Rio de Janeiro

Academia Brasileira de Ciências
Anais

Centro Brasileiro de Pesquisas Fisicas
Summa brasiliensis mathematicae

VR Bulgarien

Sofija	*Bŭlgarska akademija na Naukite* Acta zoologica Bulgarica Doklady Ekologija Hidrobiologija Literaturna istorija
	Universitetska Biblioteka Godišnik na Sofijaskija Universitet. Filologičeski fakultet. Juridičeski fakultet Naučni trudove na Visši medicinski institut
	Upravlenie za geoložki proučvanija Godišnik. Otdel A Priloženie kum Godišnik

Bundesrepublik Deutschland

Aachen	*Aachener Geschichtsverein* Zeitschrift
	Bibliothek der Rheinisch-Westfälischen-Technischen Universität Jahrbuch
Augsburg	*Historischer Verein für Schwaben* Zeitschrift
	Naturwissenschaftlicher Verein für Schwaben Bericht
Bad Godesberg	*Deutscher Forschungsdienst* Bericht über ihre Tätigkeit Deutscher Forschungsdienst Deutscher Forschungsdienst. Angewandte Wissenschaft
Beuron	*Bibliothek der Erzabtei Beuron* Erbe und Auftrag Texte und Arbeiten Vetus lat. inst. Bericht
Bonn	*Universitätsbibliothek* Politeia
Braunschweig	*Bibliothek der Technischen Universität* Abhandlungen der Braunschweigischen wissenschaftlichen Gesellschaft Geographische Rundschau Sitzungsberichte und Mitteilung der Braunschweigischen wissenschaftlichen Gesellschaft
Bremen	*Überseemuseum* Veröffentlichungen

	Die Wittheit zu Bremen Abhandlungen des Naturwissenschaftlichen Vereins Abhandlungen und Vorträge Bremisches Jahrbuch Deutsche geographische Blätter Jahrbuch der Bremischen Wissenschaft Veröffentlichungen aus dem Staatsarchiv
Bremerhaven	*Institut für Meeresforschung* Veröffentlichungen
Darmstadt	*Hessische Landes- und Hochschulbibliothek* Jahrbuch } der Deutschen Akademie Veröffentlichungen } für Sprache und Dichtung
Düsseldorf	*Düsseldorfer Geschichtsverein* Düsseldorfer Jahrbuch
	Rheinisch-Westfälische Akademie der Wissenschaften Vorträge. Reihe Geisteswissenschaften Reihe Natur-, Ingenieur- u. Gesellschaftswissenschaften Wissenschaftliche Abhandlungen
Erlangen	*Institut für Fränkische Landesforschung* Jahrbuch Schriften. Historische Reihe
	Physikalisch-Medizinische Sozietät Sitzungsberichte
Frankfurt a. M.	*Philosophisch-Theologische Hochschule St.Georgen* Theologie und Philosophie
	Physikalischer Verein Jahresbericht
	Senckenbergische Naturforschende Gesellschaft Abhandlungen Aufsätze und Reden Natur und Museum Senckenbergiana biologica Senckenbergiana lethaea
	Frobenius-Institut an der J.-W.-Goethe-Universität Paideuma
Freiburg i. Br.	*Naturforschende Gesellschaft* Berichte
Gießen	*Bibliothek der Justus-Liebig-Universität* Hessische Blätter für Volkskunde Mitteilungen des Oberhessischen Geschichtsvereins Nachrichten der Gießener Hochschulgesellschaft Schriften der Justus-Liebig-Universität
	Oberhessische Gesellschaft für Natur- und Heilkunde Bericht. Medizinische Abteilung Naturwissenschaftliche Abteilung

Göttingen	*Akademie der Wissenschaften* Abhandlungen. Math.-phys. Klasse Phil.-hist. Klasse Göttingische gelehrte Anzeigen Jahrbuch Nachrichten. Math.-phys. Klasse Phil.-hist. Klasse
Hamburg	*Geographische Gesellschaft* Mitteilungen
	Gesellschaft für Natur- und Völkerkunde Ostasiens Mitteilungen Nachrichten
	Mathematische Gesellschaft Mitteilungen
	Staats- und Universitätsbibliothek Abhandlungen aus dem Gebiete der Auslandskunde Hamburger Universitätsreden
Hannover	*Akademie für Raumforschung und Landesplanung* Raumforschung und Raumordnung
	Bibliothek der Technischen Universität / Technische Informationsbibliothek Berichte der Naturhistorischen Gesellschaft Jahrbuch
	Niedersächsische Landesbibliothek Niedersächsisches Jahrbuch für Landesgeschichte Studia Leibnitiana
Heidelberg	*Heidelberger Akademie der Wissenschaften* Abhandlungen. Phil.-hist. Klasse Jahrbuch Sitzungsberichte. Math.-nat. Klasse Phil.-hist. Klasse
	Universitätsbibliothek Heidelberger Jahrbücher Veröffentlichungen aus der Heidelberger Papyrussammlung
Karlsruhe	*Bibliothek der Technischen Universität* Monographien
Kiel	*Naturwissenschaftlicher Verein für Schleswig-Holstein* Schriften
	Universitätsbibliothek Schriften des Geographischen Instituts der Universität Kiel
Leverkusen	*Farbenwerke Bayer* Therapeutische Berichte

Lübeck *Stadtbibliothek*
Ausblick
Mitteilungen der Geographischen Gesellschaft und des Naturhistorischen Museums

Verein für Lübeckische Geschichte und Altertumskunde
Zeitschrift

Verein „Natur und Heimat“
Berichte

Mainz *Akademie der Wissenschaften und der Literatur*
Abhandlungen der Klasse Literatur
Abhandlungen der geistes- u. sozialwiss. Klasse
Abhandlungen der mathematisch-naturwiss. Klasse
Jahrbuch
Karl-A.-Forster-Lectures
Mikrofauna des Meeresbodens

Mainzer Altertumsverein
Mainzer Zeitschrift

Marburg *Deutsche Morgenländische Gesellschaft*
Zeitschrift

Gesellschaft zur Beförderung der gesamten Naturwissenschaften
Sitzungsberichte

Universitätsbibliothek
Alma Mater Philippina

München *Bayerische Akademie der Wissenschaften*
Abhandlungen. Math.-nat. Klasse
Phil.-hist. Klasse
Jahrbuch
Sitzungsberichte. Math.-nat. Klasse
Phil.-hist. Klasse
Sonderschriften

Deutsches Museum
Abhandlungen und Berichte
Jahresbericht
Verwaltungsbericht

Max-Planck-Gesellschaft
Jahrbuch
Berichte u. Mitteilungen

Technische Universität. Universitätsbibliothek
Astronomisch-Geodätische Arbeiten
Veröffentlichungen der Deutschen Geodätischen Kommission. Reihe B, C, E
Berichte über die Vollsitzungen der Deutschen Geodätischen Kommission

Zentralinstitut für Kunstgeschichte
Jahresbericht

Münster *Universitätsbibliothek*
Westfälische geographische Studien

Nürnberg	*Germanisches Nationalmuseum* Anzeiger Bilder aus deutscher Vergangenheit
Offenbach	*Bibliothek des Deutschen Wetterdienstes* Agrarmeteorologische Bibliographie Berichte Deutsches meteorologisches Jahrbuch
Speyer	*Pfälzische Landesbibliothek* Mitteilungen der Pollichia Mitteilungen des Historischen Vereins der Pfalz Pfälzische Bibliographie
Stuttgart	*Kommission für geschichtliche Landeskunde in Baden-Württemberg* Württembergische Geschichtsliteratur Zeitschrift für Württembergische Landesgeschichte
	Museum für Länder- und Völkerkunde. Linden-Museum Tribus
	Staatliches Museum für Naturkunde Stuttgarter Beiträge zur Naturkunde
	Verband der deutschen Höhlen- und Karstforscher Bibliographie zur Karst- und Höhlenkunde in Deutschland Jahreshefte für Karst- und Höhlenkunde Karst und Höhle Mitteilungen
	Württembergische Landesbibliothek Jahrbücher für Statistik und Landeskunde von Baden-Württemberg Zeitschrift für Württembergische Landesgeschichte
Ulm	*Verein für Kunst und Altertum in Ulm und Oberschwaben* Mitteilungen
Wiesbaden	*Hessisches Landesamt für Bodenforschung* Abhandlungen Hessisches Lagerstättenarchiv Notizblatt
	Naussauischer Verein für Naturkunde Jahrbücher
	Verein für Nassauische Altertumskunde und Geschichtsforschung Nassauische Annalen
Wolfenbüttel	*Braunschweigischer Geschichtsverein* Braunschweigisches Jahrbuch
Würzburg	*Freunde Mainfränkischer Kunst und Geschichte* Mainfränkische Hefte Mainfränkisches Jahrbuch für Geschichte und Kunst
	Physikalisch-medizinische Gesellschaft Berichte

Ceylon

Peradeniya *University of Sri Lanka*
Administration Report of the Director
Ceylon Journal of Science. Biological Series
Spolia Zeylanica. Geology, Zoology, Anthropology

China

Pei-ching *Kuo li t'u shu kuan (National Library)*
Chinese Literature
Chinese Medical Journal
Scientia Sinica

Città del Vaticano

(vgl. auch Italien, Roma)

Archivum Historicum Societatis Jesu
Archivum

Biblioteca Apostolica Vaticana
Studi e Testi

Pontifico Istituto Biblico
Biblica
Orientalia

Specola Vaticana
Annual Report
Miscellanea astronomica
Richerche astronomiche
Richerche spettroscopiche

Dänemark

Århus *Statsbiblioteket*
Acta Jutlandica

København *Det Kongelige Danske Videnskaberne Selskab*
Arkeologisk-kunsthistoriske meddelelser
Arkeologisk-kunsthistoriske skrifter
Biologiske meddelelser
Biologiske skrifter
Carlsberfondet. Arsskrift
Historisk-filologiske meddelelser
Historisk-filologiske skrifter
Matematisk-fysiske meddelelser
Matematisk-fysiske skrifter
Oversigt over selskabets virksomhed

Universitets Matematiske Institut
Mathematica Scandinavica

Odense *Odense Universitetsbibliotek*
Mediaeval Scandinavia

Deutsche Demokratische Republik

Berlin *Akademie der Wissenschaften der DDR zu Berlin*
Abhandlungen. Abt. Mathematik, Naturwissenschaft, Technik
Abt. Veröffentlichungen der Wissenschaftlichen Räte
Jahrbuch
Journal für Hirnforschung
Sitzungsberichte. Gesellschaftswissenschaften
Mathematik, Naturwissenschaft, Technik

Deutsches Amt für Meßwesen und Warenprüfung
Wissenschaftliche Abhandlungen

Geologischer Dienst. Staatliche Geologische Kommission
Geologie. Nebst Beihefte
Zeitschrift für angewandte Geologie

Universitätsbibliothek der Humboldt-Universität
Wissenschaftliche Zeitschrift der Humboldt-Universität
Gesellschafts- u. sprachwiss. Reihe
Mathematisch-naturwiss. Reihe

Dresden *Bibliothek der Hochschule für Verkehrswesen*
Wissenschaftliche Zeitschrift der Hochschule für Verkehrswesen

Bibliothek der Technischen Universität
Wissenschaftliche Zeitschrift der Technischen Universität

Staatsarchiv
Schriftenreihe des Staatsarchivs

Erfurt *Wissenschaftliche Bibliothek der Stadt Erfurt*
Beiträge zur Geschichte der Stadt Erfurt

Greifswald *Universitätsbibliothek*
Wissenschaftliche Zeitschrift der Ernst-Moritz-Arndt-Universität
Gesellschafts- u. sprachwiss. Reihe
Mathematisch-naturwiss. Reihe

Halle (Saale) *Deutsche Akademie der Naturforscher „Leopoldina“*
Nova Acta Leopoldina

Landesmuseum für Vorgeschichte
Jahresschrift für mitteldeutsche Vorgeschichte
Vorgeschichtliche Museumsarbeit und Bodendenkmalpflege

Universitäts- und Landesbibliothek
Hallische Monographien
Schriften zum Bibliotheks- und Büchereiwesen in Sachsen-Anhalt

Wissenschaftliche Zeitschrift der Martin-Luther-Universität
Gesellschafts- u. sprachwiss. Reihe
Mathematisch-naturwiss. Reihe

Ilmenau *Technische Hochschule*
Wissenschaftliche Zeitschrift

Jena *Universitätsbibliothek*
Wissenschaftliche Zeitschrift der Friedrich-Schiller-Universität
Gesellschafts- u. sprachwiss. Reihe
Mathematisch-naturwiss. Reihe

Leipzig *Deutsches Institut für Länderkunde*
Geographische Berichte

Universitätsbibliothek
Wissenschaftliche Zeitschrift der Karl-Marx-Universität
Gesellschafts- u. sprachwiss. Reihe
Mathematisch-naturwiss. Reihe

Magdeburg *Technische Hochschule Otto von Guericke*
Wissenschaftliche Zeitschrift

Potsdam *Geodätisches Institut*
Veröffentlichungen

Rostock *Universitätsbibliothek*
Archiv der Freunde der Naturgeschichte in Mecklenburg
Wissenschaftliche Zeitschrift der Universität Rostock
Gesellschafts- u. sprachwiss. Reihe
Mathematisch-naturwiss. Reihe

Tautenburg (Kr. Jena) *Karl-Schwarzschild-Observatorium*
Mitteilungen

Weimar *Zentralbibliothek der deutschen Klassik*
Wissenschaftliche Zeitschrift der Hochschule für Architektur und Bauwesen

Dominikanische Republik

Santo Domingo *Academia de Ciencias de la República Dominicana*
Anuario

England

Cambridge *Cambridge Philosophical Society*
Proceedings

Edinburgh *Royal Society of Edinburgh*
Proceedings
Transcations
Year Book

Leeds	*South Library. The University* Proceedings. Scientific section Literary and historical section
Liverpool	*Biological Society* Annual Report Proceedings and Transactions
London	*India Office Library* Report
	London Mathematical Society Bulletin
	Polski Universytet na Obczyznie Zeszyty Naukowe. Wydział Humanistyczny
	University of London Library Annual Report of the Library Committee Bulletin of the Institute of Historical Research Bulletin of the School of Oriental and African Studies Institute of Historical Research. Annual Report Slavonic and East European Review Theses and Dissertations accepted for Highet Degrees
	The Warburg Institute Journal of the Warburg and Courtauld Institutes
Manchester	*Manchester Literary and Philosophical Society* Memoirs and Proceedings
	University of Manchester. University Library African Social Research Journal of Semitic Studies

Finnland

Espoo	*Geologinen Tutkimuslaitos* Bulletin
Helsinki	*Societas pro Fauna et Flora Fennica* Acta Acta botanica fennica Acta zoologica fennica Memoranda
	Societas Biologica Fennica „Vanamo“ Annales Botanici Fennici Annales Zoologici Fennici
	Suomalaisen Kirjallisunden Seura Proverbium
	Suomen Maantieteellinen Seura Acta geographica Fennia

Suomen Tiedeseura (Societas Scientiarum Fennica)
Acta. Nova series. B. C.
Arsbok
Bidrag till kännedom af Finlands natur och folk
Commentationes biologicae
Commentationes humanorum litterarum
Commentationes physico-mathematicae

Suomalainen Tiedeakatemia (Academia Scientiarum Fennica)
Ergebnisse der magnetischen Beobachtungen
Folklore Fellows Communications
Sitzungsberichte
Toimituksia (Annales). Sarja A 1.2.3.4.5.6. B

Suomalais-Ugrilainen Seura, Kirjasto
(Société Finno-Ougrienne, Bibliothèque)
Finnisch-ugrische Forschungen

Turku *Academia Aboeniora*
Acta Humaniora
Mathematica et physica

Turun Yliopiston Kirjasto (Bibliotheca Universitatia Turkuensis)
Temenos
Turun Yliopiston Julkaisuja (Annales Universitatis Turkuensis). Ser. A. I. II. B

Frankreich

Besançon *Université de Besançon*
Annales littéraires
Annales scientifiques

Cherbourg *Société Nationale des Sciences Naturelles et Mathématiques*
Mémoires

Clermont-Ferrand *Académie des Sciences, Belles-Lettres et Arts*
Bulletin historique et scientifique de l'Auvergne

Lyon *Bibliothèque de l'Université*
Annales de l'Université. Droit
Lettres
Sciences. Sect. A. B. C.
Fascicule spécial

Société Linnéenne de Lyon
Bulletin mensuel

Marseille *Bibliothèque de l'Université d'Aix-Marseille*
Annales de la faculté des sciences
Comptes rendus des travaux

Montpellier *Académie des Sciences et Lettres*
Bulletin

Paris	*Ecole Normale Supérieure* Annales scientifiques *Institut de France. Académie des Inscriptions et Belles-Lettres* Comptes rendus Mémoires Mémoires présentés par divers savants *Institut de France. Académie des Sciences* Annuaire Bulletin bibliographique des publications périodiques Comptes rendus hebdomadaires. Sér. A. B. C. D. *Institut de France. Académie des sciences morales et politiques* Notices biographiques et bibliographiques Revue des travaux *Musée National d'Histoire Naturelle* Annuaire Bulletin *Société Mathématique de France* Bulletin Gazette des Mathématiques
Rennes	*Société Scientifique de Bretagne* Bulletin
Saint-Martin-d'Hères	*Institut de mathématiques pures* Annales de l'Institut Fourier
Sèvres	*Bureau International des Poids et Mesures* Travaux et mémoires
Toulouse	*Académie des Sciences, Inscriptions et Belles-Lettres* Mémoires *Université de Toulouse. Bibliothèque* Annales publ. de la Faculté des Lettres et des Sciences. Series Homo Littératures Pallas Travaux de l'Institut d'Art Préhistorique Via Domitia

Ghana

Accra	*Ghana Academy of Sciences* Ghana Journal of Science Proceedings

Griechenland

Athenai	*Ecole Française d'Athènes* Bulletin de Correspondance hellénique
Thessaloniki	*Institute for Balkan Studies* Balkan Studies

Indien

Allahabad *Allahabad Mathematical Society*
Indian Journal of Mathematics

Indonesien

Djakarta *Perpustakaan-Museum Pusat*
Museografia

Irland

Dublin *Royal Dublin Society*
Economic Proceedings
Report
Scientific Proceedings. Ser. A. B.

Royal Irish Academy
Proceedings. Sect. A. B. C.
Minutes

Island

Reykjavik *Visindafélag islendinga (Societas Scientiarum Islandica)*
The Eruption of Hekla
Greinar
Rit

Italien

Acireale *Accademia di Scienze, Lettere e Belle Arti*
Memorie e Rendiconti. Classe di lettere

Bologna *Accademia delle Scienze dell'Istituto*
Annuario
Atti. Classe di scienze fisiche
Memorie
Rendiconti

Istituto di Geologie e Paleontologia dell'Università
Giornale di geologia

Brescia *Ateneo*
Annuario della specola cidnea
Commentari. Nebst Supplemento

Centro Camuno di Studi Preistorici
Archivi
Studi Camuni

Cremona *Biblioteca Governativa e Libreria Civica*
Annali

Ferrara — *Accademia delle Scienze. Biblioteca Ariòstea*
Atti

Firenze — *Accademia della Crusca*
Studi di filologia italiana
Studi di grammatica italiana

Accademia Toscana di Scienze e Lettere „La Colombaria“
Atti e Memorie

Genova — *Museo Civico di Storia Naturale „Giacomo Doria“*
Annali
Doriana

Lecce — *Università degli Studi di Lecce, Biblioteca Centrale*
Annali, Fac. di Lettere e Filosofia
Fac. di Magistero
Bollettino di storia della filosofia
Quaderni della Biblioteca Centrale

Mantova — *Accademia Virgiliana di Scienze, Lettere ed Arti*
Atti e Memorie

Milano — *Istituto Lombardo, Accedemia di scienze e Lettere*
Memorie. Classe di lettere e scienze morali e storiche
Rendiconti. Classe di lettere e scienze morali e storiche
Classe di scienze matematiche e naturali. A. B.
Parte generale e atti ufficiali

Società Storica Lombarda
Archivio

Modena — *Accademia di Scienze, Lettere ed Arti*
Atti e Memorie

Istituto di Fisica dell'Università
Atti del Seminario Matematico e Fisico

Napoli — *Società Nazionale di Scienze, Lettere ed Arti*
Annuario
Atti dell'Accademia di Scienze Fisiche e Matematiche
Atti dell'Accademia di Scienze Morali e Politiche
Atti dell'Accademia Pontaniana
Memorie dell'Accademia di Archeologia, Lettere e Belle Arti
Rendiconti dell'Accademia di Archeologia, Lettere e Belle Arti
Rendiconti dell'Accademia di Scienze Fisiche e Matematiche
Rendiconti ed Atti dell'Accademia di Scienze, Mediche e Chirurgiche

Stazione Zoologica di Napoli
Pubblicazioni

Università di Napoli. Biblioteca della Facoltà di lettere e filosofia
Annali

Padova — *Seminario Matematico*
Rendiconti

Pisa *Scuola Normale Superiore*
Annali. Classe di lettere, storia e filosofia
Classe di scienze fisiche e matematiche

Società Toscana di Scienze Naturali
Atti. Ser. A. B.

Roma *Accademia Nazionale dei Lincei*
Atti. Rendiconti. Classe di scienze fisiche, matematiche e naturali
Classe di scienze morali, storiche e filologiche
Rendiconti della adunanze solenni

American Academy in Rome
Memoirs
Papers and Monographs

Servizio Geologico d'Italia
Bolletino

Istituto di Geologia e Paleontologia dell'Università
Geologica Romana

Sassari *Università, Istituto giuridico*
Studi Sassaresi

Torino *Accademia delle Scienze*
Annuario
Atti. Classe di scienze fisiche, matematiche e naturali
Classe di scienze morali, storiche e filologiche
Memorie. Classe di scienze fisiche, matematiche e naturali
Classe di scienze morali, storiche e filologiche

Trento *Museo di Storia Naturale della Venezia Tridentina*
Memorie
Studi Trentini

Trieste *Museo Civico di Storia Naturale*
Atti

Università degli Studi
Pubblicazioni
Rendiconti dell'Istituto di matematiche

Venezia *Istituto Veneto di Scienze, Lettere ed Arti*
Atti. Classe di scienze matematiche e naturali
Classe di scienze morali e lettere
Parte generale e atti ufficiali

Museo Civico di Storia Naturale
Bolletino

Japan

Fukuoka *Kyusyu University. Faculty of Science. Mathematical Institute*
Memoirs. Ser. A. Mathematics

Hiroshima *Hiroshima University. Library*
Journal of Science. A — II. Physics and Chemistry
B — I. Zoology

B — II. Botany
C. Geology and Mineralogy
Memoirs of the Facülty of Engineering

Laboratory for Amphibian Biology
Scientific Report

Ibaraki *Institute of Mathematics. University of Tsukuba*
Tsukuba Journal of Mathematics

Kyoto *Department of Mathematics, Kyoto University*
Journal of the Mathematics

Okayama *Okayama University. Faculty of Science. Department of Mathematics*
Mathematical Journal

Osaka *Kansai University. Faculty of Engineering*
Technology Reports

Osaka City University. Faculty of Science
Annual Reports of Scientific Works
Osaka Journal of Mathematics

Osaka City University. Institute of Polytechnics
Journal of Biology

Sapporo *Hokkaido University, Faculty of Science*
Journal of the Faculty of Science. Physics

Sendai *Tohoku University. Faculty of Letters. Laboratory of Psychology*
Tohoku psychologica folia

Tokyo *Nippon Telegraph and Telephone Public Corporation. The Electrical Communication laboratory*
Review

The Tokyo Bunko
Journal of the Faculty of Science. Sect. 1.2.3.4.5.
Journal of the Mathematical Society of Japan

Toyama *Department of Mathematics. Toyama University*
Mathematics Reports

SFR Jugoslavien

Beograd *Društvo matematičara, fizičara i Astronoma N.R.S.*
Mathematica balcanica
Vesnik

Matematički institut
Matematički vesnik
Publications

Observatoire Astronomique
Bulletin
Publications

Srpska akademija nauka i umetnosti
Balcanica
Bulletin de l'Académie Serbe des sciences
Glas
Glasnik
Glasnik Etnografskog instituta
Godišnjak
Godišnjak našeg neba
Gradja
Istoriski časopis
Istoriski institut. Posebna izdanja
Jugoslovenske zemlje u XIX veku
Jugoslovenske zemlje u XX veku
Južnoslovenski filolog
Muzička izdanja
Naš jezik
Naučno-popularni spisi
Posebna izdanja
Predavanja
Pregled razmene izdanja
Spomenik
Srpski etnografski zbornik
Starinar
Zbornik radova
Zbornik radova Vizantološkog instituta
Zbornik za istočnjačku istorisku i književnu gradju
Zbornik za istoriju, jezik i književnost srpskog naroda

Institut de Geographie „Jovan Cvijić"
Posebna izdanja
Zbornik radova

Ljubljana

Conseil des Académies de la RPF Yougoslavie
Bulletin scientifique. Sect. A. B.

Geografsko društvo
Geografski vestnik

Nuklearni institut „Jozef Stefan"
Report

Slovenska akademija znanosti in umetnosti
Acta carsologica
Arheološki vestnik
Biblioteka
Dela. Classis I—V
Fontes rerum Slovenicarum
Geografski zbornik
Gradivo za narodopisje slovencev
Letopis
Linguistica
Razprave. Classis I—IV

Pula

Arheološki muzej Istre
Jadranski zbornik
Kulturhistorische Denkmäler in Istrien

Sarajevo	*Akademija Nauka i Umjetnosti*
	Godišnja
	Djela
	Posebna izdanja
	Biološki institut
	Godišnjak
	Zemalski muzej
	Glasnik. Arheologija
	Etnologija
	Istorija
Skopje	*Faculté de Philosophie de l'Université*
	Annuaire (Godišen zbornik)
	Faculté des Sciences de l'Université. Institut de Mathématique
	Annuaire de la faculté des sciences (Godišen zbornik)
	Filozofski fakultet na universitetot. Seminar za klasična filologija
	Živa antika
	Institute of Folklore
	Makedonski folklor
	Makedonische Akademie der Wissenschaften und Künste
	Letopis
	Macedonian Review
	Prilozi
	Pristapni
	Narodna i Univerzitetska Biblioteka „Kliment Ohridski“
	Macedonian Review
	Razgledi
Split	*Institut za nacionalnu arheologiju*
	Starohrvatska prosvjeta
Zagreb	*Društvo matematičara i fizičara SRH*
	Glasnik matematičko-fizički i astronomski
	Hrvatsko-prirodoslovno društvo
	Biološki glasnik
	Institut za geologiju i rudarstvu
	Geološki Vjesnik
	Jugoslovenska akademija znanosti i umetnosti
	Bulletin international
	Djela
	Gradja za povijest književnosti hrvatske
	Hrvatska bibliografija
	Ljetopis
	Prirodoslovna istraživanja
	Rad
	Zbornik Historijskog instituta
	Staroslavenski Institut
	Slovo

Kanada

Montréal *Université. Départment d'Etudes Slaves*
Études slaves et est-européennes

Ottawa *Ukrainśka Vil'na Akademija Nauk*
Literatura
Litopys
Onomastica
Slavica Canadiana
Ucrainica Canadiana

Kolumbien

Bogotá *Academia Columbiana de Ciencias Exactas, Fisicas y Naturales*
Revista

Kongo

Kinshasa *Université Lovanium*
Publications

Luxemburg

Luxemburg *Institut Grand-Ducal de Luxembourg. Section des Sciences Naturelles, Physiques et Mathématiques*
Archives
Publications

Marokko

Rabat *Société des Sciences Naturelles et Physiques du Maroc*
Bulletin
Cahiers de la Faculté des Sciences
Comptes rendus des séances mensuelles
Travaux de l'Institut scientifique Chérifien
Travaux de la section de pédologie

Mexico

Mexico *Biblioteca Nacional de Antropología*
Memorias y Revista

Biblioteca Instituto de Geología. Ciudad Universitaria
Anales
Boletín
Divulgación
Paleontología mexicana

Escuela Nacional de Ciencias Biológicas
Anales

Neuseeland

Auckland	*The University of Auckland* Mathematics Chronicle
	New Zealand Mathematics Magazine Univ. of Auckland. Dpt. of Mathematics Report Series
Wellington	*Royal Society of New Zealand* Bulletin Journal Proceedings Transactions

Niederlande

Amsterdam	*Koninklijke Nederlandse Akademie van Wetenschappen* Jaarboek Mededeelingen. Afd. Letterkunde Proceedings. Ser. A. B. C. Verhandelingen. Afd. Letterkunde Afd. Natuurkunde
	Wiskundig Genootschaap Niew Archief voor Wiskunde Wiskundige opgaven met de oplossingen
Harlem	*Hollandsche Maatschappij der Wetenschappen* Archives néerlandaises de zoologie Physica
	Musée Teyler Archives
	Teyler's Tweede Genootschap Verhandelingen
Den Haag	*Koninklijke Bibliotheek* Bibliografie Mnemosyne Neophilologus
Leiden	*Maatschappij der Nederlandsche Letterkunde* Jaarboek
Utrecht	*Physiologisch Laboratorium der Rijksuniversiteit* Onderzoekingen
	Provinciaal Utrechts Genootschap van Kunsten en Wetenschappen Bijdragen en mededeelingen van het Historisch Genootschap Verslag van het verhandelde

Norwegen

Bergen	*Universitetsbiblioteket* Årbok. Hist. antikv. rekke Matemat.-naturvidenskapelig serie Medisinsk rekke Årsmelding Skrifter. Bergens Historiske Forening
Oslo	*Norske Meteorologiska Institutt* Norsk Méteorologisk Årbok *Norske Videnskaps-Akademi* Årbok Astrophysica Norvegica Avhandlingar. Hist.-filos. klasse Matem.-naturvid. klasse Geofysiske Publikasjoner Hvalradets Skrifter Physica Norvegica Skrifter. Hist.-filos. klasse Matem.-naturvid. klasse *Universitetets Oldsaksamling* Årbok Norske Oldfunn Skrifter Viking *Universitetsbiblioteket* Archiv for Matematik og Naturvidenskab Norwegian Journal of Zoology Nytt Magasin for Botanikk Nytt Magasin for Zoologi
Tromsö	*Tromsö Museum* Acta Borealia. A. Scientia B. Humaniora Astarte
Trondheim	*Det Kongelige Norske Videnskabers Selskabet* Museet. Direksjones Arsberetning Forhandlinger Skrifter

Österreich

Graz	*Historischer Verein für Steiermark* Blätter für Heimatkunde Mitteilungen des Steiermärkischen Landesarchives Zeitschrift. Nebst Sonderbände *Naturwissenschaftlicher Verein für Steiermark* Mitteilungen

	Steiermärkische Landesbibliothek Jahrbuch der naturwissenschaftlichen Abteilung am Johanneum
Innsbruck	*Universitätsbibliothek* Innsbrucker Beiträge zur Kulturwissenschaft. Sonderhefte
Wien	*Bibliothek der Technischen Hochschule* Abhandlungen der Geographischen Gesellschaft Mitteilungen der Geographischen Gesellschaft
	Geologische Gesellschaft Mitteilungen
	Naturhistorisches Museum Annalen
	Österreichische Akademie der Wissenschaften Almanach Anzeiger. Math.-nat. Klasse Phil.-hist. Klasse Archiv für österreichische Geschichte Denkschriften. Math.-nat. Klasse Phil.-hist. Klasse Fontes Mitteilungen der Prähistorischen Kommission Monatshefte für Chemie Sitzungsberichte. Math.-nat. Klasse Phil.-hist. Klasse
	Österreichische Mathematische Gesellschaft Internationale mathematische Nachrichten
	Universitätssternwarte Annalen
	Zoologisch-botanische Gesellschaft Abhandlungen Koleoptereologische Rundschau Verhandlungen

Perú

Lima	*Academia Nacional de Ciencias Exactas, Fisicas y Naturales* Actas

VR Polen

Kraków	*Polska Akademia Nauk. Oddział w Krakowie* Acta archaeologica Carpathica Acta biologica Cracoviensia. Ser. Botanica et Zoologica Folia quaternaria Mały Atlas gwar polskich Materialy Komisji nauk historycznych

	Prace Komisji Archeologicznej Prace Komisji Filologii klasycznej Prace Komisji Nauk Historycznych Rocznik Ruch literacki Słownik staropolski Studia
	Institute of Systematic and Experimental Zoology Acta Zoologica Cracoviensia Folia Biologica
	Polskie Towarzystwo Geologiczne Regionalna Geologia Polski Rocznik
Łódź	*Łódzkie Towarzystwo Naukowe* Biuletyn peryglacjalny
Lublin	*Biblioteka Uniwersytecka* Katolickiego Uniwersytetu Lubelskiego Roczniki filozoficzne Roczniki teologiczno-kanoniczne Rozprawy
	Uniwersytet Marii Curie-Skłodowskiej Annales. A. AA. B. C. D. DD. E. F. G. H.
Poznań	*Polski Towarzystwo Antropologiczne* Przegląd Antropologiczny
	Polski Towarzystwo Historyczne. Oddział w Poznaniu Studia i materiały do dziejów Wielkopolski i Pomorza
	Poznanskie Towarzystwo Przyjaciol Nauk Bulletin. Ser. C. Prace Komisji Farmaceuticznej Prace Komisji Filologicznej Prace Komisji Historii Sztuki Prace Komisji Jezykoznawczej Roczniki Historyczne Zabytki języka i literatury polskiej
Szczecin	*Muzeum Narodove* Materiały Zachodnio-pomorskie
Toruń	*Towarzystwo Naukowe* Fontes Prace Wydziału Filologiczno-filosoficznego Roczniki Sprawozdania Studia. Sect. C. E. F. G. Zapiski historyczne
Warszawa	*Centralny Instytut Informacij Naukowo-Technicznej i Ekonomicznej* Obzor pol'skoj techničeskoj literatury

Panstwowe Muzeum Archeologiczne
Archeologia
Materiały starożytne
Materiały wczesnośredniowieczne
Sprawozdania
Wiadomości archeologiczne

Polska Akademia Nauk. Instytut matematyczny
Annales polonici mathematici
Roczniki. Ser. I. II.
Studia mathematica

Polska Akademia Nauk. Instytut Zoologiczny
Acta ornithologica
Annales zoologici
Fauna polski
Fragmenta faunistica

Polskie Towarzystwo Matematyczne
Roczniki. Ser. A. Prace matematyczne
Ser. B. Wiadomości matematyczne

Warsaw Technical University. Institut of Mathematics
Demonstratio Mathematica

Wrocław

Muzeum Etnograficzne. Oddział Muzeum Śląskiego
Roczniki Etnografii Śląskiej
Zeszyty Etnograficzne

Polski Zwiazek Entomologiczny
Polskie pismo entomologiczne. Ser. B

Wrocławskie Towarzystwo Naukowe
Comptes rendus
Prace. Ser. A. B
Sprawozdania. Ser. A. B

Portugal

Lisboa

Academia das Ciências de Lisboa
Anuário
Boletim

Academia Internacional da Cultura Portuguesa
Boletim

Faculdade das Ciências
Portugaliae physica

Oeiras

Instituto Gulbenkian de Ciência
Arquivo. A. Estuds matemáticos e fisico-matemáticos

SR Rumänien

București

Academia Republicii Socialiste România
Analele
Communicările

Noesis
Publicaţiile Comisiei pentru studiul şi formarea limbii şi poporului romîn
Revue des études sud-est européennes
Revue roumaine de biologie
Sér. botanique
Sér. de zoologie
Revue roumaine de chimie
Revue roumaine de géologie, géophysique et géographie
Revue roumaine de mathématiques pures et appliquées
Revue roumaine des sciences sociales
Sér. de philosophie et logique
Sér. de psychologie
Sér. des sciences économiques
Sér. des sciences juridiques
Revue roumaine des sciences techniques
Sér. de mécanique appliquée
Sér. de métallurgie
Sér. électrotechnique et énergétique
Revue roumaine d'histoire
Progresele ştiinţei
Studii. Revista de istorie
Studii clasice
Studii şi cercetări de istorie veche
Studii şi materiale de istorie moderna
Viitorul social

Institutul Geologic
Anuarul Comitetului geologic
Dări de seamă ale şedinţelor
Studi

Societatea de Ştiinţe Matematice si Fizice din R. P. R.
Bulletin mathématique
Gazeta matematică. Ser. A

Iasi *Academia de Ştiinţe Sociale şi Politice. Institutul de Istorie şi Arheologie*
Anuarul

Schweden

Göteborg *Chalmers Tekniska Högskolas Biblioteket*
Handlingar

Kungl. Vetenskaps- och Vitterhetssamhället
Årsbok

Universitetsbibliotek
Årsredogörelse
Etnologiska studier
Fynd
Göteborgs Universitets Årsskrift
Göteborger germanistische Forschungen
Gothenburg Studies in English

Romanica Gothoborgensia
Studia graeca et latina Gothoburgensia

Lund

Kungl. Fysiografiska Sällskapets
Förhandlingar

Kungl. Humanistika Vetenskapssamfundet
Årsberättelse
Scripta minora
Skrifter

Slaviska Institutet vid Lunds Universitet
Årsbok
Meddelanden (Sprakliga bidrag)

Universitetsbiblioteket
Lunds Universitets Årsskrift
Mémoires du Musée historique

Stockholm

Geologiska Föreningens
Förhandlingar
Sveriges Geologiska Undersökning

Humanistiska Biblioteket. Stockholms Högskola
The Ethnographical Museum of Sweden. Monograph Series
Stockholm Studies in History of Literature

Kungl. Svenska Vetenskapsakademien
Arkiv för Astronomi
Arkiv för Botanik
Arkiv för Geofysik
Arkiv för Kemi
Arkiv för Matematik
Arkiv för Mineralogi och Geologi
Arkiv för Zoologi
Årsbok
Bidrag till Kungl. Svenska Vetenskapsakademiens historia
Chemica scripta
Handlingar
Levnadsteckningar
Physica scripta
Skrifter i naturskyddsärenden
Stockholms Observatorium Annaler
Zoologica scripta

Kungl. Tekniska Högskolas Bibliotek
Forskning och Framsteg

Kungl. Vitterhets Historie och Antikvitets Akademien
Antikvariskt arkiv
Årsbok
Filologiskt arkiv
Fornvännen
Handlingar. Antikvariska serien
Filosofisk-filologiska serien
Historiska serien

Historiskt arkiv
Samlinggarnas tillväxt

Nordiska Museet
Fataburen
Handlingar

Uppsala

Kungl. Humanistiska Vetenskapssamfundet
Skrifter

Kungl. Vetenskaps-Societeten
Årsbok
Nova Acta

Universitetsbiblioteket
Acta Universitatis Upsaliensis
  Acta Societatis linguisticae Upsaliensis
  Historia litterarum
  Historia religionum
Bulletin of the Geological Institute
Eranos
Uppsala Läkareförenings förhandlingar (Acta Societatis medicorum Upsaliensis)
Zoon

Schweiz

Aarau

Historische Gesellschaft des Kantons Aargau
Argovia

Basel

Historische und antiquarische Gesellschaft
Basler Bibliographie
Basler Zeitschrift für Geschichte und Altertumskunde

Naturforschende Gesellschaft
Verhandlungen

Öffentliche Bibliothek der Universität
Akademische Vorträge
Jahresverzeichnis der Schweizerischen Hochschulschriften

Bern

Allgemeine Geschichtsforschende Gesellschaft der Schweiz
Bibliographie der Schweizergeschichte
Bulletin
Schweizerische Zeitschrift für Geschichte

Naturforschende Gesellschaft
Mitteilungen

Schweizerische Geisteswissenschaftliche Gesellschaft
Jahresbericht

Schweizerische Naturforschende Gesellschaft
Denkschriften
Verhandlungen

Chur	*Naturforschende Gesellschaft Graubündens* Jahresbericht
Genf	*Institut National Genevois* Bulletin
	Musée d'Art et d'Histoire Genava
	Société Physique et d'Histoire Naturelle Archives des sciences Mémoires
Neuchâtel	*Bibliothèque Centrale de l'Université* Mémoires Publications du Séminaire de Géométrie Recueil des travaux Travaux de l'Institut botanique
Schaffhausen	*Naturforschende Gesellschaft* Mitteilungen Neujahrsblatt
Zürich	*Geographisch-ethnographische Gesellschaft* Geographica Helvetica
	Naturforschende Gesellschaft Neujahrsblatt Vierteljahrsschrift. Nebst Beiheften
	Schweizerisches Landesmuseum Jahresbericht

Senegal

Dakar	*Université de Dakar. Bibliothèque Universitaire* Annales de la Faculté des Séances

Sowjetunion

Alma-Ata	*Akademija nauk Kazachskoj SSR* Astrofizika Botaničeskie Materialy gerbarija Instituta botaniki Izvestija Astrofizičeskogo instituta Trudy Astrofizičeskogo instituta
Char'kov	*Char'kovskaja Gosudarstvennaja Naučnaja Biblioteka* Fizika nizkich temperatur
	Char'kovskij gosudarstvennyj universitet im. A. M. Gor'kogo Cirkuljar Astronomičeskoj observatorii
Erevan	*Akademija nauk Armjanskoj SSR* Soobščenija Bjurakanskoj observatorii

Kazan'	*Kazanskij gosudarstvennyj universitet* Bjulleten' Astronomičeskoj observatorii Izvestija Astronomičeskoj Engel'gardtovskoj observatorii
Kiev	*Akademija Nauk Ukrainskoj SSR* Astrometria i Astrofizika Avtomatičeskaja svarka Doslidžennja i materialy u ukrainskojimovy Geologičnyj žurnal Leksikografija i kul'tura reči Prykladna mechanika Trudy Poltavskoj gravimetričeskoj observatorii Visnyk
	Astronomičeskaja observatorija Gosudarstvennogo universiteta im. T. G. Ševčenkó Cirkuljar Publikacii Kievskoj astronomičeskoj observatorii
Kišinev	*Akademija nauk Moldavskoj SSR* Monographien
Leningrad	*Akademija nauk SSSR* Astronomičeskij cirkuljar izdavaemyj Bjuro astronomičeskich soobščenij Akademii nauk SSSR Astronomičeskij ežegodnik Bjulleten' Instituta teoretičeskoj astronomii Bjulleteń Vsesojuznogo astronomo-geodezičeskogo obščestva Efemeridy malych planet Geobotanika Izvestija Glavnoj astronomičeskoj observatorii v Pulkove Izvestija Krymskoj astrofizičeskoj observatorii Novosti sistematiki nizšich rastenij Novosti vysšich rastenij Peremennye zvezdy. Bjulleten' izdavaemyj Astronomičeskim Sovetom Akademii nauk SSSR Sbornik Muzeja antropologii i etnografii Soobščenija Gosudarstvennogo astronomičeskogo instituta im. K. P. Šternberga Trudy Gel'mintologičeskoj laboratorii Trudy Glavnoj astronomičeskoj observatorii v Pulkove Trudy i materialy naučnych kongressov i soveščanij, opublikovannye za rubežom Trudy Paleontologičeskogo instituta
L'vov	*Astronomičeskaja observatorija L'vovskogo gosudarstvennogo universiteta im. Ivana Franko* Cirkuljar
Moskva	*Gosudarstvennaja publičnaja naučno-techničeskaja biblioteka SSSR* Uspechi chimii
Tartu	*Akademija nauk Estonskoj SSR. Institut fiziki i astronomii* Soobščenija Tartuskoj astronomičeskoj observatorii Trudy

Taškent	*Akademija nauk Uzbekskoj SSR. Fundamental'naja Biblioteka* Doklady Obščestvennye nauki
Tbilisi	*Akademija nauk Gruzinskoj SSR* Bjulleten'

Spanien

Barcelona	*Real Academia de Ciencias y Artes* Memorias Nomina de personal académico
Valladolid	*Universidad de Valladolid. Departamento de Prehistoria y Arqueologia* Boletín

Tschechoslowakische Sozialistische Republik

Bratislava	*Geologický ústav D. Štúra* Sborník geologických vied
	Slovenská Akadémia vied Acta geologica et geographica Ekonomický časopis Filozofia Jazykovedny časopis Slovenskie odborné názvoslovie
	Slovenska akademia Vied. Geofyzikálný ústav Bulletin of the Slovak Seismographie Stations Contributions
Brno	*Brněnská základna Československé akademie věd* Folia Geobotanica Práce
	Czechoslovak Academy of Sciences. Botanical Institute Česká mykologie Folia geobotanica et phytotaxonomica bohemoslavica
	Universita J. E. Purkyně Ročenka Sborník prací Filosofické fakulty. Řada C. E. F. G. Spisy Filosofické fakulty Spisy Lékarské fakulty Spisy Přírodovědecké fakulty
	Faculty of Science. University J. E. Purkyně Archivum Mathematicum Folia Scripta

Vysoká škola zemědělská
Sborník. R. A—C.
Spisy

Olomouc

University F. Palackého Přírodovědecké fakulty
Acta

Ostrava

Státní vědecká knihovna
Sborník prací ped. fakulty

Praha

Československá akademie věd
Collection of Czechoslovak Chemical Communications
Rozpravy matemat. a prirod. věd
Rozpravy společenskych věd
Rozpravy techn. věd
Slovanský přehled
Věstník

Československá akademie věd. Historicky ústav
Československý časopis historický

Československá akademie věd. Geofysikální ústav
Bulletin čsl. seismických stanic
Geofysikálný sborník
Special Papers
Výsledky geomagnetikých

Československá akademie věd. Matematický ústav
Aplikace matematiky
Časopis pro pestování matematiky
Czechoslovak Mathematical Journal

Československá akademie věd. Orientální ústav
Archiv orientální

Československá akademie věd. Kabinet pro studia řecká římska a latinská
Byzantinoslavica

Československá akademie věd. Kabinet cizích jazyků
Slavia

Československá akademie věd. Ustav technické fysiky
Czechoslovak Journal of Physics

Československá akademie věd. Ústřední ústav matematický
Časopis pro pěstování matematiky a fysiky

Československá entomologická společnost
Acta entomologica bohemoslovaca

Ministerstvo vnitra
Archivní časopis
Sborník archivních prací

Národni muzeum. Entomologické odděleni
Acta faunistica entomologica
Sborník (Acta entomologica)

Statní Židovské Muzeum v Praze
Judaica Bohemiae

Ústrední ústav geologický
Rozpravy
Sborník

VR Ungarn

Budapest

Bányaszati Kutatóintézet
Mitteilungen

Budapesti Müszaki Egyetem Központi Könyvtara
Periodoca polytechnica
Elfogadot doktori diszertaciok jegy zeke

Magyar Tudományos Akadémia
Acta biologica
Acta geologica
Acta historica
Acta historiae artium
Acta linguistica
Acta mathematica
Acta medica
Acta morphologica
Acta orientalia
Acta physiologica
Acta veterinaria
Könyvtárának kiadványai
Magyar tudomány
Studia historica

Magyar Tudományos Akadémia. Matematikai Kutató Intézetének
Studia scientiarum mathematicarum Hungarica

Debrecen

Institutum mathematicum Universitatis
Debreceniensis
Publicationes mathematicae

Szeged

Institutum Bolyainum Universitatis
Acta scientiarum Mathematicarum

Uruguay

Montevideo

Instituto de Matemática y Estadística. Facultad de Ingeniería y Agrimensura
Publicaciones

Museo Nacional de Historia Natural
Anales
Communicaciones antropológicas
Communicaciones botánicas
Communicaciones paleontológicas

Communicaciones zoológicas
Flora del Uruguay

Sociedad de Biología
Archivos

Venezuela

Caracas *Universidad Central de Venezuela. Facultad de Ciencias. Escuela de Biología*
Acta biologica venezuelica

Vereinigte Staaten von Amerika

Albany *New York State Museum and Science Service*
Bulletin
Educational Leaflet
Handbook
Map and Chart Series

Ann Arbor *University of Michigan*
Bulletin of the American Mathematical Society

Berkeley *University of California*
Lick Observatory Bulletin
Pacific Journal of Mathematics

Bloomington *Indiana University Library*
Indiana University Publications. Social Science Series
Journal of Mathematics and Mechanics

Boston *American Academy of Arts and Sciences*
Daedalus
Memoirs
Records

Cambridge *Astronomical Observatory of Harvard College*
Annual Report

Massachusetts Institute of Technology
Studies in applied mathematics

Museum of Comparative Zoology at Harvard College
Annual Report
Breviora
Bulletin

Chicago *Field Museum of Natural History*
Publication. Report Series

Columbus *Ohio State University*
Chemical Abstracts

Eugene *University of Oregon. Library*
Comparative Literature

Gainesville	*University of Florida. Florida State Museum* Bulletin of the Biological Science Report of the Director
Indianapolis	*Indiana Academy of Science* Proceedings
Lawrence	*Kansas Academy of Science* Transactions
	University of Kansas. Library Library Series Science Bulletin
Lexington	*University of Kentucky Library* Kentucky Geological Survey. Bulletin Report of Investigations Special Publication
Los Angeles	*University of Southern California. Allan Hancock Foundation* Allan Hancock Monographs in marine biology
Madison	*Wisconsin Academy of Sciences, Arts and Letters* Transactions
Minneapolis	*University of Minnesota. Library* Agricultural Experiment Station. Bulletin
New Haven	*Connecticut Academy of Arts and Sciences* Memoirs Transactions
	Kline Science Library Bulletin
New York	*American Academy of Arts and Letters* Proceedings
	American Council of Learned Societies Annual Report
	American Museum of Natural History Annual Report Anthropological Papers Bulletin Natural History Novitates Science Guide
	Rockefeller Institute for Medical Research Journal of General Physiology
Philadelphia	*American Philosophical Society* Memoirs Proceedings Transactions Year Book

Pittsburgh	*Hillmann Library* Intercultural Studies Reference Guide Public Policy Studies Documents
Reston	*U. S. Geological Survey* Journal of Research Earthquake Information Bulletin
San Francisco	*California Academy of Sciences* Annual Report Occasional Papers Proceedings
Seattle	*University of Washington. Library* Annual Northwest Traffic Engineering Conference. Proceedings Publications in Anthropology Publications of Oceanography Trend in Engineering
Tempe	*Arizona State University. University Library.* Byzantine Studies Southeast Europe

Urbana	*University of Illinois. Library*
	Agricultural Experiment Station
	  Bulletin
	  Circular
	Biological Notes
	Engineering Experiment Stations
	  Bulletin
	Engineering Outlook
	Illinois Natural History Survey
	  Bulletin
	  Circular
	  Publications

Washington	*Library of Congress*
	American Bibliography of Russian and East European Studies
	World list of Future International Meetings
	
	National Bureau of Standards
	Earthquake Information
	  Bulletin
	Journal of Research. Sect. B.
	
	Smithsonian Institution
	Annual Report of the Board of Regents
	Bureau of American Ethnology
	  Annual Report
	  Bulletin
	Contributions from the U. S. National Herbarium
	Proceedings of the U. S. National Museum
	Smithsonian Contributions to Astrophysics
	Smithsonian Miscellaneous Collections

Westberlin

Deutsches Archäologisches Institut
Archäologische Bibliographie
Archäologischer Anzeiger
Jahrbuch

Staatsbibliothek. Preußischer Kulturbesitz
Monographien

Technische Universität
Humanismus und Technik

II. Einzelwerke

Es gingen ein an Einzelwerken im Jahre 1977 — 246 Bände
1978 — 190 Bände

BR Dr. Dietmar Debes

ABKÜRZUNGEN

Abh.	Abhandlung(en)
AdW	Akademie der Wissenschaften
AfO	Archiv für Orientforschung. (Berlin) Graz
Alman.	Almanach
Ann.	Annalen
Anz.	Anzeige(r)
Arch.	Archiv
Bd	Band, Bände
Beil.	Beilage
Ber.	Berichte
Bespr.	Besprechung
BO	Bibliotheca Orientalis. Leiden
BRA	Biologische Reichsanstalt
BrP	Beiträge zur romanischen Philologie. Berlin
CVA	Corpus Vasorum Antiquorum
ders., dies.	derselbe, dieselbe
DLZ	Deutsche Literaturzeitung. Berlin 1880 ff.
dtsch.	deutsch(e, er)
ebda	ebenda
Einltg.	Einleitung
Festschr.	Festschrift
Forsch.	Forschungen
FuF	Forschungen und Fortschritte. Berlin
H.	Heft
HZ	Historische Zeitschrift
Interv.	Interview
Jahrb., Jb.	Jahrbuch
Jh.	Jahrhundert
Kal.	Kalender
KdT	Kammer der Technik
KMU	Karl-Marx-Universität Leipzig
Ktn	Karten

LAB	Linguistische Arbeitsberichte Leipzig
Lfg	Lieferung
LVZ	Leipziger Volkszeitung
MGH	Monumenta Germaniae Historica
Mitt.	Mitteilungen
MPG	Max-Planck-Gesellschaft
Nachf.	Nachfolger
Nachr.	Nachruf
ND	Neues Deutschland
Nkdl.Inf.	Namenkundliche Informationen
NT	Neues Testament
OLZ	Orientalische Literaturzeitung. (Leipzig) Berlin
o.V.	ohne Verfasser
PGM	Petermanns Geographische Mitteilungen
PH	Pädagogische Hochschule
Pl.	Plan, Pläne
Rdsch.	Rundschau
Rev.	Revue
Rep.	Report
RGW	Rat für gegenseitige Wirtschaftshilfe
T.	Teil, Titel
TH	Technische Hochschule
ThLZ	Theologische Literaturzeitung. (Leipzig) Berlin
TU	Technische Universität
Vortr.	Vortrag
Vorw.	Vorwort
Wschr.	Wochenschrift
WTA	Wissenschaftlich-technische Assistentin
WZ	Wissenschaftliche Zeitschrift
Z., Zschr.	Zeitschrift
ZAA	Zeitschrift für Anglistik und Amerikanistik
Zbl.	Zentralblatt
ZfG	Zeitschrift für Geschichtswissenschaft
ZfS, ZfSl	Zeitschrift für Slawistik
ZrP, ZRPH	Zeitschrift für romanische Philologie. Tübingen
ZRG (GA,RA,KA)	Zeitschrift der Savigny-Stiftung für Rechtsgeschichte (germanistische Abteilung, romanistische Abteilung, kanonistische Abteilung)
Ztg.	Zeitung

NAMENREGISTER

(Mitglieder der Akademie und der mit ihnen im Zusammenhang stehende Personenkreis)

FSC
www.fsc.org
MIX
Papier | Fördert gute Waldnutzung
FSC® C083411

Kolibri 360 GmbH
Ferdinand-Jühlke-Straße 7
99095 Erfurt, Deutschland
produktsicherheit@kolibri360.de